中文版

会声会影
应用宝典

崔亚量 编著

北京日报出版社

图书在版编目（CIP）数据

中文版会声会影应用宝典 / 崔亚量编著. -- 北京 ：
北京日报出版社, 2015.12
ISBN 978-7-5477-1978-7

Ⅰ. ①中… Ⅱ. ①崔… Ⅲ. ①多媒体软件－视频编辑软件 Ⅳ. ①TN94②TP317

中国版本图书馆 CIP 数据核字(2015)第 318436 号

中文版会声会影应用宝典

出版发行：北京日报出版社
地　　址：北京市东城区东单三条 8-16 号 东方广场东配楼四层
邮　　编：100005
电　　话：发行部：（010）65255876
　　　　　总编室：（010）65252135-8043
网　　址：www.beijingtongxin.com
印　　刷：北京凯达印务有限公司
经　　销：各地新华书店
版　　次：2016 年 3 月第 1 版
　　　　　2016 年 3 月第 1 次印刷
开　　本：787 毫米×1092 毫米　1/16
印　　张：32.25
字　　数：668 千字
定　　价：98.00 元(随书赠送 DVD 一张)

前言

1 软件简介

会声会影 X7 是 Corel 公司最新推出的一款图形图像处理软件，是目前世界上最优秀的影片剪辑软件之一，并被广泛应用于广大数码摄影者、视频编辑等行业，随着软件的不断升级，本书立足于这款软件的实际操作及行业应用，完全从一个初学者的角度出发，循序渐进地讲解核心知识点，并通过大量实战演练，让读者在最短的时间内成为会声会影操作高手。

2 本书的主要特色

全面内容：6 大篇幅内容安排＋ 17 章软件技术精解＋ 130 多个专家提醒＋ 1790 多张图片全程图解。

功能完备：书中详细讲解了会声会影 X7 的工具、功能、命令、菜单、选项，做到完全解析、完全自学，读者可以即查即用。

案例丰富：两大领域专题实战精通＋ 310 多个技能实例演练＋ 350 多分钟视频播放，帮助读者步步精通，成为影视行家！

3 本书内容

第 1~3 章，为软件入门篇，主要介绍了会声会影快速入门的基础知识。

第 4~5 章，为视频捕获篇，主要介绍了安装视频卡、连接电脑、捕获视频图像等内容。

第 6~7 章，为视频精修篇，主要介绍了添加图像、添加视频、调整素材、素材的精修、分割素材等内容。

第 8~12 章，为视频特效篇，主要介绍了滤镜、转场、覆叠、字幕等内容。

第 13~14 章，为输出分享篇，主要介绍了视频的渲染、视频的输出、将视频分享至网络。

第 15-16 章，为综合实例篇，主要介绍了旅游回忆——《最美云南》、婚纱影像——《幸福相伴》。

第 17 章，为会声会影 X8 知识，主要介绍了会声会影 X8 的新增功能。

4 作者售后

本书由卓越编著，在编写的过程中，得到了柏慧、李瑶等人的帮助，在此表示感谢。由于作者知识水平有限，书中难免有错误和疏漏之处，恳请广大读者批评、指正，联系邮箱：itsir@qq.com。

5 版权声明

本书及光盘中所采用的图片、模型、音频、视频和赠品等素材，均为所属公司、网站或个人所有，本书引用仅为说明（教学）之用，绝无侵权之意，特此声明。

编者

内容提要

本书是一本会声会影 X7 学习宝典，全书通过 310 多个实战案例，以及 350 多分钟全程同步语音教学视频，帮助读者从入门、进阶、精通软件，成为应用高手！

书中内容包括：会声会影 X7 快速入门、会声会影 X7 基本应用、软件主题的应用领域、捕获媒体素材前的准备、捕获各种视频素材、导入与编辑影视素材、素材的精修与分割、制作视频滤镜特效、制作视频转场特效、制作视频覆叠特效、制作视频字幕特效、制作视频音乐效果、视频文件的渲染与输出、将视频分享至网络、旅游回忆——《最美云南》、婚纱影像——《幸福相伴》、会声会影 X8 快速入门等。

本书适用会声会影 X7 的初、中级读者阅读，以及广大 DV 爱好者、数码工作者、影像工作者、数码家庭用户以及视频编辑处理人员等，也可作为各类计算机培训中心、中职中专、高职高专等院校相关专业的辅导教材。

CONTENTS 目录

■ 软件入门篇 ■

■ 视频捕获篇 ■

■ 视频精修篇 ■

第 9 章 制作视频转场特效............236

第 10 章 制作视频覆叠特效..........273

第 11 章 制作视频字幕特效..........313

第 12 章 制作视频音乐效果..........351

■ 输出分享篇 ■

■ 综合实例篇 ■

01 会声会影 X7 快速入门

学习提示

会声会影 X7 是由 Corel 公司最新推出的一款视频编辑软件，它凭着简单方便的操作、丰富的效果和强大的功能，成为家庭 DV 用户的首选编辑软件。在开始学习这款软件之前，读者应该积累一定的入门知识，这样有助于后面的学习。本章主要介绍会声会影 X7 的新增功能以及工作界面等知识。

本章案例导航

- 本章重点 1——了解会声会影新增功能
- 本章重点 2——掌握会声会影工作界面
- 本章重点 3——熟悉会声会影视频常识
- 本章重点 4——掌握后期编辑类型

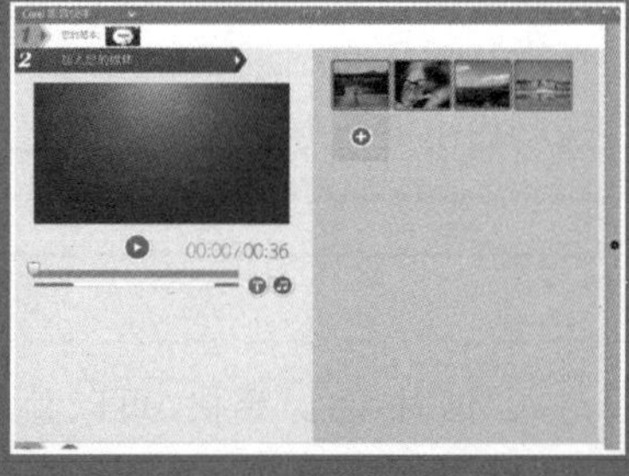

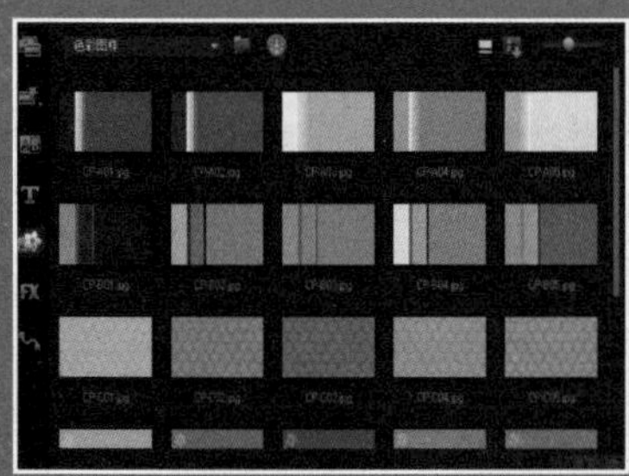

1.1 了解会声会影新增功能

会声会影 X7 在会声会影 X6 的基础上新增了许多功能，如影音快手、即时项目、图形样式、输出功能以及 3D 功能等，下面向读者简单介绍会声会影 X7 的新增功能。

1.1.1 影音快手

会声会影 X7 安装完成后，在桌面会多出一个图标，图标名称为 Corel FastFlick X7，使用鼠标左键双击该图标，将启动会声会影 X7 的影音快手功能，界面非常简洁、清爽。

影音快手界面操作一共分为三步，第一步为选择视频模板，第二步为加入影片素材，如图 1-1 所示，第三步为保存并分享视频效果。

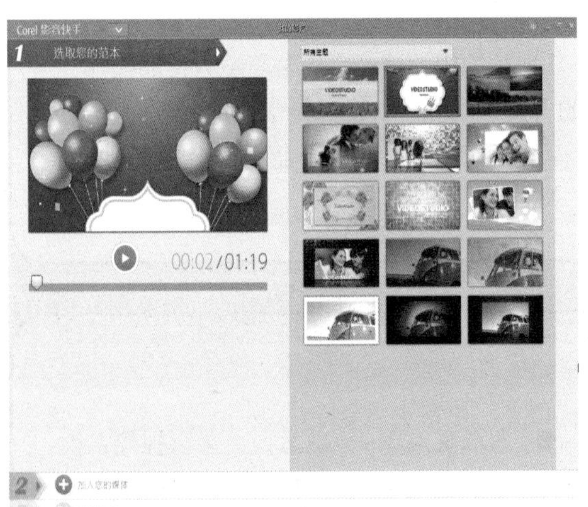

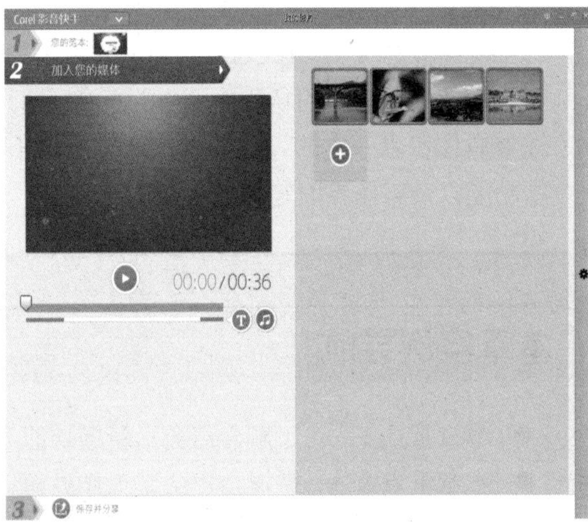

图 1-1 选择视频模板并加入影片素材

专家指点

影音快手界面是专门用来制作视频短片的，该功能对学习会声会影 X7 的新手帮助很大，可以不用花太多的时间，就能快速制作出非常专业的视频画面效果。

1.1.2 即时项目

当用户安装好会声会影 X7 后，进入“即时项目”模块，可以看到其中新增了多个即时项目类别，如“精彩生活”、“时尚生活”、“标准显示”以及“高清综合”等，如图 1-2 所示。

专家指点

选择相应的即时项目模板，单击鼠标左键并拖曳至时间轴面板的视频轨中，即可添加即时项目模板，添加模板后，用户还可以对模板中的影视素材进行替换操作，换成用户想要的视频画面内容。

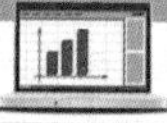

图 1-2 新增的即时项目模板

1.1.3 图形样式

在会声会影 X7 界面的右上角，单击“图形”按钮，切换至“图形”素材库，单击窗口上方的“画廊”按钮，在弹出的列表框中选择“色彩图样”选项，即可打开“色彩图样”素材库，其中显示了多种色彩图样图形画面；若在“画廊”列表框中选择“Flash 动画”选项，即可打开“Flash 动画”素材库，其中显示了多种背景画面，如图 1-3 所示。

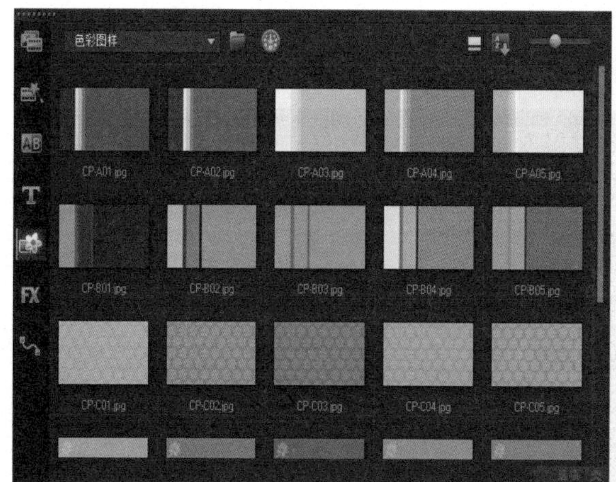

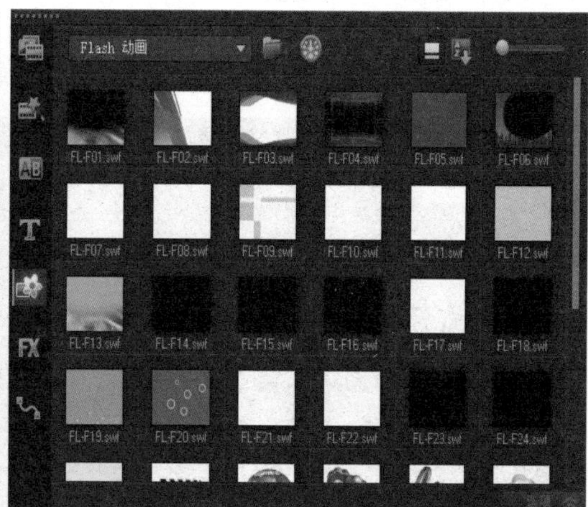

图 1-3 新增的“色彩图样”与“背景”素材

1.1.4 输出功能

当用户将视频制作完成后，单击界面上方的“输出”标签，即可切换至“输出”步骤面板，会声会影 X7 的“输出”步骤面板在会声会影 X6 的基础上，增强了许多功能，首先是其界面变为了面板样式，用户可以更加直观地设置视频的输出属性，如图 1-4 所示。其次，在各种视频的输出选项中，新增了不同的输出尺寸供用户选择，用户可以将自己制作的视频输出为需要的视频尺寸格式。

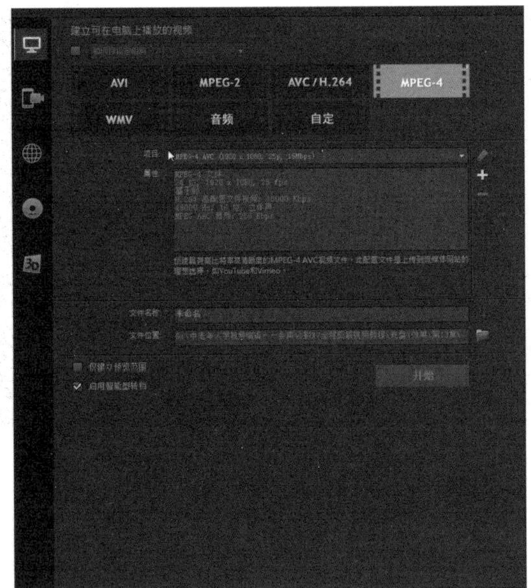

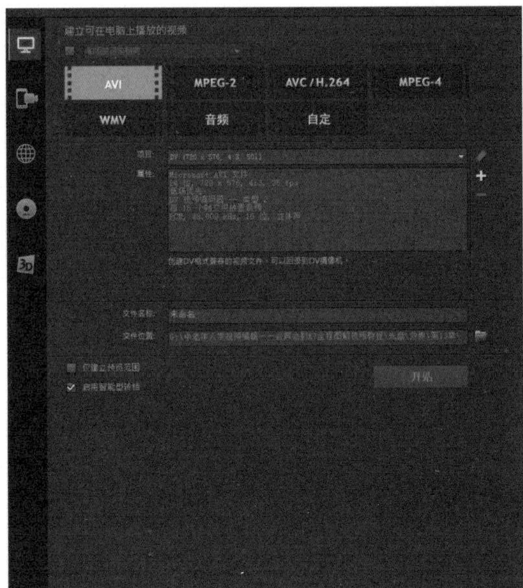

图 1-4 会声会影 X7“输出”界面

1.1.5 3D 功能

进入“输出”步骤面板，单击左侧的“3D 影片”按钮，即可进入“3D 影片”输出界面，如图 1-5 所示。在会声会影 X7 版本中，对 3D 视频输出和编辑功能进行了增强和优化处理，用户可以实现视频的自动化输出，对视频的画面效果有显著提升。

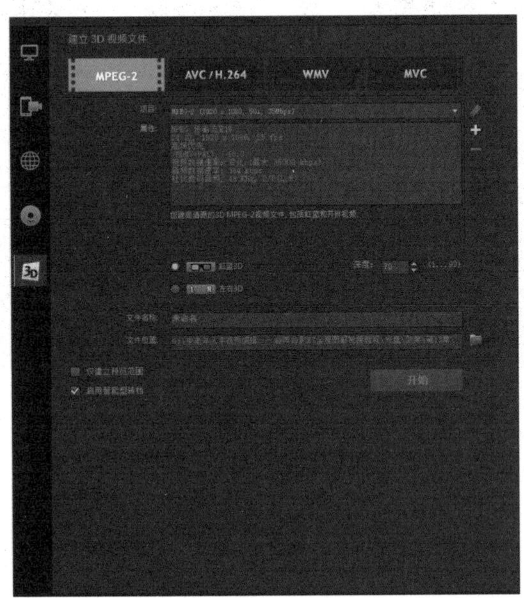

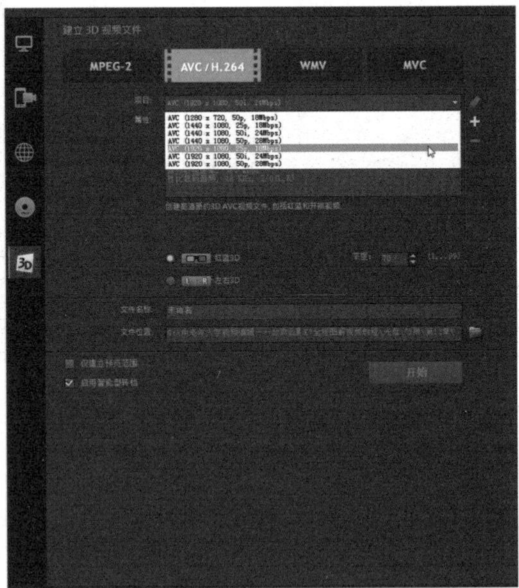

图 1-5 会声会影 X7 3D 输出功能

1.2 掌握会声会影工作界面

使用会声会影编辑器的图形化界面，可以清晰而快速地完成影片的编辑工作，其界面主要包括菜单栏、步骤面板、选项面板、预览窗口、导览面板、素材库以及时间轴等，如图 1-6 所示。

图 1-6 会声会影 X7 工作界面

1.2.1 菜单栏

在会声会影 X7 工作界面中，用户可以快速而清晰地完成影片的编辑工作。会声会影 X7 中的菜单栏位于工作界面的左上方，包括“文件”、“编辑”、“工具”、“设置”、“帮助”5 个菜单，如图 1-7 所示。

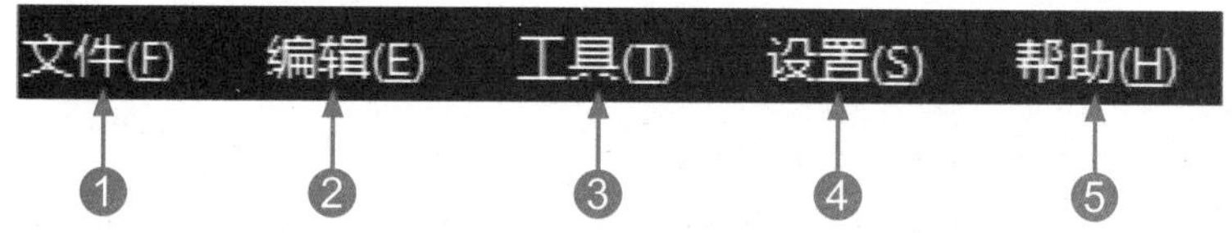

图 1-7 会声会影 X7 的菜单栏

❶ “文件”菜单：在该菜单中可进行一些项目的操作，如新建、打开和保存等。

❷ “编辑”菜单：在该菜单中包含一些编辑命令，如撤销、重复、复制和粘贴等。

❸ “工具”菜单：在该菜单中可以对视频进行多样的编辑，如使用会声会影的 DV 转 DVD 向导功能，可以对视频文件进行编辑并刻录成光盘等。

❹ “设置”菜单：在该菜单中，可以设置项目文件的基本属性、查看项目文件的属性、启用宽银幕以及使用章节点管理器等。

❺“帮助”菜单：在该菜单中，可以查看会声会影 X7 的帮助主题、使用指南、新增功能、版本信息做引导。

菜单命令可分为 3 种类型，下面以图 1-8 所示的“文件”菜单为例，进行介绍。

图 1-8 “文件”菜单

* 普通菜单命令：普通菜单上无特殊标记，只需单击该命令，即可执行相应的操作，如“新建项目”命令。

* 子菜单命令：在菜单命令的右侧处带有三角形图标，单击该命令，可打开其子菜单，如“将媒体文件插入到时间轴”和“将媒体文件插入到素材库”等命令。

* 对话框菜单命令：在菜单命令之后带有省略号（…），单击该命令，将弹出一个对话框，如“打开项目”、“另存为”和“智能包”等命令。

1.2.2 步骤面板

会声会影 X7 将视频的编辑过程简化为“捕获”、“编辑”和“输出”3 个步骤，如图 1-9 所示，单击步骤面板上相应的标签，可以在不同的步骤之间进行切换。

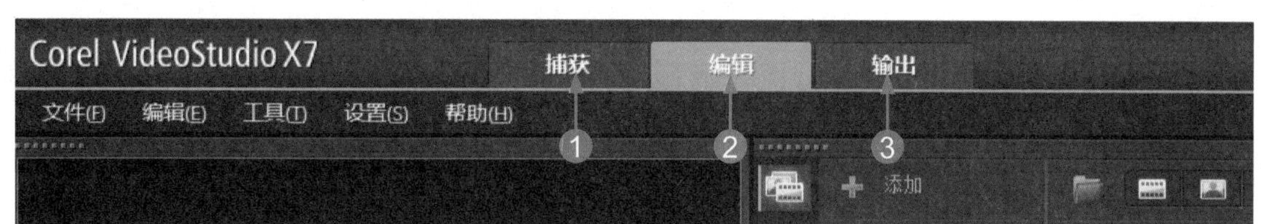

图 1-9 会声会影 X7 的步骤面板

❶ “捕获”步骤面板：在该面板中可以直接将视频源中的影片素材捕获到电脑中。录像带中的素材可以被捕获成单独的文件或自动分割成多个文件，还可以单独捕获视频。

❷ “编辑”步骤面板：该面板是会声会影 X7 的核心，在这个面板中可以对视频素材进行整理、编辑和修改，还可以将视频滤镜、转场、字幕以及音频应用到视频素材上。

❸ “输出”步骤面板：影片编辑完成后，在“输出”面板中可以创建视频文件，将影片输出到 DVD、移动设备或网络上。

1.2.3 选项面板

对项目时间轴中选取的素材进行参数设置，根据选中素材的类型和轨道，选项面板中会显示出对应的参数，该面板中的内容将根据步骤面板的不同而有所不同。图 1-10 所示为“照片”选项面板与“视频”选项面板。

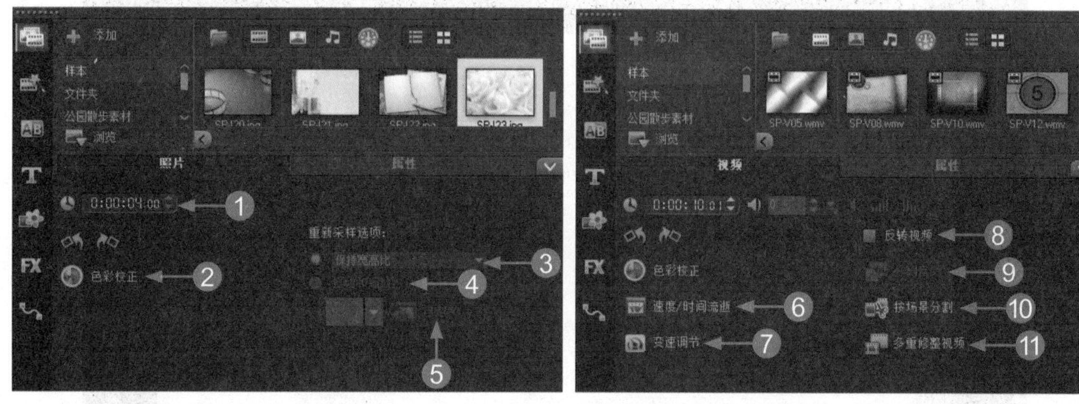

图 1-10 “照片”选项面板与“视频”选项面板

❶ “照片区间”数值框：该数值框用于调整照片素材播放时间的长度，显示了当前播放所选照片素材所需的时间，时间码上的数字代表“小时 : 分钟 : 秒 : 帧”，单击其右侧的微调按钮，可以调整数值的大小，也可以单击时间码上的数字，待数字处于闪烁状态时，输入新的数字后按【Enter】键确认，即可改变原来照片素材的播放时间长度。

❷ “色彩校正”按钮：单击该按钮，在打开的相应选项面板中拖曳滑块，即可对视频原色调、饱和度、亮度以及对比度等进行设置。

❸ “保持宽高比”选项：单击该选项右侧的下三角按钮，在弹出的列表框中选择相应的选项，可以调整预览窗口中素材的大小和样式。

❹ “摇动和缩放”单选按钮：选中该单选按钮，可以设置照片素材的摇动和缩放效果，其中向用户提供了多种预设样式，用户可根据需要进行相应的选择。

❺ “自定义”按钮：选中“摇动和缩放”单选按钮后，单击“自定义”按钮，在弹出的对话框中可以对选择的摇动和缩放样式进行相应的编辑与设置。

❻ “速度 / 时间流逝”按钮：单击该按钮，在弹出的对话框中可以设置视频素材的回放速度和流逝时间。

❼ “变速调节”按钮：单击该按钮，可以调整视频的速度，或快或慢。

❽ “反转视频”按钮：选中该复选框，可以对视频素材进行反转操作。

❾ “分割音频”按钮：在视频轨中选择相应的视频素材后，单击该按钮，可以将视频中的音频分割出来。

❿ “按场景分割”按钮：在视频轨中选择相应的视频素材后，单击该按钮，在弹出的对话框中，用户可以对视频文件按场景分割为多段单独的视频文件。

⓫ “多重修整视频”按钮：单击该按钮，弹出“多重修整视频”对话框，在其中用户可以对视频文件进行多重修整操作，也可以将视频按照指定的区间长度进行分割和修剪。

1.2.4 预览窗口

预览窗口位于操作界面的左上角，如图 1-11 所示。在预览窗口中，用户可以查看正在编辑的项目或者预览视频、转场、滤镜以及字幕等素材的效果。

图 1-11 会声会影 X7 的预览窗口

1.2.5 导览面板

在预览窗口下方的导览面板上有一排播放控制按钮和功能按钮，用于预览和编辑项目中使用的素材，如图 1-12 所示，通过选择导览面板中不同的播放模式，进行播放所选的项目或素材。使用修整栏和滑轨可以对素材进行编辑，将鼠标移至按钮或对象上方时会出现提示信息，显示该按钮的名称。

图 1-12 会声会影 X7 的导览面板

❶ “播放”按钮：单击该按钮，播放会声会影的项目、视频或音频素材。按住【Shift】键的同时单击该按钮，可以仅播放在修整栏上选取的区间（在开始标记和结束标记之间）。在回放时，单击该按钮，可以停止播放视频。

❷“起始”按钮：单击该按钮，可以将时间线移至视频的起始位置，方便用户重新观看视频。

❸ “上一帧”按钮：单击该按钮，可以将时间线移至视频的上一帧位置，在预览窗口中显示上一帧视频的画面特效。

❹ “下一帧”按钮：单击该按钮，可以将时间线移至视频的下一帧位置，在预览窗口中显示下一帧视频的画面特效。

❺ “结束”按钮：单击该按钮，将可以将时间线移至视频的结束位置，在预览窗口中显示相应的结束帧画面效果。

❻ “重复”按钮：单击该按钮，可以使视频重复的进行播放。

⑦ “系统音量”按钮：单击该按钮，或拖动弹出的滑动条，可以调整素材的音频音量，同时也会调整扬声器的音量。

⑧ “开始标记”按钮：单击该按钮，可以标记素材的起始点。

⑨ “结束标记”按钮：单击该按钮，可以标记素材的结束点。

⑩ “按照飞梭栏的位置分割素材”按钮：将鼠标定位到需要分割的位置，单击该按钮，即可将所选的素材剪切为两段。

⑪ “滑轨”：单击并拖动该按钮，可以浏览素材，该停顿的位置显示在当前预览窗口的内容中。

⑫ “修整标记”按钮：单击该按钮，可以修整、编辑和剪辑视频素材。

⑬ “扩大”按钮：单击该按钮，可以在较大的窗口中预览项目或素材。

⑭ “时间码”数值框：通过指定确切的时间，可以直接调到项目或所选素材的特定位置。

1.2.6 素材库

素材库用于保存和管理各种多媒体素材，素材库中的素材种类主要包括视频、照片、音乐、即时项目、转场、字幕、滤镜、Flash 动画及边框效果等。图 1-13 所示为“照片”素材库、“视频”素材库、“边框”素材库以及“对象”素材库。

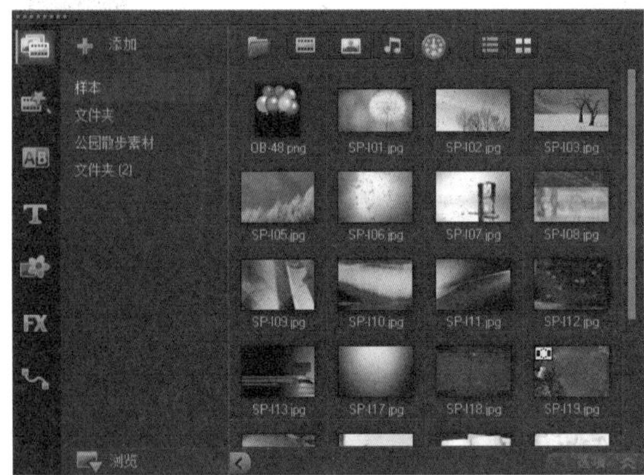

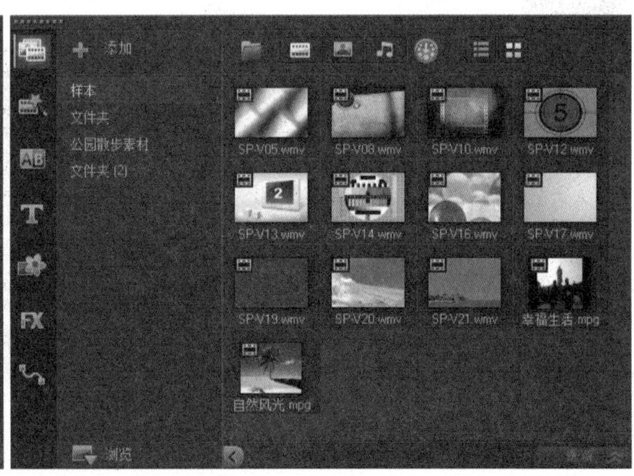

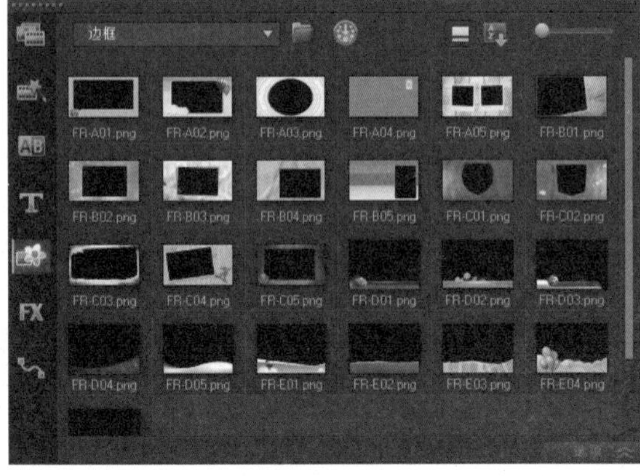

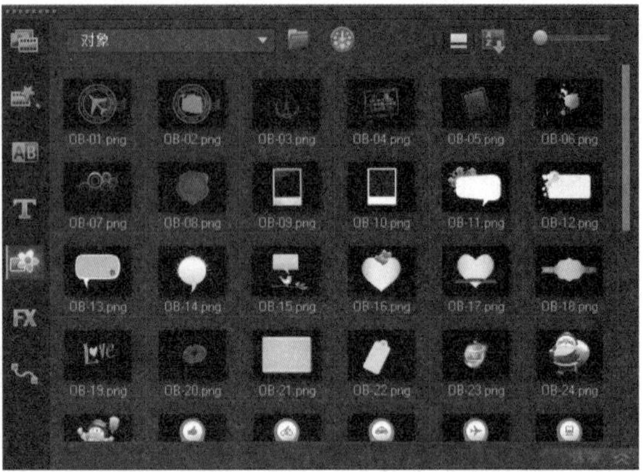

图 1-13 各素材库

1.2.7 时间轴

时间轴位于整个操作界面的最下方，用于显示项目中包含的所有素材、标题和效果，它是整个项目编辑的关键窗口，如图 1-14 所示。

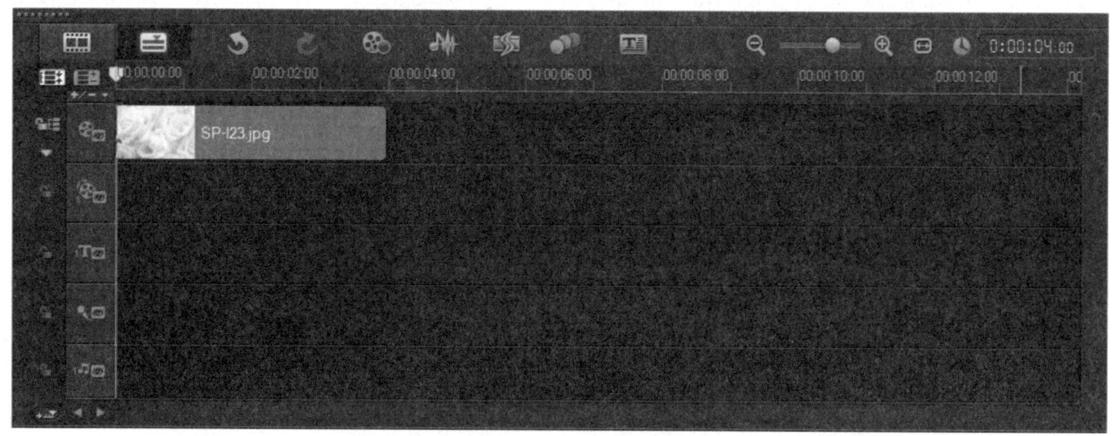

图 1-14 会声会影 X7 的时间轴

❶ “故事板视图”按钮：单击该按钮，可以切换至故事板视图。

❷ “时间轴视图”按钮：单击该按钮，可以切换至时间轴视图。

❸ “撤消”按钮：单击该按钮，可以撤消前一步的操作。

❹ “重复”按钮：单击该按钮，可以重复前一步的操作。

❺ “录制/捕获选项”按钮：单击该按钮，弹出“录制/捕获选项”对话框，可以进行定格动画、屏幕捕获以及快照等操作。

❻ “混音器”按钮：单击该按钮，可以进入混音器视图。

❼ “自动音乐”按钮：单击该按钮，可以打开“自动音乐”选项面板，在面板中可以设置相应选项以播放自动音乐。

❽ “放大/缩小”滑块：向左拖曳滑块，可以缩小项目显示，向右拖曳滑块，可以放大项目显示。

❾ “将项目调到时间轴窗口大小”按钮：单击该按钮，可以将项目调整到时间轴窗口大小。

❿ “项目区间”显示框 0:00:10:02 ：该显示框中的数值显示了当前项目的区间大小。

⓫ 视频轨：在视频轨中可以插入视频素材与图像素材，还可以对视频素材与图像素材进行相应的编辑、修剪以及管理等操作。

⓬ 覆叠轨：在覆叠轨中可以制作相应的覆叠特效。覆叠功能是会声会影 X7 提供的一种视频编辑技巧。简单地说，“覆叠”就是画面的叠加，在屏幕上同时显示多个画面效果。

⓭ 标题轨：在标题轨中可以创建多个标题字幕效果与单个标题字幕效果。字幕是以各种字体、样式、动画等形式出现在屏幕上的中外文字的总称，字幕设计与书写是视频编辑的艺术手段之一。

⓮ 语音轨：在语音轨中，可以插入相应的背景声音素材，并添加相应的声音特效，在编辑影片的过程中，除了画面以外，声音效果是影片的另一个非常重要的因素。

⑮ 音乐轨：在音乐轨中也可以插入相应的音乐素材，是除声音轨以外，另一个添加音乐素材的轨道。

1.3 熟悉会声会影视频常识

会声会影是一款专为个人及家庭等非专业用户设计的视频编辑软件，现在已升级到 X7 版，新版本的会声会影 X7 功能更全面，设计更具人性化，操作也更加简单方便。本节主要介绍视频编辑的基本常识，包括视频技术常用术语、视频编辑常用术语、视频常用格式及音频常用格式等。

1.3.1 视频技术常用术语

在会声会影 X7 中，常用的视频技术主要包括 NTSC、PAL 及 DV 等，下面简单介绍这几种常用的视频技术。

1.NTSC

NTSC（National Television Standards Committee）是国家电视标准委员会定义的一个标准，它的标准是每秒 30 帧，每帧 525 条扫描线，这个标准包括在电视上显示的色彩范围限制。

2.PAL

PAL（Phase Alternation Line）是一个被用于欧洲、非洲和南美洲的电视标准。

3.DV

DV 是新一代的数字录影带的规格，体积更小、录制时间更长。使用 6.35 带宽的录影带，以数位信号来录制影音，录影时间为 60 分钟，有 LP 模式可延长拍摄时间至带长的 1.5 倍，全名为 Digital Video，简称为 DV。目前市面上有两种规格的 DV，一种是标准的 DV 带；一种是缩小的 Mini DV 带，一般家用的摄像机使用的都是 Mini DV 带。

4.D8

D8 为 SONY 公司新一代机种，与 Hi8 和 V8 同样使用 8mm 带宽的录影带，但是它以数字信号来录制影音，录影时间缩短为原来带长的一半，全名为 Digital8，简称 D8，水平解析度为 500 条。

1.3.2 视频编辑常用术语

在会声会影 X7 中，视频编辑的常用术语包括 7 种，如帧和场、分辨率、渲染、电视制式及复合视频信号等，下面进行简单介绍。

1. 帧和场

帧是视频技术常用的最小单位，一帧是由两次扫描获得的一幅完整图像的模拟信号。视频信号的每次扫描称为场。

视频信号扫描的过程是从图像左上角开始，水平向右到达图像右边后迅速返回左边，并另起一行重新扫描。这种从一行到另一行的返回过程称为水平消隐。每一帧扫描结束后，扫描点从图像的右下角返回左上角，再开始新一帧的扫描。从右下角返回左上角的时间间隔称为垂直消隐。一般行频表示每秒扫描多少行，场频表示每秒扫描多少场，帧频表示每秒扫描多少帧。

2. 分辨率

分辨率即帧的大小（Frame Size），表示单位区域内垂直和水平的像素数值，一般单位区域中像素数值越大，图像显示越清晰，分辨率也就越高。不同电视制式的不同分辨率，用途也会有所不同，如表 1-1 所示。

表 1-1　不同电视制式分辨率的用途

制　式	行　帧	用　途
NTSC	352×240	VDC
	720×480、704×480	DVD
	480×480	SVCD
	720×480	DV
	640×480、704×480	AVI 视频格式
PAL	352×288	VCD
	720×576、704×576	DVD
	480×576	SVCD
	720×576	DV
	640×576、704×576	AVI 视频格式

3. 渲染

渲染是为要输出的文件应用了转场及其他特效后，将源文件信息组合成单个文件的过程。

4. 电视制式

电视信号的标准称为电视制式。目前各国的电视制式各不相同，制式的区分主要在于其帧频（场频）、分辨率、信号带宽及载频、色彩空间转换的不同等。电视制式主要有 NTSC 制式、PAL 制式和 SECAM 制式 3 种。

5. 复合视频信号

复合视频信号包括亮度和色度的单路模拟信号，即从全电视信号中分离出伴音后的视频信号，色度信号间插在亮度信号的高端。这种信号一般可通过电缆输入或输出至视频播放设备上。由于该视频信号不包含伴音，与视频输入端口、输出端口配套使用时还设置音频输入端口和输出端口，以便同步传输伴音，因此复合式视频端口也称 AV 端口。

6. 编码解码器

编辑解码器的主要作用是对视频信号进行压缩和解压缩。一般分辨率为640×480的视频信息，以每秒30帧的速度播放，在无压缩的情况下每秒传输的容量高达27MB。因此，只有对视频信息进行压缩处理，才能在有限的空间中存储更多的视频信息，这个对视频压缩解压的硬件就是“编码解码器”。

7. “数字 / 模拟”转换器

“数字 / 模拟”转换器是一种将数字信号转换成模拟信号的装置。“数字 / 模拟”转换器的位数越高，信号失真越小，图像也更清晰。

1.3.3 视频常用格式

数字视频是用于压缩图像和记录声音数据及回放过程的标准，同时包含了DV格式的设备和数字视频压缩技术本身，下面介绍几种常用的视频格式。

1.MPEG

MPEG（Motion Picture Experts Group）类型的视频文件是由MPEG编码技术压缩而成的视频文件，被广泛应用于VCD/DVD及HDTV的视频编辑与处理中。MPEG包括MPEG-1、MPEG-2和MPEG-4（注意：没有MPEG-3，一般所说的MP3是MPEG Layer3）。

＊ MPEG-1

MPEG-1是用户接触得最多的，因为被广泛应用在VCD的制作及下载一些视频片段的网络上，一般的VCD都是应用MPEG-1格式压缩的（注意：VCD2.0并不是说VCD是用MPEG-2压缩的）。使用MPEG-1的压缩算法，可以把一部120分钟长的电影压缩到1.2GB左右。

＊ MPEG-2

MPEG-2主要应用在制作DVD方面，同时在一些高清晰电视广播（HDTV）和一些高要求的视频编辑、处理上也有广泛应用。使用MPEG-2的压缩算法压缩一部120分钟长的电影，可以将其压缩到4～8GB。

＊ MPEG-4

MPEG-4是一种新的压缩算法，使用这种算法的ASF格式可以把一部120分钟长的电影压缩到300MB左右，可以在网上观看。其他的DIVX格式也可以压缩到600MB左右，但其图像质量比ASF要好很多。

2.AVI

AVI（Audio Video Interleave）格式在WIN3.1时代就出现了，它的好处是兼容性好，图像质量好，调用方便，但尺寸有点偏大。

3.nAVI

nAVI（newAVI）是一个名为ShadowRealm组织发展起来的一种新的视频格式。它是由Microsoft ASF压缩算法修改而来的（并不是想象中的AVI）。视频格式追求的是压缩率和图像质量，所以 nAVI 为了达到这个目标，改善了原来 ASF 格式的不足，让 nAVI 可以拥有更高的帧率（Frame Rate）。当然，这是以牺牲 ASF 的视频流特性作为代价的。概括来说，nAVI 就是一种去掉视频流特性的改良的 ASF 格式，再简单点就是非网络版本的 ASF。

4.ASF

ASF（Advanced Streaming Format）是 Microsoft 为了和 Real Player 竞争而发展起来的一种可以直接在网上观看视频节目的文件压缩格式。由于它使用了 MPEG-4 的压缩算法，所以压缩率和图像的质量都很不错。因为 ASF 是以一个可以在网上即时观赏的视频流格式存在的，它的图像质量比 VCD 差一些，但比同是视频流格式的 RMA 格式要好。

5.WMV 格式

随着网络化的迅猛发展，互联网实时传播的视频文件 WMV 视频格式逐渐流行起来，其主要优点在于：可扩充的媒体类型、本地或网络回放、可伸缩的媒体类型、多语言支持、扩展性等。

6.REAL VIDEO

REAL VIDEO 格式是视频流技术的创始者，它可以在 56k MODEM 拨号上网的条件下实现不间断的视频播放，当然，其图像质量不能跟 MPEG-2、DIVX 等相比。

7.Quick Time

Quick Time（MOV）是苹果（Apple）公司创立的一种视频格式，在很长一段时间内，它都只是在苹果公司的 MAC 机上存在，后来发展到支持 Windows 平台。

8.DIVX

DIVX 视频编码技术可以说是一种对 DVD 造成威胁的新生视频压缩格式，它由 Microsoft MPEG-4 修改而来，同时它也可以说是为打破 ASF 的种种协定而发展出来的。而使用这种编码技术压缩一部 DVD 只需要 2 张 CD ROM，这样就意味着，不需要买 DVD ROM 也可以得到和它差不多的视频质量了，而这一切只需要有 CD ROM，况且播放这种编码，对机器的要求也不高。

1.3.4 音频常用格式

数字音频是用来表示声音强弱的数据序列，由模拟声音经抽样、量化和编码后得到。简单地说，数字音频的编码方式就是数字音频格式，不同的数字音频设备对应着不同的音频文件格式，下面介绍几种常用的数字音频格式。

1.MP3 格式

MP3 全称是 MPEG Layer3，它在 1992 年合并至 MPEG 规范中。MP3 能够以高音质、低采样对数字音频文件进行压缩。换句话说，音频文件（主要是大型文件，比如 WAV 文件）能够在音质丢失很小的情况下（人耳根本无法察觉这种音质损失）把文件压缩到更小的程度。

2.MP3 Pro 格式

MP3 Pro 是由瑞典 Coding 科技公司开发的，其中包含了两大技术：一是来自于 Coding 科技公司所特有的解码技术，二是由 MP3 专利持有者——法国 Thomson 多媒体公司和德国 Fraunhofer

集成电路协会共同研究的一项译码技术。MP3 Pro 可以在基本不改变文件大小的情况下改善原先的 MP3 音质，它能够在使用较低的比特率压缩音频文件的情况下，最大程度地保持压缩前的音质。

MP3 Pro 格式与 MP3 是兼容的，所以它的文件类型也是 MP3。MP3 Pro 播放器可以支持播放 MP3 Pro 或者 MP3 编码的文件；普通的 MP3 播放器也可以支持播放 MP3 Pro 编码的文件，但只能播放出 MP3 的音量。虽然 MP3 Pro 是一个优秀的技术，但是由于技术专利费用的问题及其他技术提供商（如 Microsoft）的竞争，MP3 Pro 并没有得到广泛应用。

3.WAV 格式

WAV 格式是微软公司开发的一种声音文件格式，又称之为波形声音文件，是最早的数字音频格式，受 Windows 平台及其应用程序广泛支持。WAV 格式支持许多压缩算法，支持多种音频位数、采样频率和声道，采用 44.1kHz 的采样频率，16 位量化位数，因此 WAV 的音质与 CD 相差无几，但 WAV 格式对存储空间需求太大，不便于交流和传播。

4.MP4 格式

MP4 采用的是美国电话电报公司（AT&T）研发的以“知觉编码”为关键技术的 A2B 音乐压缩技术，由美国网络技术公司（GMO）及 RIAA 联合公布的一种新型音乐格式。MP4 在文件中采用了保护版权的编码技术，只有特定的用户才可以播放，有效地保护了音频版权的合法性。

5.WMA 格式

WMA 是微软公司在因特网音频、视频领域的力作。WMA 格式可以通过减少数据流量但保持音质的方法来达到更高的压缩率目的。其压缩率一般可以达到 1:18。另外，WMA 格式还可以通过 DRM（Digital Rights Management）方案防止复制，或者限制播放时间和播放次数，以及限制播放机器，从而有力地防止盗版。

6.VQF 格式

VQF 格式是由 Yamaha 和 NTT 共同开发的一种音频压缩技术，它的压缩率可以达到 1:18（与 WMA 格式相同）。压缩的音频文件体积比 MP3 格式小 30% ～ 50%，更便于网络传播，同时音质极佳，几乎接近 CD 音质（16 位 44.1kHz 立体声）。唯一遗憾的是，VQF 未公开技术标准，所以至今没能流行开来。

7.MIDI 格式

MIDI 又称为乐器数字接口，是数字音乐电子合成乐器的统一国际标准。它定义了计算机音乐程序、数字合成器及其他电子设备交换音乐信号的方式，规定了不同厂家的电子乐器与计算机连接的电缆和硬件及设备间数据传输的协议，可以模拟多种乐器的声音。

MIDI 文件就是 MIDI 格式的文件，在 MIDI 文件中存储的是一些指令，把这些指令发送给声卡，声卡就可以按照指令将声音合成出来。

8.DVD Audio 格式

DVD Audio 是最新一代的数字音频格式，它与 DVD Video 尺寸、容量相同，为音乐格式的 DVD 光盘。

9.Real Audio 格式

Real Audio 是由 Real Networks 公司推出的一种文件格式，主要适用于网络上的在线播放。Real Audio 格式最大的特点就是可以实时传输音频信息，例如在网速比较慢的情况下，仍然可以较为流畅地传送数据。

10.AU 格式

AU 格式是 UNIX 下一种常用的音频格式，起源于 Sun 公司的 Solaris 系统。这种格式本身也支持多种压缩方式，但文件结构的灵活性不如 WAV 格式。这种格式的最大问题是它本身所依附的平台不是面向广大消费者的，因此知道这种格式的用户并不多。但是这种格式出现了很多年，所以许多播放器和音频编辑软件都提供了读 / 写支持。目前可能唯一使用 AU 格式来保存音频文件的就是 Java 平台了。

11.AIFF 格式

AIFF 格式是 Apple 苹果电脑上标准的音频格式，属于 QuickTime 技术的一部分。这种格式的特点就是格式本身与数据的意义无关，因此受到了 Microsoft 的青睐，并据此制作出 WAV 格式。AIFF 虽然是一种很优秀的文件格式，但由于它是苹果电脑上的格式，因此在 PC 平台上并没有流行。不过，由于 Apple 电脑多用于多媒体制作出版行业，因此几乎所有的音频编辑软件和播放软件都或多或少地支持 AIFF 格式。由于 AIFF 格式的包容特性，它支持许多压缩技术。

1.4 掌握后期编辑类型

传统的后期编辑应用的是 A/B ROLL 方式，它要用到两个放映机（A 和 B），一台录像机和一台转换机（Switcher）。A 和 B 放映机中的录像带上存储了已经采集好的视频片段，这些片段的每一帧都有时间码。如果现在把 A 带上的 a 视频片段与 B 带上的 b 视频片段连接在一起，就必须先设定好 a 片段要从哪一帧开始、到哪一帧结束，即确定好“开始”点和“结束”点。同样，由于 b 片段也要设定好相应的“开始”和“结束”点，当将两个视频片段连接在一起时，就可以使用转换机来设定转换效果，当然也可以通过它来制作更多特效。视频后期编辑的两种类型包括线性编辑和非线性编辑，下面进行简单介绍。

1.4.1 线性编辑

“线性编辑”是利用电子手段，按照播出节目的需求对原始素材进行顺序剪接处理，最终形成新的连续画面。其优点是技术比较成熟，操作相对比较简单。线性编辑可以直接、直观地对素材录像带进行操作，因此操作起来较为简单。

线性编辑系统所需的设备也为编辑过程带来了众多的不便，全套的设备不仅需要投入较高的资金，而且设备的连线多，故障发生也频繁，维修起来更是比较复杂。这种线性编辑技术的编辑过程只能按时间顺序进行编辑，无法删除、缩短或加长中间某一段的视频。

1.4.2 非线性编辑

随着计算机软硬件的发展，非线性编辑借助计算机软件数字化的编辑，几乎将所有的工作都在计算机中完成。这不仅降低了众多外部设备和故障的发生频率，更是突破了单一事件顺序编辑的限制。

非线性编辑的实现主要靠软硬件的支持，两者的组合称之为“非线性编辑系统”。一个完整的非线性编辑系统主要由计算机、视频卡（或 IEEE1394 卡）、声卡、高速硬盘、专用特效卡及外围设备构成。

相比线性编辑，非线性编辑的优点与特点主要集中在素材的预览、编辑点定位、素材调整的优化、素材组接、素材复制、特效功能、声音的编辑及视频的合成等方面。

非线性编辑是针对线性编辑而言的，它具有以下 3 个特点。

* 需要强大的硬件，价格十分昂贵。
* 依靠专业视频卡实现实时编辑，目前大多数电视台均采用这种系统。
* 非实时编辑，影像合成需要通过渲染来生成，花费的时间较长。

专家指点

会声会影的非线性编辑，主要是借助计算机来进行数字化制作，几乎所有的工作都在计算机里完成，不再需要那么多的外部设备，对素材的调用也是瞬间实现，不用反反复复在磁带上寻找，突破单一的时间顺序编辑限制，可以按各种顺序排列，具有快捷简便、随机的特性。

02 会声会影X7基本应用

学习提示

会声会影 X7 是 Corel 公司推出的一款视频编辑软件，也是世界上第一款面向非专业用户的视频编辑软件。随着其功能日益完善，会声会影在数码领域、相册制作及商业领域的应用越来越广，深受广大数码摄影者、视频编辑者的青睐。本章主要介绍会声会影 X7 的新增功能以及工作界面等知识。

本章案例导航

- 实战——安装会声会影 X7
- 实战——启动会声会影 X7
- 实战——退出会声会影 X7
- 实战——新建项目文件
- 实战——粉色球花
- 实战——绿色果汁
- 实战——花瓣
- 实战——绘画春天
- 实战——幸福向前

2.1 安装、启动和退出会声会影 X7

用户在学习会声会影 X7 之前，需要对软件的系统配置有所了解以及掌握软件的安装、启动与退出方法，这样才有助于更进一步地学习该软件。本节主要介绍系统的配置要求，以及安装、启动与退出会声会影 X7 等操作。

2.1.1 安装会声会影 X7

安装会声会影 X7 之前，用户需要检查一下计算机是否装有低版本的会声会影程序，如果存在，需要将其卸载后再安装新的版本。另外，在安装会声会影 X7 之前，必须先关闭其他所有应用程序，包括病毒检测程序等，如果其他程序仍在运行，则会影响到会声会影 X7 的正常安装。下面介绍安装会声会影 X7 的操作方法。

素材文件	无
效果文件	无
视频文件	光盘 \ 视频 \ 第 2 章 \2.1.1 安装会声会影 X7.mp4

实战 安装会声会影 X7

步骤 01 将会声会影 X7 安装程序复制至电脑中，进入安装文件夹，选择 exe 格式的安装文件，双击鼠标左键，如图 2-1 所示。

步骤 02 执行操作后，弹出 Corel VideoStudio Pro X7- InstallShield Wizard 对话框，单击 Browse（浏览）按钮；弹出相应对话框，在计算机的相应位置选择保存文件夹，单击“确定”按钮；返回相应对话框，单击 Save（保存）按钮，如图 2-2 所示。

步骤 03 执行操作后，弹出相应对话框，显示相应进度，如图 2-3 所示。

步骤 04 稍等片刻后，弹出 VideoStudio Pro X7（会声会影 X7）对话框，提示正在初始化安装向导，显示安装进度，如图 2-4 所示。

图 2-1 双击鼠标左键

图 2-2 单击 Save（保存）按钮

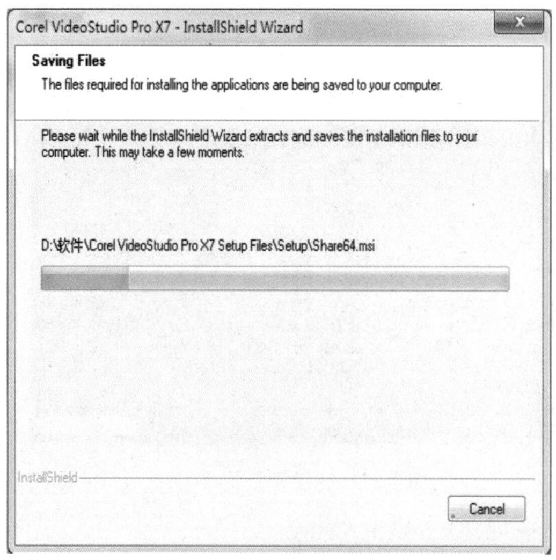

图 2-3 显示进度

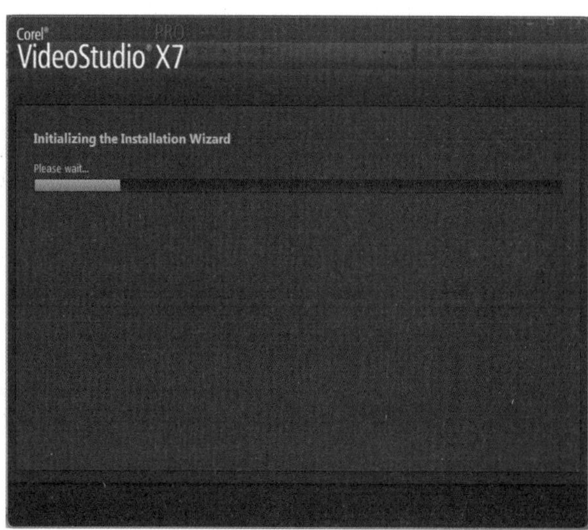

图 2-4 显示安装进度

步骤 05 稍等片刻后，进入下一个页面，选中 I accept the terms in the license agreement（我接受许可协议中的条款）复选框，如图 2-5 所示。

步骤 06 单击 Next（下一步）按钮，进入下一个页面，用户可以根据需要设置软件的安装位置，如图 2-6 所示。

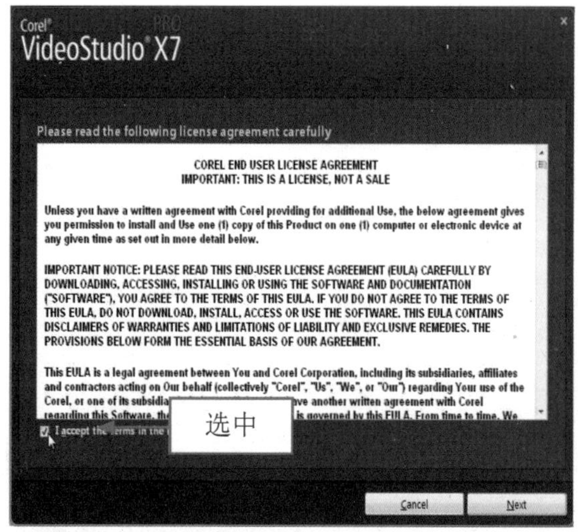

图 2-5 选中相应复选框

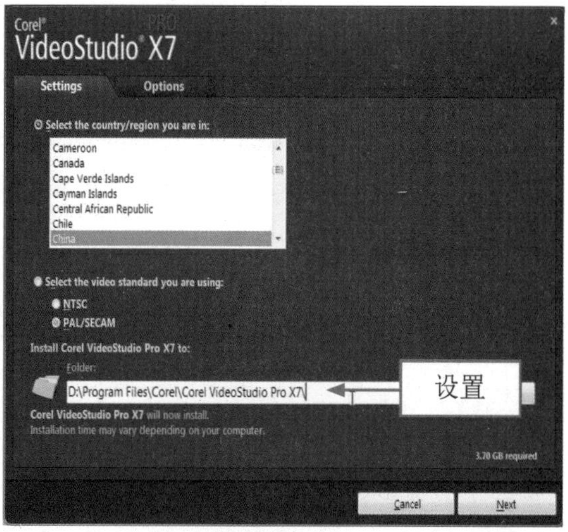

图 2-6 设置安装位置

步骤 07 单击 Next（下一步）按钮，进入下一个页面，并取消选中相应复选框，如图 2-7 所示。

步骤 08 单击 Install Now（立刻安装）按钮，进入安装页面，显示软件的安装进度，如图 2-8 所示。

步骤 09 稍等片刻，待软件安装完成后，进入下一个页面，提示软件已经安装成功，单击 Finish（完成）按钮即可完成操作，如图 2-9 所示。

图 2-7 取消选中相应复选框

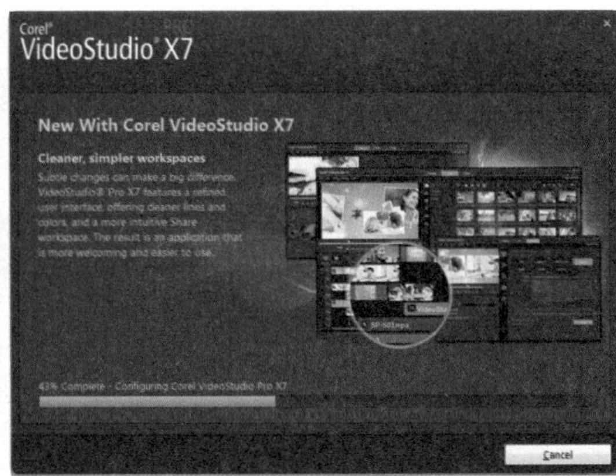

图 2-8 显示安装进度

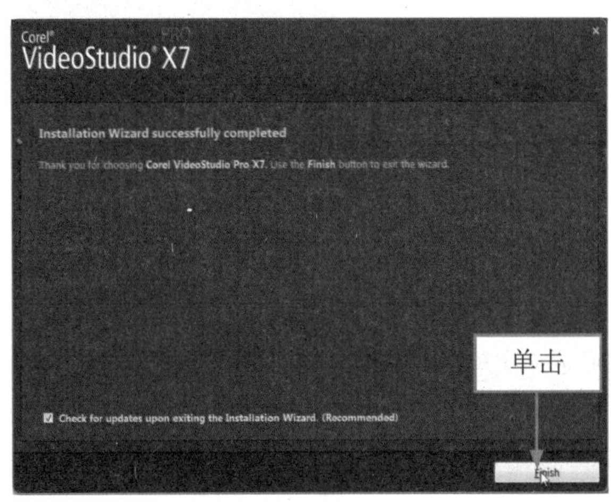

图 2-9 单击 Finish 按钮

2.1.2 启动会声会影 X7

使用会声会影 X7 制作影片之前，首先需要启动会声会影 X7 应用程序，下面介绍启动会声会影 X7 的操作方法。

素材文件	无
效果文件	无
视频文件	光盘 \ 视频 \ 第 2 章 \2.1.2 启动会声会影 X7.mp4

实战 启动会声会影 X7

步骤 01 在桌面上，使用鼠标左键双击 Corel VideoStudio Pro X7 的图标，如图 2-10 所示。

步骤 02 执行操作后，进入会声会影 X7 启动界面，如图 2-11 所示。

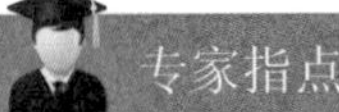

专家指点

除了运用上述方法可以启动会声会影 X7 外，还可以单击“开始”按钮，在弹出的菜单栏中单击 Corel VideoStudio Pro X7 应用程序图标，即可启动软件。

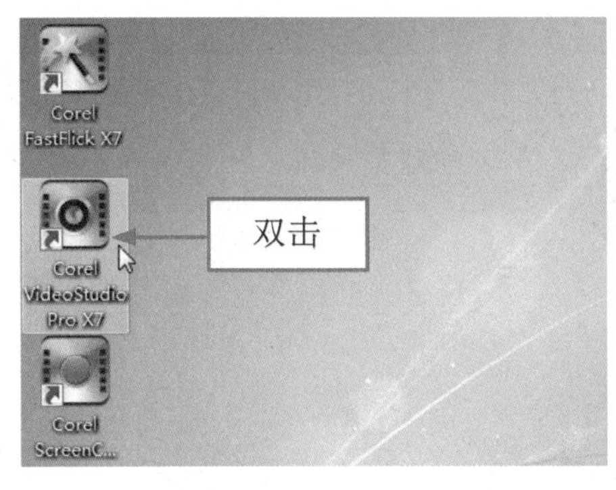

图 2-10 使用鼠标左键双击图标

图 2-11 进入启动界面

步骤 03 稍等片刻，弹出软件界面，进入会声会影 X7 编辑器，如图 2-12 所示。

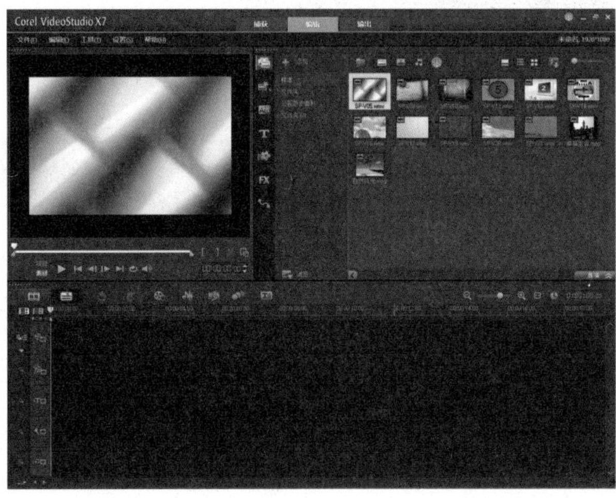

图 2-12 进入编辑器

2.1.3 退出会声会影 X7

当用户运用会声会影 X7 编辑完视频后，为了节约系统内存空间，提高系统运行速度，此时可以退出会声会影 X7 应用程序。下面介绍退出会声会影 X7 的操作方法。

	素材文件	无
	效果文件	无
	视频文件	光盘 \ 视频 \ 第 2 章 \2.1.3 退出会声会影 X7.mp4

实战 退出会声会影 X7

步骤 01 进入会声会影编辑器，执行菜单栏中的“文件”|“退出”命令，如图 2-13 所示。

步骤 02 执行上述操作后，即可退出会声会影 X7，如图 2-14 所示。

专家指点

除了运用上述方法可以退出会声会影 X7 外，还可以单击工作界面右上角的“关闭”按钮，关闭工作界面。

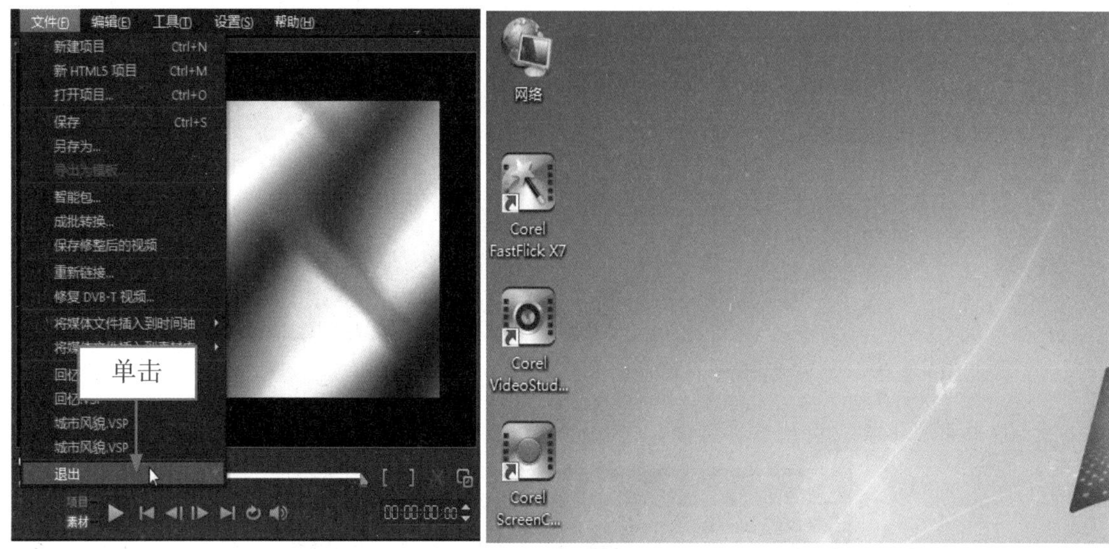

图 2-13 单击“退出”命令　　图 2-14 退出会声会影 X7

2.2 项目的基本操作

项目，就是进行视频编辑等操作的文件。使用会声会影对视频进行编辑时，会涉及一些项目的基础操作，如新建项目、打开项目、保存项目和关闭项目等。下面主要介绍会声会影 X7 中项目的基本操作方法。

2.2.1 新建项目文件

会声会影 X7 的项目文件是 *.VSP 格式的文件，它用来存放制作影片所需要的必要信息，包括视频素材、图像素材、声音文件、背景音乐以及字幕和特效等。但是，项目文件本身并不是影片，只是在最后的分享步骤中，经过渲染输出，才将项目文件中的所有素材连接在一起，生成最终的影片。在运行会声会影编辑器时，程序会自动打开一个新项目，并让用户开始制作视频作品。如果是第一次使用会声会影编辑器，那么新项目将使用会声会影的初始默认设置。否则，新项目将使用上次使用的项目设置。项目设置可以决定在预览项目时，视频项目的渲染方式。

	素材文件	光盘 \ 素材 \ 第 2 章 \SP-I02.jpg
	效果文件	光盘 \ 效果 \ 第 2 章 \ 树枝 .VSP
	视频文件	光盘 \ 视频 \ 第 2 章 \2.2.1 新建项目文件 .mp4

实战 新建项目文件

步骤 01 进入会声会影 X7 编辑器，单击菜单栏中的“文件”|“新建项目”命令，如图 2-15 所示。

步骤 02 执行上述操作后，即可新建一个项目文件，单击“显示照片”按钮，显示软件自带的照片素材，如图 2-16 所示。

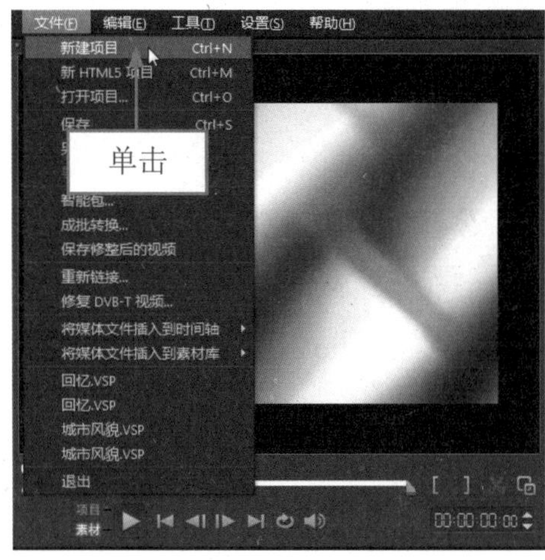

图 2-15 单击“新建项目”命令

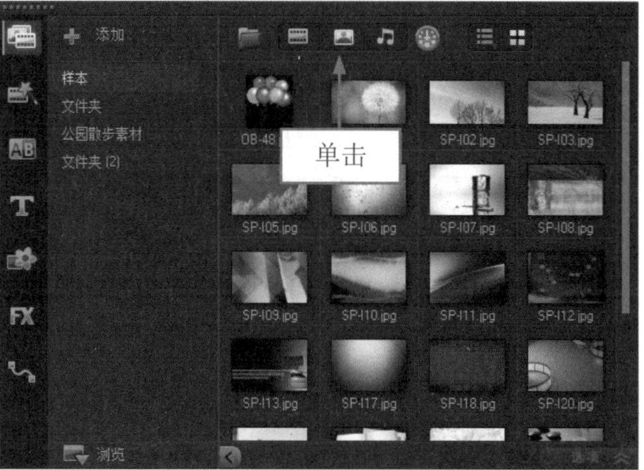

图 2-16 显示软件自带的照片素材

步骤 03 在照片素材库中，选择相应的照片素材，单击鼠标左键并拖曳至视频轨中，如图 2-17 所示。

步骤 04 在预览窗口中，即可预览视频效果，如图 2-18 所示。

图 2-17 拖曳至视频轨中

图 2-18 预览视频效果

专家指点

当用户正在编辑的文件没有进行保存操作时，在新建项目的过程中，会弹出提示信息框，提示用户是否保存当前文档。单击“是”按钮，即可保存项目文件；单击“否”按钮，将不保存项目文件；单击“取消”按钮，将取消项目文件的新建操作。

2.2.2 打开项目文件

在会声会影 X7 中打开项目文件后，可以编辑影片中的视频素材、图像素材、声音文件、背景音乐以及文字和特效等内容，然后再根据需要，重新渲染并生成新的影片。

	素材文件	光盘 \ 素材 \ 第 2 章 \ 粉色球花 .VSP
	效果文件	无
	视频文件	光盘 \ 视频 \ 第 2 章 \2.2.2 打开项目文件 .mp4

实战 粉色球花

步骤 01 在会声会影 X7 编辑器，单击“文件”|“打开项目”命令，如图 2-19 所示。

步骤 02 弹出“打开”对话框，在其中选择需要打开的项目文件，如图 2-20 所示。

图 2-19 单击“打开项目”命令

图 2-20 选择需要打开的项目文件

步骤 03 单击“打开”按钮，即可打开项目文件，单击导览面板的“播放”按钮，预览项目效果，如图 2-21 所示。

图 2-21 预览项目效果

2.2.3 保存项目文件

在会声会影 X7 中编辑影片后，保存项目文件也就是保存了视频素材，包括图像素材、声音文件、背景音乐、标题字幕及特效等信息。下面介绍保存项目文件的操作方法。

素材文件	光盘 \ 素材 \ 第 2 章 \ 绿色果汁 .VSP
效果文件	无
视频文件	光盘 \ 视频 \ 第 2 章 \2.2.3 保存项目文件 .mp4

实战 绿色果汁

步骤 01 进入会声会影编辑器，单击“文件”|“打开项目”命令，弹出“打开”对话框，在其中选择需要打开的项目文件，单击“打开”按钮，即可打开项目文件，如图 2-22 所示。

步骤 02 在预览窗口中可预览打开的项目效果，如图 2-23 所示。

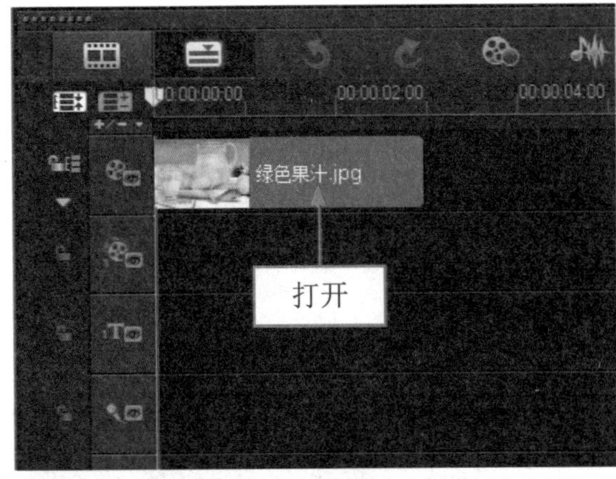

图 2-22 打开项目文件

图 2-23 预览项目效果

步骤 03 在菜单栏上单击“文件”|“另存为”命令，如图 2-24 所示。

步骤 04 弹出“另存为”对话框，在其中设置文件的保存位置及文件名称，如图 2-25 所示，单击“保存”按钮，即可保存项目文件。

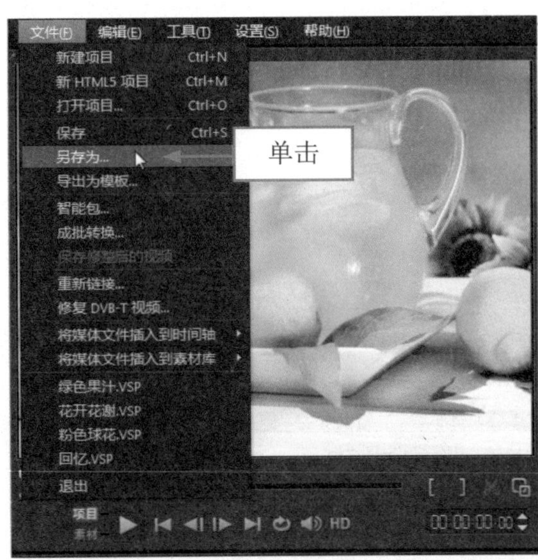

图 2-24 单击“另存为”命令

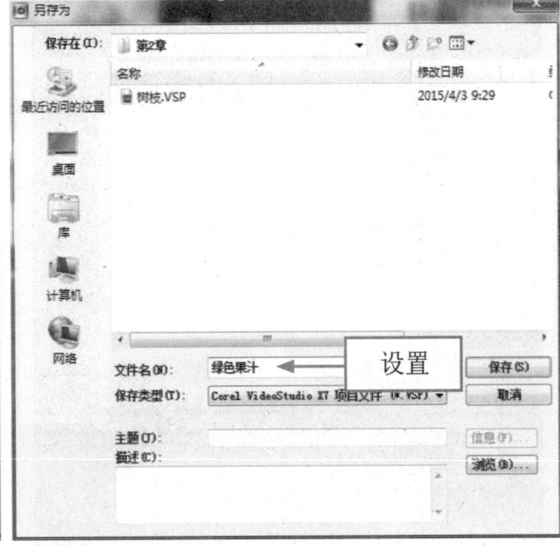

图 2-25 设置位置和名称

2.2.4 保存为压缩文件

在会声会影 X7 中编辑影片后，保存项目文件也就是保存了视频素材，包括图像素材、声音文件、背景音乐、标题字幕及特效等信息。下面介绍保存为压缩文件的操作方法。

	素材文件	光盘 \ 素材 \ 第 2 章 \ 花瓣 .VSP
	效果文件	光盘 \ 效果 \ 第 2 章 \ 花瓣 .zip
	视频文件	光盘 \ 视频 \ 第 2 章 \2.2.4 保存为压缩文件 .mp4

实战 花瓣

步骤 01 进入会声会影编辑器，打开一个项目文件，如图 2-26 所示。

步骤 02 在预览窗口中可预览打开的项目效果，如图 2-27 所示。

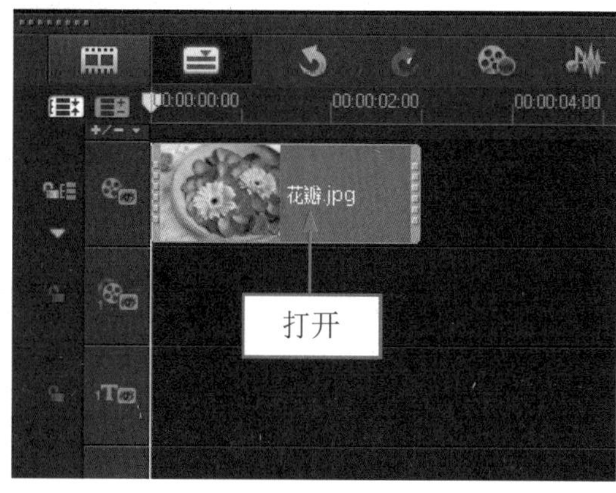

图 2-26 打开项目文件

图 2-27 预览项目效果

步骤 03 在菜单栏上单击“文件”|“智能包”命令，如图 2-28 所示。

步骤 04 弹出提示信息框，单击“是”按钮，如图 2-29 所示。

图 2-28 单击“智能包”命令

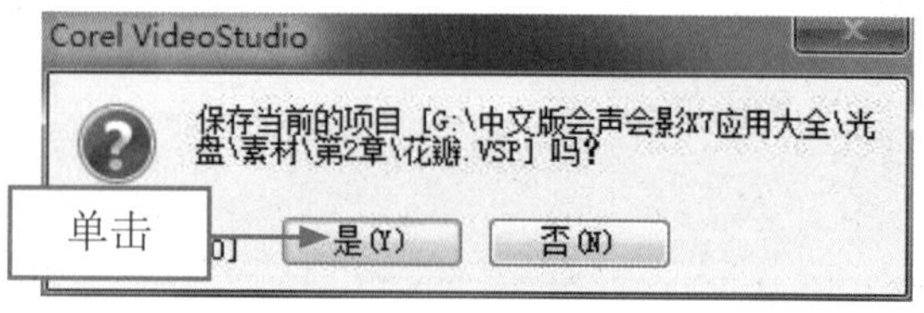

图 2-29 单击“是”按钮

步骤 05 弹出“智能包”对话框，选中“压缩文件”单选按钮，如图 2-30 所示。

步骤 06 更改文件夹路径后，单击“确定”按钮，弹出“压缩项目包”对话框，在其中选中“加密添加文件”复选框，如图 2-31 所示。

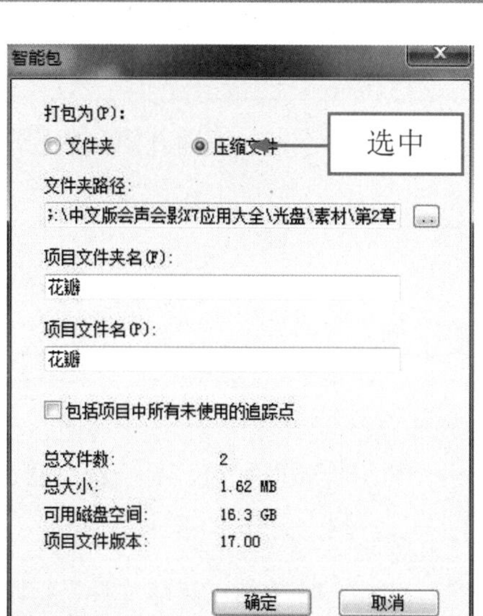

图 2-30 选中“压缩文件”单选按钮

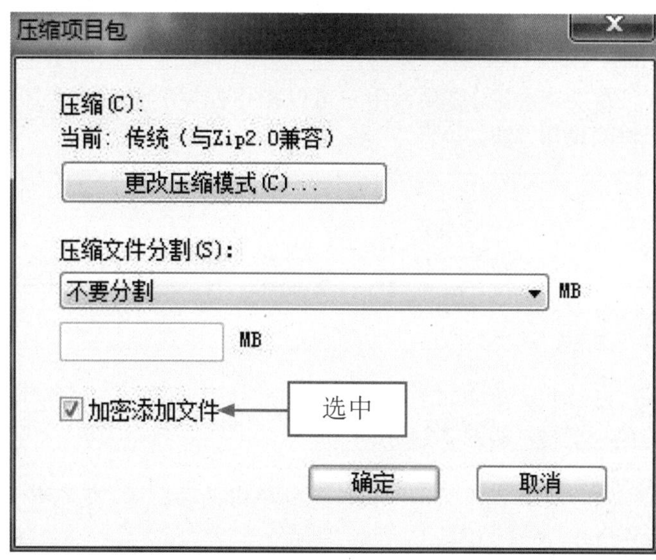

图 2-31 选中“加密添加文件”复选框

步骤 07 单击“确定”按钮，弹出“加密”对话框，在“请输入密码”下方的文本框中输入密码（1234567890），在“重新输入密码”下方的文本框中再次输入密码（1234567890），如图 2-32 所示。

步骤 08 单击“确定”按钮，开始压缩文件，弹出提示信息框，提示成功压缩，如图 2-33 所示，单击“确定”按钮，即可完成文件的压缩。

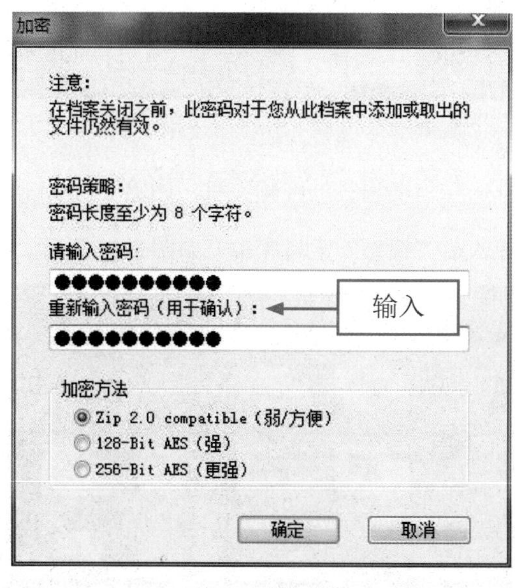

图 2-32 输入密码

图 2-33 弹出提示信息框

2.3 应用素材库

在会声会影 X7 中，用户可以根据需要对素材库进行相应操作，包括加载视频素材、重命名素材文件、删除素材文件以及创建库项目等。下面介绍应用素材库的基本操作方法。

2.3.1 加载视频素材

在会声会影 X7 中，用户可以在“视频”素材库中加载需要的视频素材。下面介绍加载视频素材的操作方法。

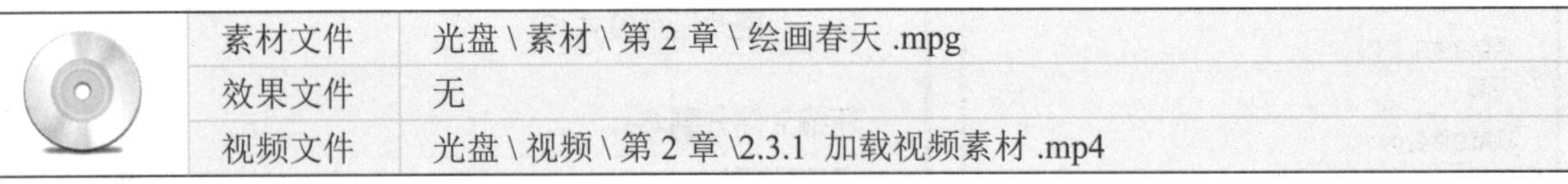

素材文件	光盘 \ 素材 \ 第 2 章 \ 绘画春天 .mpg
效果文件	无
视频文件	光盘 \ 视频 \ 第 2 章 \2.3.1 加载视频素材 .mp4

实战 绘画春天

步骤 01 进入会声会影编辑器，在“媒体”素材库中单击“显示视频”按钮，显示程序默认的视频素材，如图 2-34 所示。

步骤 02 在下方的空白位置处单击鼠标右键，在弹出的快捷菜单中选择“插入媒体文件”选项，如图 2-35 所示。

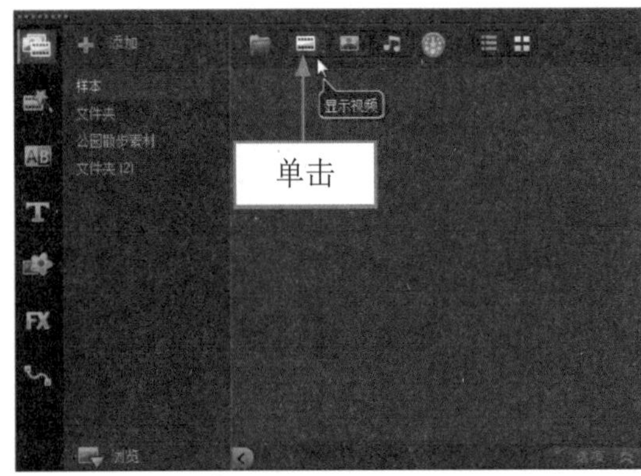

图 2-34 显示程序默认的视频素材

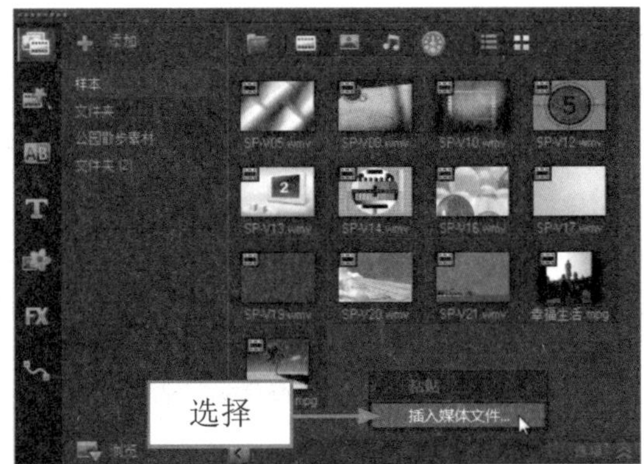

图 2-35 选择“插入媒体文件”选项

步骤 03 弹出“浏览媒体文件”对话框，在其中选择需要加载的视频素材，如图 2-36 所示。

步骤 04 单击“打开”按钮，即可将视频素材导入至“视频”素材库中，如图 2-37 所示。

图 2-36 选择需要加载的视频素材

图 2-37 导入至“视频”素材库中

步骤 05 单击导览面板中的“播放”按钮，即可预览加载的视频效果，如图 2-38 所示。

图 2-38 预览视频效果

专家指点

在会声会影 X7 中，用户还可以在媒体素材库中单击“导入媒体文件”按钮，或者在菜单栏上单击“文件”|“将媒体文件插入到素材库”|“插入视频”命令，也可将需要的视频素材。

2.3.2 重命名素材文件

在会声会影 X7 中，用户可以根据需要在“媒体”素材库中重命名素材文件，下面介绍重命名素材文件的操作方法。

素材文件	无
效果文件	无
视频文件	光盘 \ 视频 \ 第 2 章 \2.3.2 重命名素材文件 .mp4

实战 重命名素材文件

步骤 01 进入会声会影编辑器，在“媒体”素材库中单击“显示照片”按钮，显示程序默认的照片素材，如图 2-39 所示。

步骤 02 在“照片”素材库中，选择需要重命名的素材，然后在该素材名称处单击鼠标左键，素材的名称文本框出现闪烁的光标，如图 2-40 所示。

步骤 03 删除素材本身的名称，输入新的名称“风景”，如图 2-41 所示。

步骤 04 执行上述操作后，按【Enter】键确认，即可重命名素材文件，如图 2-42 所示。

图 2-39 显示程序默认的照片素材

图 2-40 出现闪烁的光标

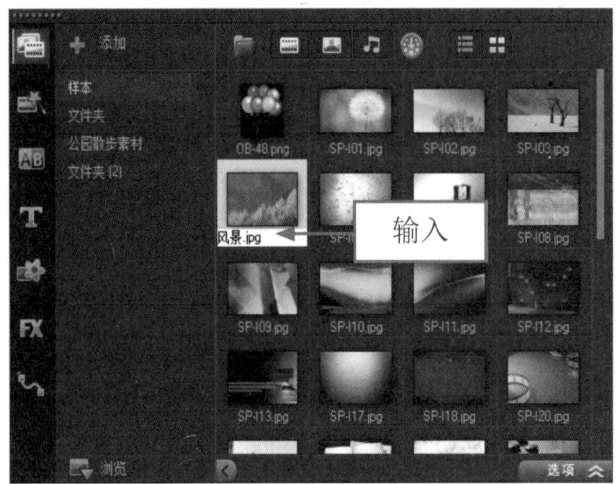

图 2-41 输入名称

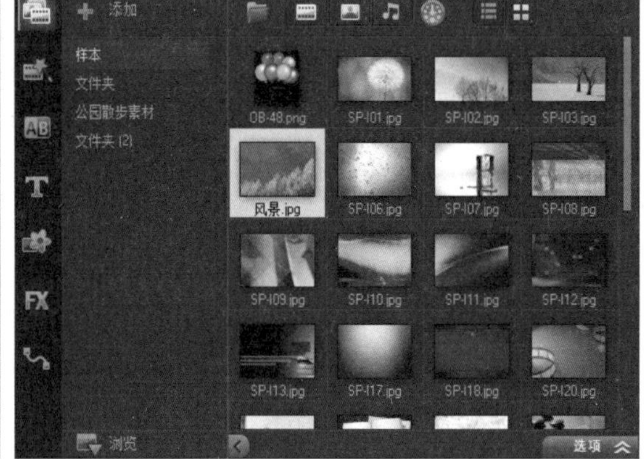

图 2-42 重命名素材文件

2.3.3 删除素材文件

在会声会影 X7 中，当素材库中的素材过多或某些素材不再需要时，用户便可将此类素材删除，以提高工作效率。

	素材文件	光盘 \ 素材 \ 第 2 章 \ 幸福向前 .jpg
	效果文件	无
	视频文件	光盘 \ 视频 \ 第 2 章 \2.3.3 删除素材文件 .mp4

实战 幸福向前

步骤 01 进入会声会影编辑器，在“照片”素材库中添加需要的照片素材，如图 2-43 所示。

步骤 02 在预览窗口中可预览添加的素材效果，如图 2-44 所示。

步骤 03 在素材库中选择需要删除的素材文件，单击鼠标右键，弹出快捷菜单，选择“删除”选项，如图 2-45 所示。

步骤 04 弹出提示信息框，提示用户是否确认操作，如图 2-46 所示，单击“是”按钮，即可删除素材库中选择的素材文件。

图 2-43 添加需要的照片素材

图 2-44 预览素材效果

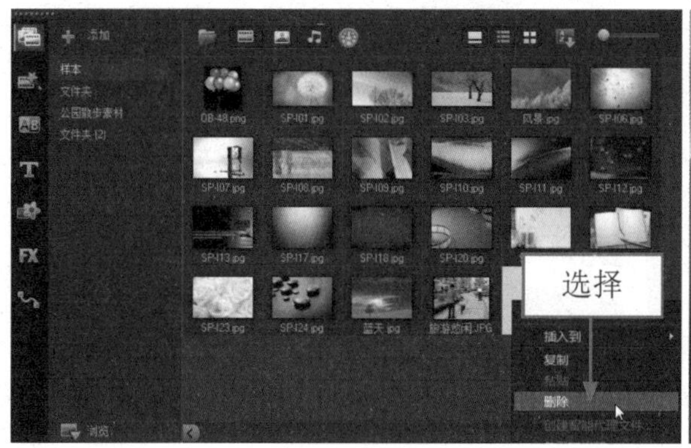

图 2-45 选择“删除”选项

图 2-46 弹出提示信息框

2.3.4 创建库项目

在会声会影 X7 中，用户可以根据需要在“媒体”素材库中创建库项目，方便影片的操作。下面介绍创建库项目的操作方法。

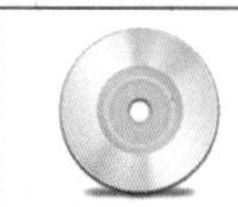	素材文件	无
	效果文件	无
	视频文件	光盘 \ 视频 \ 第 2 章 \2.3.4 创建库项目 .mp4

实战 真爱永恒

步骤 01 进入会声会影编辑器，在“媒体”素材库中显示库导航面板，如图 2-47 所示。

步骤 02 在面板中单击“添加”按钮，如图 2-48 所示。

步骤 03 执行上述操作后，即可创建一个“文件夹”库项目，如图 2-49 所示。

步骤 04 删除项目本身的名称，输入新的名称“真爱永恒”，即可完成库项目的创建，如图 2-50 所示。

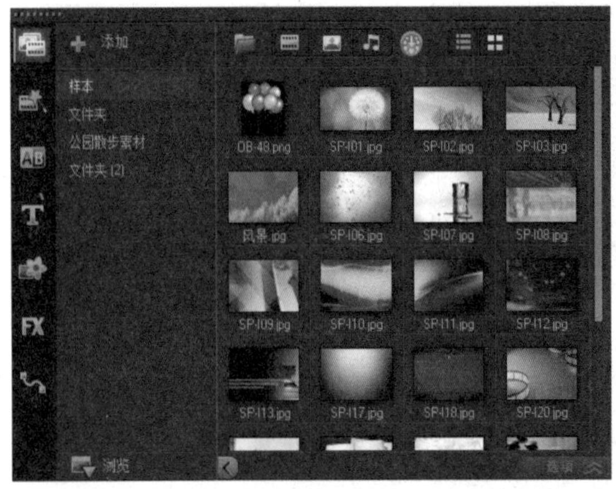

图 2-47 显示库导航面板

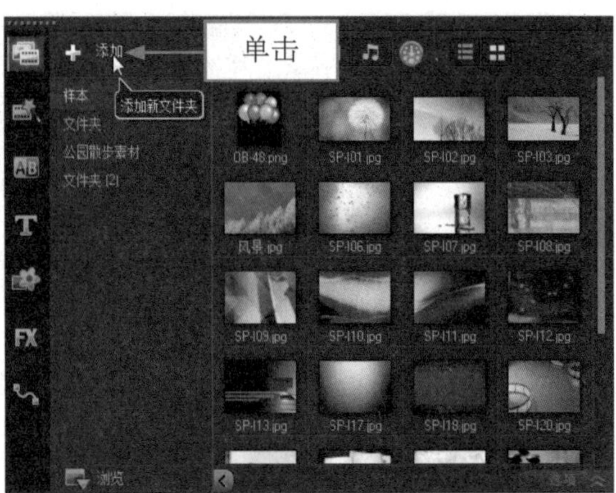

图 2-48 单击“添加”按钮

图 2-49 创建库项目

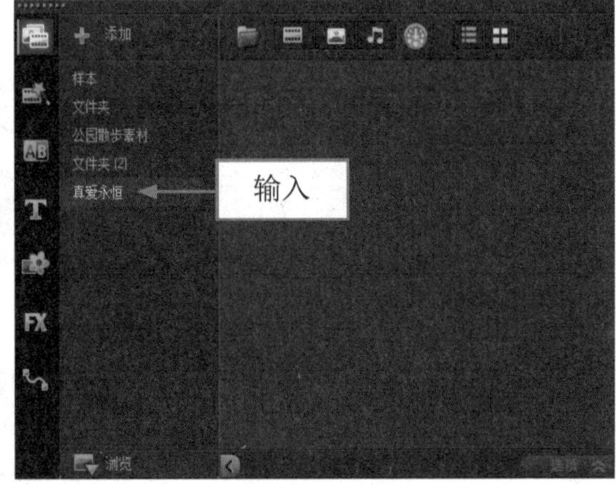

图 2-50 输入名称

2.3.5 排序素材库中的素材

在会声会影 X7 中，用户有时需要对“媒体”素材库中的素材进行排序，方便对素材的操作。下面介绍排序素材库中的素材的操作方法。

	素材文件	光盘 \ 素材 \ 第 2 章 \ 黄色花朵 .jpg
	效果文件	无
	视频文件	光盘 \ 视频 \ 第 2 章 \2.3.5 排序素材库中的素材 .mp4

实战 黄色花朵

步骤 01 进入会声会影编辑器，在“照片”素材库中添加“黄色花朵”素材图像，如图 2-51 所示。

步骤 02 在预览窗口中可预览添加的素材图像效果，如图 2-52 所示。

步骤 03 在“照片”素材库中单击“对素材库的素材排序”按钮，在弹出的列表框中选择“按日期排序”选项，如图 2-53 所示。

步骤 04 执行上述操作后，图像素材即可按照日期进行排序，如图 2-54 所示。

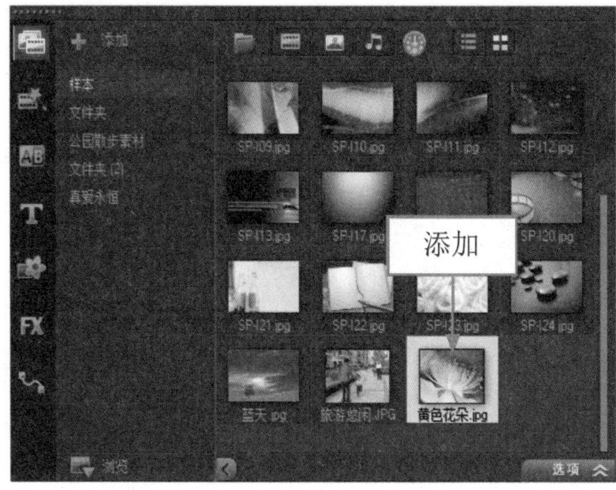

图 2-51 添加素材图像

图 2-52 预览图像效果

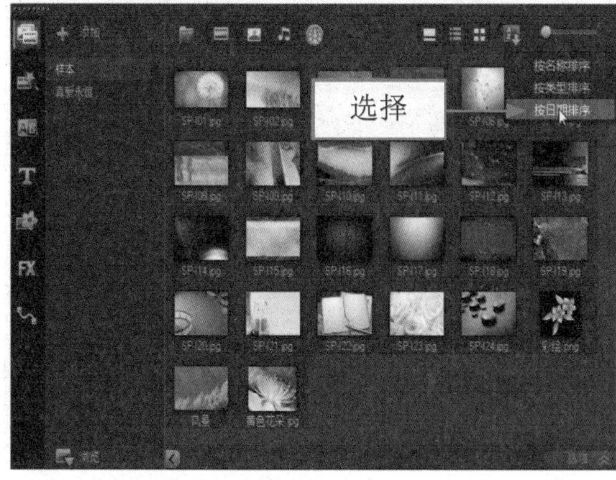

图 2-53 选择“按日期排序”选项

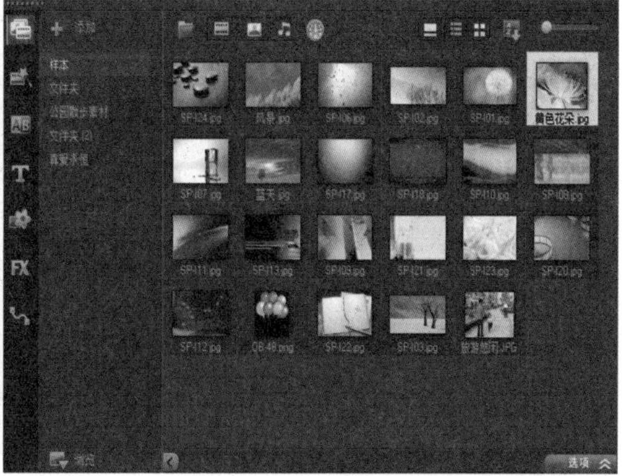

图 2-54 按照日期进行排序

2.3.6 设置素材库中视图显示方式

在会声会影 X7 中，用户可以根据需要对“媒体”素材库中的素材设置视图的显示方式，方便对素材的预览。下面介绍设置素材库中视图显示方式的操作方法。

	素材文件	光盘 \ 素材 \ 第 2 章 \ 蜗牛 .jpg
	效果文件	无
	视频文件	光盘 \ 视频 \ 第 2 章 \2.3.6 设置素材库中视图显示方式 .mp4

实战 蜗牛

步骤 01 进入会声会影编辑器，在“照片”素材库中添加“蜗牛”素材图像，如图 2-55 所示。

步骤 02 在预览窗口中可预览添加的素材图像效果，如图 2-56 所示。

步骤 03 在“照片”素材库中单击“列表视图”按钮，如图 2-57 所示。

步骤 04 图像素材即可以列表视图的方式进行排序，并显示素材的名称、类型以及拍摄日期，如图 2-58 所示。

图 2-55 添加素材图像

图 2-56 预览图像效果

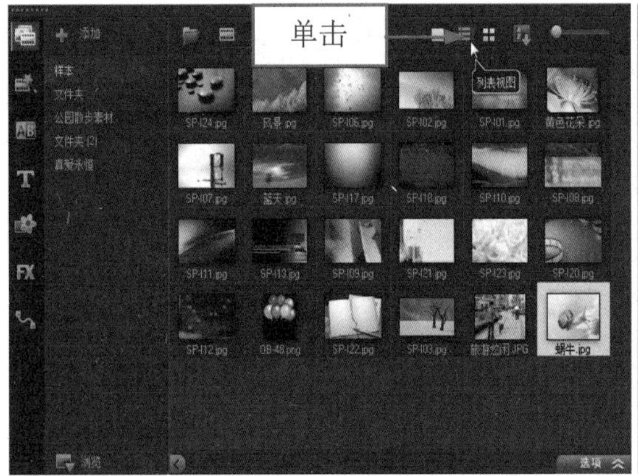

图 2-57 单击“列表视图”按钮

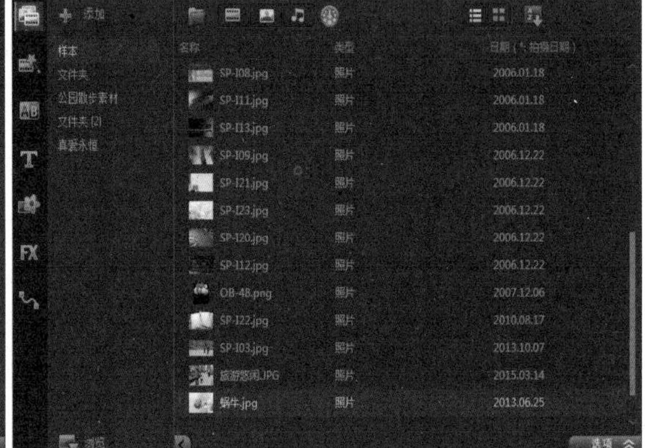

图 2-58 以列表视图方式显示

2.4 掌握软件 3 大视图

会声会影 X7 提供了 3 种可选择的视频编辑视图模式，分别为故事板视图、时间轴视图和混音器视图，每一个视图都有其特有的优势，不同的视图模式都可以应用于不同项目文件的编辑操作。本节主要向读者介绍在会声会影 X7 中切换编辑视图模式的操作方法。

2.4.1 掌握故事板视图

故事板视图模式是一种简单明了的编辑模式，用户只需从素材库中直接将素材用鼠标拖曳至视频轨中即可。在该视图模式中，每一张缩略图代表了一张图片、一段视频或一个转场效果，图片下方数字表示该素材区间。在该视图模式中编辑视频时，用户只需选择相应的视频文件，在预览窗口中进行编辑，从而轻松实现对视频的编辑操作，用户还可以在故事板中用鼠标拖曳缩略图顺序，从而调整视频项目的播放顺序。

在会声会影 X7 编辑器中，单击视图面板上方的“故事板视图”按钮，即可将视图模式切换至故事板视图，如图 2-59 所示。

图 2-59 故事板视图

专家指点

在故事板视图中，无法显示覆叠轨中的素材，也无法显示标题轨中的字幕素材，故事板视图只能显示视频轨中的素材画面，以及素材的区间长度，如果用户为素材添加了转场效果，还可以显示添加的转场特效。

2.4.2 掌握时间轴视图

时间轴视图是会声会影 X7 中最常用的编辑模式，相对比较复杂，但是其功能强大，在时间轴编辑模式下，用户不仅可以对标题、字幕、音频等素材进行编辑，而且还可在以“帧”为单位的精度下对素材进行精确的编辑，是用户精确编辑视频的最佳形式。

	素材文件	光盘 \ 素材 \ 第 2 章 \. 糕点 .VSP
	效果文件	无
	视频文件	光盘 \ 视频 \ 第 2 章 \2.4.1 掌握时间轴视图 .mp4

实战 糕点

步骤 01 进入会声会影编辑器，在菜单栏中单击“文件”|“打开项目”命令，打开一个项目文件，如图 2-60 所示。

步骤 02 单击故事板上方的“时间轴视图”按钮，如图 2-61 所示，即可将视图模式切换至时间轴视图模式。

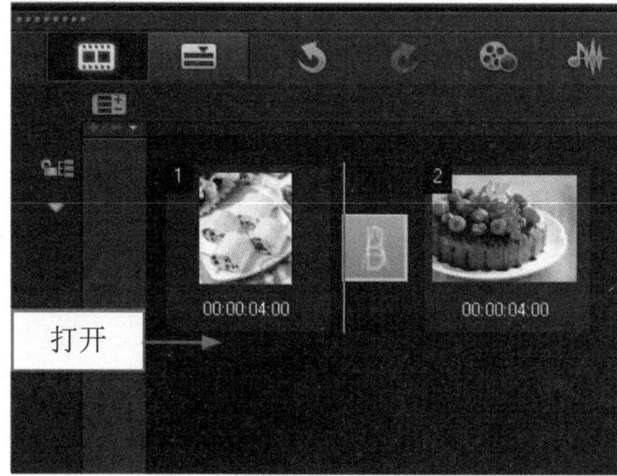

图 2-60 打开项目文件

图 2-61 切换至时间轴视图模式

专家指点

在时间轴面板中，共有5个轨道，分别是视频轨、覆叠轨、标题轨、声音轨和音乐轨，视频轨和覆叠轨主要用于放置视频素材和图像素材，标题轨主要用于放置标题字幕素材，声音轨和音乐轨主要用于放置旁白和背景音乐等音频素材。在编辑时，只需要将相应的素材拖动到相应的轨道中，即可完成对素材的添加操作。

步骤 03 在预览窗口中，可以预览时间轴视图中的素材画面效果，如图2-62所示。

图2-62 预览效果

2.4.3 掌握混音器视图

混音器视图在会声会影X7中，可以用来调整项目中声音轨和音乐轨中素材的音量大小，以及调整素材中特定点位置的音量，在该视图中用户还可以为音频素材设置淡入淡出、长回音、放大以及嘶声降低等特效。

	素材文件	光盘\素材\第2章\风车.VSP
	效果文件	无
	视频文件	光盘\视频\第2章\2.4.3 掌握混音器视图.mp4

实战 风车

步骤 01 进入会声会影编辑器，在菜单栏中单击"文件"|"打开项目"命令，打开一个项目文件，如图2-63所示。

步骤 02 单击时间轴上方的"混音器"按钮，如图2-64所示，即可将视图模式切换至混音器视图模式。

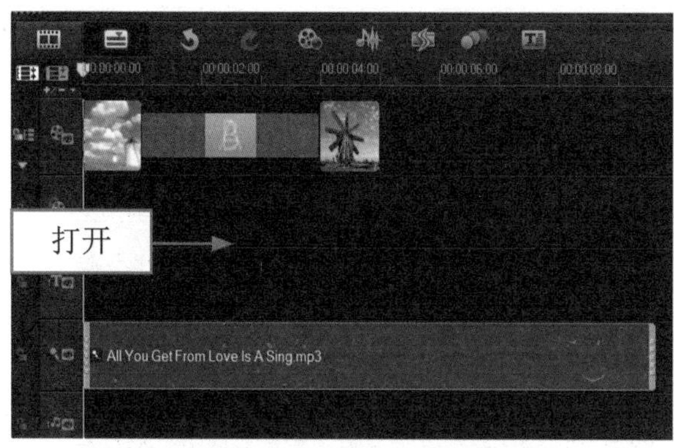

图 2-63 打开一个项目文件

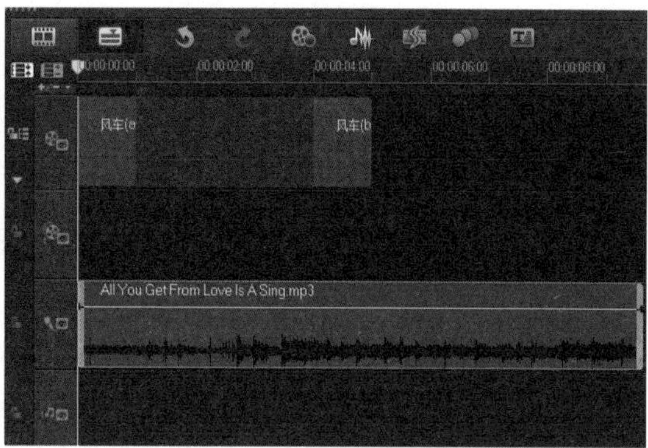

图 2-64 切换至混音器视图模式

步骤 03 在预览窗口中，可以预览混音器视图中的素材画面效果，如图 2-65 所示。

图 2-65 预览素材画面效果

专家指点

在会声会影 X7 工作界面中，如果用户再次单击“混音器”按钮，可以返回至故事板视图或时间轴视图中。

2.5 使用软件辅助工具

在会声会影 X7 中，网络对于对称地布置图像或其他对象非常有用。本节主要向读者介绍使用软件辅助工具来编辑素材文件的方法。

2.5.1 显示网格线

在会声会影 X7 中，通过“显示网格线”复选框，可以在预览窗口中显示网格线。下面向读者介绍显示网格线的操作方法。

	素材文件	光盘 \ 素材 \ 第 2 章 \ 旅游景点 .VSP
	效果文件	无
	视频文件	光盘 \ 视频 \ 第 2 章 \2.5.1 显示网格线 .mp4

实战 旅游景点

步骤 01 进入会声会影编辑器，单击“文件”|“打开项目”命令，打开一个项目文件，如图2-66所示。

步骤 02 在时间轴面板中，选择需要显示网络线的素材文件，如图 2-67 所示。

图 2-66 打开一个项目文件

图 2-67 选择需要显示网络线的素材文件

步骤 03 单击时间轴面板右上方的“选项”按钮，如图 2-68 所示，弹出“选项”面板，单击“属性”选项卡，如图 2-69 所示。

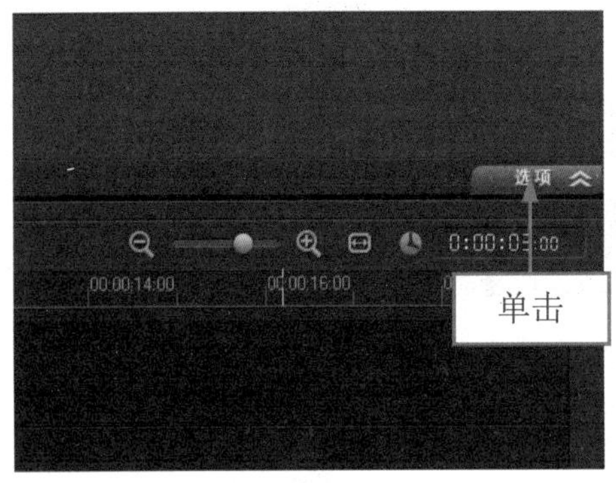

图 2-68 单击“选项”按钮

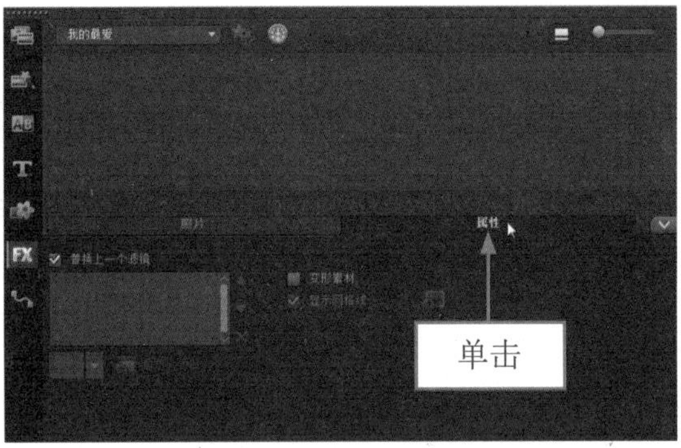

图 2-69 单击“属性”选项卡

步骤 04 打开“属性”选项面板，选中“变形素材”复选框，激活“显示网格线”复选框，并选中“显示网格线”复选框，如图 2-70 所示。

步骤 05 执行操作后，即可显示网格线，效果如图 2-71 所示。

步骤 06 在“属性”选项面板中，单击“网格线选项”按钮，如图 2-72 所示。执行操作后，弹出“网格线选项”对话框，如图 2-73 所示。

专家指点

在“属性”选项面板中，各选项含义如下。

* “变形素材”复选框：拖曳素材四周的控制柄，可以变形或扭曲素材文件。
* “显示网格线”复选框：可以显示网格线。
* “网格线选项”按钮：可以设置网格线属性。

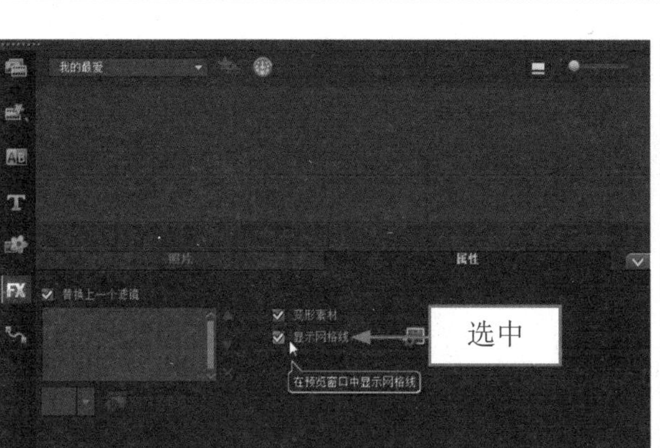

图 2-70 选中“显示网格线”复选框

图 2-71 显示网格线

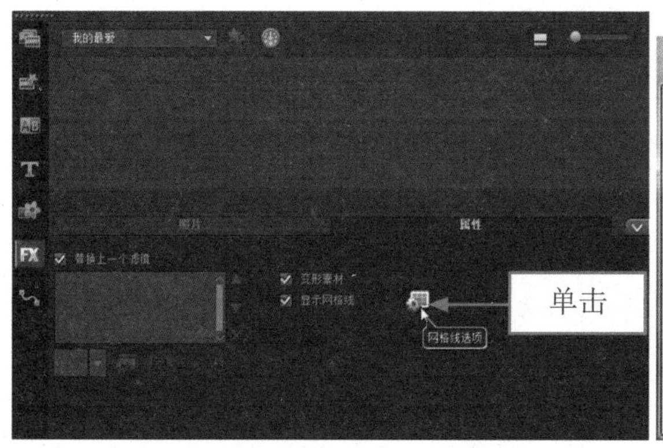

图 2-72 单击“网格线选项”按钮

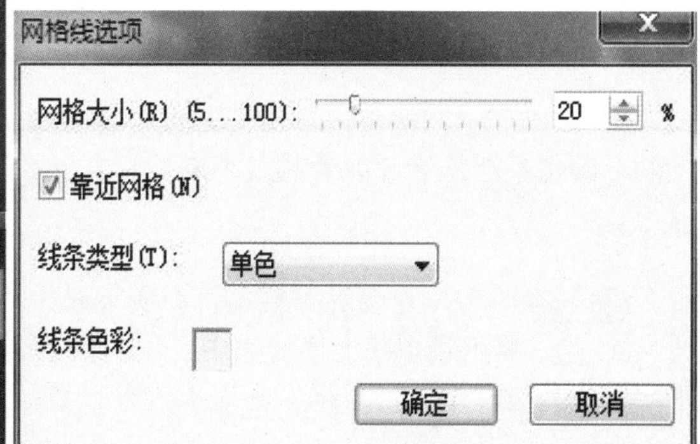

图 2-73 弹出“网格线选项”对话框

步骤 07 拖曳“网格大小”右侧的滑块，直至参数显示为 25，或者在“网格大小”右侧的百分比数值框中输入 25，设置网格的大小属性，如图 2-74 所示。单击“线条色彩”右侧的色块，在弹出的颜色面板中选择蓝色，是指设置网格线的颜色为蓝色，如图 2-75 所示。

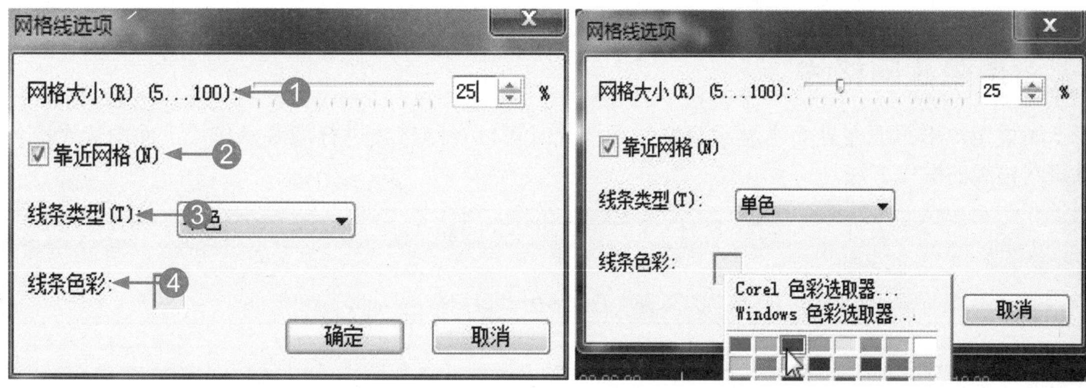

图 2-74 设置网格的大小属性

图 2-75 设置网格线的颜色为蓝色

步骤 08 设置完成后，单击“确定”按钮，返回会声会影工作界面，在预览窗口中可以预览网格线的效果，在“网格线选项”对话框中，用户还可以更改网络线的颜色为红色，效果如图 2-76 示。

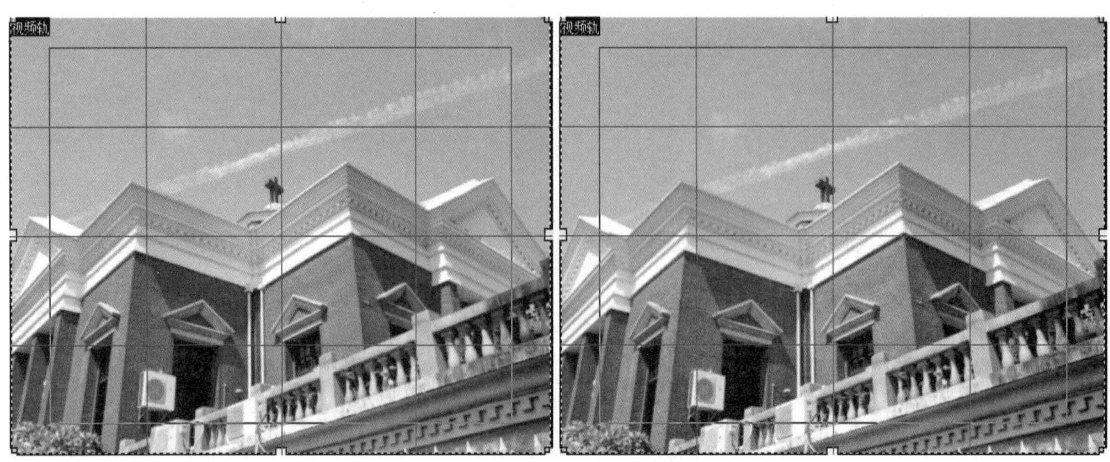

图 2-76 更改网络线的颜色为红色

在“网格线选项”对话框中，各主要选项含义如下。

❶ 网格大小：该数值框中，可以设置预览窗口中网格的大小，参数区间可以设置在 5 ～ 100 之间，数值不能低于 5 或者超过 100。

❷ 靠近网格：选中该复选框，可以在编辑素材时靠近网格边界。

❸ 线条类型：在该列表框中，包含 5 种不同的网格线型，如单色、虚线、点、虚线 - 点、虚线 - 点 - 点，单色线型在上述操作中已经向读者进行介绍，下面预览其他 4 种不同线条的网格效果，用户在操作过程中，可根据实际需求进行设置。

❹ 线条色彩：单击该选项右侧的色块，在弹出的颜色面板中，用户可以根据实际需要设置网格的色彩属性。

专家指点

网格线只是显示在预览窗口中，是对软件界面的一种属性设置，不会被用户保存至项目文件中，也不会被输出至视频文件中。

2.5.2 隐藏网格线

如果用户不需要在界面中显示网格效果，此时可以对网格线进行隐藏操作。下面向读者介绍隐藏网格线的操作方法。

	素材文件	光盘 \ 素材 \ 第 2 章 \2.2.2 塔 .jpg
	效果文件	无
	视频文件	光盘 \ 视频 \ 第 2 章 \2.5.2 隐藏网格线 .mp4

实战 塔

步骤 01 进入会声会影编辑器，单击“文件”|“打开项目”命令，打开一个项目文件，如图 2-77 所示。

步骤 02 在时间轴面板中，选择相应素材文件，效果如图 2-78 所示。

图 2-77 打开一个项目文件

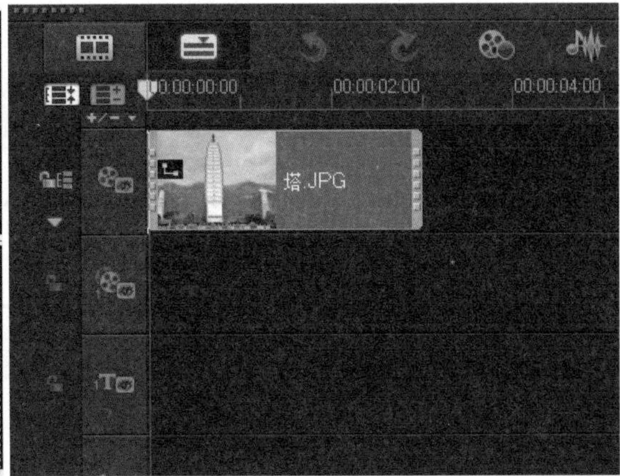

图 2-78 选择相应素材文件

步骤 03 展开“属性”选项面板，在其中取消选中“变形素材”和“显示网格线”复选框，如图 2-79 所示。

步骤 04 执行操作后，即可隐藏网格线，效果如图 2-80 所示。

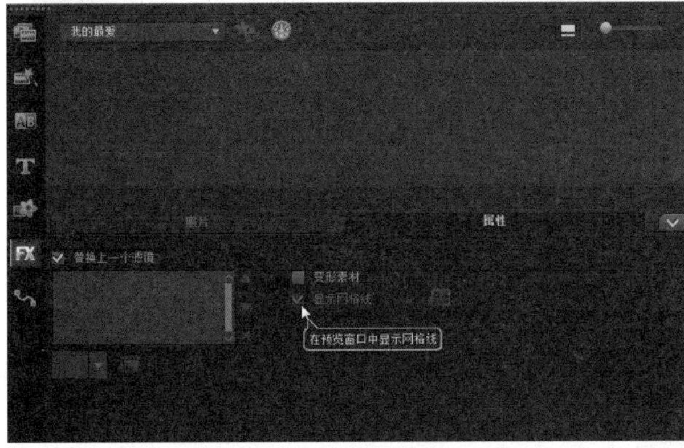

图 2-79 取消选中复选框

图 2-80 预览效果

专家指点

在显示网格线的状态下，单击“网格线选项”按钮，在弹出的“网格线选项”对话框中，拖曳鼠标指针放置在“网格大小”选项区右侧的滑块上，单击鼠标左键的同时将滑块拖曳至最右端，网格线将扩大到 100%，预览窗口中的网格线将不可见，即可实现隐藏网格线的操作。

2.6 设置预览窗口

在会声会影 X7 中，用户可以根据自己的操作习惯，随时更改预览窗口的属性，如预览窗口的背景色、标题安全区域以及 DV 时间码等信息。本节主要向读者介绍设置预览窗口的操作方法。

2.6.1 设置窗口背景色

对于会声会影 X7 预览窗口中的背景颜色，用户可以根据操作习惯进行相应的调整，当素材颜色与预览窗口背景色相近时，将预览窗口背景色设置与素材对比度大的色彩，这样可以更好地区分背景与素材的边界。

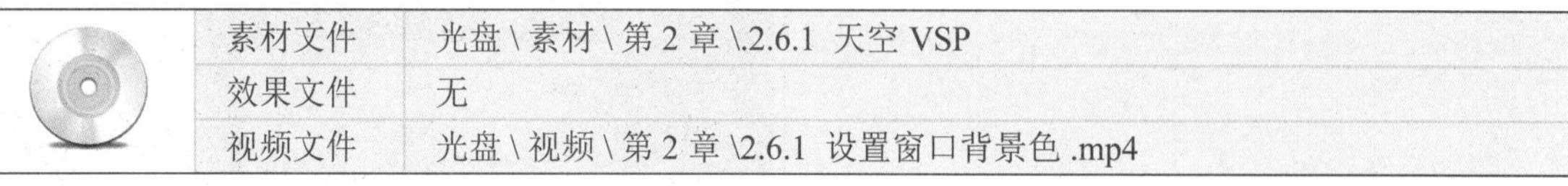

	素材文件	光盘 \ 素材 \ 第 2 章 \.2.6.1 天空 VSP
	效果文件	无
	视频文件	光盘 \ 视频 \ 第 2 章 \2.6.1 设置窗口背景色 .mp4

实战 天空

步骤 01 进入会声会影编辑器，单击“文件”|“打开项目”命令，打开一个项目文件，如图 2-81 所示。

步骤 02 在预览窗口中，可以预览目前预览窗口中的背景色，如图 2-82 所示。

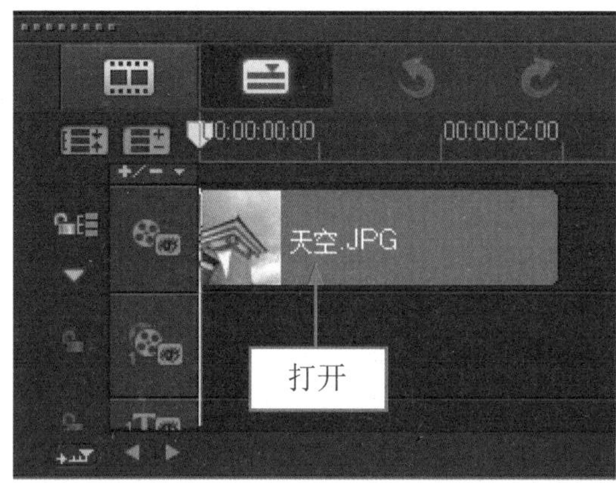

图 2-81 打开项目文件

图 2-82 预览窗口中的背景色

步骤 03 在菜单栏中，单击“设置”|“参数选择”命令，如图 2-83 所示。

步骤 04 执行操作后，弹出“参数选择”对话框，如图 2-84 所示。

图 2-83 单击命令

图 2-84 弹出“参数选择”对话框

步骤 05 在“预览窗口”选项区中单击“背景色”选项右侧的色块，在弹出的颜色面板中选择白色，如图 2-85 所示。

步骤 06 单击“确定”按钮，即可设置预览窗口的背景色，效果如图 2-86 所示。

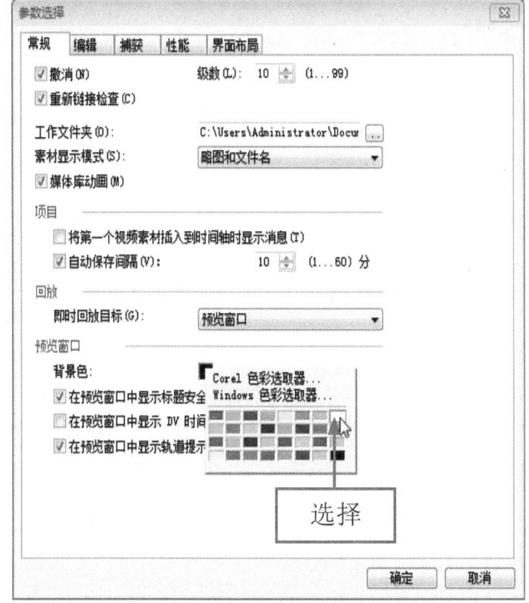

图 2-85 选择白色

图 2-86 设置预览窗口的背景色

专家指点

在设置预览窗口的背景色时，用户可以根据素材的颜色配置与画面协调的色彩，使整个画面达到和谐统一的效果。

2.6.2 设置标题安全区域

在预览窗口中显示标题的安全区域，可以更好的编辑标题字幕，使字幕能完整的显示在预览窗口之内，下面向读者介绍设置标题安全区域的操作方法。

素材文件	光盘 \ 素材 \ 第 2 章 \2.6.2 纯真童年 VSP
效果文件	无
视频文件	光盘 \ 视频 \ 第 2 章 \2.6.2 设置标题安全区域 .mp4

实战 纯真童年

步骤 01 进入会声会影编辑器，单击“文件”|“打开项目”命令，打开一个项目文件，如图 2-87 所示。

步骤 02 单击“设置”|“参数选择”命令，弹出“参数选择”对话框，在“预览窗口”选项区中选中“在预览窗口中显示标题安全区域”复选框，如图 2-88 所示。

图 2-87 打开项目文件

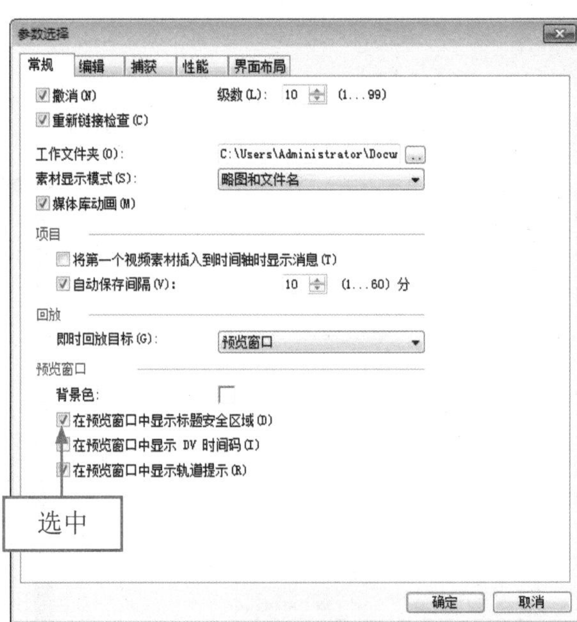

图 2-88 选中相应复选框

步骤 03 单击"确定"按钮，即显示标题安全区域，选择标题轨中的字幕，如图 2-89 所示。

步骤 04 在字幕文件上，双击鼠标左键，在预览窗口中即可显示标题安全区域，如图 2-90 所示。

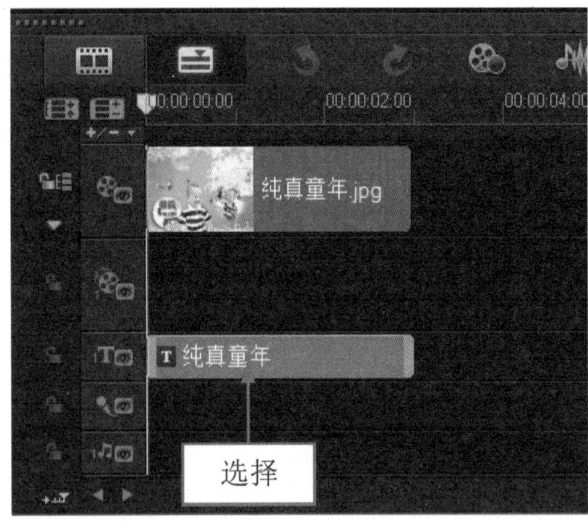

图 2-89 选择标题轨中的字幕

图 2-90 显示标题安全区域

专家指点

如果用户不需要显示标题的安全区域，只需在"参数选择"对话框的"常规"选项卡中，取消选中"在预览窗口中显示标题安全区域"复选框，即可隐藏标题安全区域。

2.6.3 显示 DV 时间码

在会声会影 X7 中，用户还可以设置在预览窗口中是否显示 DV 时间码。下面向读者介绍显示 DV 时间码的操作方法。

	素材文件	无
	效果文件	无
	视频文件	光盘 \ 视频 \ 第 2 章 \2.6.3 显示 DV 时间码 ..mp4

实战 显示 DV 时间码

步骤 01 进入会声会影编辑器，单击“设置”|“参数选择”命令，弹出“参数选择”对话框，在“预览窗口”选项区中选中“在预览窗口中显示 DV 时间码”复选框，如图 2-91 所示。

步骤 02 执行操作后，将弹出信息提示框，如图 2-92 所示，单击“确定”按钮，返回“参数选择”对话框，单击“确定”按钮，即可在回放 DV 视频时在预览窗口中显示 DV 时间码。

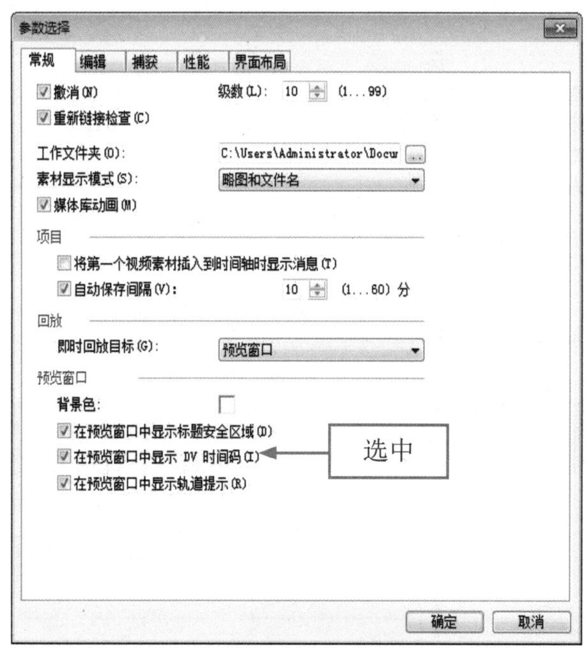

图 2-91 选中相应复选框

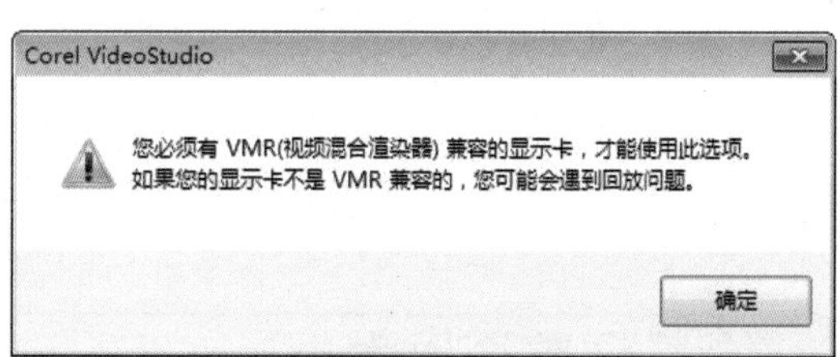

图 2-92 弹出信息提示框

2.6.4 显示轨道提示

用户在轨道面板中编辑视频素材时，可以使用轨道提示功能，方便对视频进行编辑操作。

	素材文件	无
	效果文件	无
	视频文件	光盘 \ 视频 \ 第 2 章 \2.6.4 显示轨道提示 .mp4

实战 显示轨道提示

步骤 01 进入会声会影编辑器，在菜单栏中单击“设置”|“参数选择”命令，如图 2-93 所示。

步骤 02 弹出“参数选择”对话框，在“预览窗口”选项区中选中“在预览窗口中显示轨道提示”复选框，如图 2-94 所示，单击“确定”按钮，即可启用轨道提示功能。

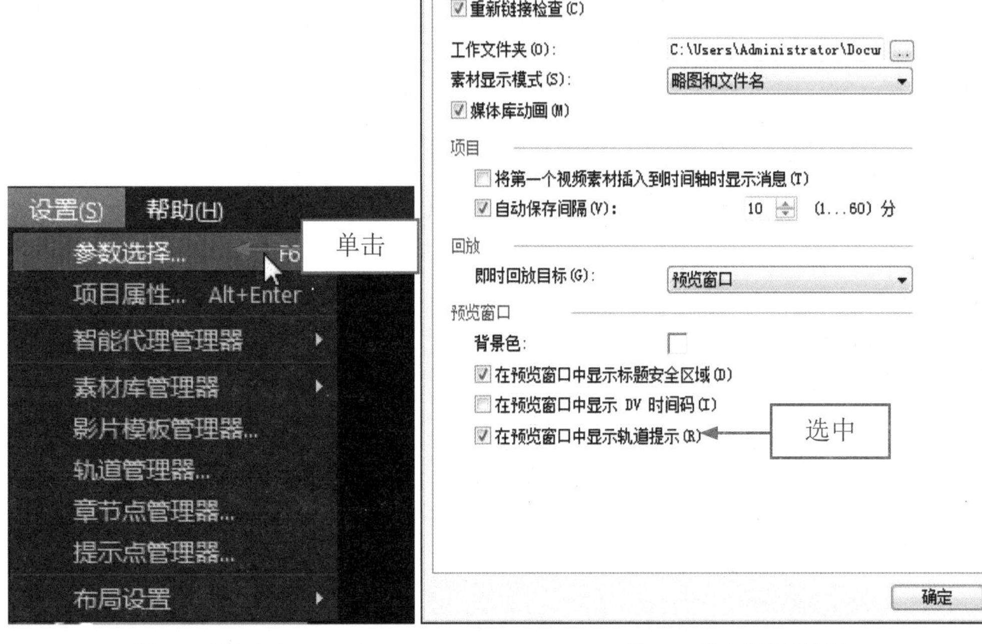

图 2-93 单击命令　　图 2-94 选中相应复选框

2.7 更改软件布局方式

更改软件的布局方式是会声会影 X7 的非常实用的功能，用户运用会声会影 X7 进行视频编辑时，可以根据操作习惯随意调整界面布局，如将面板放大、嵌入到其他位置以及设置成漂浮状态等。

2.7.1 调整面板大小

在会声会影 X7 中，用户可以根据编辑视频的方式和操作手法，更改软件默认状态下的布局样式。在使用会声会影 X7 进行编辑的过程中，用户可以根据需要将面板放大或者缩小，如在时间轴中进行编辑时，将时间轴面板放大，可以获得更大的操作空间；在预览窗口中预览视频效果时，将预览窗口放大，可以获得更好的预览效果。

素材文件	无
效果文件	无
视频文件	光盘 \ 视频 \ 第 2 章 \2.7.1 调整面板大小 .mp4

实战 调整面板大小

步骤 01 将鼠标移至预览窗口、素材库或时间轴相邻的边界线上，如图 2-95 所示。

步骤 02 单击鼠标左键并拖曳，可将选择的面板随意的放大、缩小。图 2-96 所示为调整面板大小后的界面效果。

图 2-95 移动鼠标

图 2-96 调整面板大小后的界面效果

2.7.2 移动面板位置

使用会声会影 X7 编辑视频时，若用户不习惯默认状态下面板的位置，此时可以拖曳面板将其嵌入至所需的位置。

	素材文件	无
	效果文件	无
	视频文件	光盘 \ 视频 \ 第 2 章 \2.7.1 移动面板位置 .mp4

实战 移动面板位置

步骤 01 将鼠标移至预览窗口、素材库或时间轴左上角的位置，如图 2-97 所示。

步骤 01 单击鼠标左键将面板拖曳至另一个面板旁边，在面板的上下左右分别会出现 4 个箭头，将所拖曳的面板靠近箭头，然后释放鼠标左键，即可将面板嵌入新的位置，如图 2-98 所示。

图 2-97 移动鼠标

图 2-98 将面板嵌入新的位置

2.7.3 漂浮面板位置

在使用会声会影 X7 进行编辑的过程中，用户还可以将面板设置成漂浮状态，如用户只需使用时间轴面板和预览窗口的时候，可以将素材库设置成漂浮，并将其移动到屏幕外面，如需使用时可将其拖曳出来。

使用该功能，还可以使会声会影 X7 实现双显示器显示，用户可以将时间轴和素材库放在一个屏幕上，而在另一个屏幕上可以进行高质量的预览。

素材文件	无
效果文件	无
视频文件	光盘 \ 视频 \ 第 2 章 \2.7.2 漂浮面板位置 .mp4

实战 漂浮面板位置

步骤 01 使用鼠标左键双击预览窗口、素材库或时间轴左上角的位置，如图 2-99 所示。

步骤 02 即可以将所选择的面板设置成漂浮，如图 2-100 所示，使用鼠标拖曳面板可以调整面板的位置，使用鼠标左键双击漂浮面板位置，可以让处于漂浮状态的面板恢复到原处。

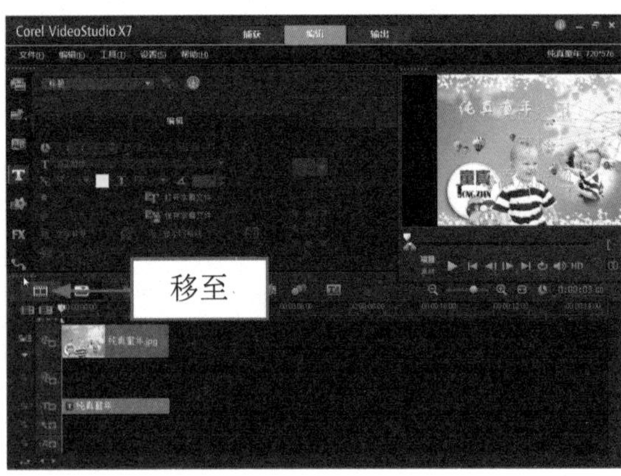

图 2-99 移动鼠标

图 2-100 将面板设置成漂浮

2.7.4 保存界面布局样式

在会声会影 X7 中，用户可以将更改的界面布局样式保存为自定义的界面，并在以后的视频编辑中，根据操作习惯方便地切换界面布局。

素材文件	光盘 \ 素材 \ 第 2 章 \2.7.3 爱在天涯 .jpg
效果文件	无
视频文件	光盘 \ 视频 \ 第 2 章 \2.7.3 保存界面布局样式 .mp4

实战 爱在天涯

步骤 01 进入会声会影编辑器，在菜单栏中单击“文件”|“打开项目”命令，打开一个项目文件，随意拖曳窗口布局，如图 2-101 所示。

步骤 02 在菜单栏中，单击“设置”|“布局设置”|“保存至”|“自定义 #2”命令，如图 2-102 所示。

步骤 03 执行操作后，即可将更改的界面布局样式进行保存操作，在预览窗口中可以预览视频的画面效果，如图 2-103 所示。

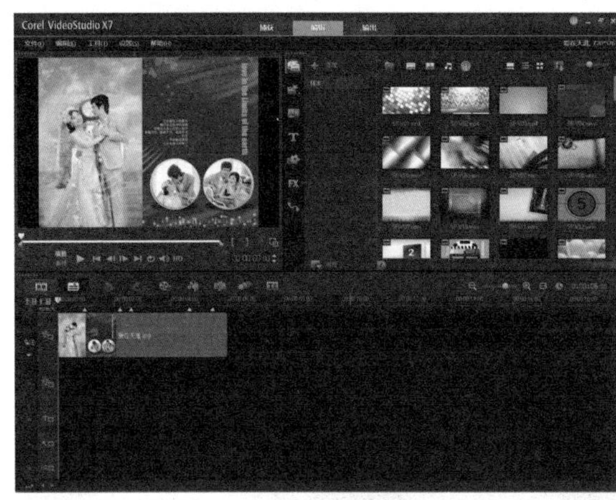

图 2-101 随意拖曳窗口布局

图 2-102 单击命令

图 2-103 预览视频的画面效果

专家指点

在会声会影 X7 中，当用户保存了更改后的界面布局样式后，按【Alt + 1】组合键，可以快速切换至“自定义 # 1”布局样式；按【Alt + 2】组合键，可以快速切换至“自定义 # 2”布局样式；按【Alt + 3】组合键，可以快速切换至“自定义 # 3”布局样式。单击“设置”|“布局设置”|“切换到”|“默认”命令，或按【F7】键，可以快速恢复至软件默认的界面布局样式。

2.7.5 切换界面布局样式

在会声会影 X7 中，用户可以将更改的界面布局样式保存为自定义的界面，并在以后的视频编辑中，根据操作习惯方便的切换界面布局。

	素材文件	光盘 \ 素材 \ 第 2 章 \2.7.4 爱情见证 .jpg
	效果文件	无
	视频文件	光盘 \ 视频 \ 第 2 章 \2.7.4 切换界面布局样式 .mp4

实战 爱情见证

步骤 01 进入会声会影编辑器，在菜单栏中单击“文件”|“打开项目”命令，打开一个项目文件，此时窗口布局样式如图 2-104 所示。

步骤 02 在菜单栏中，单击“设置”|“布局设置”|“切换到”|“自定义 #2”命令，如图 2-105 所示。

图 2-104 打开项目文件

图 2-105 单击命令

步骤 03 执行操作后，即可切换界面布局样式，如图 2-106 所示。

图 2-106 切换界面布局样式

专家指点

单击“设置”|“参数选择”命令，弹出“参数选择”对话框，切换至“界面布局”选项卡，在“布局”选项区中选中相应的单选按钮，单击“确定”按钮后，即可切换至相应的界面布局样式。

2.8 调整视频显示比例

在会声会影 X7 中，包括两种不同的视频显示比例，如 16:9 的视频比例和 4:3 的视频比例，16:9 属于宽屏幕样式，4:3 属于标准屏幕样式。下面向读者介绍调整视频画面显示比例的操作方法。

2.8.1 设置 16:9 屏幕尺寸

在会声会影 X7 中，如果用户需要将视频制作成宽屏幕样式，此时可以使用 16:9 的视频画面尺寸来制作视频效果。下面向读者介绍设置 16:9 屏幕尺寸的操作方法。

素材文件	光盘 \ 素材 \ 第 2 章 \2.8.1 柠檬水果 .jpg
效果文件	光盘 \ 效果 \ 第 2 章 \2.8.1 柠檬水果 .VSP
视频文件	光盘 \ 视频 \ 第 2 章 \2.8.1 设置 16:9 屏幕尺寸 .mp4

实战 柠檬水果

步骤 01 进入会声会影编辑器，在视频轨中插入一幅素材图像，如图 2-107 所示。

步骤 02 在预览窗口中，可以预览素材画面尺寸比例，如图 2-108 所示。

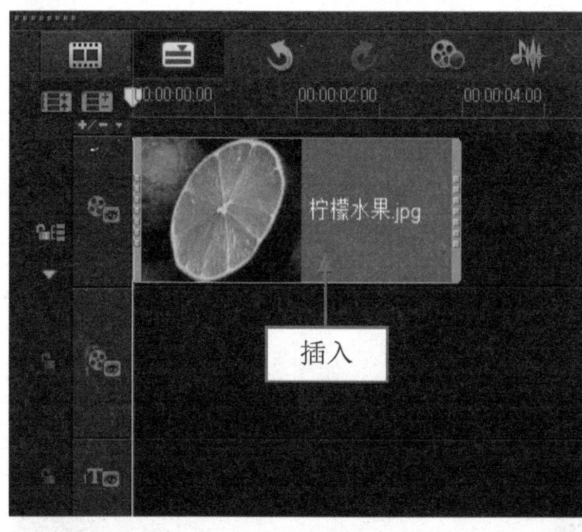

图 2-107 插入素材图像

图 2-108 预览素材画面尺寸比例

步骤 03 在菜单栏中，单击“设置”|“参数选择”命令，弹出“参数选择”对话框，切换至“性能”选项卡，选中“启用智能代理”复选框，取消选中“自动生成代理模板”复选框，在“模板”下拉列表中选择相应选项，如图 2-109 所示。

步骤 04 单击“确定”按钮，即可制作宽银幕尺寸的视频，如图 2-110 所示。

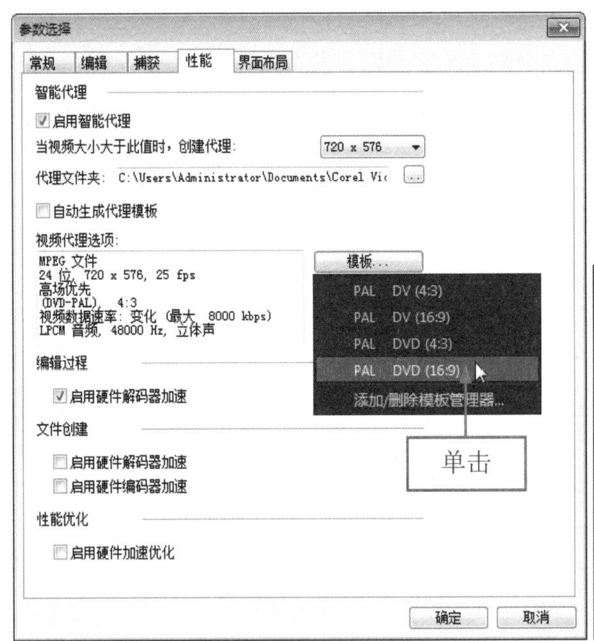

图 2-109 单击命令

图 2-110 制作宽银幕尺寸的视频

2.8.2 设置 4:3 屏幕尺寸

将视频画面尺寸调整为 4:3 的方法很简单，下面向读者介绍具体操作方法。

	素材文件	光盘 \ 素材 \ 第 2 章 \2.8.2 星球 .jpg
	效果文件	光盘 \ 效果 \ 第 2 章 \2.8.2 星球 .VSP
	视频文件	光盘 \ 视频 \ 第 2 章 \2.8.2 设置 4:3 屏幕尺寸 .mp4

实战 星球

步骤 01 进入会声会影编辑器，在视频轨中插入一幅素材图像，如图 2-111 所示。

步骤 02 在预览窗口中，可以预览素材画面尺寸比例，如图 2-112 所示。

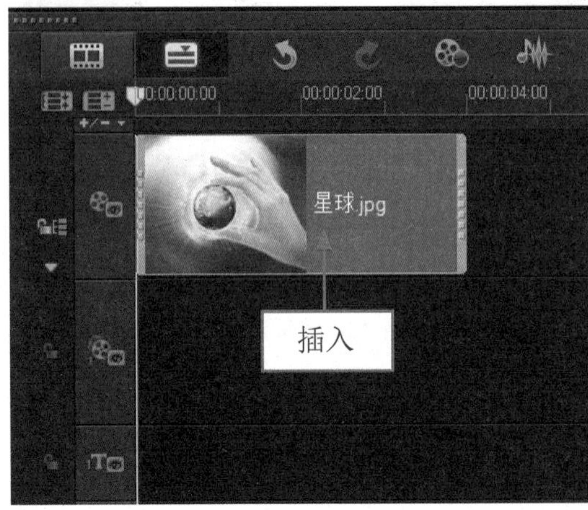

图 2-111 插入素材图像

图 2-112 预览素材画面尺寸比例

步骤 03 在菜单栏中，按【F6】键，弹出“参数选择”对话框，切换至“性能”选项卡，选中“启用智能代理”复选框，取消选中“自动生成代理模板”复选框，在“模板”下拉列表中选择相应选项，如图 2-113 所示。

步骤 04 单击“确定”按钮，即可制作标准屏幕尺寸的视频，如图 2-114 所示。

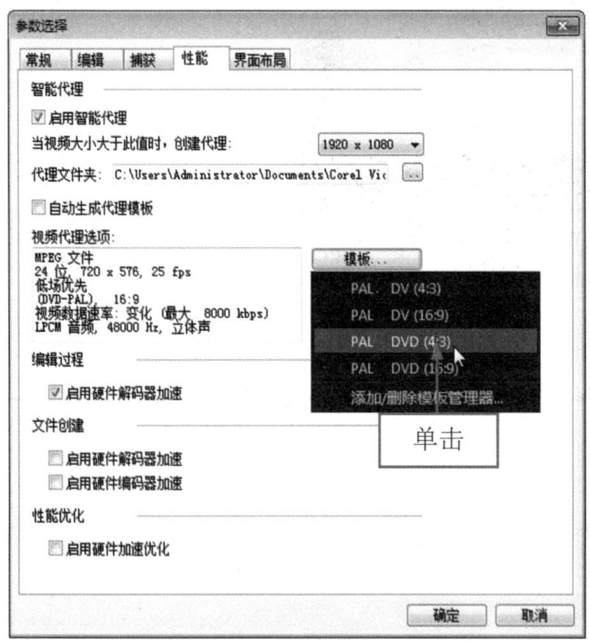

图 2-113 单击命令

图 2-114 制作标准屏幕尺寸的视频

2.9 素材的智能代理管理器

在会声会影 X7 中，所谓的智能代理，是指通过创建智能代理，用创建的低解析度视频替代原来的高解析度视频，进行编辑。本节主要向读者介绍使用素材智能代理管理器的操作方法，希望读者熟练掌握本节内容。

2.9.1 启用智能代理

在会声会影 X7 中，用户可以通过“提示点管理器”对话框来添加项目中的提示点。下面向读者介绍添加项目提示点的操作方法。

	素材文件	无
	效果文件	无
	视频文件	光盘 \ 视频 \ 第 2 章 \2.9.1 启用智能代理 .mp4

实战 启用智能代理

步骤 01 在会声会影 X7 中，在菜单栏中，单击“设置”|“智能代理管理器”|“启用智能代理”命令，如图 2-115 所示。

步骤 02 执行操作后，即可为视频素材启用智能代理功能。

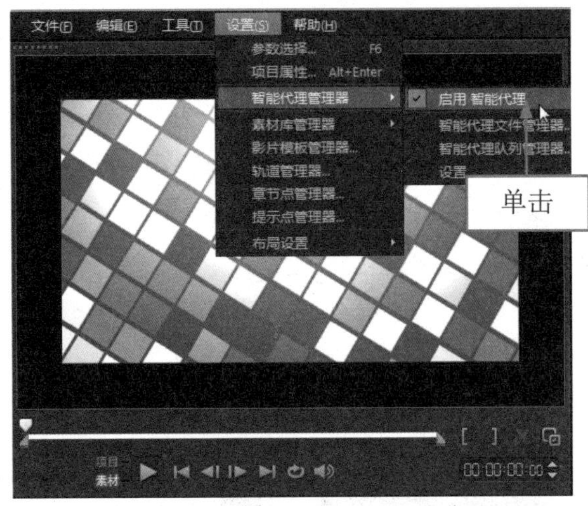

图 2-115 单击命令

2.9.2 创建智能代理文件

当用户在会声会影 X7 中启用智能代理功能后，接下来即可为相应的视频创建智能代理文件。下面向读者介绍创建智能代理文件的操作方法。

	素材文件	光盘 \ 素材 \ 第 2 章 \2.9.2 厦门大学 .VSP
	效果文件	光盘 \ 效果 \ 第 2 章 \2.9.2 厦门大学 .VSP
	视频文件	光盘 \ 视频 \ 第 2 章 \2.9.2 创建智能代理文件 .mp4

实战 创建智能代理文件

步骤 01 进入会声会影编辑器，单击“文件”|“打开项目”命令，打开一个项目文件，如图 2-116 所示。

步骤 02 在预览窗口中，可以预览视频的画面效果，如图 2-117 所示。

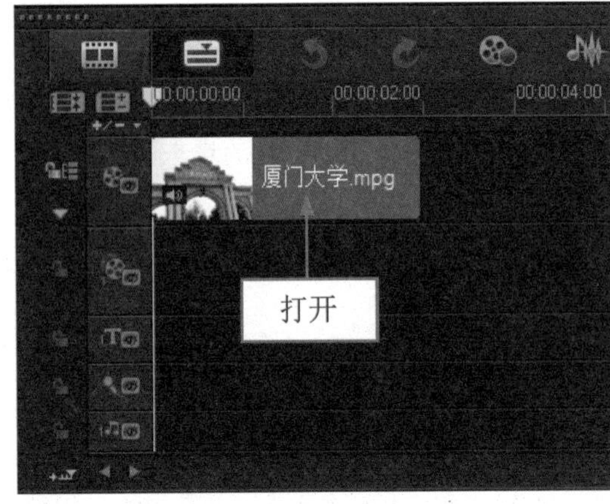

图 2-116 打开项目文件

图 2-117 预览视频画面效果

步骤 03 在视频轨中，选择需要创建智能代理文件的视频，单击鼠标右键，在弹出的快捷菜单中选择“创建智能代理文件”选项，如图 2-118 所示。

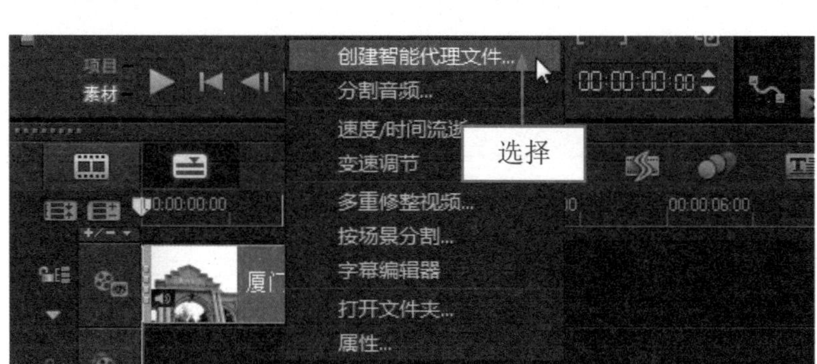

图 2-118 选择“创建智能代理文件”选项

步骤 04 执行操作后，弹出“创建智能代理文件”对话框，如图 2-119 所示。

步骤 05 在其中选中相应的视频文件复选框，单击“确定”按钮，如图 2-120 所示，即可为选择的视频文件创建智能代理。

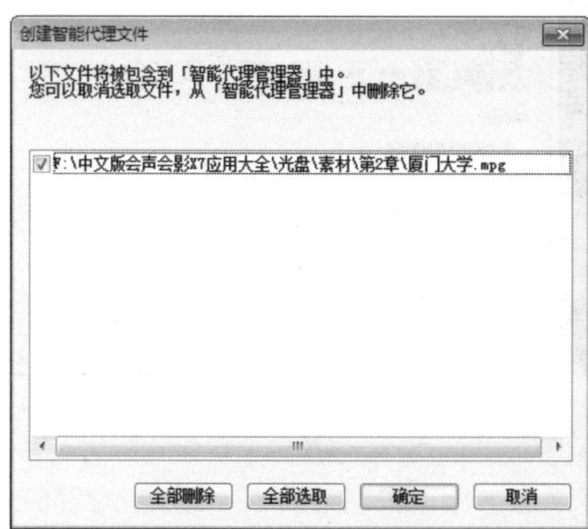

图 2-119 弹出对话框

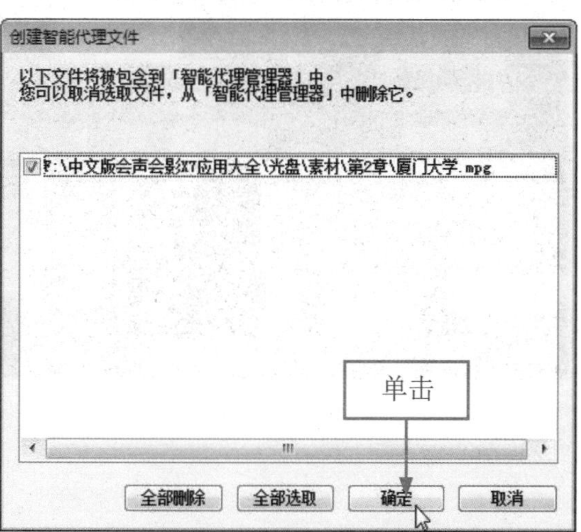

图 2-120 单击“确定”按钮

专家指点

在会声会影 X7 中，用户还可以同时为视频轨中的多个视频文件创建智能代理文件，操作方法非常简单，用户首先在视频轨中按住【Shift】键的同时，选择多个需要创建智能代理文件的视频。

在选择的多个视频文件上，单击鼠标右键，在弹出的快捷菜单中选择“创建智能代理文件”选项，弹出“创建智能代理文件”对话框，其中显示了多个视频的路径复选框，

单击“全部选取”按钮，选中所有复选框对象，然后单击对话框下方的“确定”按钮，执行操作后，即可为视频轨中的多个视频文件创建智能代理文件。

2.9.3 设置智能代理选项

在会声会影 X7 中，当用户为视频创建智能代理文件后，接下来用户可以设置智能代理选项，使制作的视频更符合用户的需求。

素材文件	光盘 \ 素材 \ 第 2 章 \2.9.3 厦门大学 .VSP
效果文件	无
视频文件	光盘 \ 视频 \ 第 2 章 \2.9.3 设置智能代理选项 .mp4

实战 设置智能代理选项

步骤 01 在菜单栏中单击“设置”|“智能代理管理器”|“设置”命令，如图 2-121 所示。

步骤 02 执行操作后，弹出“参数选择”对话框，在“智能代理”选项区中，根据需要设置智能代理各选项，包括视频被创建代理后的尺寸，以及代理文件夹的位置等属性，如图 2-122 所示。

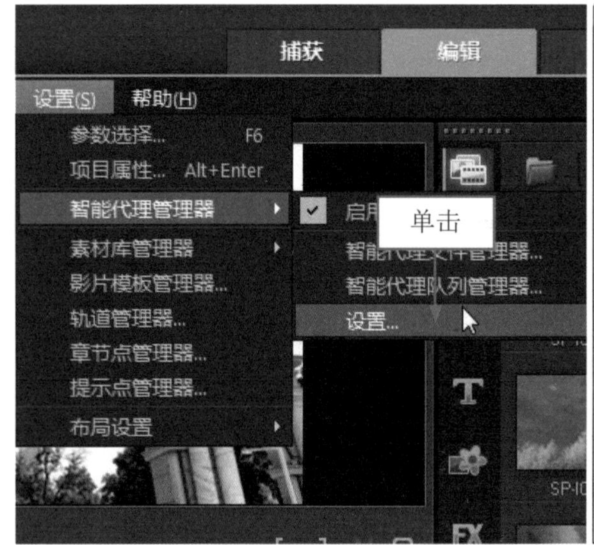

图 2-121 单击命令

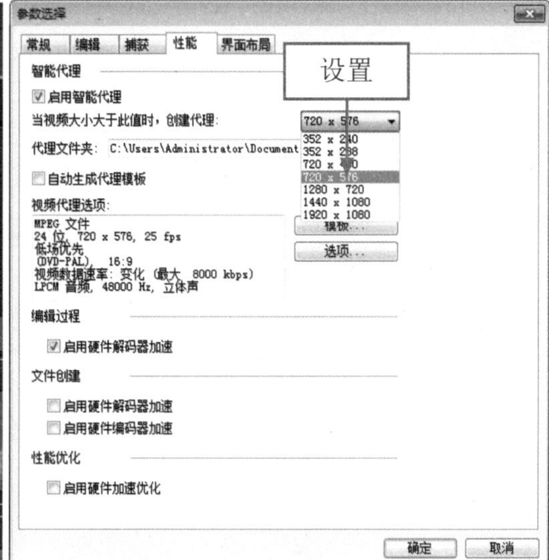

图 2-122 设置参数

03 软件主题的应用领域

学习提示

会声会影 X7 提供了多种类型的媒体模板，如即时项目模板、图像模板、视频模板、边框模板及其他各种类型的模板等，运用这些媒体模板可以将大量生活和旅游中的静态照片或动态视频制作成动态影片。本章主要介绍媒体模板的运用方法。

本章案例导航

- 实战——蒲公英
- 实战——笔记情缘
- 实战——幸福情侣
- 实战——圣诞快乐
- 实战——小孩画面
- 实战——蓝天白云
- 实战——霓虹夜景
- 实战——甜蜜一生
- 实战——最美雪乡
- 实战——钟爱一生

3.1 运用图像模板

在会声会影 X7 中，该软件提供了多种类型的图像模板，用户可根据需要选择相应的图像模板类型，将其添加至故事板中。本节主要介绍运用图像模板的操作方法。

3.1.1 植物模板

在会声会影 X7 中，用户可以使用“照片”素材库中的树木模板制作优美的风景效果，下面介绍运用树木模板的操作方法。

素材文件	无
效果文件	光盘 \ 效果 \ 第 3 章 \ 蒲公英 .VSP
视频文件	光盘 \ 视频 \ 第 3 章 \3.1.1 植物模板 .mp4

实战 蒲公英

步骤 01 进入会声会影编辑器，单击“显示照片”按钮，如图 3-1 所示。

步骤 02 在“照片”素材库中，选择 SP-I01 图像模板，如图 3-2 所示。

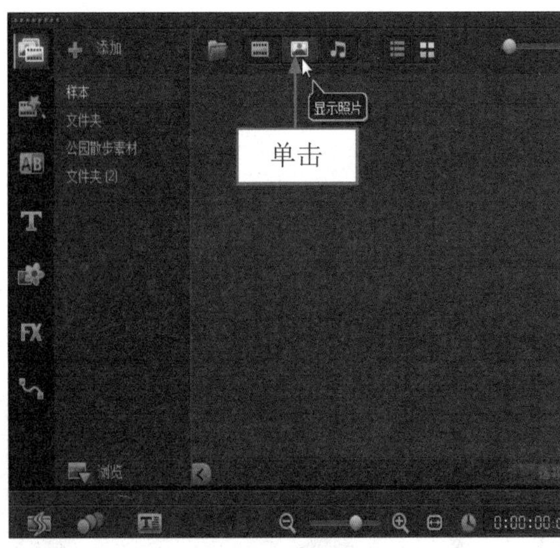

图 3-1 单击“显示照片”按钮

图 3-2 选择树木图像模板

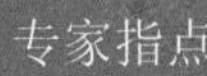

专家指点

在会声会影 X7 中，单击工作界面上方的“显示照片”按钮，显示素材库中的照片素材，会声会影 X7 向读者提供了多达 100 多种图像素材，用户可根据实际情况，进行相应的添加与编辑操作。

步骤 03 在植物图像模板上，单击鼠标左键并拖曳至时间轴面板中的适当位置后，释放鼠标左键，即可应用植物图像模板，如图 3-3 所示。

步骤 04 在预览窗口中，可以预览添加的植物模板效果，如图 3-4 所示。

图 3-3 应用植物图像模板

图 3-4 预览植物模板效果

3.1.2 笔记模板

在会声会影 X7 应用程序中，向读者提供了笔记模板，用户可以将笔记模板应用到各种各样的照片中，下面介绍运用笔记模板的操作方法。

	素材文件	无
	效果文件	光盘 \ 效果 \ 第 3 章 \ 笔记情缘 .VSP
	视频文件	光盘 \ 视频 \ 第 3 章 \3.1.2 笔记模板 .mp4

实战 笔记情缘

步骤 01 进入会声会影编辑器，单击“显示照片”按钮，显示会声会影 X7 自带的图像模板，如图 3-5 所示。

步骤 02 在“照片”素材库中，选择笔记图像模板，如图 3-6 所示。

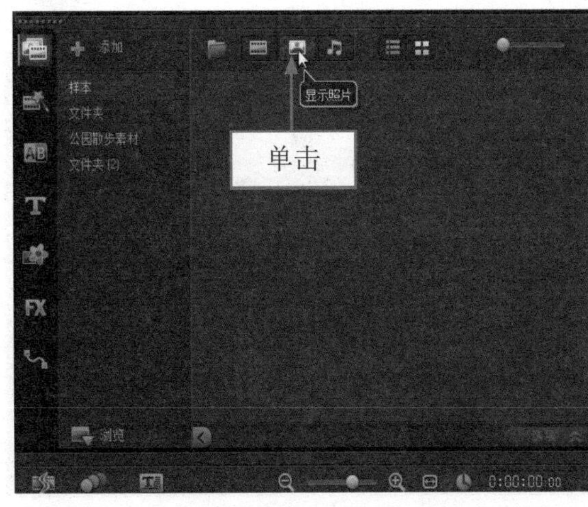

图 3-5 单击“显示照片”按钮

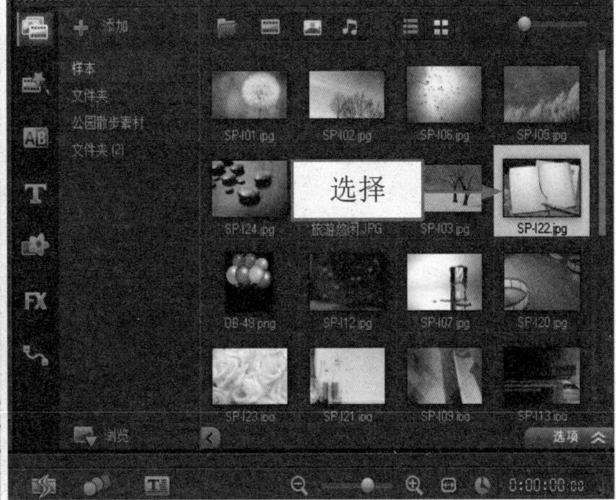

图 3-6 选择笔记图像模板

步骤 03 单击鼠标左键并拖曳至视频轨中的适当位置后，释放鼠标左键，即可添加笔记图像模板，如图 3-7 所示。

步骤 04 执行上述操作后，在预览窗口中即可预览笔记图像模板效果，如图 3-8 所示。

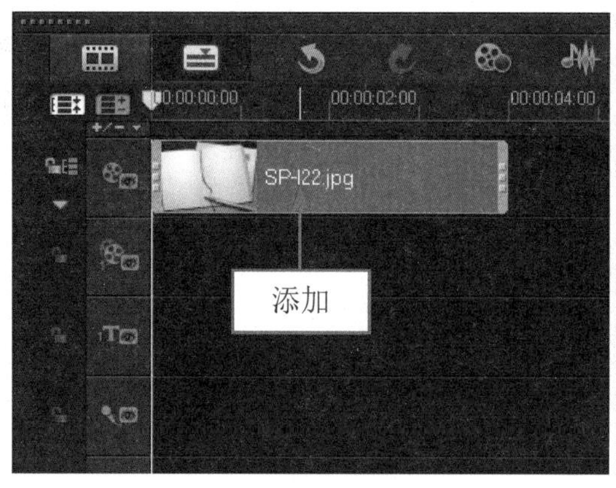

图 3-7 添加笔记图像模板

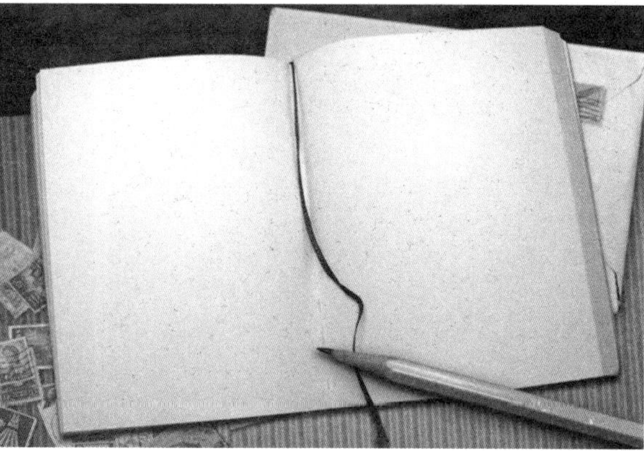

图 3-8 预览笔记图像模板效果

3.1.3 玫瑰模板

在会声会影 X7 中，用户可以使用“照片”素材库中的玫瑰模板制作幸福的画面效果，下面介绍应用玫瑰模板的操作方法。

	素材文件	光盘 \ 素材 \ 第 3 章 \ 幸福情侣 .VSP
	效果文件	光盘 \ 效果 \ 第 3 章 \ 幸福情侣 .VSP
	视频文件	光盘 \ 视频 \ 第 3 章 \3.1.3 玫瑰模板 .mp4

实战 幸福情侣

步骤 01 进入会声会影编辑器，单击“文件”|“打开项目”命令，打开一个项目文件，如图 3-9 所示。

步骤 02 在“照片”素材库中，选择玫瑰背景图像模板，如图 3-10 所示。

图 3-9 打开一个项目文件

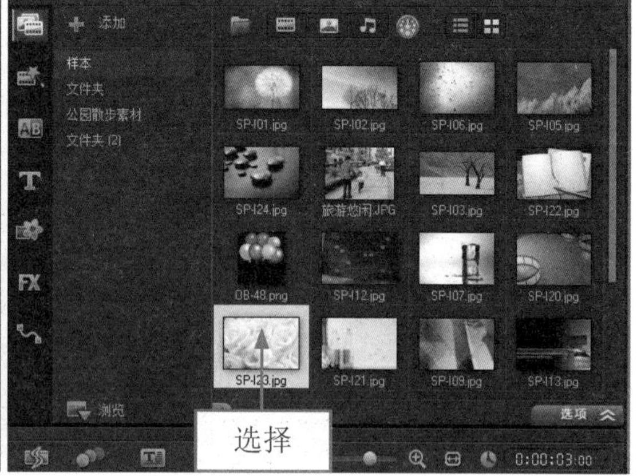

图 3-10 选择玫瑰背景图像模板

步骤 03 单击鼠标左键并拖曳至视频轨中的适当位置，释放鼠标左键，即可添加玫瑰背景图像模板，如图 3-11 所示。

步骤 04 执行上述操作后，在预览窗口中即可预览玫瑰画面图像效果，如图 3-12 所示。

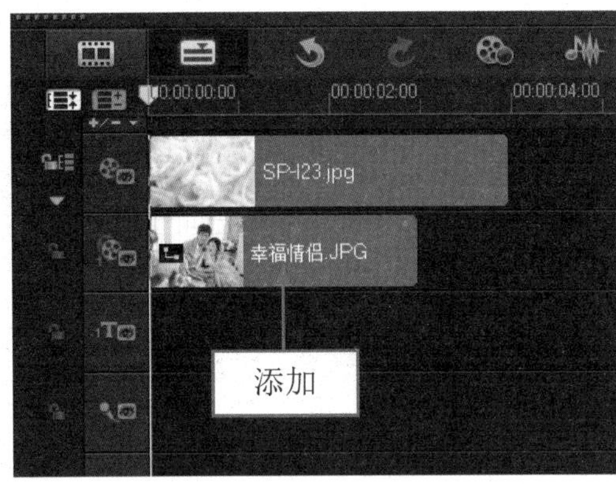

图 3-11 添加玫瑰背景图像模板

图 3-12 预览玫瑰画面图像效果

3.1.4 圣诞模板

在会声会影 X7 应用程序中，向读者提供了圣诞模板，用户可以将圣诞模板应用的任何有关圣诞节的图像中。下面介绍运用圣诞模板的操作方法。

	素材文件	无
	效果文件	光盘 \ 效果 \ 第 3 章 \ 圣诞快乐 .VSP
	视频文件	光盘 \ 视频 \ 第 3 章 \3.1.4 圣诞模板 .mp4

实战 圣诞快乐

步骤 01 进入会声会影编辑器，单击“文件”|“打开项目”命令，打开一个项目文件，如图 3-13 所示。

步骤 02 在“照片”素材库中，选择圣诞背景图像模板，如图 3-14 所示。

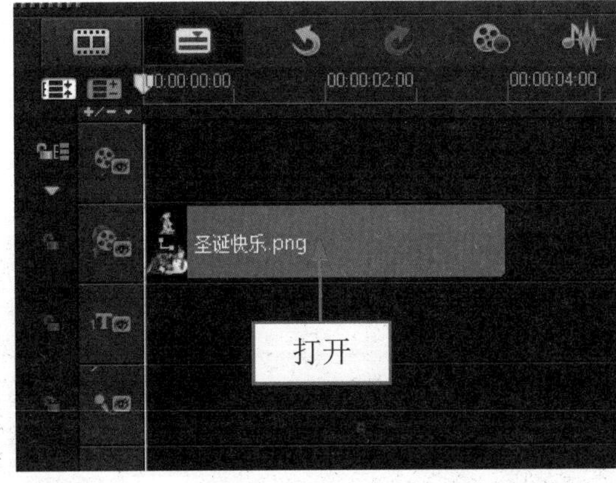

图 3-13 打开一个项目文件

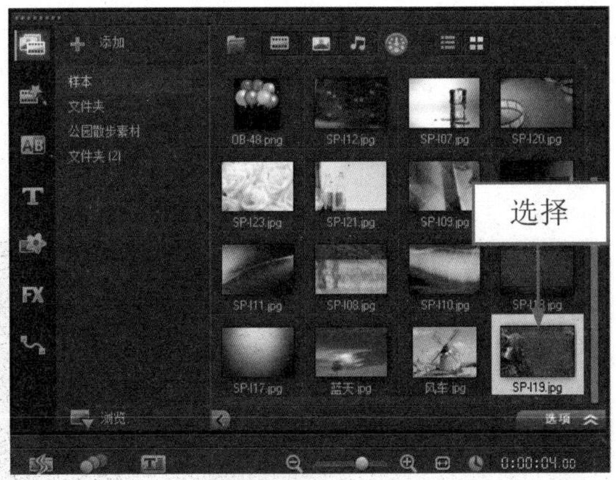

图 3-14 选择圣诞背景图像模板

步骤 03 单击鼠标左键并拖曳至视频轨中的适当位置，释放鼠标左键，即可添加圣诞背景图像模板，如图 3-15 所示。

步骤 04 调整“圣诞快乐”至合适位置，执行上述操作后，单击“播放”按钮，即可在预览窗口中预览圣诞快乐图像效果，如图 3-16 所示。

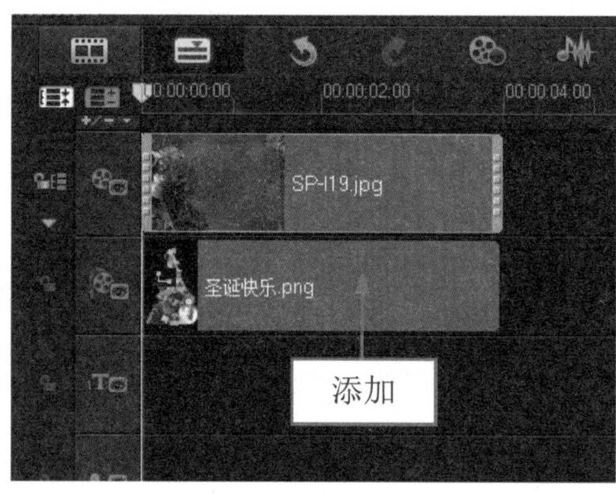

图 3-15 添加圣诞背景图像模板

图 3-16 预览圣诞快乐图像效果

专家指点

在会声会影 X7 中，单击工作界面上方的“显示照片”按钮，显示素材库中的照片素材，选择相应的照片模板后，单击鼠标右键，在弹出的快捷菜单中选择“插入到”|“语音轨”选项，即可快速将视频插入至视频轨中。

3.1.5 胶卷模板

在会声会影 X7 中，用户可以使用“照片”素材库中的胶卷模板制作图像背景效果，下面介绍应用胶卷模板的操作方法。

	素材文件	无
	效果文件	光盘 \ 效果 \ 第 3 章 \ 小孩画面 .VSP
	视频文件	光盘 \ 视频 \ 第 3 章 \3.1.5 胶卷模板 .mp4

实战 小孩画面

步骤 01 进入会声会影编辑器，单击“文件”|“打开项目”命令，打开一个项目文件，如图 3-17 所示。

步骤 02 在“照片”素材库中，选择胶卷背景图像模板，如图 3-18 所示。

图 3-17 打开一个项目文件

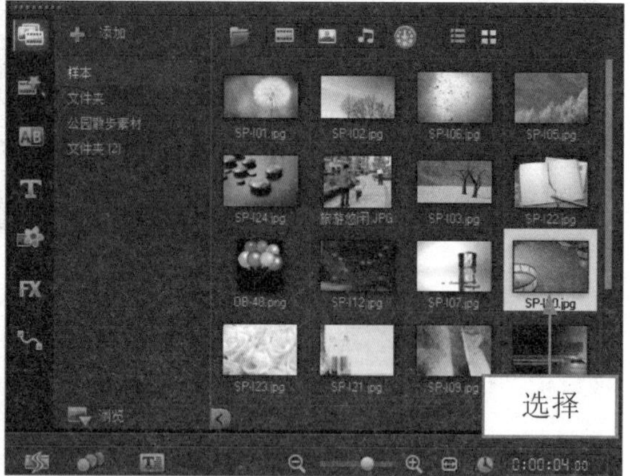

图 3-18 选择胶卷背景图像模板

步骤 03 单击鼠标左键并拖曳至视频轨中的适当位置，释放鼠标左键，即可添加胶卷背景图像模板，如图 3-19 所示。

步骤 04 执行上述操作后，在预览窗口中即可预览胶卷画面图像效果，如图 3-20 所示。

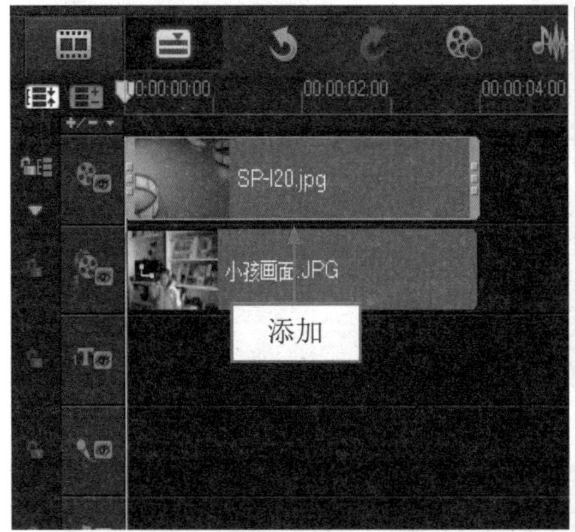

图 3-19 添加胶卷背景图像模板

图 3-20 预览胶卷画面图像效果

3.2 运用视频模板

在会声会影 X7 中，该软件提供了多种类型的视频模板，用户可根据需要选择相应的视频模板类型，将其添加至故事板中。本节主要介绍运用视频模板的操作方法。

3.2.1 飞机模板

在会声会影 X7 的“视频”素材库中，向读者提供了飞机模板，用户可以根据需要使用该模板，制作出蓝天白云的效果。下面介绍运用飞机模板的操作方法。

素材文件	无
效果文件	光盘 \ 效果 \ 第 3 章 \ 蓝天白云 .VSP
视频文件	光盘 \ 视频 \ 第 3 章 \3.2.1 飞机模板 .mp4

实战 蓝天白云

步骤 01 进入会声会影编辑器，单击“媒体”按钮，进入“媒体”素材库，单击“显示视频”按钮，如图 3-21 所示。

步骤 02 在“视频”素材库中，选择飞机视频模板，如图 3-22 所示。

步骤 03 在飞机视频模板上，单击鼠标右键，在弹出的快捷菜单中选择“插入到”|“视频轨”选项，如图 3-23 所示。

步骤 04 执行操作后，即可将视频模板添加至时间轴面板的视频轨中，如图 3-24 所示。

步骤 05 在预览窗口中，可以预览添加的飞机视频模板效果，如图 3-25 所示。

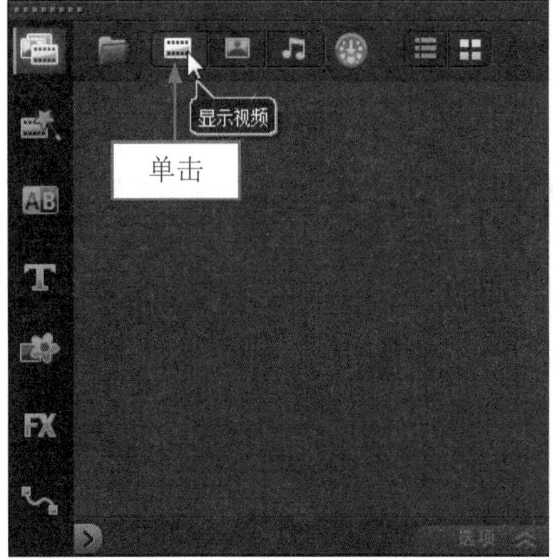

图 3-21 单击“显示视频”按钮

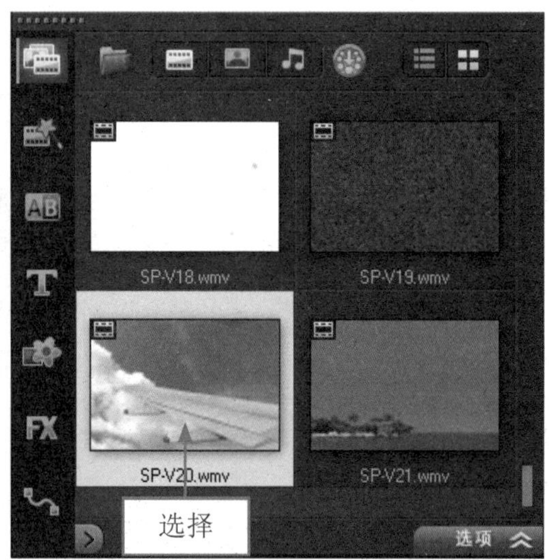

图 3-22 选择飞机视频模板

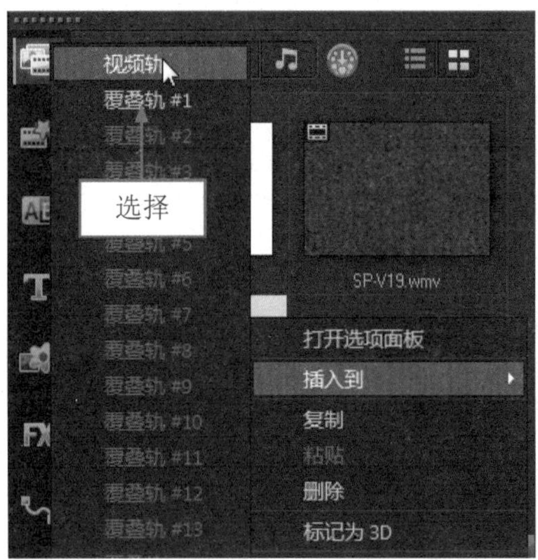

图 3-23 选择“插入到”|“视频轨”选项

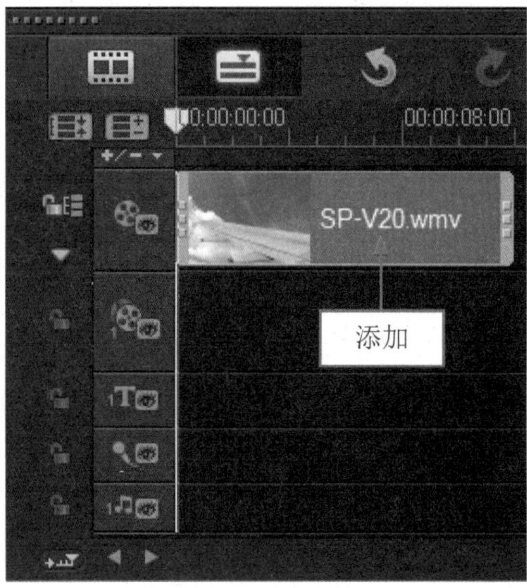

图 3-24 添加至视频轨中

图 3-25 预览飞机视频模板效果

3.2.2 灯光模板

在会声会影 X7 中，用户可以使用“视频”素材库中的灯光模板作为霓虹夜景灯光效果，下面介绍应用灯光视频模板的操作方法。

	素材文件	无
	效果文件	光盘 \ 效果 \ 第 3 章 \ 霓虹夜景 .VSP
	视频文件	光盘 \ 视频 \ 第 3 章 \3.2.2 灯光模板 .mp4

实战 霓虹夜景

步骤 01 进入会声会影编辑器，单击“媒体”按钮，进入“媒体”素材库，单击“显示视频”按钮，如图 3-26 所示。

步骤 02 在“视频”素材库中，选择灯光视频模板，如图 3-27 所示。

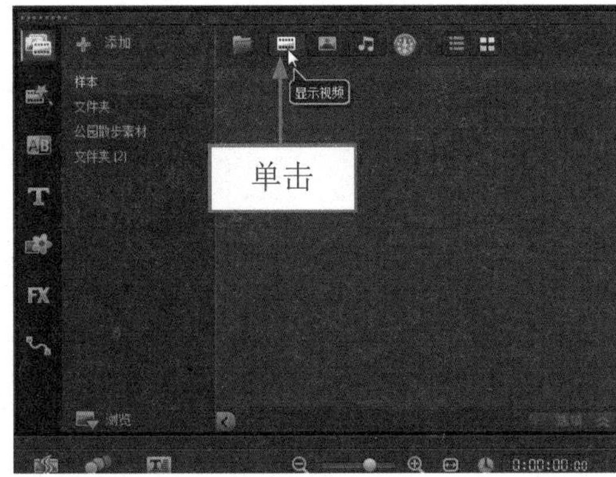

图 3-26 单击“显示视频”按钮

图 3-27 选择灯光视频模板

步骤 03 在灯光视频模板上，单击鼠标右键，在弹出的快捷菜单中选择**插入到** | **视频轨**选项，如图 3-28 所示。

步骤 04 执行操作后，即可将视频模板添加至时间轴面板的视频轨中，如图 3-29 所示。

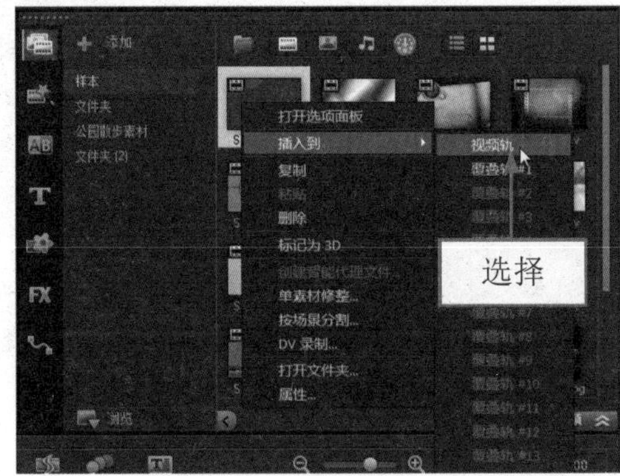

图 3-28 选择“视频轨”选项

图 3-29 添加到时间轴面板中

步骤 05 在预览窗口中，可以预览添加的灯光视频模板效果，如图 3-30 所示。

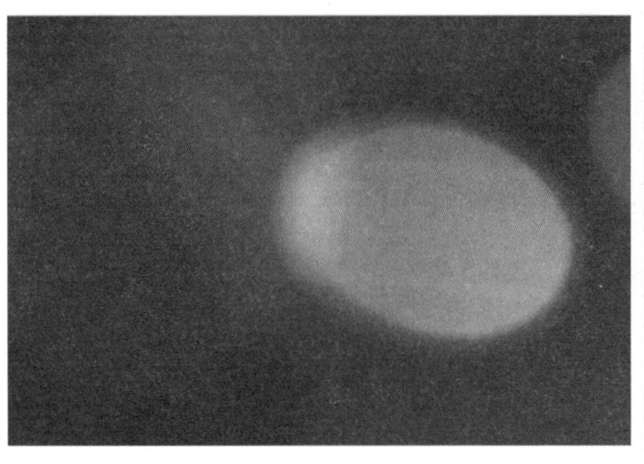

图 3-30 预览添加的灯光视频模板效果

3.2.3 气球模板

在会声会影 X7 中，提供了气球模板，此时用户可以根据需要运用气球模板制作浪漫有约效果。下面介绍运用气球模板制作甜蜜一生的操作方法。

	素材文件	光盘 \ 素材 \ 第 3 章 \ 甜蜜一生 .VSP
	效果文件	光盘 \ 效果 \ 第 3 章 \ 甜蜜一生 .VSP
	视频文件	光盘 \ 视频 \ 第 3 章 \3.2.3 气球模板 .mp4

实战 甜蜜一生

步骤 01 进入会声会影编辑器，单击“文件”|“打开项目”命令，弹出“打开”对话框，在其中选择需要打开的项目文件，单击“打开”按钮，即可打开项目文件，如图 3-31 所示。

步骤 02 在“媒体”素材库中，单击“显示视频”按钮，如图 3-32 所示。

图 3-31 打开项目文件

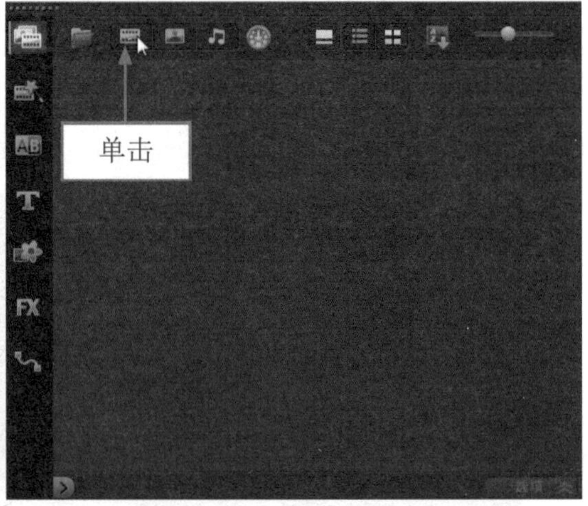

图 3-32 单击“显示视频”按钮

步骤 03 在“视频”素材库中，选择气球视频模板，如图 3-33 所示。

步骤 04 单击鼠标左键，并将其拖曳至视频轨中的开始位置，即可添加视频模板，如图 3-34 所示。

图 3-33 选择气球视频模板

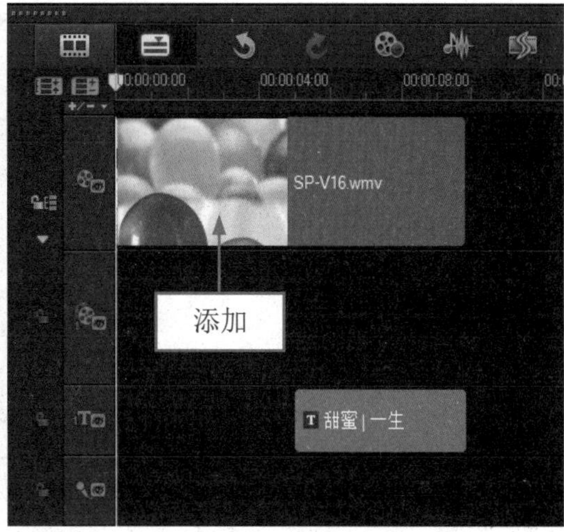

图 3-34 添加视频模板

步骤 05 执行上述操作后，单击导览面板中的“播放”按钮，预览视频模板效果，如图3-35所示。

图 3-35 预览视频模板效果

3.2.4 电视模板

在会声会影 X7 中，用户可以使用“视频”素材库中的电视模板制作视频播放倒计时效果，下面介绍应用电视视频模板的操作方法。

	素材文件	光盘 \ 素材 \ 第 3 章 \ 美少女 .jpg
	效果文件	光盘 \ 效果 \ 第 3 章 \ 计时播放 .VSP
	视频文件	光盘 \ 视频 \ 第 3 章 \3.2.4 电视模板 .mp4

实战 计时播放

步骤 01 进入会声会影编辑器，单击“文件”|“打开项目”命令，打开一个项目文件，如图 3-36 所示。

步骤 02 在预览窗口中，可以预览打开的项目效果，如图 3-37 所示。

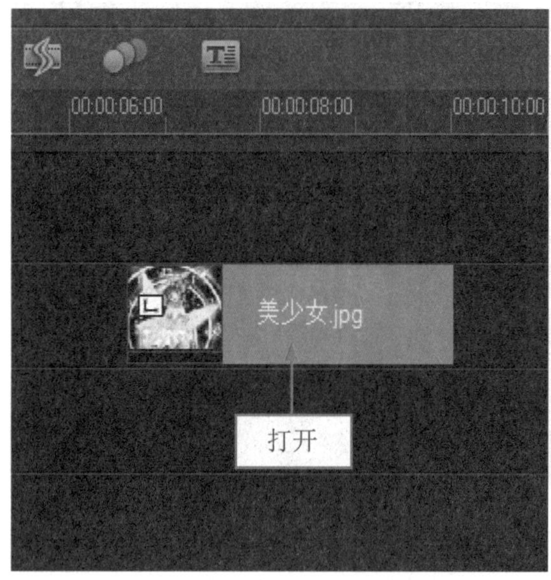

图 3-36 打开一个项目文件

图 3-37 预览打开的项目效果

步骤 03 在“视频”素材库中，选择电视视频模板，如图 3-38 所示。

步骤 04 单击鼠标左键，并将其拖曳至视频轨中的开始位置，释放鼠标左键即可添加视频模板，如图 3-39 所示。

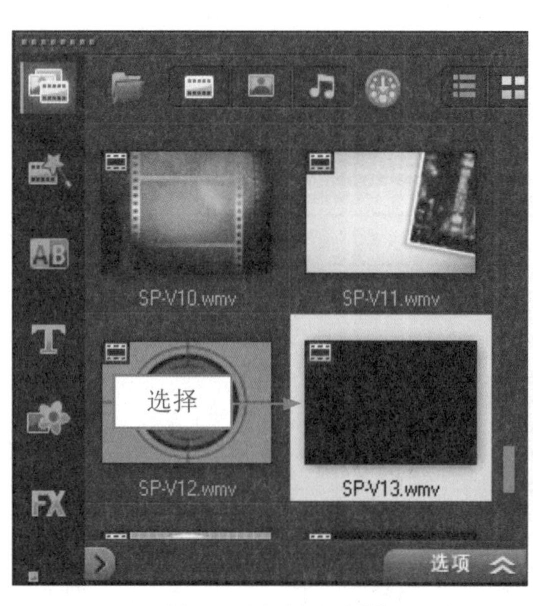

图 3-38 选择电视视频模板

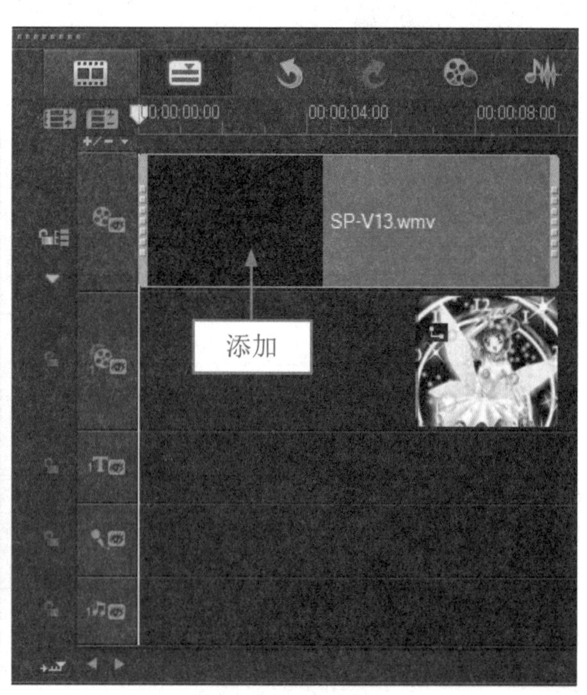

图 3-39 添加视频模板

步骤 05 执行上述操作后，单击导览面板中的“播放”按钮，预览电视视频模板动画效果，如图 3-40 所示。

图 3-40 预览电视视频模板动画效果

3.3 运用即时项目模板

在会声会影 X7 中，即时项目不仅简化了手动编辑的步骤，还提供了多种类型的即时项目模板，用户可根据需要选择不同的即时项目模板。本节主要介绍运用即时项目的操作方法。

3.3.1 运用即时项目模板

会声会影 X7 的向导模板可以应用于不同阶段的视频制作中，如“开始”向导模板，用户可将其添加在视频项目的开始处，制作成视频的片头。

素材文件	无
效果文件	无
视频文件	光盘 \ 视频 \ 第 3 章 \3.3.1 运用即时项目模板 .mp4

实战 运用即时项目模板

步骤 01 进入会声会影编辑器，在素材库的左侧单击“即时项目”按钮，如图 3-41 所示。

步骤 02 即可打开“即时项目”素材库，显示库导航面板，在面板中选择“开始”选项，如图 3-42 所示。

步骤 03 在右侧选择 IP-49 模板，单击鼠标右键，在弹出的快捷菜单中选择“在开始处添加”选项，如图 3-43 所示。

步骤 04 执行上述操作后，即可将开始项目模板插入至视频轨中，如图 3-44 所示。

步骤 05 单击导览面板中的“播放”按钮，预览影视片头效果，如图 3-45 所示。

图 3-41 单击“即时项目”按钮

图 3-42 选择“开始”选项

图 3-43 选择“添加在开始”选项

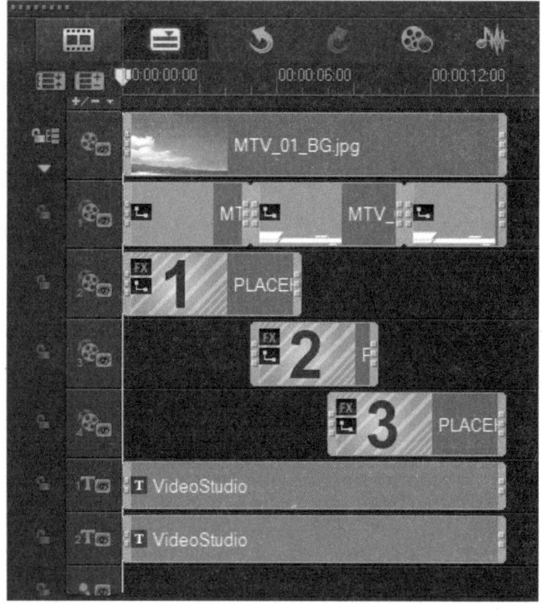

图 3-44 插入至视频轨中

图 3-45 预览影视片头效果

3.3.2 运用当中向导模板

在会声会影 X7 的“当中”向导中，提供了多种即时项目模板，每一个模板都提供了不一样的素材转场以及标题效果，用户可根据需要选择不同的模板应用到视频中。下面介绍运用当中向导模板的操作方法。

	素材文件	无
	效果文件	无
	视频文件	光盘 \ 视频 \ 第 3 章 \3.3.2 运用当中项目模板 .mp4

实战 运用当中项目模板

步骤 01 进入会声会影编辑器，在素材库的左侧单击“即时项目”按钮，打开“即时项目”素材库，显示库导航面板，在面板中选择“当中”选项，如图 3-46 所示。

步骤 02 在右侧选择 IP-M13 模板，如图 3-47 所示，单击鼠标左键，并将其拖曳至视频轨中，即可在时间轴面板中插入即时项目主题模板。

图 3-46 选择“当中”选项

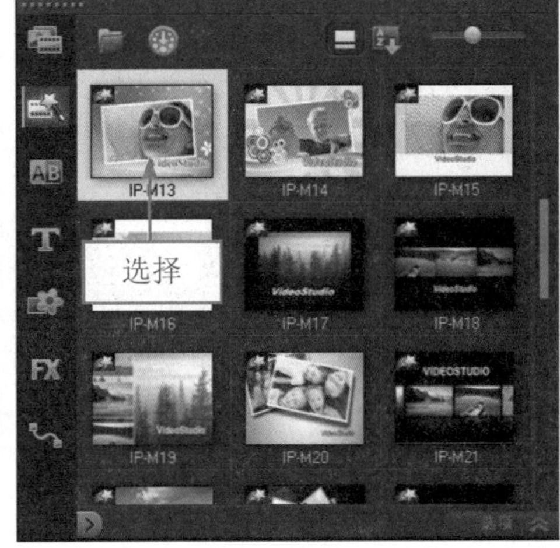

图 3-47 选择相应模板

步骤 03 执行上述操作后，单击导览面板中的“播放”按钮，预览即时项目模板效果，如图 3-48 所示。

图 3-48 预览即时项目模板效果

3.3.3 运用结尾项目模板

在会声会影 X7 的“结尾”向导中，用户可以将其添加在视频项目的结尾处，制作成专业的片尾动画效果。下面介绍运用结尾项目模板的操作方法。

	素材文件	无
	效果文件	无
	视频文件	光盘\视频\第 3 章\3.3.3 运用结尾项目模板 .mp4

实战 运用结尾项目模板

步骤 01 进入会声会影 X7 编辑器，在素材库左侧单击“即时项目”按钮，如图 3-49 所示。

步骤 02 打开“即时项目”素材库，显示库导航面板，在面板中选择“结尾”选项，如图 3-50 所示。

图 3-49 单击“即时项目”按钮

图 3-50 选择“结尾”选项

步骤 03 进入“结尾”素材库，在该素材库中选择 IP-53 结尾项目模板，如图 3-51 所示。

步骤 04 单击鼠标左键，并将其拖曳至视频轨中，即可在时间轴面板中插入即时项目主题模板，如图 3-52 所示。

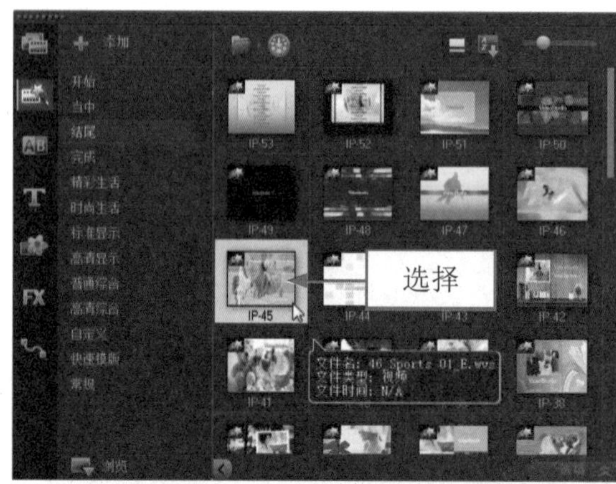

图 3-51 选择相应的结尾项目模板

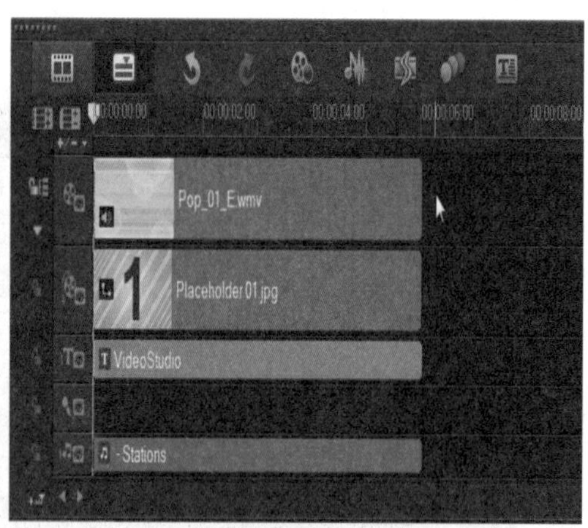

图 3-52 插入即时项目主题模板

步骤 05 执行上述操作后，单击导览面板中的“播放”按钮，预览结尾即时项目模板效果，如图 3-53 所示。

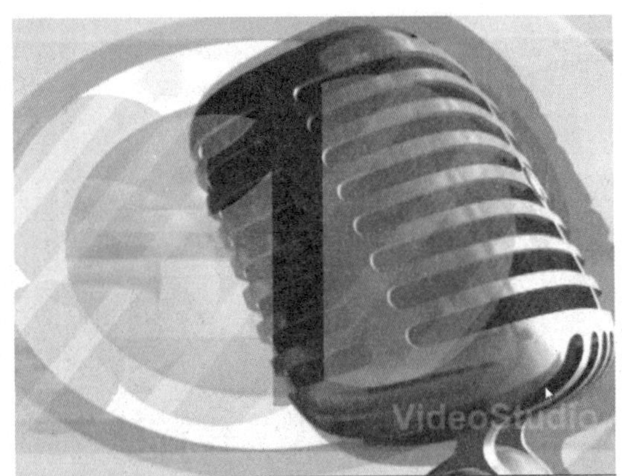

图 3-53 预览结尾即时项目模板效果

3.3.4 运用完成项目模板

在会声会影 X7 中，除上述 3 种向导外，还为用户提供了“完成”向导模板，在该向导中，用户可以选择相应的视频模板并将其应用到视频制作中。下面介绍运用完成项目模板的操作方法。

	素材文件	无
	效果文件	无
	视频文件	光盘 \ 视频 \ 第 3 章 \3.3.4 运用完成项目模板 .mp4

实战 运用完成项目模板

步骤 01 进入会声会影编辑器，在素材库的左侧单击“即时项目”按钮，打开“即时项目”素材库，显示库导航面板，在面板中选择“完成”选项，如图 3-54 所示。

步骤 02 在右侧选择 IP-C14 模板，如图 3-55 所示，单击鼠标左键，并将其拖曳至视频轨中，即可在时间轴面板中插入即时项目主题模板。

图 3-54 选择“完成”选项

图 3-55 选择相应模板

步骤 03 执行上述操作后，单击导览面板中的“播放”按钮，预览即时项目模板效果，如图3-56所示。

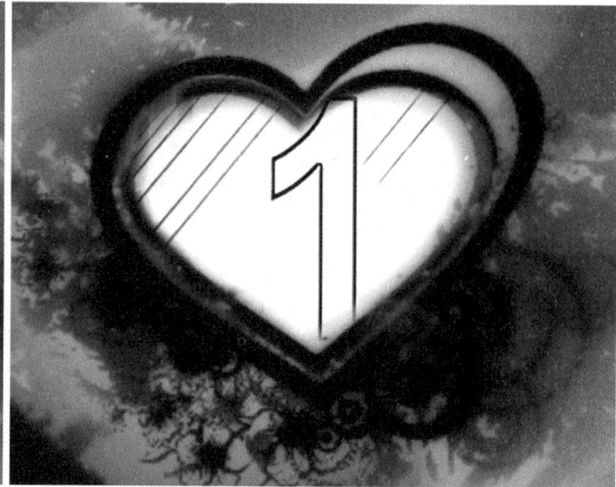

图3-56 预览即时项目模板效果

专家指点

在会声会影X7中，用户还可以根据需要应用其他“完成”即时项目模板。

3.4 运用其他模板

在会声会影X7中，除了图像模板和视频模板外，还有很多其他主题模板可供使用，如对象模板、边框模板等，在编辑视频时，可以适当添加这些模板，让制作的视频更加丰富多彩。本节主要介绍运用其他模板的操作方法。

3.4.1 对象模板

在会声会影X7中，提供了多种类型的对象主题模板，用户可以根据需要将对象主题模板应用到所编辑的视频中，使视频画面更加美观。下面向读者介绍运用对象模板的操作方法。

素材文件	光盘\素材\第3章\最美雪乡.jpg
效果文件	光盘\效果\第3章\最美雪乡.VSP
视频文件	光盘\视频\第3章\3.4.1 对象模板.mp4

实战 最美雪乡

步骤 01 进入会声会影编辑器，在视频轨中插入一幅素材图像，如图3-57所示。

步骤 02 在预览窗口中可预览图像效果，如图3-58所示。

步骤 03 单击“图形”按钮，切换至“图形”选项卡，单击窗口上方的“画廊”按钮，在弹出的列表框中选择“对象”选项，如图3-59所示。

步骤 04 打开“对象”素材库，其中显示了多种类型的对象模板，在其中选择OB-25对象模板，如图3-60所示。

图 3-57 插入一幅素材图像

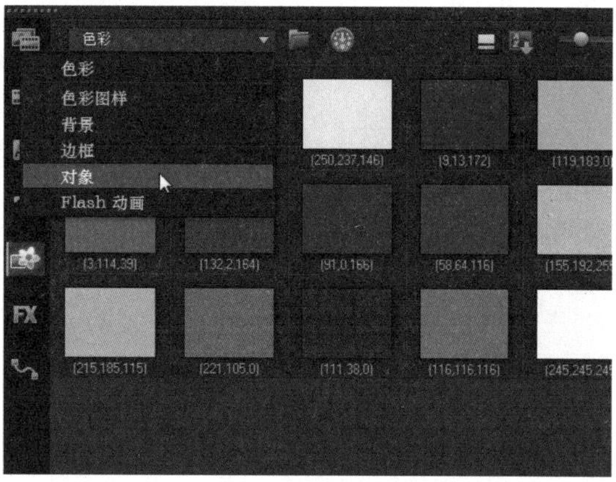

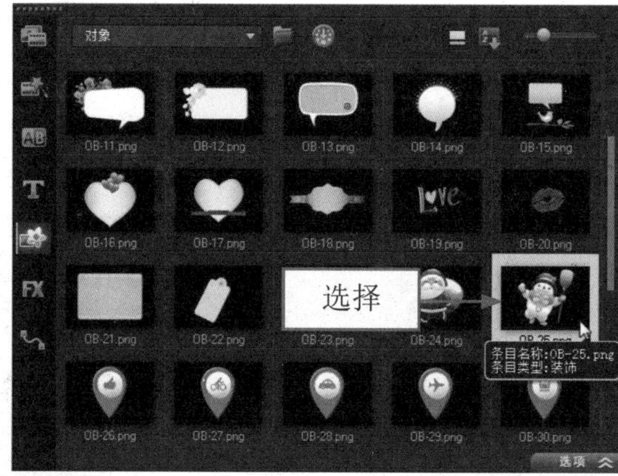

图 3-59 选择“对象”选项

图 3-58 预览图像效果

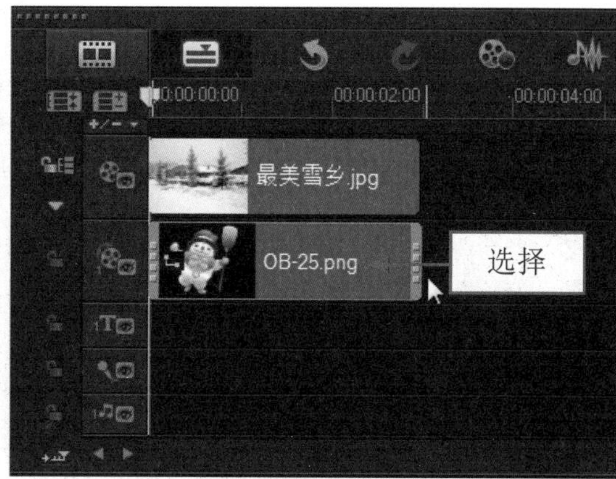

图 3-60 选择对象模板

步骤 05 单击鼠标左键并拖曳至覆叠轨中的开始位置，释放鼠标左键，即可添加对象模板，如图 3-61 所示。

步骤 06 在预览窗口中调整对象素材的大小和位置，即可预览添加对象模板的效果，如图 3-62 所示。

图 3-61 添加对象模板

图 3-62 预览对象模板效果

专家指点

在会声会影 X7 的“对象”素材库中，提供了多种对象素材供用户选择和使用。用户需要注意的是，对象素材需添加至覆叠轨中，才能任意调整其大小至合适位置。

3.4.2 边框模板

在会声会影 X7 中编辑影片时，适当的为素材添加边框模板，可以制作出绚丽多彩的视频作品。下面介绍运用边框模板的操作方法。

	素材文件	光盘 \ 素材 \ 第 3 章 \ 钟爱一生 .VSP
	效果文件	光盘 \ 效果 \ 第 3 章 \ 钟爱一生 .VSP
	视频文件	光盘 \ 视频 \ 第 3 章 \3.4.2 边框模板 .mp4

实战 钟爱一生

步骤 01 进入会声会影编辑器，打开一个项目文件，如图 3-63 所示。

步骤 02 在预览窗口中可以预览图像效果，如图 3-64 所示。

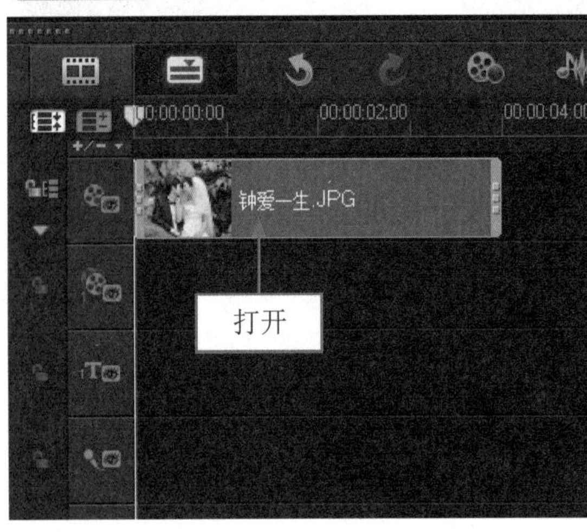

图 3-63 打开一个项目文件

图 3-64 预览图像效果

步骤 03 在素材库的左侧，单击“图形”按钮，切换至“图形”素材库，单击窗口上方的“画廊”按钮，在弹出的列表框中选择“边框”选项，如图 3-65 所示。

步骤 04 打开“边框”素材库，其中显示了多种类型的边框模板，在其中选择 FR-C03 边框模板，如图 3-66 所示。

步骤 05 在边框模板上，单击鼠标右键，在弹出的快捷菜单中选择“插入到”|“覆叠轨 #1”选项，如图 3-67 所示。

步骤 06 执行操作后，即可将 FR-C03 边框模板插入到覆叠轨 1 中，如图 3-68 所示。

步骤 07 在预览窗口中，即可预览添加的边框模板效果，如图 3-69 所示。

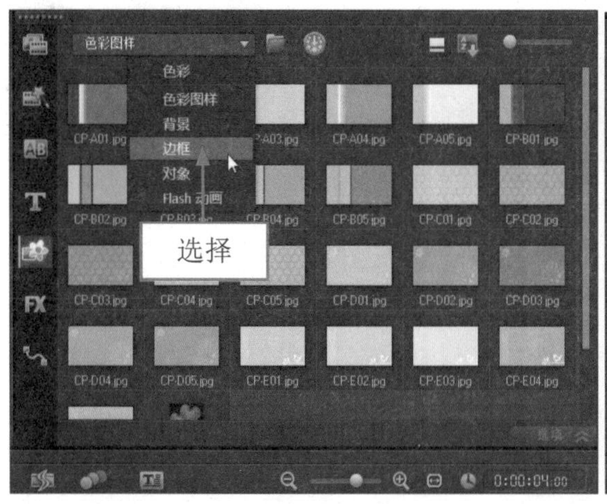

图 3-65 选择“边框”选项

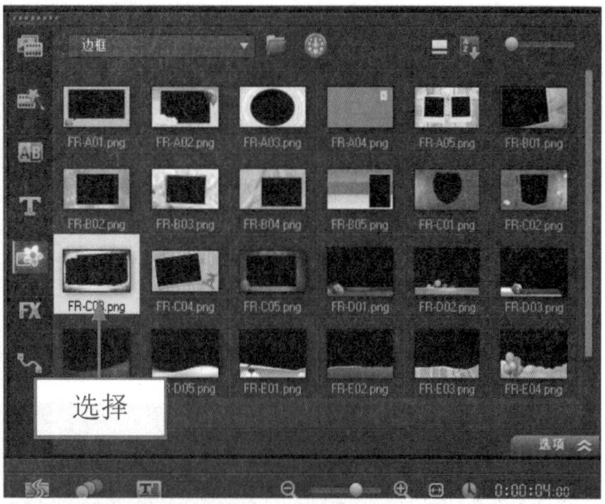

图 3-66 选择 FR-C03 边框模板

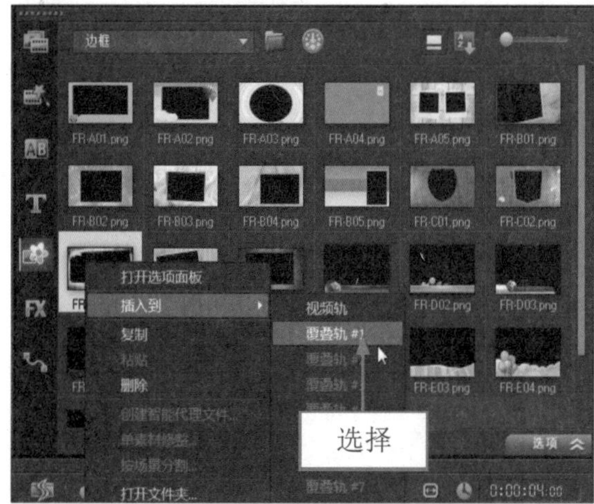

图 3-67 选择“覆叠轨 #1”选项

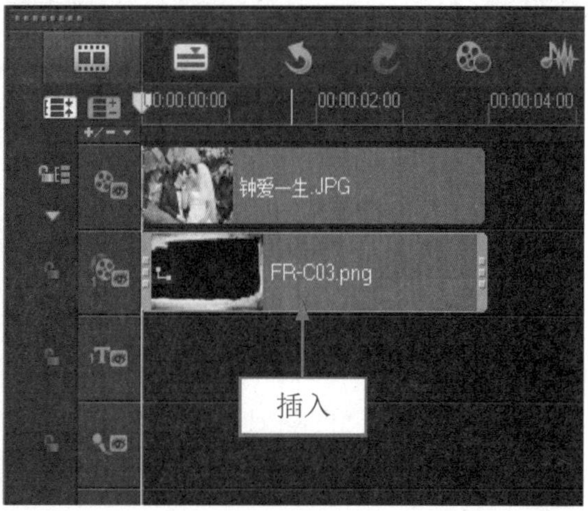

图 3-68 插入到覆叠轨 1 中

图 3-69 预览边框模板效果

3.4.3 Flash 模板

在会声会影 X7 中，提供了多种样式的 Flash 模板，用户可根据需要进行相应的选择，将其添加至覆叠轨或视频轨中，使制作的影片效果更加漂亮。下面介绍 Flash 模板的操作方法。

	素材文件	光盘 \ 素材 \ 第 3 章 \ 花丛 .VSP
	效果文件	光盘 \ 效果 \ 第 3 章 \ 花丛 .VSP
	视频文件	光盘 \ 视频 \ 第 3 章 \3.4.3 Flash 模板 .mp4

实战 花丛

步骤 01 进入会声会影编辑器，单击“文件”|“打开项目”命令，打开一个项目文件，如图 3-70 所示。

步骤 02 在预览窗口中可预览打开的项目效果，如图 3-71 所示。

图 3-70 打开一个项目文件

图 3-71 预览项目效果

步骤 03 单击“图形”按钮，切换至“图形”选项卡，单击窗口上方的“画廊”按钮，在弹出的列表框中选择“Flash 动画”选项，如图 3-72 所示。

步骤 04 打开“Flash 动画”素材库，其中显示了多种类型的动画模板，在其中选择 FL-F19 动画模板，如图 3-73 所示。

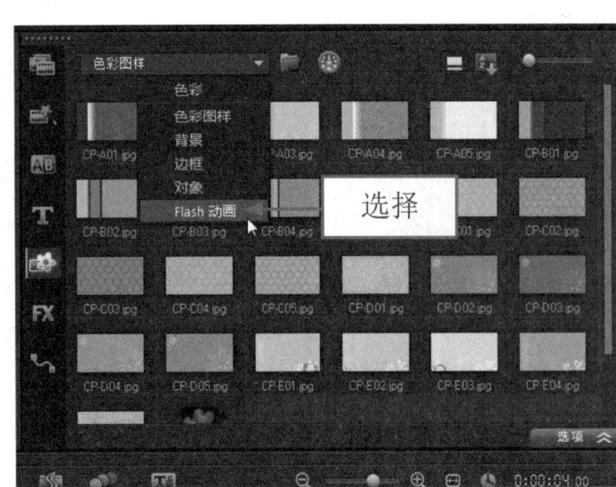

图 3-72 选择“Flash 动画”选项

图 3-73 选择相应动画模板

步骤 05 单击鼠标左键并拖曳至覆叠轨中，即可添加 Flash 动画模板，如图 3-74 所示。

步骤 06 在预览窗口中可预览 Flash 动画模板效果，如图 3-75 所示。

图 3-74 添加 Flash 动画模板

图 3-75 预览 Flash 动画模板效果

3.4.4 色彩模板

在会声会影 X7 中的照片素材上，用户可以根据需要应用色彩模板效果。下面介绍运用色彩模板的操作方法。

素材文件	光盘 \ 素材 \ 第 3 章 \ 建筑 .jpg
效果文件	光盘 \ 效果 \ 第 3 章 \ 建筑 .VSP
视频文件	光盘 \ 视频 \ 第 3 章 \3.4.4 色彩模板 .mp4

实战 建筑

步骤 01 进入会声会影编辑器，单击“文件”|“打开项目”命令，打开一个项目文件，如图 3-76 所示。

步骤 02 在素材库的左侧，单击“图形”按钮，如图 3-77 所示。

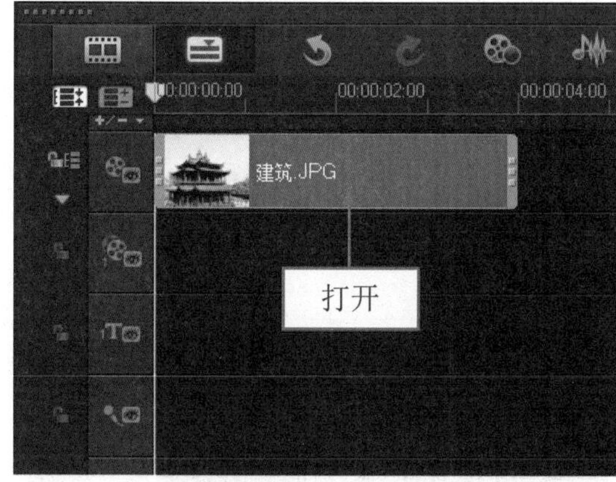

图 3-76 打开一个项目文件

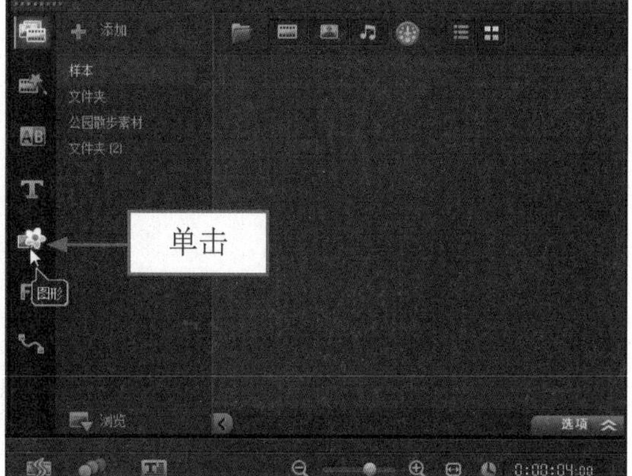

图 3-77 单击“图形”按钮

步骤 03 切换至“图形”素材库，其中显示了多种颜色的色彩模板，在其中选择浅蓝色色彩模板，如图 3-78 所示。

步骤 04 单击鼠标左键并拖曳至视频轨中的适当位置，添加色彩模板，如图 3-79 所示。

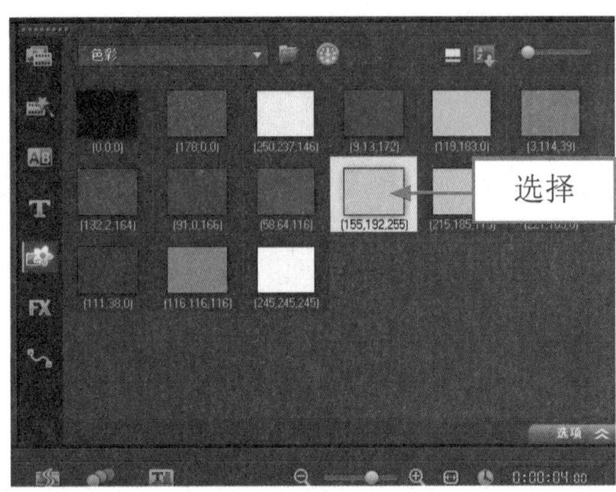

图 3-78 选择浅蓝色色彩模板

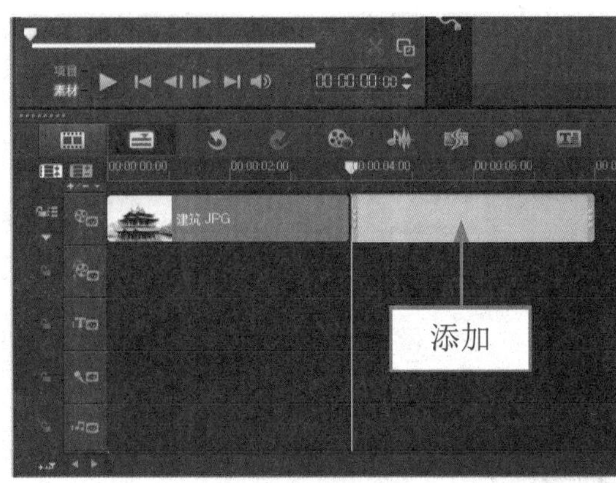

图 3-79 添加色彩模板

步骤 05 在素材库左侧，单击“转场”按钮，进入“转场”素材库，在“收藏夹”特效组中选择“交错淡化”转场效果，如图 3-80 所示。

步骤 06 将选择的转场效果拖曳至视频轨中的素材与色彩之间，添加“交错淡化”转场效果，如图 3-81 所示。

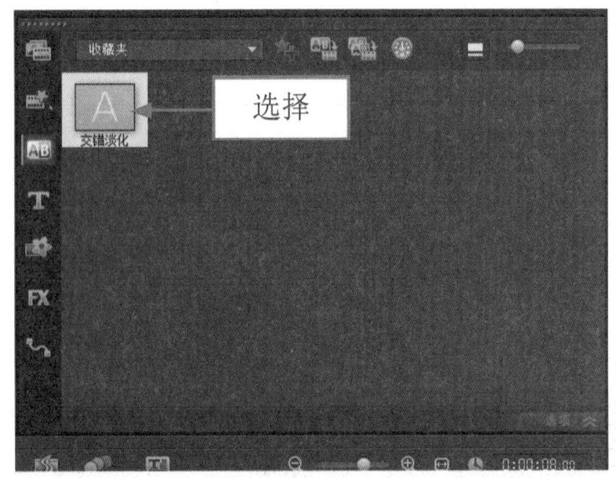

图 3-80 选择“交错淡化”转场效果

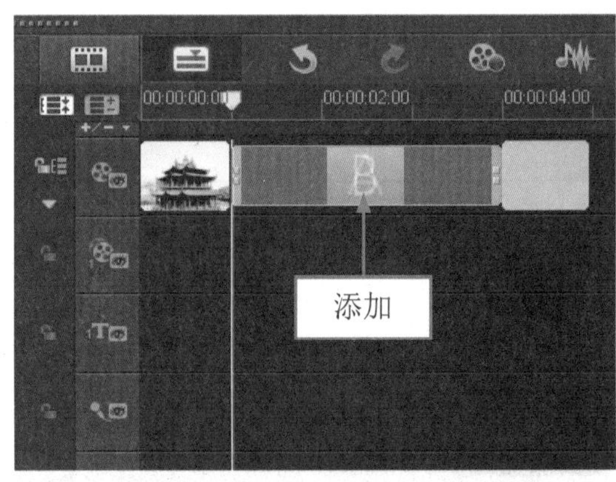

图 3-81 添加“交错淡化”转场效果

步骤 07 单击导览面板中的“播放”按钮，预览色彩效果，如图 3-82 所示。

图 3-82 预览色彩效果

3.5 运用影音快手模板

影音快手模板是会声会影 X7 新增的功能，该功能非常适合新手，可以让新手快速、方便的制作出视频画面，还可以制作出非常专业的影视短片效果。本节主要向读者介绍运用影音快手模板套用素材制作视频画面的方法，希望读者熟练掌握本节内容。

3.5.1 选择影音快手模板

在会声会影 X7 中，用户可以通过菜单栏中的“影音快手”命令快速启动“影音快手”程序，启动程序后，用户首先需要选择影音模板，下面介绍具体的操作方法。

	素材文件	无
	效果文件	无
	视频文件	光盘 \ 视频 \ 第 3 章 \3.5.1 运用影音快手模板 .mp4

实战 运用影音快手模板

步骤 01 进入会声会影编辑器，在菜单栏中单击“工具”菜单下的**影音快手**命令，如图 3-83 所示。

步骤 02 执行操作后，即可进入影音快手工作界面，如图 3-84 所示。

图 3-83 单击“影音快手”命令

图 3-84 进入影音快手工作界面

步骤 03 在右侧的“所有主题”列表框中，选择一种视频主题样式，如图 3-85 所示。

步骤 04 在左侧的预览窗口下方，单击“播放”按钮，如图 3-86 所示。

步骤 05 开始播放主题模板画面，预览模板效果，如图 3-87 所示。

图 3-85 选择一种视频主题样式　　图 3-86 单击“播放”按钮

图 3-87 预览模板效果

3.5.2 添加影音素材

当用户选择好影音模板后，接下来用户需要在模板中添加需要的影视素材，使制作的视频画面更加符合用户的需求。下面向读者介绍添加影音素材的操作方法。

素材文件	光盘 \ 素材 \ 第 3 章 \ 荷花视频 .jpg
效果文件	无
视频文件	光盘 \ 视频 \ 第 3 章 \3.5.2 添加影音素材 .mp4

实战 荷花视频

步骤 01 完成第一步的模板选择后，接下来单击第二步中的 加入您的媒体 按钮，如图 3-88 所示。

步骤 02 执行操作后，即可打开相应面板，单击右侧的“新增媒体”按钮，如图 3-89 所示。

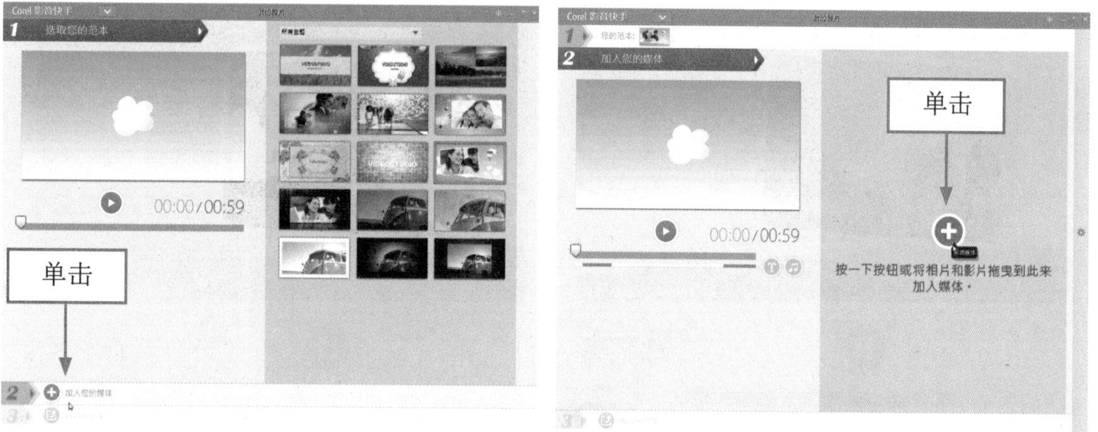

图 3-88 单击“加入您的媒体”按钮　　图 3-89 单击“新增媒体”按钮

步骤 03 执行操作后，弹出“新增媒体”对话框，在其中选择需要添加的媒体文件，如图 3-90 所示。

步骤 04 单击“打开”按钮，将媒体文件添加到“Corel 影音快手”界面中，在右侧显示了新增的媒体文件，如图 3-91 所示。

图 3-90 选择需要添加的媒体文件　　图 3-91 显示了新增的媒体文件

步骤 05 在左侧预览窗口下方，单击“播放”按钮，预览更换素材后的影片模板效果，如图 3-92 所示。

专家指点

在“影音快手”界面中播放影片模板时，如果用户希望暂停某个视频画面，此时可以单击预览窗口下方的“暂停”按钮，暂停视频画面。

图 3-92 预览更换素材后的影片模板效果

3.5.3 输出影视文件

当用户选择好影音模板并添加相应的视频素材后，最后一步即为输出制作的影视文件，使其可以在任意播放器中进行播放，并永久珍藏。下面向读者介绍输出影视文件的操作方法。

	素材文件	无
	效果文件	光盘 \ 效果 \ 第 3 章 \ 荷花视频 .VSP
	视频文件	光盘 \ 视频 \ 第 3 章 \3.5.3 输出影视文件 .mp4

实战 荷花视频

步骤 01 当用户对第二步操作完成后，最后单击第三步中的保存并分享按钮，如图 3-93 所示。

步骤 02 执行操作后，打开相应面板，在右侧单击“MPEG-2”按钮，如图 3-94 所示，是指导出为 MPEG 视频格式。

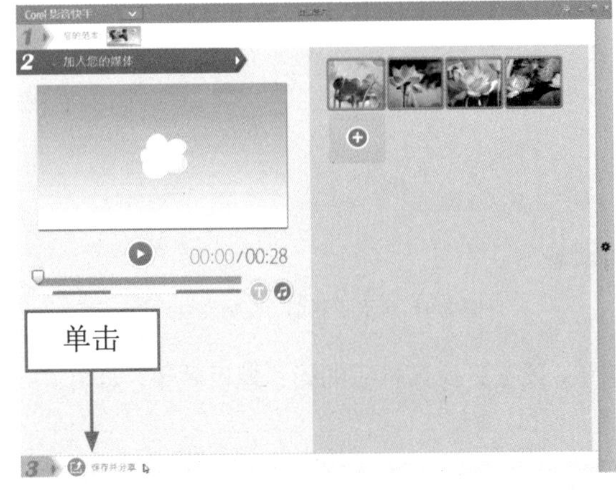

图 3-93 单击“保存并分享”按钮

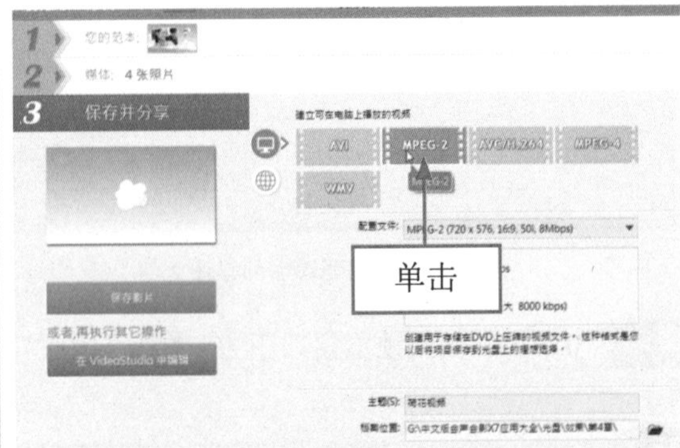

图 3-94 单击“MPEG-2”按钮

步骤 03 单击“档案位置”右侧的“浏览”按钮，弹出“另存为”对话框，在其中设置视频文件的输出位置与文件名称，如图 3-95 所示。

步骤 04 单击“保存”按钮，完成视频输出属性的设置，返回影音快手界面，在左侧单击“保存影片”按钮，如图 3-96 所示。

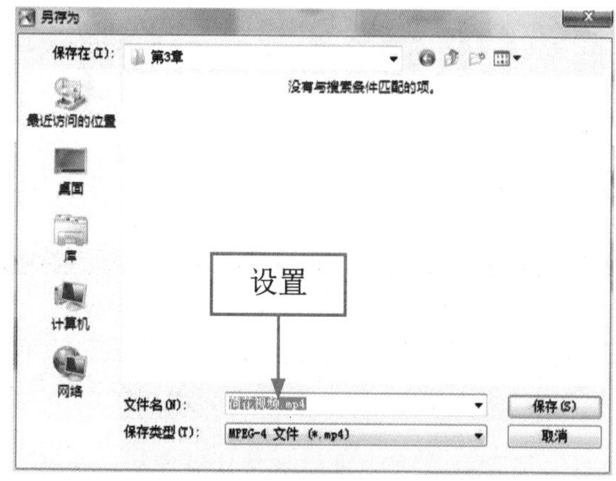

图 3-95 设置保存选项

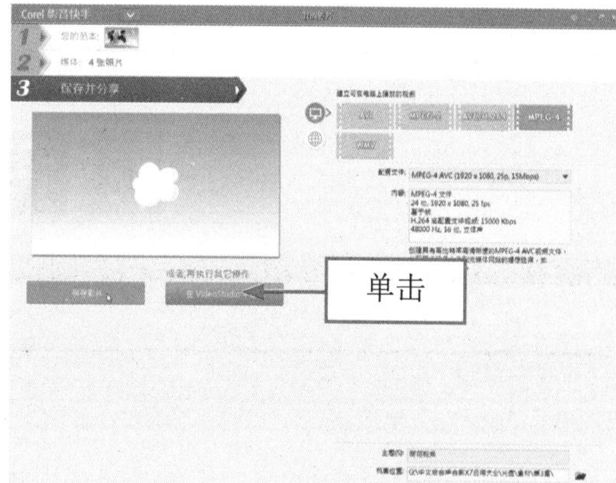

图 3-96 单击“保存影片”按钮

步骤 05 执行操作后，开始输出渲染视频文件，并显示输出进度，如图 3-97 所示。

步骤 06 待视频输出完成后，将弹出提示信息框，提示用户影片已经输出成功，单击“确定”按钮，如图 3-98 所示，即可完成操作。

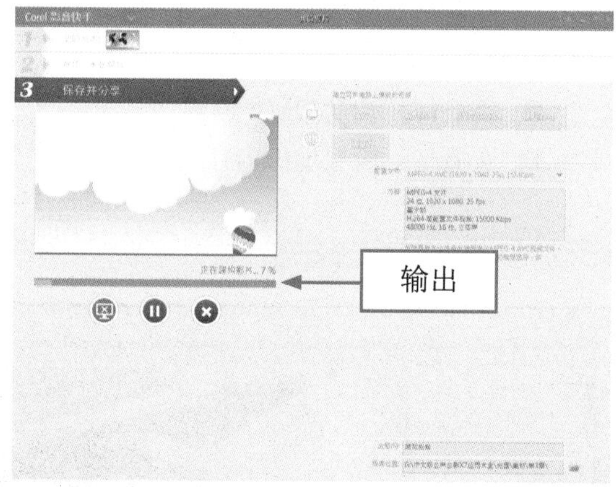

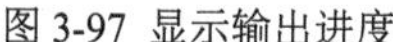

图 3-97 显示输出进度

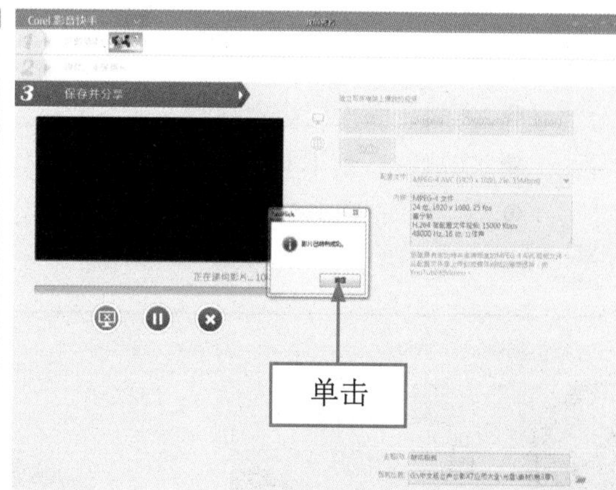

图 3-98 单击“确定”按钮

捕获媒体素材前的准备

学习提示

通常，视频编辑的第一步就是捕获视频素材。所谓捕获视频素材就是从摄像机、电视以及DVD等视频源获取视频数据，然后通过视频捕获卡或者IEEE 1394卡接收和翻译数据，最后将视频信号保存至电脑的硬盘中。本章主要介绍捕获媒体素材前的准备。

本章案例导航

- 实战——设置声音属性
- 实战——禁用写入缓存
- 实战——磁盘碎片整理
- 实战——启动DMA设置
- 实战——设置虚拟内存

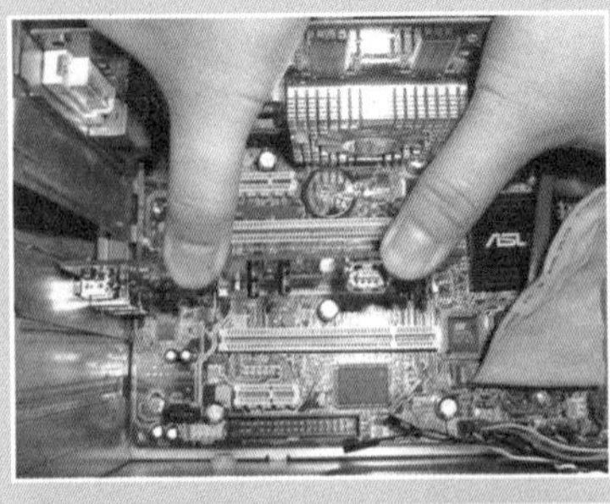

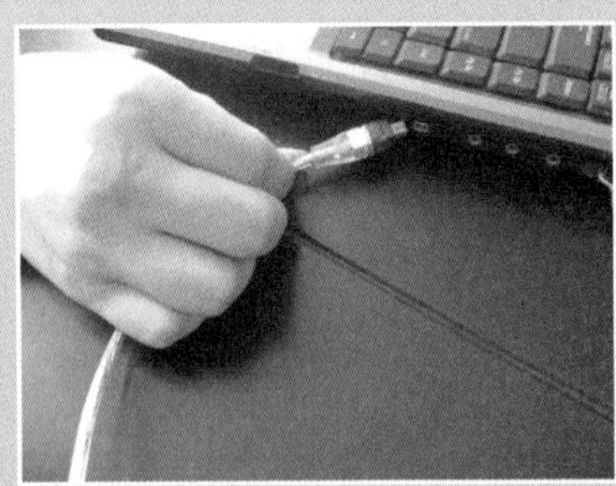

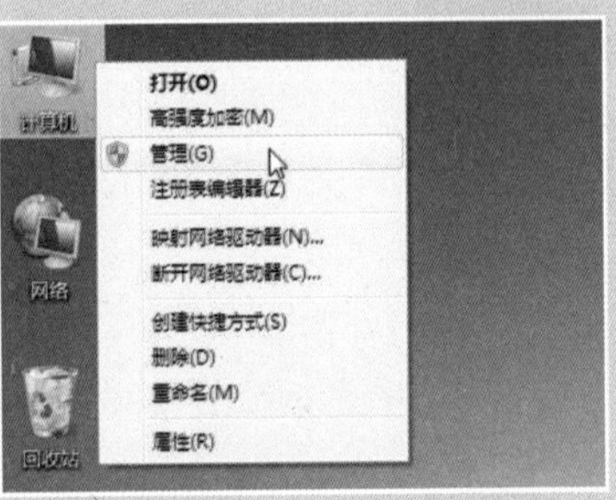

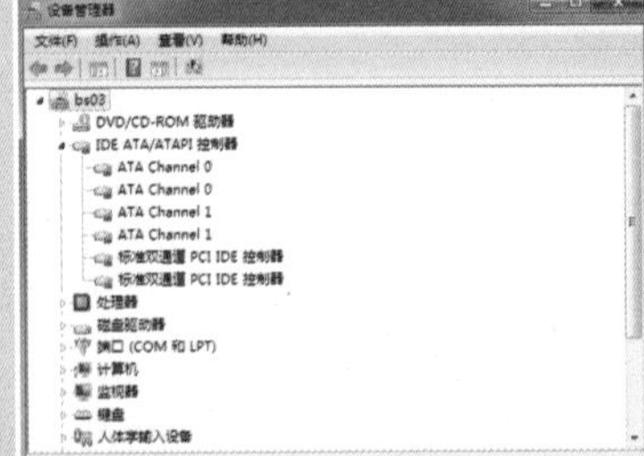

4.1 1394 卡的安装与连接

1394 卡只是作为一种影像采集设备用来连接 DV 和电脑，其本身并不具备视频的采集和压缩功能，它只是为用户提供多个 1394 接口，以便连接 1394 硬件设备。本节主要向读者介绍安装与连接 1394 视频卡的操作方法。

4.1.1 安装 1394 视频卡

当用户使用 DV 摄像机采集拍摄的视频文件之前，首先需要安装 1394 视频卡，通过该接口才能捕获 DV 中的视频文件。下面向读者介绍安装 1394 视频卡的操作方法。

步骤 01 准备好 1394 视频卡，关闭计算机电源，并拆开机箱，找到 1394 卡的 PCI 插槽，如图 4-1 所示。

步骤 02 找到 PCI 插槽后，将 1394 视频卡插入主板的 PCI 插槽上，如图 4-2 所示。

图 4-1 找到 PCI 插槽

图 4-2 插入 PCI 插槽中

专家指点

用户在选购视频捕获卡前，需要先考虑自己的计算机是否能够胜任视频捕获、压缩及保存工作，因为视频编辑对 CPU、硬盘、内存等硬件的要求较高。

另外，用户在购买前还应了解购买捕获卡的用途，根据需要选择不同档次的产品。

步骤 03 在运用螺钉紧固 1394 卡，如图 4-3 所示。

步骤 04 执行上述操作后，即可完成 1394 卡的安装，如图 4-4 所示。

图 4-3 螺钉紧固 1394 卡

图 4-4 完成 1394 卡的安装

4.1.2 查看 1394 视频卡

完成 1394 卡的安装工作后，启动计算机，系统会自动查找并安装 1394 卡的驱动程序。若需要确认 1394 卡是否安装成功，用户可以自行查看。

步骤 01 在“计算机”图标上，单击鼠标右键，在弹出的快捷菜单中，选择“管理”选项，如图 4-5 所示。

步骤 02 打开“计算机管理”窗口，在左侧窗格中选择“设备管理器”选项，在右侧窗格中即可查看“IEEE 1394 总线主控制器”选项，如图 4-6 所示。

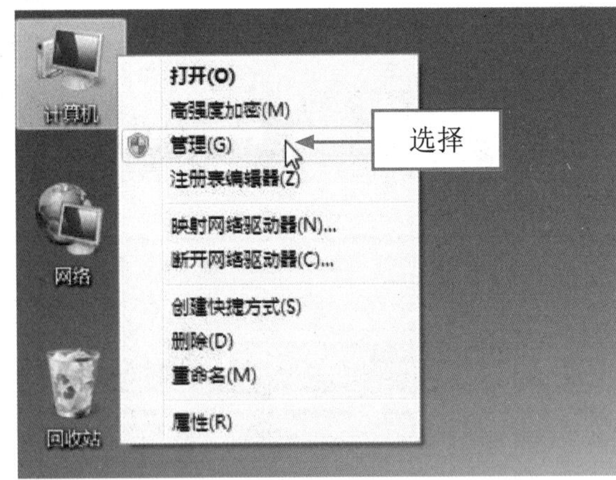

图 4-5 选择“管理”选项

图 4-6 查看控制器选项

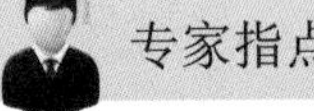

专家指点

用户在 Windows 桌面的“计算机”图标上，单击鼠标右键，在弹出的快捷菜单中选择“属性”选项，即可打开“系统”窗口，在左侧窗格中单击“设备管理器”超链接，也可以快速打开“设备管理器”窗口，在其中也可以查看 1394 采集卡是否已装好。

4.1.3 连接台式电脑

安装好 IEEE 1394 视频卡后，接下来就需要使用 1394 采集卡连接计算机，这样才可以进入视频的捕获阶段。目前，台式电脑已经成为大多数家庭或企业的首选。因此，掌握运用 1394 视频线与台式电脑的 1394 接口的连接显得相当重要。

步骤 01 将 IEEE1394 视频线取出，在台式电脑的机箱后找到 IEEE1394 卡的接口，并将 IEEE1394 视频线一端的接头插入接口处，如图 4-7 所示。

步骤 02 将 IEEE1394 视频线的另一端连接到 DV 摄像机，如图 4-8 所示，即可完成与台式电脑 1394 接口的连接操作。

图 4-7 将一端的接头插入接口处

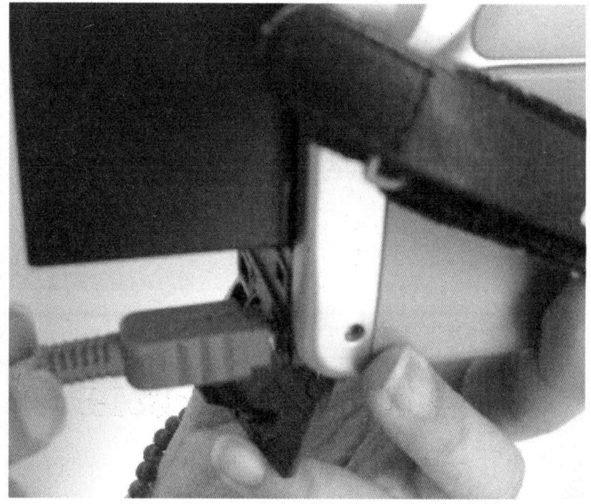

图 4-8 另一端连接到 DV 摄像机

专家指点

通常使用 4-Pin 对 6-Pin 的 1394 线连接摄像机和台式机，这种连接线的一端接口较大，另一端接口较小。接口较小的一端与摄像机连接，接口较大的一端与台式电脑上安装的 1394 卡连接。

4.1.4 连接笔记本电脑

安装好 IEEE 1394 采集卡后，接下来就需要使用 1394 采集卡连接计算机，这样才可以进入视频的捕获阶段。目前，台式电脑已经成为大多数家庭或企业的首选。因此，掌握运用 1394 视频线与台式电脑的 1394 接口的连接显得相当重要。

步骤 01 将 4-Pin 的 IEEE 1394 视频线取出，在笔记本电脑的后方找到 4-Pin 的 IEEE1394 卡的接口，如图 4-9 所示。

步骤 02 将视频线插入笔记本电脑的 1394 接口处，如图 4-10 所示，即可将 DV 摄像机中的视频内容捕获至笔记本电脑中。

专家指点

由于笔记本电脑的整体性能通常不如相同配置的台式机，再加上笔记本电脑要考虑散热问题，往往没有配备转速较高的硬盘。所以，在使用笔记本电脑进行视频编辑时，最好选择传输速率较高的 PCMCIA IEEE 1394 卡以及转速较高的硬盘。

图 4-9 找到 4-Pin 的 IEEE1394 卡的接口

图 4-10 插入笔记本电脑的 1394 接口

4.2 捕获前的属性设置

捕获是一个非常令人激动的过程，将捕获到的素材存放在会声会影的素材库中，将十分方便日后的剪辑操作。因此，用户必须在捕获前做好必要的准备，如设置声音属性、检查硬盘空间和设置捕获参数等。下面将对这些设置进行详细的介绍。

4.2.1 设置声音属性

捕获卡安装好后，为了确保在捕获视频时能够同步录制声音，用户需要在计算机中对声音进行设置。这类视频捕获卡在捕获模拟视频时，必须通过声卡来录制声音。下面介绍设置声音属性的操作方法。

	素材文件	无
	效果文件	无
	视频文件	光盘 \ 视频 \ 第 4 章 \4.21 设置声音属性 .mp4

实战 设置声音属性

步骤 01 单击“开始”|“控制面板”命令，打开“控制面板”窗口，如图 4-11 所示。

步骤 02 单击“声音”图标，执行操作后，弹出“声音”对话框，切换至“录制”选项卡，选择第一个“麦克风”选项，然后单击下方的“属性”按钮，如图 4-12 所示。

专家指点

在“级别”选项卡中，用户拖曳“麦克风”下面的滑块时，右侧显示的数值越大，表示麦克风的声音越大；右侧显示的数值越小，表示麦克风的声音越小。在该选项卡中，还有一个“麦克风加强”的选项设置，当用户将麦克风参数设置为 100 时，如果录制的声音还是比较小，此时可以设置麦克风加强的声音参数，数值越大，录制的声音越大。

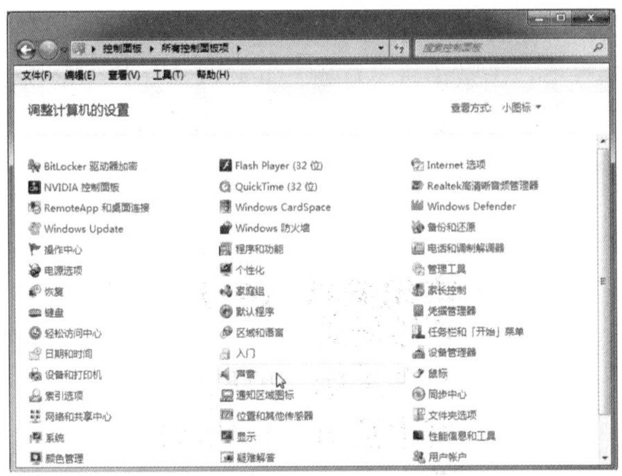

图 4-11 打开“控制面板”窗口

图 4-12 单击“属性”按钮

步骤 03 执行操作后，弹出“麦克风 属性”对话框，如图 4-13 所示。

步骤 04 切换至“级别”选项卡，在其中可以拖曳各项选项的滑块，设置麦克风的声音属性，如图 4-14 所示，设置完成后，单击“确定”按钮即可。

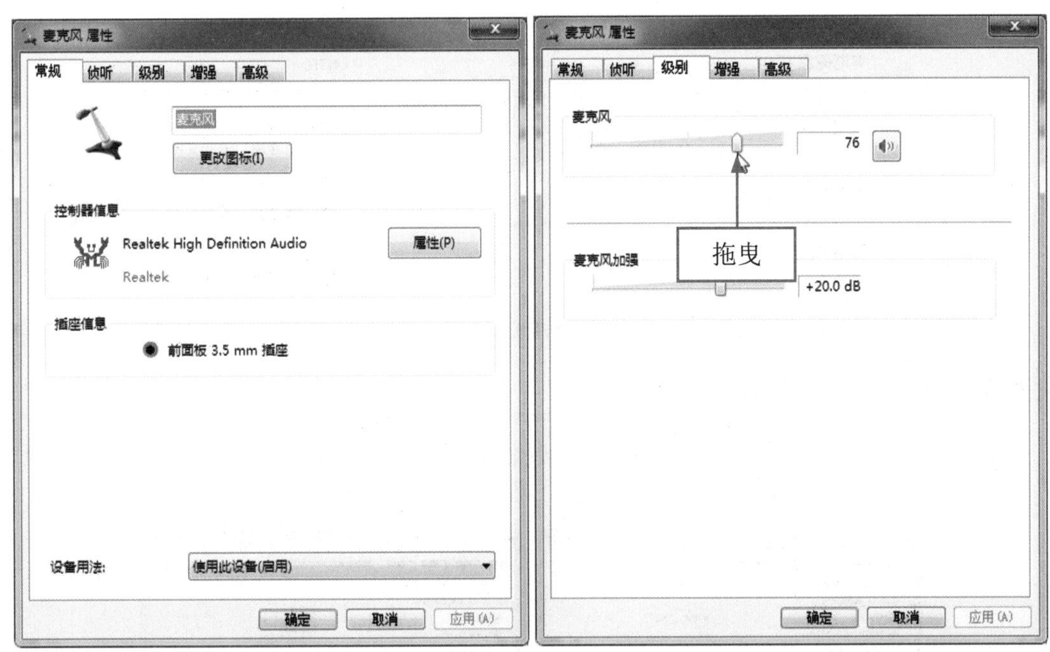

图 4-13 “麦克风 属性”对话框

图 4-14 拖曳滑块

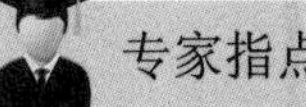

专家指点

在弹出的“主音量”窗口中，用户可以查看电脑的所有声音音量属性。由于用户不同计算机的系统也会有所不同，有可能弹出的对话框中的参数设置会有所不同。

4.2.2 查看磁盘空间

一般情况下，捕获的视频文件很大，因此用户在捕获视频前，需要腾出足够的硬盘空间，并确定分区格式，这样才能保证有足够的空间来存储捕获的视频文件。

在 Windows XP 系统中的“我的电脑”窗口中单击每个硬盘，此时左侧的“详细信息”将显示该硬盘的文件系统类型（也就是分区格式）以及硬盘可用空间情况，如图 4-15 所示

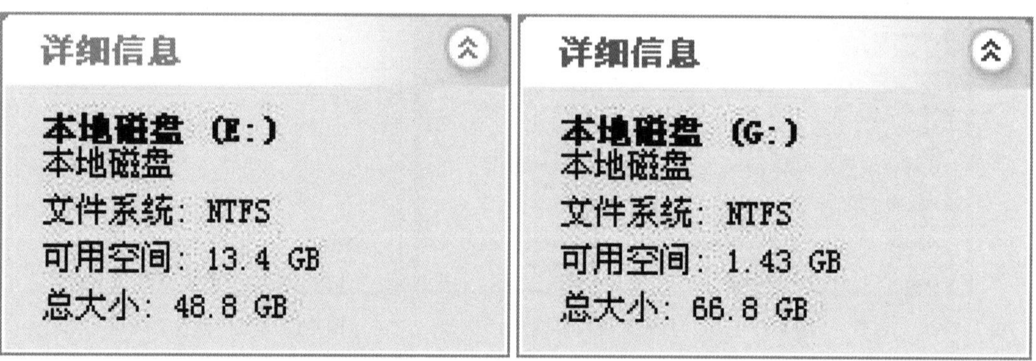

图 4-15 查看 Windows XP 操作系统

如果用户使用的是 Windows 7 操作系统，此时打开“计算机”窗口，在每个磁盘的下方，即可查看目前剩余的磁盘空间，以前磁盘的分区格式等信息，如图 4-16 所示。

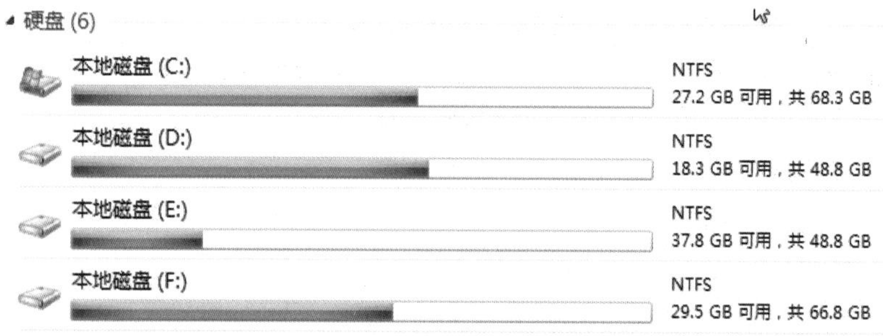

图 4-16 查看 Windows 7 操作系统

4.2.3 设置捕获选项

在会声会影 X7 编辑器中，单击“设置”|“参数选择”命令，弹出“参数选择”对话框，切换至“捕获”选项卡，如图 4-17 所示，在其中可以设置与视频捕获相关的参数。

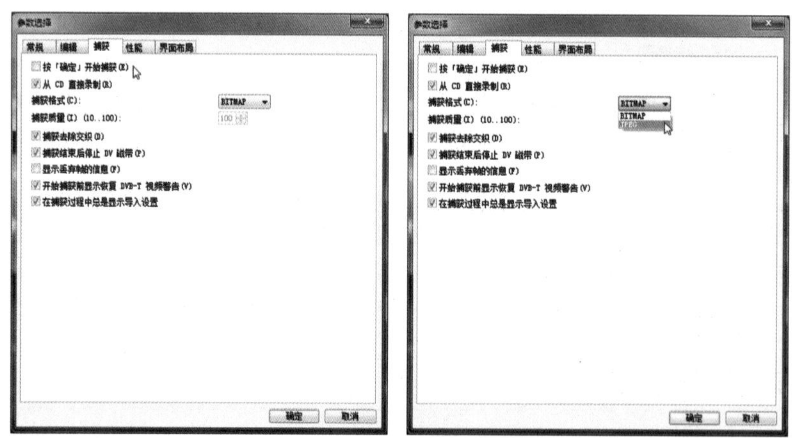

图 4-17 “参数选择”对话框

4.2.4 捕获注意事项

捕获视频可以说是最为困难的计算机工作之一，视频通常会占用大量的硬盘空间，并且由于其数据速率很高，硬盘在处理视频时会相当困难。下面列出一些注意事项，以确保用户可以成功捕获视频。

1. 捕获时需要关闭的程序

除了 Windows 资源管理器和会声会影外，关闭所在正在运行的程序，而且要关闭屏幕保护程序，以免捕获时发生中断。

2. 捕获时需要的硬盘空间

在捕获视频时，使用专门的视频硬盘可以产生最佳的效果，最好使用至少具备 Ultra-DMA/66、7200r/min 和 30GB 空间的硬盘。

3. 启用硬盘的 DMA 设置

若用户使用的硬盘是 IDE 硬盘，则可以启用所有参与视频捕获硬盘的 DMA 设置。启用 DMA 设置后，在捕获视频时可以避免丢失帧的问题。

4. 设置工作文件夹

在使用会声会影捕获视频前，还需要根据硬盘的剩余空间情况正确设置工作文件夹和预览文件夹，以用于保存编辑完成的项目和捕获的视频素材。会声会影 X7 要求保持 30GB 以上可用磁盘空间，以免出现丢失帧或磁盘空间不足的情况。

4.3 捕获前系统优化

将捕获到的素材存放在会声会影的素材库中，将方便日后的剪辑操作。因此，用户只有捕获前做好必要的准备，如启动 DMA 设置、设置虚拟内存、禁用写入缓存以及磁盘整理与清理等优化操作。

4.3.1 启动 DMA 设置

启动磁盘的 DMA 功能，该功能不经过 CPU，直接从系统主内存传送数据，加快了磁盘传输速度，有效避免了捕获时可能发生的丢失帧问题。

素材文件	无
效果文件	无
视频文件	光盘 \ 视频 \ 第 4 章 \4.3.1 启动 DMA 设置 .mp4

实战 启动 DMA 设置

步骤 01 打开“系统”窗口，在左侧窗格中单击“高级系统设置”超链接，弹出“系统属性”对话框，如图 4-18 所示。

步骤 02 单击“设备管理器”按钮，打开“设备管理器”窗口，单击“IDE ATA/ATAPI 控制器”

选项左侧的加号按钮，展开该选项，如图 4-19 所示。

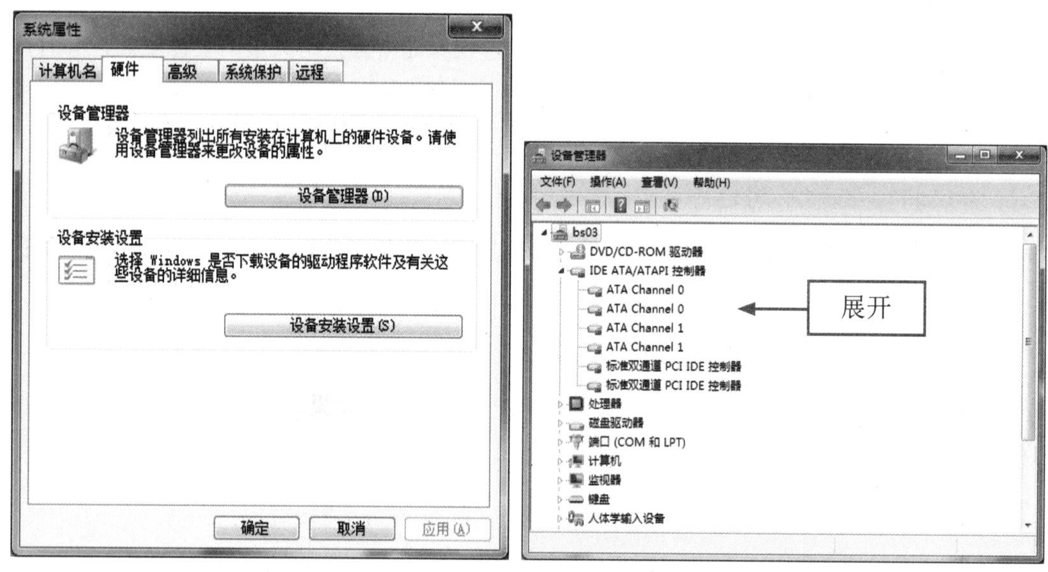

图 4-18 “系统属性”对话框　　图 4-19 展开“IDE ATA/ATAPI 控制器”选项

步骤 03 在“ATA Channel 0”选项上，双击鼠标左键，弹出“ATA Channel 0 属性”对话框如图 4-20 所示。

步骤 04 切换至“高级设置”选项卡，在下方选中“启用 DMA”复选框，如图 4-21 所示，单击“确定”按钮，即可完成操作。

专家指点

在电脑上启动磁盘的 DMA 设置，可以加快系统的运行，提升磁盘的传输速度，方便用户的操作。

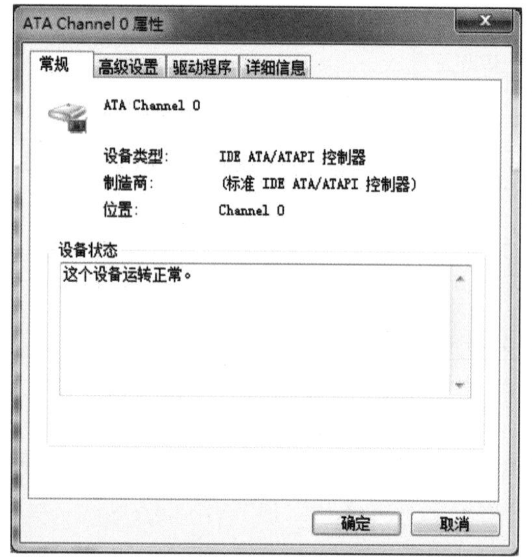

图 4-20 “ATA Channel 0 属性”对话框

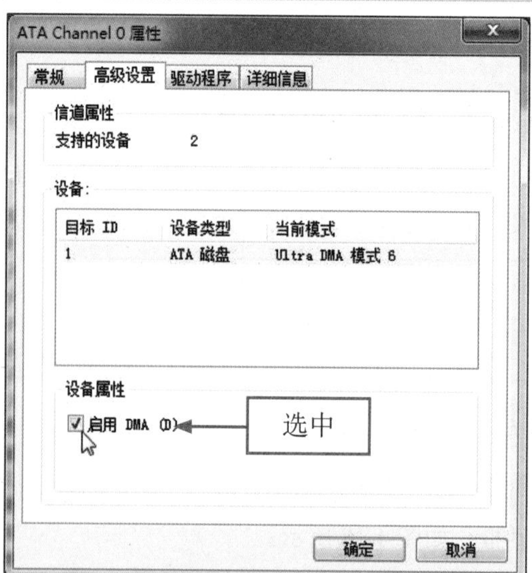

图 4-21 选中“启用 DMA（D）”复选框

4.3.2 禁用写入缓存

用户可以对磁盘上的写入缓存进行禁用操作，以避免断电或硬件故障导致数据丢失或损坏。下面介绍禁用写入缓存的操作方法。

素材文件	无
效果文件	无
视频文件	光盘 \ 视频 \ 第 4 章 \4.3.2 禁用写入缓存 .mp4

实战 禁用写入缓存

步骤 01 进入“设备管理器”窗口，展开“磁盘驱动器”选项，在展开的选项上单击鼠标右键，在弹出的快捷菜单中，选择“属性”选项，如图 4-22 所示。

步骤 02 弹出相应属性对话框，切换至“策略”选项卡，取消选中“启动设备上的写入缓存”复选框，如图 4-23 所示，单击“确定”按钮，完成对禁用写入缓存的设置。

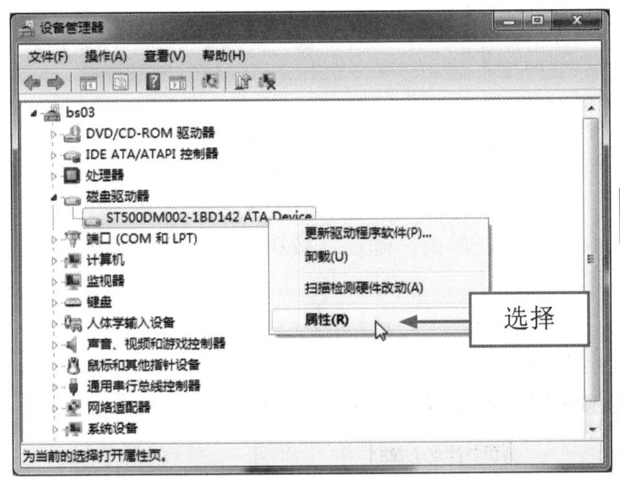

图 4-22 选择“属性”选项

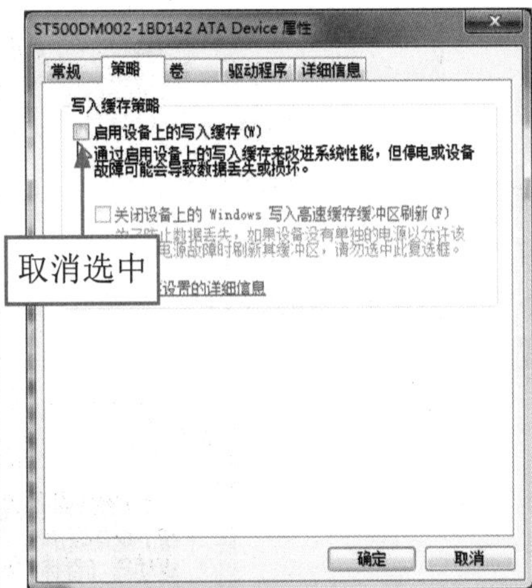

图 4-23 取消选中相应复选框

4.3.3 设置虚拟内存

虚拟内存的作用与物理内存基本相似，但它是作为物理内存的“后备力量”而存在的，也就是说，只有在物理内存已经不够使用的时候，它才会发挥作用，可以保证会声会影运行时的稳定性。下面介绍设置虚拟内存的操作方法。

素材文件	无
效果文件	无
视频文件	光盘 \ 视频 \ 第 4 章 \4.3.3 设置虚拟内存 .mp4

实战 设置虚拟内存

步骤 01 在桌面“计算机”图标上，单击鼠标右键，在弹出的快捷菜单中选择“属性”选项，弹出相应的对话框，单击“高级系统设置”按钮，弹出“系统属性”对话框，切换至“高级”选项卡，如图 4-24 所示。

步骤 02 在“性能”选项区中单击“设置”按钮，弹出“性能选项”对话框，切换至“高级”选项卡，如图 4-25 所示。

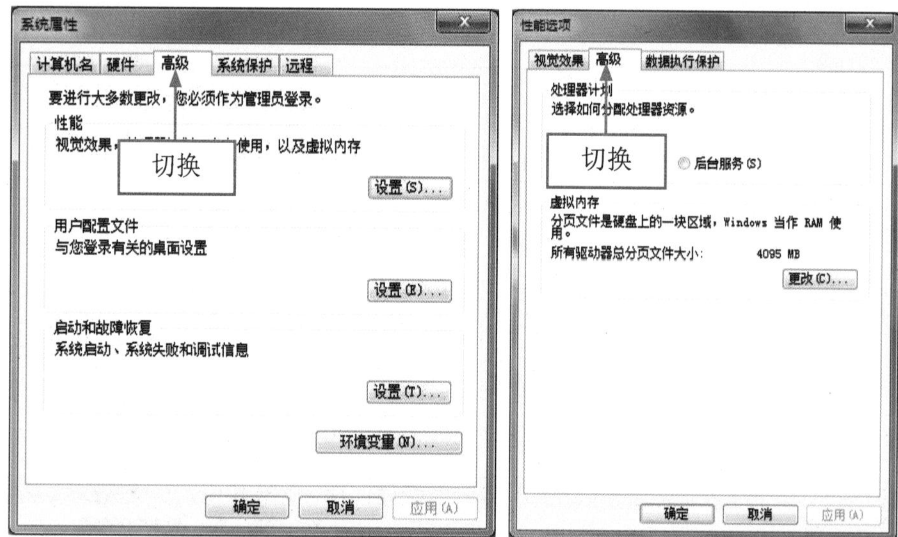

图 4-24 切换至“高级”选项卡　　图 4-25 切换至“高级”选项卡

步骤 03 在“虚拟内存”选项区中单击“更改”按钮，弹出“虚拟内存”对话框，选择存放虚拟内存的驱动器，在“所选驱动器的页面文件大小”选项区中，选中“自定义大小”单选按钮，在下方的数值框中输入需要的数值，如图 4-26 所示，单击“确定”按钮，即可完成对虚拟内存的设置。

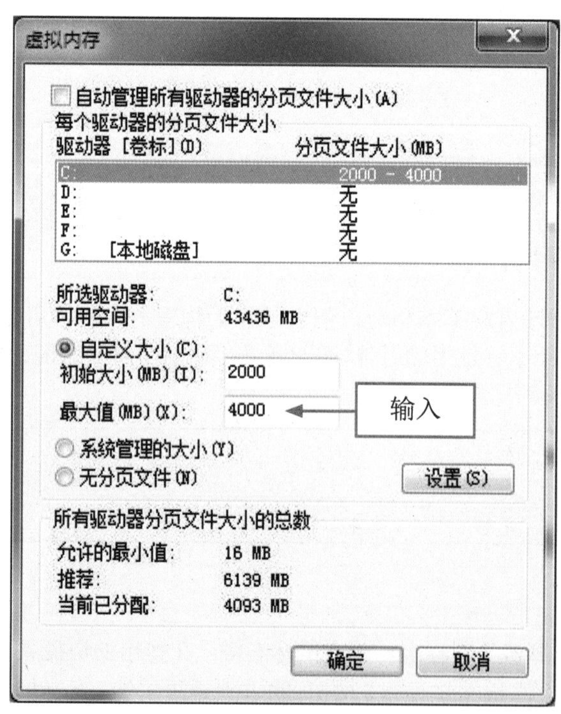

图 4-26 输入需要的数值

4.3.4 磁盘清理文件

使用 DV 编辑视频的过程中，利用磁盘清理程序将磁盘中的垃圾文件和临时文件清除，可以节省磁盘中的空间，并提高磁盘的运行速度。下面介绍磁盘清理文件的操作方法。

	素材文件	无
	效果文件	无
	视频文件	光盘 \ 视频 \ 第 4 章 \4.34 磁盘清理文件 .mp4

实战 磁盘清理文件

步骤 01 单击“开始”|“所有程序”|“附件”|“系统工具”|“磁盘清理”命令，弹出“磁盘清理：选择驱动器”对话框，如图 4-27 所示。

步骤 02 在“驱动器”下拉列表中选择需要清理的磁盘，单击“确定”按钮，弹出“磁盘清理”对话框，显示计算进度，如图 4-28 所示。

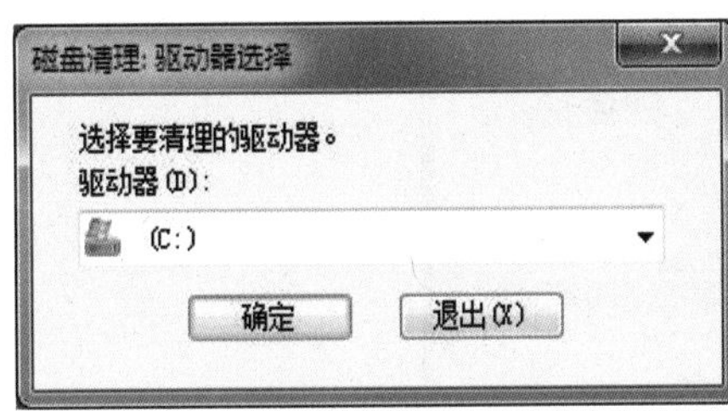

图 4-27 “磁盘清理：选择驱动器”对话框

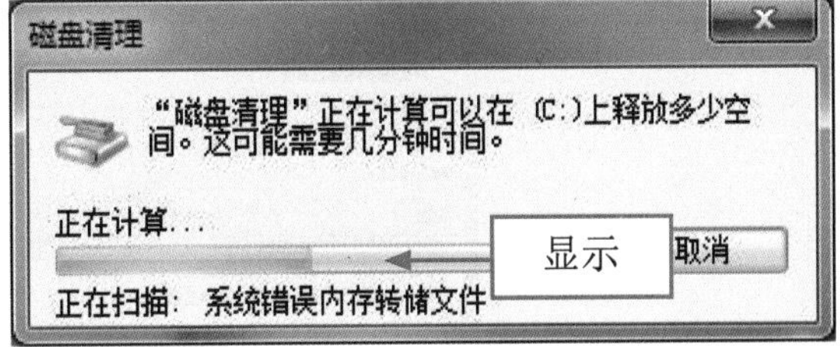

图 4-28 显示计算进度

步骤 03 稍等片刻，弹出“（C:）的磁盘清理”对话框，在“要删除的文件”下拉列表中，选中需要删除的文件复选框，如图 4-29 示。

步骤 04 单击“确定”按钮，弹出提示信息框，如图 4-30，单击“删除文件”按钮，即可清理磁盘。

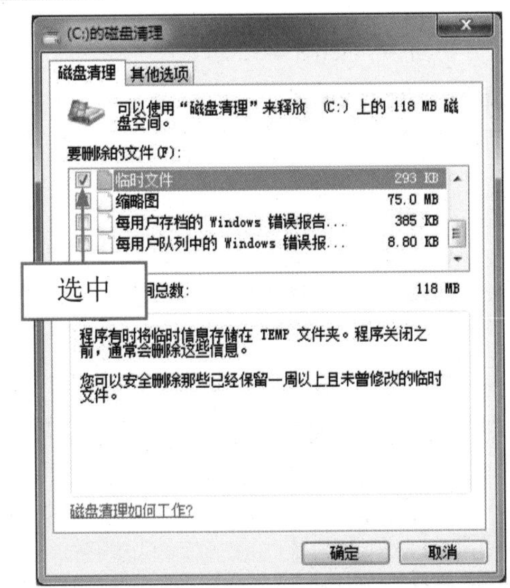

图 4-29 选中需要删除的文件复选框

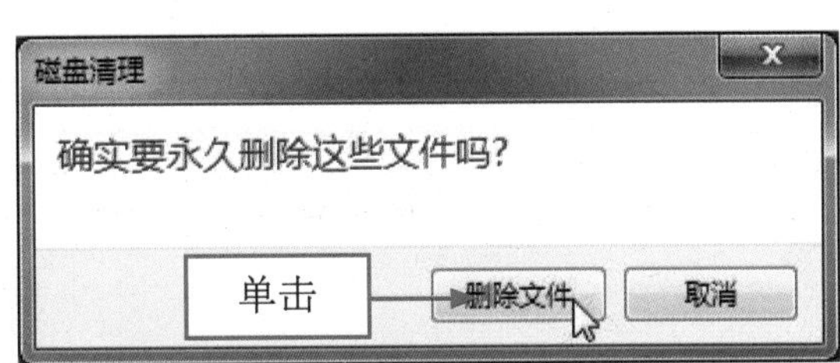

图 4-30 弹出提示信息框

4.3.5 磁盘碎片整理

在使用 DV 编辑视频的过程中，经常会对磁盘进行读写或删除等操作，从而产生了大量的磁盘碎片，造成系统磁盘运行速度减慢，并占用大量的磁盘空间，此时用户可以对磁盘碎片进行整理，保证磁盘的正常运行。下面介绍磁盘碎片整理的操作方法。

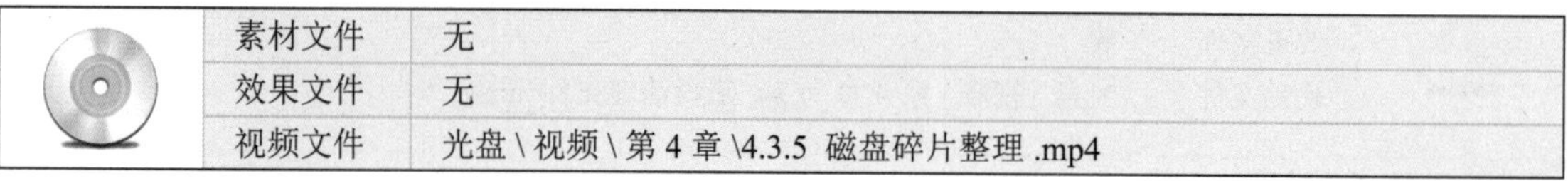

	素材文件	无
	效果文件	无
	视频文件	光盘 \ 视频 \ 第 4 章 \4.3.5 磁盘碎片整理 .mp4

实战 磁盘碎片整理

步骤 01 单击“开始”|“所有程序”|“附件”|“系统工具”|“磁盘碎片整理程序”命令，弹出“磁盘碎片整理程序”窗口，选择需要清理的磁盘单击“分析磁盘”按钮，如图 4-31 示。

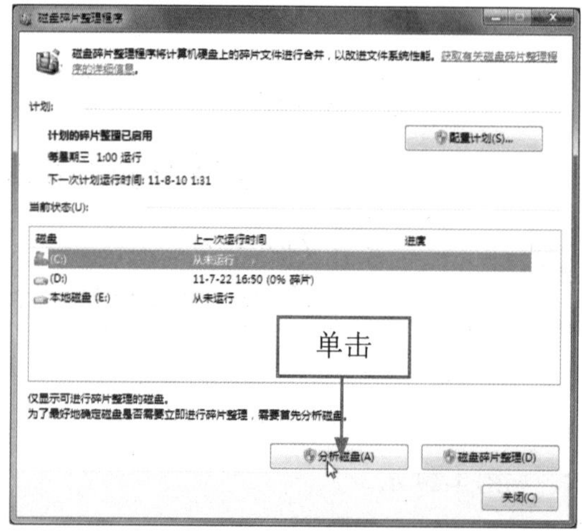

图 4-31 单击“分析磁盘”按钮

步骤 02 系统将自动对所选磁盘进行分析，并显示分析进度，如图 4-32 示。

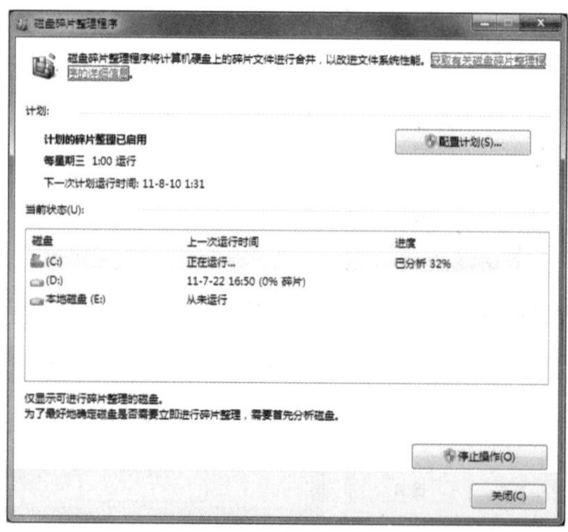

图 4-32 并显示分析进度

步骤 03 稍等片刻后，将显示碎片分析结果，在“磁盘碎片整理程序”窗口的右下方单击“磁盘碎片整理”按钮，如图 4-33 示。

图 4-33 单击“磁盘碎片整理”按钮

步骤 04 开始整理磁盘碎片，并显示整理进度，稍等一段时间，将提示磁盘中碎片为 0%，此时即可完成磁盘碎片整理，单击“关闭”按钮即可，如图 4-34 示。

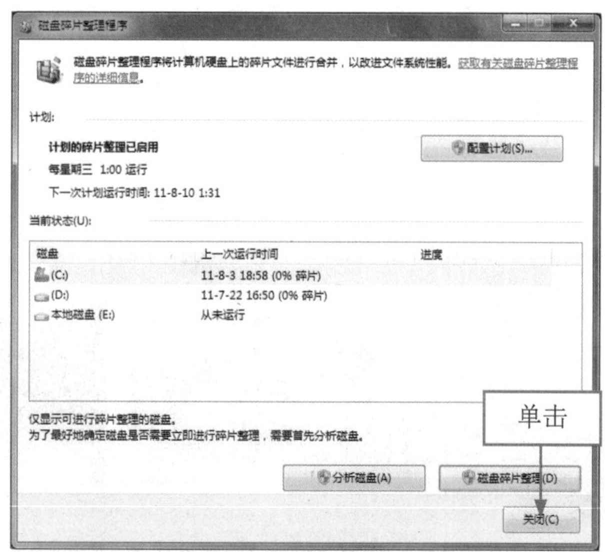

图 4-34 单击“关闭”按钮

捕获各种视频素材

学习提示

素材的捕获是进行视频编辑首要的一个环节，好的视频作品离不开高质量的素材与正常、具有创造性的剪辑。要捕获高质量的视频文件，好的硬件也很重要。本章主要向读者介绍图像和视频素材的捕获方法。

本章案例导航

- 实战——设置捕获参数
- 实战——捕获 DV 静态图像
- 实战——捕获 DV 视频素材
- 实战——捕获成其他的格式
- 实战——按场景分割
- 实战——视频捕获区间
- 实战——涉足
- 实战——蝴蝶

5.1 从 DV 中捕获静态图像

会声会影 X7 的捕获功能比较强大，用户在捕获 DV 视频时，可以将其中的一帧图像捕获成静态图像。本节主要介绍从 DV 中捕获静态图像的操作方法。

5.1.1 设置捕获参数

在捕获图像前，首先需要对捕获参数进行设置。用户只需在菜单栏中进行相应操作，即可快速完成参数的设置。下面介绍设置捕获参数的操作方法。

	素材文件	无
	效果文件	无
	视频文件	光盘 \ 视频 \ 第 5 章 \5.1.1 设置捕获参数 .mp4

实战 设置捕获参数

步骤 01 进入会声会影编辑器，在菜单栏上单击“设置”|“参数选择”命令，弹出“参数选择”对话框，切换至“捕获”选项卡，如图 5-1 所示。

步骤 02 在对话框中单击“捕获格式”右侧的下三角按钮，在弹出的列表框中选择 JPEG 选项，如图 5-2 所示，设置完成后，单击“确定”按钮，即可完成捕获参数的设置。

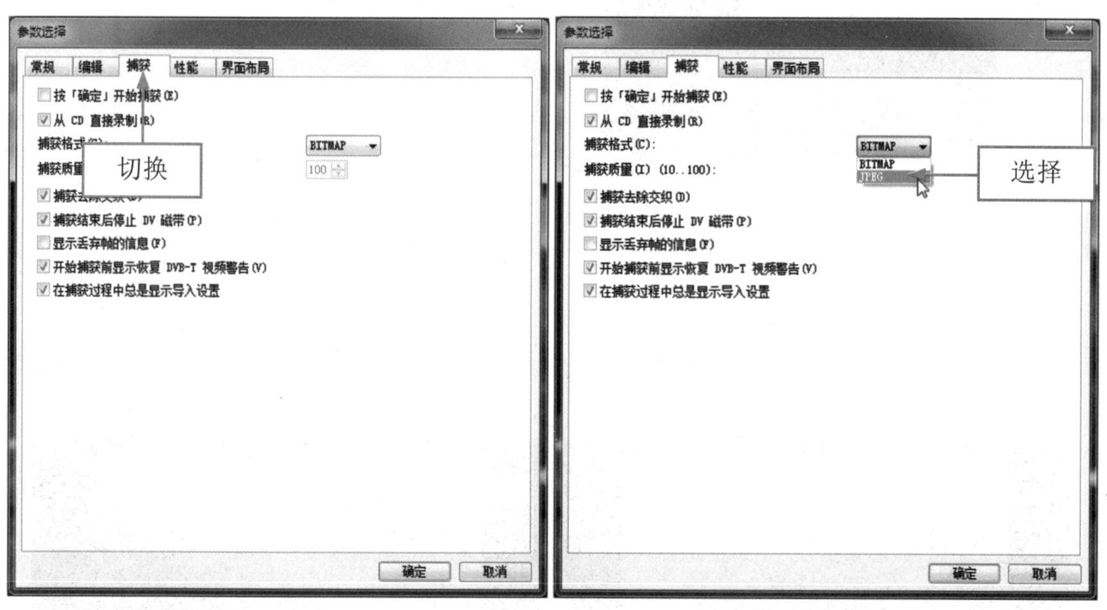

图 5-1 切换至“捕获”选项卡

图 5-2 选择 JPEG 选项

专家指点

捕获的图像长宽取决于原始视频，如 PAL DV 视频是 720 像素 ×576 像素。图像格式可以是 BITMAP 或 JPEG，默认选项为 BITMAP，它的图像质量要比 JPEG 好，但是文件较大。在“参数选择”对话框中选中“捕获去除交织”复选框，捕获图像时将使用固定的分辨率，而非采用交织型图像的渐进式图像分辨率，这样捕获后的图像就不会产生锯齿。

5.1.2 捕获 DV 静态图像

在 DV 摄像机中找到需要捕获的图像位置，然后开始捕获静态图像，捕获静态图像的方法很简单，下面进行简单介绍。

实战 捕获 DV 静态图像

步骤 01 进入会声会影编辑器，单击“设置”|“参数选择”命令，如图 5-3 所示。

步骤 02 弹出“参数选择”对话框，切换至“捕获”选项卡，单击“捕获格式”右侧的下三角按钮，在弹出的下拉列表框中选择 JPEG 选项，如图 5-4 所示。

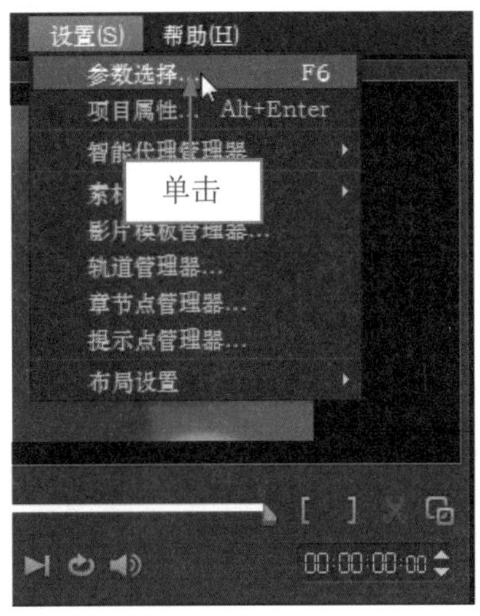

图 5-3 单击“参数选择”命令

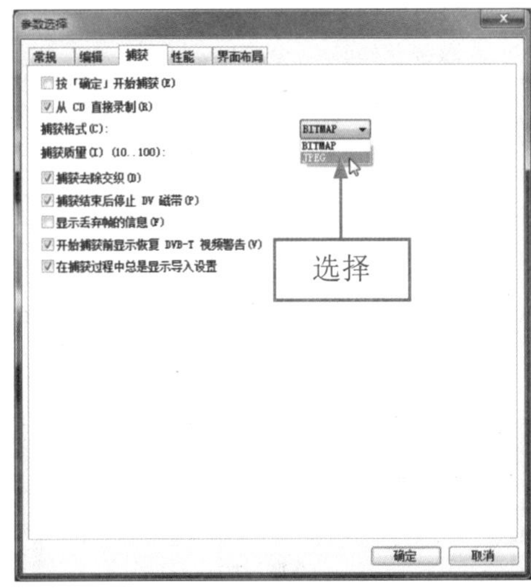

图 5-4 选择 JPEG 选项

步骤 03 设置完成后，单击“确定”按钮，连接 DV 摄像机与计算机，切换至“捕获”步骤选项面板，单击导览面板中的“播放”按钮，如图 5-5 所示，即可播放 DV 中的视频。

步骤 04 播放至合适位置后，单击导览面板中的“暂停”按钮，找到需要的图像画面，如图 5-6 所示。

图 5-5 预览视频

图 5-6 找到需要的图像画面

专家指点

设置图像捕获位置时，用户可以在预览窗口下方单击相应的导航按钮，快速找到需要捕获的静态图像位置。

步骤 05 在“捕获”步骤选项面板中，设置捕获静态图像的保存位置，然后单击“抓拍快照”按钮，如图 5-7 所示。

步骤 06 执行上述操作后，即可捕获静态图像。单击“编辑”标签，切换至“编辑”步骤选项面板，即可在时间轴面板中查看捕获图像的缩略图，如图 5-8 所示。

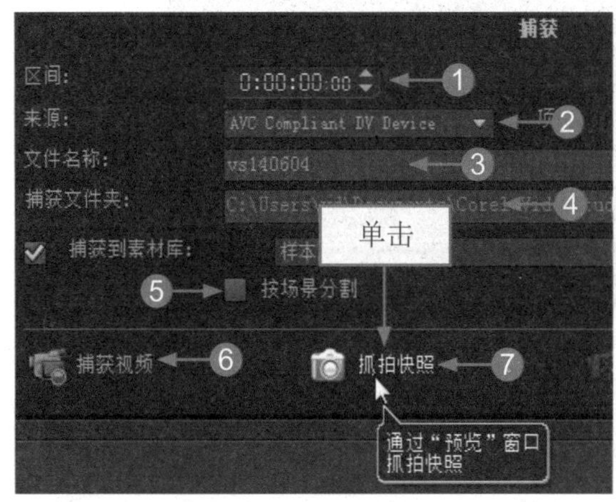

图 5-7 单击“抓拍快照”按钮

图 5-8 查看捕获图像缩略图

❶ “区间”数值框：该数值框用于指定要捕获素材的长度，用户可以在需要调整的数字上单击鼠标，当数字处于闪烁状态时，输入新的数字，即可指定捕获素材的长度。

❷ “来源”列表框：该列表框用于显示检测到的视频捕获设备，也就是显示所连接的摄像机名称和类型。

❸ “文件名称”列表框：该列表框用于保存捕获的文件格式。

❹ “捕获文件夹”选项：该选项可以设置捕获文件所保存的文件夹。

❺ “按场景分割”复选框：选中该复选框，可以根据录制的日期、时间以及录像带上的较大动作变化，自动将视频文件分割成单独的素材。

❻ “捕获视频”按钮：单击该按钮，可以从已安装的视频输入设备中捕获视频。

❼ “抓拍快照”按钮：单击该按钮，可以将视频输入设备中的当前帧作为静态图像捕获到会声会影 X7 中。

5.2 捕获 DV 视频素材

在编辑器中捕获 DV 视频的方法与捕获 DV 静态图像的方法类似，下面将详细向用户介绍在编辑器中捕获 DV 视频的方法。

5.2.1 设置采集视频参数

将DV摄像机与计算机进行连接，并切换至播放模式，进入会声会影X7编辑器中，单击“捕获”按钮，切换至“捕获”步骤面板，在“捕获”选项面板中，分别有“捕获视频”、“DV快速扫描”、“从数字媒体导入”、“定格动画”、“屏幕捕获”5个按钮，如图5-9所示。

专家指点

在会声会影X7中，从DV中采集视频之前，需要设置采集视频参数。

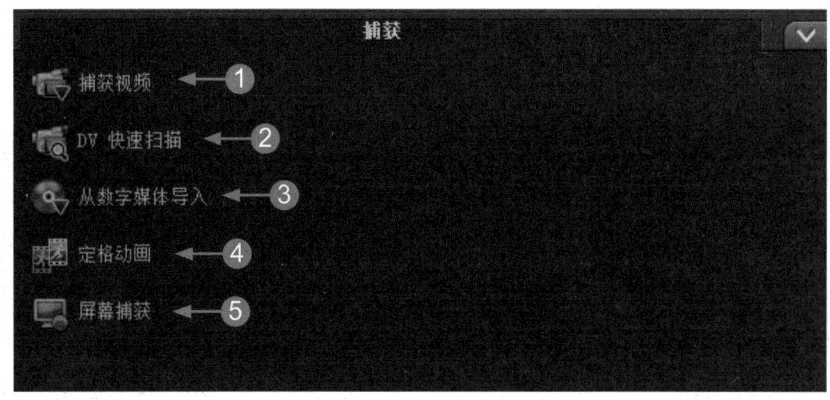

图5-9 “捕获”选项面板

❶ “捕获视频”按钮：允许捕获来自DV摄像机、模拟数码摄像机和电视的视频。对于各种不同类型的视频来源而言，其捕获步骤类似，但选项面板上可用的捕获设置是不同的。

❷ “DV快速扫描”按钮：可以扫描DV设备，查找要导入的场景。

❸ “从数字媒体导入”按钮：可以将光盘或硬盘中DVD/DVD-VR格式的视频导入会声会影中。

❹ “定格动画”按钮：会声会影X7的定格摄影功能为用户带来了赋予无生命物体生命的乐趣。经典的动画技术让任何对于电影创作感兴趣的人而言都具备绝对的吸引力，很多著名电影及电视剧的制作都采用了此技术。

❺ “屏幕捕获”按钮：会声会影X7新增的屏幕捕捉功能，或捕捉完整的屏幕或部分屏幕，将文件放入VideoStudio时间线，并添加标题、效果、旁白；将视频输出为各种文件格式，从蓝光光盘到网络皆可适用。

专家指点

在会声会影X7中，设置完采集视频参数后，首先需要找到捕获视频的起点，然后才能进行视频的捕获。

在预览窗口下方单击“上一帧”按钮或“下一帧”按钮，可以准确调整捕获位置。

5.2.2 捕获DV视频素材

在编辑器中捕获DV视频的方法与捕获DV静态图像的方法类似，下面将详细向用户介绍在编辑器中捕获DV视频的方法。

实战 捕获DV视频素材

步骤 01 进入会声会影编辑器，切换至“捕获”步骤选项面板，在面板中单击“捕获视频”按钮，如图 5-10 所示。

步骤 02 进入“捕获视频”选项面板，单击预览窗口下方的“播放”按钮，如图 5-11 所示。

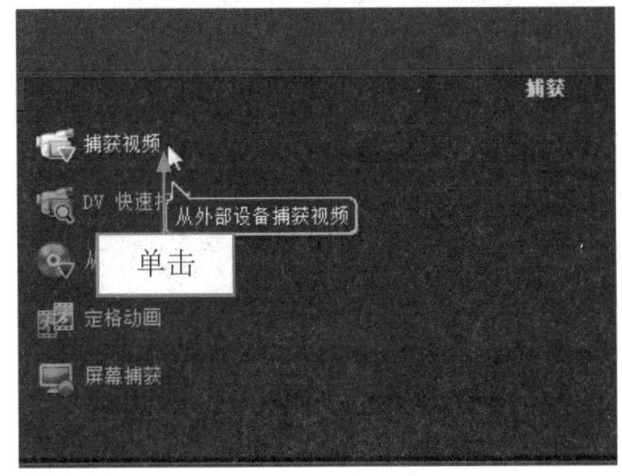

图 5-10 单击“捕获视频”按钮

图 5-11 单击“播放”按钮

步骤 03 播放视频至合适位置后，单击导览面板中的“暂停”按钮，如图 5-12 所示。

步骤 04 在选项面板中单击“捕获文件夹”按钮，弹出“浏览文件夹”对话框，设置捕获视频的保存位置，如图 5-13 所示。

图 5-12 单击“暂停”按钮

图 5-13 设置捕获视频的保存位置

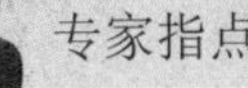

专家指点

使用会声会影 X7 捕获视频时，应尽可能保留最大的硬盘空间，空间太小可能会出现丢帧或磁盘空间不足等情况。

步骤 05 单击“确定”按钮，然后单击“捕获视频”按钮，如图 5-14 所示。

步骤 06 此时，“捕获视频”按钮将变为“停止捕获”按钮，当捕获至合适位置后，单击“停止捕获”按钮，如图 5-15 所示，即可完成视频的捕获。

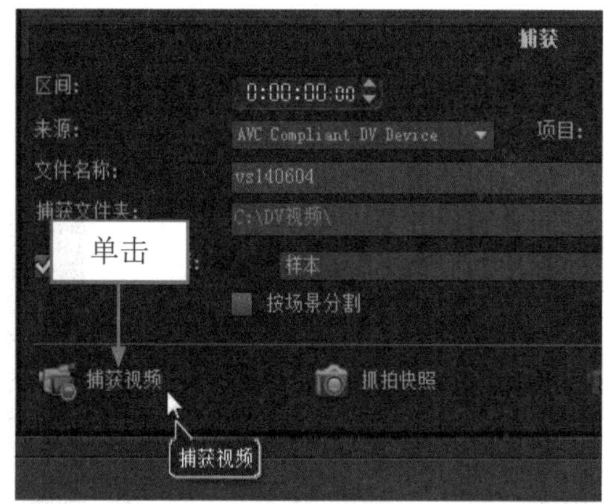

图 5-14 单击“捕获视频”按钮

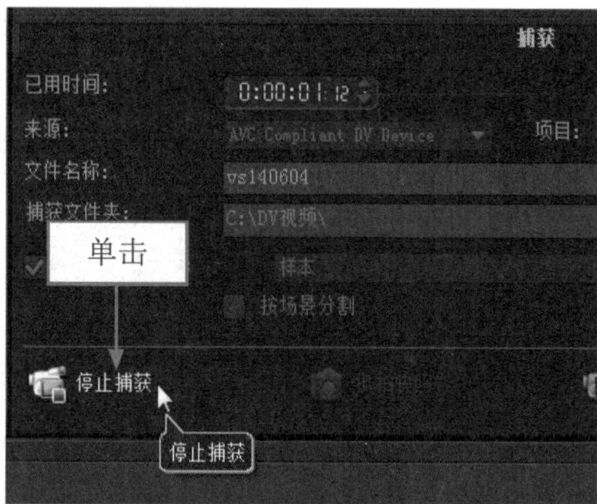

图 5-15 单击“停止捕获”按钮

5.2.3 捕获成其他的格式

默认情况下，捕获的视频是 DV 格式，用户也可根据需要将捕获的视频捕获成其他的格式。单击选项面板中“项目”列表框右侧的下三角按钮，在弹出的列表框中选择需要的文件格式，然后再进行视频捕获，即可将 DV 视频捕获成其他的格式。

	素材文件	无
	效果文件	无
	视频文件	光盘 \ 视频 \ 第 5 章 \5.2.3 捕获成其他的格式 .mp4

实战 捕获成其他的格式

步骤 01 进入会声会影编辑器，切换至“捕获”步骤选项面板，如图 5-16 所示。

步骤 02 单击“项目”右侧的下三角按钮，在弹出的下拉列表框中选择DVD选项，如图5-17所示。

图 5-16 切换至“捕获”步骤选项面板

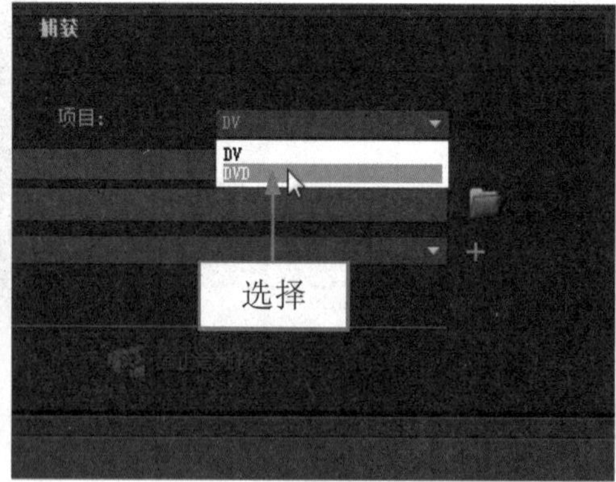

图 5-17 选择 DVD 选项

步骤 03 单击“选项”按钮，在弹出的快捷菜单中选择“视频属性”选项，如图 5-18 所示。

步骤 04 弹出“视频属性”对话框，单击“当前的配置文件”下三角按钮，在弹出的下拉列表框中选择所需的选项，如图 5-19 所示，单击“确定”按钮，即可完成将视频捕获成其他格式的操作。

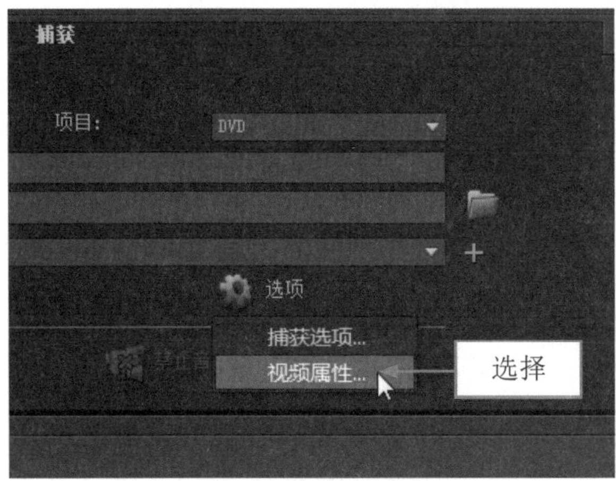

图 5-18 选择“视频属性”选项

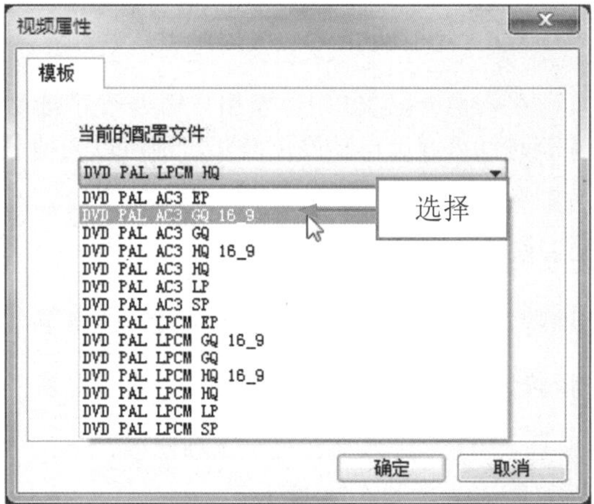

图 5-19 选择相应选项

5.3 特殊捕获技巧

在实际应用中，用户可能还存在其他捕获需求，这就要求用户采用不同的捕获方式。下面向读者介绍几种特殊的捕获技巧。

5.3.1 按场景分割

使用会声会影 X7 编辑器的“按场景分割”功能，可以根据日期、时间以及录像带上任何较大的动作变化、相机移动以及亮度变化，自动将视频文件分割成单独的素材，并将其作为不同的素材插入项目中。下面介绍捕获视频时按场景分割的操作方法。

实战 按场景分割

步骤 01 进入会声会影编辑器，切换至“捕获”步骤选项面板，单击选项面板中的“捕获视频”按钮，在选项面板中选中“按场景分割”复选框，如图 5-20 所示。

步骤 02 单击“捕获视频”按钮，即可开始捕获视频，捕获至合适位置，单击“停止捕获”按钮，在素材库中即可显示捕获的视频，如图 5-21 所示。

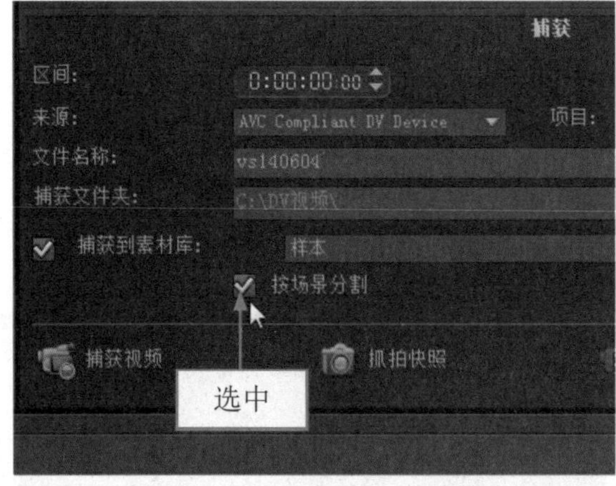

图 5-20 选中“按场景分割”复选框

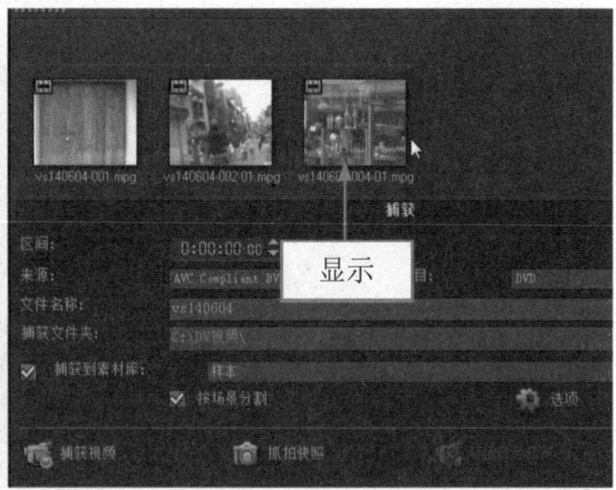

图 5-21 显示捕获的视频

5.3.2 视频捕获区间

在会声会影 X7 中，当用户需要程序自动捕获一个指定时间长度的视频内容，并在所指定的捕获时间内容后自动停止捕获，则可以为捕获的视频设置一个时间长度。下面介绍捕视频捕获区间的操作方法。

实战 视频捕获区间

步骤 01 进入会声会影编辑器，切换至“捕获”步骤选项面板，如图 5-22 所示。

步骤 02 单击选项面板中的“捕获视频”按钮，如图 5-23 所示。

步骤 03 进入捕获视频选项面板，单击“区间”数值框上的数字，当数字呈闪烁状态时，输入数值 30，如图 5-24 所示。

步骤 04 单击选项面板中的“捕获视频”按钮，经过 30s 后，程序将自动停止捕获，在素材库中可显示捕获的视频，如图 5-25 所示。

图 5-22 切换至“捕获”步骤选项面板

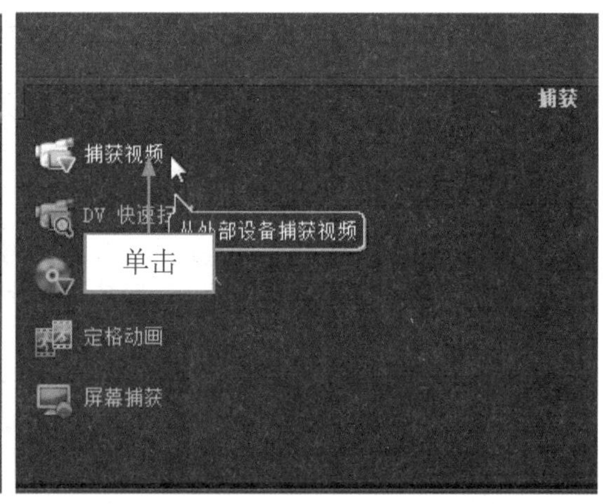

图 5-23 单击“捕获视频”按钮

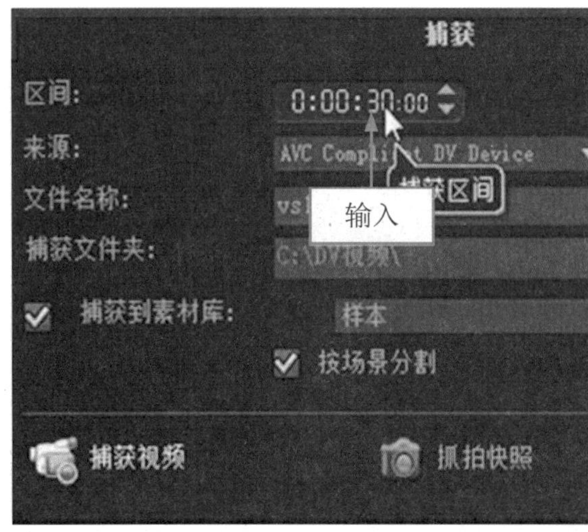

图 5-24 输入数值 30

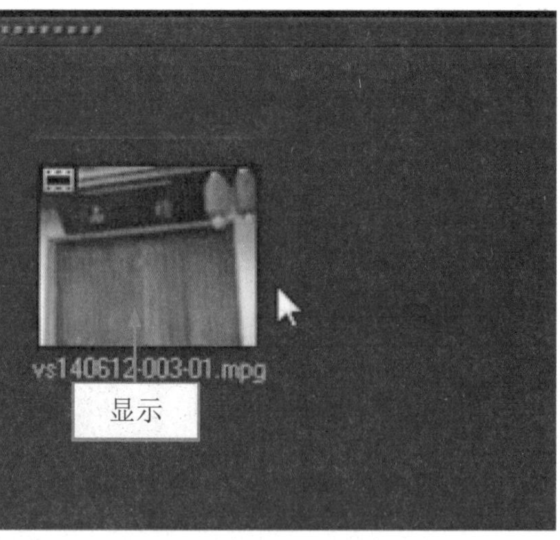

图 5-25 显示捕获的视频

专家指点

在会声会影 X7 中，捕获指定长度的视频后，单击“编辑”标签，切换至“编辑”面板，所捕获的视频，即可显示在时间轴面板的视频轨中。

5.4 导入各种媒体素材

除了可以从移动设备中捕获素材以外，还可以在会声会影 X7 的“编辑”步骤面板中，添加各种不同类型的素材。本节主要介绍导入照片素材、视频素材、动画素材等。本节主要介绍导入各种媒体素材的操作方法。

5.4.1 导入 jpg 照片素材

在会声会影中，用户也能够将图像素材导入到所编辑的项目中，并对单独的图像素材进行整合，制作成一个个内容丰富的电子相册。

	素材文件	光盘 \ 素材 \ 第 5 章 \ 涉足 .jpg
	效果文件	光盘 \ 效果 \ 第 5 章 ' 涉足 .VSP
	视频文件	光盘 \ 视频 \ 第 5 章 \5.4.1 导入 jpg 照片素材 .mp4

实战 涉足

步骤 01 进入会声会影编辑器，在时间轴面板中单击鼠标右键，在弹出的快捷菜单中选择“插入照片”选项，如图 5-26 所示。

步骤 02 弹出“浏览照片”对话框，选择需要打开的照片文件，如图 5-27 所示。

步骤 03 单击“打开”按钮，即可将照片素材导入到视频轨中，如图 5-28 所示。

步骤 04 在预览窗口中，可以预览制作的视频效果，如图 5-29 所示。

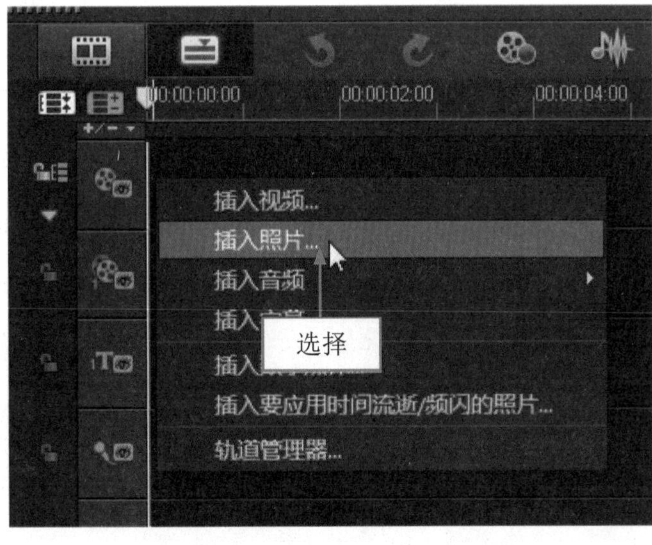

图 5-26 选择需要打开的照片文件

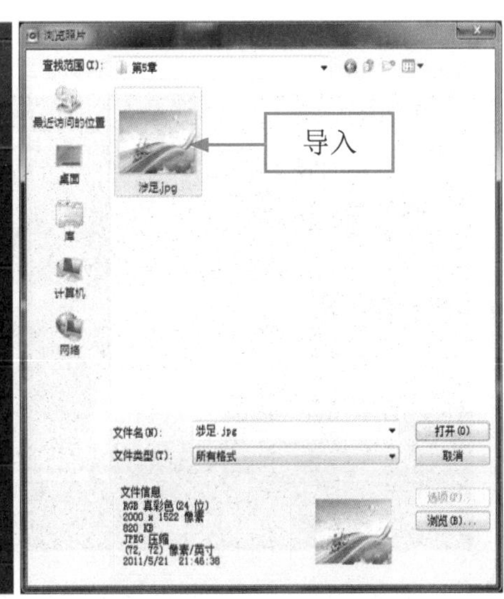

图 5-27 导入照片素材

图 5-28 导入到视频轨中

图 5-29 预览视频效果

5.4.2 导入 mpg 视频素材

在会声会影中，用户也能够将视频素材导入到所编辑的项目中，并对视频素材进行整合。

	素材文件	光盘 \ 素材 \ 第 5 章 \ 电视画面 .mpg
	效果文件	光盘 \ 效果 \ 第 5 章 ' 电视画面 .VSP
	视频文件	光盘 \ 视频 \ 第 5 章 \5.4.2 导入 mpg 视频素材 .mp4

实战 电视画面

步骤 01 进入会声会影编辑器，在时间轴面板中单击鼠标右键，在弹出的快捷菜单中选择“插入视频”选项，如图 5-30 所示。

步骤 02 弹出“打开视频文件”对话框，选择需要打开的视频文件，如图 5-31 所示。

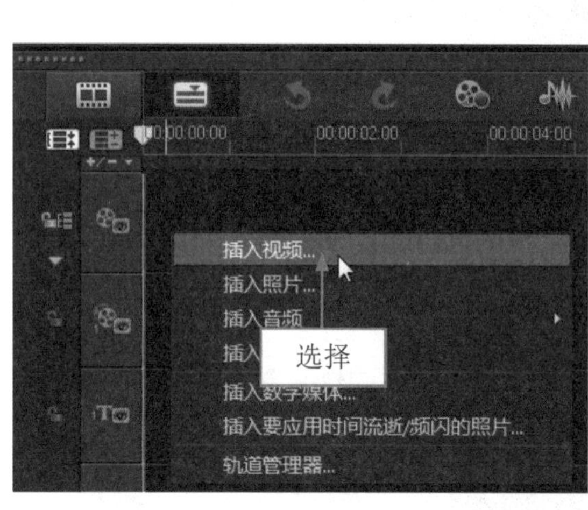

图 5-30 选择“插入视频”选项

图 5-31 选择需要打开的视频文件

步骤 03 单击“打开”按钮，即可将视频素材导入到视频轨中，如图 5-32 所示。

步骤 04 单击导览面板中的“播放”按钮，预览视频效果，如图 5-33 所示。

图 5-32 导入视频素材

图 5-33 预览视频效果

5.4.3 导入 swf 动画素材

在会声会影 X7 中，用户可以应用相应的 Flash 动画素材至视频中，丰富视频内容。下面向读者介绍添加 Flash 动画素材的操作方法。

	素材文件	光盘 \ 素材 \ 第 5 章 \ 蝴蝶 .swf、流水 .jpg
	效果文件	光盘 \ 效果 \ 第 5 章 ' 蝴蝶 .VSP
	视频文件	光盘 \ 视频 \ 第 5 章 \5.4.2 导入 swf 动画素材 .mp4

实战 蝴蝶

步骤 01 进入会声会影编辑器，在时间轴面板中插入一幅素材图像，如图 5-34 所示。

步骤 02 选择覆叠轨，在时间轴面板的空白处单击鼠标右键，在弹出的快捷菜单中选择“插入视频”选项，如图 5-35 所示。

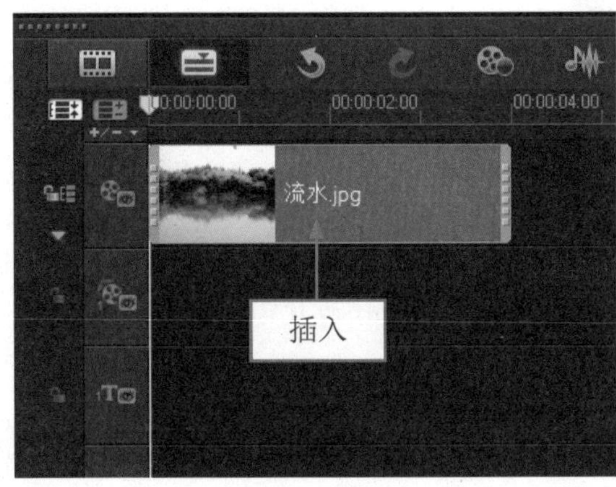

图 5-34 插入素材图像“流水 .jpg ”

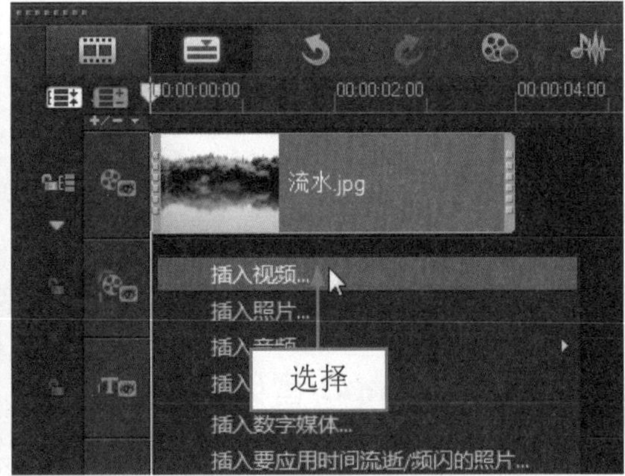

图 5-35 选择“插入视频”选项

步骤 03 弹出“打开视频文件”对话框，在其中选择需要打开的动画素材，如图 5-36 所示。

步骤 04 单击“打开”按钮，即可将动画素材导入至覆叠轨中，如图 5-37 所示。

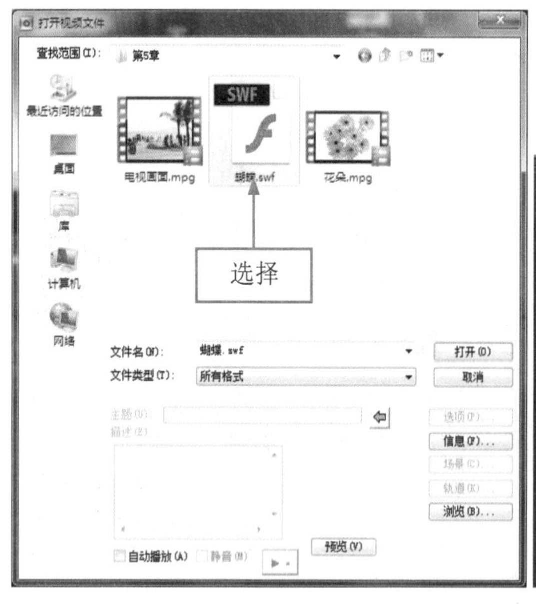

图 5-36 选择需要打开的动画素材

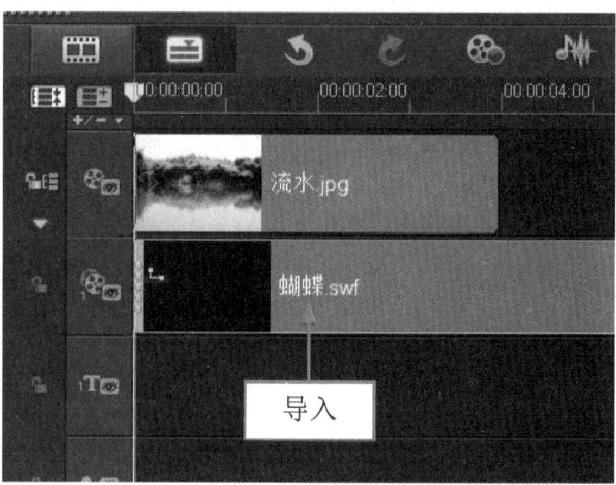

图 5-37 导入动画素材

步骤 05 在预览窗口中调整动画素材的大小和位置，即可预览视频效果，如图 5-38 所示。

图 5-38 预览视频效果

专家指点

除了运用以上方法导入动画素材外，用户还可以在“Flash 动画”素材库中，单击“添加”按钮。在弹出的“浏览 Flash 动画”对话框中选择动画素材，单击“打开”按钮即可。

5.4.4 导入 mp3 音频素材

在会声会影 X7 中，用户可以应用相应的 mp3 音频素材至视频中，丰富视频内容。下面向读者介绍导入 mp3 音频素材的操作方法。

	素材文件	光盘 \ 素材 \ 第 5 章 \ 花朵 . mpg、音乐 .mp3
	效果文件	光盘 \ 效果 \ 第 5 章 \ 花朵 .VSP
	视频文件	光盘 \ 视频 \ 第 5 章 \5.4.2 导入 mp3 音频素材 .mp4

实战 花朵

步骤 01 进入会声会影编辑器，在时间轴面板中插入一个视频素材，如图 5-39 所示。

步骤 02 在时间轴面板的空白处单击鼠标右键，在弹出的快捷菜单中选择“插入音频”|“到语音轨”选项，如图 5-40 所示。

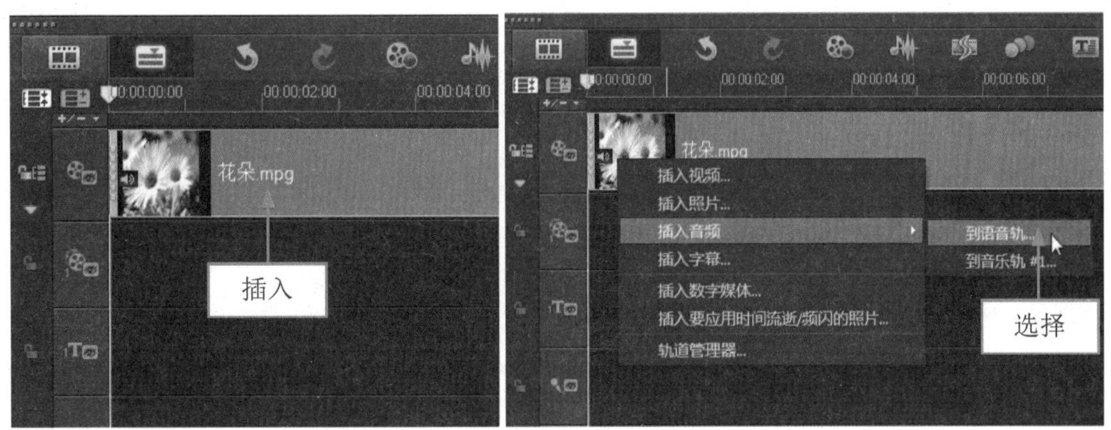

图 5-39 插入视频素材　　图 5-40 选择“到语音轨”选项

步骤 03 弹出“打开音频文件”对话框，选择需要打开的音频素材，如图 5-41 所示。

步骤 04 单击“打开”按钮，即可将音频素材导入至语音轨中，如图 5-42 所示。

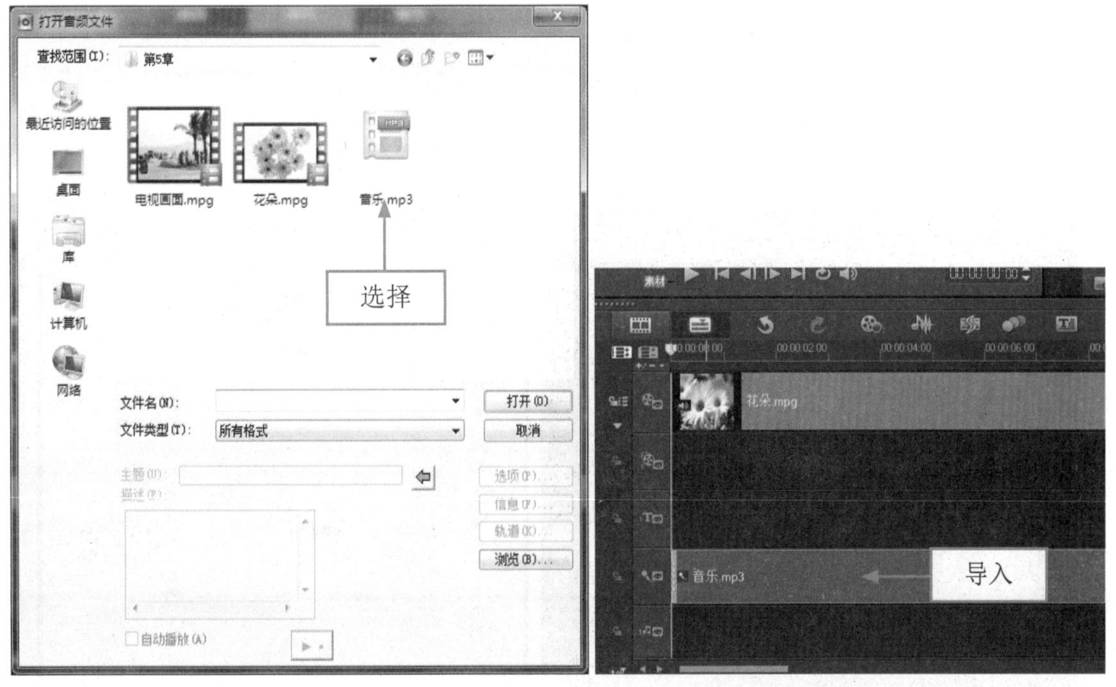

图 5-41 选择需要打开的音频素材　　图 5-42 导入音频素材

步骤 05 单击导览面板中的“播放”按钮，即可预览视频效果并试听音乐，如图 5-43 所示。

图 5-43 预览视频效果并试听音乐

5.5 从各种设备捕获视频

在会声会影 X7 中，除了可以从 DV 摄像机中捕获视频素材以外，还可以从各种捕获视频素材，如安卓手机、苹果手机等。本节主要介绍从各种设备捕获视频素材的操作方法。

5.5.1 从电脑中插入视频

用户可以将 DV 中的视频拷到电脑，当然也可以把电脑里的视频插入到会声会影中，下面向读者介绍从电脑中插入视频的操作方法。

实战 从电脑中插入视频

步骤 01 进入会声会影编辑器，在菜单栏中单击“文件”|“将文件插入到时间轴”选择“插入视频”，如图 5-44 所示。

步骤 02 选择“插入视频选项后，会弹出一个”打开视频文件“对话框，如图 5-45 所示。

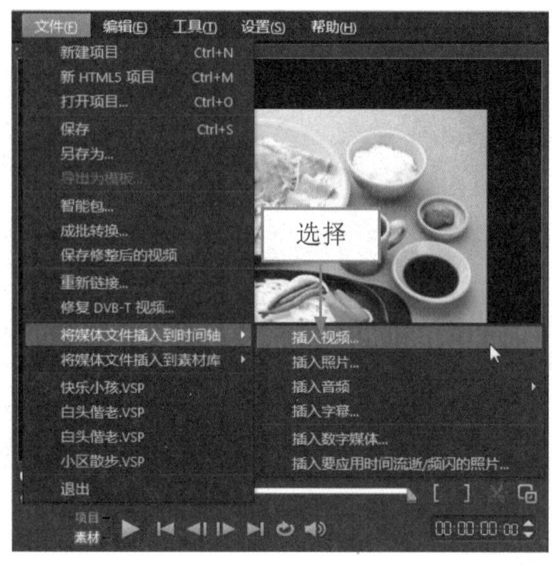

图 5-44 选择“插入视频

图 5-45 弹出对话框

步骤 03 在预览窗口，单击▶，即可预览效果，如图 5-46 所示。

图 5-46 预览效果

5.5.2 从安卓手机中捕获视频

安卓（Android）是一个基于 Linux 内核的操作系统，是 Google 公司公布的手机类操作系统，下面向读者介绍从安卓手机中捕获视频素材的操作方法。

实战 从安卓手机中捕获视频

步骤 01 在 Windows 7 的操作系统中，打开“计算机”窗口，在安卓手机的内存磁盘上，单击鼠标右键，在弹出的快捷菜单中选择“打开”选项，如图 5-47 所示。

步骤 02 依次打开手机移动磁盘中的相应文件夹，选择安卓手机拍摄的视频文件，如图 5-48 所示。

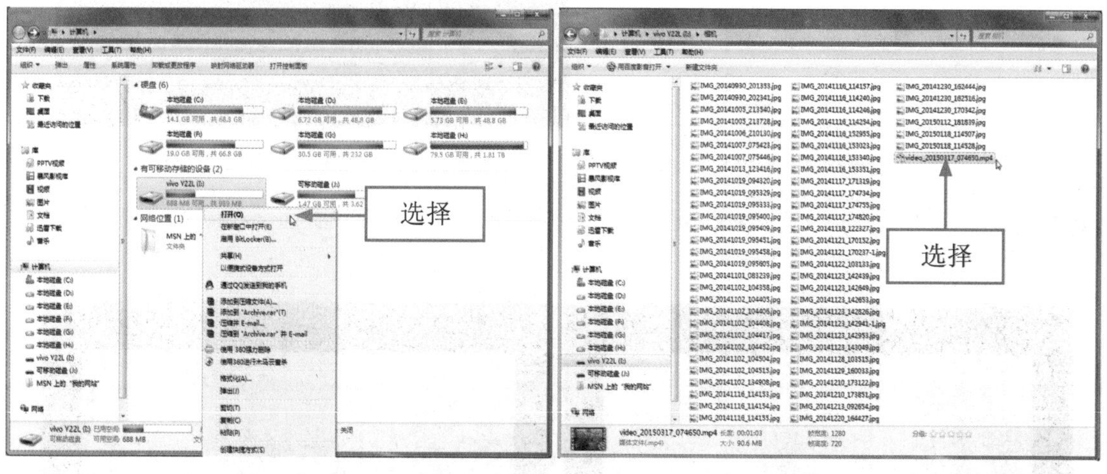

图 5-47 选择“打开”选项

图 5-48 选择安卓手机拍摄的视频文件

步骤 03 在视频文件上，单击鼠标右键，在弹出的快捷菜单中选择“复制”选项，复制视频文件，如图 5-49 所示。

步骤 04 进入“计算机”中的相应盘符，在合适位置上单击鼠标右键，在弹出的快捷菜单中选择“粘贴”选项，如图 5-50 所示。

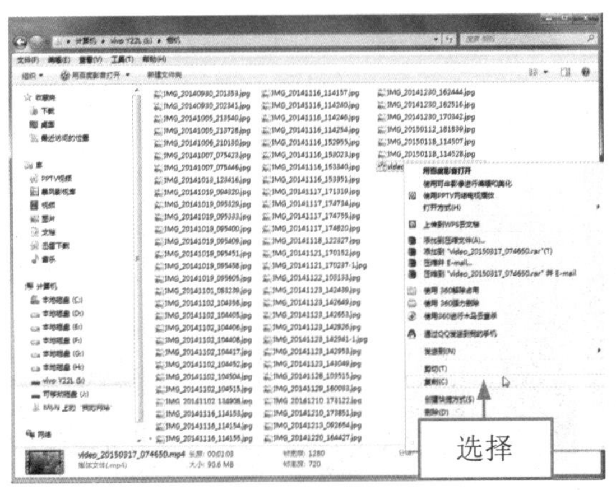

图 5-49 选择“复制”选项

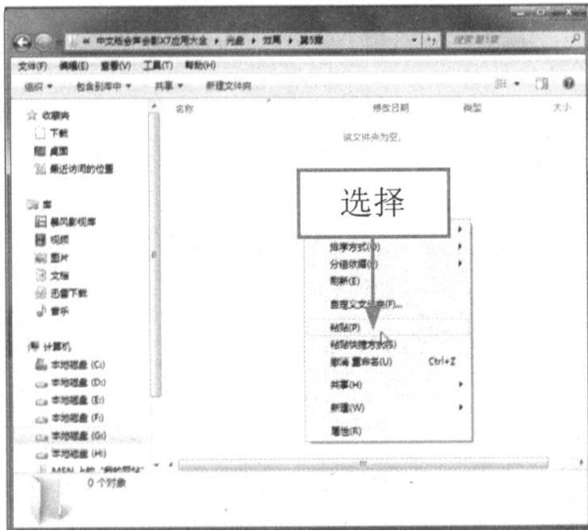

图 5-50 选择“粘贴”选项

步骤 05 执行操作后，即可粘贴复制的视频文件，如图 5-51 所示。

步骤 06 将选择的视频文件拖曳至会声会影编辑器的视频轨中，即可应用安卓手机中的视频文件，如图 5-52 所示。

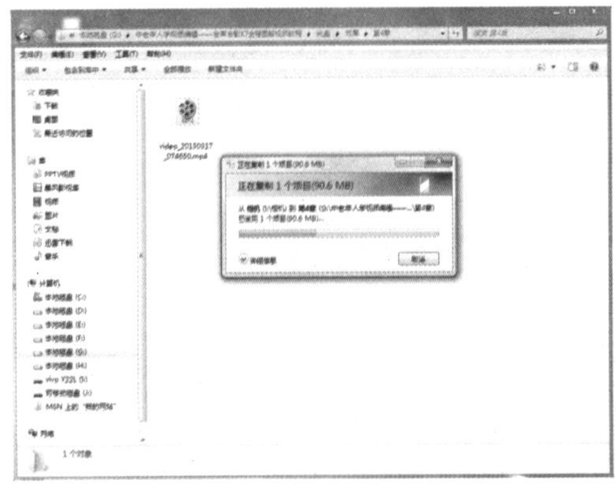

图 5-51 粘贴复制的视频文件

图 5-52 应用安卓手机中的视频文件

步骤 07 在导览面板中单击▶按钮，预览安卓手机中拍摄的视频画面，如图 5-53 所示，完成安卓手机中视频的捕获操作。

图 5-53 预览安卓手机中拍摄的视频画面

专家指点

根据智能手机的类型和品牌不同，拍摄的视频格式也会不相同，但大多数拍摄的视频格式会声会影都会支持，都可以导入会声会影编辑器中应用。

5.5.3 从苹果手机中捕获视频

iPhone、iPod Touch 和 iPad 均操作由苹果公司研发的 iOS 作业系统（前身称为 iPhone OS），它是由 Apple Darwin 的核心发展出来的变体，负责在用户界面上提供平滑顺畅的动画效果。下面向读者介绍从苹果手机中捕获视频的操作方法。

实战 从苹果手机中捕获视频

步骤 01 打开“计算机”窗口，在 Apple iPhone 移动设备上，单击鼠标右键，在弹出的快捷菜单中选择“打开”选项，如图 5-54 所示。

步骤 02 打开苹果移动设备，在其中选择苹果手机的内存文件夹，单击鼠标右键，在弹出的快捷菜单中选择“打开”选项，如图 5-55 所示。

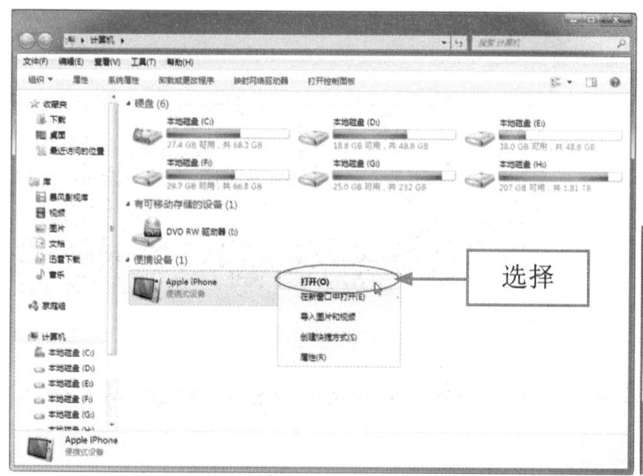

图 5-54 选择“打开”选项

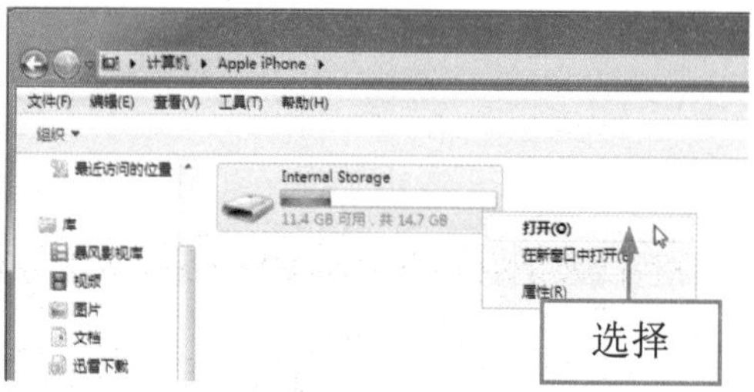

图 5-55 选择“打开”选项

步骤 03 依次打开相应文件夹，选择苹果手机拍摄的视频文件，单击鼠标右键，在弹出的快捷菜单中选择“复制”选项，如图 5-56 所示，复制视频。

步骤 04 进入“计算机”中的相应盘符，在合适位置上单击鼠标右键，在弹出的快捷菜单中选择“粘贴”选项，如图 5-57 所示。

步骤 05 执行操作后，即可粘贴复制的视频文件，如图 5-58 所示。

步骤 06 将选择的视频文件拖曳至会声会影编辑器的视频轨中，即可应用苹果手机中的视频文件，如图 5-59 所示。

步骤 07 导览面板中单击▶按钮，预览苹果手机中拍摄的视频画面，如图 5-60 所示，完成苹果手机中视频的捕获操作。

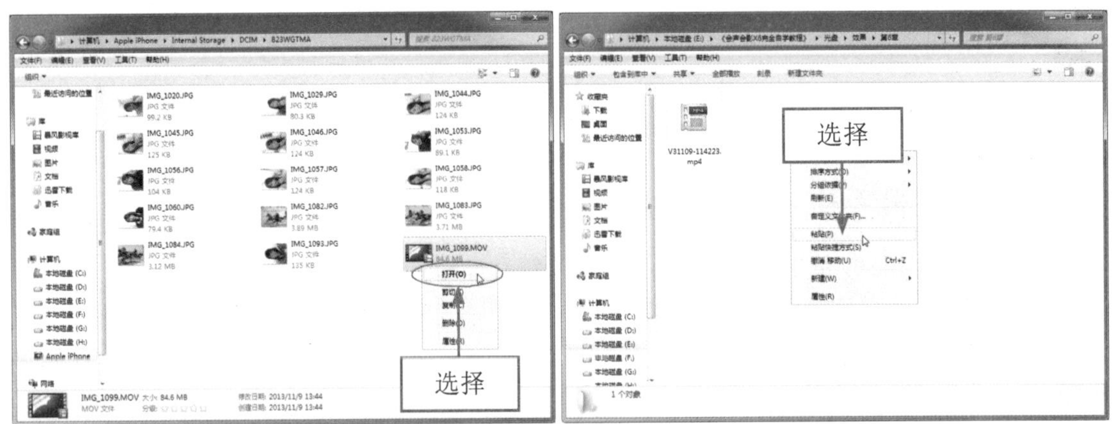

图 5-56 选择“复制”选项

图 5-57 选择“粘贴”选项

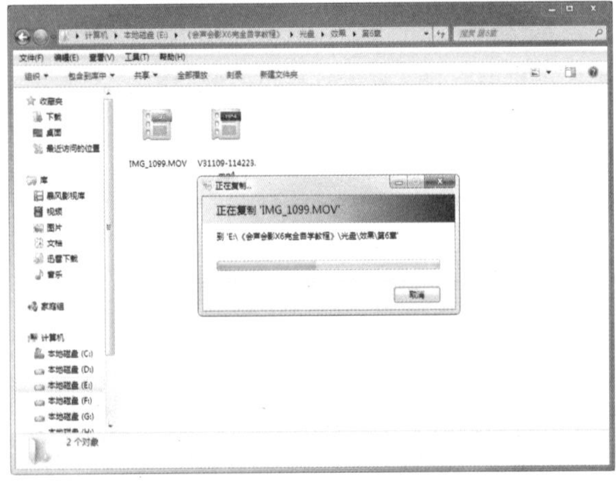

图 5-58 粘贴复制的视频文件

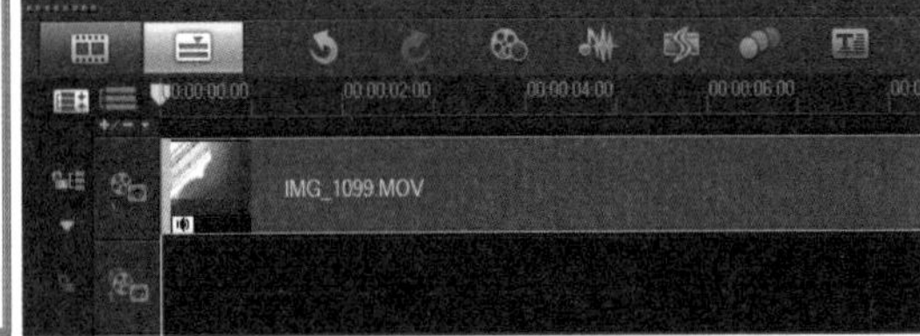

图 5-59 应用苹果手机中的视频文件

图 5-60 预览苹果手机中拍摄的视频画面

5.5.4 从 iPad 中捕获视频

iPad 在欧美称网络阅读器，国内俗称“平板电脑”，具备浏览网页、收发邮件普通视频文件播放、音频文件播放、一些简单游戏等基本的多媒体功能。下面向读者介绍从 iPad 平板电脑中采集视频的操作方法。

实战 从平板电脑中捕获视频

步骤 01 用数据线将 iPad 与计算机连接，打开“计算机”窗口，在“便携设备”一栏中，显示了用户的 iPad 设备，如图 5-61 所示。

步骤 02 在 iPad 设备上，双击鼠标左键，依次打开相应文件夹，如图 5-62 所示。

图 5-61 显示了用户的 iPad 设备　　图 5-62 依次打开相应文件夹

步骤 03 在其中选择相应视频文件，单击鼠标右键，在弹出的快捷菜单中选择“复制”选项，如图 5-63 所示。

步骤 04 复制需要的视频文件，进入“计算机”中的相应盘符，在合适位置上单击鼠标右键，在弹出的快捷菜单中选择“粘贴”选项，如图 5-64 所示。

图 5-63 选择“复制”选项　　图 5-64 选择“粘贴”选项

步骤 05 执行操作后，即可粘贴复制的视频文件，如图 5-65 所示。

步骤 06 将选择的视频文件拖曳至会声会影编辑器的视频轨中，即可应用 iPad 中的视频文件，如图 5-66 所示。

步骤 07 在导览面板中单击▶按钮，预览 iPad 中拍摄的视频画面，如图 5-67 所示，完成 iPad 平板电脑中视频的捕获操作。

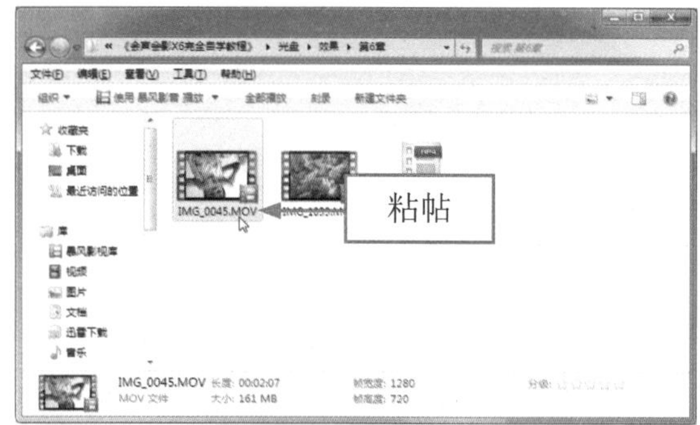

图 5-65 粘贴复制的视频文件

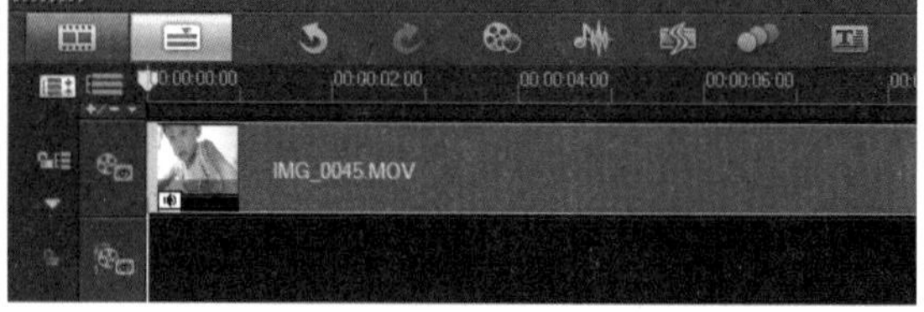

图 5-66 应用 iPad 中的视频文件

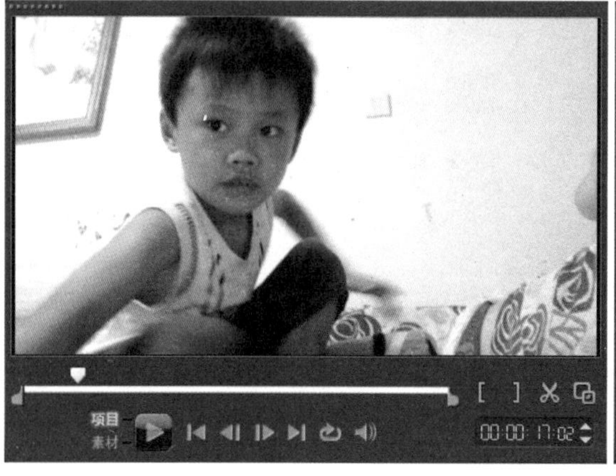

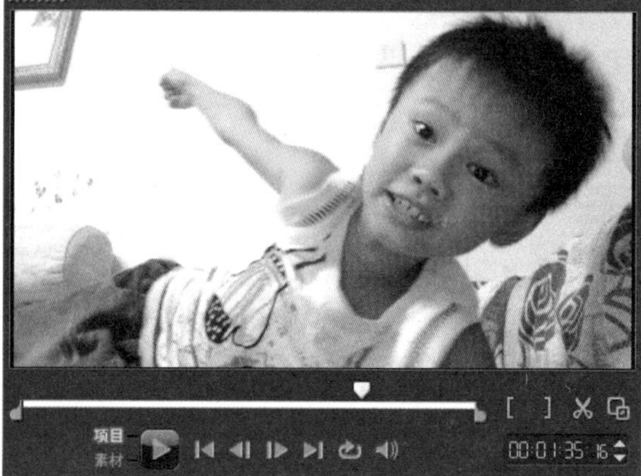

图 5-67 预览 iPad 中拍摄的视频画面

06 导入与编辑媒体素材

学习提示

在会声会影 X7 中，包含一个强大的素材库，用户可以对素材进行添加和编辑，使制作的影片更为生动、美观。在本章中主要介绍添加图像素材、添加视频素材、修整素材、添加摇动和缩放、调整图像的色调、亮度、饱和度、对比度以及调整素材的 Gamma 和白平衡等内容。

本章案例导航

- 实战——拱桥
- 实战——漂亮鹦鹉
- 实战——幸福一生
- 实战——风车
- 实战——风光无限
- 实战——心愿瓶
- 实战——春之花
- 实战——山水画
- 实战——左边的记忆
- 实战——最美时光

6.1 四种调入图像素材的方式

在会声会影 X7 中，用户可以将图像素材插入到所编辑的项目中，并对单独的图像素材进行整合，制作成一个内容丰富的电子相册。本节主要介绍四种调入图像素材的方式。

6.1.1 通过“插入照片”命令添加图像

在会声会影 X7 中，添加图像素材的方式有很多种，用户可以根据自己的使用习惯选择添加素材的方式。下面介绍通过“插入照片”命令添加图像的操作方法。

	素材文件	光盘 \ 素材 \ 第 6 章 \ 拱桥 .jpg
	效果文件	光盘 \ 效果 \ 第 6 章 \ 拱桥 .VSP
	视频文件	光盘 \ 视频 \ 第 6 章 \6.1.1 通过“插入照片”命令添加图像 .mp4

实战 拱桥

步骤 01 进入会声会影编辑器，单击“文件”|“将媒体文件插入到时间轴”|“插入照片”命令，如图 6-1 所示。

步骤 02 弹出“浏览照片”对话框，在其中选择需要打开的图像素材，如图 6-2 所示。

图 6-1 单击“插入照片”命令

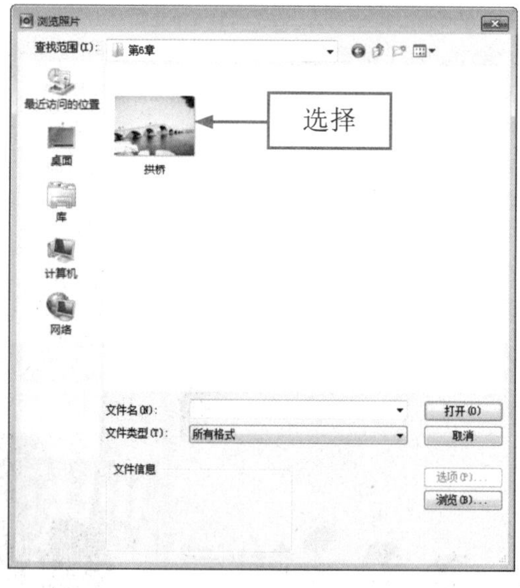

图 6-2 选择图像素材

步骤 03 单击“打开”按钮，将所选择的图像素材添加至时间轴中，如图 6-3 所示。

步骤 04 在预览窗口中可以预览所添加的图像素材效果，如图 6-4 所示。

专家指点

在“浏览照片”对话框中，按住【Ctrl】键的同时，在需要添加的素材上单击鼠标左键，可选择多个不连续的图像素材；按住【Shift】键的同时，在第 1 张图像素材和最后 1 张素材上分别单击鼠标左键，可选择两张图像素材之间的所有图像素材。

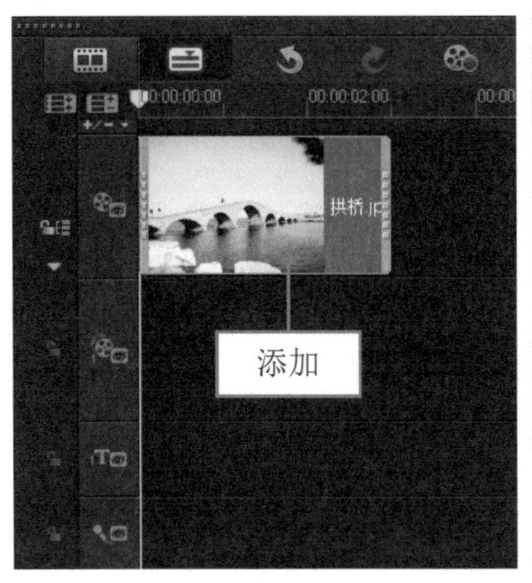

图 6-3 添加至时间轴中

图 6-4 预览图像效果

6.1.2 通过按钮添加图像素材

在编辑视频的过程中，用户可以轻松将所需的图像素材添加至会声会影 X7 的素材库中。下面介绍通过按钮添加图像的操作方法。

	素材文件	光盘 \ 素材 \ 第 6 章 \ 漂亮鹦鹉 .jpg
	效果文件	无
	视频文件	光盘 \ 视频 \ 第 6 章 \6.1.2 通过按钮添加图像素材 .mp4

实战 漂亮鹦鹉

步骤 01 进入会声会影编辑器，单击“显示照片”按钮，如图 6-5 所示。

步骤 02 执行上述操作后，即可显示素材库中的照片素材，单击“导入媒体文件”按钮，如图 6-6 所示。

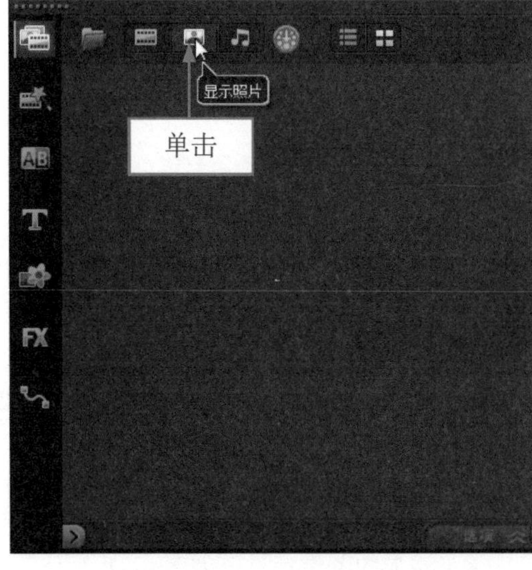

图 6-5 单击“显示照片”按钮

图 6-6 单击“导入媒体文件”按钮

步骤 03 弹出“浏览媒体文件”对话框，在其中选择需要打开的图像素材，如图 6-7 所示。

步骤 04 单击“打开”按钮，即可将所选择的图像素材添加到素材库中，在预览窗口中可以预览所添加的图像素材效果，如图 6-8 所示。

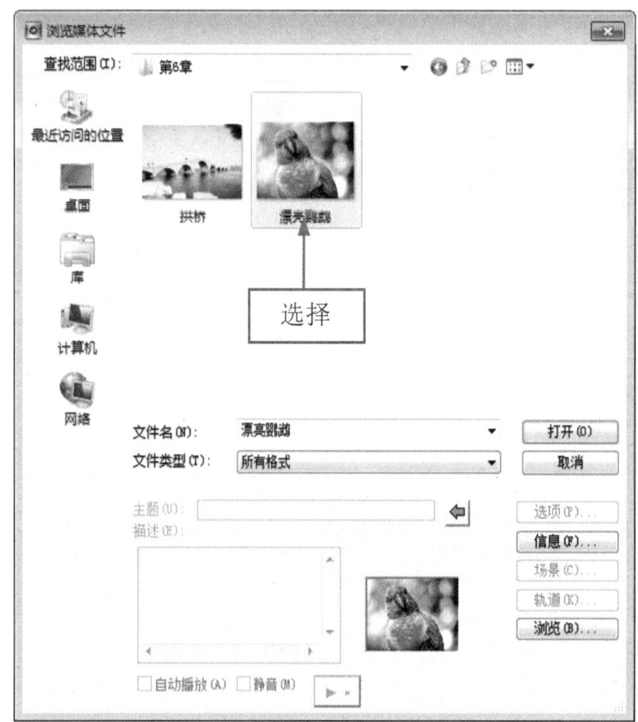

图 6-7 选择图像素材

图 6-8 预览图像效果

6.1.3 通过时间轴添加图像素材

在会声会影 X7 中，用户还可以将图像素材添加至时间轴中。下面介绍通过时间轴添加图像的操作方法。

	素材文件	光盘 \ 素材 \ 第 6 章 \ 幸福一生 .jpg
	效果文件	光盘 \ 效果 \ 第 6 章 \ 幸福一生 .VSP
	视频文件	光盘 \ 视频 \ 第 6 章 \6.1.3 通过时间轴添加图像素材 .mp4

实战 幸福一生

步骤 01 在会声会影 X7 时间轴面板中，单击鼠标右键，在弹出的快捷菜单中选择“插入照片”选项，如图 6-9 所示。

步骤 02 执行操作后，弹出“浏览照片”对话框，在该对话框中选择所需打开的图像素材文件，如图 6-10 所示。

步骤 03 单击“打开”按钮，即可将选择的图像素材添加到时间轴面板中，如图 6-11 所示。

步骤 04 单击导览面板中的“播放”按钮，即可预览添加的图像素材，如图 6-12 所示。

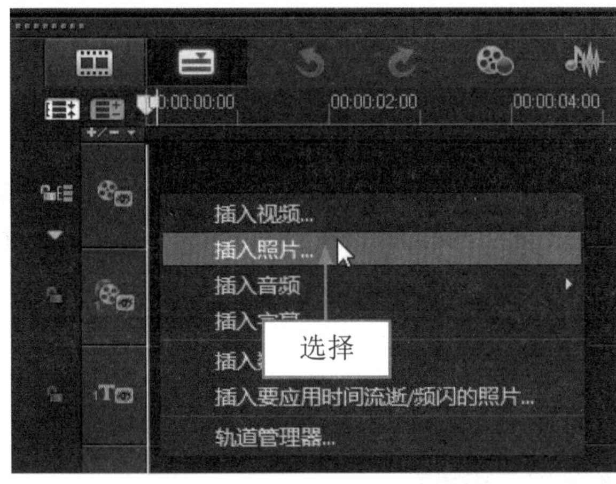

图 6-9 选择“插入照片”选项

图 6-10 选择图像素材文件

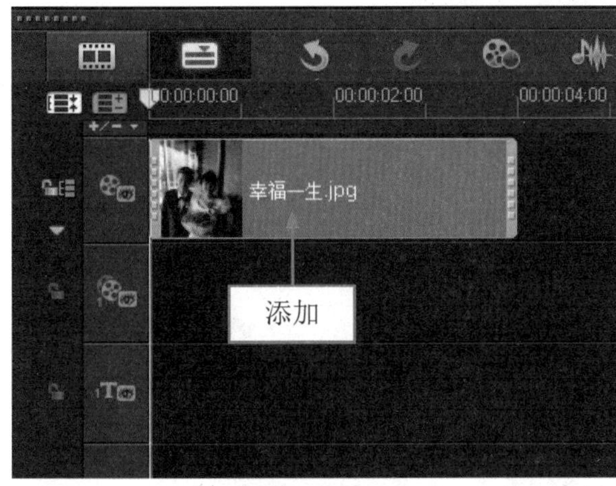

图 6-11 添加素材

图 6-12 预览添加的图像素材

6.1.4 通过素材库添加图像

在会声会影 X7 中，用户还可以将图像素材添加至素材库中。下面介绍通过素材库添加图像的操作方法。

	素材文件	光盘 \ 素材 \ 第 6 章 \ 风车 .jpg
	效果文件	光盘 \ 效果 \ 第 6 章 \ 风车 .VSP
	视频文件	光盘 \ 视频 \ 第 6 章 \6.1.3 通过素材库添加图像 .mp4

实战 风车

步骤 01 进入会声会影编辑器，在素材库空白处单击鼠标右键，在弹出的快捷菜单中选择“插入媒体文件”选项，如图 6-13 所示。

步骤 02 弹出“浏览媒体文件”对话框，在该对话框中选择所需打开的图像素材文件，如图 6-14 所示。

步骤 03 单击“打开”按钮，即可将所选择的图像素材添加到素材库中，如图 6-15 所示。

步骤 04 将素材库中添加的图像素材拖曳至视频轨中的开始位置，即可在导览面板中预览添加的图像素材，如图 6-16 所示。

图 6-13 选择“插入媒体文件”选项

图 6-14 选择图像素材

图 6-15 添加素材

图 6-16 预览添加的图像素材

6.2 四种调入视频素材的方式

会声会影 X7 素材库中提供了各种类型的视频素材，用户可以直接从中取用。当素材库中的视频素材不能满足编辑的需求时，用户可以将需要的视频素材导入到素材库中。本节主要介绍四种调入视频素材的方式。

6.2.1 通过“插入视频”命令添加视频

在会声会影 X7 应用程序中，用户可以通过命令将需要的视频素材添加至时间轴面板中。下面介绍通过“插入视频”命令添加视频的操作方法。

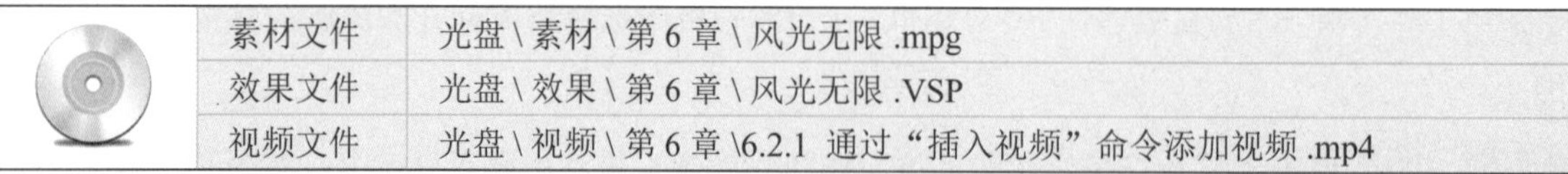

素材文件	光盘 \ 素材 \ 第 6 章 \ 风光无限 .mpg
效果文件	光盘 \ 效果 \ 第 6 章 \ 风光无限 .VSP
视频文件	光盘 \ 视频 \ 第 6 章 \6.2.1 通过“插入视频”命令添加视频 .mp4

实战 风光无限

步骤 01 进入会声会影编辑器，单击“文件”|“将媒体文件插入到时间轴”|“插入视频”命令，如图 6-17 所示。

步骤 02 弹出相应对话框，在其中选择需要打开的视频素材，如图 6-18 所示。

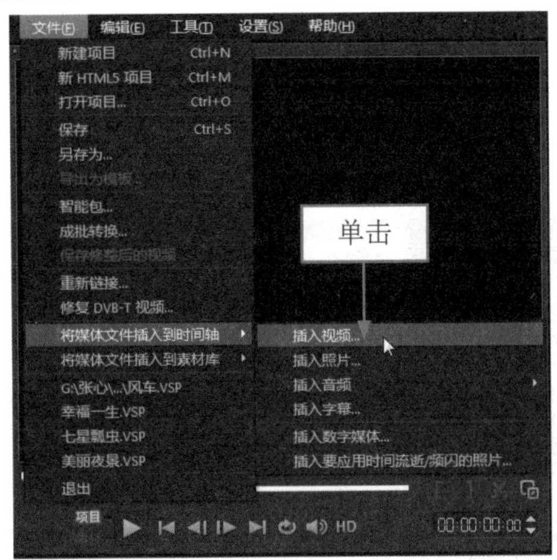

图 6-17 单击“插入视频”命令

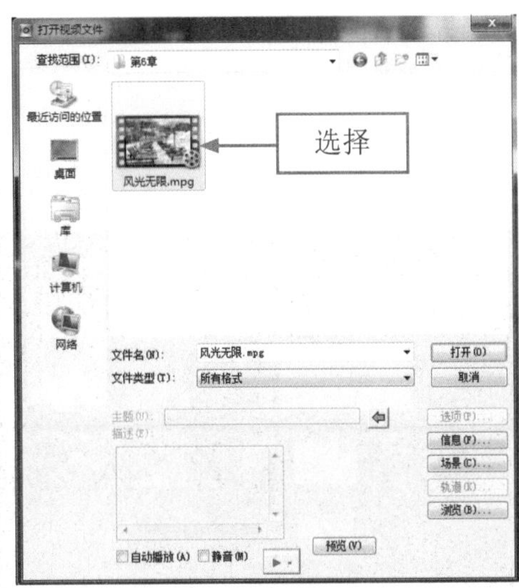

图 6-18 选择视频素材

步骤 03 单击“打开”按钮，即可将所选择的视频素材添加至时间轴中，如图 6-19 所示。

步骤 04 执行上述操作后，单击导览面板中的“播放”按钮，即可预览添加的视频素材效果，如图 6-20 所示。

图 6-19 添加至时间轴

图 6-20 预览视频效果

专家指点

会声会影 X7 允许添加多种格式的视频文件，如 AVI 格式、MPEG 格式、MOV 格式、ASF 格式以及 RM 格式等，都是会声会影常用的视频文件格式。用户还可以在网络上下载其他需要的视频文件，添加至视频素材库中，方便随时调用。

6.2.2 通过按钮添加视频素材

在会声会影 X7 中，用户可以根据需要将视频素材通过按钮的方式添加至“视频”素材库中。

下面介绍通过按钮添加视频素材的操作方法。

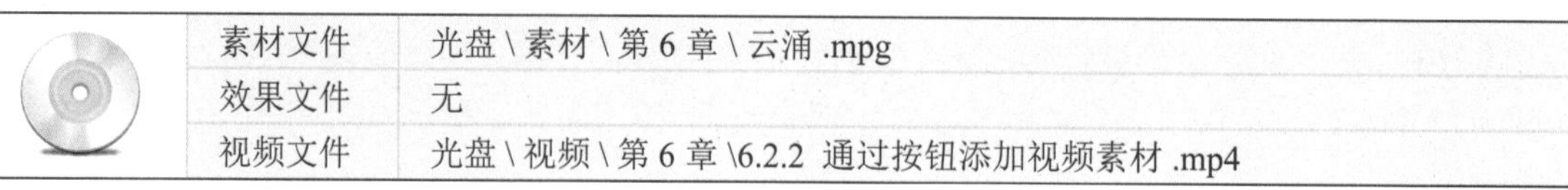

	素材文件	光盘 \ 素材 \ 第 6 章 \ 云涌 .mpg
	效果文件	无
	视频文件	光盘 \ 视频 \ 第 6 章 \6.2.2 通过按钮添加视频素材 .mp4

实战 云涌

步骤 01 进入会声会影编辑器，单击“显示视频”按钮，显示素材库中的视频文件，单击“导入媒体文件”按钮，如图 6-21 所示。

步骤 02 弹出“浏览媒体文件”对话框，在其中选择需要打开的视频素材，如图 6-22 所示。

图 6-21 单击“导入媒体文件”按钮

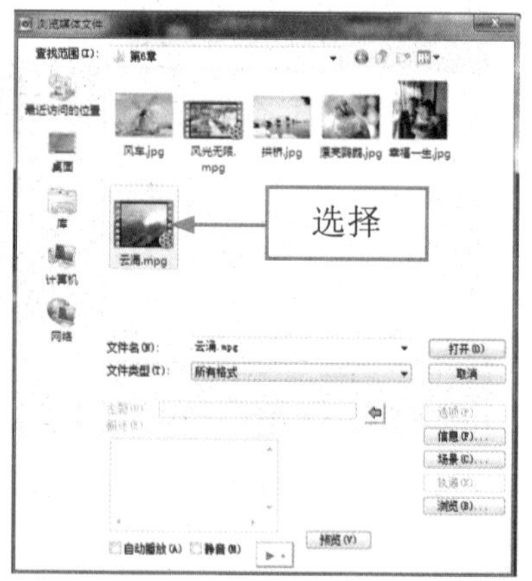

图 6-22 选择视频素材

步骤 03 单击“打开”按钮，即可将所选择的素材添加到素材库中，如图 6-23 所示。

步骤 04 执行上述操作后，单击导览面板中的“播放”按钮，即可预览添加的视频素材效果，如图 6-24 所示。

图 6-23 添加到素材库

图 6-24 预览视频效果

6.2.3 通过时间轴添加视频素材

在会声会影 X7 中，用户还可以通过时间轴添加视频素材。下面介绍通过时间轴添加视频素材的操作方法。

	素材文件	光盘 \ 素材 \ 第 6 章 \ 黄色花朵 .mpg
	效果文件	光盘 \ 效果 \ 第 6 章 \ 黄色花朵 .VSP
	视频文件	光盘 \ 视频 \ 第 6 章 \6.2.3 通过时间轴添加视频素材 .mp4

实战 黄色花朵

步骤 01 进入会声会影编辑器，在时间轴面板中单击鼠标右键，在弹出的快捷菜单中选择“插入视频”选项，如图 6-25 所示。

步骤 02 弹出“打开视频文件”对话框，在其中选择需要打开的视频素材，如图 6-26 所示。

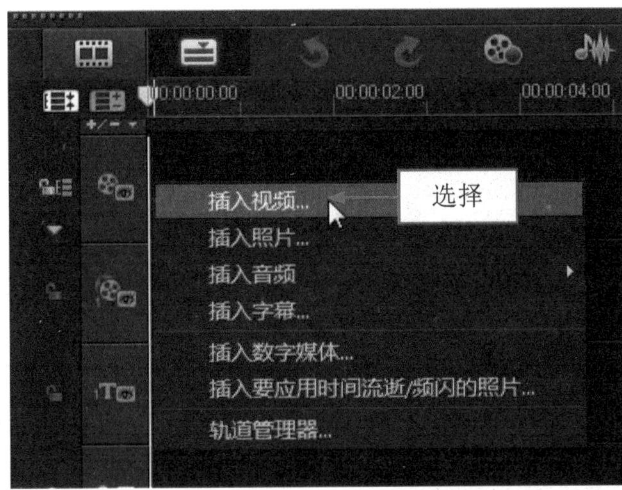

图 6-25 选择“插入视频”选项

图 6-26 选择视频素材

步骤 03 单击“打开”按钮，将所选择的视频素材添加至时间轴面板中，如图 6-27 所示。

步骤 04 执行上述操作后，单击导览面板中的“播放”按钮，预览视频素材效果，如图 6-28 所示。

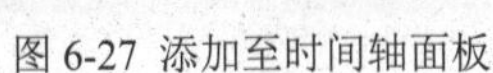
图 6-27 添加至时间轴面板

图 6-28 预览视频效果

6.2.4 通过素材库添加视频素材

在会声会影 X7 中，用户还可以通过时间轴添加视频素材。下面介绍通过时间轴添加视频素材的操作方法。

	素材文件	光盘 \ 素材 \ 第 6 章 \ 彩桥当空 .mpg
	效果文件	光盘 \ 效果 \ 第 6 章 \ 彩桥当空 .VSP
	视频文件	光盘 \ 视频 \ 第 6 章 \6.2.4 通过素材库添加视频素材 .mp4

实战 彩桥当空

步骤 01 进入会声会影编辑器，单击“显示视频”按钮，即可显示素材库中的视频文件，在素材库空白处单击鼠标右键，在弹出的快捷菜单中选择“插入媒体文件”选项，如图 6-29 所示。

步骤 02 弹出“浏览媒体文件”对话框，在该对话框中选择所需打开的视频素材文件，如图 6-30 所示。

图 6-29 选择“插入媒体文件”选项

图 6-30 选择所需打开的视频素材

步骤 03 单击“打开”按钮，即可将所选择的视频素材添加到素材库中，如图 6-31 所示。

步骤 04 将素材库中添加的视频素材拖曳至视频轨中的开始位置，如图 6-32 所示。

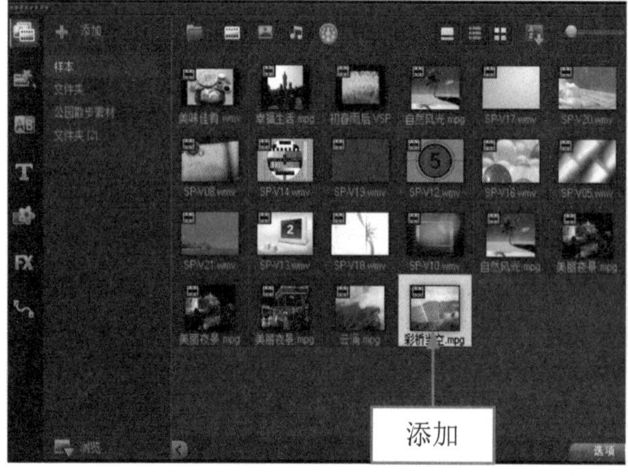

图 6-31 将所选视频素材添加到素材库

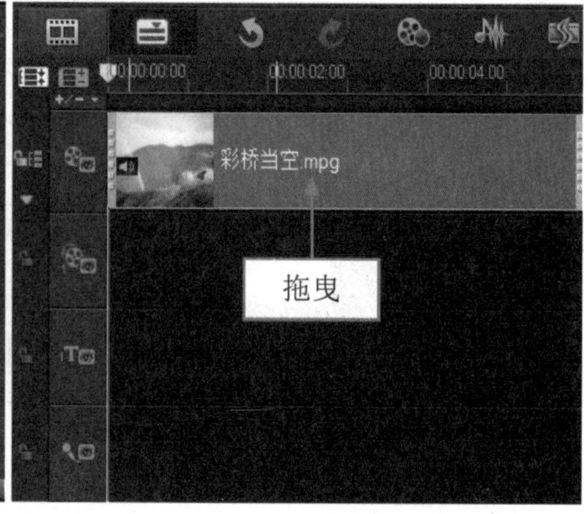

图 6-32 拖曳至视频轨中的开始位置

步骤 05 单击导览面板中的“播放”按钮，即可预览添加的视频素材，如图 6-33 所示。

图 6-33 预览添加的视频素材

6.3 五种修整素材的方式

在会声会影 X7 中添加媒体素材后，有时需要对其进行编辑，以便满足用户的需要。如设置素材的显示方式、调整素材声音等。本节主要介绍五种修整素材的方式。

6.3.1 选择素材显示方式

在修整素材前，用户可以根据自己的需要将时间轴面板中的缩略图设置不同的显示模式，如仅略图显示模式、仅文件名显示模式以及缩略图和文件名显示模式。

	素材文件	光盘 \ 素材 \ 第 6 章 \ 钟表 .jpg
	效果文件	光盘 \ 效果 \ 第 6 章 \ 钟表 .VSP
	视频文件	光盘 \ 视频 \ 第 6 章 \6.3.1 选择素材显示方式 .mp4

实战 钟表

步骤 01 进入会声会影编辑器，在视频轨中插入所需的图像素材，如图 6-34 所示。

步骤 02 在菜单栏上单击“设置”|“参数选择”命令，如图 6-35 所示。

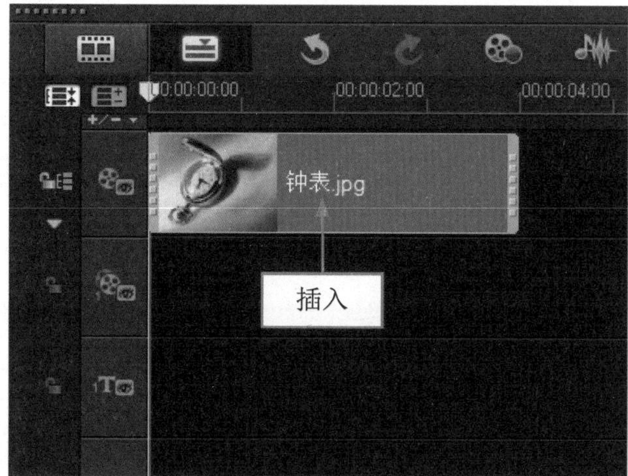

图 6-34 插入图像素材

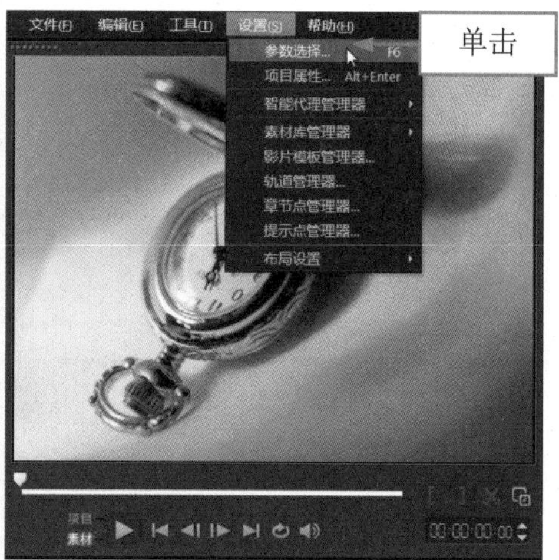

图 6-35 单击“参数选择”命令

步骤 03 弹出“参数选择”对话框，单击“素材显示模式”右侧的下三角按钮，弹出列表框，选择“仅略图”选项，如图 6-36 所示。

步骤 04 单击“确定”按钮，时间轴中即可显示图像的缩略图，如图 6-37 所示。

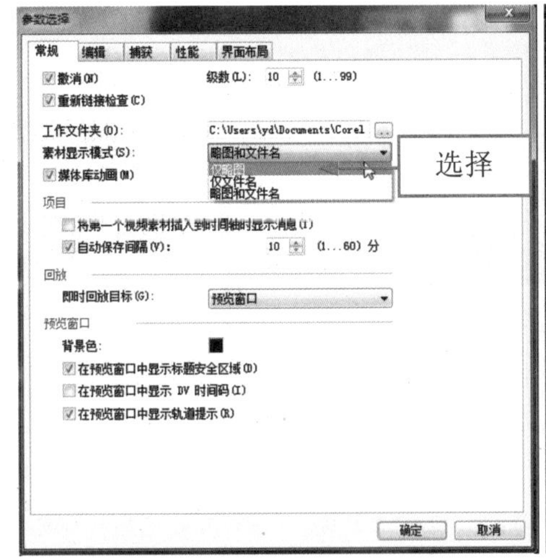

图 6-36 选择“仅略图”选项

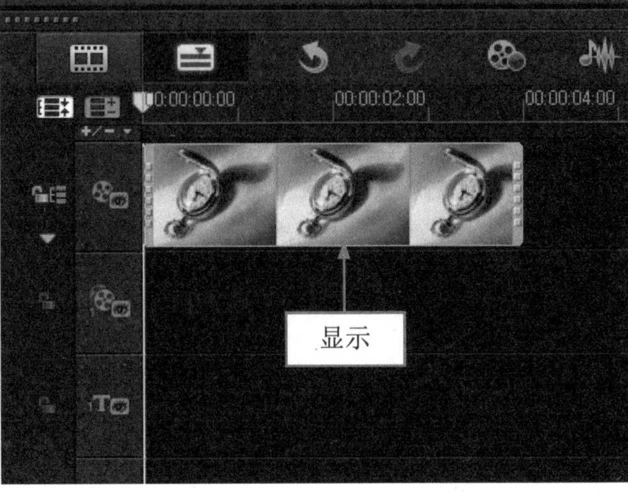

图 6-37 显示图像的缩略图

6.3.2 调整素材显示秩序

在会声会影编辑器中进行编辑操作时，用户可根据需要调整素材的显示秩序。下面介绍调整素材显示秩序的操作方法。

	素材文件	光盘 \ 素材 \ 第 6 章 \ 午日时分 1.jpg、午日时分 2.jpg
	效果文件	光盘 \ 效果 \ 第 6 章 \ 午日时分 .VSP
	视频文件	光盘 \ 视频 \ 第 6 章 \6.3.2 调整素材显示秩序 .mp4

实战 午日时分

步骤 01 进入会声会影编辑器，在故事板中插入两幅素材图像，如图 6-38 所示。

图 6-38 插入两幅素材图像

步骤 02 在故事板中，选择需要移动的素材图像，如图 6-39 所示。

步骤 03 单击鼠标左键并拖曳至第一幅素材的前面，拖曳的位置处将会显示一条竖线，表示素材将要放置的位置，释放鼠标左键，即可调整素材秩序，如图 6-40 所示。

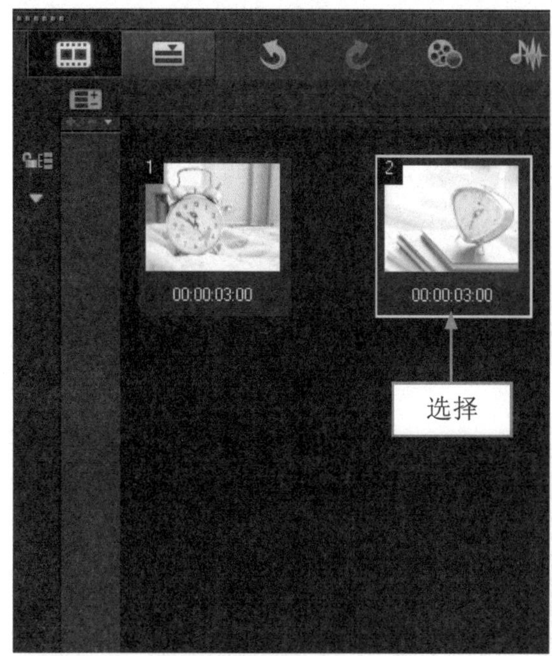

图 6-39 选择素材图像

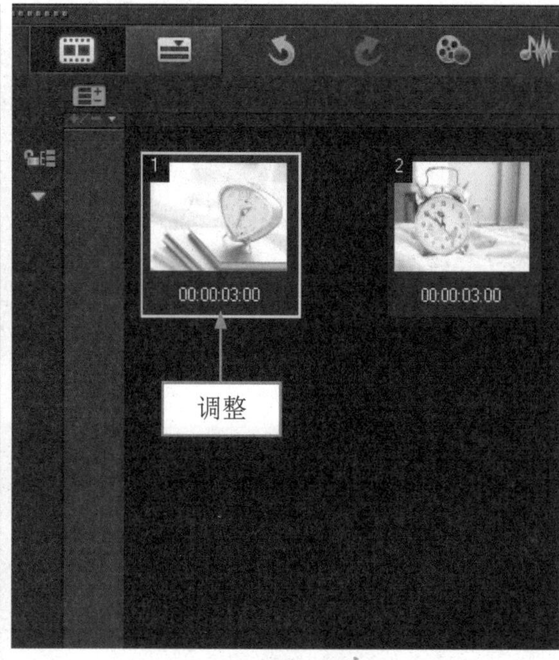

图 6-40 调整素材秩序

专家指点

在会声会影 X7 中，将不同的图像素材添加至故事板中时，所有的素材都会按照在影片中的播放秩序排列。

6.3.3 调整视频素材声音

使用会声会影 X7 对视频素材进行编辑时，为了使视频与背景音乐互相协调，用户可以根据需要对视频素材的声音进行调整。下面介绍调整视频素材声音的操作方法。

	素材文件	光盘 \ 素材 \ 第 6 章 \ 亲近自然 .mpg
	效果文件	光盘 \ 效果 \ 第 6 章 \ 亲近自然 .VSP
	视频文件	光盘 \ 视频 \ 第 6 章 \6.3.3 调整视频素材声音 .mp4

实战 亲近自然

步骤 01 进入会声会影编辑器，在视频轨中插入所需的视频素材，如图 6-41 所示。

步骤 02 单击“选项”按钮，展开“视频”选项面板，在“素材音量”数值框中输入 50，如图 6-42 所示。

步骤 03 执行上述操作后，单击导览面板中的“播放”按钮，即可在预览窗口中预览视频效果并聆听音频效果，如图 6-43 所示。

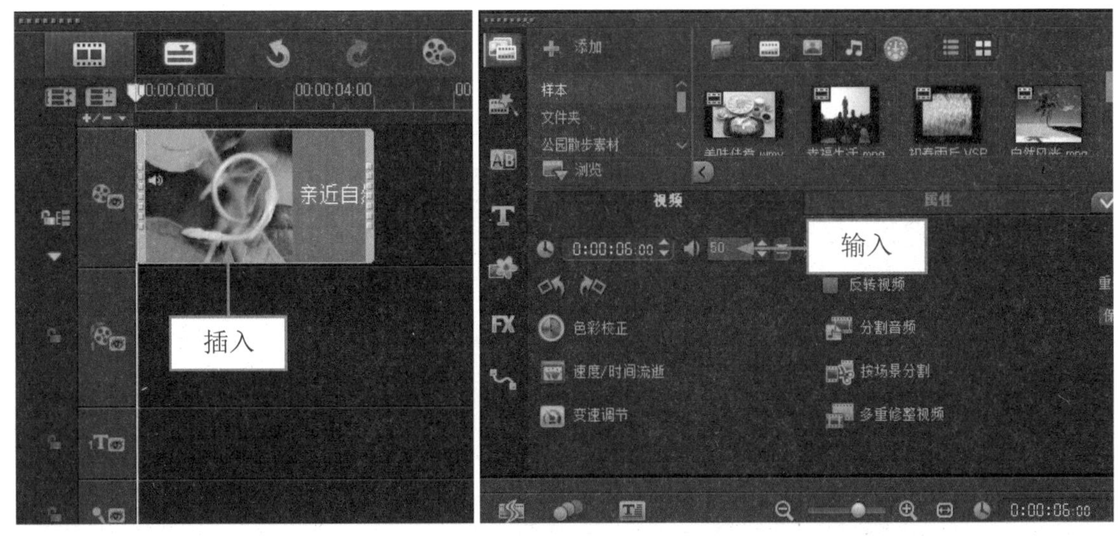

图 6-41 插入视频素材　　　　图 6-42 输入数值

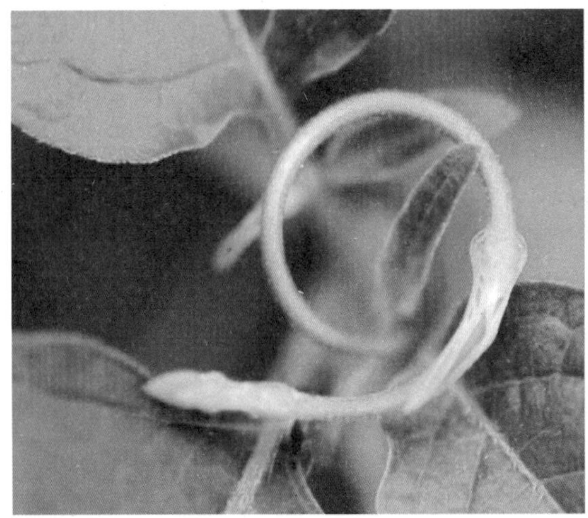

图 6-43 预览视频并聆听音频效果

6.3.4 将视频与音频分离

在进行视频编辑时，有时需要将一个视频素材的视频部分和音频部分分离，然后替换其他的音频或者是对音频部分做进一步的调整。下面介绍将视频与音频分离的操作方法。

素材文件	光盘 \ 素材 \ 第 6 章 \ 装饰 .mpg
效果文件	光盘 \ 效果 \ 第 6 章 \ 装饰 .VSP
视频文件	光盘 \ 视频 \ 第 6 章 \6.3.4 将视频与音频分离 .mp4

实战 装饰

步骤 01 进入会声会影编辑器，在视频轨中插入一段视频素材，如图 6-44 所示。

步骤 02 选择视频素材，单击鼠标右键，在弹出的快捷菜单中选择“分割音频”选项，如图 6-45 所示。

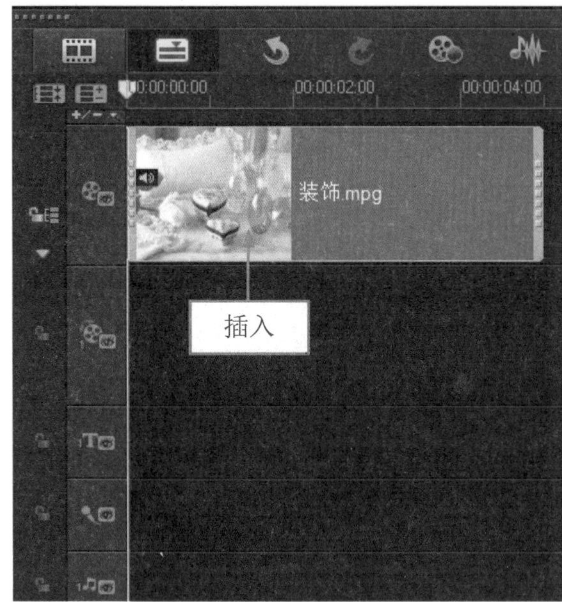

图 6-44 插入视频素材

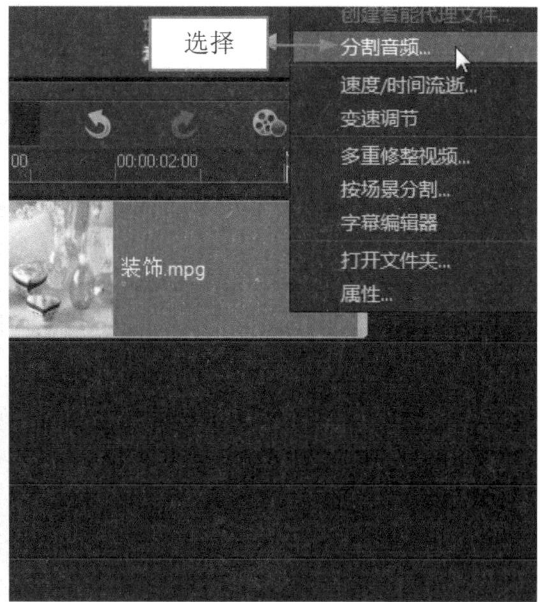

图 6-45 选择“分割音频”选项

步骤 03 执行上述操作后，即可将视频与音频分割，如图 6-46 所示。

步骤 04 单击导览面板中的“播放”按钮，预览视频效果，如图 6-47 所示。

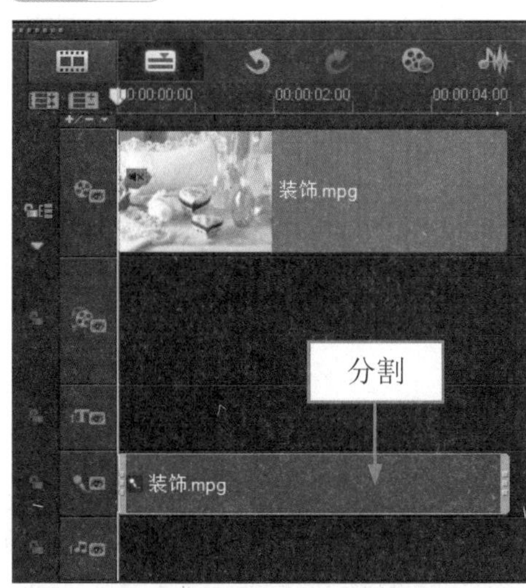

图 6-46 将视频与音频分割

图 6-47 预览视频效果

6.3.5 调整视频素材区间

在会声会影 X7 中，用户可根据需要设置视频素材的区间大小，从而使视频素材的长度或长或短，使影片中的某画面实现快动作或者慢动作效果。

	素材文件	光盘 \ 素材 \ 第 6 章 \ 家居 .mpg
	效果文件	光盘 \ 效果 \ 第 6 章 \ 家居 .VSP
	视频文件	光盘 \ 视频 \ 第 6 章 \6.3.5 调整视频素材区间 .mp4

实战 家居

步骤 01 进入会声会影编辑器，插入一段视频素材，如图 6-48 所示。

步骤 02 在“视频”选项面板中，单击“速度 / 时间流逝”按钮，如图 6-49 所示。

图 6-48 插入视频素材

图 6-49 单击“速度 / 时间流逝”按钮

步骤 03 弹出“速度 / 时间流逝”对话框，在“新素材区间”选项右侧的数值框中输入 0:0:9:0，设置素材的区间长度，如图 6-50 所示。

步骤 04 单击“确定”按钮，即可调整视频素材的区间长度，在视频轨中可以查看视频素材的效果，如图 6-51 所示。

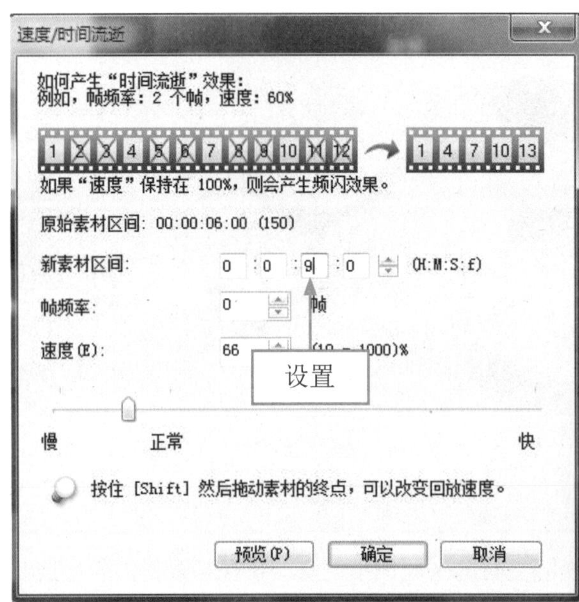

图 6-50 设置素材的区间长度

图 6-51 查看视频素材效果

步骤 05 执行上述操作后，单击导览面板中的“播放”按钮，预览调整区间后的视频效果，如图 6-52 所示。

图 6-52 预览视频效果

6.4 添加摇动和缩放

在会声会影 X7 中，用户还可以根据需要为图像素材添加摇动和缩放效果。本节主要介绍添加默认摇动和缩放、自定义摇动和缩放的方法。

6.4.1 默认摇动和缩放

在会声会影 X7 中，使用默认的摇动和缩放效果，可以让静止的图像动起来，使制作的影片更加生动。下面介绍运用默认摇动和缩放的操作方法。

	素材文件	光盘 \ 素材 \ 第 6 章 \ 心愿瓶 .jpg
	效果文件	光盘 \ 效果 \ 第 6 章 \ 心愿瓶 .VSP
	视频文件	光盘 \ 视频 \ 第 6 章 \6.4.1 默认摇动和缩放 .mp4

实战 心愿瓶

步骤 01 进入会声会影编辑器，在视频轨中插入一幅图像素材，如图 6-53 所示。

步骤 02 单击“选项”按钮，打开选项面板，在其中选中“摇动和缩放”单选按钮，单击该单选按钮下方的下拉按钮，在弹出的列表框中选择所需的样式，如图 6-54 所示，即可应用摇动和缩放效果。

专家指点

在会声会影 X7 中的摇动和缩放效果，只能应用于图像素材，应用摇动和缩放效果可以使图像效果更加丰富。

在选项面板中选中“摇动和缩放”单选按钮后，单击下方的下三角按钮，在弹出的列表框中，可拖曳右侧的滚动条，选择需要的摇动和缩放预设样式。

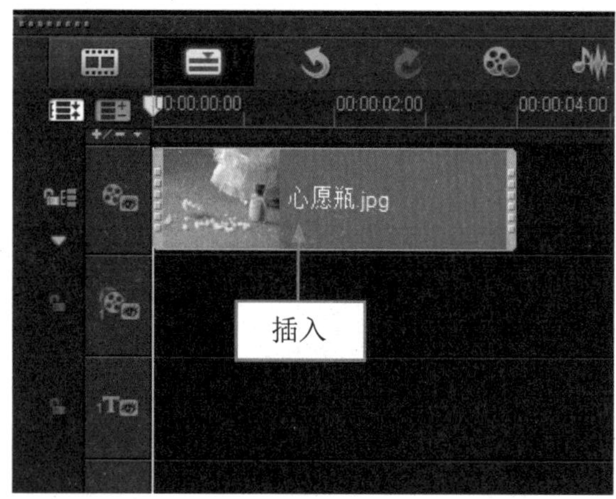

图 6-53 插入图像素材

图 6-54 选择所需的样式

步骤 03 执行上述操作后，单击导览面板中的“播放”按钮，预览默认摇动和缩放效果，如图 6-55 所示。

图 6-55 预览默认摇动和缩放效果

6.4.2 自定义摇动和缩放

在会声会影 X7 中，为图像添加摇动和缩放效果后，用户还可以根据需要自定义摇动和缩放效果。下面介绍自定义摇动和缩放的操作方法。

	素材文件	光盘 \ 素材 \ 第 6 章 \ 春之花 .jpg
	效果文件	光盘 \ 效果 \ 第 6 章 \ 春之花 .VSP
	视频文件	光盘 \ 视频 \ 第 6 章 \6.4.2 自定义摇动和缩放 .mp4

实战 春之花

步骤 01 进入会声会影编辑器，在视频轨中插入一幅素材图像，如图 6-56 所示。

步骤 02 使用鼠标左键双击视频轨上的图像素材，展开“照片”选项面板，设置“照片区间”为 20，如图 6-57 所示。

图 6-56 插入素材图像

图 6-57 设置照片区间

步骤 03 选中“摇动和缩放”单选按钮，单击“自定义”按钮，如图 6-58 所示。

步骤 04 弹出“摇动和缩放”对话框，在其中设置“缩放率”参数为 190，在“停靠”选项组中单击左侧中间的按钮，如图 6-59 所示。

图 6-58 单击“自定义”按钮

图 6-59 单击左侧中间的按钮

步骤 05 将滑块拖拽到 10 秒的位置，单击“添加关键帧”按钮，插入一个关键帧，设置“缩放率”为 190，在“停靠”选项组中单击右侧上方的按钮，如图 6-60 所示。

步骤 06 在 10 秒的关键帧上单击鼠标右键，在弹出的快捷菜单中，选择“复制”选项，如图 6-61 所示。

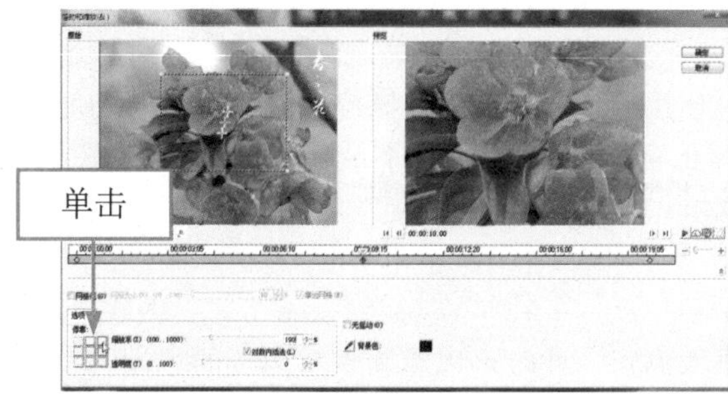

图 6-60 单击右侧上方的按钮

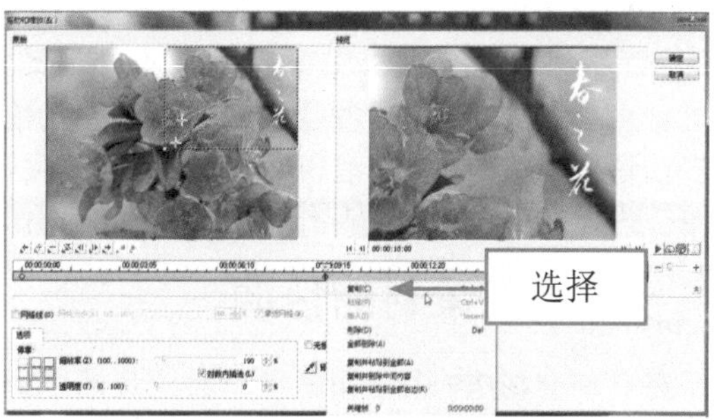

图 6-61 选择“复制”选项

步骤 07 选中最后一个关键帧，单击鼠标右键，在弹出的快捷菜单中，选择粘贴选项，如图 6-62 所示，粘贴复制的关键帧。

步骤 08 设置“缩放率”为 219，在“停靠”选项组中单击左侧中间的按钮，如图 6-63 所示，单击“确定”按钮即可完成设置。

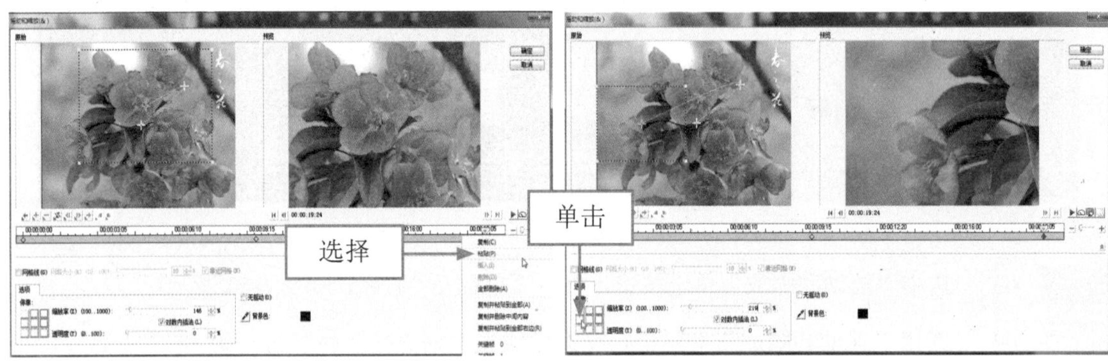

图 6-62 选择粘帖选项　　图 6-63 单击左侧中间的按钮

步骤 09 执行上述操作后，单击导览面板中的“播放”按钮，即可预览自定义摇动和缩放效果，如图 6-64 所示。

图 6-64 预览自定义摇动和缩放效果

6.5 色彩校正

会声会影 X7 拥有多种强大的颜色调整功能，使用色调、饱和度、亮度以及对比度等功能可以轻松调整图像的色相、饱和度、对比度和亮度，修正有色彩失衡、曝光不足或过度等缺陷的图像，甚至能为黑白图像上色，制作出更多特殊的图像效果。

6.5.1 调整素材的色调

在会声会影 X7 中，如果用户对照片的色调不太满意，此时可以重新调整照片的色调。下面介绍调整图像色调的操作方法。

	素材文件	光盘 \ 素材 \ 第 6 章 \ 山水画 .jpg
	效果文件	光盘 \ 效果 \ 第 6 章 \ 山水画 .VSP
	视频文件	光盘 \ 视频 \ 第 6 章 \6.5.1 调整素材的色调 .mp4

实战 山水画

步骤 01 进入会声会影编辑器，在视频轨中插入所需的图像素材，如图 6-65 所示。

步骤 02 在“照片”选项面板中，单击“色彩校正”按钮，如图 6-66 所示

图 6-65 插入图像素材

图 6-66 单击“色彩校正”按钮

步骤 03 进入相应选项面板，拖拽“色调”右侧的滑块，直至参数显示为 -15，如图 6-67 所示。

步骤 04 执行上述操作后，即可在预览窗口中预览调整色调后的效果，如图 6-68 所示。

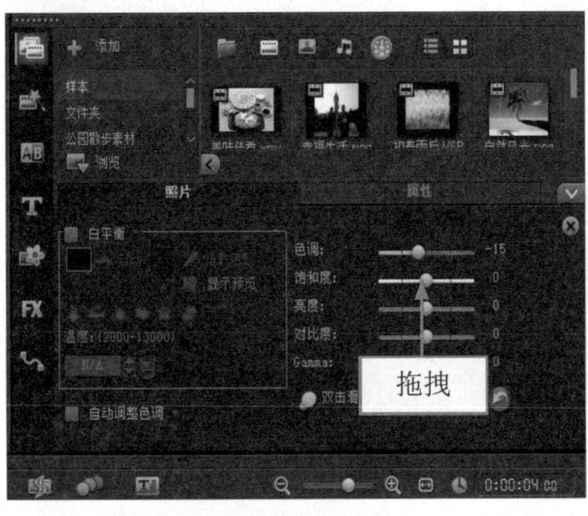

图 6-67 拖拽滑块

图 6-68 预览照片效果

6.5.2 调整素材的亮度

在会声会影 X7 中，当素材亮度过暗或者太亮时，用户可以调整素材的亮度。下面介绍调整图像亮度的操作方法。

	素材文件	光盘 \ 素材 \ 第 6 章 \ 左边的记忆 .jpg
	效果文件	光盘 \ 效果 \ 第 6 章 \ 左边的记忆 .VSP
	视频文件	光盘 \ 视频 \ 第 6 章 \6.5.2 调整素材的亮度 .mp4

实战 左边的记忆

步骤 01 进入会声会影编辑器，在视频轨中插入一幅素材图像，如图 6-69 所示。

步骤 02 在“照片”选项面板中，单击“色彩校正”按钮，如图 6-70 所示。

图 6-69 插入素材图像

图 6-70 单击“色彩校正”按钮

步骤 03 进入相应选项面板，拖拽“亮度”右侧的滑块，直至参数显示为 24，如图 6-71 所示。

步骤 04 执行上述操作后，在预览窗口中可以预览调整亮度后的效果，如图 6-72 所示。

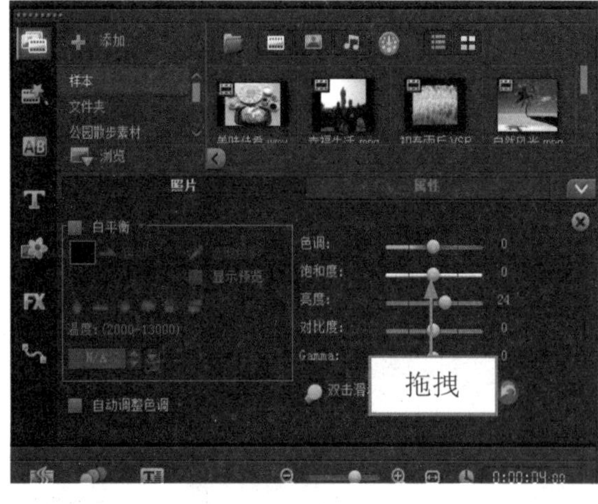

图 6-71 向右拖拽滑块

图 6-72 调整图像亮度效果

专家指点

亮度是指颜色的明暗程度，它通常使用从 -100 到 100 的整数来调整。在正常光线下照射的色相，被定义为标准色相。一些亮度高于标准色相，称为该色相的高光；反之称为该色相的阴影。

6.5.3 调整素材的饱和度

在会声会影 X7 中使用饱和度功能，可以调整整张照片或单个颜色分量的色相、饱和度和亮度值，还可以同步调整照片中所有的颜色。下面介绍调整图像的饱和度的操作方法。

	素材文件	光盘 \ 素材 \ 第 6 章 \ 白色雏菊 .jpg
	效果文件	光盘 \ 效果 \ 第 6 章 \ 白色雏菊 .VSP
	视频文件	光盘 \ 视频 \ 第 6 章 \6.5.3 调整素材的饱和度 .mp4

实战 白色雏菊

步骤 01 进入会声会影编辑器，在视频轨中插入所需的图像素材，如图 6-73 所示。

步骤 02 在预览窗口中可预览添加的图像素材效果，如图 6-74 所示。

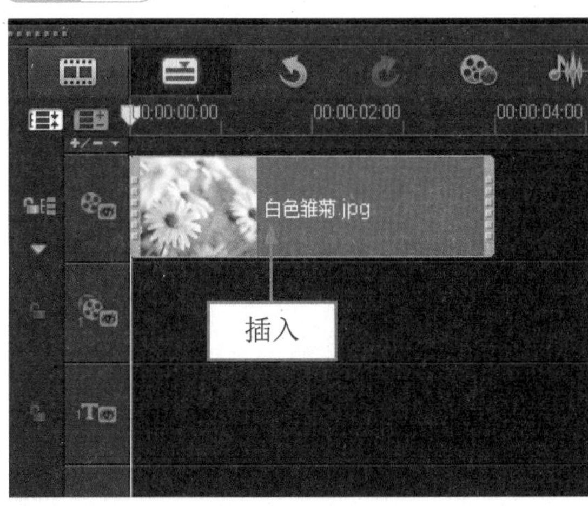

图 6-73 插入图像素材

图 6-74 预览图像效果

步骤 03 在“照片”选项面板中，单击“色彩校正”按钮，进入相应选项面板，拖拽“饱和度”选项右侧的滑块，直至参数显示为 20，如图 6-75 所示。

步骤 04 执行上述操作后，在预览窗口中，即可预览调整饱和度后的图像效果，如图 6-76 所示。

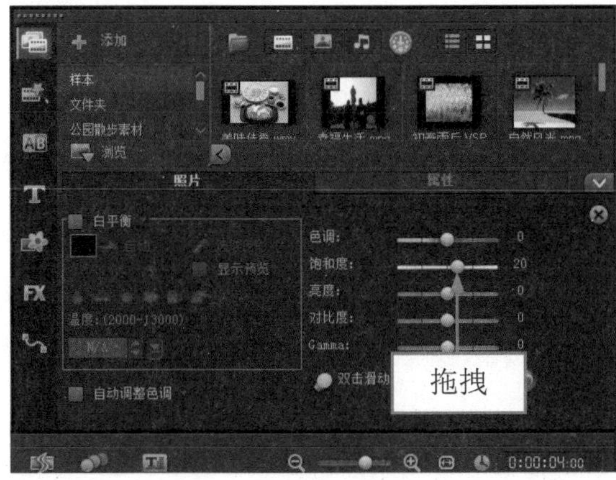

图 6-75 拖拽滑块

图 6-76 预览图像效果

专家指点

在会声会影 X7 的选项面板中设置饱和度参数时，饱和度参数值设置得越低，图像画面的饱和度越灰；饱和度参数值设置得越高，图像颜色越鲜艳，色彩画面更越强。

在会声会影 X7 中，如果用户需要去除视频画面中的色彩，此时可以将“饱和度”参数设置为 -100，即可去除视频素材的画面色彩。

6.5.4 调整素材的对比度

在会声会影X7中，对比度是指图像中阴暗区域最亮的白与最暗的黑之间不同亮度范围的差异。下面介绍调整图像对比度的操作方法。

素材文件	光盘 \ 素材 \ 第 6 章 \ 美丽女人 .jpg
效果文件	光盘 \ 效果 \ 第 6 章 \ 美丽女人 .VSP
视频文件	光盘 \ 视频 \ 第 6 章 \6.5.4 调整素材的对比度 .mp4

实战 美丽女人

步骤 01 进入会声会影编辑器，在视频轨中插入一幅图像素材，如图 6-77 所示。

步骤 02 在预览窗口中可预览插入的素材图像效果，如图 6-78 所示。

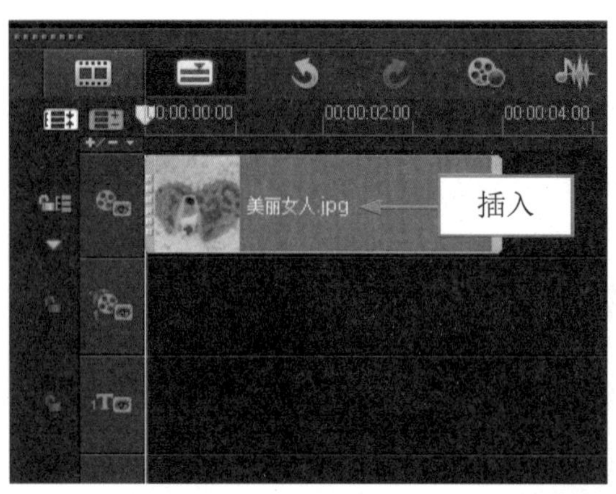

图 6-77 插入一幅素材图像

图 6-78 预览图像效果

步骤 03 在“照片”选项面板中，单击“色彩校正”按钮，进入相应选项面板，拖拽“对比度”选项右侧的滑块，直至参数显示为 32，如图 6-79 所示。

步骤 04 执行上述操作后，在预览窗口中，即可预览调整对比度后的图像效果，如图 6-80 所示。

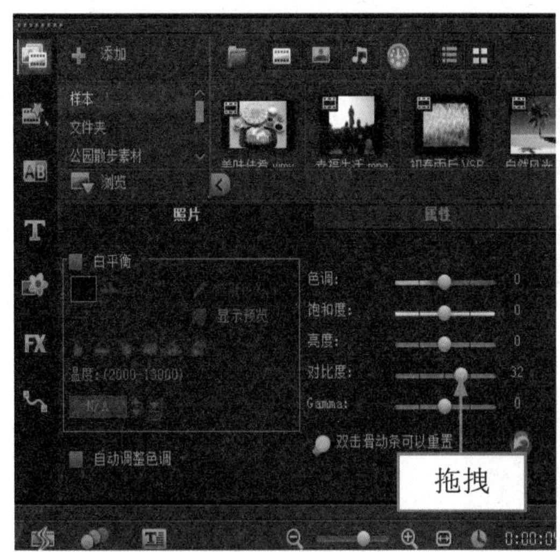

图 6-79 拖拽滑块

图 6-80 预览图像效果

专家指点

“对比度”选项用于调整图像的对比度，其取值范围为 -100 ～ 100 的整数。对比数值越高，图像对比度越大；反之则降低图像的对比度。

在会声会影 X7 中调整完图像的对比度后，如果对其不满意，可以将其恢复。

6.5.5 调整素材的 Gamma

在会声会影 X7 中，Gamma 是指灰阶的意思，在图像中灰阶代表了由最暗到最亮之间不同亮度的层次级别，中间层次越多，所能够呈现的画面效果也就越细腻。下面介绍调整图像的 Gamma 的操作方法。

	素材文件	光盘 \ 素材 \ 第 6 章 \ 最美时光 .jpg
	效果文件	光盘 \ 效果 \ 第 6 章 \ 最美时光 .VSP
	视频文件	光盘 \ 视频 \ 第 6 章 \6.5.5 调整素材的 Gamma.mp4

实战 最美时光

步骤 01 进入会声会影编辑器，在视频轨中插入一幅图像素材，如图 6-81 所示。

步骤 02 在预览窗口中可预览插入的素材图像效果，如图 6-82 所示。

步骤 03 在“照片”选项面板中，单击“色彩校正”按钮，进入相应选项面板，拖拽 Gamma 选项右侧的滑块，直至参数显示为 24，如图 6-83 所示。

步骤 04 执行上述操作后，在预览窗口中，即可预览调整 Gamma 后的图像效果，如图 6-84 所示。

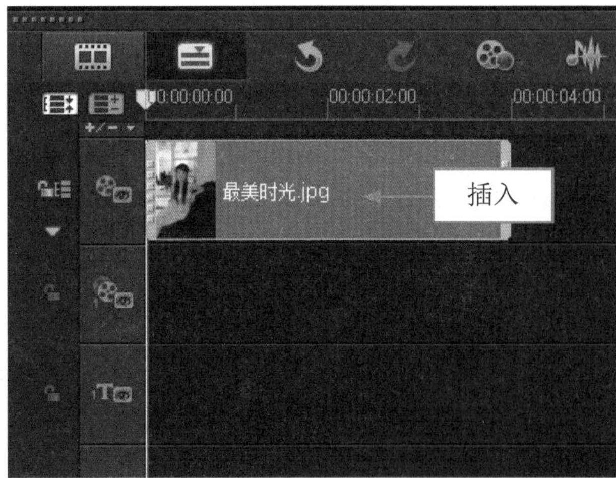

图 6-81 插入一幅图像素材

图 6-82 预览图像效果

图 6-83 拖拽滑块

图 6-84 预览图像效果

6.5.6 调整素材的白平衡

在会声会影 X7 中，用户可以根据需要调整图像素材的白平衡，制作出特殊的光照效果。下面介绍调整图像的白平衡的操作方法。

	素材文件	光盘 \ 素材 \ 第 6 章 \ 齐花开放 .jpg
	效果文件	光盘 \ 效果 \ 第 6 章 \ 齐花开放 .VSP
	视频文件	光盘 \ 视频 \ 第 6 章 \6.5.6 调整素材的白平衡 .mp4

实战 齐花开放

步骤 01 进入会声会影 X7 编辑器，在故事板中插入一幅素材图像，如图 6-85 所示。

步骤 02 在预览窗口中，可以预览素材画面效果，如图 6-86 所示。

步骤 03 打开“照片”选项面板，单击“色彩校正”按钮，打开相应选项面板，选中“白平衡”复选框，在下方单击“日光”按钮，如图 6-87 所示。

步骤 04 在预览窗口中，可以预览添加日光效果后的素材画面，效果如图 6-88 所示。

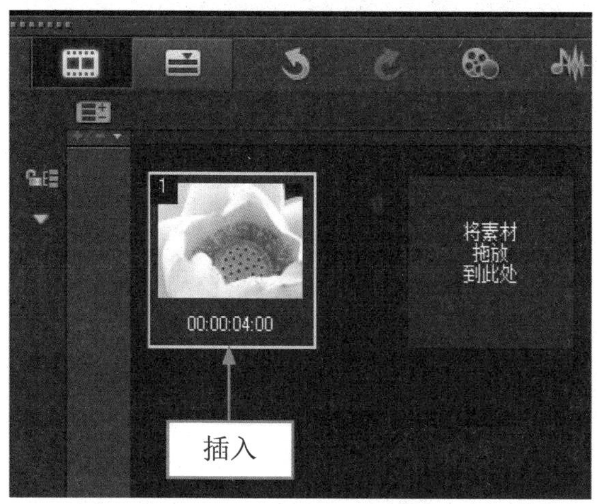

图 6-85 插入素材图像

图 6-86 预览素材画面效果

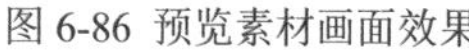

图 6-87 单击“日光”按钮

图 6-88 预览素材画面

6.5.7 调整素材的钨光效果

钨光白平衡也称为“白炽灯”或“室内光”，可以修正偏黄或者偏红的画面，一般适用于在钨光灯环境下拍摄的照片或者视频素材。下面向读者介绍设置钨光效果的操作方法。

	素材文件	光盘 \ 素材 \ 第 6 章 \ 灯火阑珊 .jpg
	效果文件	光盘 \ 效果 \ 第 6 章 \ 灯火阑珊 .VSP
	视频文件	光盘 \ 视频 \ 第 6 章 \6.5.7 调整素材的钨光效果 .mp4

实战 灯火阑珊

步骤 01 进入会声会影编辑器，在视频轨中插入一幅素材图像，如图 6-89 所示。

步骤 02 单击“选项”按钮，打开选项面板，单击“色彩校正”按钮，进入相应选项面板，选中 白平衡 复选框，单击“白平衡”选项区中的“钨光”按钮，如图 6-90 所示。

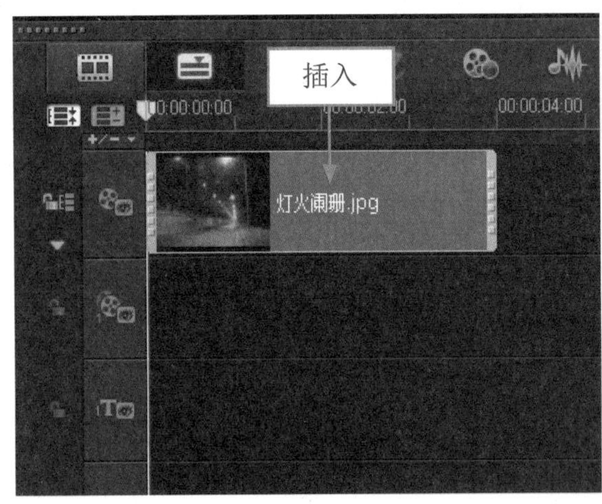

图 6-89 插入图像素材

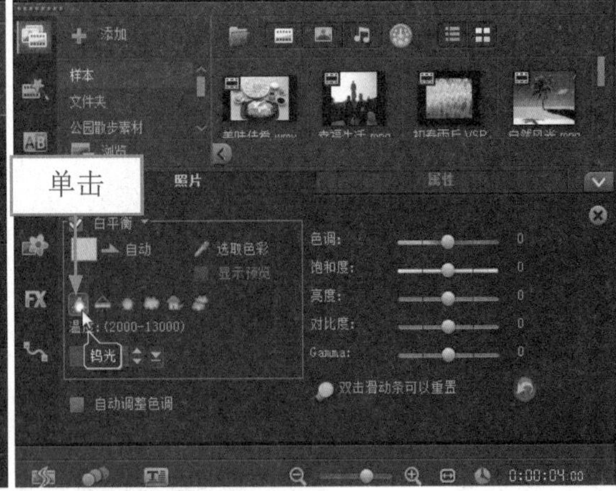

图 6-90 单击“钨光”按钮

专家指点

在选项面板的“白平衡”选项区中，用户还可以手动选取色彩来设置素材画面的白平衡效果。在“白平衡”选项区中，单击“选取色彩”按钮，在预览窗口中需要的颜色上，单击鼠标左键，即可吸取颜色，用吸取的颜色改变素材画面的白平衡效果。

步骤 03 执行上述操作后，即可预览为钨光效果，如图 6-91 所示。

图 6-91 预览效果

6.5.8 调整素材荧光效果

应用荧光效果可以使素材画面呈现偏蓝的冷色调，同时可以修正偏黄的照片。

素材文件	光盘 \ 素材 \ 第 6 章 \ 荷花赏析 .jpg
效果文件	光盘 \ 效果 \ 第 6 章 \ 荷花赏析 .VSP
视频文件	光盘 \ 视频 \ 第 6 章 \6.5.8 调整素材荧光效果 .mp4

实战 荷花赏析

步骤 01 进入会声会影编辑器，在视频轨中插入一幅素材图像，如图 6-92 所示。

步骤 02 单击“选项”按钮，打开选项面板，单击“色彩校正”按钮，进入相应选项面板，选中 白平衡 复选框，单击“白平衡”选项区中的“荧光”按钮，如图 6-93 所示。

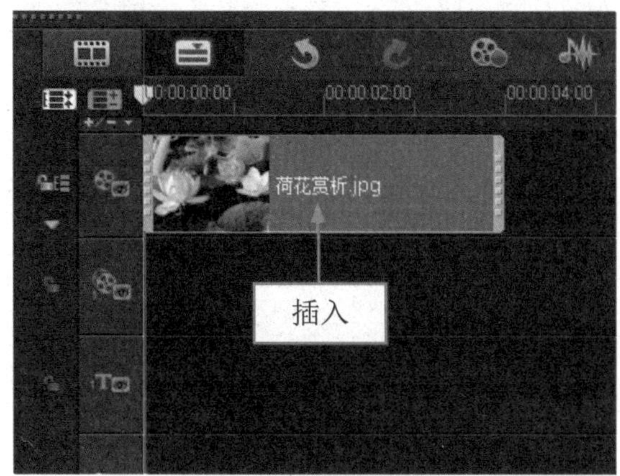

图 9-92 插入图像素材

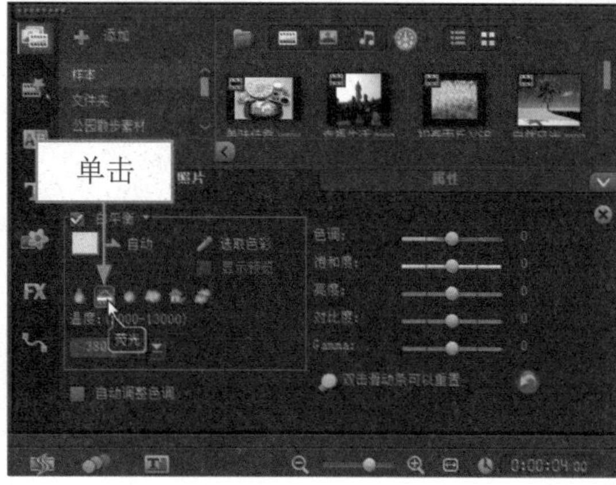

图 6-93 单击“荧光”按钮

步骤 03 执行上述操作后，即可设置为荧光效果，如图 6-94 所示。

图 6-94 预览效果

6.5.9 调整素材云彩效果

在会声会影 X7 中，应用云彩效果可以使素材画面呈现偏黄的暖色调，同时可以修正偏蓝的照片。下面向读者介绍添加云彩效果的操作方法。

	素材文件	光盘 \ 素材 \ 第 6 章 \ 眼镜湖 .jpg
	效果文件	光盘 \ 效果 \ 第 6 章 \ 眼镜湖 .VSP
	视频文件	光盘 \ 视频 \ 第 6 章 \6.5.9 调整素材云彩效果 .mp4

实战 眼镜湖

步骤 01 进入会声会影编辑器，在视频轨中插入一幅素材图像，如图 6-95 所示。

步骤 02 单击“选项”按钮，打开选项面板，单击“色彩校正”按钮，进入相应选项面板，选中 白平衡 复选框，单击“白平衡”选项区中的“云彩”按钮，如图 6-96 所示。

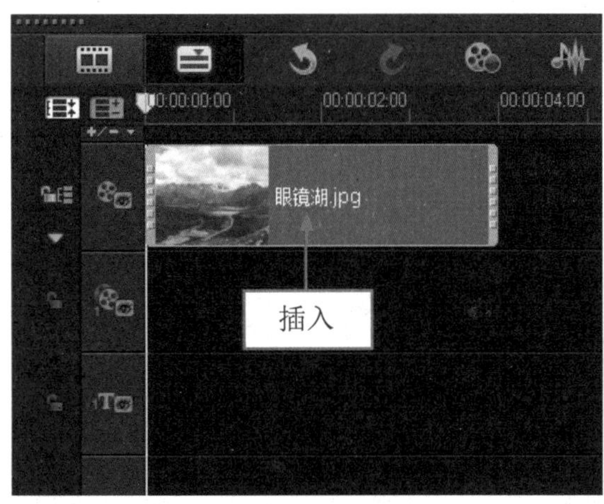

图 6-95 插入图像素材

图 6-96 单击“云彩”按钮

步骤 03 执行上述操作后，即可预览云彩效果，如图 6-97 所示。

图 6-97 预览效果

6.6 库文件的基本操作

在会声会影 X7 中，用户可以根据需要对库文件进行导入、导出以及重置操作，使库文件在操作上更加符合用户的需求。下面向读者介绍管理库文件的操作方法。

6.6.1 导出库文件

在会声会影 X7 中，用户可以将素材库中的文件进行导出操作。下面向读者介绍导出库文件的操作方法。

	素材文件	无
	效果文件	无
	视频文件	光盘 \ 视频 \ 第 6 章 \6.6.1 导出库文件 .mp4

实战 导出库文件

步骤 01 在菜单栏中，单击“设置” | “素材库管理器” | “导出库”命令，如图 6-98 所示。

步骤 02 执行操作后，弹出“浏览文件夹”对话框，在其中选择需要导出库的文件夹位置，如图 6-99 所示。

图 6-98 单击命令

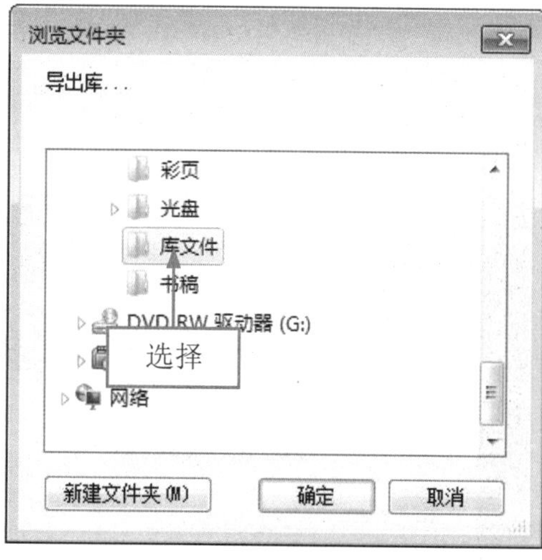

图 6-99 选择文件夹位置

步骤 03 设置完成后，单击“确定”按钮，弹出提示信息框，提示用户媒体库已导出，如图 6-100 所示，单击“确定”按钮，即可导出媒体库文件。

步骤 04 在计算机中的相应文件夹中，可以查看导出的媒体库文件，如图 6-101 所示。

图 6-100 弹出提示信息框

图 6-101 查看媒体库文件

6.6.2 导入库文件

在会声会影 X7 中，用户还可以将外部库文件导入到素材库中进行使用，对于一些特殊的视频操作，导入库文件功能十分有用。下面向读者介绍导入库文件的操作方法。

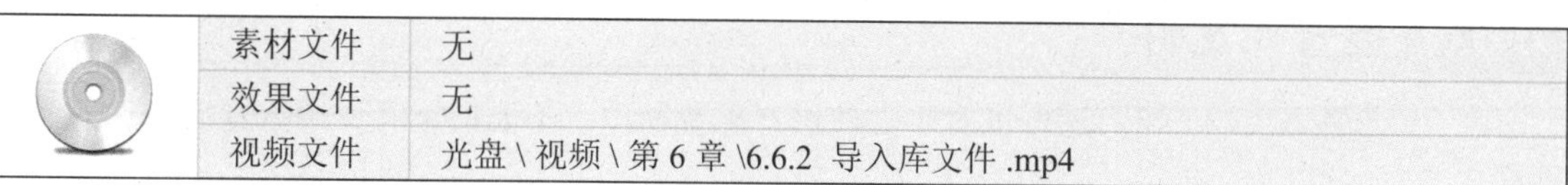

	素材文件	无
	效果文件	无
	视频文件	光盘 \ 视频 \ 第 6 章 \6.6.2 导入库文件 .mp4

实战 导入库文件

步骤 01 进入会声会影编辑器，在菜单栏中单击“设置”菜单，在弹出的菜单列表中单击“素材库管理器”|“导入库”命令，如图 6-102 所示。

步骤 02 执行操作后，弹出“浏览文件夹”对话框，在其中选择需要导入库的文件夹位置，如图 6-103 所示。

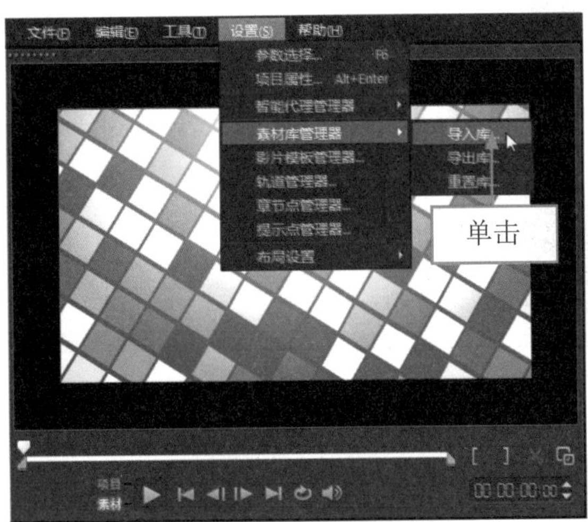

图 6-102 单击命令

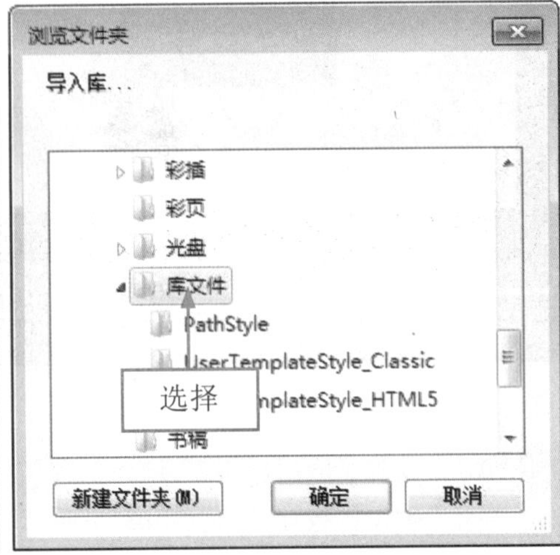

图 8-103 选择文件对象

步骤 03 单击“确定”按钮，弹出提示信息框，提示用户媒体库已导入，如图 6-104 所示，单击“确定”按钮，即可导入媒体库文件。

图 6-104 提示信息框

6.6.3 重置库文件

在会声会影 X7 中，用户还可以对库文件进行重置操作。下面向读者介绍重置库文件的具体操作方法。

	素材文件	无
	效果文件	无
	视频文件	光盘 \ 视频 \ 第 6 章 \6.6.3 重置库文件 .mp4

实战 重置库文件

步骤 01 在菜单栏中单击“设置”|“素材库管理”|“重置库”命令，如图 6-105 所示。

步骤 02 执行操作后，弹出提示信息框提示用户是否确定要重置媒体库，如图 6-106 所示。

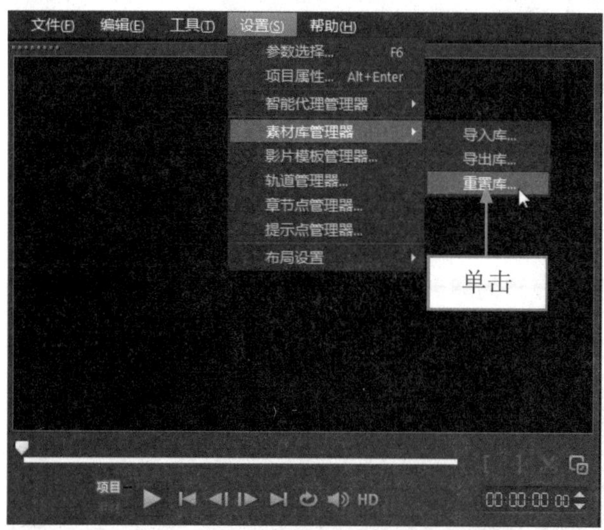

图 6-105 单击命令

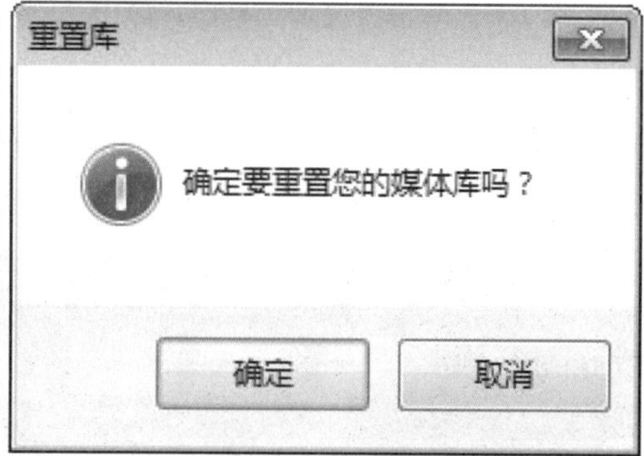

图 6-106 提示信息框

步骤 03 单击“确定”按钮，即可重置会声会影 X7 中的媒体库文件。当用户重置媒体库文件后，之前所做的媒体库操作均已无效。

6.7 设置素材重新采样比例

在会声会影 X7 中应用图像素材时，用户还可以设置素材重新采样比例，如调到项目大小或保持宽高比等采样比例等。本节主要向读者介绍设置素材重新采样比例的操作方法。

6.7.1 调到项目大小

在会声会影 X7 中，用户可以对素材文件进行调到项目大小操作。下面向读者介绍调到项目大小的操作方法。

	素材文件	光盘 \ 素材 \ 第 6 章 \6.7.1 荷花盛开 .jpg
	效果文件	光盘 \ 效果 \ 第 6 章 \6.7.1 荷花盛开 .VSP
	视频文件	光盘 \ 视频 \ 第 6 章 \6.7.1 调到项目大小 .mp4

实战 荷花盛开

步骤 01 进入会声会影编辑器，在时间轴面板的视频轨中插入一幅素材图像，如图 6-107 所示。

步骤 02 在预览窗口中预览图像素材效果，如图 6-108 所示。

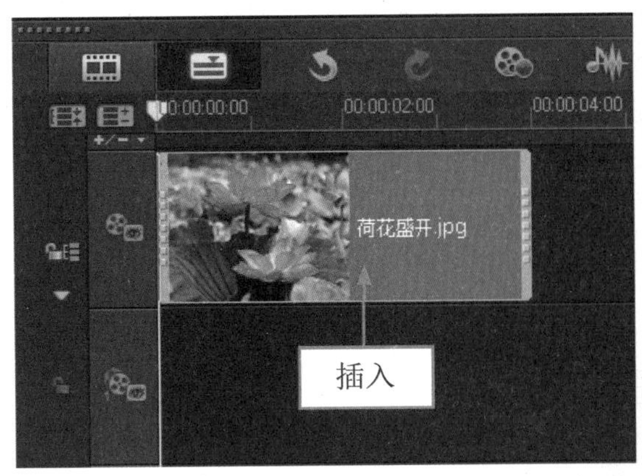

图 6-107 插入素材图像

图 6-108 预览图像素材效果

步骤 03 单击“选项”按钮，弹出“照片”选项面板，在该选项面板中单击“重新采样选项”下拉按钮，在弹出的列表框中选择“调到项目大小”选项，如图 6-109 所示。

步骤 04 执行上述操作后，即可将图像素材设置为调到项目大小，如图 6-110 所示，会声会影将会更改素材的宽高比，从而覆盖预览窗口的背景色，只显示素材。

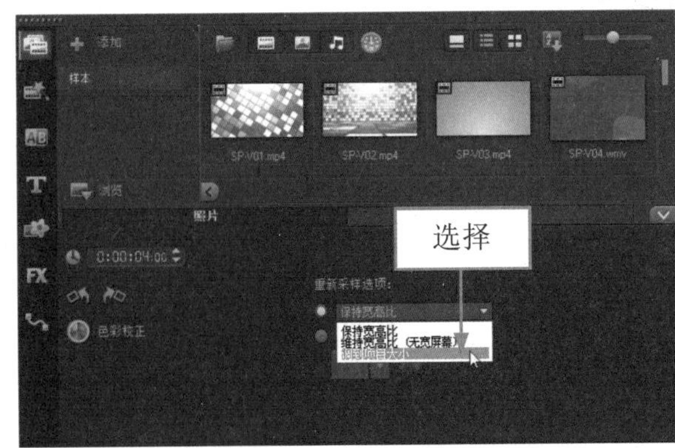

图 6-109 选择“调到项目大小”选项

图 6-110 设置为调到项目大小

6.7.2 保持宽高比

设置为保持宽高比，可以使图像素材保持其本身的宽高比。下面介绍在会声会影 X7 中，将图像素材设置为保持宽高比的操作方法。

	素材文件	光盘 \ 素材 \ 第 6 章 \6.7.2 树 .jpg
	效果文件	光盘 \ 效果 \ 第 6 章 \6.7.2 树 .VSP
	视频文件	光盘 \ 视频 \ 第 6 章 \6.7.2 保持宽高比 .mp4

实战 树

步骤 01 进入会声会影编辑器，单击“文件”|“打开项目”命令，打开一个项目文件，如图 6-111 所示。

步骤 02 在预览窗口中预览图像素材效果，如图 6-112 所示。

图 6-111 打开项目文件

图 6-112 预览图像素材效果

步骤 03 单击“选项”按钮，弹出“照片”选项面板，在该选项面板中单击“重新采样选项”下拉按钮，在弹出的列表框中选择“保持宽高比”选项，如图 6-113 所示。

步骤 04 执行上述操作后，即可将图像素材设置为保持宽高比，如图 6-114 所示。

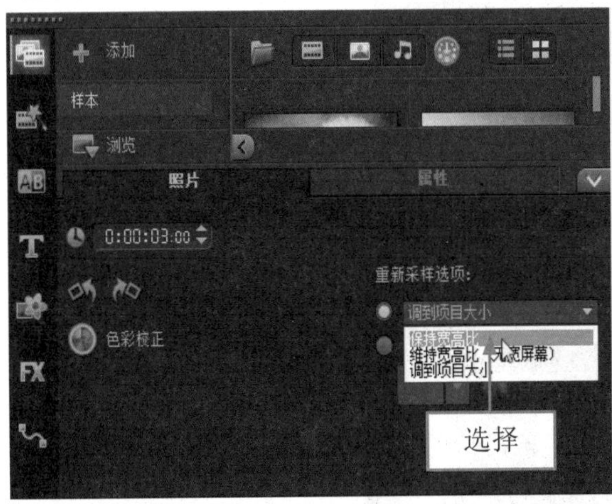

图 6-113 选择“保持宽高比”选项

图 6-114 设置为保持宽高比

专家指点

将预览窗口中的素材设置为“保持宽高比”，调入素材将会自动匹配预览窗口的宽高比，保持调入的素材不会变形。

6.8 设置素材的显示模式

在会声会影 X7 中，包含 3 种素材显示模式，如仅略图显示、仅文件名显示以及设置略图和文件名显示模式等。本节主要向读者介绍设置素材显示模式的操作方法。

6.8.1 仅文件名显示

在会声会影 X7 中，还可以仅文件名显示素材文件。下面向读者介绍在视频轨中仅文件名显示素材文件的操作方法。

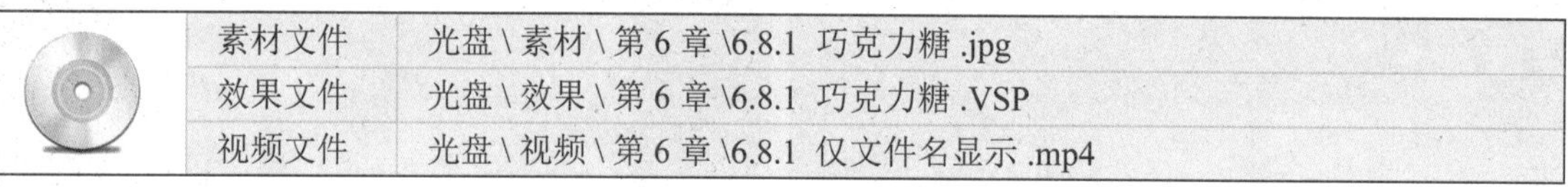

	素材文件	光盘 \ 素材 \ 第 6 章 \6.8.1 巧克力糖 .jpg
	效果文件	光盘 \ 效果 \ 第 6 章 \6.8.1 巧克力糖 .VSP
	视频文件	光盘 \ 视频 \ 第 6 章 \6.8.1 仅文件名显示 .mp4

实战 巧克力糖

步骤 01 进入会声会影编辑器，在时间轴面板的视频轨中插入一幅素材图像，如图 6-115 所示。

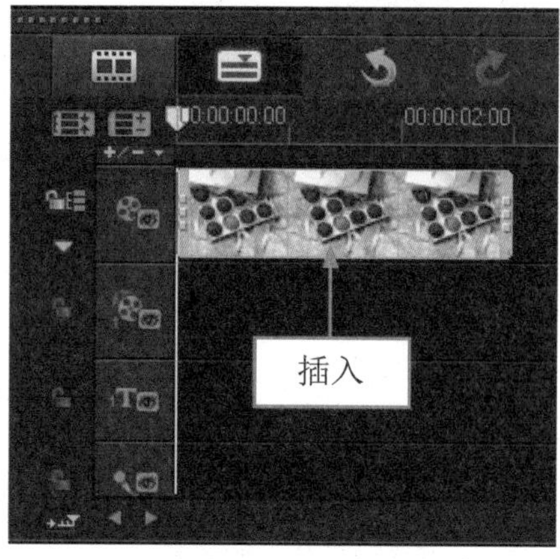

图 6-115 插入素材图像

步骤 02 此时，视频轨中的素材是以缩略图的方式显示的，在菜单栏中单击“设置”|“参数选择”命令，如图 6-116 所示。

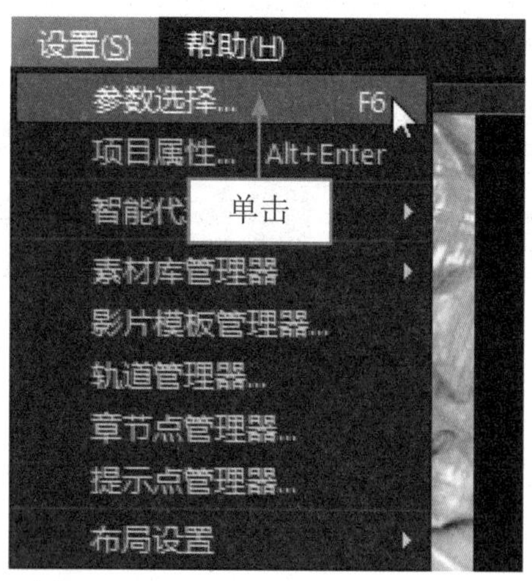

图 6-116 单击命令

步骤 03 弹出“参数选择”对话框，单击“素材显示模式”右侧的下拉按钮，在弹出的列表框中选择“仅文件名”选项，如图 6-117 所示。

步骤 04 单击“确定”按钮，即可将图像设置为仅文件名显示模式，如图 6-118 所示。

步骤 05 在预览窗口中，可以预览图像的画面效果，如图 6-119 所示。

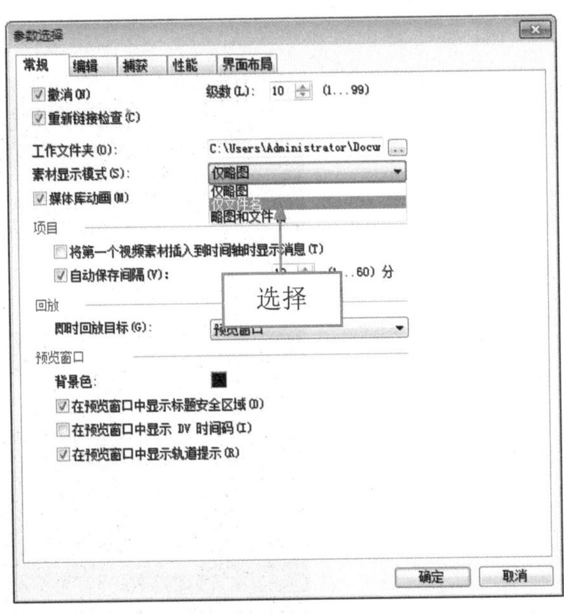

图 6-117 选择"仅文件名"选项

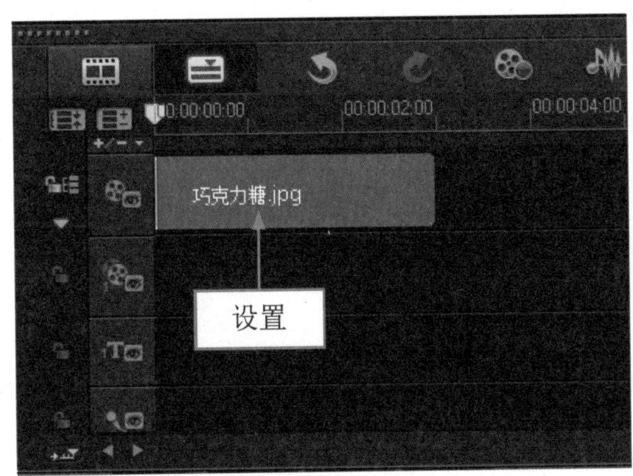

图 6-118 设置为仅文件名显示模式

图 6-119 预览图像画面效果

6.8.2 略图和文件名显示模式

在会声会影 X7 中，以略图和文件名显示素材文件的模式是软件的默认模式，在该模板下，用户不仅可以查看素材的缩略图，还可以查看素材的名称。下面向读者介绍在视频轨中仅文件名显示素材文件的操作方法。

	素材文件	光盘 \ 素材 \ 第 6 章 \6.8.2 巧克力糖 .jpg
	效果文件	光盘 \ 效果 \ 第 6 章 \6.8.2 巧克力糖 1.VSP
	视频文件	光盘 \ 视频 \ 第 6 章 \6.8.2 略图和文件名显示模式 .mp4

实战 巧克力糖

步骤 01 在"参数选择"对话框的"素材显示模式"列表框中，选择"略图和文件名"选项，如图 6-120 所示。

步骤 02 单击“确定”按钮，即可将素材显示模式切换至略图和文件名模式，如图6-121所示。

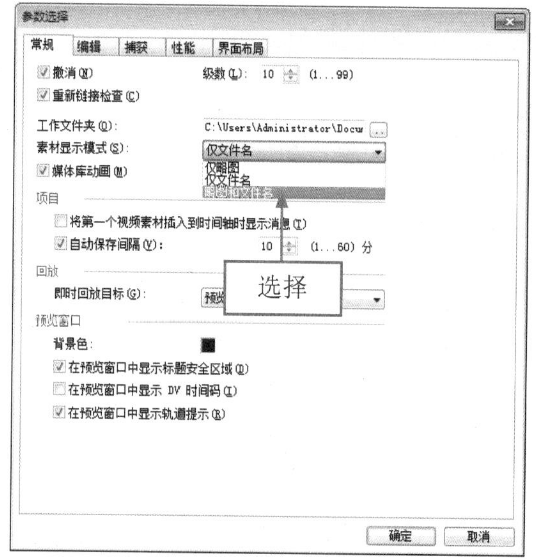

图6-120 选择“略图和文件名”选项

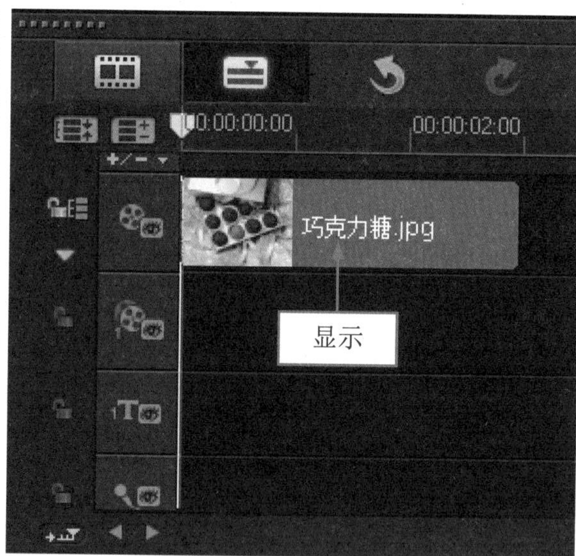

图6-121 略图和文件名模式

07 精修与分割素材

学习提示

在会声会影 X7 中可以对视频进行相应的剪辑，在剪辑视频时，用户只要掌握好这些剪辑视频的方法，便可以制作出更为完美、流畅的影片。本章主要介绍素材的精修与分割的操作方法。

本章案例导航

- 实战——生日快乐
- 实战——绿色记忆
- 实战——溪水流淌
- 实战——风景特效
- 实战——初春雨后
- 实战——动漫卡通
- 实战——花开
- 实战——浪漫紫色
- 实战——创意空间
- 实战——海滩风情

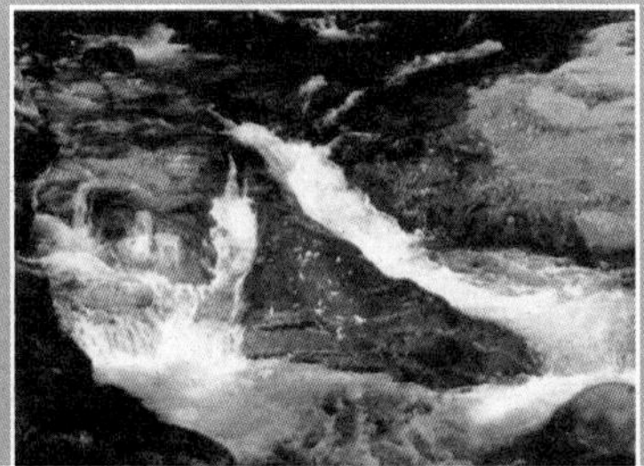

7.1 剪辑视频素材的各种方式

在会声会影X7编辑器中，可以对视频素材进行相应的剪辑，其中包括“用黄色标记剪辑视频”、“通过修整栏剪辑视频”、“通过时间轴剪辑视频”和“通过按钮剪辑视频”4种常用的视频素材剪辑方法。下面主要介绍剪辑视频素材的具体操作方法。

7.1.1 黄色标记

在时间轴中选择需要剪辑的视频素材，在其两端会出现黄色标记，拖动标记即可修剪视频素材。下面介绍用黄色标记剪辑视频的操作方法。

	素材文件	光盘\素材\第7章\生日快乐.mpg
	效果文件	光盘\效果\第7章\生日快乐.VSP
	视频文件	光盘\视频\第7章\7.1.1 黄色标记.mp4

实战 生日快乐

步骤 01 进入会声会影编辑器，在视频轨中插入所需的视频素材，如图7-1所示。

步骤 02 将鼠标移至时间轴面板中的视频素材的末端位置，单击鼠标左键并向左拖曳至00:00:02:00的位置，如图7-2所示。

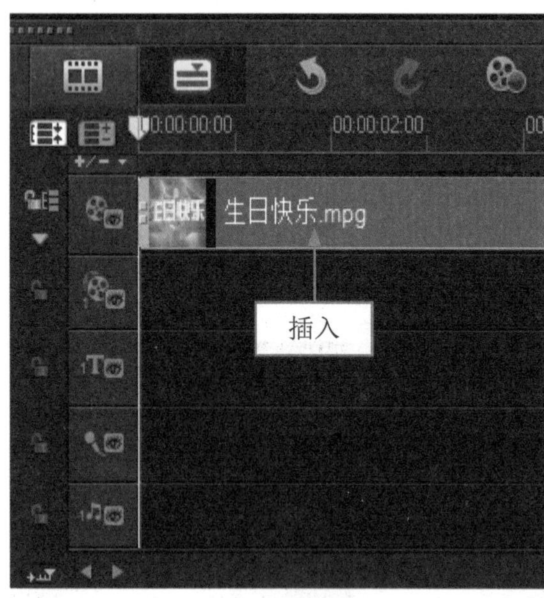

图7-1 插入视频素材

图7-2 向左拖曳

专家指点

在会声会影X7中用黄色标记剪辑视频的操作方法，适合修整长段视频素材。使用黄色标记剪辑视频后，是不能恢复的。

步骤 03 拖曳至适当位置后，释放鼠标左键，即可完成使用黄色标记剪辑视频的操作，单击导览面板中的“播放”按钮，即可预览剪辑后的视频素材效果，如图7-3所示。

图 7-3 预览视频效果

7.1.2 修整栏

在会声会影 X7 中，修整栏中两个修整拖柄之间的部分代表素材中被选取的部分，拖动拖柄，即可对素材进行修整，且在预览窗口中将显示与拖柄对应的帧画面。下面介绍通过修整栏剪辑视频的操作方法。

	素材文件	光盘 \ 素材 \ 第 7 章 \. 绿色记忆 mpg
	效果文件	光盘 \ 效果 \ 第 7 章 \. 绿色记忆 VSP
	视频文件	光盘 \ 视频 \ 第 7 章 \7.1.2 修整栏 .mp4

实战 绿色记忆

步骤 01 进入会声会影编辑器，在视频轨中插入所需的视频素材，如图 7-4 所示。

步骤 02 拖曳鼠标指针至预览窗口左下方的修整标记上，当鼠标指针呈双向箭头时，单击鼠标左键的同时，向右拖曳修整标记至 00:00:01:16 的位置处，如图 7-5 所示。

图 7-4 插入视频素材

图 7-5 拖曳修整标记

步骤 03 释放鼠标左键，单击导览面板中的“播放”按钮，即可预览剪辑后的视频素材效果，如图 7-6 所示。

图 7-6 预览剪辑后的视频素材效果

7.1.3 时间轴

在会声会影X7中，通过时间轴剪辑视频素材也是一种常用的方法，该方法主要通过"开始标记"按钮和"结束标记"按钮来实现对视频素材的剪辑操作。

素材文件	光盘 \ 素材 \ 第 7 章 \. 溪水流淌 mpg
效果文件	光盘 \ 效果 \ 第 7 章 \ 溪水流淌 .VSP
视频文件	光盘 \ 视频 \ 第 7 章 \7.1.3 时间轴 .mp4

实战 溪水流淌

步骤 01 进入会声会影编辑器，在视频轨中插入所需的视频素材，如图 7-7 所示，将鼠标移至时间轴上方的滑块上，此时鼠标指针呈双箭头形状。

步骤 02 单击鼠标左键并向右拖曳至 00:00:02:00 的位置处，释放鼠标左键，在预览窗口的右下角单击"开始标记"按钮，如图 7-8 所示，在时间轴上方会显示一条橘红色线条。

图 7-7 插入视频素材

图 7-8 单击"开始标记"按钮

步骤 03 将鼠标指针移至时间轴上的滑块，单击鼠标左键并向右拖曳至 00:00:04:00 的位置处释放鼠标左键，如图 7-9 所示。

步骤 04 单击预览窗口中右下角的“结束标记”按钮，如图 7-10 所示，确定视频的终点位置，此时选定的区域将以橘红色线条显示。

图 7-9 向右拖曳

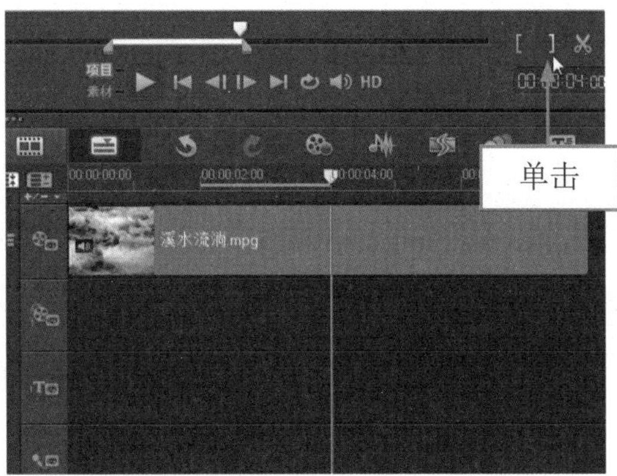

图 7-10 单击“结束标记”按钮

步骤 05 单击导览面板中的“播放”按钮，即可在预览窗口中预览剪辑后的视频效果，如图 7-11 所示。

图 7-11 预览剪辑后的视频效果

7.1.4 按钮

在会声会影X7中，用户可以通过“按照飞梭栏的位置分割素材”按钮直接对影视素材进行编辑。下面介绍通过按钮剪辑视频的操作方法。

	素材文件	光盘 \ 素材 \ 第 7 章 \ 风景特效 .mpg
	效果文件	光盘 \ 效果 \ 第 7 章 \ 风景特效 .VSP
	视频文件	光盘 \ 视频 \ 第 7 章 \7.1.4 按钮 .mp4

实战 风景特效

步骤 01 进入会声会影 X7 编辑器，在视频轨中插入一段视频素材，在视频轨中，将时间线移至 00:00:00:14 的位置处，如图 7-12 所示。

步骤 02 在导览面板中，单击“按照飞梭栏的位置分割素材”按钮，如图 7-13 所示。

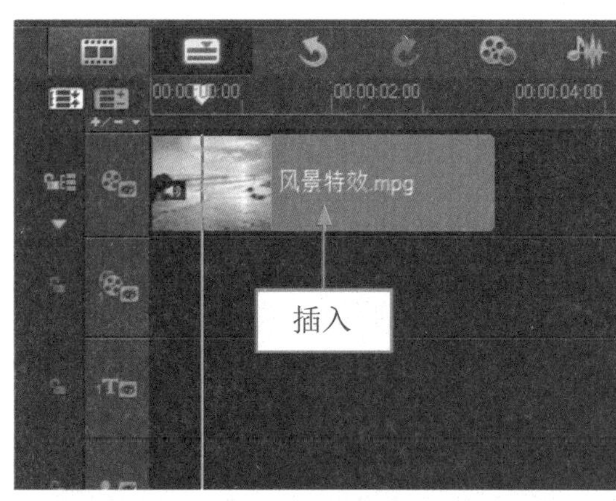

图 7-12 插入视频素材

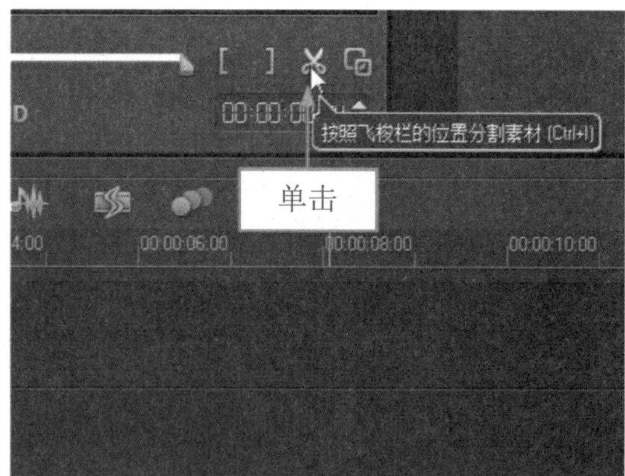

图 7-13 单击按钮

步骤 03 执行操作后，即可将视频素材分割为两段，如图 7-14 所示。

步骤 04 在时间轴面板的视频轨中，再次将时间线移至 00:00:02:18 的位置处，在导览面板中，单击“按照飞梭栏的位置分割素材”按钮，再次对视频素材进行分割操作，如图 7-15 所示。

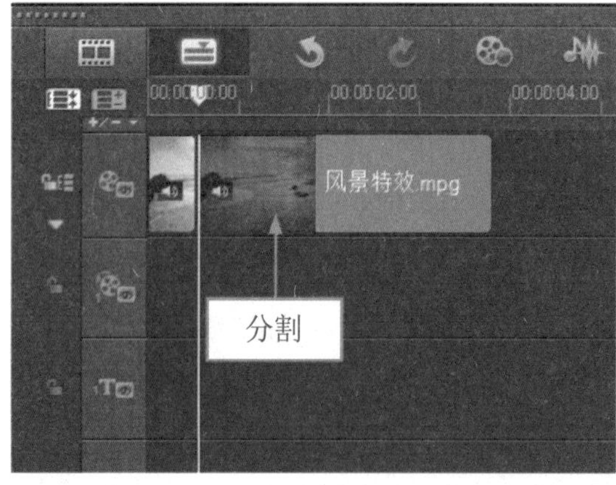

图 7-14 将视频素材分割为两段

图 7-15 对视频素材进行分割操作

步骤 05 在导览面板中单击“播放”按钮，预览剪辑后的视频画面效果，如图 7-16 所示。

图 7-16 预览剪辑后的视频画面效果

7.2 保存与输出剪辑后的视频素材

在会声会影 X7 中，用户在经过一段细致的剪辑后，便可以将剪辑完成的视频素材保存到电脑硬盘或者移动硬盘中，也可以将其输出为新的视频文件。本节主要介绍保存剪辑后的视频素材的方法。

7.2.1 保存到视频素材库

在会声会影 X7 中，用户可以将剪辑完成的视频进行保存，并将其导入到视频素材库中，方便用户在下次使用时快速导入到时间轴中。下面介绍保存到视频素材库的操作方法。

	素材文件	光盘 \ 素材 \ 第 7 章 \ 初春雨后 .mpg
	效果文件	光盘 \ 效果 \ 第 7 章 \ 初春雨后 .VSP
	视频文件	光盘 \ 视频 \ 第 7 章 \7.2.1 保存到视频素材库 .mp4

实战 初春雨后

步骤 01 进入会声会影编辑器，在视频轨中插入一段视频素材文件，如图 7-17 所示。

步骤 02 单击“文件”|“另存为”命令，在弹出的“另存为”对话框中输入文件名，如图 7-18 所示，单击“保存”按钮，即可保存文件。

图 7-17 插入视频素材

图 7-18 输入文件名

步骤 03 在“媒体”素材库中单击“导入媒体文件”按钮，在弹出的“浏览媒体文件”对话框中，选择上一步保存的文件，单击“打开”按钮，如图 7-19 所示。

步骤 04 执行上述操作后，即可将视频保存至素材库中，如图 7-20 所示。

专家指点

在会声会影 X7 中，对视频素材进行剪辑后，不仅可以将其保存至素材库，还可以将其保存至硬盘中。

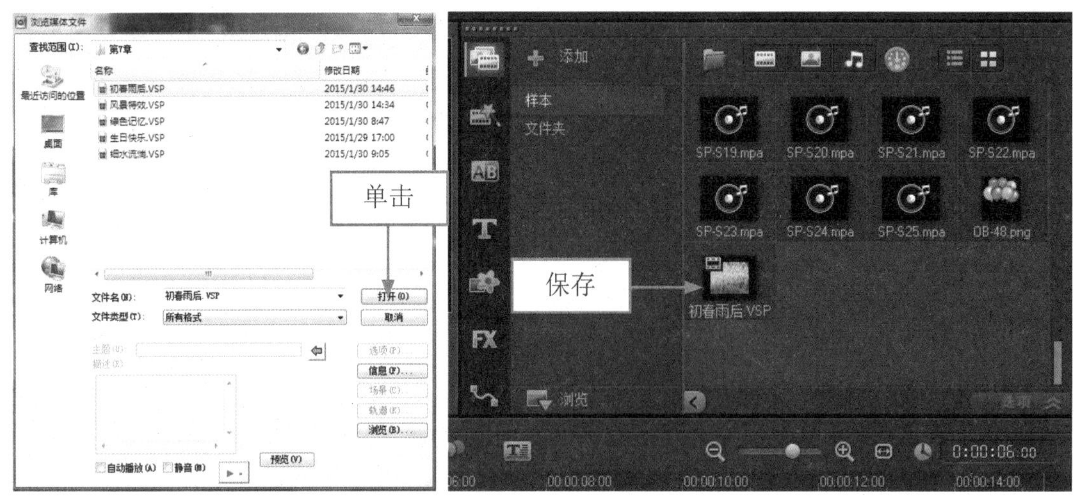

图 7-19 单击“打开”按钮　　图 7-20 保存至素材库中

步骤 05 单击导览面板中的“播放”按钮，即可在预览窗口中预览保存的视频效果，如图 7-21 所示。

图 7-21 预览视频效果

7.2.2 输出为新视频文件

在会声会影 X7 中，用户可以将剪辑完成的素材导出为各种类型的视频文件，系统将自动将保存的文件导入到视频素材库中。下面介绍输出为新视频文件的操作方法。

	素材文件	光盘 \ 素材 \ 第 7 章 \ 动漫卡通 .mpg
	效果文件	光盘 \ 效果 \ 第 7 章 \ 动漫卡通 .mpg
	视频文件	光盘 \ 视频 \ 第 7 章 \7.2.2 输出为新视频文件 .mp4

实战 动漫卡通

步骤 01 进入会声会影编辑器，在视频轨中插入一段视频素材，如图 7-22 所示。

步骤 02 在工作界面的上方，单击“输出”标签，执行操作后，即可切换至“输出”步骤面板，在上方面板中，选择 MPEG-2 选项，如图 7-23 所示。

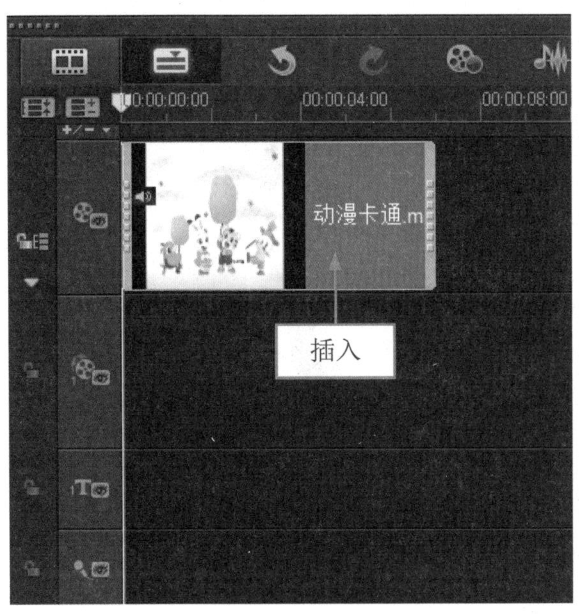

图 7-22 插入视频素材

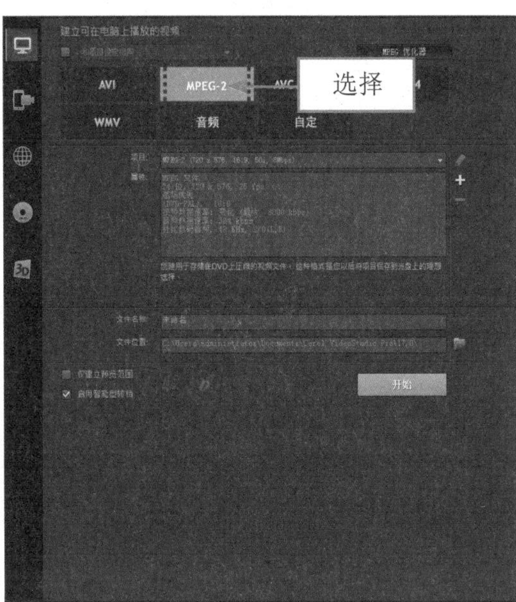

图 7-23 选择“自定义”选项

步骤 03 在下方面板中，单击“文件位置”右侧的“浏览”按钮，弹出“浏览”对话框，设置“文件名”为“动漫卡通”，并设置保存位置，如图 7-24 所示。

步骤 04 单击“保存”按钮，返回会声会影编辑器，单击下方的“开始”按钮，即可开始渲染视频文件，并显示渲染进度，如图 7-25 所示。

图 7-24 设置相应保存属性

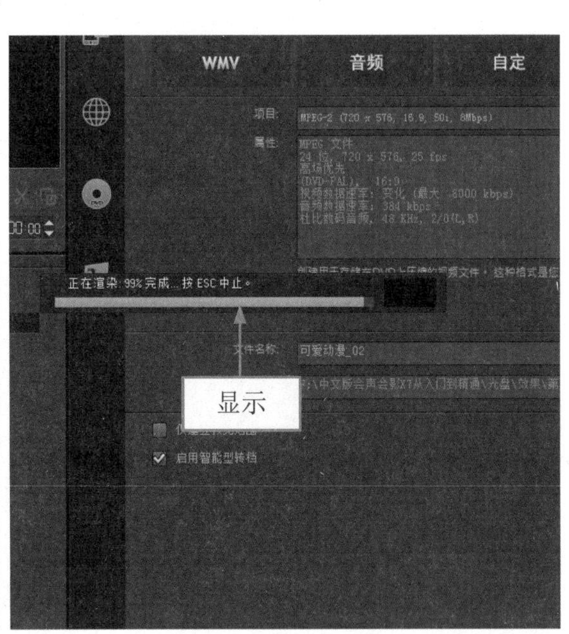

图 7-25 显示渲染进度

步骤 05 渲染完成后，用户即可在素材库中查询保存的视频文件，在预览窗口中可以预览视频效果，如图 7-26 所示。

图 7-26 预览视频效果

专家指点

在会声会影 X7 中，用户在输出视频文件时，除了使用自定义的方法输出视频外，还可以选择系统设定好的格式快速输出视频。

渲染输出完成后，会自动播放视频文件。

7.3 视频多重修整

在会声会影 X7 中，多重修整视频是将视频分割成多个片段的另一种方法，它可以让用户完整地控制要提取的素材，更方便地管理项目。本节主要介绍多重修整视频的操作方法。

7.3.1 了解多重修剪视讯

多重修整视频操作之前，首先需要打开“多重修剪视讯”对话框，其方法很简单，只需在选项面板中单击相应的按钮即可。

素材文件	光盘 \ 素材 \ 第 7 章 \ 花开 .mpg
效果文件	无
视频文件	光盘 \ 视频 \ 第 7 章 \7.3.1 了解多重修剪视讯 .mp4

实战 花开

步骤 01 进入会声会影编辑器，在视频轨中插入所需的视频素材，如图 7-27 所示。

步骤 02 在预览窗口中可预览添加的视频效果，如图 7-28 所示。

步骤 03 展开“视频”选项面板，在其中单击“多重修整视频”按钮，如图 7-29 所示。

步骤 04 执行上述操作后，即可弹出“多重修剪视讯”对话框，如图 7-30 所示。

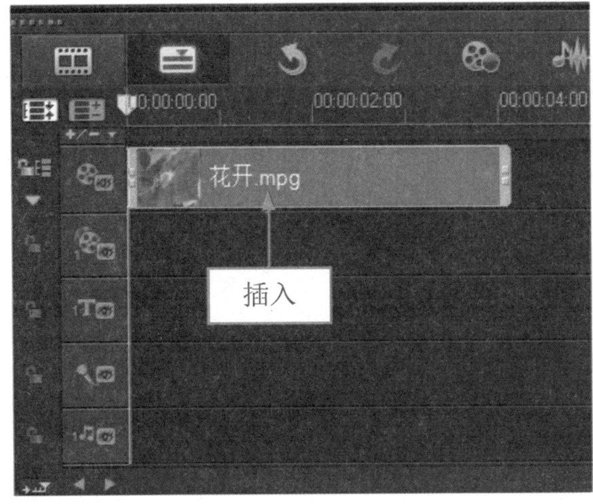

图 7-27 插入视频素材

图 7-28 预览视频效果

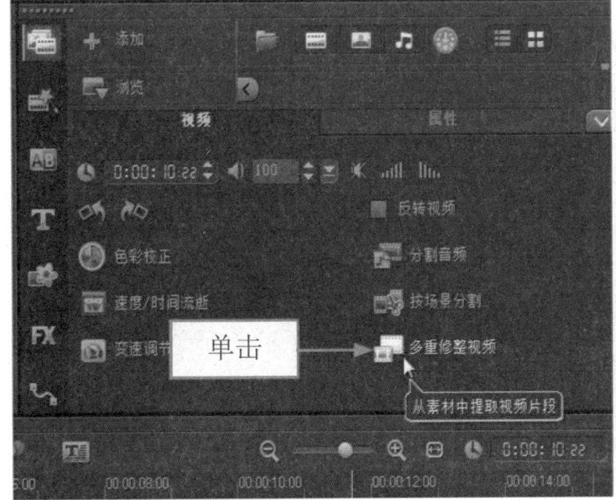

图 7-29 单击“多重修整视频”按钮

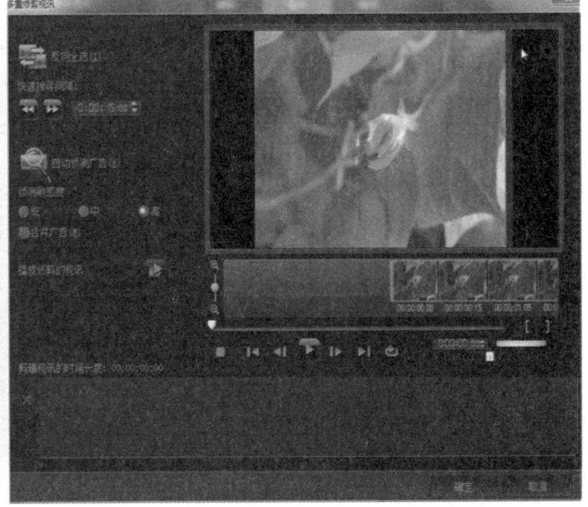

图 7-30 弹出“多重修剪视讯”对话框

7.3.2 快速搜索间隔

在会声会影编辑器中打开“多重修剪视讯”对话框后，用户可以对视频进行快速搜索间隔的操作，该操作可以快速在两个场景之间进行切换。下面介绍快速搜索间隔的操作方法。

	素材文件	光盘 \ 素材 \ 第 7 章 \ 浪漫紫色 .mpg
	效果文件	无
	视频文件	光盘 \ 视频 \ 第 7 章 \7.3.2 快速搜索间隔 .mp4

实战 浪漫紫色

步骤 01 进入会声会影编辑器，在视频轨中插入一段视频素材文件，单击导览面板中的“播放”按钮，预览插入的视频效果，如图 7-31 所示。

步骤 02 选择插入的视频素材，单击鼠标右键，在弹出的快捷菜单中选择“多重修整视频”选项，如图 7-32 所示。

图 7-31 预览视频效果

步骤 03 执行上述操作后，即可弹出“多重修剪视讯”对话框，如图 7-33 所示。

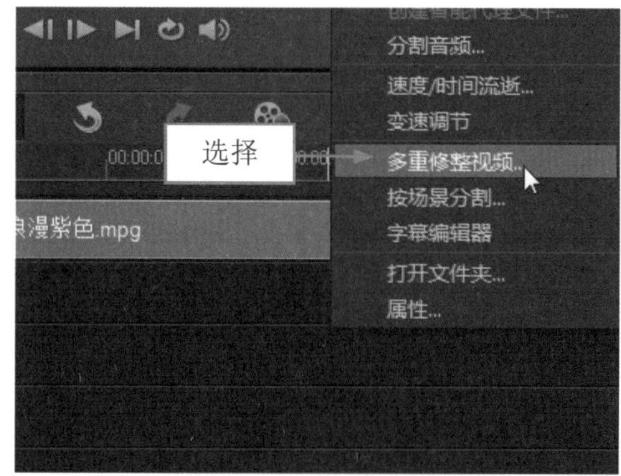

图 7-32 选择“多重修整视频”选项

图 7-33 弹出“多重修剪视讯”对话框

步骤 04 单击对话框中的“往前搜寻”按钮，如图 7-34 所示。

步骤 05 执行上述操作后，即可快速跳转至下一个场景中，如图 7-35 所示。

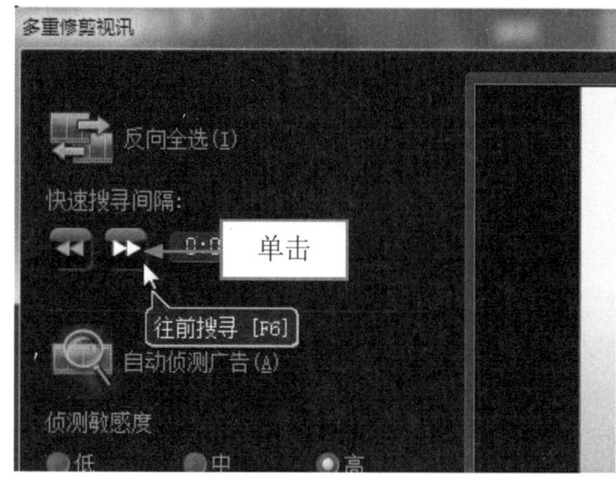

图 7-34 单击“往前搜寻”按钮

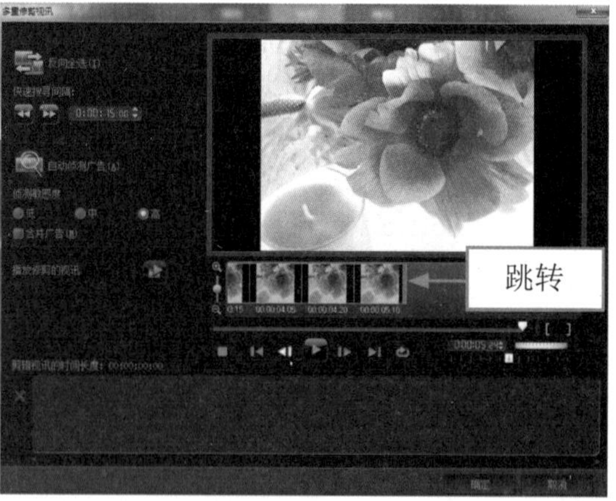

图 7-35 跳转至下一个场景

专家指点

在“多重修剪视讯”对话框中，单击“快速搜索间隔”数值框右侧的向上微调按钮，数值框中的数值将变大，单击向下微调按钮，数值框中的数值将变小。

7.3.3 反向全选

在“多重修剪视讯”对话框中，单击“反向全选”可以选择“多重修剪视讯”对话框中用户未选中的视频片段。下面介绍反向全选的操作方法。

	素材文件	光盘 \ 素材 \ 第 7 章 \ 创意空间 .mpg
	效果文件	无
	视频文件	光盘 \ 视频 \ 第 7 章 \7.3.3 反向全选 .mp4

实战 创意空间

步骤 01 进入会声会影编辑器，在视频轨中插入一段视频素材文件，单击导览面板中的“播放”按钮，预览插入的视频效果，如图 7-36 所示。

图 7-36 预览视频效果

专家指点

在会声会影 X7 的“多重修剪视讯”对话框中，按【Alt ＋ I】组合键可以快速反向全选视频片段。

步骤 02 单击“视频”选项面板中的“多重修整视频”按钮，打开“多重修剪视讯”对话框，如图 7-37 所示。

步骤 03 拖曳滑块至 00:00:02:00 的位置处，单击“设定标记开始时间”按钮，如图 7-38 所示，标记提取素材的起始位置。

步骤 04 拖曳滑块至 00:00:05:00 的位置处，单击“设定标记结束时间”按钮，如图 7-39 所示，标记提取素材的结束位置。

步骤 05 执行上述操作后，单击左上角的“反向全选”按钮，如图 7-40 所示，即可反向全选视频。

图 7-37 打开“多重修剪视讯”对话框

图 7-38 单击“设定标记开始时间”按钮

图 7-39 单击“设定标记结束时间”按钮

图 7-40 单击“反向全选”按钮

7.3.4 播放修整的视频

在会声会影 X7 中，用户通过“多重修剪视讯”对话框对视频进行修整后，可以播放修整后的视频。下面介绍播放修整的视频的操作方法。

	素材文件	光盘 \ 素材 \ 第 7 章 \ 海滩风情 .mpg
	效果文件	光盘 \ 效果 \ 第 7 章 \ 海滩风情 .VSP
	视频文件	光盘 \ 视频 \ 第 7 章 \7.3.4 播放修整的视频 .mp4

实战 海滩风情

步骤 01 进入会声会影编辑器，在视频轨中插入一段视频素材文件，如图 7-41 所示。

步骤 02 单击“视频”选项面板中的“多重修整视频”按钮，打开“多重修剪视讯”对话框，将滑块拖曳至 00:00:00:10 的位置处，单击“设定标记开始时间”按钮[，如图 7-42 所示。

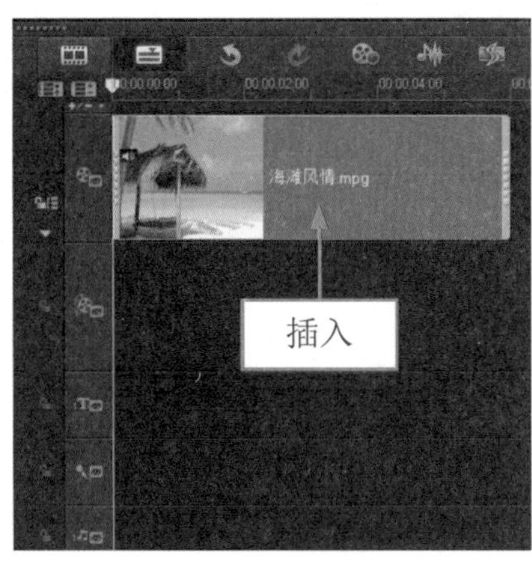

图 7-41 插入视频素材文件

图 7-42 单击“设定标记开始时间”按钮

步骤 03 单击预览窗口下方的“播放”按钮，播放视频素材，至 00:00:02:00 的位置处单击“暂停”按钮，如图 7-43 所示。

步骤 04 单击“设定标记结束时间”按钮]，确定视频的终点位置，此时选定的区间即可显示在对话框下方的列表框中，完成标记修整片段起点和终点的操作，如图 7-44 所示。

图 7-43 单击“暂停”按钮

图 7-44 查看剪辑后的效果

步骤 05 单击“确定”按钮，返回会声会影编辑器，单击导览面板中的“播放”按钮，预览剪辑后的视频效果，如图 7-45 所示。

图 7-45 预览视频效果

7.3.5 删除所选素材

在“多重修剪视讯”对话框中，用户不再需要使用提取的片段时，可以对不需要的片段进行删除操作。下面介绍删除所选素材的操作方法。

	素材文件	光盘\素材\第 7 章\烟花 .mpg
	效果文件	光盘\效果\第 7 章\烟花 .mpg
	视频文件	光盘\视频\第 7 章\7.3.5 删除所选素材 .mp4

实战 烟花

步骤 01 进入会声会影编辑器，在视频轨中插入一段视频素材，在“多重修剪视讯”对话框中，将滑块拖曳至 00:00:01:00 的位置处，单击“设定标记开始时间”按钮，如图 7-46 所示，确定视频的起始点。

步骤 02 单击预览窗口下方的“播放”按钮，播放视频素材，至 00:00:03:02 的位置处单击“暂停”按钮，如图 7-47 所示。

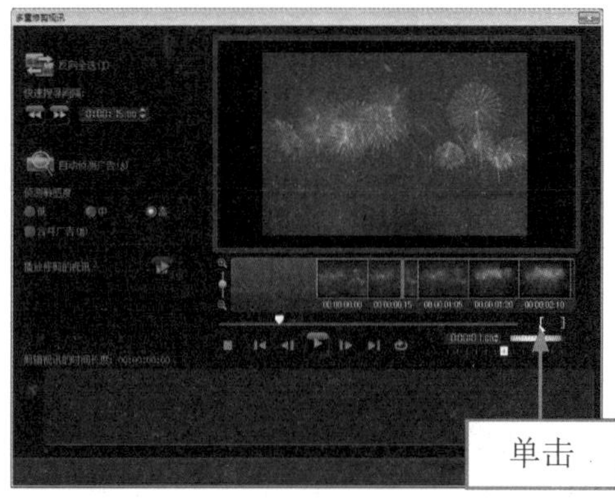

图 7-46 单击“设定标记开始时间”按钮

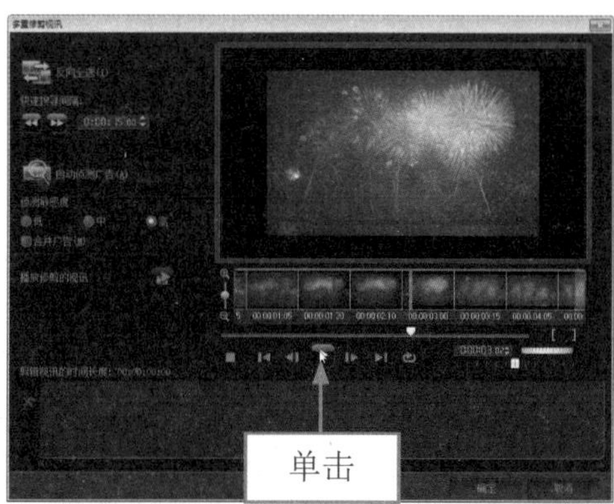

图 7-47 单击“暂停”按钮

步骤 03 单击“设定标记结束时间”按钮，确定视频的终点位置，此时选定的区间即可显示在对话框下方的列表框中，完成标记修整片段起点和终点的操作，如图 7-48 所示。

步骤 04 单击“移除所选素材”按钮，如图 7-49 所示，即可删除所选素材片段。

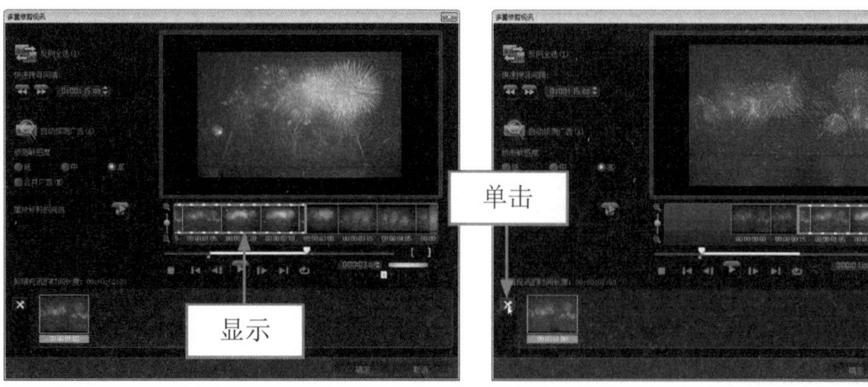

图 7-48 显示区间

图 7-49 单击“移除所选素材”按钮

专家指点

在“多重修剪视讯”对话框中，当用户选择一段素材片段后，按【Delete】键，也可快速地删除所选素材片段。

7.3.6 移至特定时间码

在会声会影 X7 中，用户可以精确的调整所编辑素材的时间码。下面介绍在“多重修剪视讯”对话框中转到特定时间码的操作方法。

	素材文件	光盘 \ 素材 \ 第 7 章 \ 树木 .mpg
	效果文件	光盘 \ 效果 \ 第 7 章 \ 树木 .VSP
	视频文件	光盘 \ 视频 \ 第 7 章 \7.3.6 转到特定时间码 .mp4

实战 树木

步骤 01 进入会声会影 X7 编辑器，在视频轨中插入一段视频素材，如图 7-50 所示。

步骤 02 在视频素材上，单击鼠标右键，在弹出的快捷菜单中选择“多重修整视频”选项，如图 7-51 所示。

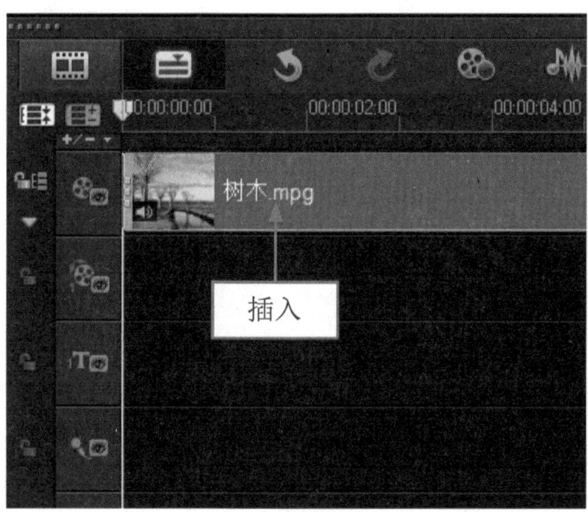

图 7-50 插入视频素材

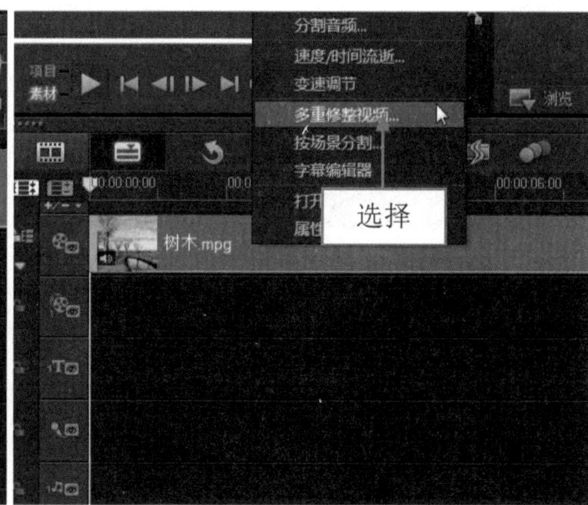

图 7-51 选择“多重修整视频”选项

步骤 03 执行操作后，弹出“多重修剪视讯”对话框，单击右下角的“设定标记开始时间”按钮，标记视频的起始位置，如图 7-52 所示。

步骤 04 在“移至特定时间码”文本框中输入 0:00:03:00，即可将时间线定位到视频中第 3 秒的位置处，如图 7-53 所示。

步骤 05 单击“设定标记结束时间”按钮，选定的区间将显示在对话框下方的列表框中，如图 7-54 所示。

步骤 06 在“移至特定时间码”文本框中输入 0:00:05:00，即可将时间线定位到视频中第 5 秒的位置，单击“设定标记开始时间”按钮，标记第二段视频的起始位置，如图 7-55 所示。

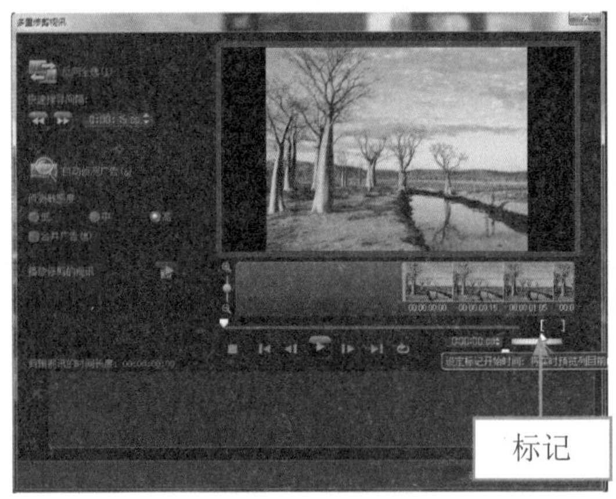

图 7-52 标记视频的起始位置

图 7-53 移动时间线

图 7-54 显示区间

图 7-55 标记第二段视频的起始位置

步骤 07 在“移至特定时间码”文本框中输入 0:00:07:00，即可将时间线定位到视频中第 7 秒的位置处，如图 7-56 所示。

步骤 08 单击“设定标记结束时间”按钮]，标记第二段视频的结束位置，选定的区间将显示在对话框下方的列表框中，如图 7-57 所示。

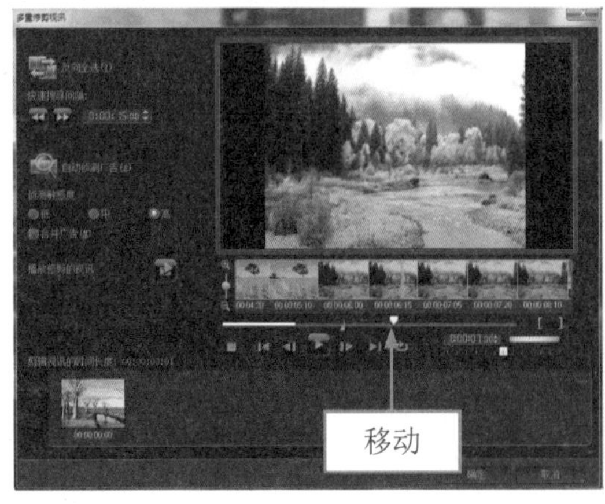

图 7-56 移动时间线

图 7-57 显示区间

专家指点

在“多重修剪视讯”对话框中，用户通过单击“移至上个画格”按钮和“移至下个画格”按钮，也可以精确定位时间线的位置，对视频素材进行多重修整操作。

步骤 09 单击“确定”按钮，返回会声会影编辑器，在视频轨中显示了刚剪辑的两个视频片段，如图 7-58 所示。

步骤 10 切换至故事板视图，在其中可以查看剪辑的视频区间参数，如图 7-59 所示。

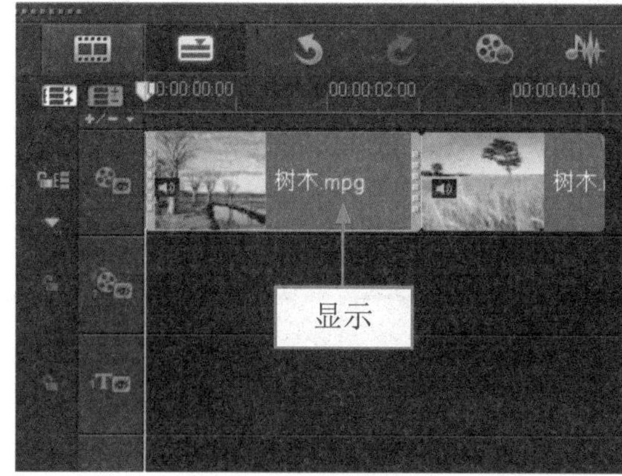

图 7-58 显示两个视频片段

图 7-59 查看视频区间参数

步骤 11 在导览面板中单击“播放”按钮，预览剪辑后的视频画面效果，如图 7-60 所示。

图 7-60 预览视频画面效果

7.3.7 标记视频片段

在“多重修剪视讯”对话框中进行相应的设置，可以标记视频片段的起点和终点，以修剪视频素材。下面向读者介绍标记视频片段的操作方法。

	素材文件	光盘 \ 素材 \ 第 7 章 \ 快乐女人节 .mpg
	效果文件	光盘 \ 效果 \ 第 7 章 \ 快乐女人节 .VSP
	视频文件	光盘 \ 视频 \ 第 7 章 \7.3.7 标记视频片段 .mp4

实战 快乐女人节

步骤 01 进入会声会影 X7 编辑器，在视频轨中插入一段视频素材，在“多重修剪视讯”对话框中，将滑块拖曳移至 00:00:00:10 的位置处，单击“设定标记开始时间”按钮[，如图 7-61 所示，确定视频的起始点。

步骤 02 单击预览窗口下方的“播放”按钮，播放视频素材，至 00:00:02:19 的位置处单击“暂停”按钮，如图 7-62 所示。

图 7-61 单击“设定标记开始时间”按钮

图 7-62 单击“暂停”按钮

步骤 03 单击“设定标记结束时间”按钮]，确定视频的终点位置，此时选定的区间即可显示在对话框下方的列表框中，完成标记第一个修整片段起点和终点的操作，如图 7-63 所示。

步骤 04 单击“确定”按钮，返回会声会影编辑器，在导览面板中单击“播放”按钮，即可预览标记的视频片段效果，如图 7-64 所示。

图 7-63 显示区间

图 7-64 预览标记的视频片段效果

专家指点

在“多重修剪视讯”对话框中，标记的多个片段是以个体的形式单独存在的。

7.3.8 修整更多片段

在“多重修剪视讯”对话框中，用户可根据需要标记更多的修整片段，标记出来的片段将以蓝色显示在修整栏上。下面向读者介绍在"多重修剪视讯"对话框中修整多个视频片段的操作方法。

	素材文件	光盘 \ 素材 \ 第 7 章 \ 非主流 .mpg
	效果文件	光盘 \ 效果 \ 第 7 章 \ 非主流 .VSP
	视频文件	光盘 \ 视频 \ 第 7 章 \7.3.8 修整更多片段 .mp4

实战 非主流

步骤 01 进入会声会影 X7 编辑器，在视频轨中插入一段视频素材，如图 7-65 所示。

步骤 02 选择视频轨中插入的视频素材，单击鼠标右键，在弹出的快捷菜单中选择“多重修整视频”选项，如图 7-66 所示。

图 7-65 插入视频素材

图 7-66 单击命令

步骤 03 执行操作后，弹出“多重修剪视讯”对话框，单击右下角的“设定标记开始时间”按钮[，标记视频的起始位置，如图 7-67 所示。

步骤 04 单击“播放”按钮，播放至 00:00:04:00 的位置处，单击“暂停”按钮，单击“设定标记结束时间”按钮]，选定的区间将显示在对话框下方的列表框中，如图 7-68 所示。

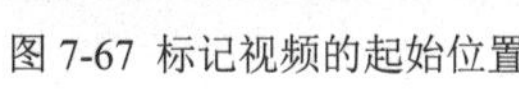

图 7-67 标记视频的起始位置

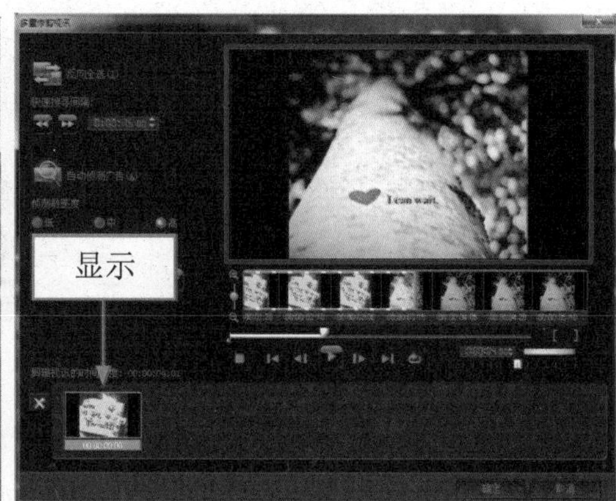

图 7-68 显示区间

步骤 05 单击预览窗口下方的“播放”按钮，查找下一个区间的起始位置，至 00:00:05:00 的位置处单击“暂停”按钮，单击“设定标记开始时间”按钮[，标记素材开始位置，如图 7-69 所示。

步骤 06 单击“播放”按钮，查找区间的结束位置，至00:00:07:07的位置处单击“暂停”按钮，然后单击“设定标记结束时间”按钮，确定素材结束位置，在“修整的视频区间”列表框中将显示选定的区间，如图7-70所示。

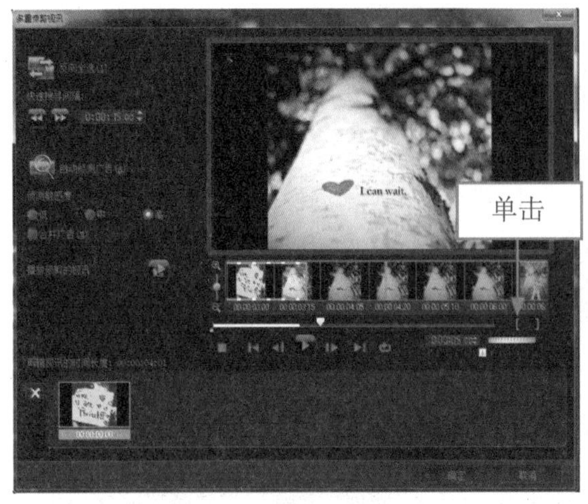

图7-69 标记素材开始位置

图7-70 显示选定的区间

步骤 07 单击“确定”按钮，返回会声会影编辑器，在视频轨中显示了刚剪辑的两个视频片段，如图7-71所示。

步骤 08 切换至故事板视图，在其中可以查看剪辑的视频区间参数，如图7-72所示。

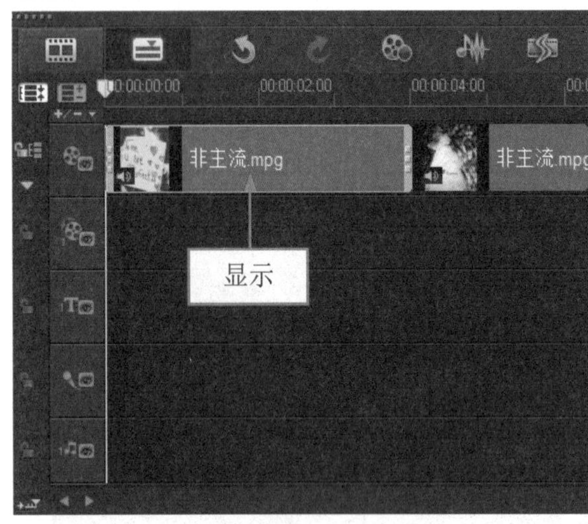

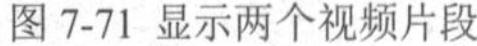
图7-71 显示两个视频片段

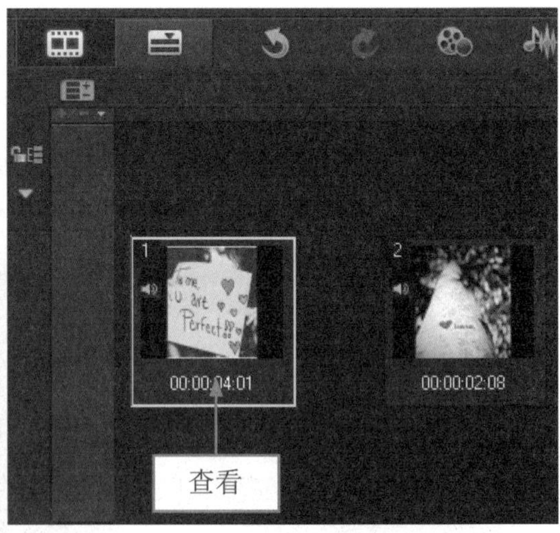

图7-72 查看视频区间参数

步骤 09 在导览面板中单击“播放”按钮，预览剪辑后的视频画面效果，如图7-73所示。

专家指点

在视频轨中选择需要多重修整的视频素材，打开“视频”选项面板，在其中单击“多重修整视频”按钮，即可打开“多重修剪视讯”对话框。

图 7-73 预览视频画面效果

7.3.9 素材的单修整操作

在会声会影 X7 中，用户可以对媒体素材库中的视频素材进行单修整操作，然后将修整后的视频插入到视频轨中。多重修剪视讯操作之前，首先需要打开“多重修剪视讯”对话框，其方法很简单，只需在菜单栏中单击“多重修剪视讯”命令即可。

	素材文件	光盘 \ 素材 \ 第 7 章 \ 自然风光 .mpg
	效果文件	光盘 \ 效果 \ 第 7 章 \ 自然风光 .VSP
	视频文件	光盘 \ 视频 \ 第 7 章 \7.3.9 素材的单修整操作 .mp4

实战 自然风光

步骤 01 进入会声会影 X7 编辑器，在素材库中插入一段视频素材，如图 7-74 所示。

步骤 02 在视频素材上，单击鼠标右键，在弹出的快捷菜单中选择“单素材修整”选项，如图 7-75 所示。

图 7-74 插入视频素材

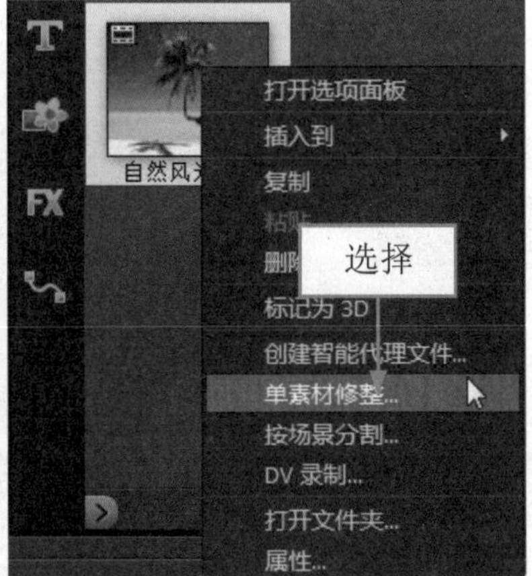

图 7-75 选择“单素材休整”选项

步骤 03 执行操作后，弹出“单一素材剪辑”对话框，如图 7-76 所示。

步骤 04 在“移至特定时间码”文本框中输入 0:00:03:00，即可将时间线定位到视频中第 3 秒的位置处，单击“设定标记开始时间”按钮[，标记视频开始位置，如图 7-77 所示。

图 7-76 弹出对话框

图 7-77 标记视频开始位置

步骤 05 继续在“移至特定时间码”文本框中输入 0:00:07:00，即可将时间线定位到视频中第 7 秒的位置处，如图 7-78 所示。

步骤 06 单击“设定标记结束时间”按钮]，标记视频结束位置，如图 7-79 所示。

图 7-78 移动时间线

图 7-79 标记视频结束位置

步骤 07 视频修整完成后，单击“确定”按钮，返回会声会影编辑器，将素材库中剪辑后的视频添加至视频轨中，在导览面板中单击“播放”按钮，预览剪辑后的视频画面效果，如图 7-80 所示。

图 7-80 预览视频画面效果

7.4 视频特殊剪辑的渠道

在会声会影 X7 中，用户可以对视频素材进行相应的剪辑，剪辑视频素材在视频制作中起着极为重要的作用，用户可以去除视频素材中不需要的部分，并将最精彩的部分应用到视频中。掌握一些常用视频剪辑的方法，可以制作出更为流畅、完美的影片。本节主要向读者介绍在会声会影 X7 中，视频特殊剪辑的渠道。

7.4.1 使用变速调节剪辑视频素材

在会声会影 X7 中，用户还可以使用一些特殊的视频剪辑方法对视频素材进行剪辑。本节主要介绍视频特殊剪辑的操作方法。

素材文件	光盘 \ 素材 \ 第 7 章 \ 风景如画 .mpg
效果文件	光盘 \ 效果 \ 第 7 章 \ 风景如画 .VSP
视频文件	光盘 \ 视频 \ 第 7 章 \7.4.1 使用变速调节剪辑视频素材 .mp4

实战 风景如画

步骤 01 进入会声会影编辑器，在视频轨中插入所需的视频素材，如图 7-81 所示。

步骤 02 单击“选项”按钮，打开“视频”选项面板，在其中单击“变速调节”按钮，如图 7-82 所示。

步骤 03 弹出“变速”对话框，在其中设置“速度”为 300，如图 7-83 所示。

步骤 04 单击“确定”按钮，即可在时间轴面板中显示使用变速调节功能剪辑后的视频素材，如图 7-84 所示。

图 7-81 插入视频素材

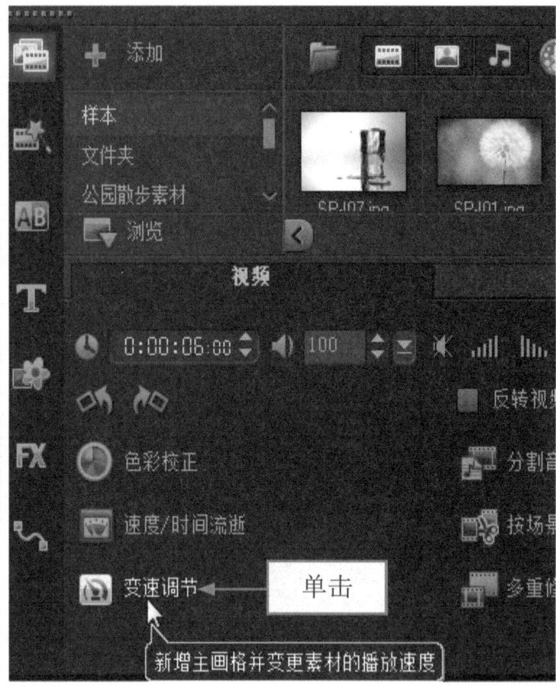

图 7-82 单击“变速调节”按钮

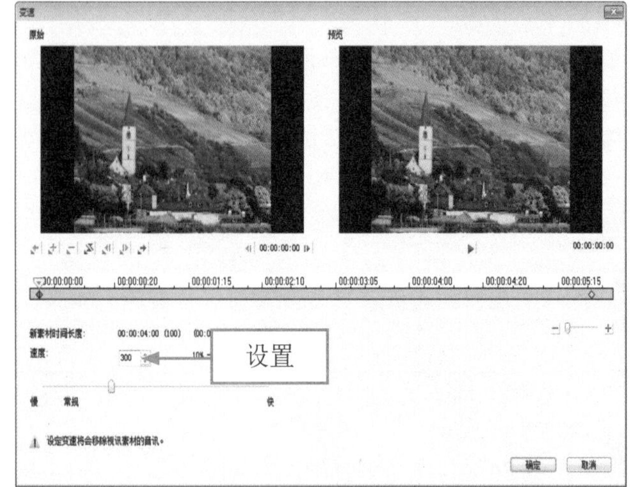

图 7-83 设置相应参数

图 7-84 显示视频素材

专家指点

在会声会影 X7 的视频轨中选择需要保存到素材库的视频素材，单击鼠标右键，在弹出的快捷菜单中选择“复制”选项，然后将鼠标移至“视频”素材库的空白位置处，单击鼠标右键，在弹出的快捷菜单中选择“粘贴”选项，即可将选择的视频素材保存到“视频”素材库中。

步骤 05 执行上述操作后，单击导览面板中的“播放”按钮，即可预览剪辑后的视频效果，如图 7-85 所示。

图 7-85 预览剪辑后的视频效果

7.4.2 使用区间剪辑视频素材

在会声会影 X7 中，使用区间剪辑视频素材可以精确控制片段的播放时间，但它只能从视频的尾部进行剪辑，若对整个影片的播放时间有严格的限制，可使用区间修整的方式来剪辑各个视频素材片段。下面介绍使用区间剪辑视频素材的操作方法。

	素材文件	光盘 \ 素材 \ 第 7 章 \ 烛台灯光 .mpg
	效果文件	光盘 \ 效果 \ 第 7 章 \ 烛台灯光 .VSP
	视频文件	光盘 \ 视频 \ 第 7 章 \7.4.2 使用区间剪辑视频素材 .mp4

实战 烛台灯光

步骤 01 进入会声会影编辑器，在视频轨中插入一段视频素材，如图 7-86 所示。

步骤 02 在“视频”选项面板的“视频区间”数值框中输入 0:00:04:00，如图 7-87 所示，设置完成后，按【Enter】键确认，即可剪辑视频素材。

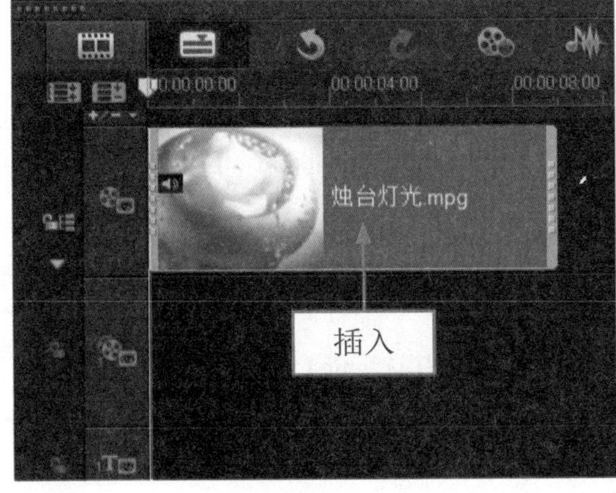

图 7-86 插入视频素材

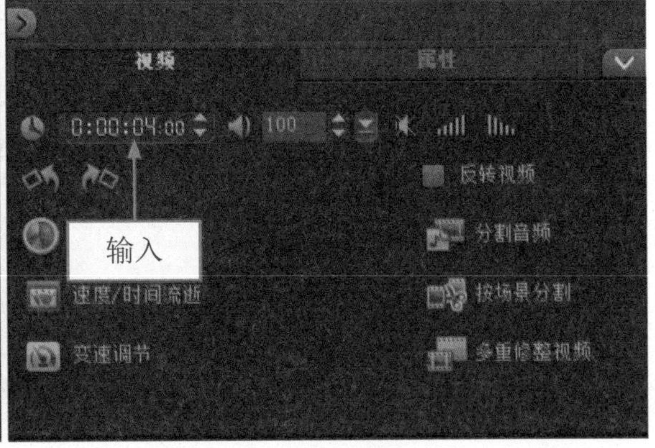

图 7-87 输入区间数值

步骤 03 执行上述操作后，单击导览面板中的“播放”按钮，即可预览剪辑后的视频效果，如图 7-88 所示。

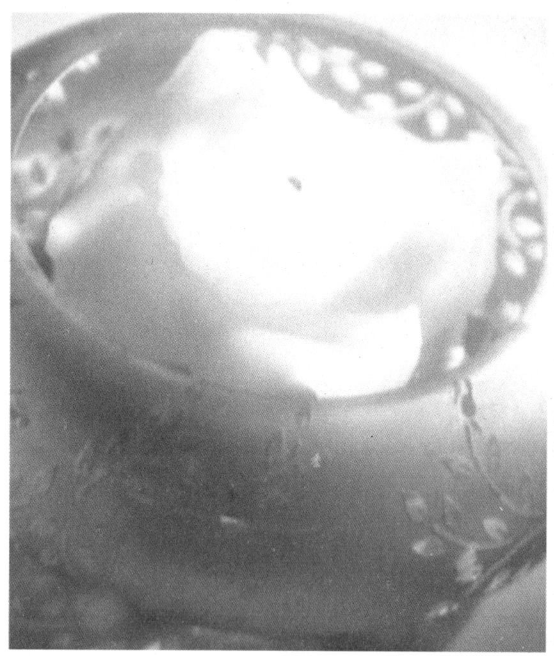 

图 7-88 预览剪辑后的视频效果

专家指点

在“视频”选项面板中设置视频区间时，单击“区间”数值框右侧的微调按钮，也可以设置区间大小。

7.5 按场景分割视频

在会声会影 X7 中，使用按场景分割功能，可以将不同场景下拍摄的视频内容分割成多个不同的视频片段。对于不同类型的文件，场景检测也有所不同，如 DV AVI 文件，可以根据录制时间以及内容结构来分割场景；而 MPEG-1 和 MPEG-2 文件，只能按照内容结构来分割视频文件。本节主要向读者介绍按场景分割视频素材的操作方法。

7.5.1 了解按场景分割视频

在会声会影 X7 中，按场景分割视频功能非常强大，它可以将视频画面中的多个场景分割为多个不同的小片段，也可以将多个不同的小片段场景进行合成操作。

	素材文件	无
	效果文件	无
	视频文件	光盘 \ 视频 \ 第 7 章 \7.5.1 了解按场景分割视频 .mp4

实战 了解按场景分割视频

步骤 01 进入会声会影 X7 编辑器，选择需要按场景分割的视频素材后，在菜单栏中单击“编辑” | “按场景分割”命令，如图 7-89 所示。

步骤 02 即可弹出“场景”对话框，如图 7-90 所示。

图 7-89 单击命令

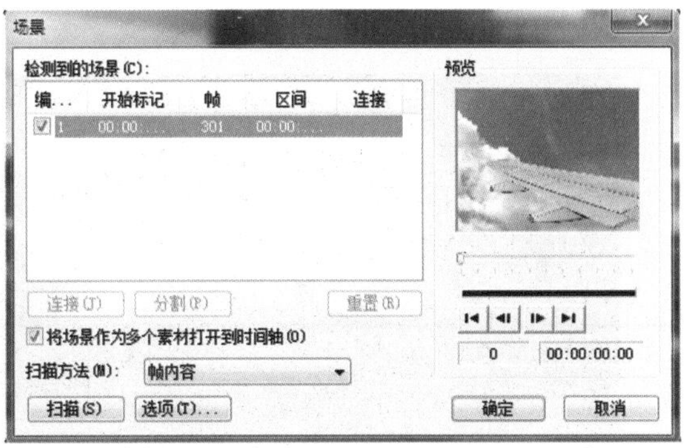

图 7-90 弹出“场景”对话框

专家指点

在场景对话框中，各主要选项含义如下。

＊ 连接按钮：可以将多个不同的场景进行连接、合成操作。

＊ 分割按钮：可以将多个不同的场景进行分割操作。

＊ 重置按钮：单击该按钮，可将已经扫描的视频场景恢复到未分割前状态。

＊ 将场景作为多个素材打开到时间轴：可以将场景片段作为多个素材插入到时间轴面板中进行应用。

＊ 扫描方法：在该列表框中，用户可以选择视频扫描的方法，默认选项为帧内容。

＊ 扫描：单击该按钮，可以开始对视频素材进行扫描操作。

＊ 选项：单击该按钮，可以设置视频检测场景时的敏感度值。

＊ 预览：在预览区域内，可以预览扫描的视频场景片段。

7.5.2 在素材库中分割场景

在会声会影 X7 中，用户可以在素材库中分割场景。下面向读者介绍在会声会影 X7 的素材库中分割视频场景的操作方法。

	素材文件	光盘 \ 素材 \ 第 7 章 \ 美丽夜景 .mpg
	效果文件	光盘 \ 效果 \ 第 7 章 \ 美丽夜景 .VSP
	视频文件	光盘 \ 视频 \ 第 7 章 \7.5.2 在素材库中分割场景 .mp4

实战 美丽夜景

步骤 01 进入媒体素材库，在素材库中的空白位置上，单击鼠标右键，在弹出的快捷菜单中选择“插入媒体文件”选项，如图 7-91 所示。

步骤 02 弹出“浏览媒体文件”对话框，在其中选择需要按场景分割的视频素材文件，如图 7-92 所示。

图 7-91 选择“插入媒体文件”选项

图 7-92 选择视频素材文件

专家指点

在素材库中的视频素材上，单击鼠标右键，在弹出的快捷菜单中选择“按场景分割”选项，也可以弹出场景对话框。

步骤 03 单击“打开”按钮，即可在素材库中添加选择的视频素材，如图 7-93 所示。

步骤 04 在菜单栏中，单击“编辑”|“按场景分割”命令，如图 7-94 所示。

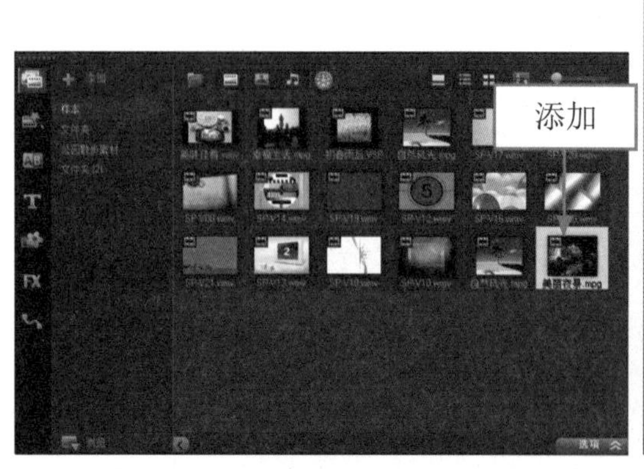

图 7-93 添加选择的视频素材

图 7-94 单击命令

步骤 05 执行操作后，弹出“场景”对话框，其中显示了一个视频片段，单击左下角的扫描按钮，如图 7-95 所示。

步骤 06 稍等片刻，即可扫描出视频中的多个不同场景，如图 7-96 所示。

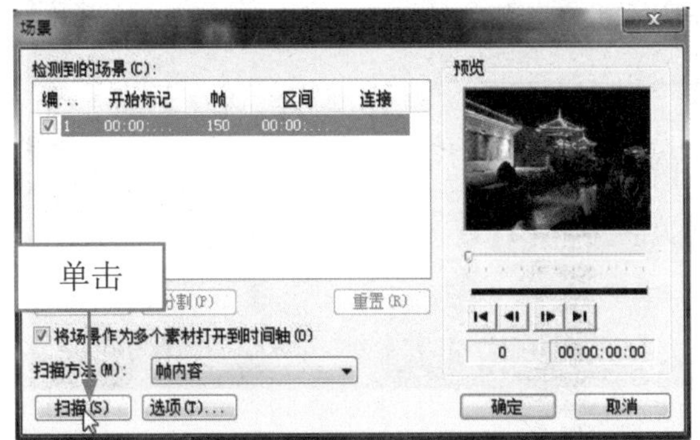

图 7-95 单击“扫描”按钮

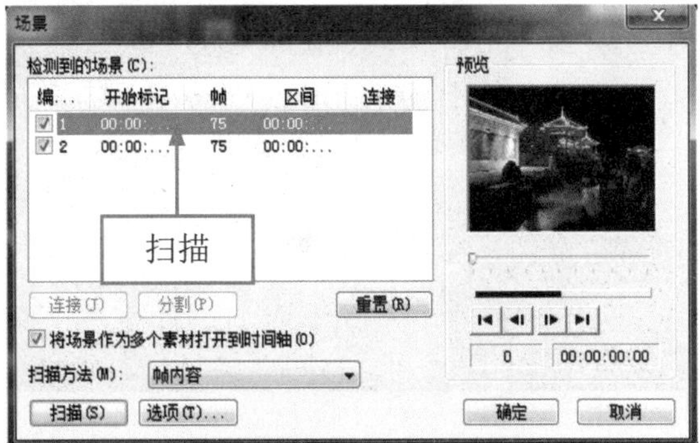

图 7-96 扫描多个不同场景

步骤 07 执行上述操作后，单击“确定”按钮，即可在素材库中显示按照场景分割的 2 个视频素材，如图 7-97 所示。

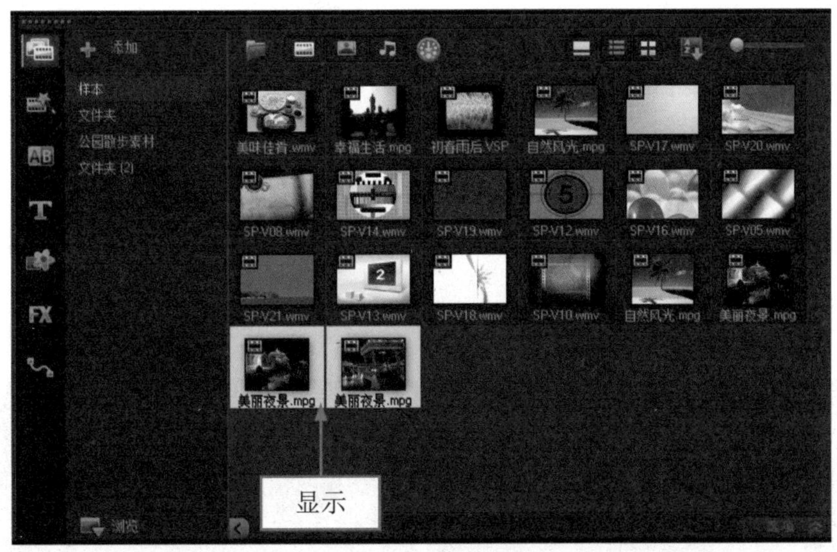

图 7-97 显示 2 个视频素材

步骤 08 选择相应的场景片段，在预览窗口中可以预览视频的场景画面，如图 7-98 所示。

专家指点

在场景对话框中，单击选项按钮，在弹出的场景扫描敏感度对话框中，通过拖曳敏感度选项区中的滑块，来设置场景检测的敏感度的值，敏感度数值越高，场景检测越精确。

在会声会影 X7 中，用户无法对已经剪辑过的视频片段再按场景进行分割操作，当用户执行“按场景分割”命令时，软件将弹出提示信息框，提示用户在使用按场景分割之前，必须先重置素材的开始标记和结束标记。

当用户重置了素材的开始标记和结束标记后，用户即可对视频按场景进行分割操作了。

图 7-98 预览视频的场景画面

7.5.3 在故事板中分割场景

在会声会影 X7 中，用户还可以在故事版中分割场景。下面向读者介绍在会声会影 X7 的故事板中按场景分割视频片段的操作方法。

	素材文件	光盘 \ 素材 \ 第 7 章 \ 七星瓢虫 .mpg
	效果文件	光盘 \ 效果 \ 第 7 章 \ 七星瓢虫 .VSP
	视频文件	光盘 \ 视频 \ 第 7 章 \7.5.3 在故事板中分割场景 .mp4

实战 七星瓢虫

步骤 01 进入会声会影 X7 编辑器，在故事板中插入一段视频素材，如图 7-99 所示。

步骤 02 选择需要分割的视频文件，单击鼠标右键，在弹出的快捷菜单中选择“按场景分割”选项，如图 7-100 所示。

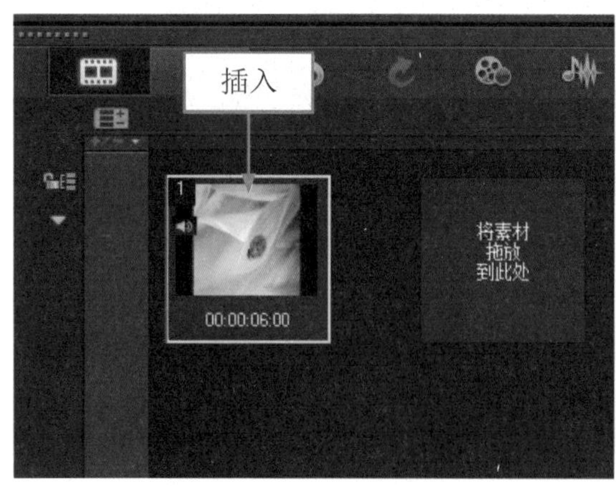

图 7-99 插入视频素材

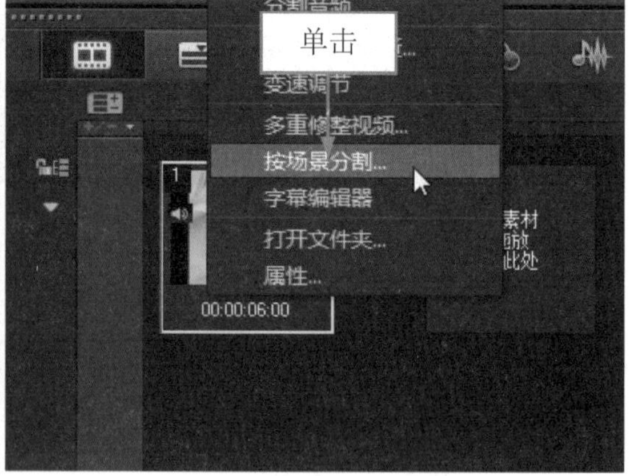

图 7-100 选择“按场景分割”选项

步骤 03 弹出场景对话框，单击扫描按钮，如图 7-101 所示。

步骤 04 执行操作后，即可根据视频中的场景变化开始扫描，扫描结束后将按照编号显示出分割的视频片段，如图 7-102 所示。

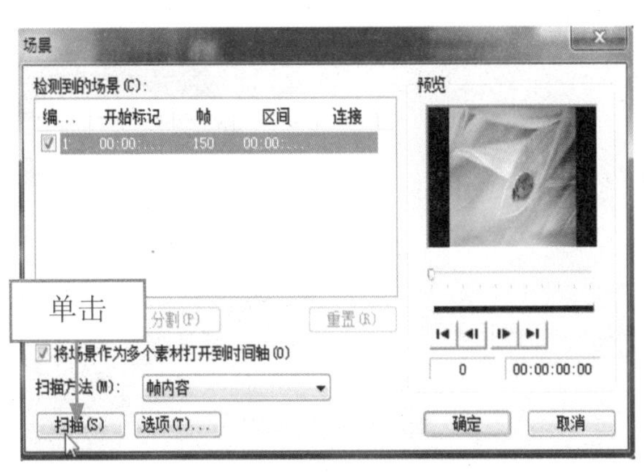

图 7-101 单击“扫描”按钮

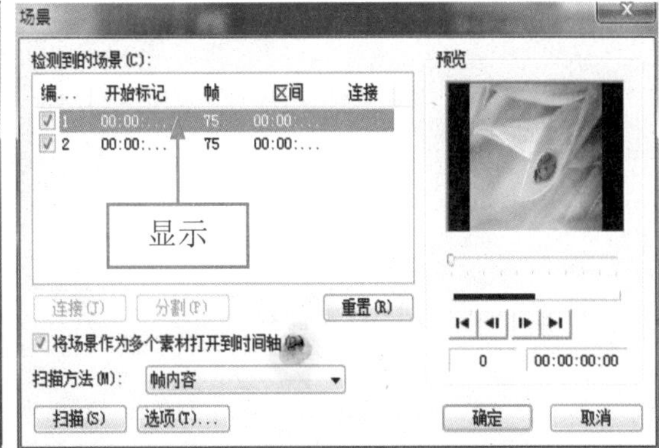

图 7-102 显示分割的视频片段

步骤 05 分割完成后，单击“确定”按钮，返回会声会影编辑器，在故事板中显示了分割的多个场景片段，如图 7-103 所示。

步骤 06 切换至时间轴视图，在视频轨中也可以查看分割的视频效果，如图 7-104 所示

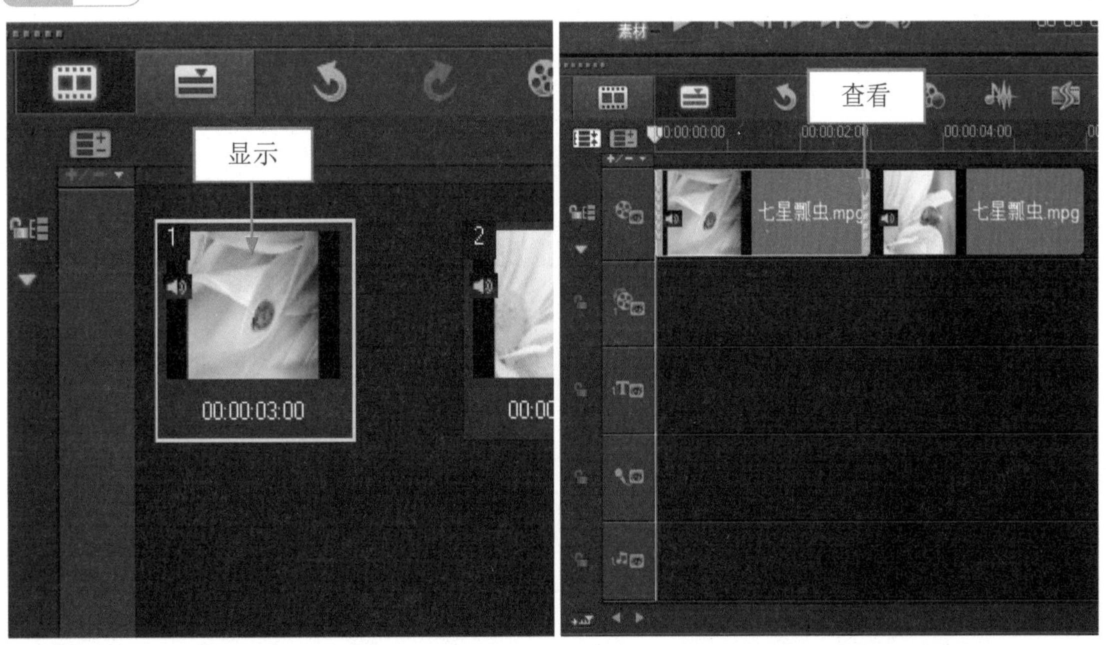

图 7-103 显示分割的多个场景片段

图 7-104 查看分割的视频效果

专家指点

在会声会影 X7 中，用户不仅可以在故事板中按场景分割视频，还可以在时间轴中按场景分割视频。

在视频轨中选择需要分割的视频，单击鼠标右键，在弹出的快捷菜单中选择“按场景分割”选项，即可弹出场景对话框。

步骤 07 选择相应的场景片段，在预览窗口中可以预览视频的场景画面，效果如图 7-105 所示。

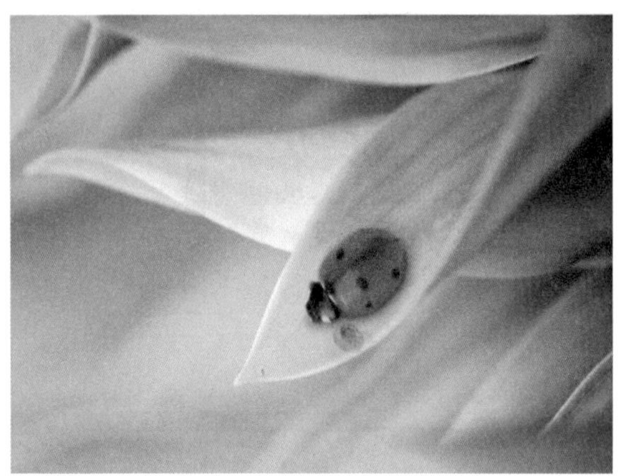

图 7-105 预览视频的场景画面

08 制作视频滤镜特效

学习提示

在会声会影 X7 中，为用户提供了多种滤镜效果，对视频素材进行编辑时，可以将它应用到视频素材上，通过视频滤镜可以掩饰视频素材的瑕疵，使制作出来的视频更具表现力。本章主要介绍制作视频滤镜精彩特效的方法。希望读者学完以后可以制作出更多的滤镜特效。

本章案例导航

- 实战——凉亭美景
- 实战——蓝色海星
- 实战——水车画面
- 实战——超萌娃娃
- 实战——夕阳风景
- 实战——蝴蝶
- 实战——花
- 实战——深夜都市
- 实战——荷叶
- 实战——大桥

8.1 了解视频滤镜

在会声会影 X7 中，为用户提供了多种滤镜效果，对视频素材进行编辑时，可以将它应用到视频素材上。

8.1.1 了解视频滤镜

视频滤镜是指可以应用到视频素材中的效果，它可以改变视频文件的外观和样式。运用视频滤镜对视频进行处理，可以掩盖一些由于拍摄造成的缺陷，并可以使画面更加生动。通过这些滤镜效果，可以模拟各种艺术效果，并对素材进行美化。

8.1.2 掌握“属性”选项面板

进入会声会影 X7 编辑器，按【Ctrl+O】组合键，打开一个项目文件，展开滤镜“属性”选项面板，如图 8-1 所示。

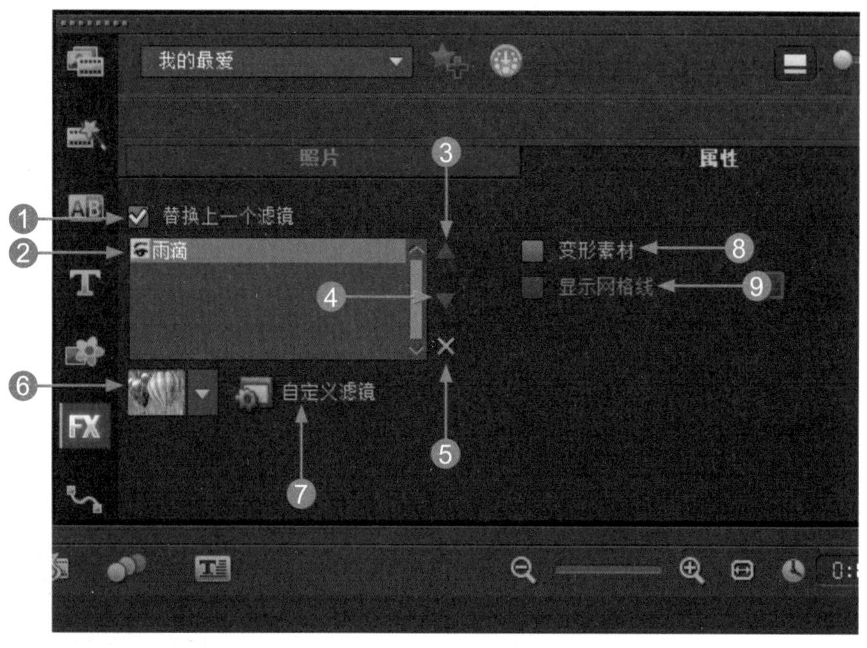

图 8-1 滤镜“属性”选项面板

执行操作后，即可在其中设置相关的滤镜属性。

在“属性”选项面板中，各选项含义如下。

❶ 替换上一个滤镜：选中该复选框，将新滤镜应用到素材中时，将替换素材中已经应用的滤镜。如果希望在素材中应用多个滤镜，则不选中此复选框。

❷ 已用滤镜：显示已经应用到素材中的视频滤镜列表。

❸ 上移滤镜▲：单击该按钮可以调整视频滤镜在列表中的位置，使当前所选择的滤镜提前应用。

❹ 下移滤镜▼：单击该按钮可以调整视频滤镜在列表中的显示位置，使当前所选择的滤镜延后应用。

❺ 删除滤镜：选中已经添加的视频滤镜，单击该按钮可以从视频滤镜列表中删除所选择的视频滤镜。

❻ 预设：会声会影为滤镜效果预设了多种不同的类型，单击右侧的下三角按钮，从弹出的下拉列表中可以选择不同的预设类型，并将其应用到素材中。

❼ 自定义滤镜：单击“自定义滤镜”按钮，在弹出的对话框中可以自定义滤镜属性。根据所选滤镜类型的不同，在弹出的对话框中设置不同的选项参数。

❽ 变形素材：选中该复选框，可以拖动控制点任意倾斜或者扭曲视频轨中的素材，使视频应用变得更加自由

❾ 显示网格线：选中该复选框，可以在预览窗口中显示网格线效果。

8.2 制作视频滤镜

视频滤镜可以说是会声会影 X7 的一大亮点，越来越多的滤镜特效出现在各种影视节目中，它可以使美丽的画面更加生动、绚丽多彩，从而创作出非常神奇的、变幻莫测的媲美好莱坞大片的视觉效果。本节主要介绍制作视频滤镜的方法。

8.2.1 单个滤镜添加

视频滤镜是指可以应用到素材上的效果，它可以改变素材的外观和样式，用户可以通过运用这些视频滤镜，对素材进行美化，制作出精美的视频作品。下面介绍添加单个视频滤镜的操作方法。

素材文件	光盘 \ 素材 \ 第 8 章 \ 凉亭美景 .jpg
效果文件	光盘 \ 效果 \ 第 8 章 \ 凉亭美景 .VSP
视频文件	光盘 \ 视频 \ 第 8 章 \8.2.1 单个滤镜添加 .mp4

实战 凉亭美景

步骤 01 进入会声会影 X7 编辑器，在故事板中插入一幅图像素材，如图 8-2 所示。

步骤 02 在预览窗口中，可以预览视频的画面效果，如图 8-3 所示。

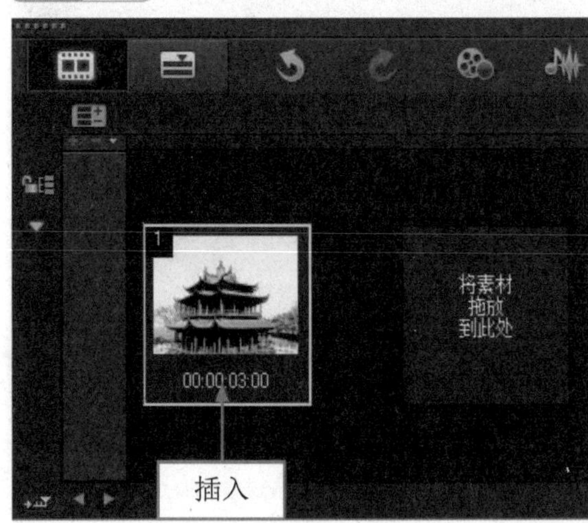

图 8-2 插入图像素材

图 8-3 预览视频画面效果

步骤 03 在素材库的左侧，单击“滤镜”按钮，如图 8-4 所示。

步骤 04 切换至“滤镜”选项卡，单击窗口上方的“画廊”按钮，在弹出的列表框中选择“相机镜头”选项，如图 8-5 所示。

步骤 05 打开“相机镜头”素材库，选择“光芒”滤镜效果，如图 8-6 所示。

步骤 06 在选择的滤镜效果上，单击鼠标左键并将其拖曳至故事板中的图像素材上，此时鼠标右下角将显示一个加号，释放鼠标左键，即可添加视频滤镜效果，如图 8-7 所示。

图 8-4 单击“滤镜”按钮

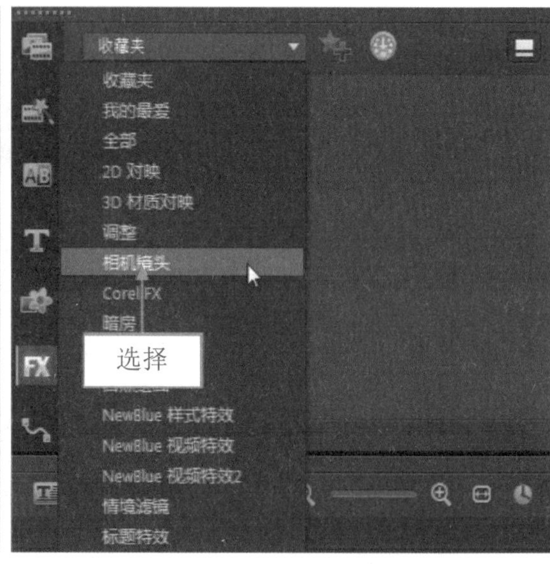

图 8-5 选择“相机镜头”选项

图 8-6 选择“光芒”滤镜效果

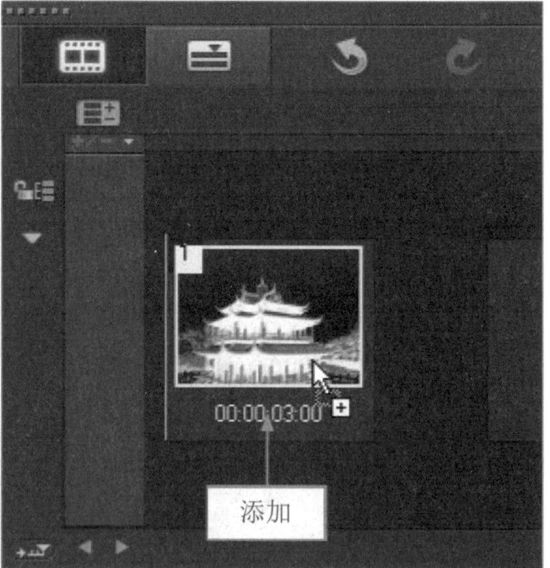

图 8-7 添加视频滤镜效果

步骤 07 在导览面板中单击“播放”按钮，预览添加的视频滤镜效果，如图 8-8 所示。

图 8-8 预览视频滤镜效果

8.2.2 多个滤镜添加

在会声会影 X7 中，当用户为一个图像素材添加多个视频滤镜效果时，所产生的效果是多个视频滤镜效果的叠加。会声会影 X7 允许用户最多只能在同一个素材上添加 5 个视频滤镜效果。下面介绍添加多个视频滤镜的操作方法。

	素材文件	光盘 \ 素材 \ 第 8 章 \ 蓝色海星 .jpg
	效果文件	光盘 \ 效果 \ 第 8 章 \ 蓝色海星 .VSP
	视频文件	光盘 \ 视频 \ 第 8 章 \8.2.2 多个滤镜添加 .mp4

实战 蓝色海星

步骤 01 进入会声会影编辑器，在故事板中插入一幅图像素材，如图 8-9 所示。

步骤 02 在预览窗口中可以预览插入的素材图像效果，如图 8-10 所示。

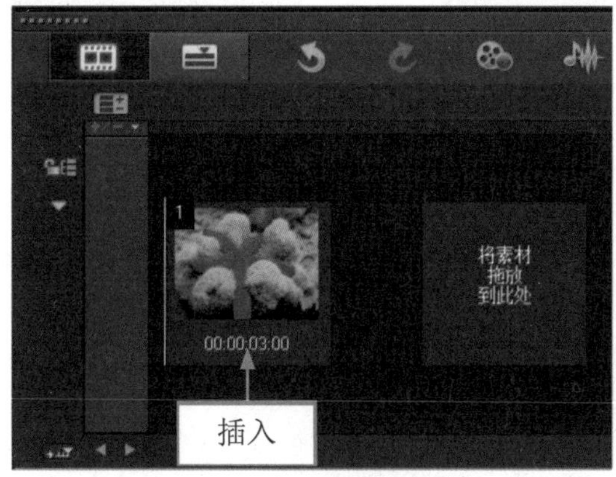

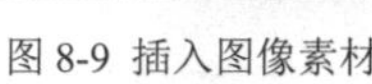

图 8-9 插入图像素材

图 8-10 预览图像效果

步骤 03 单击“滤镜”按钮，切换至“滤镜”素材库，在其中选择“镜头光晕”滤镜效果，如图 8-11 所示。

步骤 04 单击鼠标左键并拖曳至故事板中的图像素材上，释放鼠标左键，即可在“属性”选项面板中，查看已添加的视频滤镜效果，如图 8-12 所示。

图 8-11 选择“镜头光晕”滤镜效果

图 8-12 查看已添加的视频滤镜效果

步骤 05 用与上述相同的方法，为图像素材再次添加“云雾”滤镜效果，在“属性”选项面板中查看滤镜效果，如图 8-13 所示。

步骤 06 执行上述操作后，在故事板中可以查看添加多个视频滤镜的效果，如图 8-14 所示。

图 8-13 查看滤镜效果

图 8-14 查看添加多个视频滤镜的效果

步骤 07 单击导览面板中的“播放”按钮，即可在预览窗口中预览多个视频滤镜效果，如图 8-15 所示。

图 8-15 预览多个视频滤镜效果

专家指点

会声会影 X7 提供了多种视频滤镜特效，使用这些视频滤镜特效，可以制作出各种变幻莫测的各种神奇的视觉效果，从而使视频作品更加能够吸引人们的眼球。

8.2.3 滤镜替换

在会声会影 X7 中，当用户为素材添加视频滤镜后，如果发现某个视频滤镜未达到预期的效果，此时可将该视频滤镜效果进行替换操作。下面介绍替换视频滤镜的操作方法。

	素材文件	光盘 \ 素材 \ 第 8 章 \ 水车画面 .VSP
	效果文件	光盘 \ 效果 \ 第 8 章 \ 水车画面 .VSP
	视频文件	光盘 \ 视频 \ 第 8 章 \8.2.3 滤镜替换 .mp4

实战 水车画面

步骤 01 进入会声会影编辑器，打开一个项目文件，如图 8-16 所示。

步骤 02 展开“属性”选项面板，在其中选中“替换上一个滤镜”复选框，如图 8-17 所示。

图 8-16 打开项目文件

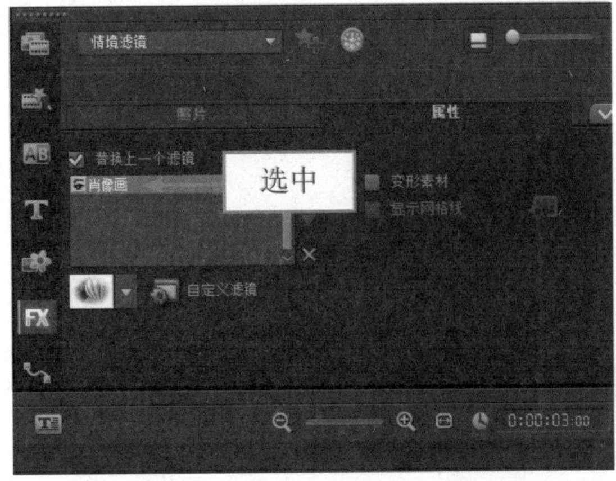

图 8-17 选中“替换上一个滤镜”复选框

步骤 03 单击“滤镜”按钮，切换至“滤镜”素材库，在其中选择“残影效果”滤镜效果，如图 8-18 所示。

步骤 04 单击鼠标左键并拖曳至故事板中的图像素材上方，执行操作后，即可替换上一个视频滤镜，在“属性”选项面板中可以查看替换后的视频滤镜，如图 8-19 所示。

专家指点

在会声会影 X7 中，替换视频滤镜效果时，一定要确认“属性”选项面板中的“替换上一个滤镜”复选框处于选中状态，因为如果该复选框没有选中的话，那么系统并不会将新添加的视频滤镜效果替换之前添加的滤镜效果，而是同时使用两个滤镜效果。

为图像应用滤镜后，如果不再需要该滤镜效果，可以在“属性”选项面板中选择该滤镜，单击“删除”按钮，即可将其删除。

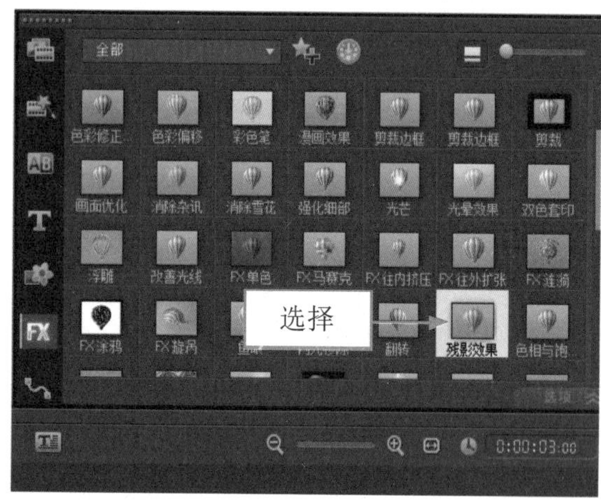

图 8-18 选择“残影效果”滤镜效果

图 8-19 查看替换后的视频滤镜

步骤 05 单击导览面板中的“播放”按钮，即可在预览窗口中预览替换滤镜后的视频效果，如图 8-20 所示。

图 8-20 预览替换滤镜后的视频效果

8.2.4 滤镜删除

在会声会影 X7 中，如果用户对某个滤镜效果不满意，此时可将该视频滤镜删除。用户可以在选项面板中删除一个视频滤镜或多个视频滤镜。下面介绍删除视频滤镜的操作方法。

	素材文件	光盘 \ 素材 \ 第 8 章 \ 超萌娃娃 .VSP
	效果文件	光盘 \ 效果 \ 第 8 章 \ 超萌娃娃 .VSP
	视频文件	光盘 \ 视频 \ 第 8 章 \8.2.4 滤镜删除 .mp4

实战 超萌娃娃

步骤 01 进入会声会影编辑器，单击“文件”|“打开项目”命令，打开一个项目文件，单击“播放”按钮，预览视频画面效果，如图 8-21 所示。

图 8-21 预览视频画面效果

步骤 02 在故事板中，使用鼠标左键双击需要删除视频滤镜的素材文件，如图 8-22 所示。

步骤 03 展开“属性”选项面板，在滤镜列表框中选择“剪裁”视频滤镜，单击滤镜列表框右下方的“删除滤镜”按钮，如图 8-23 所示。

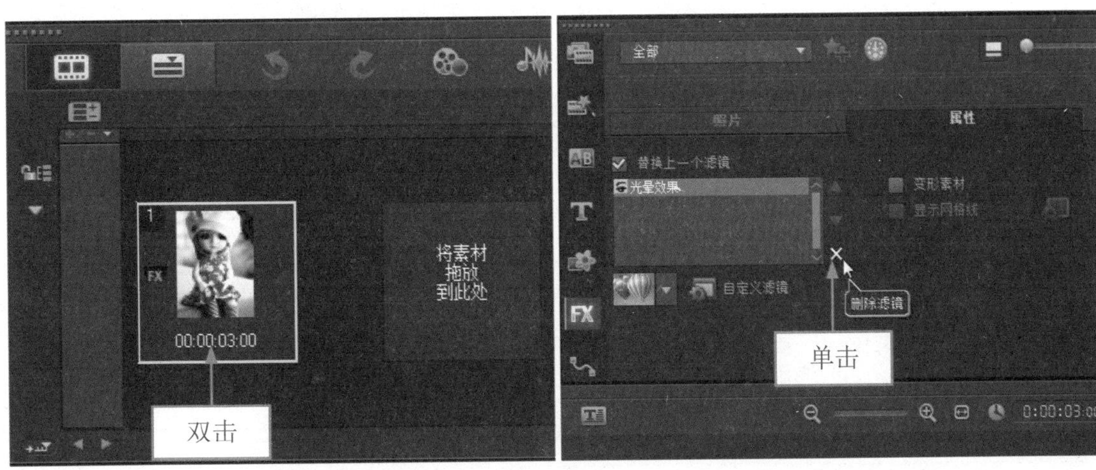

图 8-22 双击素材文件

图 8-23 单击“删除滤镜”按钮

专家指点

在会声会影 X7 中为图像应用多个滤镜效果后，可以在“属性”选项面板中单击“上移滤镜”按钮或“下移滤镜”按钮，移动变换滤镜效果。

步骤 04 执行操作后，即可删除选择的滤镜效果，如图 8-24 所示。

步骤 05 在预览窗口中，可以预览删除视频滤镜后的视频画面效果，如图 8-25 所示。

图 8-24 删除选择的滤镜效果

图 8-25 预览视频画面效果

专家指点

在会声会影 X7 的“属性”选项面板中，单击滤镜名称前面的按钮，可以查看素材没有应用滤镜前的初始效果。

8.3 视频滤镜设置

在会声会影 X7 中，为素材图像添加需要的视频滤镜后，用户还可以为视频滤镜指定滤镜预设模式或者自定义视频滤镜效果。本节主要介绍视频滤镜设置的操作方法。

8.3.1 预设模式

在会声会影 X7 中，每一个视频滤镜都会提供多个预设的滤镜模式，用户可根据需要进行相应的选择。下面介绍指定滤镜预设模式的操作方法。

	素材文件	光盘 \ 素材 \ 第 8 章 \ 夕阳风景 .VSP
	效果文件	光盘 \ 效果 \ 第 8 章 \ 夕阳风景 .VSP
	视频文件	光盘 \ 视频 \ 第 8 章 \8.3.1 预设模式 .mp4

实战 夕阳风景

步骤 01 进入会声会影编辑器，打开一个项目文件，如图 8-26 所示。

步骤 02 单击导览面板中的“播放”按钮，预览打开的项目效果，如图 8-27 所示。

步骤 03 在“属性”选项面板中，单击“自定义滤镜”左侧的下三角按钮，在弹出的列表框中选择第 1 排第 3 个滤镜预设样式，如图 8-28 所示。

步骤 04 执行上述操作后，即可为素材图像指定滤镜预设样式，单击导览面板中的“播放”按钮，预览视频滤镜预设样式，如图 8-29 所示。

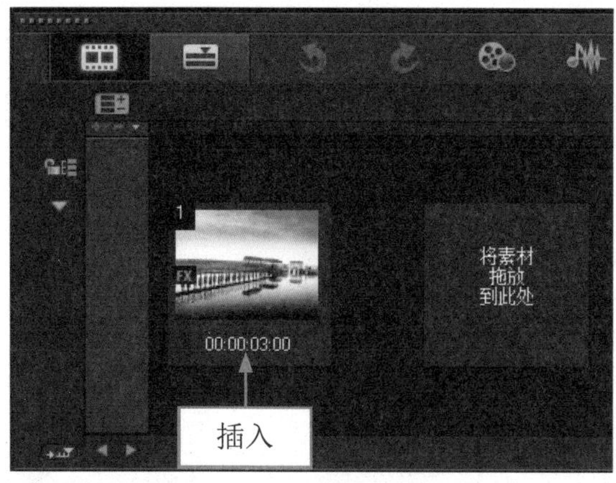

图 8-26 打开项目文件

图 8-27 预览项目效果

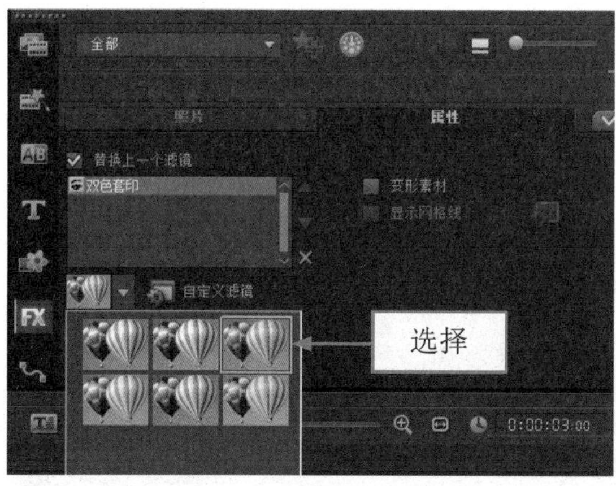

图 8-28 选择滤镜预设样式

图 8-29 预览视频滤镜预设样式

专家指点

所谓预设模式，是指会声会影 X7 通过对滤镜效果的某些参数进行调整后，形成一种固定的效果，并嵌套在系统中。用户可以通过直接选择这些预设模式，从而快速地对滤镜效果进行设置。选择不同的预设模式，所产生的画面效果也会不同。

8.3.2 自定义滤镜

在会声会影 X7 中，对视频滤镜效果进行自定义操作，可以制作出更加精美的画面效果。下面介绍自定义视频滤镜效果的操作方法。

素材文件	光盘 \ 素材 \ 第 8 章 \ 蝴蝶 .jpg
效果文件	光盘 \ 效果 \ 第 8 章 \ 蝴蝶 .VSP
视频文件	光盘 \ 视频 \ 第 8 章 \8.3.2 自定义滤镜 .mp4

实战 蝴蝶

步骤 01 进入会声会影编辑器，在故事板中插入一幅素材图像，如图 8-30 所示。

步骤 02 在预览窗口中可预览插入的素材图像效果，如图 8-31 所示。

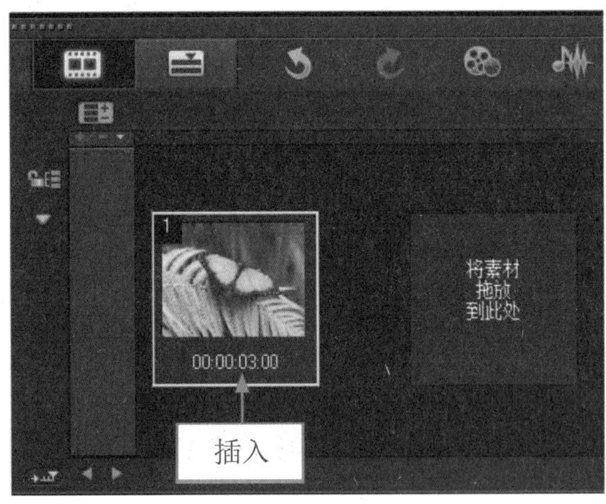

图 8-30 插入素材图像

图 8-31 预览视频效果

步骤 03 在“滤镜”素材库中，选择“色相与饱和度”滤镜，如图 8-32 所示。

步骤 04 单击鼠标左键，并将其拖曳至故事板中的素材图像上方，在“属性”选项面板中单击“自定义滤镜”按钮，如图 8-33 所示。

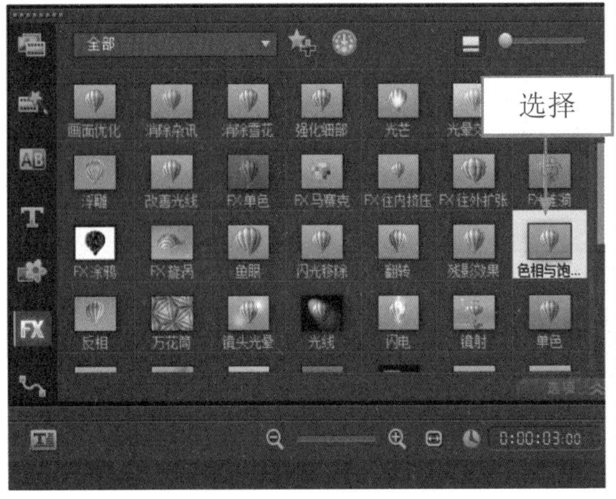

图 8-32 选择“色相与饱和度”滤镜效果

图 8-33 单击“自定义滤镜”按钮

步骤 05 弹出“色调和饱和度”对话框，选择最后一个关键帧，如图 8-34 所示。

步骤 06 在“色调”右侧的数值框中输入 30，如图 8-35 所示。

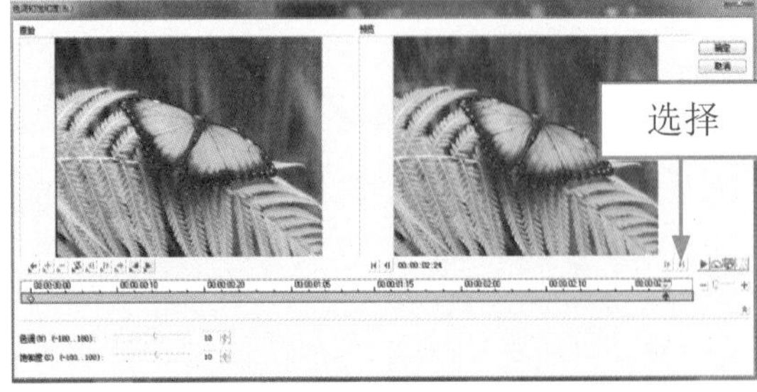

图 8-34 选择最后一个关键帧

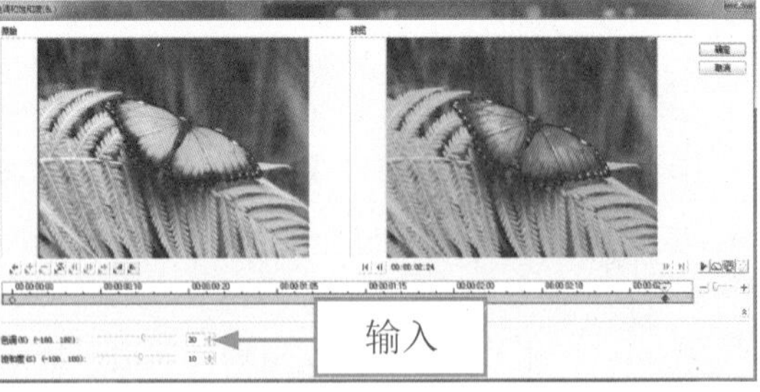

图 8-35 输入数值

步骤 07 设置完成后，单击“确定”按钮，即可自定义视频滤镜效果，单击导览面板中的“播放”按钮，预览自定义滤镜效果，如图 8-36 所示。

图 8-36 预览自定义滤镜效果

专家指点

在自定义视频滤镜操作过程中，由于会声会影 X7 每一种视频滤镜的参数均会有所不同，因此相应的自定义对话框也会有很大的差别，但对这些属性的调节方法大同小异。

8.4 修改亮度和对比度

在会声会影 X7 中，用户可以根据需要为图像添加视频滤镜，调整素材的亮度和对比度。本节主要介绍调整视频亮度和对比度的方法。

8.4.1 自动曝光

“自动曝光”滤镜只有一种滤镜预设模式，主要是通过调整图像的光线来达到曝光的效果，适合在光线比较暗的素材上使用。下面介绍尝试“自动曝光”滤镜的操作方法。

	素材文件	光盘 \ 素材 \ 第 8 章 \ 花 .jpg
	效果文件	光盘 \ 效果 \ 第 8 章 \ 花 .VSP
	视频文件	光盘 \ 视频 \ 第 8 章 \8.4.1 自动曝光 .mp4

实战 花

步骤 01 进入会声会影编辑器，在故事板中插入一幅图像素材，如图 8-37 所示。

步骤 02 在预览窗口中可预览插入的素材图像效果，如图 8-38 所示。

专家指点

在会声会影 X7 中，“暗房”素材库中的“自动曝光”滤镜效果主要是运用从胶片到相片的一个转变过程为影片带来由暗到亮的转变效果。

图 8-37 插入图像素材

图 8-38 预览素材效果

步骤 03 在"滤镜"素材库中，单击窗口上方的"画廊"按钮，在弹出的列表框中选择"暗房"选项，打开"暗房"素材库，选择"自动曝光"滤镜效果，如图 8-39 所示。

步骤 04 单击鼠标左键并拖曳至故事板中的图像素材上方，添加"自动曝光"滤镜，单击导览面板中的"播放"按钮，预览"自动曝光"滤镜效果，如图 8-40 所示。

图 8-39 选择"自动曝光"滤镜效果

图 8-40 预览"自动曝光"滤镜效果

8.4.2 亮度和对比度

在会声会影 X7 中，如果图像亮度和对比度不足或过度，此时可通过"亮度和对比度"滤镜效果，调整图像的亮度和对比度效果。下面介绍尝试"亮度和对比度"滤镜的操作方法。

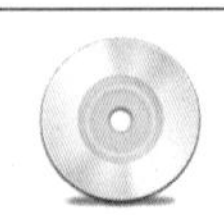	素材文件	光盘 \ 素材 \ 第 8 章 \ 深夜都市 .jpg
	效果文件	光盘 \ 效果 \ 第 8 章 \ 深夜都市 .VSP
	视频文件	光盘 \ 视频 \ 第 8 章 \8.4.2 亮度和对比度 .mp4

实战 深夜都市

步骤 01 进入会声会影编辑器，在故事板中插入所需的图像素材，如图 8-41 所示。

步骤 02 在预览窗口中可预览插入的素材图像效果，如图 8-42 所示。

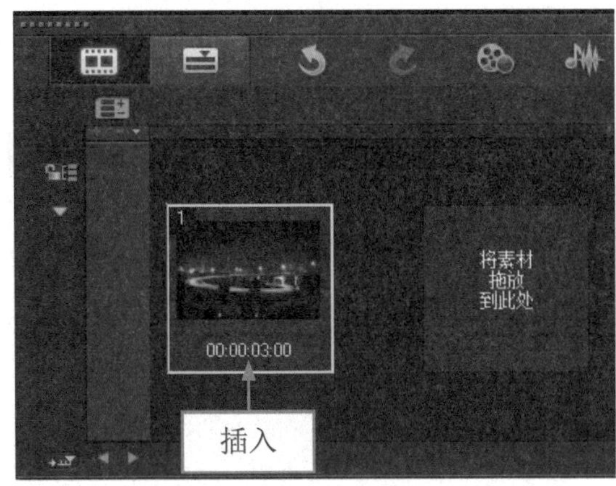

图 8-41 插入图像素材

图 8-42 预览素材图像效果

步骤 03 在“暗房”滤镜素材库中，选择“亮度和对比度”滤镜效果，如图 8-43 所示，单击鼠标左键并拖曳至故事板中的图像素材上方，添加“亮度和对比度”滤镜。

步骤 04 打开“属性”选项面板，单击滤镜列表框下方的“自定义滤镜”按钮，如图 8-44 所示。

图 8-43 选择“亮度和对比度”滤镜效果

图 8-44 单击“自定义滤镜”按钮

步骤 05 弹出“亮度和对比度”对话框，在其中设置“亮度”为 -15、“对比度”为 15，如图 8-45 所示。

步骤 06 选择最后一个关键帧，设置“亮度”为 30、“对比度”为 35，如图 8-46 所示。

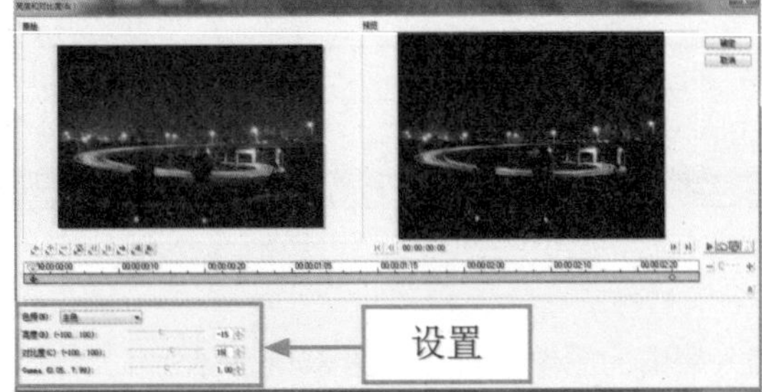

图 8-45 设置各选项

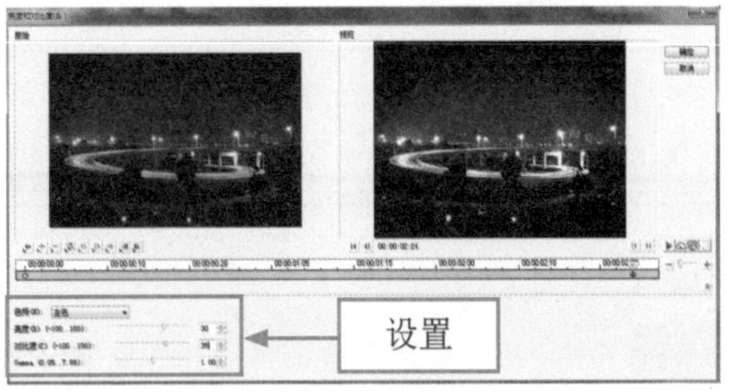

图 8-46 设置各选项

步骤 07 设置完成后，单击“确定”按钮，返回会声会影编辑器，单击导览面板中的“播放”按钮，即可预览调整亮度和对比度后的视频滤镜效果，如图 8-47 所示。

图 8-47 预览视频滤镜效果

专家指点

在会声会影 X7 中，“暗房”素材库中的“亮度和对比度”滤镜效果主要是调整图像的亮度和对比度。

8.5 还原视频色彩

在会声会影 X7 中，如果白平衡设置不当，或者现场光线情况比较复杂，拍摄的照片会出现整段或局部偏色现象，此时可利用会声会影 X7 中的“色彩平衡”视频滤镜可以有效地解决这种偏色问题，使其还原为正确的色彩。本节主要介绍还原正确的视频色彩的方法。

8.5.1 色彩平衡

在会声会影 X7 中，用户可以通过应用“色彩平衡”视频滤镜，还原照片色彩。下面介绍应用“色彩平衡”滤镜的操作方法。

素材文件	光盘 \ 素材 \ 第 8 章 \ 荷叶 .jpg
效果文件	光盘 \ 效果 \ 第 8 章 \ 荷叶 .VSP
视频文件	光盘 \ 视频 \ 第 8 章 \8.5.1 色彩平衡 .mp4

实战 荷叶

步骤 01 进入会声会影编辑器，在故事板中插入所需的图像素材，如图 8-48 所示。

步骤 02 在预览窗口中可预览插入的素材图像效果，如图 8-49 所示。

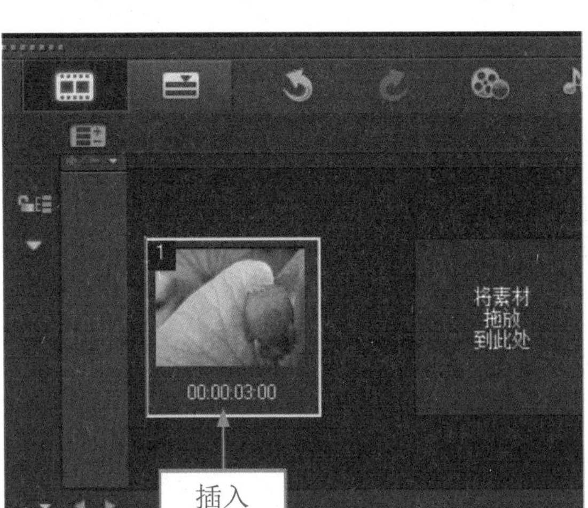

图 8-48 插入图像素材

图 8-49 预览素材图像效果

步骤 03 打开“暗房”素材库，在其中选择“色彩平衡”滤镜效果，如图 8-50 所示。

步骤 04 单击鼠标左键，并将其拖曳至故事板的素材图像上，在“属性”选项面板中单击“自定义滤镜”按钮，如图 8-51 所示。

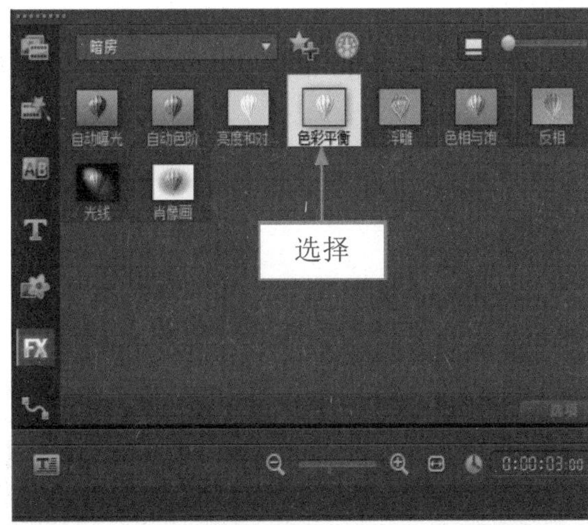

图 8-50 选择“色彩平衡”滤镜效果

图 8-51 单击“自定义滤镜”按钮

步骤 05 弹出“色彩平衡”对话框，选择最后一个关键帧，设置“红”为 -20、“绿”为 -40、“蓝”为 -20，如图 8-52 所示。

步骤 06 设置完成后，单击“确定”按钮，即可完成“色彩平衡”滤镜效果的制作，在预览窗口中可预览色彩平衡滤镜效果，如图 8-53 所示。

专家指点

在会声会影 X7 中，为图像应用“色彩平衡”滤镜效果，可以改变图像中颜色混合的情况，使所有的色彩趋向于平衡。

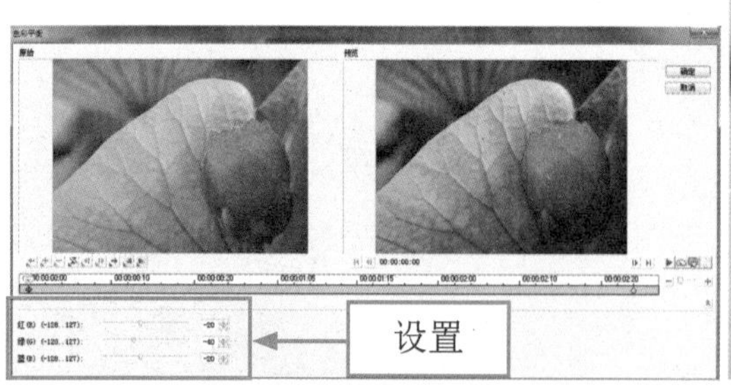

图 8-52 设置各参数

图 8-53 预览色彩平衡滤镜效果

8.5.2 添加关键帧消除偏色

若素材图像添加“色彩平衡”滤镜效果后，还存在偏色的现象，用户可在其中添加关键帧，以消除偏色。下面介绍添加关键帧消除偏色的操作方法。

	素材文件	光盘 \ 素材 \ 第 8 章 \ 大桥 .jpg
	效果文件	光盘 \ 效果 \ 第 8 章 \ 大桥 .VSP
	视频文件	光盘 \ 视频 \ 第 8 章 \8.5.2 添加关键帧消除偏色 .mp4

实战 大桥

步骤 01 进入会声会影编辑器，在故事板中插入所需的图像素材，如图 8-54 所示。

步骤 02 在预览窗口中可预览插入的素材图像效果，如图 8-55 所示。

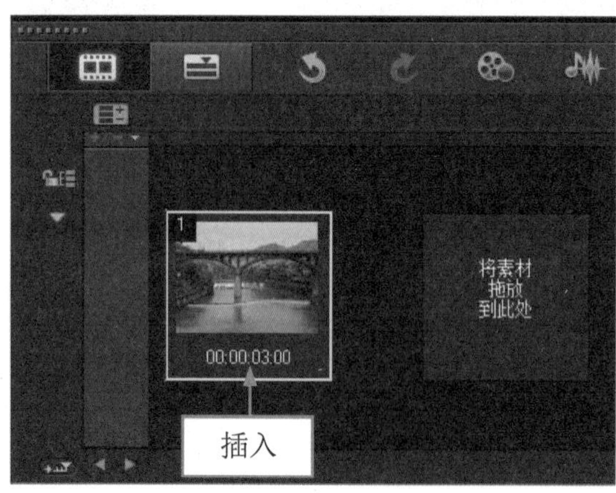

图 8-54 插入图像素材

图 8-55 预览素材图像效果

步骤 03 为素材添加“色彩平衡”滤镜效果，在“属性”选项面板中单击“自定义滤镜”按钮，如图 8-56 所示。

步骤 04 弹出“色彩平衡”对话框，将时间指示器移至 00:00:02:00 的位置处，如图 8-57 所示。

图 8-56 单击“自定义滤镜”按钮

图 8-57 选择需要添加帧的位置

步骤 05 单击“添加关键帧”按钮，添加关键帧，设置“红”为 -16、“绿”为 -15、“蓝”为 -10，如图 8-58 所示。

步骤 06 单击“确定”按钮，返回会声会影编辑器，单击导览面板中的“播放”按钮，即可预览视频滤镜效果，如图 8-59 所示。

图 8-58 设置各参数

图 8-59 预览滤镜效果

8.6 滤镜特效精彩应用

在会声会影 X7 中，为用户提供了大量的滤镜效果，用户可以根据需要应用这些滤镜效果，制作出精美的画面。本节主要介绍滤镜效果案例的制作方法。

8.6.1 模糊

在会声会影 X7 中，用户还可以根据需要为图像应用“模糊”滤镜，制作模糊效果。下面介绍应用“模糊”滤镜的操作方法。

	素材文件	光盘 \ 素材 \ 第 8 章 \. 花朵 jpg
	效果文件	光盘 \ 效果 \ 第 8 章 \ 花朵 .VSP
	视频文件	光盘 \ 视频 \ 第 8 章 \8.6.1 模糊 .mp4

实战 花朵

步骤 01 进入会声会影编辑器，在故事板中插入一幅图像素材，如图 8-60 所示。

步骤 02 在“滤镜”素材库中，单击窗口上方的“画廊”按钮，在弹出的列表框中选择“焦距”选项，如图 8-61 所示。

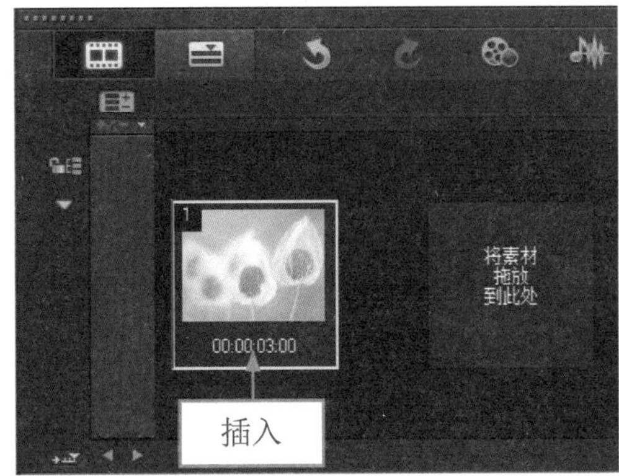

图 8-60 插入图像素材

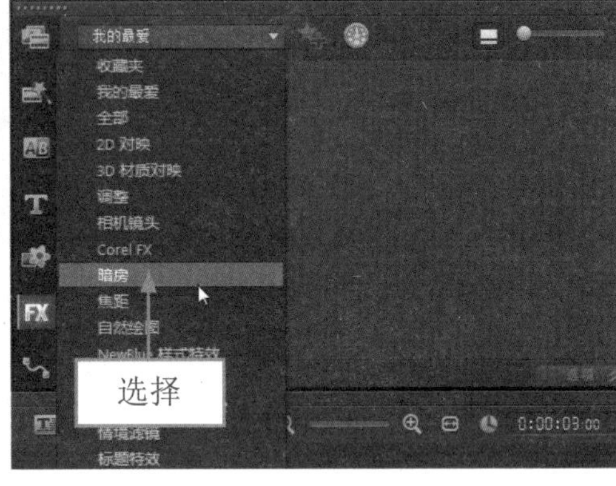

图 8-61 选择“焦距”选项

步骤 03 在“焦距”滤镜素材库中选择“模糊”滤镜效果，如图 8-62 所示。

步骤 04 单击鼠标左键并拖曳至故事板中的图像素材上方，为其添加“模糊”滤镜效果，在“属性”选项面板中单击“自定义滤镜”按钮，如图 8-63 所示。

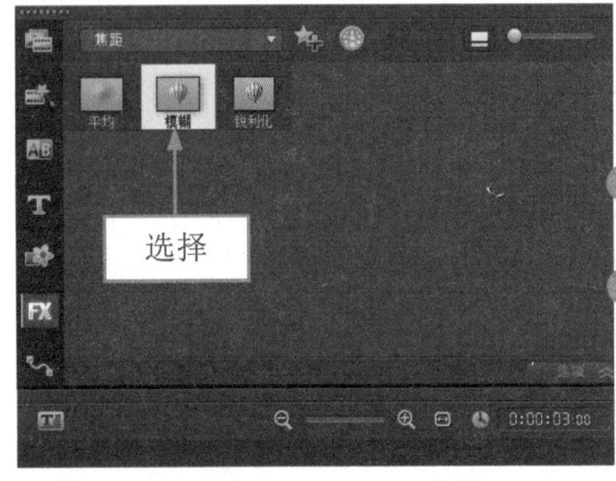

图 8-62 选择“模糊”滤镜效果

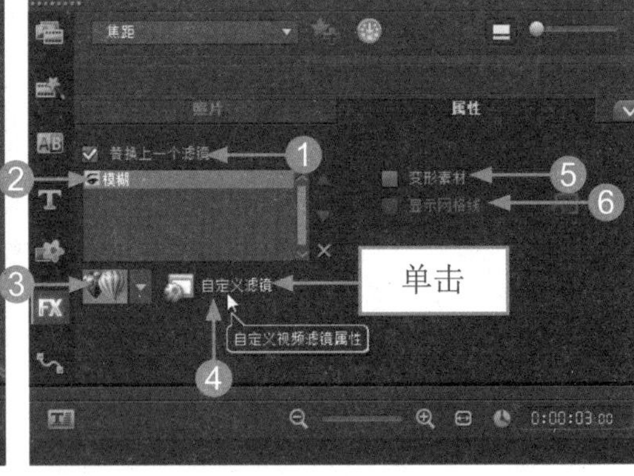

图 8-63 单击“自定义滤镜”按钮

专家指点

在会声会影 X7 中，“焦距”滤镜素材库中的“模糊”滤镜效果主要是调整图像的模糊度，制作模糊效果。

① “替换上一个滤镜”复选框：选中该复选框，将新添加的视频滤镜效果替换之前添加的滤镜效果。

② “滤镜”列表框：在该列表框中将显示该素材添加的所有滤镜效果。

③ “下三角”按钮：单击该按钮，在弹出的列表框中显示了所有滤镜的预设样式。

④ “自定义滤镜”按钮：单击该按钮，将弹出相应的滤镜属性对话框，在其中可以对添加的

滤镜进行相应设置。

❺ "变形素材"复选框：选中该复选框后，可以对预览窗口中的素材进行变形操作。

❻ "显示网格线"复选框：选中该复选框，将在预览窗口中显示素材的网格效果，方便用户对素材进行编辑，单击右侧的"网格线选项"按钮，在弹出的对话框中可以对网格线进行相应编辑。

步骤 05 弹出"模糊"对话框，选中最后一个关键帧，设置"程度"为 4，如图 8-64 所示。

步骤 06 执行上述操作后，单击"确定"按钮，即可为图像应用"模糊"滤镜效果，单击导览面板中的"播放"按钮，预览"模糊"滤镜效果，如图 8-65 所示。

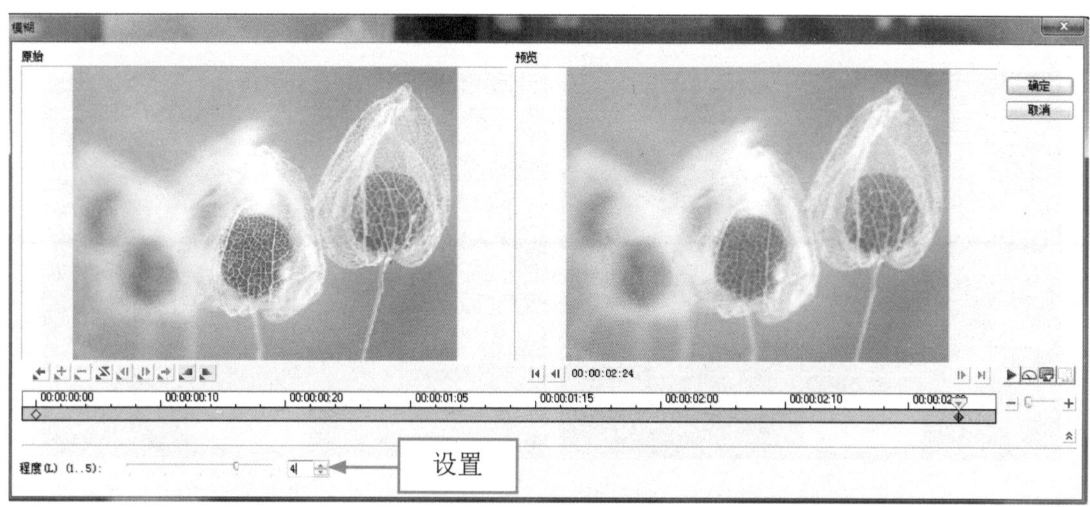

图 8-64 设置相应属性

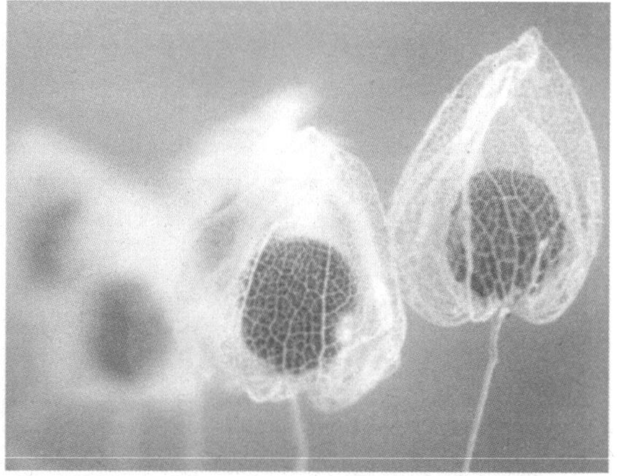

图 8-65 预览"模糊"滤镜效果

专家指点

在弹出的"模糊"对话框，在"程度"数值框中输入模糊数值，可以调整图像的模糊程度。

8.6.2 泡泡

在会声会影 X7 中，为图像应用"泡泡"滤镜，可以在画面中添加许多气泡。下面介绍应用"泡泡”滤镜的操作方法。

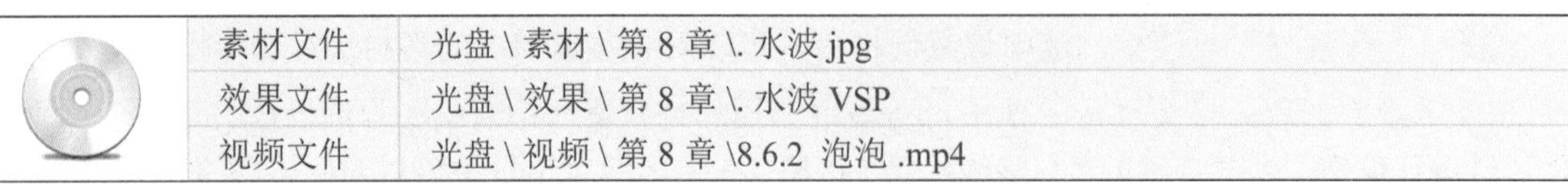

	素材文件	光盘 \ 素材 \ 第 8 章 \. 水波 jpg
	效果文件	光盘 \ 效果 \ 第 8 章 \. 水波 VSP
	视频文件	光盘 \ 视频 \ 第 8 章 \8.6.2 泡泡 .mp4

实战 水波

步骤 01 进入会声会影编辑器，在故事板中插入一幅图像素材，如图 8-66 所示。

步骤 02 单击“滤镜”按钮，切换至“滤镜”选项卡，单击窗口上方的“画廊”按钮，在弹出的列表框中选择“情镜滤镜”选项，如图 8-67 所示。

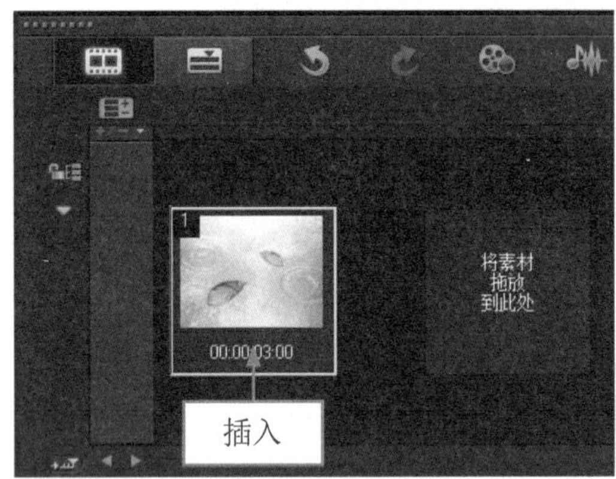

图 8-66 插入图像素材

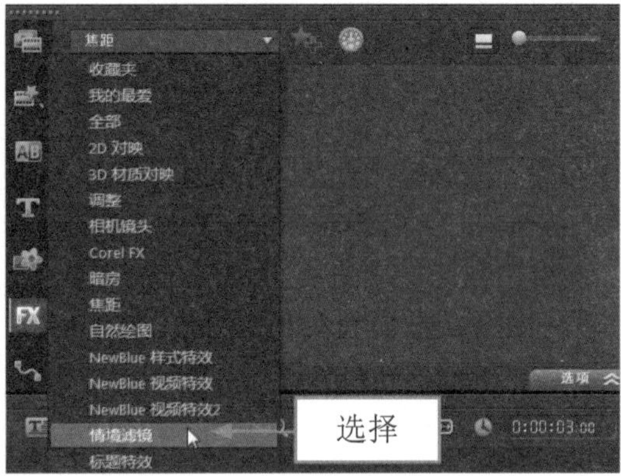

图 8-67 选择“情境滤镜”选项

步骤 03 打开“情境滤镜”素材库，选择“泡泡”滤镜效果，如图 8-68 所示。

步骤 04 单击鼠标左键并拖曳至故事板中的图像素材上方，为其添加“泡泡”滤镜效果，在“属性”选项面板中单击“自定义滤镜”左侧的下三角按钮，在弹出的列表框中选择最后一个预设样式，如图 8-69 所示。

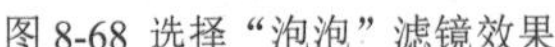

图 8-68 选择“泡泡”滤镜效果

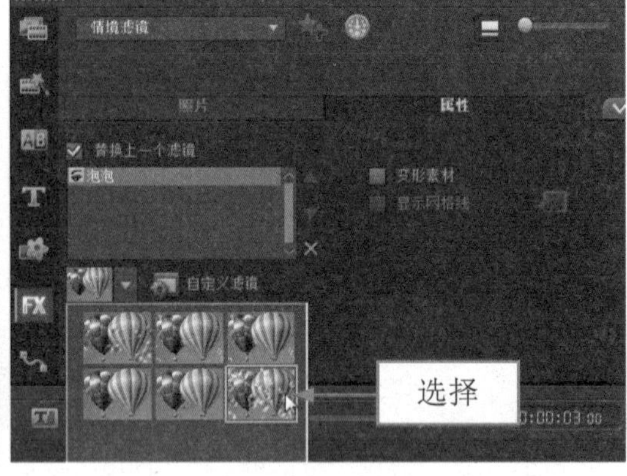

图 8-69 选择相应预设样式

步骤 05 执行上述操作后，单击导览面板中的“播放”按钮，即可预览“泡泡”滤镜效果，如图 8-70 所示。

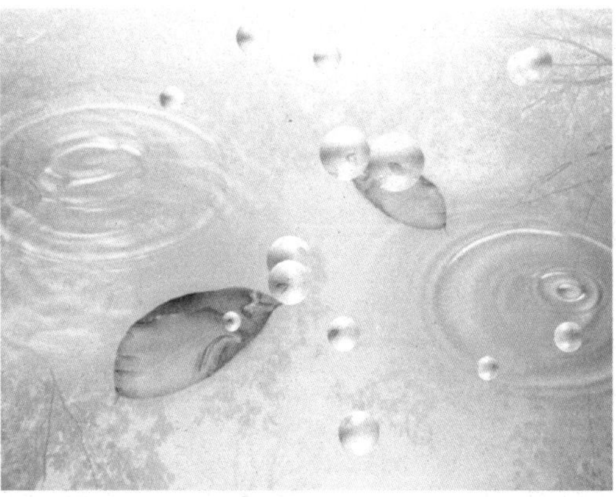

图 8-70 预览“泡泡”滤镜效果

8.6.3 云雾

在会声会影 X7 中，“云雾”滤镜主要用于在视频画面上添加流动的云雾效果，可以模仿天空中的云雾。下面介绍应用“云雾”滤镜的操作方法。

	素材文件	光盘 \ 素材 \ 第 8 章 \. 海岸风景 jpg
	效果文件	光盘 \ 效果 \ 第 8 章 \. 海岸风景 VSP
	视频文件	光盘 \ 视频 \ 第 8 章 \8.5.3 云雾 .mp4

实战 海岸风景

步骤 01 进入会声会影编辑器，在故事板中插入一幅图像素材，如图 8-71 所示。

步骤 02 在“滤镜”素材库中，单击窗口上方的“画廊”按钮，在弹出的列表框中选择“情境滤镜”选项，打开“情境滤镜”素材库，选择“云雾”滤镜效果，如图 8-72 所示。

图 8-71 插入图像素材

图 8-72 选择“云雾”滤镜效果

步骤 03 单击鼠标左键并拖曳至故事板中的图像素材上方，添加“云雾”滤镜效果，如图 8-73 所示。

步骤 04 在“属性”选项面板中单击“自定义滤镜”左侧的下三角按钮，在弹出的列表框中选择第 1 排第 3 个预设样式，如图 8-74 所示。

图 8-73 添加“云雾”滤镜效果

图 8-74 选择相应预设样式

步骤 05 执行上述操作后，单击导览面板中的“播放”按钮，即可预览“云雾”滤镜效果，如图 8-75 所示。

图 8-75 预览“云雾”滤镜效果

8.6.4 光芒

在会声会影 X7 中，为图像应用“光芒”滤镜效果，可以模拟太阳光照的效果。下面介绍应用“光芒”滤镜的操作方法。

	素材文件	光盘 \ 素材 \ 第 8 章 \ 美丽海景 .jpg
	效果文件	光盘 \ 效果 \ 第 8 章 \ 美丽海景 .VSP
	视频文件	光盘 \ 视频 \ 第 8 章 \8.6.4 光芒 .mp4

实战 美丽海景

步骤 01 进入会声会影编辑器，在故事板中插入一幅图像素材，如图 8-76 所示。

步骤 02 在“滤镜”素材库中，单击窗口上方的“画廊”按钮，在弹出的列表框中选择“相机镜头”选项，如图 8-77 所示。

图 8-76 插入图像素材

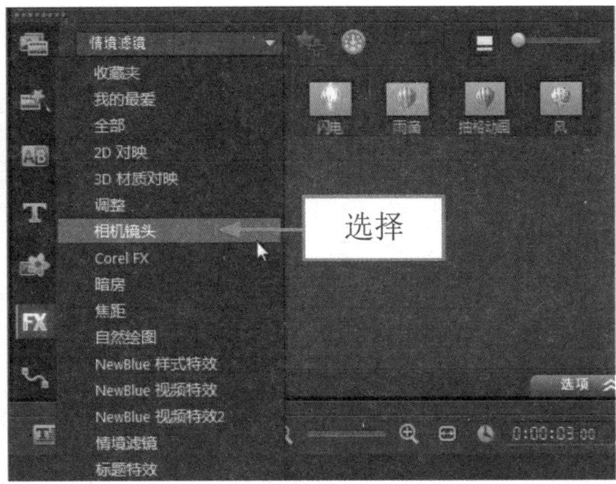

图 8-77 选择“相机镜头”选项

步骤 03 打开“相机镜头”素材库，选择“光芒”滤镜效果，如图 8-78 所示。

步骤 04 单击鼠标左键并拖曳至故事板中的图像素材上方，添加“光芒”滤镜效果，在“属性”选项面板中单击“自定义滤镜”按钮，如图 8-79 所示。

图 8-78 选择“光芒”滤镜效果

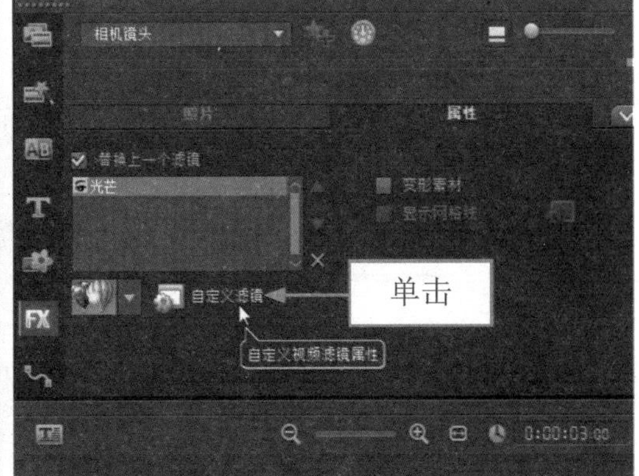

图 8-79 单击“自定义滤镜”按钮

步骤 05 弹出“光芒”对话框，设置“半径”为 30、“长度”为 10，如图 8-80 所示。

图 8-80 设置相应属性

步骤 06 设置完成后，单击“确定”按钮，返回会声会影编辑器，单击导览面板中的“播放”按钮，预览“光芒”滤镜效果，如图 8-81 所示。

图 8-81 预览“光芒”滤镜效果

8.6.5 光线

在会声会影 X7 中，应用“光线”滤镜，可以在画面中添加光线效果，从而模仿舞台上的聚光灯效果。下面介绍应用“光线”滤镜的操作方法。

	素材文件	光盘 \ 素材 \ 第 8 章 \ 古堡建筑 .jpg
	效果文件	光盘 \ 效果 \ 第 8 章 \ 古堡建筑 .VSP
	视频文件	光盘 \ 视频 \ 第 8 章 \8.6.5 光线 .mp4

实战 古堡建筑

步骤 01 进入会声会影 X7 编辑器，在故事板中插入一幅素材图像，如图 8-82 所示。

步骤 02 在预览窗口中，可以预览视频的画面效果，如图 8-83 所示。

步骤 03 单击“滤镜”按钮，切换至“滤镜”选项卡，在“暗房”滤镜组中选择“光线”滤镜，如图 8-84 所示。

步骤 04 单击鼠标左键，并将其拖曳至故事板中的素材上，如图 8-85 所示。

图 8-82 插入素材图像

图 8-83 预览视频画面效果

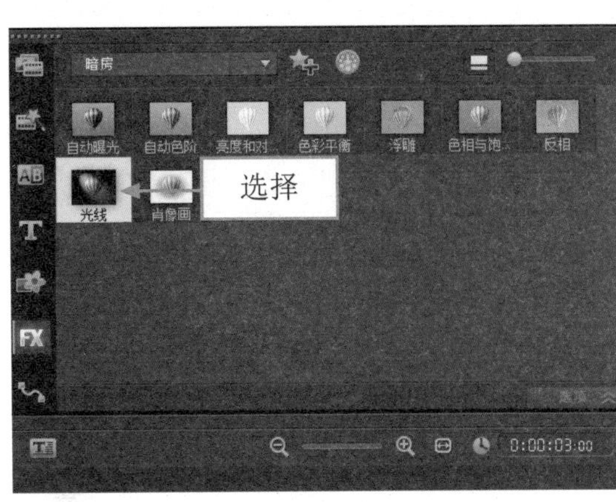

图 8-84 选择“光线”滤镜

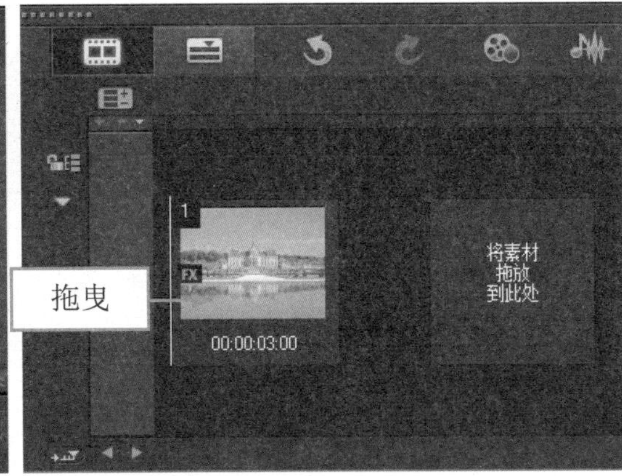

图 8-85 拖曳至故事版

步骤 05 释放鼠标左键，即可添加“光线”滤镜，预览窗口中的画面效果如图 8-86 所示。

步骤 06 在“属性”选项面板中，单击“自定义滤镜”左侧的下三角按钮，在弹出的列表框中选择第 1 排第 3 个预设滤镜样式，如图 8-87 所示。

图 8-86 预览画面效果

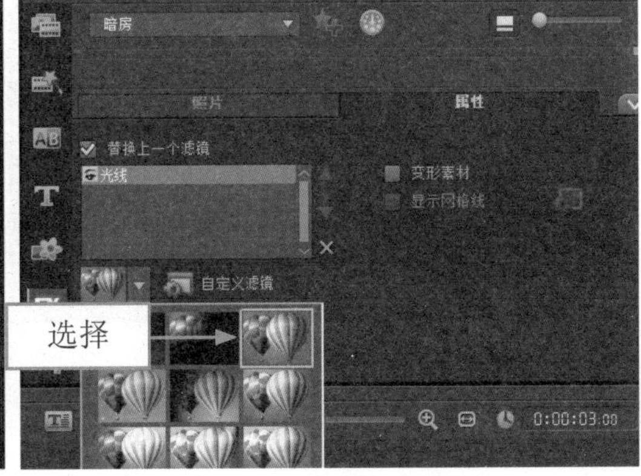

图 8-87 选择预设滤镜样式

步骤 07 在导览面板中单击“播放”按钮，预览“光线”视频滤镜效果，如图 8-88 所示。

图 8-88 预览“光线”视频滤镜效果

8.6.6 闪电

在会声会影X7中，为图像应用“闪电”滤镜，可以在画面中添加打雷闪电效果。下面介绍应用“闪电”滤镜的操作方法。

	素材文件	光盘 \ 素材 \ 第 8 章 \ 风景 .jpg
	效果文件	光盘 \ 效果 \ 第 8 章 \ 风景 .VSP
	视频文件	光盘 \ 视频 \ 第 8 章 \8.6.6 闪电 .mp4

实战 风景

步骤 01 进入会声会影编辑器，在故事板中插入一幅图像素材，如图 8-89 所示。

步骤 02 在“滤镜”素材库中，单击窗口上方的“画廊”按钮，在弹出的列表框中选择“情境滤镜”选项，打开“情境滤镜”素材库，选择“闪电”滤镜效果，如图 8-90 所示。

图 8-89 插入图像素材

图 8-90 选择“闪电”滤镜效果

步骤 03 单击鼠标左键并拖曳至故事板中的图像素材上方，添加“闪电”滤镜效果，如图 8-91 所示。

步骤 04 在“属性”选项面板中单击“自定义滤镜”左侧的下三角按钮，在弹出的列表框中选择第 1 排第 3 个预设样式，如图 8-92 所示。

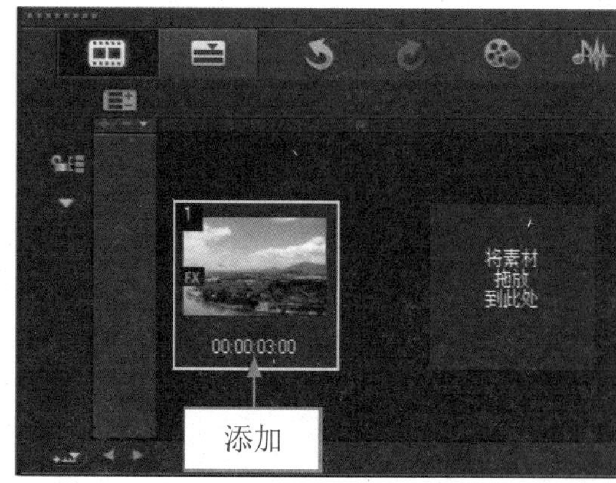

图 8-91 添加“闪电”滤镜效果

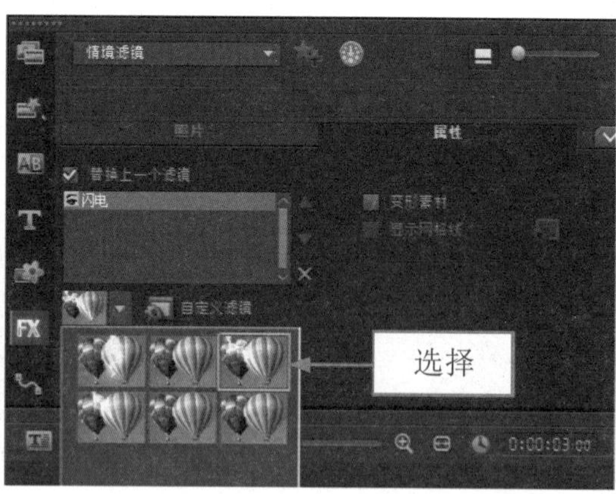

图 8-92 选择相应预设样式

步骤 05 执行上述操作后，单击导览面板中的“播放”按钮，即可预览“闪电”滤镜效果，如图 8-93 所示。

图 8-93 预览“闪电”滤镜效果

专家指点

在会声会影 X7 中为图像添加“闪电”滤镜效果后，如果对闪电的样式以及颜色不满意，此时可以在“属性”选项面板中单击“自定义滤镜”按钮，弹出“闪电”对话框，切换至“高级”选项卡，在其中可以设置“闪电色彩”、“亮度”以及“长度”等参数。

8.6.7 雨滴

在会声会影 X7 中，为图像应用“雨滴”滤镜，可以在画面上添加雨滴的效果，模仿大自然中下雨的场景。下面介绍应用“雨滴”滤镜的操作方法。

素材文件	光盘 \ 素材 \ 第 8 章 \ 守望木筏 .jpg
效果文件	光盘 \ 效果 \ 第 8 章 \ 守望木筏 .VSP
视频文件	光盘 \ 视频 \ 第 8 章 \8.6.7 雨滴 .mp4

实战 守望木筏

步骤 01 进入会声会影编辑器，在故事板中插入一幅图像素材，如图 8-94 所示。

步骤 02 在“滤镜”素材库中，单击窗口上方的“画廊”按钮，在弹出的列表框中选择“情境滤镜”选项，打开“情境滤镜”素材库，选择“雨滴”滤镜效果，如图 8-95 所示。

步骤 03 单击鼠标左键并拖曳至故事板中的图像素材上方，添加“雨滴”滤镜效果，如图 8-96 所示。

步骤 04 在“属性”选项面板中单击“自定义滤镜”左侧的下三角按钮，在弹出的列表框中选择相应预设样式，如图 8-97 所示。

步骤 05 执行上述操作后，单击导览面板中的“播放”按钮，即可预览“雨滴”滤镜效果，如图 8-98 所示。

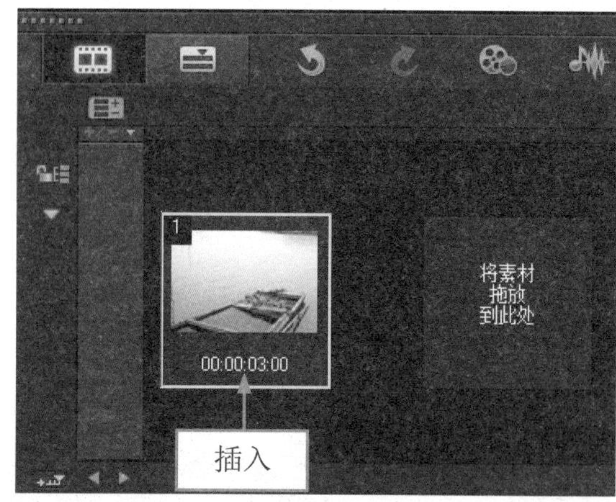

图 8-94 插入图像素材

图 8-95 选择“雨滴”滤镜效果

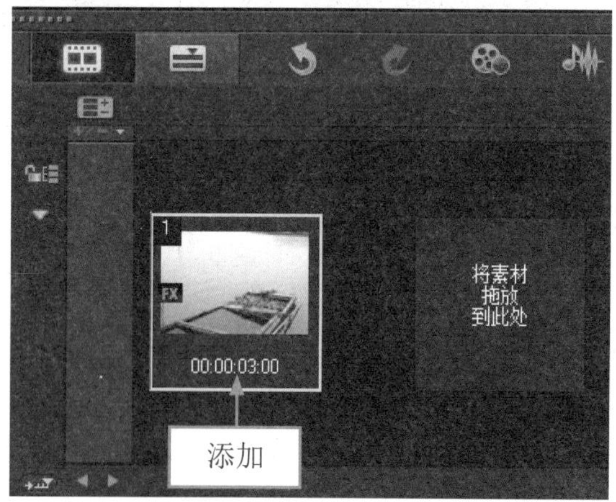

图 8-96 添加“雨滴”滤镜效果

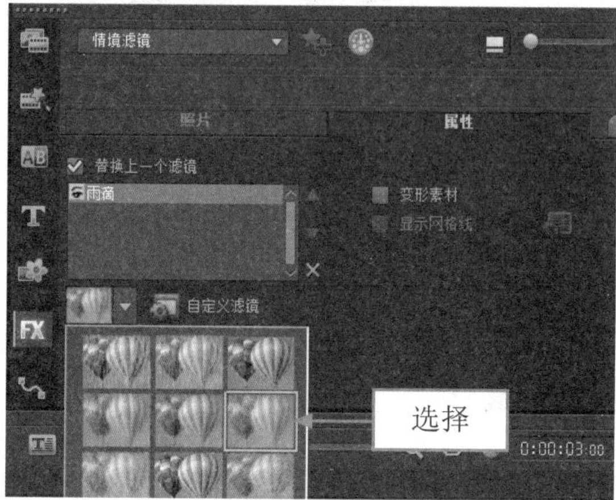

图 8-97 选择相应预设样式

图 8-98 预览“雨滴”滤镜效果

8.6.8 鱼眼

在会声会影 X7 中，“鱼眼”滤镜主要是模仿鱼眼效果，当素材图像添加该效果后，会像鱼眼一样放大突出显示出来。下面介绍应用“鱼眼”滤镜的操作方法。

素材文件	光盘 \ 素材 \ 第 8 章 \ 动物虫类 .jpg
效果文件	光盘 \ 效果 \ 第 8 章 \ 动物虫类 .VSP
视频文件	光盘 \ 视频 \ 第 8 章 \8.6.8 鱼眼 .mp4

实战 动物虫类

步骤 01 进入会声会影编辑器，在故事板中插入一幅图像素材，如图 8-99 所示。

步骤 02 在预览窗口中可预览插入的素材图像效果，如图 8-100 所示。

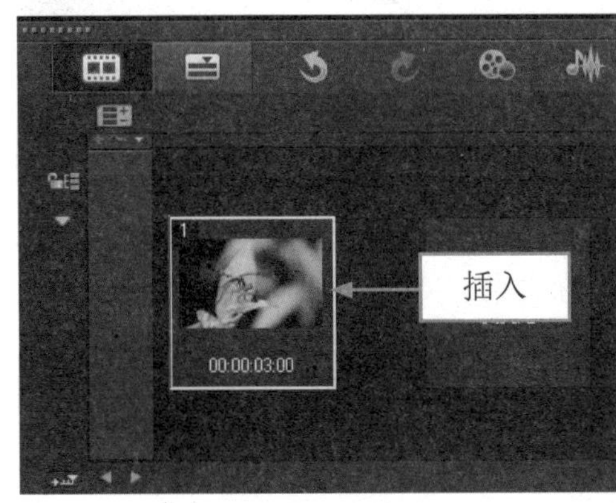

图 8-99 插入图像素材

图 8-100 预览图像效果

步骤 03 在“滤镜”素材库中，单击窗口上方的“画廊”按钮，在弹出的列表框中选择“3D 材质对映”选项，如图 8-101 所示。

步骤 04 打开“3D 材质对映”素材库，选择“鱼眼”滤镜效果，如图 8-102 所示。

图 8-101 选择“3D 材质对映”选项

图 8-102 选择“鱼眼”滤镜效果

步骤 05 单击鼠标左键并拖曳至故事板中的图像素材上方，添加“鱼眼”滤镜效果，如图 8-103 所示。

步骤 06 执行上述操作后，单击导览面板中的“播放”按钮，即可预览“鱼眼”滤镜效果，如图 8-104 所示。

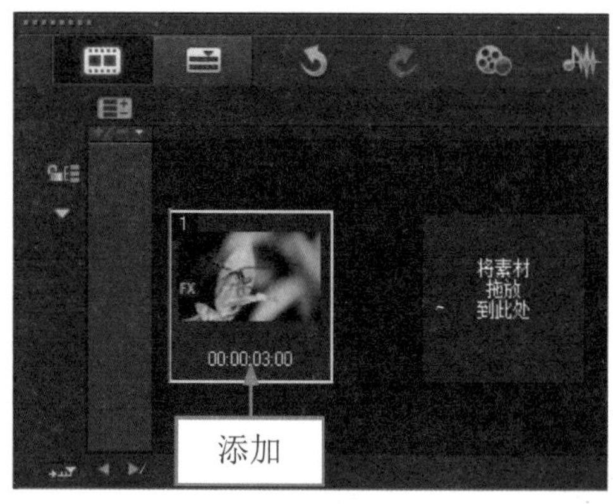

图 8-103 添加“鱼眼”滤镜效果

图 8-104 预览“鱼眼”滤镜效果

8.6.9 水彩

在会声会影 X7 中，“水彩”滤镜效果可以为图像画面带来一种朦胧的水彩感。“水彩”滤镜预设模式列表框中，一共向用户提供了 11 种不同的滤镜预设模式，用户可根据需要选择相应的效果。下面介绍应用“水彩”滤镜的操作方法。

	素材文件	光盘 \ 素材 \ 第 8 章 \. 一朵花 .jpg
	效果文件	光盘 \ 效果 \ 第 8 章 \ 一朵花 .VSP
	视频文件	光盘 \ 视频 \ 第 8 章 \8.6.9 水彩 .mp4

实战 一朵花

步骤 01 进入会声会影编辑器，在故事板中插入一幅图像素材，如图 8-105 所示。

步骤 02 在预览窗口中可预览插入的素材图像效果，如图 8-106 所示。

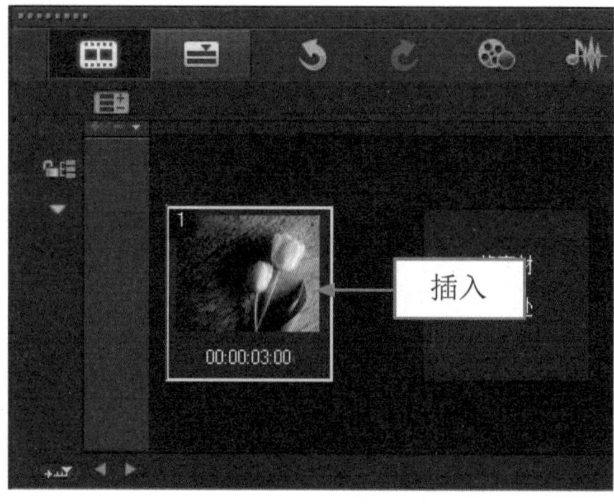

图 8-105 插入图像素材

图 8-106 预览图像效果

步骤 03 在“滤镜”素材库中，单击窗口上方的“画廊”按钮，在弹出的列表框中选择“自然绘图”选项，如图 8-107 所示。

步骤 04 打开“自然绘图”素材库，选择“水彩”滤镜效果，如图 8-108 所示。

图 8-107 选择“自然绘图”选项

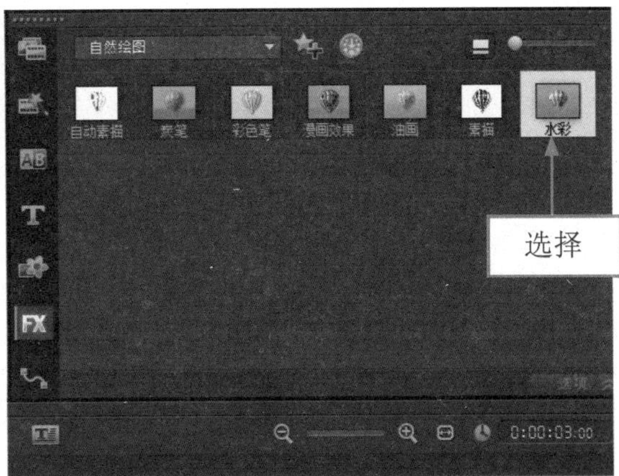

图 8-108 选择“水彩”滤镜效果

步骤 05 单击鼠标左键并拖曳至故事板中的图像素材上方，添加“水彩”滤镜效果，在“属性”选项面板中单击“自定义滤镜”左侧的下三角按钮，在弹出的列表框中选择第 1 排第 3 个预设样式，如图 8-109 所示。

步骤 06 执行上述操作后，单击导览面板中的“播放”按钮，即可预览“水彩”滤镜效果，如图 8-110 所示。

图 8-109 选择相应预设样式

图 8-110 预览“水彩”滤镜效果

8.6.10 双色套印

在会声会影 X7 中，为图像应用“双色套印”滤镜，可以将视频图像转换为双色套印模式。下面介绍应用“双色套印”滤镜的操作方法。

	素材文件	光盘 \ 素材 \ 第 8 章 \ 城墙 .jpg
	效果文件	光盘 \ 效果 \ 第 8 章 \ 城墙 .VSP
	视频文件	光盘 \ 视频 \ 第 8 章 \8.6.10 双色套印 .mp4

实战 城墙

步骤 01 进入会声会影编辑器，在故事板中插入一幅图像素材，如图 8-111 所示。

步骤 02 在预览窗口中可预览插入的素材图像效果，如图 8-112 所示。

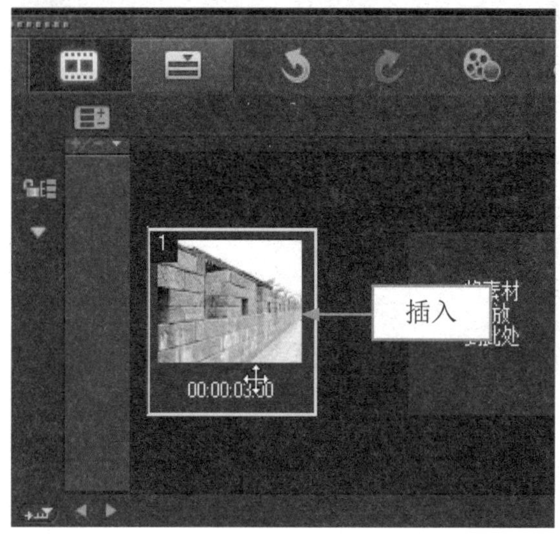

图 8-111 插入图像素材

图 8-112 预览图像效果

步骤 03 在“滤镜”素材库中，单击窗口上方的“画廊”按钮，在弹出的列表框中选择“相机镜头”选项，打开“相机镜头”素材库，选择“双色套印”滤镜效果，如图 8-113 所示。

步骤 04 单击鼠标左键并拖曳至故事板中的图像素材上方，添加“双色套印”滤镜效果，如图 8-114 所示。

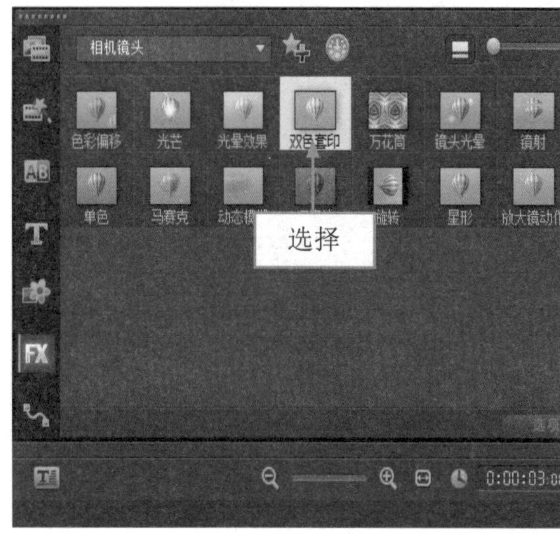

图 8-113 选择“双色套印”滤镜效果

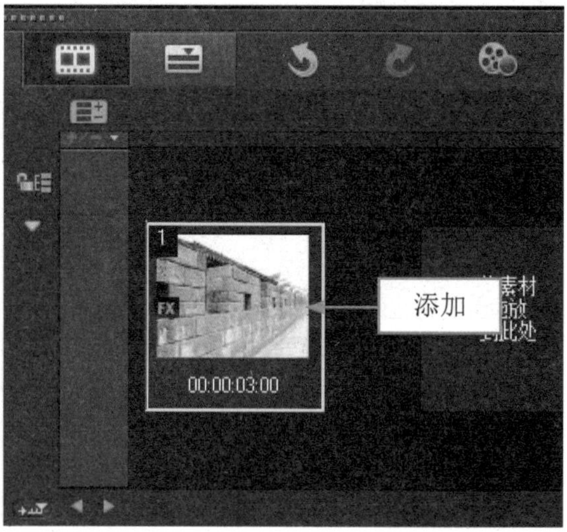

图 8-114 添加“双色套印”滤镜效果

步骤 05 在“属性”选项面板中单击“自定义滤镜”左侧的下三角按钮，在弹出的列表框中选择第 2 排第 3 个预设样式，如图 8-115 所示。

步骤 06 执行上述操作后，单击导览面板中的“播放”按钮，即可预览“双色套印”滤镜效果，如图 8-116 所示。

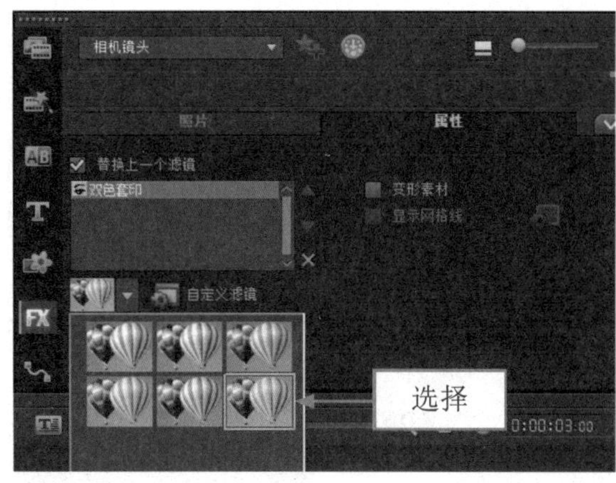

图 8-115 选择相应预设样式

图 8-116 预览“双色套印”滤镜效果

8.6.11 旧底片

在会声会影 X7 中，为图像应用“旧底片”滤镜，可以将画面效果转换为旧底片模式。下面介绍应用“旧底片”滤镜的操作方法。

	素材文件	光盘 \ 素材 \ 第 8 章 \ 生日蛋糕 .jpg
	效果文件	光盘 \ 效果 \ 第 8 章 \ 生日蛋糕 .VSP
	视频文件	光盘 \ 视频 \ 第 8 章 \8.6.11 旧底片 .mp4

实战 生日蛋糕

步骤 01 进入会声会影编辑器，在故事板中插入一幅图像素材，如图 8-117 所示。

步骤 02 在预览窗口中可预览插入的素材图像效果，如图 8-118 所示。

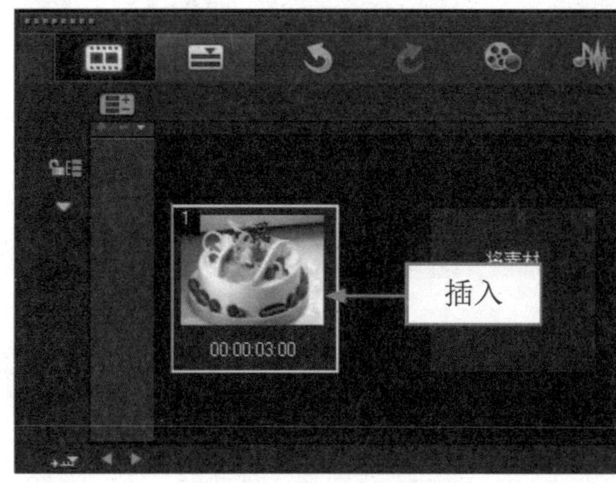

图 8-117 插入图像素材

图 8-118 预览图像效果

步骤 03 在“滤镜”素材库中，单击窗口上方的“画廊”按钮，在弹出的列表框中选择“相机镜头”选项，打开“相机镜头”素材库，选择“旧底片”滤镜效果，如图 8-119 所示。

步骤 04 单击鼠标左键并拖曳至故事板中的图像素材上方，添加“旧底片”滤镜效果，如图 8-120 所示。

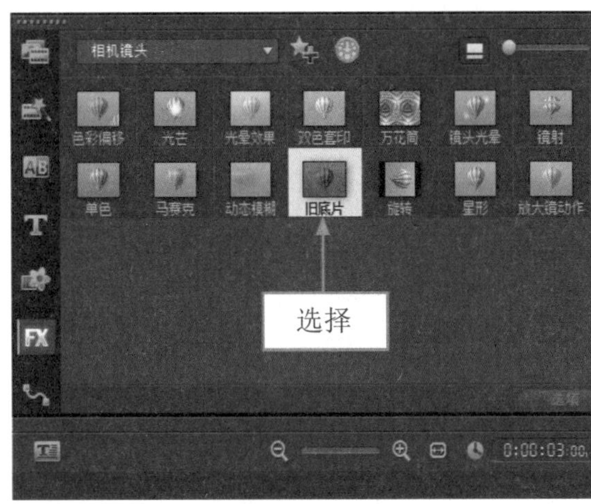

图 8-119 选择"旧底片"滤镜效果

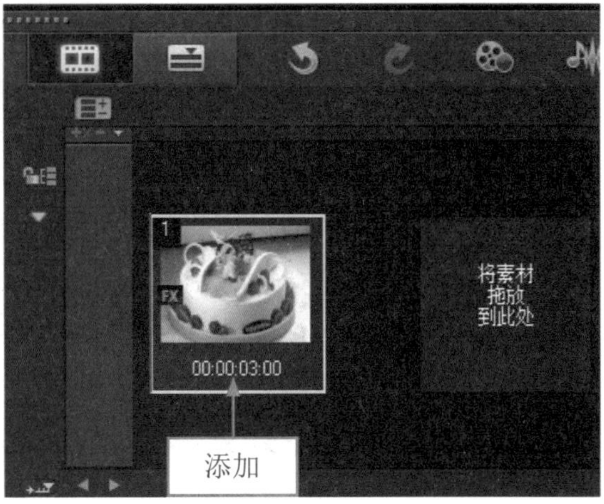

图 8-120 添加"旧底片"滤镜效果

步骤 05 在"属性"选项面板中单击"自定义滤镜"左侧的下三角按钮，在弹出的列表框中选择第 1 排第 3 个预设样式，如图 8-121 所示。

步骤 06 执行上述操作后，单击导览面板中的"播放"按钮，即可预览"旧底片"滤镜效果，如图 8-122 所示。

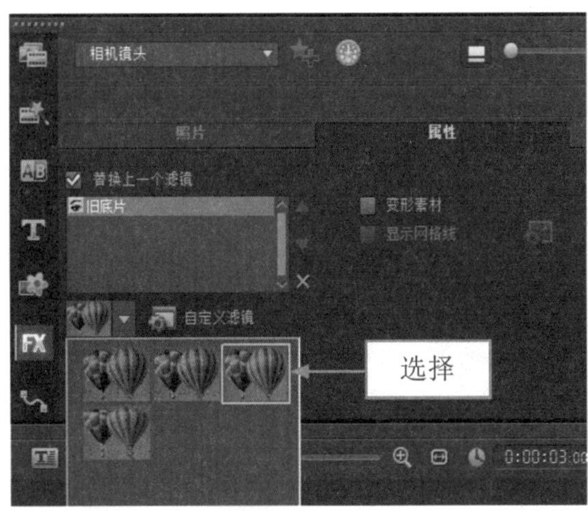

图 8-121 选择相应预设样式

图 8-122 预览"旧底片"滤镜效果

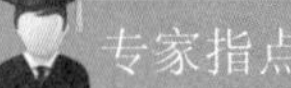

专家指点

在会声会影 X7 中为图像添加"旧底片"滤镜效果后，如果对旧底片的颜色不满意，此时可以在"属性"选项面板中单击"自定义滤镜"按钮，弹出"旧底片"对话框，在其中可以设置"替换色彩"的颜色。

8.6.12 肖像画

在会声会影 X7 中，"肖像画"滤镜主要用于描述人物肖像画，用户可以根据需要为图像添加"肖像画"滤镜效果。下面介绍应用"肖像画"滤镜的操作方法。

	素材文件	光盘\素材\第 8 章\幸福 .jpg
	效果文件	光盘\效果\第 8 章\幸福 .VSP
	视频文件	光盘\视频\第 8 章\8.6.12 肖像画 .mp4

实战 幸福

步骤 01 进入会声会影 X7 编辑器，在故事板中插入一幅素材图像，如图 8-123 所示。

步骤 02 在预览窗口中，可以预览视频的画面效果，如图 8-124 所示。

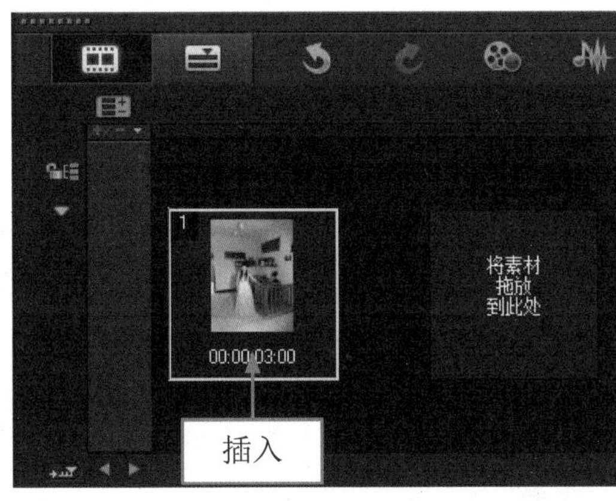

图 8-123 插入素材图像

图 8-124 预览视频画面效果

步骤 03 单击“滤镜”按钮，切换至“滤镜”选项卡，在“暗房”滤镜组中选择“肖像画”滤镜，如图 8-125 所示。

步骤 04 单击鼠标左键，并将其拖曳至故事板中的素材上，释放鼠标左键，即可添加“肖像画”滤镜，在预览窗口中可以预览“肖像画”视频滤镜效果，如图 8-126 所示。

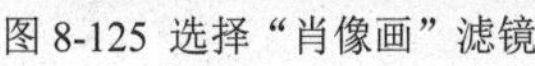

图 8-125 选择“肖像画”滤镜

图 8-126 预览“肖像画”视频滤镜效果

专家指点

在会声会影 X7 中，运用“肖像画”滤镜，不仅可以产生唯美、浪漫的感觉，还可以使画面更加简洁，从而起到突出人物主体的作用。

8.6.13 FX 涟漪

在会声会影 X7 中，为图像应用“FX 涟漪”滤镜，可以在素材图像上添加一种类似水波的效果。下面介绍应用“FX 涟漪”滤镜的操作方法。

	素材文件	光盘 \ 素材 \ 第 8 章 \ 流水效果 .jpg
	效果文件	光盘 \ 效果 \ 第 8 章 \ 流水效果 .VSP
	视频文件	光盘 \ 视频 \ 第 8 章 \8.6.13 FX 涟漪 .mp4

实战 流水效果

步骤 01 进入会声会影编辑器，在故事板中插入一幅图像素材，如图 8-127 所示。

步骤 02 在预览窗口中可预览插入的素材图像效果，如图 8-128 所示。

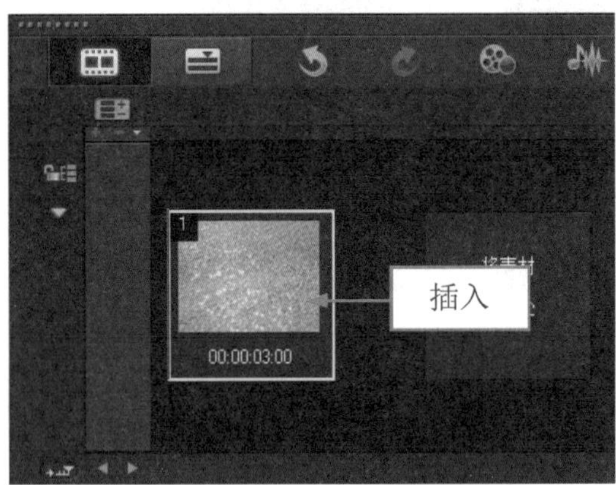

图 8-127 插入图像素材

图 8-128 预览图像效果

步骤 03 在“滤镜”素材库中，单击窗口上方的“画廊”按钮，在弹出的列表框中选择 Corel FX 选项，如图 8-129 所示。

步骤 04 打开相应素材库，选择“FX 涟漪”滤镜效果，如图 8-130 所示。

图 8-129 选择 Corel FX 选项

图 8-130 选择“FX 涟漪”滤镜效果

步骤 05 单击鼠标左键并拖曳至故事板中的图像素材上方，添加“FX 涟漪”滤镜效果，单击导览面板中的“播放”按钮，预览“FX 涟漪”滤镜效果，如图 8-131 所示。

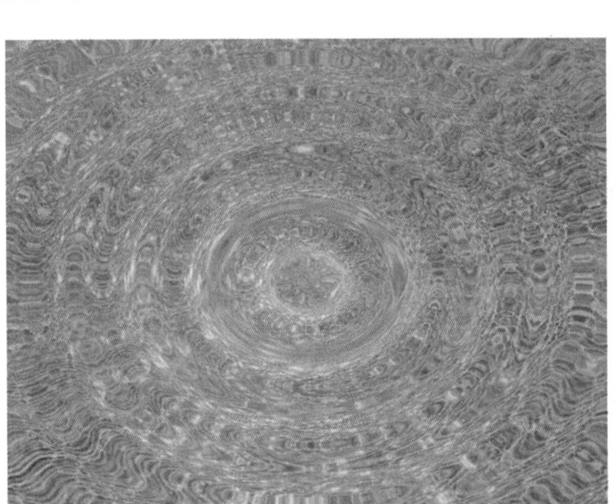
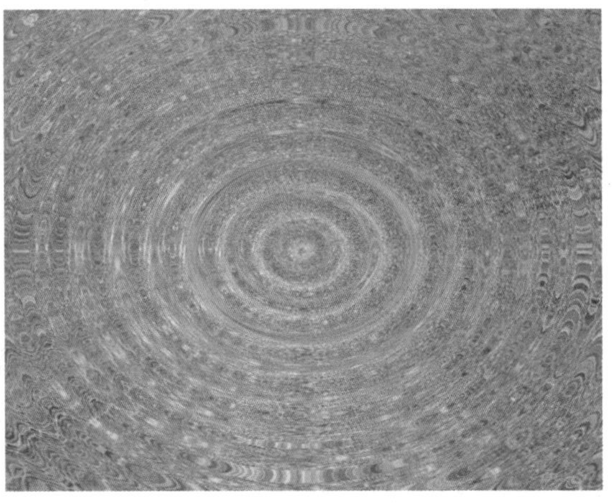

图 8-131 预览“FX 涟漪”滤镜效果

8.6.14 镜头光晕

在会声会影 X7 中，应用“镜头光晕”滤镜效果可以模拟太阳光照的效果，体现光芒四射的特效。下面介绍应用“镜头光晕”滤镜的操作方法。

	素材文件	光盘 \ 素材 \ 第 8 章 \ 绿色家园 .jpg
	效果文件	光盘 \ 效果 \ 第 8 章 \ 绿色家园 .VSP
	视频文件	光盘 \ 视频 \ 第 8 章 \8.6.14 镜头光晕 .mp4

实战 绿色家园

步骤 01 进入会声会影编辑器，在故事板中插入一幅图像素材，如图 8-132 所示。

步骤 02 在“滤镜”素材库中，单击窗口上方的“画廊”按钮，在弹出的列表框中选择“相机镜头”选项，打开“相机镜头”素材库，选择“镜头光晕”滤镜效果，如图 8-133 所示。

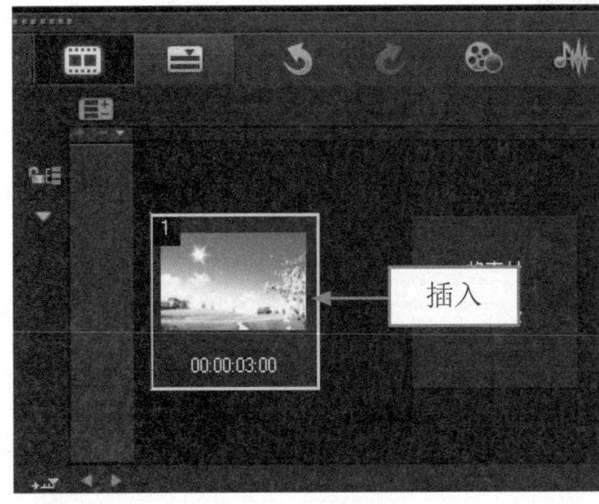

图 8-132 插入图像素材

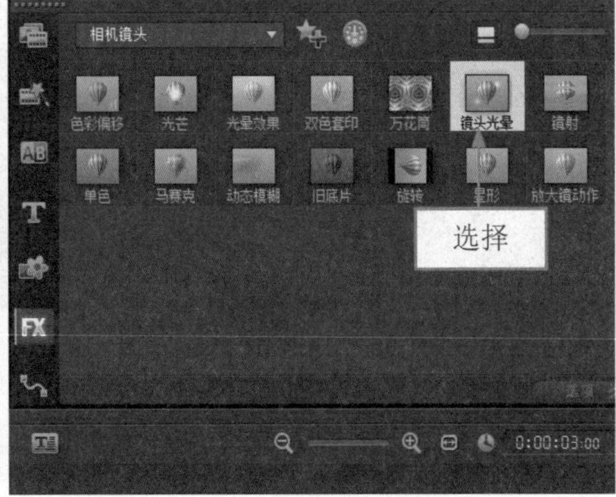

图 8-133 选择“镜头光晕”滤镜效果

步骤 03 单击鼠标左键并拖曳至故事板中的图像素材上方，添加“镜头光晕”滤镜效果，单击导览面板中的“播放”按钮，预览“镜头光晕”滤镜效果，如图 8-134 所示。

图 8-134 预览“镜头光晕”滤镜效果

8.6.15 放大镜动作

在会声会影 X7 中，为图像应用“放大镜动作”滤镜效果，可以制作出缩放效果。下面介绍应用“放大镜动作”滤镜的操作方法。

	素材文件	光盘 \ 素材 \ 第 8 章 \ 瓷器 .jpg
	效果文件	光盘 \ 效果 \ 第 8 章 \ 瓷器 .VSP
	视频文件	光盘 \ 视频 \ 第 8 章 \8.6.15 放大镜动作 .mp4

实战 瓷器

步骤 01 进入会声会影 X7 编辑器，在故事板中插入一幅素材图像，如图 8-135 所示。

步骤 02 在预览窗口中，可以预览视频的画面效果，如图 8-136 所示。

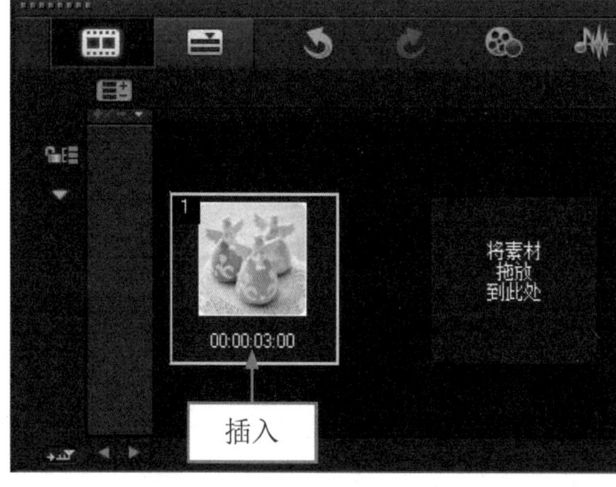

图 8-135 插入素材图像

图 8-136 预览视频画面效果

步骤 03 单击“滤镜”按钮，切换至“滤镜”选项卡，单击窗口上方的“画廊”按钮，在弹出的列表框中选择“相机镜头”选项，如图 8-137 所示。

步骤 04 打开“相机镜头”素材库，选择“放大镜动作”滤镜效果，如图 8-138 所示。

步骤 05 单击鼠标左键，并将其拖曳至故事板中的素材上，如图 8-139 所示。

步骤 06 释放鼠标左键，即可添加“放大镜动作”滤镜，如图 8-140 所示。

步骤 07 单击导览面板中的“播放”按钮，即可预览“放大镜动作”滤镜效果，如图 8-141 所示。

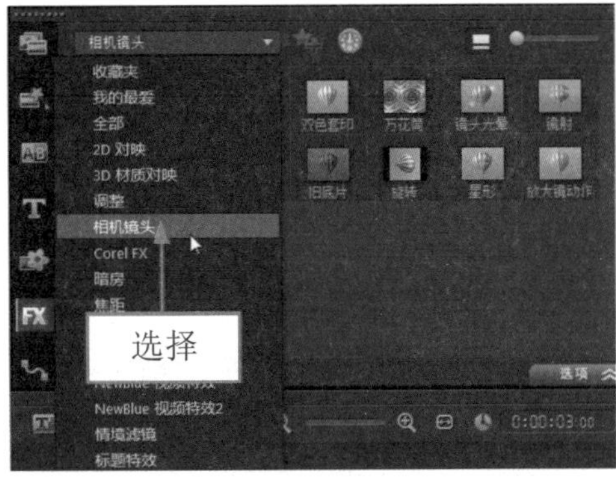

图 8-137 选择“相机镜头”选项

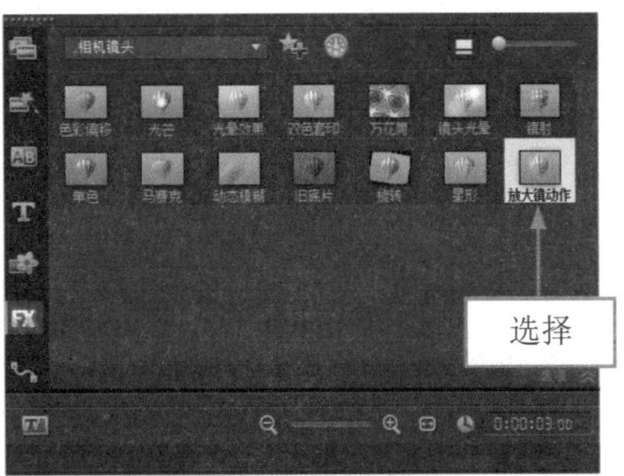

图 8-138 选择“放大镜动作”滤镜

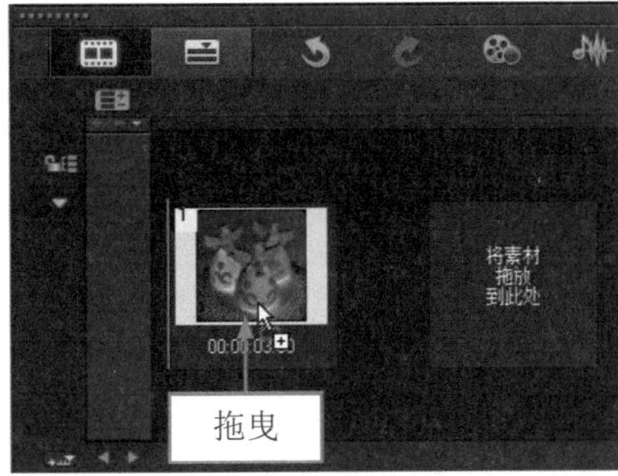

图 8-139 拖曳至素材上

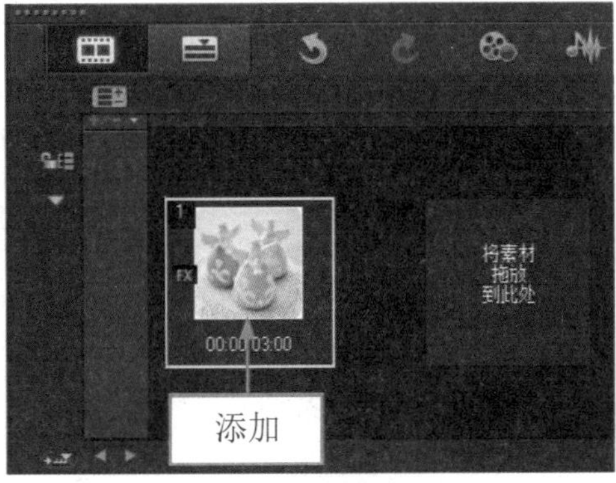

图 8-140 添加“放大镜动作”滤镜

图 8-141 预览“放大镜动作”滤镜效果

专家指点

在会声会影 X7 中，“相机镜头”滤镜素材库中的“放大镜动作”滤镜效果主要是调整图像缩放变换，制作梦幻效果。

09 制作视频转场特效

学习提示

在会声会影X7中，从某种角度来说，转场就一种特殊的滤镜效果，它可以在两个图像或视频素材之间创建某种过渡效果，使视频更具吸引力。本章主要介绍制作视频转场精彩特效的方法，希望读者学完以后可以制作出更多精彩的视频转场特效。

本章案例导航

- 实战——花样茶杯
- 实战——小红花
- 实战——教学楼
- 实战——树林
- 实战——红色心形
- 实战——伴侣
- 实战——小鸟
- 实战——海纳百川
- 实战——高原风景
- 实战——字母

9.1 了解转场效果

镜头之间的过渡或者素材之间的转换称为转场，它是使用一些特殊的效果，在素材与素材之间产生自然、流畅和平滑的过渡。

9.1.1 硬切换与软特换

每一个非线性编辑软件都很重视视频转场效果的设计，若转场效果运用得当，可以增加影片的观赏性和流畅性，从而提高影片的艺术效果。

在视频编辑工作中，素材与素材之间的连接称为切换。最常用的切换方法是一个素材与另一个素材紧密连接，使其直接过渡，这种方法称为“硬切换”；另一种方法称为“软切换”。

9.1.2 了解“转场”选项面板

在“转场”选项面板中，各选项主要用于编辑视频转场效果，可以调整各转场效果的区间长度，设置转场的边框效果、边框色彩以及柔化边缘等属性，如图 9-1 所示。

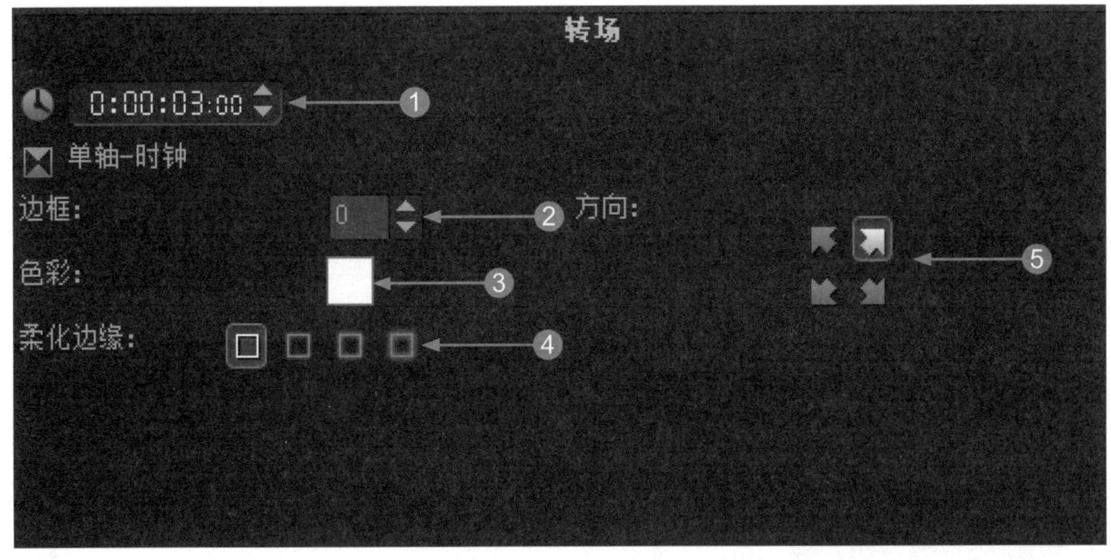

图 9-1 “转场”选项面板

在“转场”选项面板中，各主要选项的具体含义如下。

❶ “区间”数值框：该数值框用于调整转场播放时间的长度，显示当前播放所选转场所需的时间，时间码上的数字代表“小时 : 分钟 : 秒 : 帧”，单击其右侧的微调按钮，可以调整数值的大小，也可以单击时间码上的数字，待数字处于闪烁状态时，输入新的数字后按【Enter】键确认，即可改变原来视频转场的播放时间长度。

❷ “边框”数值框：在“边框”右侧的数值框中，用户可以输入相应的数值来改变转场边框的宽度，也可以单击其右侧的微调按钮调整数值的大小。

❸ “色彩”色块：单击“色彩”右侧的色块，在弹出的颜色面板中，用户可以根据需要改变转场边框的颜色。

❹ “柔化边缘”按钮：该选项右侧有 4 个按钮，代表转场的 4 种柔化边缘程度，用户可以根

据需要单击相应的柔化边框按钮，设置视频的转场柔化边缘效果。

❺ "方向"按钮：单击"方向"选项组中的按钮，可以决定转场效果的播放方向，根据用户添加的转场效果不同，转场方向可供使用的数量也会不同。

9.2 添加视频转场

若转场效果运用得当，可以增加影片的观赏性和流畅性，从而提高影片的艺术档次。相反，若运用不当，有时会使观众产生错觉，或者产生画蛇添足的效果，也会大大降低影片的观赏价值。

本节主要介绍转场效果的基本操作，包括添加转场效果、移动转场效果、替换转场效果以及删除转场效果等。

9.2.1 自动添加转场

在会声会影 X7 中，当用户需要在大量的静态照片之间加入转场效果时，此时自动添加转场效果最为方便。

下面介绍自动添加转场效果的操作方法。

素材文件	光盘 \ 素材 \ 第 9 章 \ 花样茶杯 a.jpg、花样茶杯 b.jpg
效果文件	光盘 \ 效果 \ 第 9 章 \ 花样茶杯 .VSP
视频文件	光盘 \ 视频 \ 第 9 章 \9.2.1 自动添加转场 .mp4

实战 花样茶杯

步骤 01 进入会声会影编辑器，单击"设置"|"参数选择"命令，如图 9-2 所示。

步骤 02 执行上述操作后，弹出"参数选择"对话框，如图 9-3 所示。

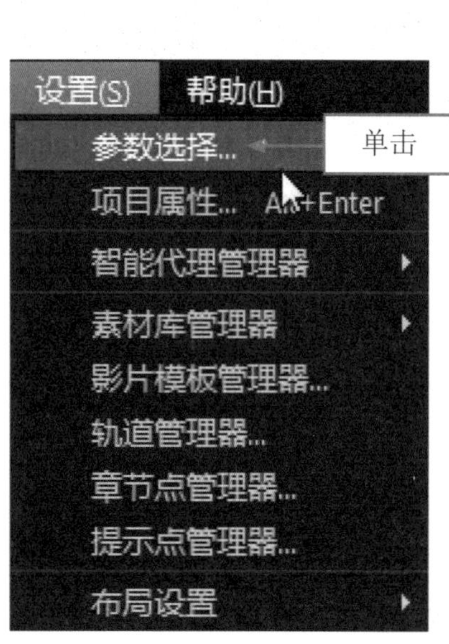

图 9-2 单击"参数选择"命令

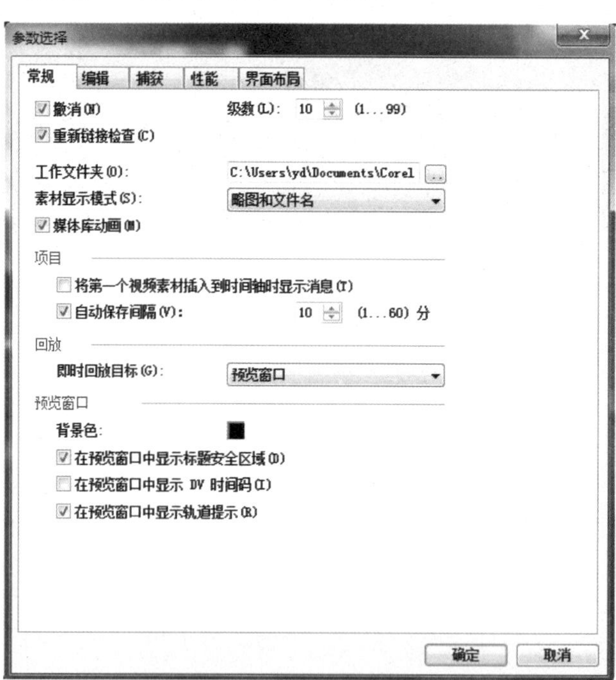

图 9-3 弹出"参数选择"对话框

步骤 03 切换至“编辑”选项卡，选中“自动添加转场效果”复选框，如图 9-4 所示。

步骤 04 单击“确定”按钮，返回会声会影编辑器，在故事板中插入两幅素材图像，如图 9-5 所示。

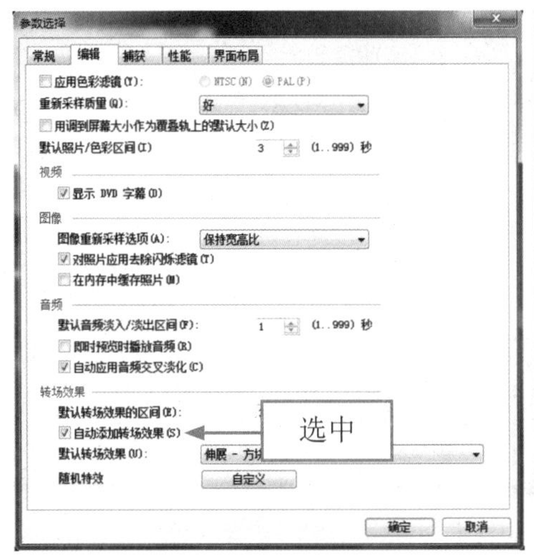

图 9-4 选中“自动添加转场效果”复选框

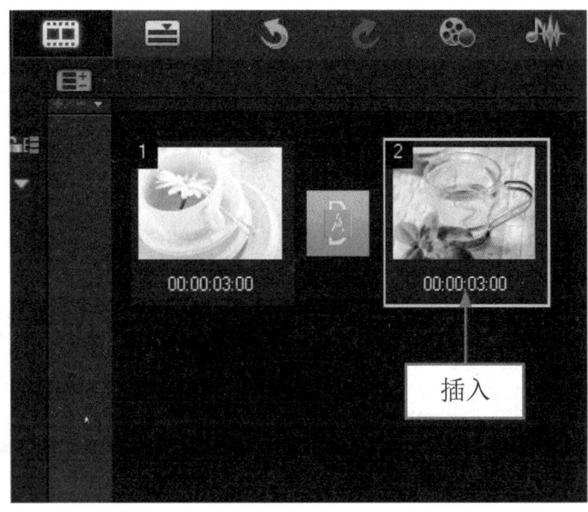

图 9-5 插入两幅素材图像

步骤 05 单击导览面板中的“播放”按钮，预览自动添加的转场效果，如图 9-6 所示。

图 9-6 预览自动添加的转场效果

9.2.2 手动添加转场

会声会影 X7 为用户提供了上百种的转场效果，用户可根据需要手动添加适合的转场效果，从而制作出绚丽多彩的视频作品。下面介绍手动添加转场效果的操作方法。

	素材文件	光盘 \ 素材 \ 第 9 章 \ 小红花 1.jpg、小红花 2.jpg
	效果文件	光盘 \ 效果 \ 第 9 章 \ 小红花 .VSP
	视频文件	光盘 \ 视频 \ 第 9 章 \9.2.2 手动添加转场 .mp4

实战 小红花

步骤 01 进入会声会影 X7 编辑器，在故事板中插入两幅素材图像，如图 9-7 所示。

步骤 02 在素材库的左侧，单击“转场”按钮，如图 9-8 所示。

步骤 03 切换至“转场”素材库，单击素材库上方的“画廊”按钮，在弹出的下拉列表中选择 3D 选项，如图 9-9 所示。

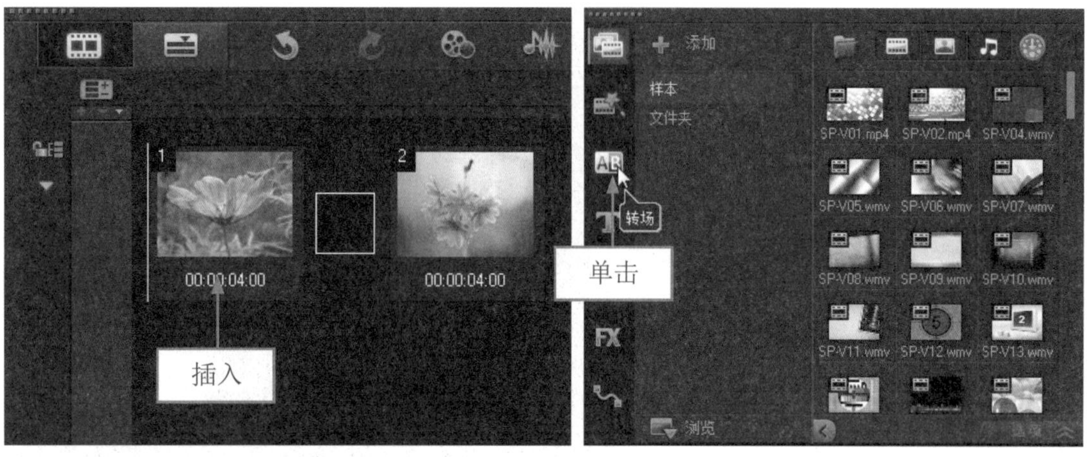

图 9-7 插入两幅素材图像　　图 9-8 单击“转场”按钮

步骤 04 打开 3D 转场组，在其中选择“百叶窗”转场效果，如图 9-10 所示。

图 9-9 选择 3D 选项　　图 9-10 选择“百叶窗”转场效果

专家指点

进入“转场”素材库后，默认状态下显示“收藏夹”转场组，用户可以将其他类别中常用的转场效果添加至“收藏夹”转场组中，方便以后调用到其他视频素材之间，提高视频编辑效率。

步骤 05 单击鼠标左键并将其拖曳至故事板中两幅素材图像之间的方格中，如图 9-11 所示。

步骤 06 释放鼠标左键，即可添加“百叶窗”转场效果，如图 9-12 所示。

步骤 07 在导览面板中单击“播放”按钮，预览手动添加的转场效果，如图 9-13 所示。

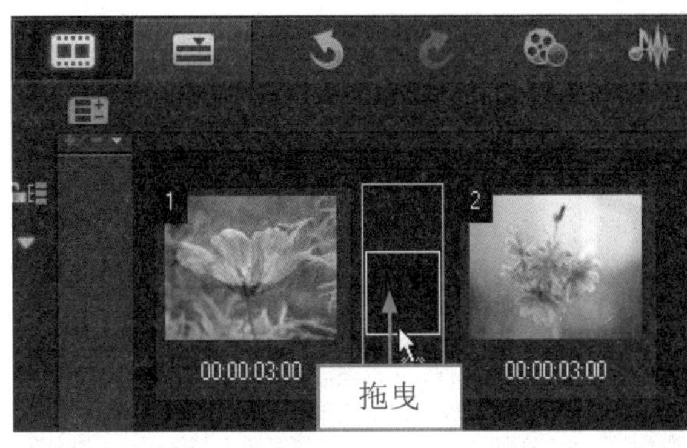

图 9-11 拖曳至两幅素材图像之间

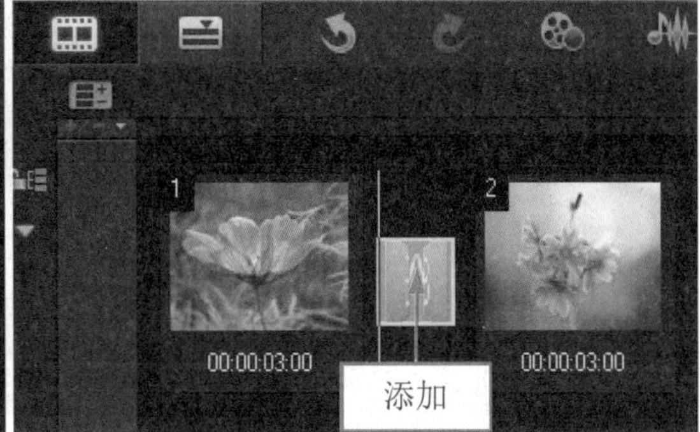

图 9-12 添加“百叶窗”转场效果

图 9-13 预览手动添加的转场效果

9.2.3 素材应用随机

在会声会影 X7 中，当用户在故事板中添加了素材图像后，还可以为其添加随机的转场效果，该操作既方便又快捷。

下面介绍对素材应用随机效果的操作方法。

	素材文件	光盘 \ 素材 \ 第 9 章 \ 教学楼 1.jpg、教学楼 2.jpg
	效果文件	光盘 \ 效果 \ 第 9 章 \ 教学楼 .VSP
	视频文件	光盘 \ 视频 \ 第 9 章 \9.1.3 素材应用随机 .mp4

实战 教学楼

步骤 01 进入会声会影编辑器，在故事板中插入两幅图像素材，如图 9-14 所示。

步骤 02 单击“转场”按钮，切换至“转场”选项卡，单击窗口上方的“对视频轨应用随机效果”按钮，如图 9-15 所示。

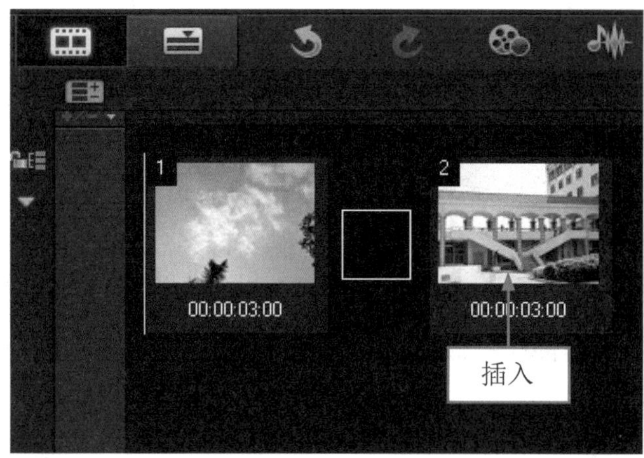

图 9-14 插入图像素材

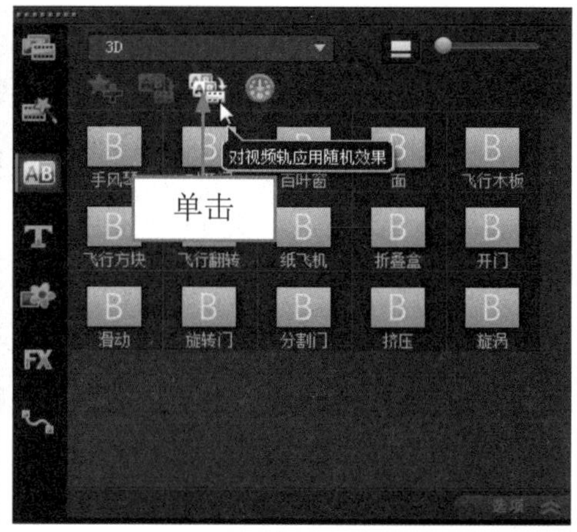

图 9-15 单击“对视频轨应用随机效果”按钮

步骤 03 执行上述操作后，即可对素材应用随机转场效果，单击导览面板中的“播放”按钮，预览添加的随机转场效果，如图 9-15 所示。

图 9-16 预览随机转场效果

专家指点

若当前项目中已经应用了转场效果，单击“对视频轨应用随即效果”按钮时，将弹出信息提示框，单击“否”按钮，则保留原先的转场效果，并在其他素材之间应用随机的转场效果；单击“是”按钮，将用随机的转场效果替换原先的转场效果。

9.2.4 应用当前效果

在会声会影 X7 中，运用“对素材应用当前效果”按钮，可以将当前选择的转场效果应用到当前项目的所有素材之间。下面介绍对素材应用当前效果的操作方法。

	素材文件	光盘 \ 素材 \ 第 9 章 \ 树林 1.jpg、树林 2.jpg
	效果文件	光盘 \ 效果 \ 第 9 章 \ 树林 .VSP
	视频文件	光盘 \ 视频 \ 第 9 章 \9.2.4 应用当前效果 .mp4

实战 树林

步骤 01 进入会声会影编辑器，在故事板中插入两幅图像素材，如图 9-17 所示。

步骤 02 单击“转场”按钮，切换至“转场”选项卡，单击窗口上方的“画廊”按钮，在弹出的列表框中选择“擦拭”选项，如图 9-18 所示。

图 9-17 插入图像素材

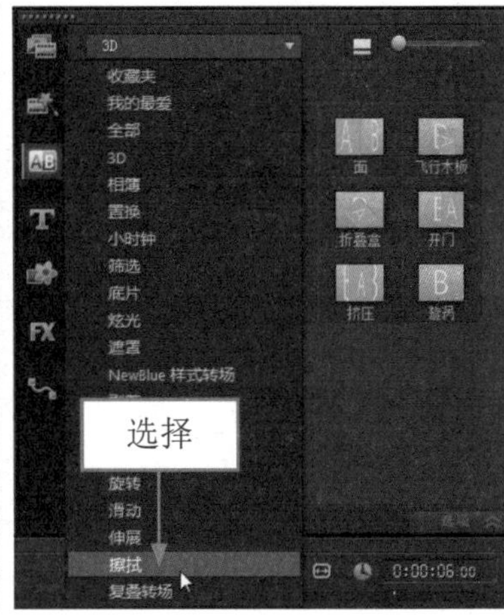

图 9-18 选择“擦拭”选项

步骤 03 打开“擦拭”素材库，在其中选择“百叶窗”转场效果，单击“对视频轨应用当前效果”按钮，如图 9-19 所示。

步骤 04 执行上述操作后，即可在故事板中的图像素材之间添加“百叶窗”转场效果，如图 9-20 所示。

图 9-19 单击“对视频轨应用当前效果”按钮

图 9-20 添加“百叶窗”转场效果

步骤 05 将时间线移至素材的开始位置，单击导览面板中的“播放”按钮，预览添加的转场效果，如图 9-21 所示。

专家指点

在会声会影 X7 编辑器中，添加转场效果后，拖曳预览窗口下方的飞梭栏，也可以预览转场效果。

图 9-21 预览转场效果

9.2.5 添加到收藏夹

在会声会影 X7 中，如果用户需要经常使用某个转场效果，可以将其添加到收藏夹中，以便日后使用。下面介绍添加到收藏夹的操作方法。

	素材文件	无
	效果文件	无
	视频文件	光盘 \ 视频 \ 第 9 章 \9.2.5 添加到收藏夹 .mp4

实战 添加到收藏夹

步骤 01 进入会声会影编辑器，单击“转场”按钮，切换至“转场”选项卡，单击窗口上方的“画廊”按钮，在弹出的列表框中选择“小时钟”选项，如图 9-22 所示。

步骤 02 打开“小时钟”素材库，在其中选择“翻转”转场效果，如图 9-23 所示。

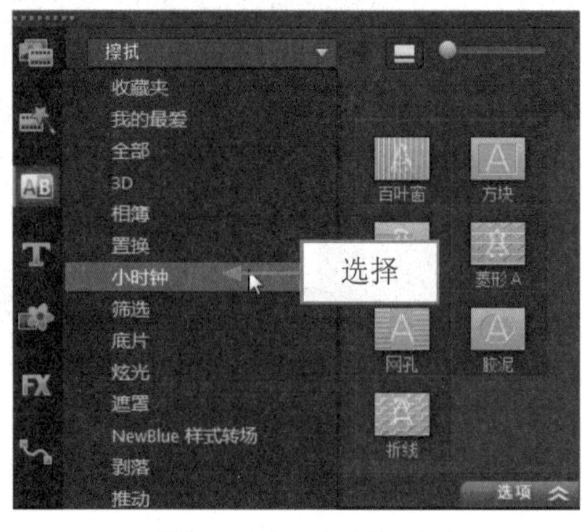

图 9-22 选择“小时钟”选项

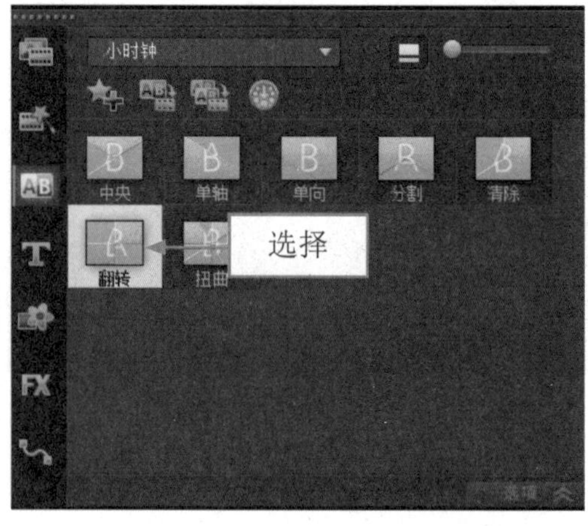

图 9-23 选择“翻转”转场效果

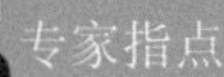

专家指点

在会声会影 X7 编辑器中，默认的“收藏夹”选项卡中包含“溶解”、“交错淡化”以及“单身”3 个转场效果。

步骤 03 单击窗口上方的“添加到收藏夹”按钮，如图 9-24 所示。

步骤 04 执行上述操作后，打开“收藏夹”素材库，可以查看添加的“翻转”转场效果，如图 9-25 所示。

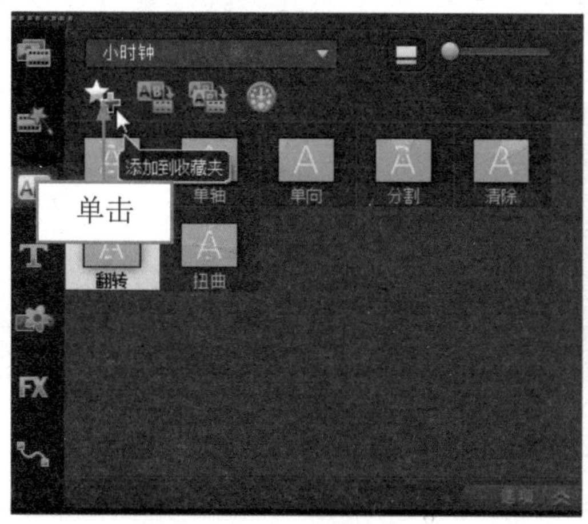

图 9-24 单击“添加到收藏夹”按钮

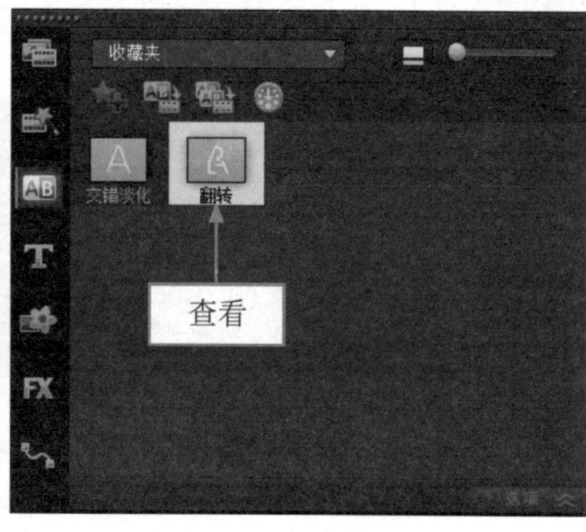

图 9-25 查看转场效果

专家指点

在会声会影 X7 中，选择需要添加到收藏夹的转场效果后，单击鼠标右键，在弹出的快捷菜单中选择“添加到收藏夹”选项，也可将转场效果添加至收藏夹中。

9.2.6 从收藏夹删除

在会声会影 X7 中，将转场效果添加至收藏夹后，如果不再需要该转场效果，可以将其从收藏夹中删除。下面介绍从收藏夹删除的操作方法。

	素材文件	无
	效果文件	无
	视频文件	光盘 \ 视频 \ 第 9 章 \9.2.6 从收藏夹删除 .mp4

实战 从收藏夹删除

步骤 01 进入会声会影编辑器，单击“转场”按钮，切换至“转场”选项卡，进入“收藏夹”素材库，在其中选择需要删除的转场效果，单击鼠标右键，在弹出的快捷菜单中选择“删除”选项，如图 9-26 所示。

步骤 02 执行上述操作后，弹出提示信息框，提示用户是否删除此略图，如图 9-27 所示，单击“是”按钮，即可从收藏夹中删除该转场效果。

专家指点

在会声会影 X7 中，除了可以运用以上方法删除转场效果外，用户还可以在“收藏夹”转场素材库中选择该转场效果，然后按【Delete】键，也可以弹出提示信息框，单击“是”按钮，即可删除转场效果。

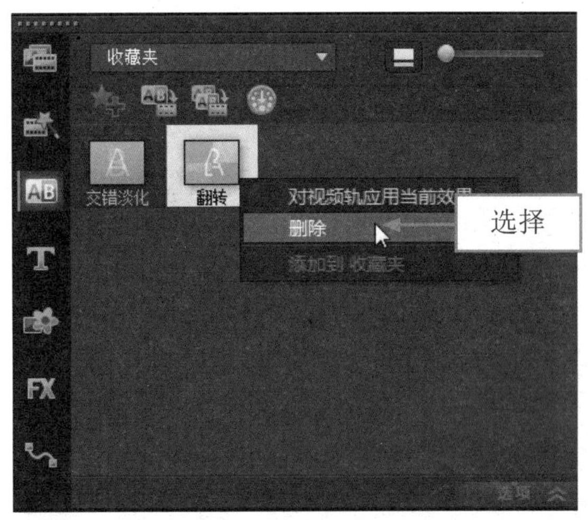

图 9-26 选择“删除”选项

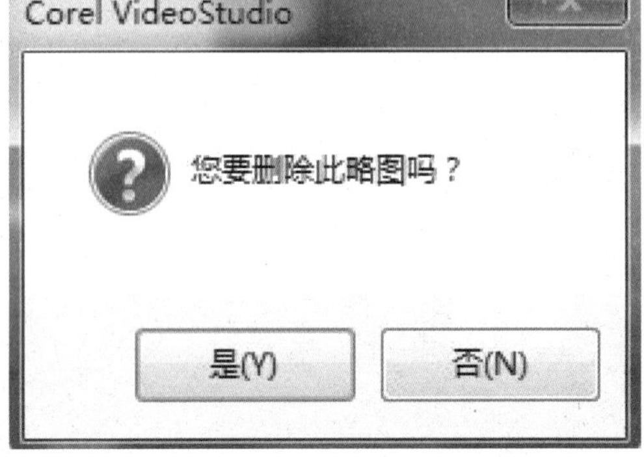

图 9-27 弹出提示信息框

9.2.7 替换转场

在会声会影 X7 中，在图像素材之间添加相应的转场效果后，如果用户对该转场效果不满意，可以对其进行替换。下面介绍替换转场效果的操作方法。

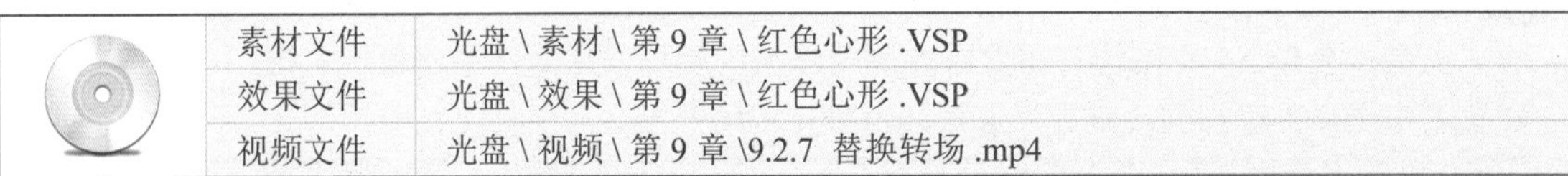

	素材文件	光盘 \ 素材 \ 第 9 章 \ 红色心形 .VSP
	效果文件	光盘 \ 效果 \ 第 9 章 \ 红色心形 .VSP
	视频文件	光盘 \ 视频 \ 第 9 章 \9.2.7 替换转场 .mp4

实战 红色心形

步骤 01 进入会声会影编辑器，打开一个项目文件，如图 9-28 所示。

步骤 02 单击导览面板中的“播放”按钮，在预览窗口中预览打开的项目效果，如图 9-29 所示。

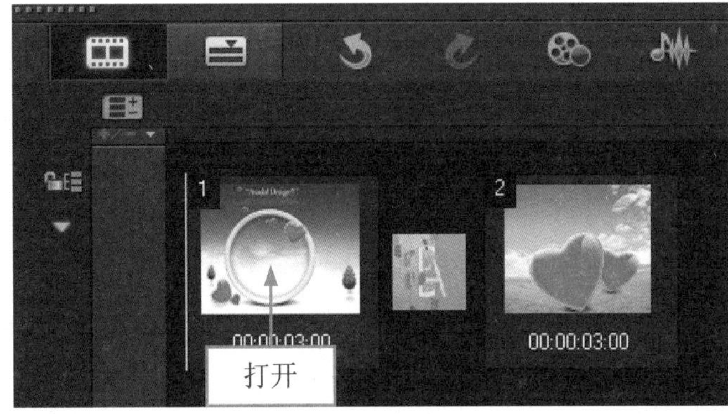

图 9-28 打开项目文件

图 9-29 预览项目效果

步骤 03 切换至“转场”选项卡，在“剥落”素材库中，选择“拉链”转场效果，如图 9-30 所示。

步骤 04 单击鼠标左键并拖曳至故事板中的两幅图像素材之间，替换之前添加的转场效果，如图 9-31 所示。

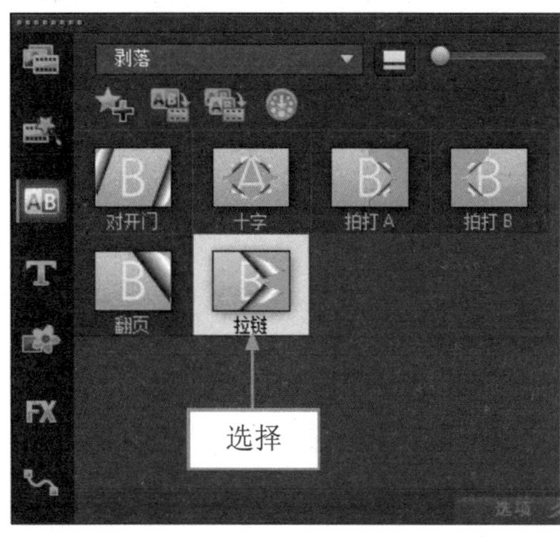

图 9-30 选择“拉链”转场效果

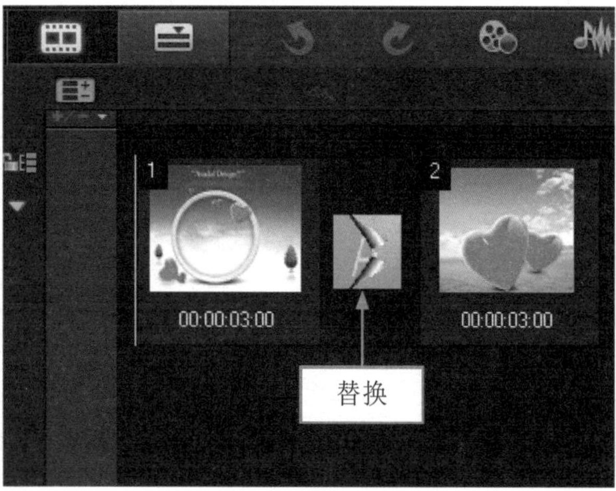

图 9-31 替换转场效果

步骤 05 执行上述操作后，单击导览面板中的“播放”按钮，预览已替换的转场效果，如图 9-31 所示。

图 9-32 预览已替换的转场效果

9.2.8 移动转场

在会声会影 X7 中，若用户需要调整转场效果的位置，则可先选择需要移动的转场效果，然后再将其拖曳至合适位置。下面介绍移动转场效果的操作方法。

	素材文件	光盘 \ 素材 \ 第 9 章 \ 伴侣 .VSP
	效果文件	光盘 \ 效果 \ 第 9 章 \ 伴侣 .VSP
	视频文件	光盘 \ 视频 \ 第 9 章 \9.2.8 移动转场 .mp4

实战 伴侣

步骤 01 进入会声会影编辑器，打开一个项目文件，单击导览面板中的“播放”按钮，预览打开的项目效果，如图 9-33 所示。

图 9-33 预览项目效果

步骤 02 在故事板中选择第 1 张图像与第 2 张图像之间的转场效果，单击鼠标左键并拖曳至第 2 张图像与第 3 张图像之间，如图 9-34 所示。

步骤 03 释放鼠标左键，即可移动转场效果，如图 9-35 所示。

图 9-34 拖曳转场效果

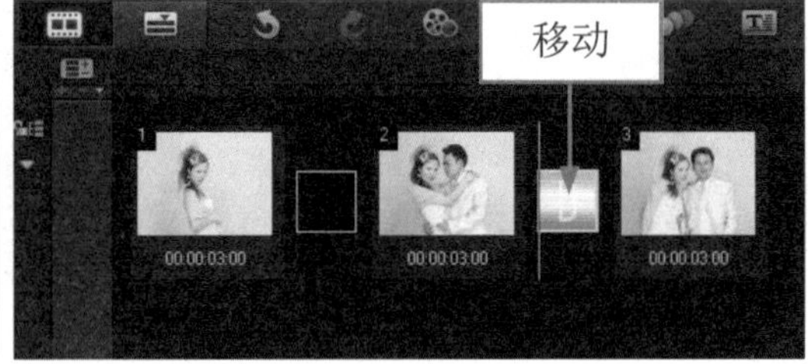

图 9-35 移动转场效果

步骤 04 执行上述操作后，单击导览面板中的“播放”按钮，即可预览移动转场后的效果，如图 9-36 所示。

图 9-36 预览转场效果

9.2.9 删除转场

在会声会影 X7 中，为素材添加转场效果后，若用户对添加的转场效果不满意，用户可以将其删除。下面介绍删除转场效果的操作方法。

	素材文件	光盘 \ 素材 \ 第 9 章 \ 小鸟 .VSP
	效果文件	光盘 \ 效果 \ 第 9 章 \ 小鸟 .VSP
	视频文件	光盘 \ 视频 \ 第 9 章 \9.2.9 删除转场 .mp4

实战 小鸟

步骤 01 进入会声会影编辑器，打开一个项目文件，单击导览面板中的“播放”按钮，预览打开的项目效果，如图 9-37 所示。

图 9-37 预览项目效果

步骤 02 在故事板中选择需要删除的转场效果，单击鼠标右键，在弹出的快捷菜单中选择“删除”选项，如图 9-37 所示。

步骤 03 执行上述操作后，即可删除转场效果，如图 9-38 所示。

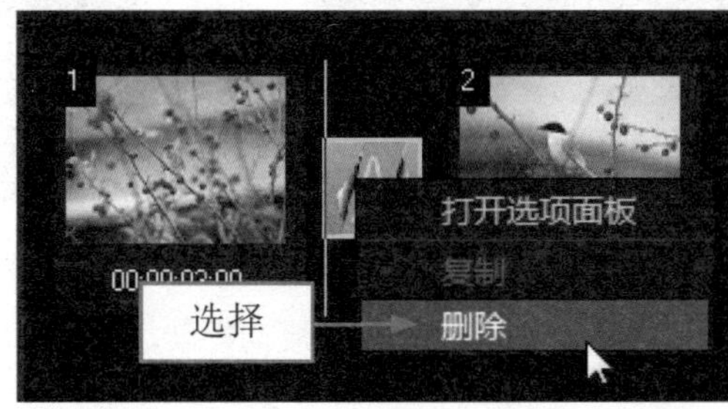

图 9-38 选择“删除”选项

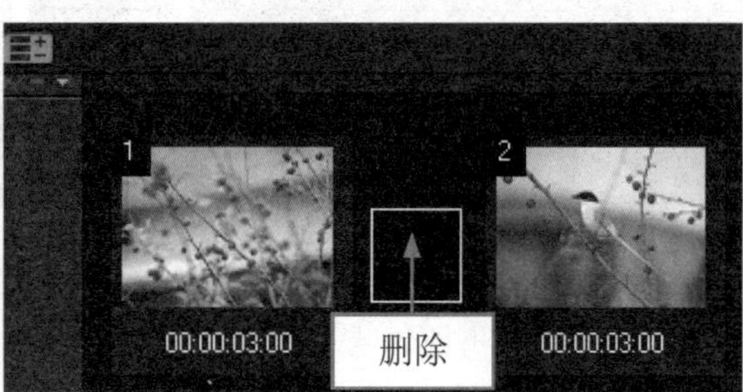

图 9-39 删除转场效果

专家指点

在会声会影 X7 中，用户还可以在故事板上选择要删除的转场效果，然后按【Delete】键，也可删除添加的转场效果。

9.3 设置转场使用选项面板

在会声会影 X7 中，在图像素材之间添加转场效果后，可以通过选项面板设置转场的属性，如设置转场边框效果、改变转场边框色彩以及调整转场的时间长度等。本节主要介绍使用选项面板设置转场的方法。

9.3.1 转场边框效果设置

在会声会影 X7 中，可以为转场效果设置相应的边框样式，从而为转场效果锦上添花，加强效果的审美度。

下面介绍设置转场边框效果的操作方法。

	素材文件	光盘 \ 素材 \ 第 9 章 \ 海边 .jpg、海纳百川 .jpg
	效果文件	光盘 \ 效果 \ 第 9 章 \ 海边百川 .VSP
	视频文件	光盘 \ 视频 \ 第 9 章 \9.3.1 转场边框效果设置 .mp4

实战 海纳百川

步骤 01 进入会声会影编辑器，在故事板中插入两幅图像素材，如图 9-40 所示。

步骤 02 切换至“转场”选项卡，单击窗口上方的“画廊”按钮，在弹出的列表框中选择“擦拭”选项，打开“擦拭”素材库，选择“流动”转场效果，如图 9-41 所示。

图 9-40 插入图像素材

图 9-41 选择“流动”转场效果

步骤 03 单击鼠标左键并拖曳至故事板中的两幅图像素材之间，添加“流动”转场效果，如图 9-42 所示。

步骤 04 单击“选项”按钮，打开“转场”选项面板，在“边框”右侧的数值框中输入 2，然后单击“柔化边缘”右侧的“无柔化边缘”按钮，如图 9-43 所示。

步骤 05 单击导览面板中的“播放”按钮，即可在预览窗口中预览设置转场边框后的效果，如图 9-43 所示。

专家指点

在会声会影 X7 中，转场边框宽度的取值为 0 ～ 10 之间。

图 9-42 添加“流动”转场效果

图 9-43 单击“无柔化边缘”按钮

图 9-44 预览设置转场边框后的效果

9.3.2 改变边框色彩

在会声会影 X7 中，“转场”选项面板中的“色彩”选项区主要是用于设置转场效果的边框颜色。该选项提供了多种颜色样式，用户可根据需要进行相应的选择。下面介绍改变转场边框色彩的操作方法。

	素材文件	光盘 \ 素材 \ 第 9 章 \. 高原风景 VSP
	效果文件	光盘 \ 效果 \ 第 9 章 \. 高原风景 VSP
	视频文件	光盘 \ 视频 \ 第 9 章 \9.3.2 改变边框色彩 .mp4

实战 高原风景

步骤 01 进入会声会影编辑器，打开一个项目文件，如图 9-45 所示。

步骤 02 单击导览面板中的“播放”按钮，在预览窗口中预览打开的项目效果，如图 9-46 所示。

步骤 03 在故事板中选择需要设置的转场效果，在“转场”选项面板中，单击“色彩”选项右侧的色块，在弹出的颜色面板中选择浅黄色，如图 9-47 所示。

步骤 04 执行上述操作后，转场边框的颜色已更改为浅黄色，如图 9-48 所示。

图 9-45 打开项目文件

图 9-46 预览项目效果

图 9-47 选择浅黄色

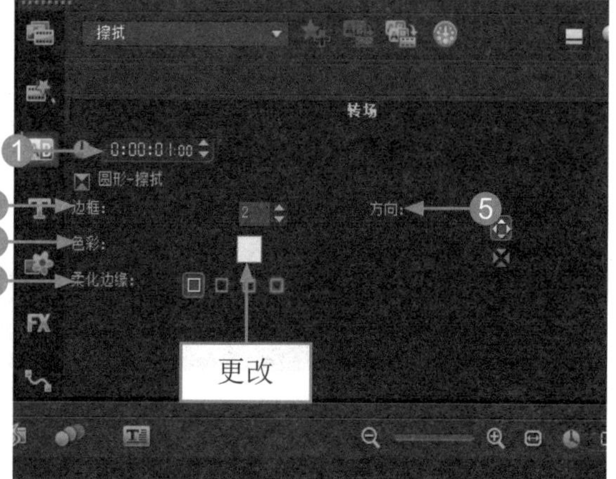

图 9-48 更改为浅黄色

❶ “区间”数值框：该数值框用于调整转场播放时间的长度，显示了当前播放所选转场所需的时间，时间码上的数字代表“小时 : 分钟 : 秒 : 帧”，单击其右侧的微调按钮，可以调整数值的大小，也可以单击时间码上的数字，待数字处于闪烁状态时，输入新的数字后按【Enter】键确认，即可改变原来视频转场的播放时间长度。

❷ “边框”数值框：在“边框”右侧的数值框中，用户可以输入相应的数值，来改变边框的宽度，单击其右侧的微调按钮，可以调整数值的大小。

❸ “色彩”色块：单击“色彩”右侧的色块按钮，在弹出的颜色面板中，用户可根据需要改变转场边框的颜色。

❹ “柔化边缘”按钮：该选项右侧有 4 个按钮，代表转场的 4 种柔化边缘程度，用户可根据需要单击相应的按钮，设置相应的柔化边缘效果。

❺ “方向”按钮：单击“方向”选项区中的按钮，可以决定转场效果的播放方向。

步骤 05 单击导览面板中的“播放”按钮，即可在预览窗口中预览设置转场边框色彩后的效果，如图 9-49 所示。

图 9-49 预览设置色彩后的效果

9.3.3 调整转场时间

在素材之间添加转场效果后，可以对转场效果的部分属性进行相应的设置，从而制作出丰富的视觉效果。转场的默认时间为 1s，用户可根据需要设置转场的播放时间。下面介绍调整转场的时间长度的操作方法。

	素材文件	光盘 \ 素材 \ 第 9 章 \ 字母 .VSP
	效果文件	光盘 \ 效果 \ 第 9 章 \ 字母 .VSP
	视频文件	光盘 \ 视频 \ 第 9 章 \9.3.3 调整转场时间 .mp4

实战 字母

步骤 01 进入会声会影编辑器，打开一个项目文件，选择需要调整区间的转场效果，如图 9-50 所示。

步骤 02 在“转场”选项面板的“区间”数值框中，输入 0:00:02:00，如图 9-51 所示。

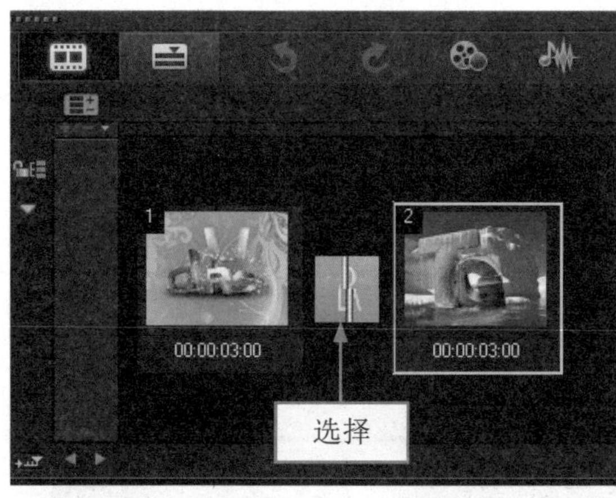

图 9-50 选择转场效果

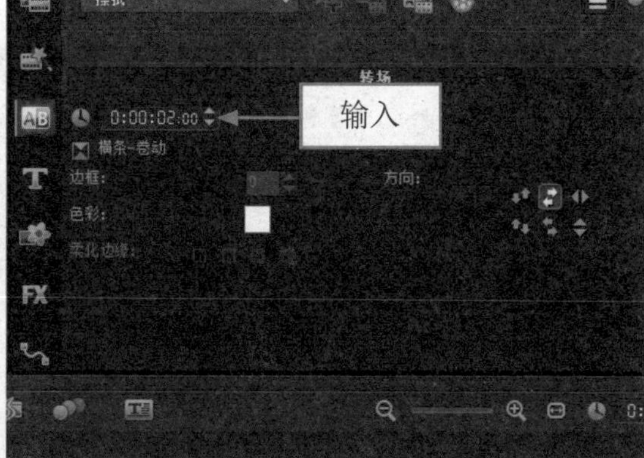

图 9-51 输入区间数值

步骤 03 执行上述操作后，按【Enter】键确认，即可调整转场的时间长度，单击导览面板中的“播放”按钮，预览调整转场时间长度后的效果，如图 9-52 所示。

图 9-52 预览调整转场时间长度后的效果

9.4 单色画面添加

在会声会影 X7 中，用户还可以在故事板中添加单色画面过渡，该过渡效果起到间歇作用，让观众有想象的空间。本节主要介绍添加单色画面过渡的方法。

9.4.1 单色画面添加

在故事板中添加单色画面的操作方法很简单，只需选择相应的色彩色块，拖曳至故事板中即可。下面介绍添加单色画面的操作方法。

素材文件	光盘 \ 素材 \ 第 9 章 \ 金黄色鱼 .jpg
效果文件	光盘 \ 效果 \ 第 9 章 \ 金黄色鱼 .VSP
视频文件	光盘 \ 视频 \ 第 9 章 \9.4.1 单色画面添加 .mp4

实战 金黄色鱼

步骤 01 进入会声会影编辑器，在故事板中插入一幅素材图像，如图 9-53 所示。

步骤 02 在预览窗口中预览插入的图像效果，如图 9-54 所示。

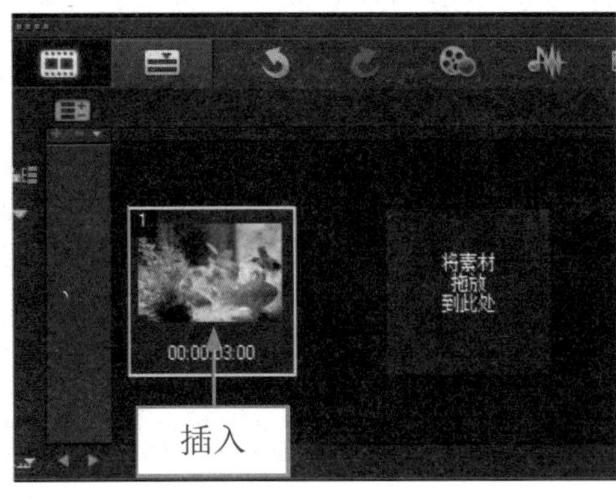

图 9-53 插入一幅素材图像

图 9-54 预览图像效果

步骤 03 单击“图形”按钮，切换至“图形”选项卡，在“色彩”素材库中选择蓝色色块，如图 9-55 所示。

步骤 04 单击鼠标左键并将其拖曳至故事板中的适当位置，添加单色画面，如图 9-56 所示。

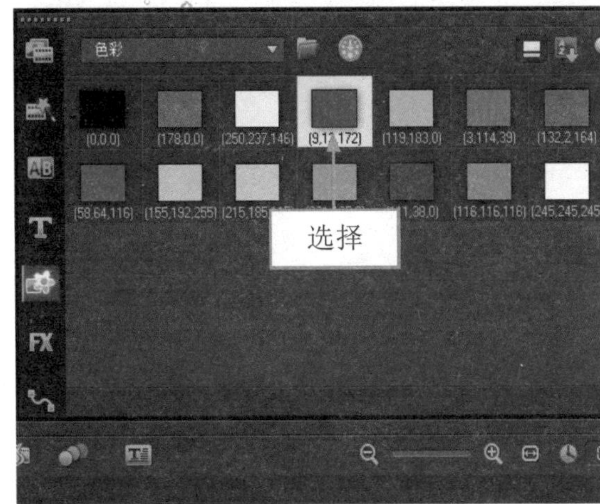

图 9-55 选择蓝色色块

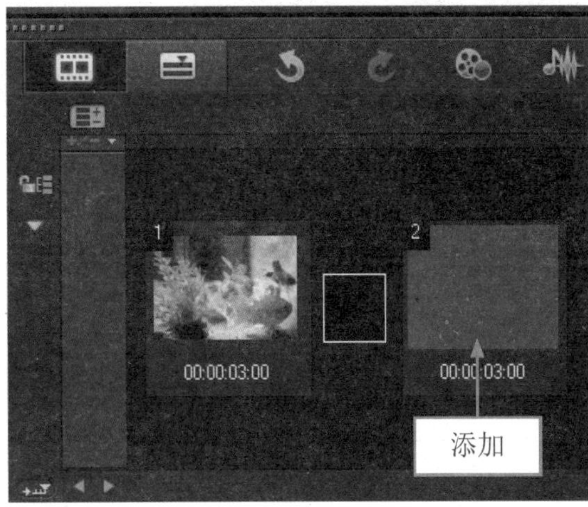

图 9-56 添加单色画面

步骤 05 单击“转场”按钮，切换至“转场”选项卡，选择“交错淡化”转场效果，如图 9-57 所示。

步骤 06 单击鼠标左键并将其拖曳至故事板中的适当位置，添加“交错淡化”转场效果，如图 9-58 所示。

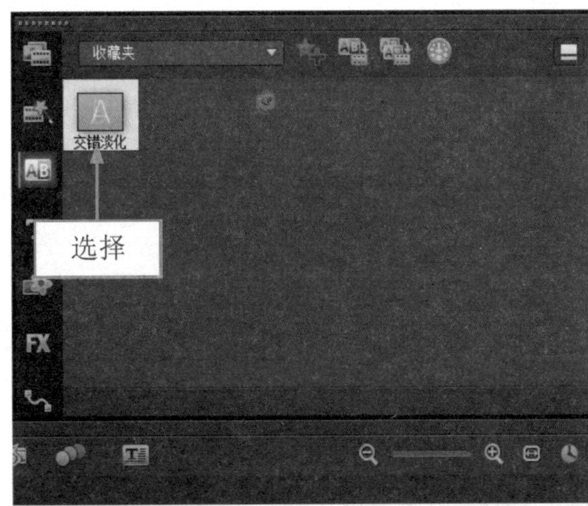

图 9-57 选择“交错淡化”转场效果

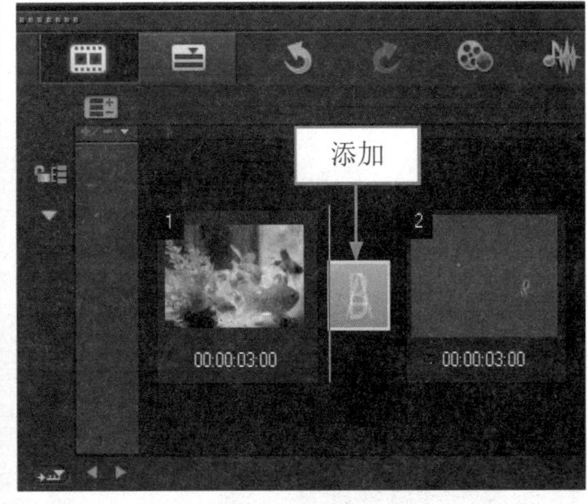

图 9-58 添加“交错淡化”转场效果

步骤 07 执行上述操作后，单击导览面板中的“播放”按钮，预览添加单色画面效果，如图 9-59 所示。

专家指点

在会声会影 X7 中，为图像添加单色画面，可以制作淡入或淡出的效果，增添画面的色彩性，单色转场是一种特殊的转场，通常用来划分视频片段，起到间歇作用，这些单色画面常常伴随着文字出现在影片的开头，中间和结尾。

图 9-59 预览添加单色画面效果

9.4.2 单色自定义

在会声会影 X7 中，添加单色画面后，用户还可根据需要对单色画面进行相应的编辑操作，如更改色块颜色属性等。

下面介绍自定义单色素材的操作方法。

	素材文件	光盘 \ 素材 \ 第 9 章 \ 桂林风景 .VSP
	效果文件	光盘 \ 效果 \ 第 9 章 \ 桂林风景 .VSP
	视频文件	光盘 \ 视频 \ 第 9 章 \9.4.2 单色自定义 .mp4

实战 桂林风景

步骤 01 进入会声会影编辑器，打开一个项目文件，如图 9-60 所示。

步骤 02 单击导览面板中的“播放”按钮，在预览窗口中预览打开的项目效果，如图 9-61 所示。

图 9-60 打开项目文件

图 9-61 预览项目效果

步骤 03 在故事板中选择需要编辑的色彩色块，如图 9-62 所示。

步骤 04 在“色彩”选项面板中，单击“色彩选取器”左侧的色块，弹出颜色面板，选择第 3 排第 2 个颜色，如图 9-63 所示。

图 9-62 选择色彩色块

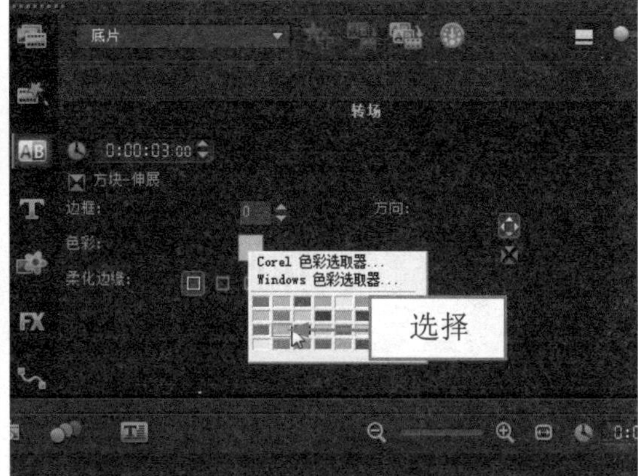

图 9-63 选择相应颜色

步骤 05 执行上述操作后，即可更改单色画面的颜色，如图 9-64 所示。

步骤 06 单击导览面板中的“播放”按钮，在预览窗口中预览自定义单色素材后的效果，如图 9-65 所示。

图 9-64 更改单色画面的颜色

图 9-65 预览自定义效果

9.4.3 黑屏效果添加

在会声会影 X7 中，添加黑屏过渡效果的方法非常简单，只需在黑色和素材之间添加“交错淡化”转场效果即可。下面介绍添加黑屏过渡效果的操作方法。

素材文件	光盘 \ 素材 \ 第 9 章 \ 水珠 .jpg
效果文件	光盘 \ 效果 \ 第 9 章 \ 水珠 .VSP
视频文件	光盘 \ 视频 \ 第 9 章 \9.4.3 黑屏效果添加 .mp4

实战 水珠

步骤 01 进入会声会影编辑器，在故事板中插入一幅素材图像，如图 9-66 所示。

步骤 02 单击“图形”按钮，切换至“图形”选项卡，在“色彩”素材库中选择黑色色块，如图 9-67 所示。

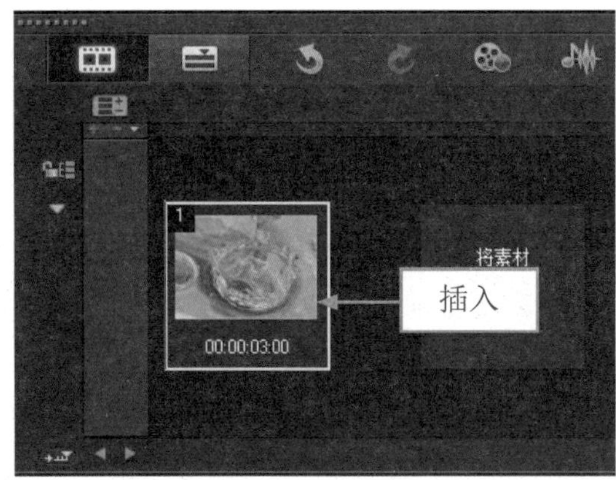

图 9-66 插入素材图像

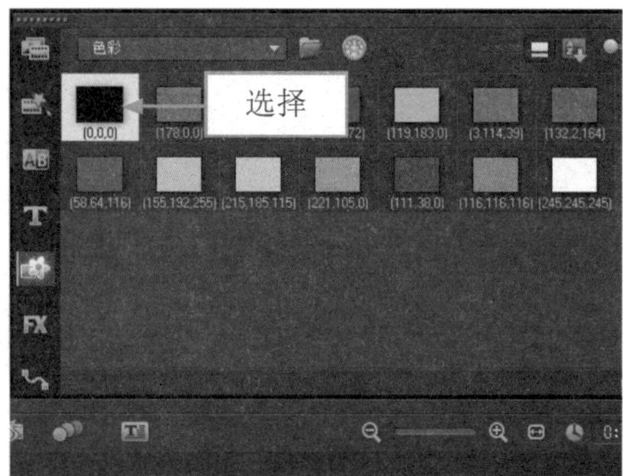

图 9-67 选择黑色色块

步骤 03 单击鼠标左键并将其拖曳至故事板中的适当位置，添加黑色单色画面，如图 9-68 所示。

步骤 04 单击“转场”按钮，切换至“转场”选项卡，选择“交错淡化”转场效果，单击鼠标左键并将其拖曳至故事板中的适当位置，添加“交错淡化”转场效果，如图 9-69 所示。

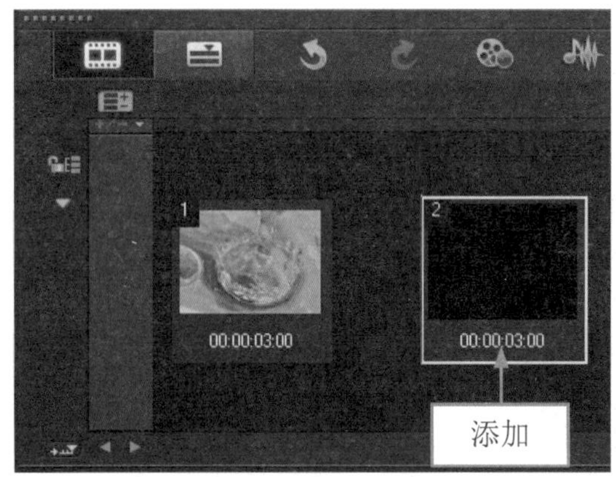

图 9-68 添加黑色单色画面

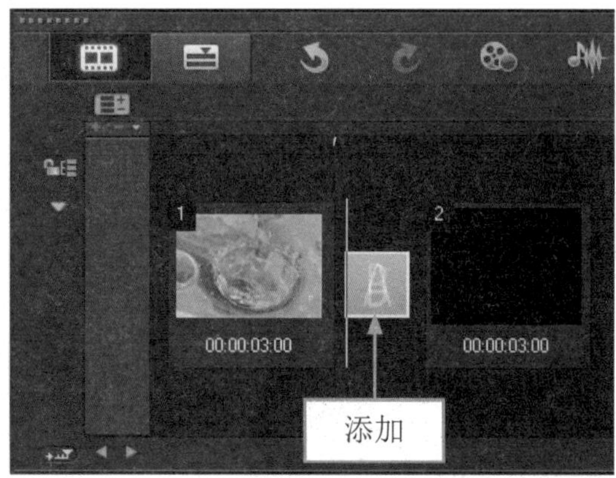

图 9-69 添加“交错淡化”转场效果

步骤 05 执行上述操作后，单击导览面板中的“播放”按钮，预览添加的黑屏过渡效果，如图 9-70 所示。

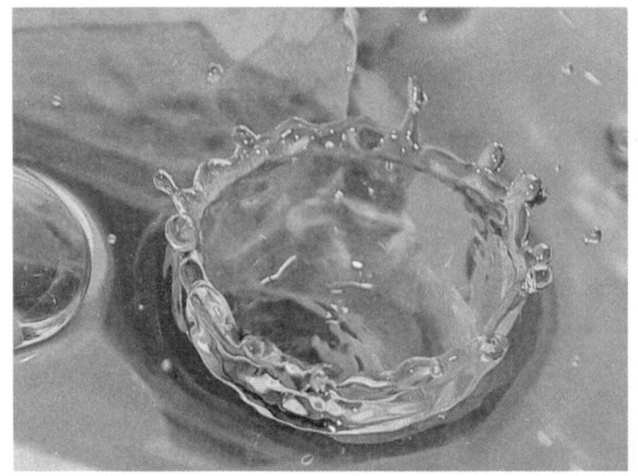

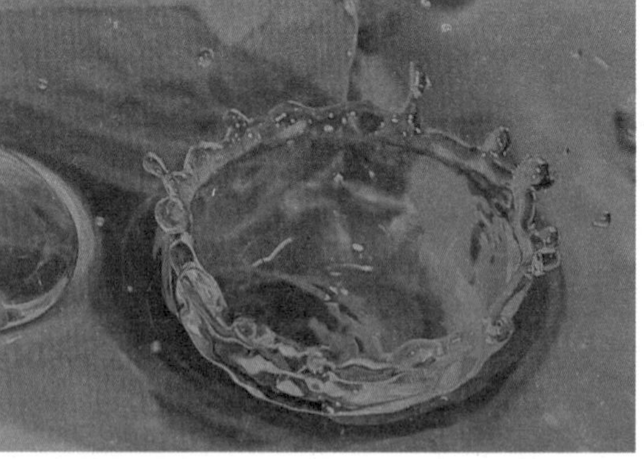

图 9-70 预览添加的黑屏过渡效果

9.5 转场特效精彩应用

在会声会影 X7 中，转场效果的种类繁多，在影片中某些转场效果独具特色，可以为其添加非凡的视觉体验。本节主要介绍转场效果案例的制作方法。

9.5.1 百叶窗

在会声会影 X7 中，“百叶窗”转场效果是 3D 转场类型中最常用的一种，是指素材 A 以百叶窗翻转的方式进行过渡，显示素材 B。下面介绍添加“百叶窗”转场的操作方法。

素材文件	光盘 \ 素材 \ 第 9 章 \ 周洛 .jpg、周洛 1.jpg
效果文件	光盘 \ 效果 \ 第 9 章 \ 周洛 .VSP
视频文件	光盘 \ 视频 \ 第 9 章 \9.5.1 百叶窗 .mp4

实战 周洛

步骤 01 进入会声会影编辑器，在故事板中插入两幅图像素材，如图 9-71 所示。

步骤 02 单击“转场”按钮，切换至“转场”选项卡，单击窗口上方的“画廊”按钮，在弹出的列表框中选择 3D 选项，如图 9-72 所示。

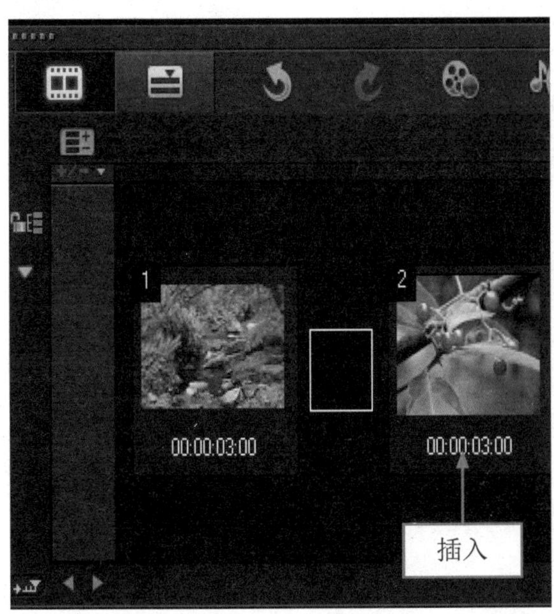

图 9-71 插入图像素材

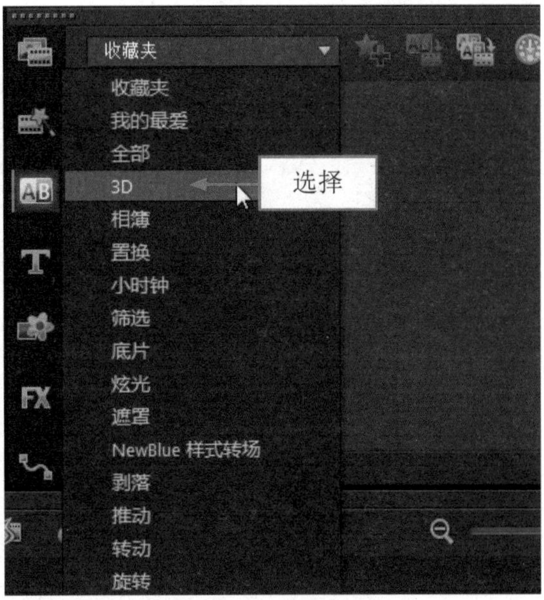

图 9-72 选择 3D 选项

步骤 03 打开 3D 素材库，在其中选择“百叶窗”转场效果，如图 9-73 所示。

步骤 04 单击鼠标左键并拖曳至故事板中的两幅图像素材之间，添加“百叶窗”转场效果，如图 9-74 所示。

步骤 05 执行上述操作后，单击导览面板中的“播放”按钮，预览“百叶窗”转场效果，如图 9-75 所示。

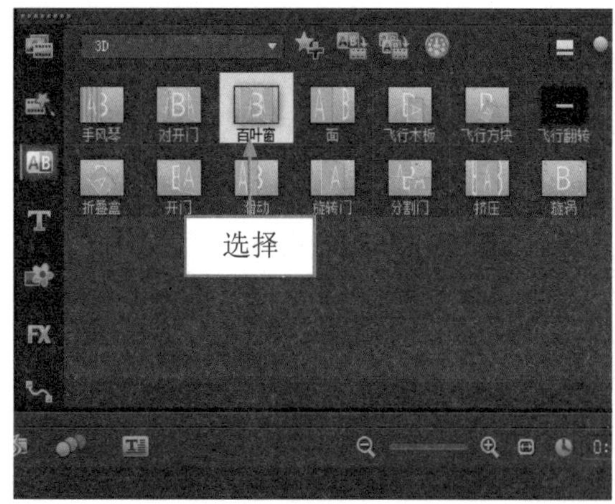

图 9-73 选择“百叶窗”转场效果

图 9-74 添加“百叶窗”转场效果

图 9-75 预览“百叶窗”转场效果

9.5.2 折叠盒

在会声会影 X7 中，运用“折叠盒”转场是将素材 A 以折叠的形式折成立体的长方体盒子，然后再显示素材 B。下面介绍添加“折叠盒”转场的操作方法。

	素材文件	光盘 \ 素材 \ 第 9 章 \ 璀璨之夜 .jpg、璀璨之夜 1.jpg
	效果文件	光盘 \ 效果 \ 第 9 章 \ 璀璨之夜 .VSP
	视频文件	光盘 \ 视频 \ 第 9 章 \9.5.2 折叠盒 .mp4

实战 璀璨之夜

步骤 01 进入会声会影编辑器，在故事板中插入两幅图像素材，如图 9-76 所示。

步骤 02 在“转场”素材库的 3D 转场中，选择“折叠盒”转场效果，单击鼠标左键并将其拖曳至故事板中的两幅图像素材之间，添加“折叠盒”转场效果，如图 9-77 所示。

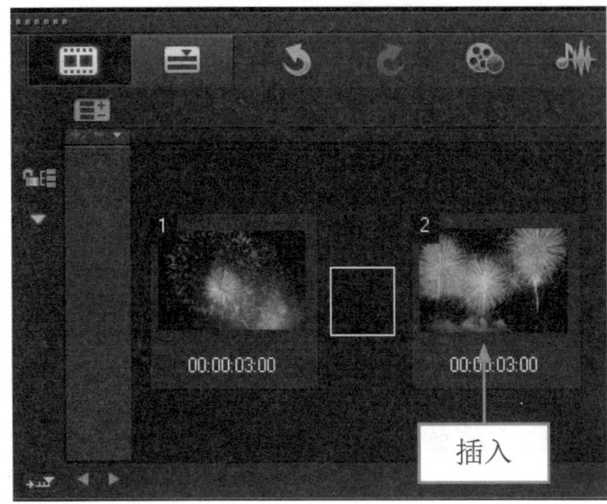

图 9-76 插入图像素材

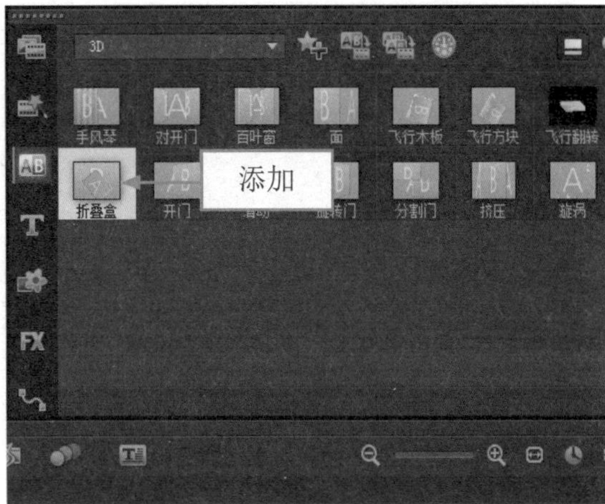

图 9-77 添加“折叠盒”转场效果

步骤 03 执行上述操作后，单击导览面板中的“播放”按钮，预览“折叠盒”转场效果，如图 9-78 所示。

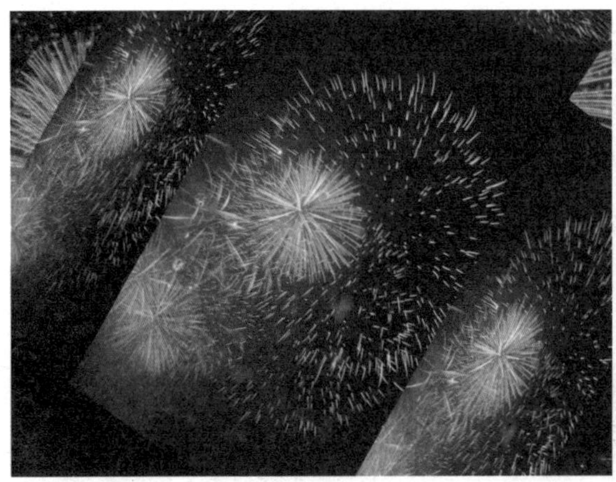

图 9-78 预览“折叠盒”转场效果

9.5.3 扭曲

在会声会影 X7 中，“扭曲”转场效果是指素材 A 以扭曲旋转的方式进行运动，显示素材 B 形成相应的过渡效果。下面介绍添加“扭曲”转场的操作方法。

素材文件	光盘 \ 素材 \ 第 9 章 \ 夜幕 .jpg、夜幕 1.jpg
效果文件	光盘 \ 效果 \ 第 9 章 \ 夜幕 .VSP
视频文件	光盘 \ 视频 \ 第 9 章 \9.5.3 扭曲 .mp4

实战 夜幕

步骤 01 进入会声会影编辑器，在故事板中插入两幅图像素材，如图 9-79 所示。

步骤 02 单击“转场”按钮，切换至“转场”选项卡，单击窗口上方的“画廊”按钮，在弹出的列表框中选择“小时钟”选项，如图 9-80 所示。

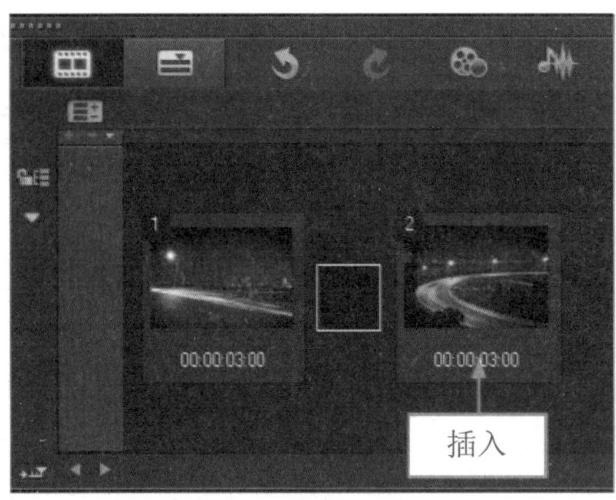

图 9-79 插入图像素材

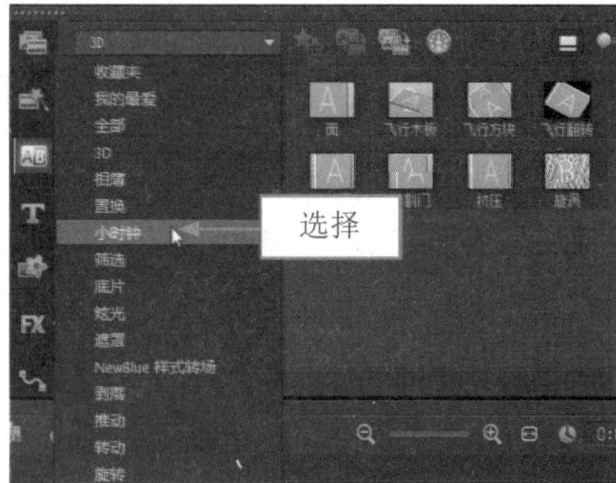

图 9-80 选择“小时钟”选项

步骤 03 打开“小时钟”素材库，选择“扭曲”转场效果，如图 9-81 所示。

步骤 04 单击鼠标左键并拖曳至故事板中的两幅图像素材之间，添加“扭曲”转场效果，如图 9-82 所示。

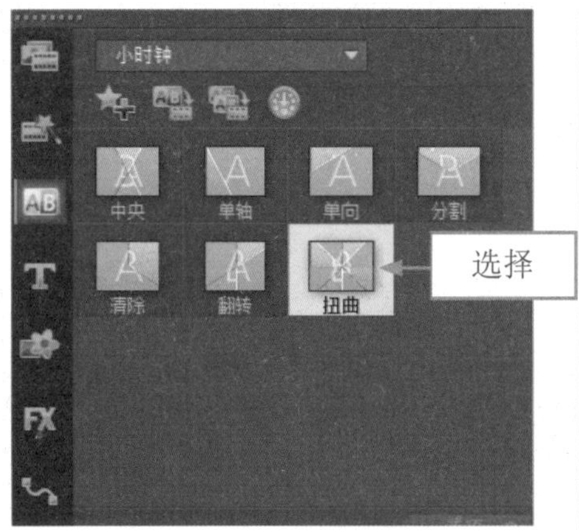

图 9-81 选择“扭曲”转场效果

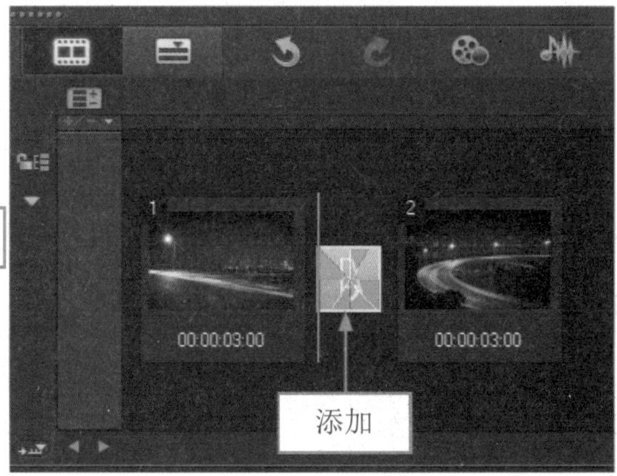

图 9-82 添加“扭曲”转场效果

步骤 05 执行上述操作后，单击导览面板中的“播放”按钮，预览“扭曲”转场效果，如图 9-83 所示。

图 9-83 预览“扭曲”转场效果

9.5.4 遮罩

在会声会影 X7 中，“遮罩”转场素材库中包括遮罩 A、遮罩 B、遮罩 C、遮罩 D 以及遮罩 E 等 6 种转场类型。下面介绍添加“遮罩”转场的操作方法。

	素材文件	光盘 \ 素材 \ 第 9 章 \ 菊花 .jpg、菊花 1.jpg
	效果文件	光盘 \ 效果 \ 第 9 章 \ 菊花 .VSP
	视频文件	光盘 \ 视频 \ 第 9 章 \9.5.4 遮罩 .mp4

实战 菊花

步骤 01 进入会声会影编辑器，在故事板中插入两幅图像素材，如图 9-84 所示。

步骤 02 单击“转场”按钮，切换至“转场”选项卡，单击窗口上方的“画廊”按钮，在弹出的列表框中选择“遮罩”选项，如图 9-85 所示。

图 9-84 插入图像素材

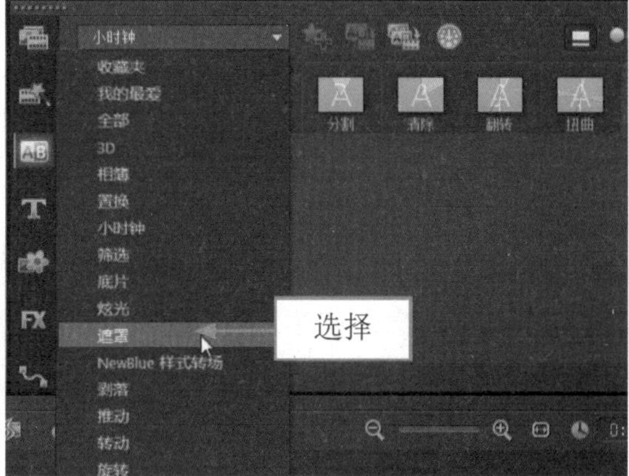

图 9-85 选择“遮罩”选项

步骤 03 打开“遮罩”素材库，选择“遮罩 A”转场效果，如图 9-86 所示。

步骤 04 单击鼠标左键并拖曳至故事板中的两幅图像素材之间，添加“遮罩 A”转场效果，如图 9-87 所示。

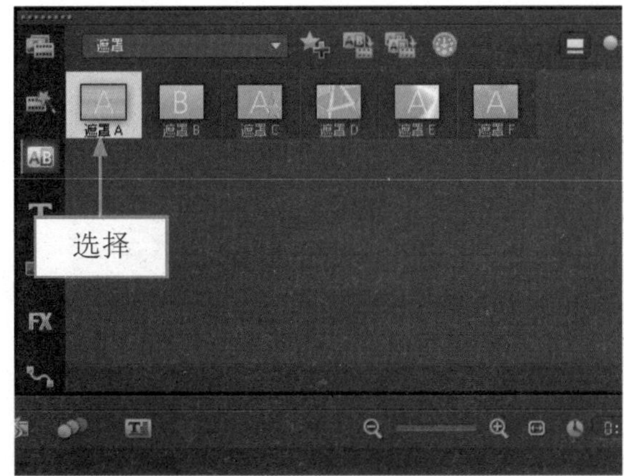

图 9-86 选择“遮罩 A”转场效果

图 9-87 添加“遮罩 A”转场效果

步骤 05 执行上述操作后，单击导览面板中的“播放”按钮，预览“遮罩A”转场效果，如图9-88所示。

图9-88 预览“遮罩A”转场效果

> **专家指点**
>
> 在会声会影X7中，“遮罩”转场素材的特征是将镜头A以遮罩的形式，将镜头B显示出来，实现转场效果。

9.5.5 开门

在会声会影X7中，“开门”转场效果只是“筛选”素材库中的一种，“筛选”素材库的特征是素材A以自然过渡的方式逐渐被素材B取代。下面介绍添加“开门”转场的操作方法。

	素材文件	光盘\素材\第9章\荷花.jpg、荷花1.jpg
	效果文件	光盘\效果\第9章\荷花.VSP
	视频文件	光盘\视频\第9章\9.5.5 开门.mp4

实战 荷花

步骤 01 进入会声会影编辑器，在故事板中插入两幅图像素材，如图9-89所示。

步骤 02 单击“转场”按钮，切换至“转场”选项卡，单击窗口上方的“画廊”按钮，在弹出的列表框中选择“筛选”选项，如图9-90所示。

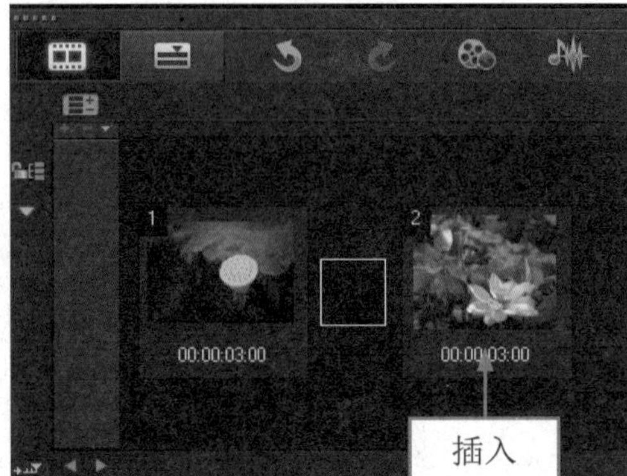

图9-89 插入图像素材

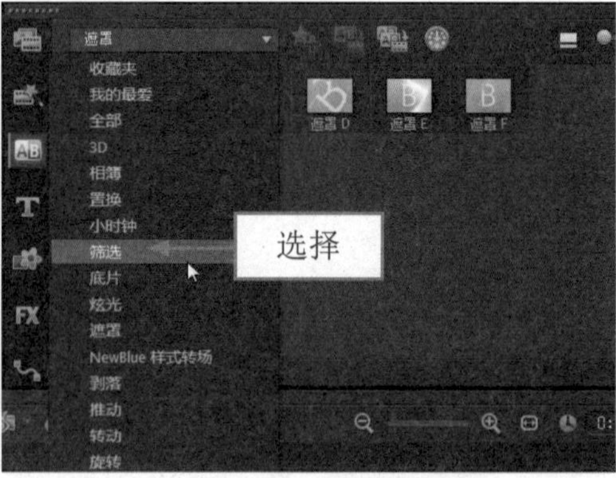

图9-90 选择“筛选”选项

步骤 03 打开“筛选”素材库，选择“开门”转场效果，如图 9-91 所示。

步骤 04 单击鼠标左键并拖曳至故事板中的两幅图像素材之间，添加“开门”转场效果，如图 9-92 所示。

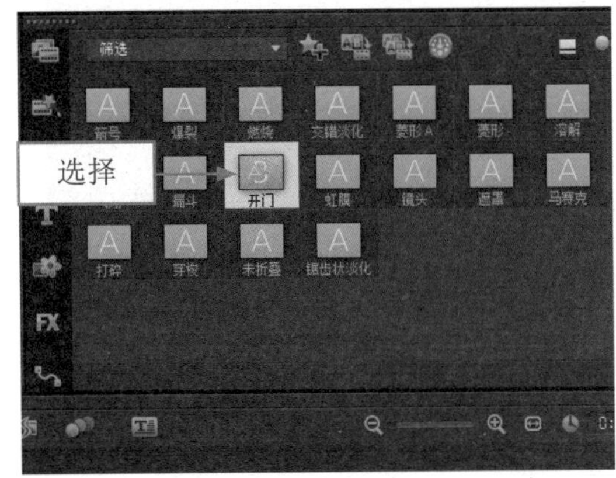

图 9-91 选择“开门”转场效果

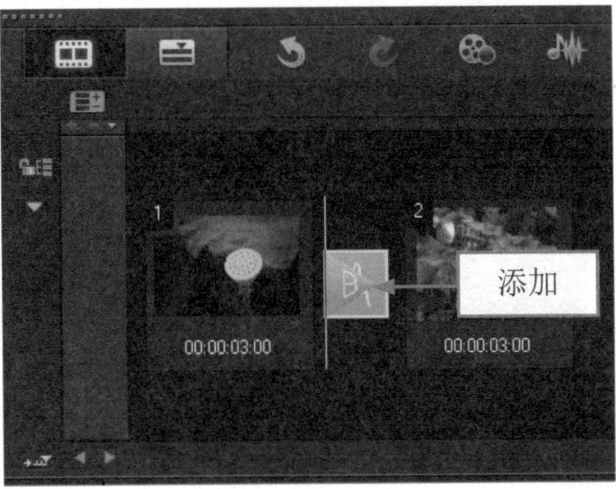

图 9-92 添加“开门”转场效果

步骤 05 执行上述操作后，单击导览面板中的“播放”按钮，即可预览“开门”转场效果，如图 9-93 所示。

图 9-93 预览“开门”转场效果

9.5.6 剥落

在会声会影 X7 中，“剥落”转场效果是将素材 A 以类似剥落的方式翻转，然后再显示素材 B。下面介绍添加“剥落”转场的操作方法。

	素材文件	光盘 \ 素材 \ 第 9 章 \ 世博 .jpg、世博 1.jpg
	效果文件	光盘 \ 效果 \ 第 9 章 \ 世博 .VSP
	视频文件	光盘 \ 视频 \ 第 9 章 \9.5.6 剥落 .mp4

实战 世博

步骤 01 进入会声会影编辑器，在故事板中插入两幅图像素材，如图 9-94 所示。

步骤 02 单击"转场"按钮，切换至"转场"选项卡，单击窗口上方的"画廊"按钮，在弹出的列表框中选择"剥落"选项，如图 9-95 所示。

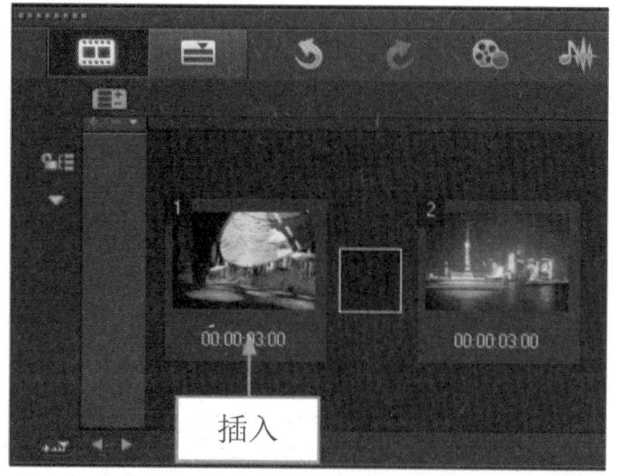

图 9-94 插入图像素材

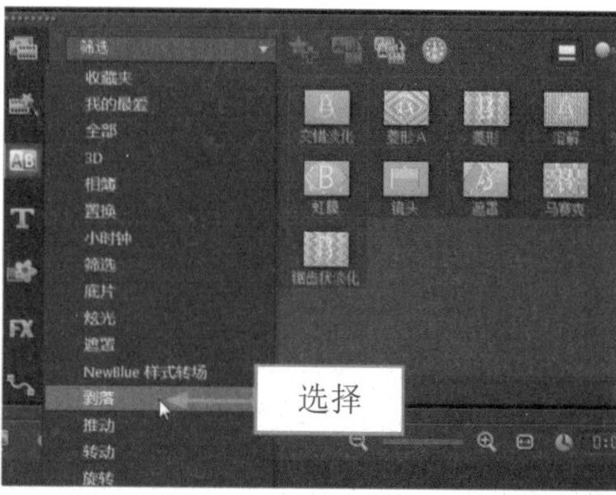

图 9-95 选择"剥落"选项

步骤 03 打开"剥落"素材库，选择"翻页"转场效果，如图 9-96 所示。

步骤 04 单击鼠标左键并拖曳至故事板中的两幅图像素材之间，添加"翻页"转场效果，如图 9-97 所示。

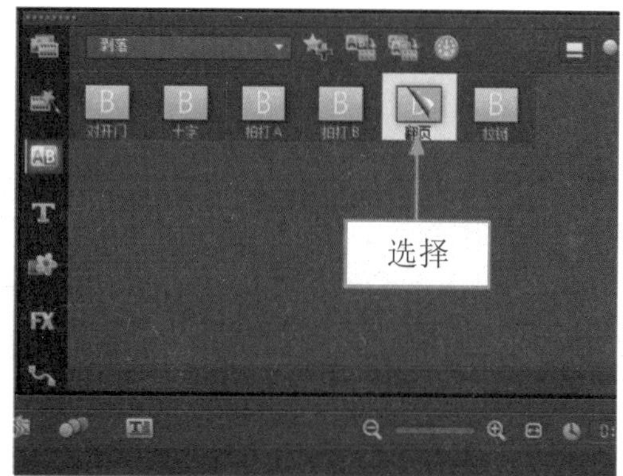

图 9-96 选择"翻页"转场效果

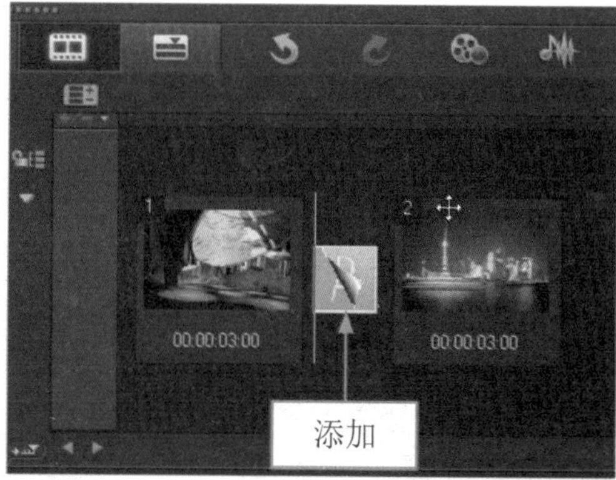

图 9-97 添加"翻页"转场效果

步骤 05 执行上述操作后，单击导览面板中的"播放"按钮，即可预览"翻页"转场效果，如图 9-98 所示。

图 9-98 预览"翻页"转场效果

9.5.7 旋转

在会声会影 X7 中，“旋转”转场素材库中包括“对半”、“单轴”、“旋转”以及“分割轴”4 种转场类型，这类转场的特征是将镜头 A 以旋转的形式移出画面，从而将镜头 B 显示出来。下面介绍添加“旋转”转场的操作方法。

	素材文件	光盘 \ 素材 \ 第 9 章 \ 海底世界 (a).jpg、海底世界 (b).jpg
	效果文件	光盘 \ 效果 \ 第 9 章 \ 海底世界 .VSP
	视频文件	光盘 \ 视频 \ 第 9 章 \9.5.7 旋转 .mp4

实战 海底世界

步骤 01 进入会声会影编辑器，在故事板中插入两幅图像素材，如图 9-99 所示。

步骤 02 单击“转场”按钮，切换至“转场”选项卡，单击窗口上方的“画廊”按钮，在弹出的列表框中选择“旋转”选项，如图 9-100 所示。

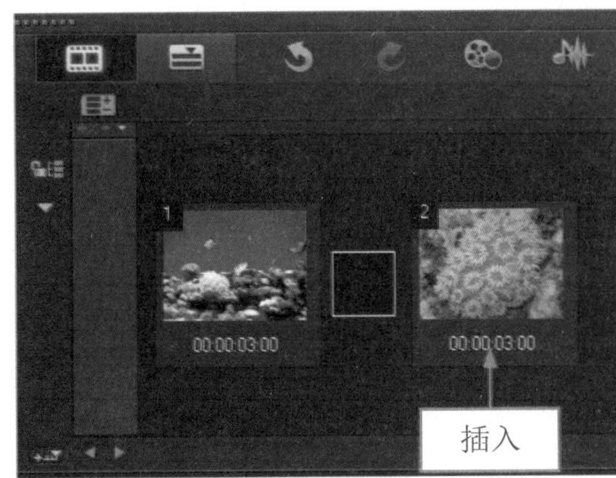

图 9-99 插入图像素材

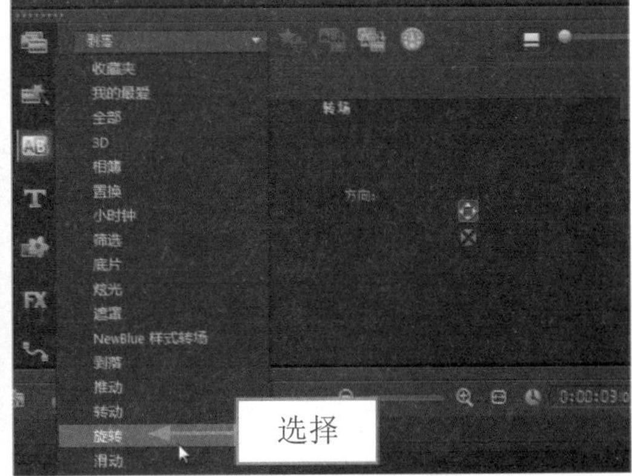

图 9-100 选择“旋转”选项

步骤 03 打开“旋转”素材库，选择“旋转”转场效果，如图 9-101 所示。

步骤 04 单击鼠标左键并拖曳至故事板中的两幅图像素材之间，添加“旋转”转场效果，如图 9-102 所示。

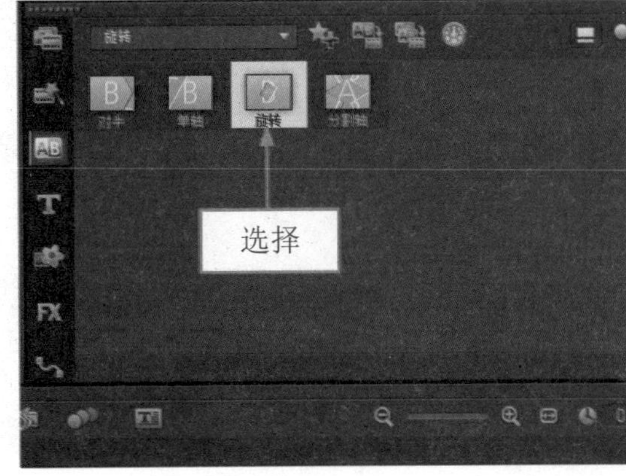

图 9-101 选择“旋转”转场效果

图 9-102 添加“旋转”转场效果

步骤 05 执行上述操作后，单击导览面板中的“播放”按钮，即可预览“旋转”转场效果，如图 9-103 所示。

图 9-103 预览“旋转”转场效果

9.5.8 滑动

在会声会影 X7 中，“滑动”转场素材库中包括“对开门”、“列”、“十字”、“单向”以及“条形”等 7 种转场类型，这类转场的特征是将镜头 A 以滑动的形式移出画面，从而将镜头 B 显示出来。下面介绍添加“滑动”转场的操作方法。

	素材文件	光盘 \ 素材 \ 第 9 章 \ 纯白蒲公英 (a).jpg、纯白蒲公英 (b).jpg
	效果文件	光盘 \ 效果 \ 第 9 章 \ 纯白蒲公英 .VSP
	视频文件	光盘 \ 视频 \ 第 9 章 \9.5.8 滑动 .mp4

实战 纯白蒲公英

步骤 01 进入会声会影编辑器，在故事板中插入两幅图像素材，如图 9-104 所示。

步骤 02 单击“转场”按钮，切换至“转场”选项卡，单击窗口上方的“画廊”按钮，在弹出的列表框中选择“滑动”选项，如图 9-105 所示。

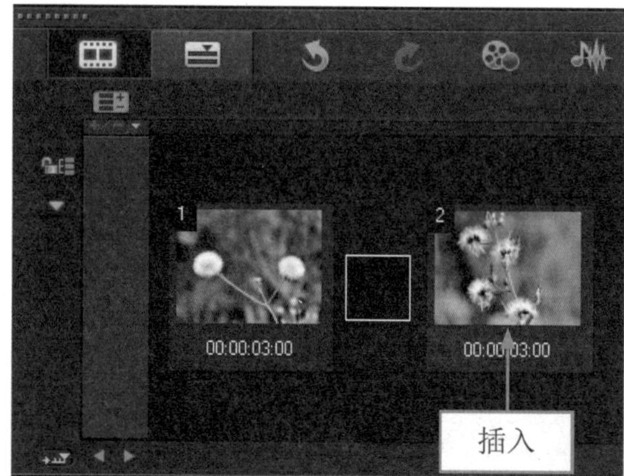

图 9-104 插入图像素材

图 9-105 选择“滑动”选项

步骤 03 打开“滑动”素材库，选择“对开门”转场效果，如图 9-106 所示。

步骤 04 单击鼠标左键并拖曳至故事板中的两幅图像素材之间，添加“对开门”转场效果，如图 9-107 所示。

图 9-106 选择“对开门”转场效果

图 9-107 添加“对开门”转场效果

步骤 05 执行上述操作后，单击导览面板中的“播放”按钮，即可预览“对开门”转场效果，如图 9-108 所示。

图 9-108 预览“对开门”转场效果

9.5.9 相簿

在会声会影 X7 中，“相簿”转场效果是以相簿翻动的方式来展现视频或静态画面。相簿转场的参数设置丰富，可以选择多种相簿布局、封面、背景、大小和位置等。下面介绍添加“相簿”转场的操作方法。

	素材文件	光盘 \ 素材 \ 第 9 章 \ 菊 .jpg、菊 1.jpg
	效果文件	光盘 \ 效果 \ 第 9 章 \ 菊 .VSP
	视频文件	光盘 \ 视频 \ 第 9 章 \9.5.9 相簿 .mp4

实战 菊

步骤 01 进入会声会影编辑器，在故事板中插入两幅图像素材，如图 9-109 所示。

步骤 02 单击“转场”按钮，切换至“转场”选项卡，单击窗口上方的“画廊”按钮，在弹出的列表框中选择“相簿”选项，如图 9-110 所示。

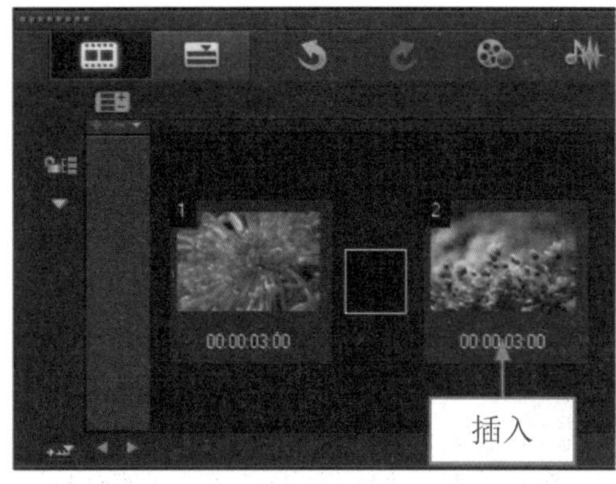

图 9-109 插入图像素材

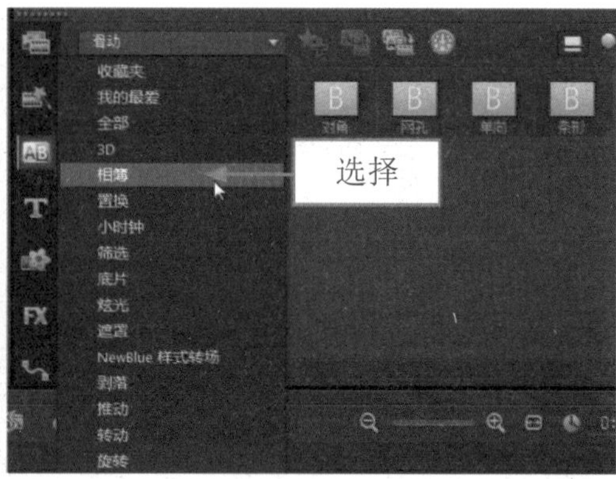

图 9-110 选择“相簿”选项

步骤 03 打开“相簿”素材库，选择“翻转”转场效果，如图 9-111 所示。

步骤 04 单击鼠标左键并拖曳至故事板中的两幅图像素材之间，添加“翻转”转场效果，如图 9-112 所示。

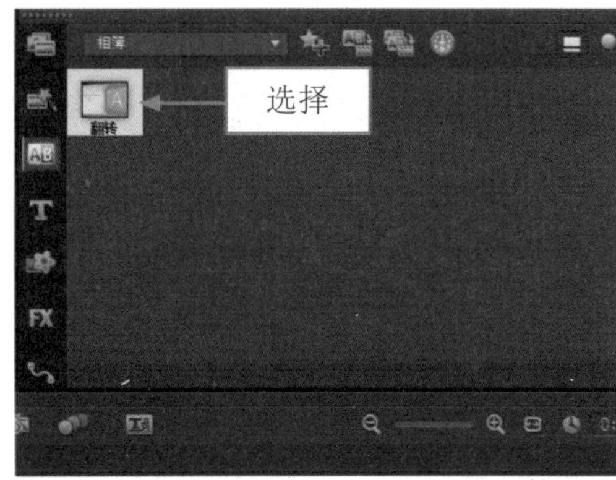

图 9-111 选择“翻转”转场效果

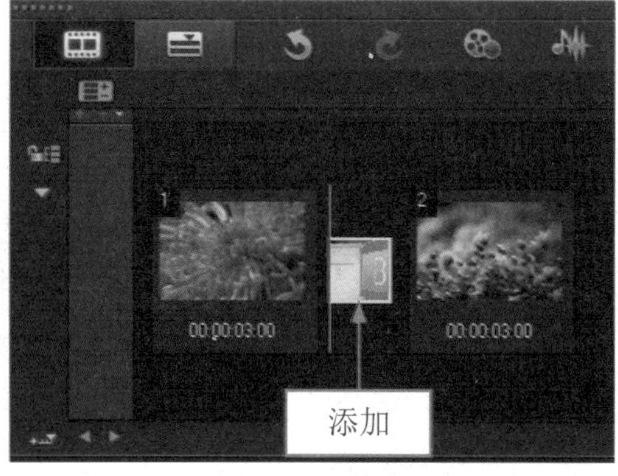

图 9-112 添加“翻转”转场效果

步骤 05 执行上述操作后，单击导览面板中的“播放”按钮，即可预览“翻转”转场效果，如图 9-113 所示。

图 9-113 预览“翻转”转场效果

9.5.10 底片

在会声会影 X7 中，“底片”转场素材库中包括“对开门”、“十字”、“单向”以及“翻页”等 13 种转场类型，这类转场的特征是将镜头 A 以翻页的形式从一角卷起，从而将镜头 B 显示出来。下面介绍添加“底片”转场的操作方法。

	素材文件	光盘 \ 素材 \ 第 9 章 \ 娱乐 .jpg、娱乐 1.jpg
	效果文件	光盘 \ 效果 \ 第 9 章 \ 娱乐 .VSP
	视频文件	光盘 \ 视频 \ 第 9 章 \9.5.10 底片 .mp4

实战 娱乐

步骤 01 进入会声会影编辑器，在故事板中插入两幅图像素材，如图 9-114 所示。

步骤 02 单击“转场”按钮，切换至“转场”选项卡，单击窗口上方的“画廊”按钮，在弹出的列表框中选择“底片”选项，如图 9-115 所示。

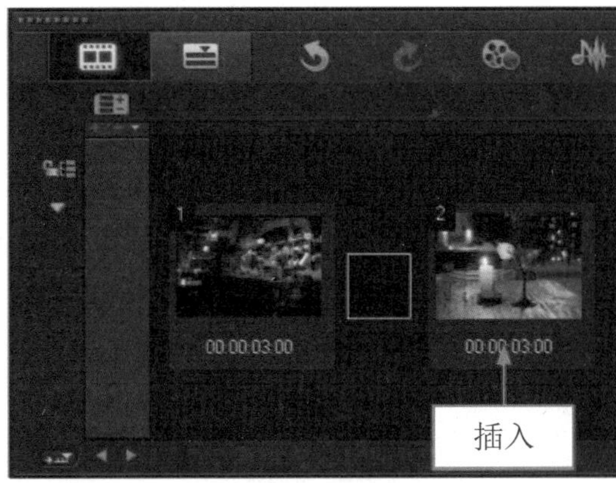

图 9-114 插入图像素材

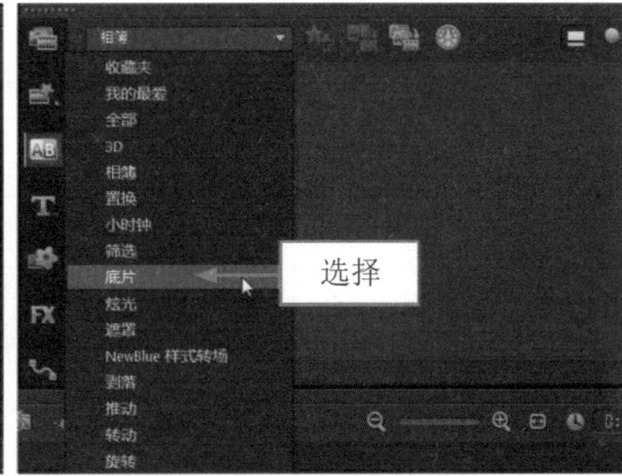

图 9-115 选择“底片”选项

步骤 03 打开“底片”素材库，选择“拉链”转场效果，如图 9-116 所示。

步骤 04 单击鼠标左键并拖曳至故事板中的两幅图像素材之间，添加“拉链”转场效果，如图 9-117 所示。

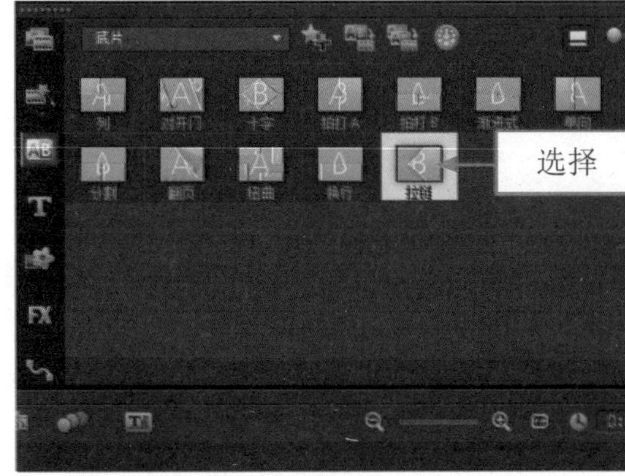

图 9-116 选择“拉链”转场效果

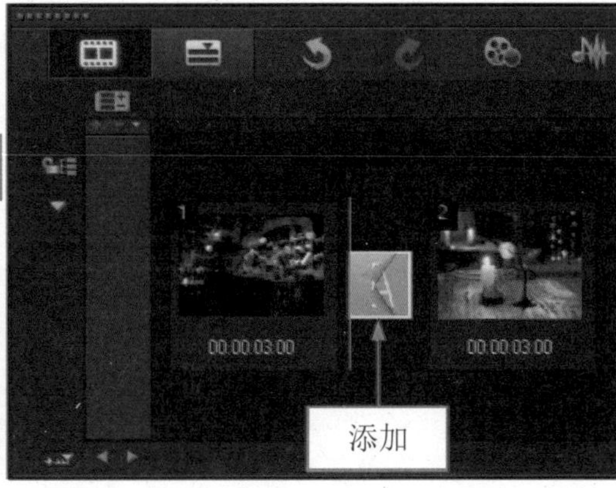

图 9-117 添加“拉链”转场效果

步骤 05 单击导览面板中的“播放”按钮，即可预览“拉链”转场效果，如图 9-118 所示。

图 9-118 预览“拉链”转场效果

10 制作视频覆叠特效

学习提示

在会声会影 X7 中，用户在覆叠轨中可以添加图像或视频等素材，覆叠功能可以使视频轨上的视频与图像相互交织，组合成各式各样的视觉效果。本章主要介绍视频覆叠精彩特效的各种方法，希望读者学完以后可以制作出更多精彩的覆叠特效。

本章案例导航

- 实战——幸福回味
- 实战——蝴蝶
- 实战——春天的味道
- 实战——花开那季
- 实战——气质美女
- 实战——蜻蜓
- 实战——蓝天
- 实战——深秋对白
- 实战——房产广告
- 实战——露水

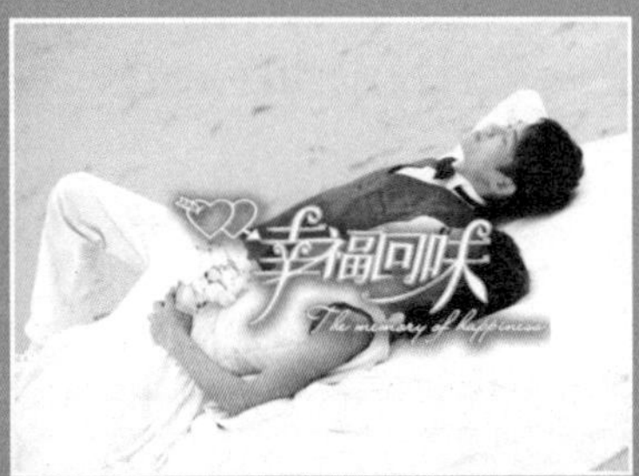

10.1 了解覆叠动画

在电视或电影中，我们经常会看到在播放一段视频的同时，往往还嵌套播放另一段视频，这就是常说的画中画，即覆叠效果。画中画视频技术的应用，在有限的画面空间中，创造了更加丰富的画面内容。

10.1.1 覆叠素材属性设置

所谓覆叠，是指会声会影 X7 的一种视频编辑方法，它将视频添加到时间轴视图中的覆叠轨之后，可以对视频素材进行淡入淡出，进入退出及停靠位置等设置，从而产生视频叠加的效果，为影片添加更多精彩。可以使用户在编辑视频的过程中具有更多的表现方式。选择覆叠轨中的素材文件，在“属性”选项面板中可以设置覆叠素材的相关属性与运动特效，如图 10-1 所示。

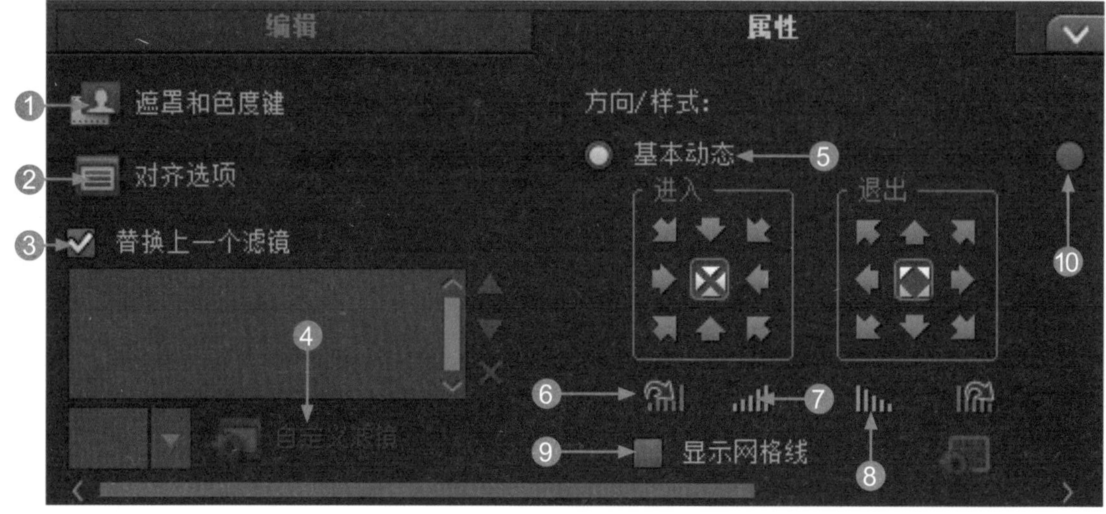

图 10-1 “属性”选项面板

在属性选项面板中，各主要选项的具体含义如下。

❶ 遮罩和色度键：单击该按钮，在弹出的选项面板中可以设置覆叠素材的透明度、边框、覆叠类型和相似度等。

❷ 对齐选项：单击该按钮，在弹出的下拉列表中可以设置当前视频的位置以及视频对象的宽高比。

❸ 替换上一个滤镜：选中该复选框，新的滤镜将替换素材原来的滤镜效果，并应用到覆叠素材上。若用户需要在覆叠素材中应用多个滤镜效果，则可取消选中该复选框。

❹ 自定义滤镜：单击该按钮，用户可以根据需要对当前添加的滤镜进行自定义设置。

❺ 进入 / 退出：设置素材进入和离开屏幕时的方向。

❻ 暂停区间前旋转 / 暂停区间后旋转：单击相应的按钮，可以在覆叠画面进入或离开屏幕时应用旋转效果，同时可在导览面板中设置旋转之前或之后的暂停区间。

❼ 淡入动画效果：单击该按钮，可以将淡入效果添加到当前素材中，覆叠淡入效果。

❽ 淡出动画效果：单击该按钮，可以将淡出效果添加到当前素材中，覆叠淡出效果。

⑨ 显示网格线：选中该复选框，可以在视频中添加网格线。

⑩ 高级运动：选中该单选按钮，可以设置覆叠素材的路径运动效果。

在选项面板的“方向 / 样式”选项区中，各主要按钮含义如下。

“从左上方进入”按钮：单击该按钮，素材将从左上方进入视频动画。

“进入”选项区中的“静止”按钮：单击该按钮，即可以取消为素材添加的进入动画效果。

“退出”选项区中的“静止”按钮：单击该按钮，即可以取消为素材添加的退出动画效果。

“从右上方进入”按钮：单击该按钮，素材将从右上方进入视频动画。

“从左上方退出”按钮：单击该按钮，素材将从左上方退出视频动画。

“从右上方退出”按钮：单击该按钮，素材将从右上方退出视频动画。

10.1.2 透明度和遮罩设置

在“属性”选项面板中，单击“遮罩和色度键”按钮，将展开“遮罩和色度键”选项面板，在其中可以设置覆叠素材的透明度、边框和遮罩特效，如图 10-2 所示。

图 10-2 “遮罩和色度键”选项面板

在“遮罩和色度键”选项面板中，各主要选项含义如下。

① 透明度：在该数值框中输入相应的参数，或者拖动滑块，可以设置素材的透明度。

② 边框：在该数值框中输入相应的参数，或者拖动滑块，可以设置边框的厚度，单击右侧的颜色色块，可以选择边框的颜色。

③ 应用覆叠选项：选中该复选框，可以指定覆叠素材将被渲染的透明程度。

④ 类型：选择是否在覆叠素材上应用预设的遮罩，或指定要渲染为透明的颜色。

⑤ 相似度：指定要渲染为透明的色彩选择范围。单击右侧的颜色色块，可以选择要渲染为透明的颜色。单击按钮，可以在覆叠素材中选取色彩参数。

❻ 宽度 / 高度：从覆叠素材中修剪不需要的边框，可设置要修剪素材的高度和宽度。

❼ 覆叠预览：会声会影为覆叠选项窗口提供了预览功能，使用户能够同时查看素材调整之前的原貌，方便比较调整后的效果。

10.2 编辑覆叠素材

编辑覆叠素材，就是将视频素材，添加到时间轴面板的覆叠轨中，设置相应属性后产生视频叠加的效果。

本节主要介绍添加与删除覆叠素材的操作方法。

10.2.1 添加覆叠图像

在会声会影 X7 中，用户可以根据需要在视频轨中添加相应的覆叠素材，从而制作出更具观赏性的视频作品。下面介绍添加覆叠素材的操作方法。

	素材文件	光盘 \ 素材 \ 第 10 章 \ 幸福回味 .png、幸福回味 .jpg
	效果文件	光盘 \ 效果 \ 第 10 章 \ 幸福回味 .VSP
	视频文件	光盘 \ 视频 \ 第 10 章 \10.2.1 添加覆叠图像 .mp4

实战 幸福回味

步骤 01 进入会声会影编辑器，在视频轨中插入一幅图像素材，如图 10-3 所示。

步骤 02 在覆叠轨中的适当位置，单击鼠标右键，在弹出的快捷菜单中选择“插入照片”选项，如图 10-4 所示。

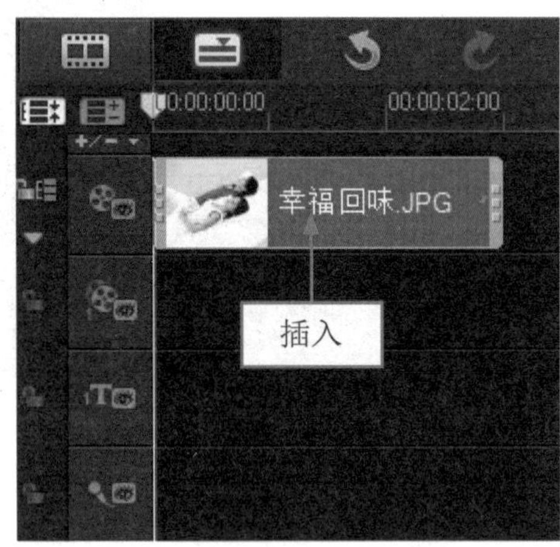

图 10-3 插入图像素材

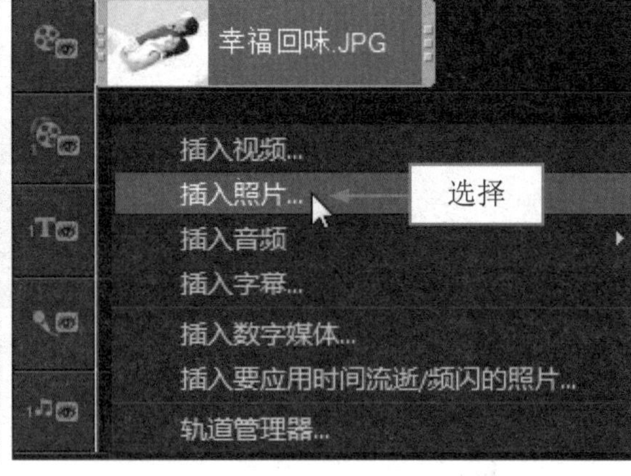

图 10-4 选择“插入照片”选项

步骤 03 弹出“浏览照片”对话框，在其中选择相应的照片素材，如图 10-5 所示。

步骤 04 单击“打开”按钮，即可在覆叠轨中添加相应的覆叠素材，如图 10-6 所示。

步骤 05 在预览窗口中，调整覆叠素材的位置，如图 10-7 所示。

步骤 06 执行上述操作后，即可完成覆叠素材的添加，单击导览面板中的“播放”按钮，预览覆叠效果，如图 10-8 所示。

图 10-5 选择相应的照片素材

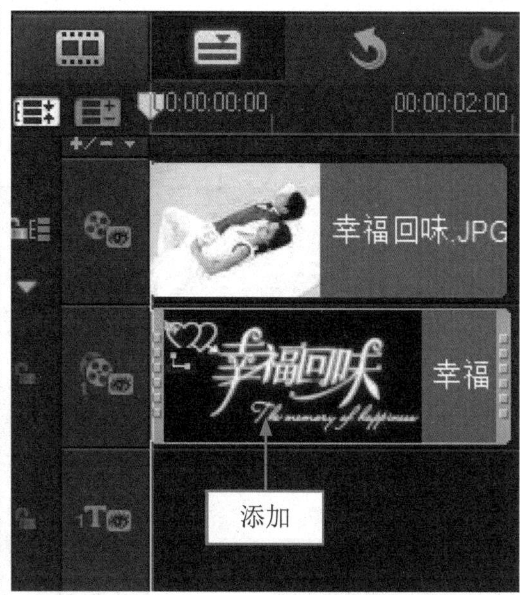

图 10-6 添加覆叠素材

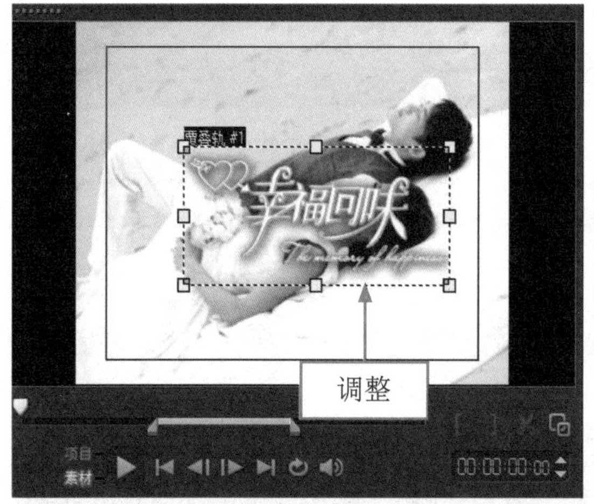

图 10-7 调整覆叠素材的位置

图 10-8 预览覆叠效果

专家指点

在会声会影 X7 中，可以在覆叠轨中添加覆叠素材，制作覆叠效果。在覆叠轨中不仅可以插入照片，还可以插入视频。

10.2.2 删除覆叠图像

在会声会影 X7 中，如果用户不需要覆叠轨中的素材，可以将其删除。下面介绍删除覆叠素材的操作方法。

	素材文件	光盘 \ 素材 \ 第 10 章 \ 蝴蝶 .VSP
	效果文件	光盘 \ 效果 \ 第 10 章 \ 蝴蝶 .VSP
	视频文件	光盘 \ 视频 \ 第 10 章 \10.2.2 删除覆叠图像 .mp4

实战 蝴蝶

步骤 01 进入会声会影编辑器，打开一个项目文件，如图 10-9 所示。

步骤 02 单击导览面板中的“播放”按钮，在预览窗口中预览打开的项目效果，如图 10-10 所示。

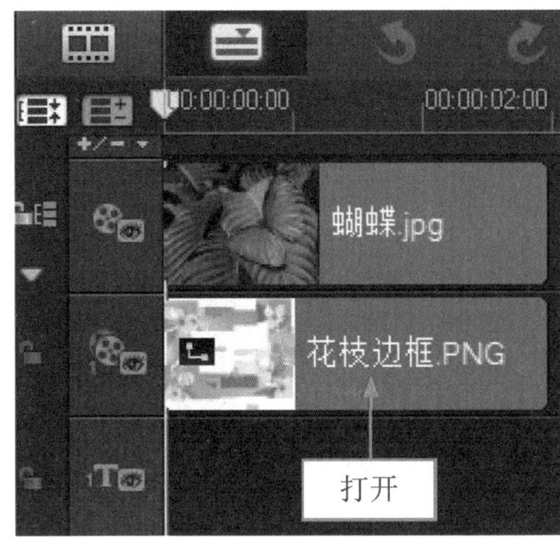

图 10-9 打开项目文件

图 10-10 预览项目效果

专家指点

在会声会影 X7 的覆叠轨中添加覆叠素材，在预览窗口中可以调整素材的大小和位置。

步骤 03 选择覆叠轨中的素材，单击鼠标右键，在弹出的快捷菜单中选择“删除”选项，如图 10-11 所示。

步骤 04 执行上述操作后，即可删除覆叠轨中的素材，在预览窗口中可以预览删除覆叠素材后的效果，如图 10-12 所示。

图 10-11 选择“删除”选项

图 10-12 预览删除覆叠素材后的效果

专家指点

除了上述方法外，用户还可以通过以下两种方法删除覆叠素材。

* 选择覆叠轨中需要删除的素材，单击“编辑”|“删除”命令即可。
* 选择覆叠轨中需要删除的素材，按【Delete】键，也可快速删除选择的素材。

10.3 覆叠对象属性的设置

在会声会影X7的覆叠轨中，添加素材后，可以设置覆叠对象的属性，包括调整覆叠对象的大小、调整覆叠对象的形状、设置覆叠对象透明度以及设置覆叠对象的边框等。本节主要介绍设置覆叠对象属性的操作方法。

10.3.1 覆叠对象大小

在会声会影X7中，如果添加到覆叠轨中的素材大小不符合需要，用户可根据需要在预览窗口中调整覆叠素材的大小。

下面介绍调整覆叠对象大小的操作方法。

	素材文件	光盘\素材\第10章\春天的味道.jpg、蝴蝶.png
	效果文件	光盘\效果\第10章\春天的味道.VSP
	视频文件	光盘\视频\第10章\10.3.1 覆叠对象大小.mp4

实战 春天的味道

步骤 01 进入会声会影编辑器，在视频轨中插入一幅素材图像，如图10-13所示。

步骤 02 在覆叠轨中插入另一幅素材图像，如图10-14所示。

图10-13 插入图像素材

图10-14 插入另一幅素材图像

步骤 03 在预览窗口中选择需要调整大小的覆叠素材，将鼠标移至素材四周的控制柄上，单击鼠标左键并拖曳，至合适位置后释放鼠标左键，即可调整覆叠素材的大小，然后调整覆叠素材的位置，如图 10-15 所示。

步骤 04 执行上述操作后，即可得到最终效果，如图 10-16 所示。

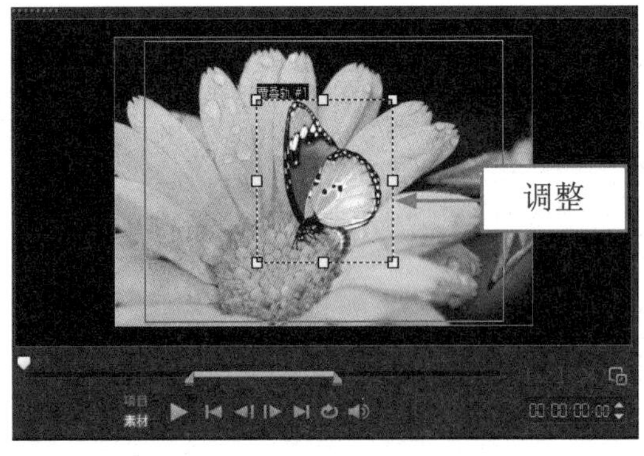

图 10-15 调整覆叠素材

图 10-16 最终效果

10.3.2 覆叠对象位置

在会声会影 X7 中，用户可根据需要在预览窗口中随意调整覆叠素材的位置。下面介绍调整覆叠对象的位置的操作方法。

	素材文件	光盘 \ 素材 \ 第 10 章 \ 笔记本 .jpg、花开那季 .jpg
	效果文件	光盘 \ 效果 \ 第 10 章 \ 花开那季 .VSP
	视频文件	光盘 \ 视频 \ 第 10 章 \10.3.2 覆叠对象位置 .mp4

实战 花开那季

步骤 01 进入会声会影编辑器，在视频轨中单击鼠标右键，在弹出的快捷菜单中选择“插入照片”选项，如图 10-17 所示。

步骤 02 弹出“浏览照片”对话框，在视频轨的合适位置选择需要插入的素材图像，单击“打开”按钮，即可在预览窗口中预览插入的素材图像效果，如图 10-18 所示。

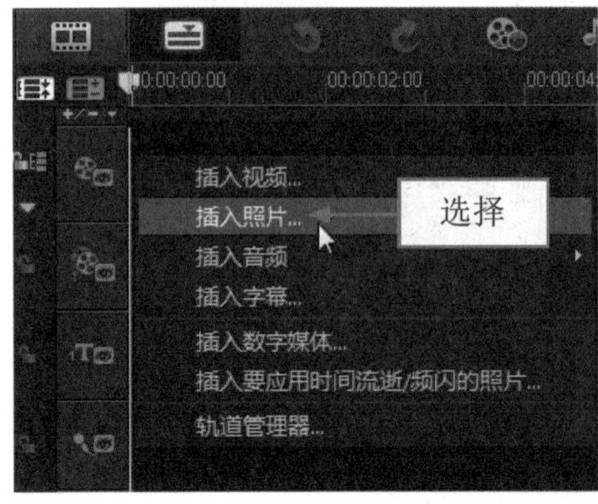

图 10-17 选择“插入照片”选项

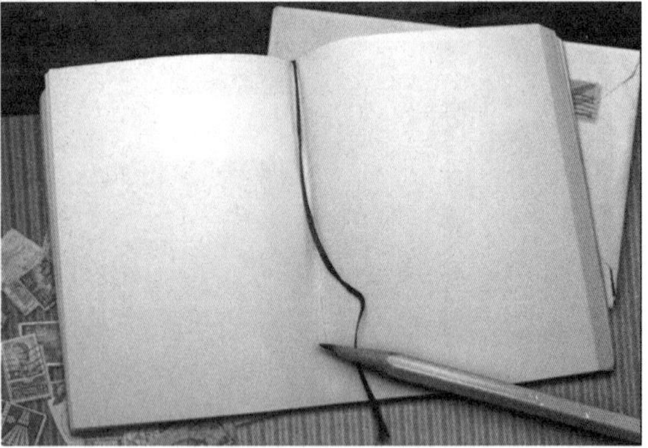

图 10-18 预览素材图像效果

步骤 03 用与上同样的方法，在覆叠轨中插入相应的覆叠素材，在预览窗口中，选择需要调整位置的覆叠素材，如图 10-19 所示。

步骤 04 单击鼠标左键并拖曳，至合适位置后释放鼠标左键，即可调整覆叠素材的位置，效果如图 10-20 所示。

图 10-19 选择覆叠素材

图 10-20 调整后效果

专家指点

在覆叠轨中，选择需要调整位置的图像，在预览窗口中的覆叠对象上单击鼠标右键，在弹出的快捷菜单中，还可以设置将对象停靠在顶部或停靠在底部。

10.3.3 覆叠对象形状

在会声会影 X7 中，不仅可以调整覆叠素材的大小和位置，而且可以任意倾斜或者扭曲覆叠素材，以配合倾斜或扭曲的覆叠画面，使视频应用变得更加自由。下面介绍调整覆叠对象的形状的操作方法。

	素材文件	光盘 \ 素材 \ 第 10 章 \. 爱 jpg、气质美女 .jpg
	效果文件	光盘 \ 效果 \ 第 10 章 \ 气质美女 .VSP
	视频文件	光盘 \ 视频 \ 第 10 章 \10.3.3 覆叠对象形状 .mp4

实战 气质美女

步骤 01 进入会声会影编辑器，在视频轨和覆叠轨中分别插入需要的素材图像，如图 10-21 所示。

步骤 02 在覆叠轨中选择插入的图像，在预览窗口中，将鼠标移至右下角的绿色调节点上，单击鼠标左键并向右下角拖曳，拖曳至合适位置后，释放鼠标左键，即可调整图像右下角的节点，如图 10-22 所示。

步骤 03 将鼠标指针移至图像右上角的绿色节点上，单击鼠标左键并向右侧拖曳至合适位置后，释放鼠标左键，即可调整右上角节点的位置，如图 10-23 所示。

步骤 04 用与上同样的方法，调整另外两个节点的位置，即可完成覆叠对象形状的调整，在预览窗口中可预览调整形状后的效果，如图 10-24 所示。

图 10-21 插入素材图像

图 10-22 调整图像右下角的节点

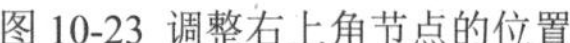
图 10-23 调整右上角节点的位置

图 10-24 预览调整形状后的效果

专家指点

在会声会影 X7 中，调整覆叠对象的形状后，在预览窗口中单击鼠标右键，在弹出的快捷菜单中选择“重置变形”选项，可以将覆叠对象重置变形。

10.3.4 覆叠对象透明度

在会声会影 X7 中，用户还可以根据需要设置覆叠素材的透明度，将素材以半透明的形式进行重叠，显示出若隐若现的效果。

下面介绍设置覆叠对象透明度的操作方法。

素材文件	光盘 \ 素材 \ 第 10 章 \ 蜻蜓 .VSP
效果文件	光盘 \ 效果 \ 第 10 章 \ 蜻蜓 .VSP
视频文件	光盘 \ 视频 \ 第 10 章 \10.3.4 覆叠对象透明度 .mp4

实战 蜻蜓

步骤 01 进入会声会影编辑器，打开一个项目文件，如图 10-25 所示。

步骤 02 在预览窗口中可以预览打开的项目效果，如图 10-26 所示。

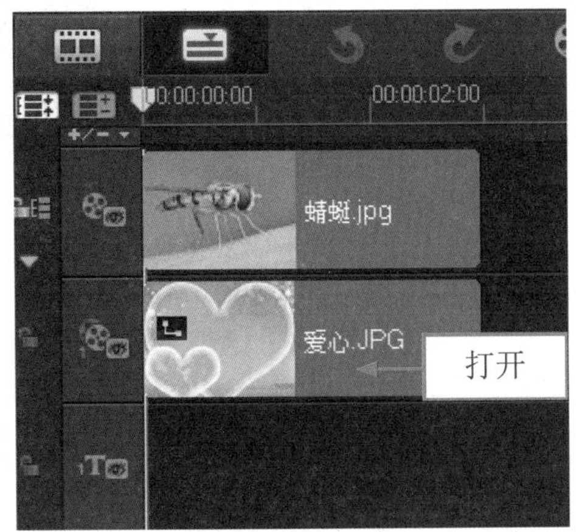

图 10-25 打开项目文件

图 10-26 预览项目效果

步骤 03 选择覆叠素材，在“属性”选项面板中单击“遮罩和色度键”按钮，进入相应选项面板，在“透明度”数值框中输入 75，如图 10-27 所示。

步骤 04 执行上述操作后，即可设置覆叠素材透明度，在预览窗口中，预览设置透明度后的覆叠特效，如图 10-28 所示。

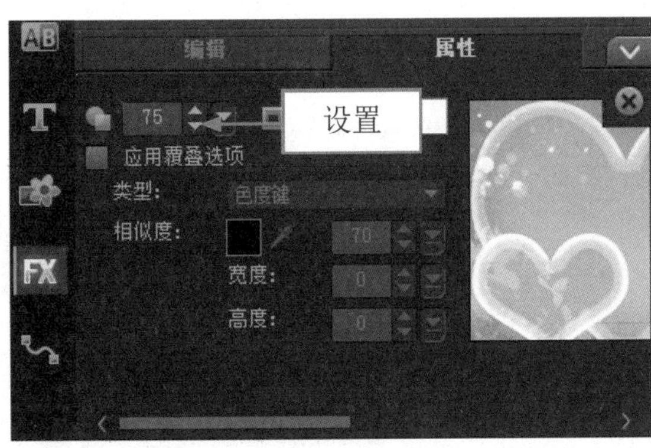

图 10-27 设置透明度为 75

图 10-28 预览覆叠特效

在“遮罩和色度键”选项面板中，各主要选项含义如下。

❶ “透明度”数值框：在该数值框可以设置素材的透明度。拖动滑动条或输入数值，可以调整透明度。

❷ “边框”数值框：在该数值框输入数值，可以设置边框的厚度。单击右侧的【边框色彩】色块□，可以设置边框的颜色。

❸ “应用覆叠选项”复选框：选中该复选框，可以指定覆叠素材将被渲染的透明程度。

❹ “类型”选项：单击该选项右侧的下拉按钮，在弹出的列表框中可以选择是否在覆叠素材上应用预设的遮罩，或指定要渲染为透明的颜色。

❺ “相似度”选项：该选项可以指定要渲染为透明的色彩选择范围。单击右侧的色彩框，可以选择要渲染为透明的颜色。单击按钮，可以在覆叠素材中选取色彩。

❻ “宽度和高度”数值框：在该数值框中可以设置要修剪素材的高度和宽度，从覆叠素材中修剪不需要的边框。

❼ “遮罩样式”列表框：在该列表框中可以设置覆叠对象的遮罩样式。

专家指点

在选项面板中，单击“透明度”右侧的上下微调按钮，可以快速调整透明度的数值；单击右侧的下三角按钮，在弹出的滑块中也可以快速调整透明度数值。

10.3.5 覆叠对象边框

在会声会影 X7 中，边框是为影片添加装饰的另一种简单而实用的方式，它能够让枯燥的画面变得生动。

下面介绍设置覆叠对象边框的操作方法。

	素材文件	光盘 \ 素材 \ 第 10 章 \ 蓝天 .VSP
	效果文件	光盘 \ 效果 \ 第 10 章 \ 蓝天 .VSP
	视频文件	光盘 \ 视频 \ 第 10 章 \10.3.5 覆叠对象边框 mp4

实战 蓝天

步骤 01 进入会声会影编辑器，单击“文件”|“打开项目”命令，打开一个项目文件，如图 10-29 所示。

步骤 02 在预览窗口中，预览打开的项目效果，如图 10-30 所示。

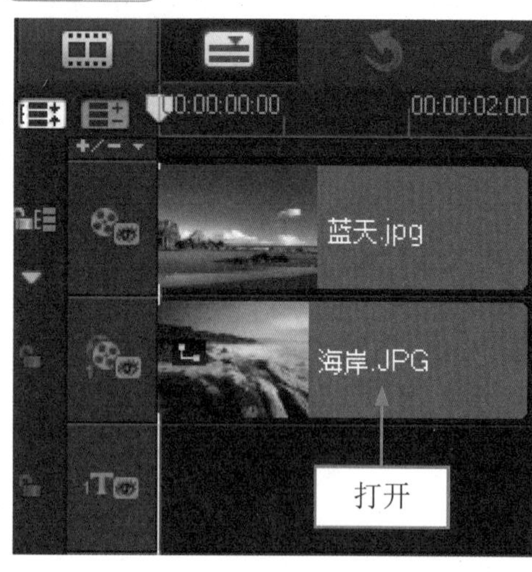

图 10-29 打开项目文件

图 10-30 预览打开的项目效果

步骤 03 在覆叠轨中，选择需要设置边框效果的覆叠素材，如图 10-31 所示。

步骤 04 打开“属性”选项面板，单击“遮罩和色度键”按钮，如图 10-32 所示。

步骤 05 打开“遮罩和色度键”选项面板，在“边框”数值框中输入 6，如图 10-33 所示，执行操作后，即可设置覆叠素材的边框特效。

步骤 06 在预览窗口中可以预览视频效果，如图 10-34 所示。

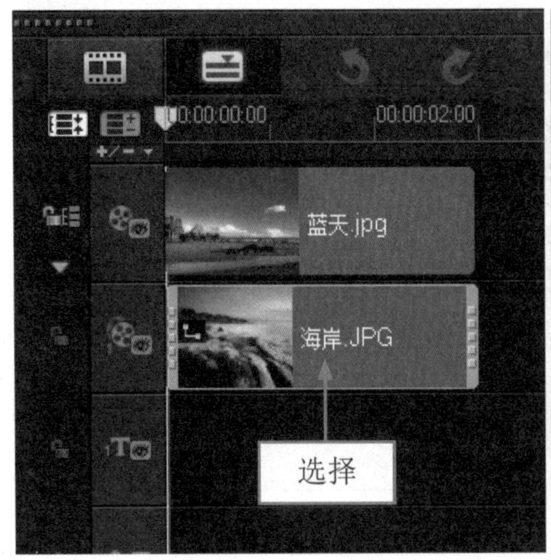

图 10-31 选择覆叠素材

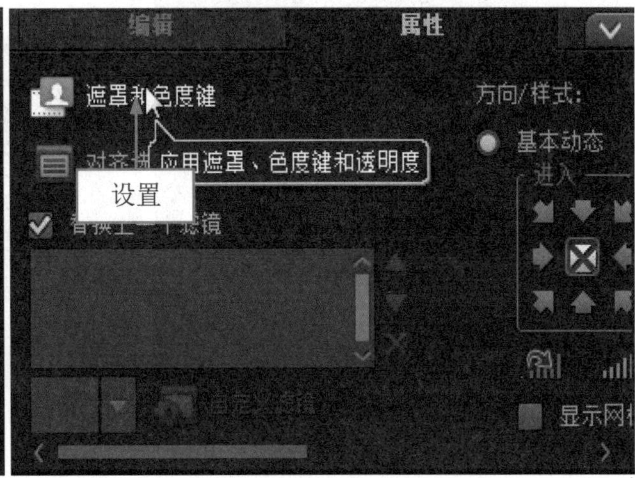

图 10-32 单击“遮罩和色度键”按钮

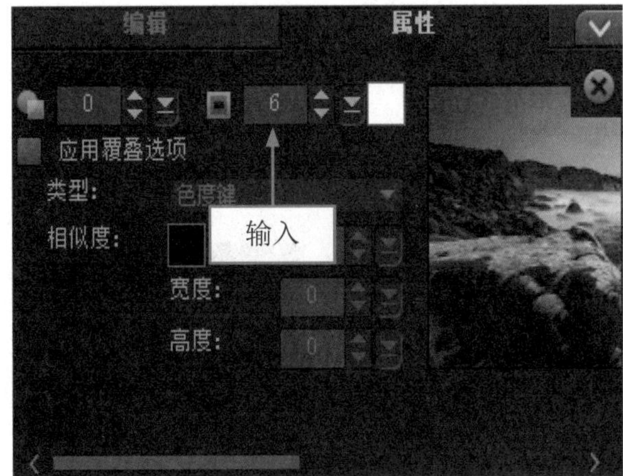

图 10-33 在“边框”数值框中输入 6

图 10-34 预览视频效果

10.3.6 覆叠对象边框颜色

在会声会影 X7 中，为覆叠对象添加边框效果后，可以根据需要设置对象的边框颜色，增添画面美感。

下面介绍设置覆叠对象边框颜色的操作方法。

	素材文件	光盘 \ 素材 \ 第 10 章 \ 深秋对白 .jpg、深秋对白 1.jpg
	效果文件	光盘 \ 效果 \ 第 10 章 \ 深秋对白 .VSP
	视频文件	光盘 \ 视频 \ 第 10 章 \10.3.6 覆叠对象边框颜色 .mp4

实战 深秋对白

步骤 01 进入会声会影编辑器，在视频轨和覆叠轨中插入两幅图像素材，如图 10-35 所示。

步骤 02 在预览窗口中，调整覆叠素材的位置和大小，如图 10-36 所示。

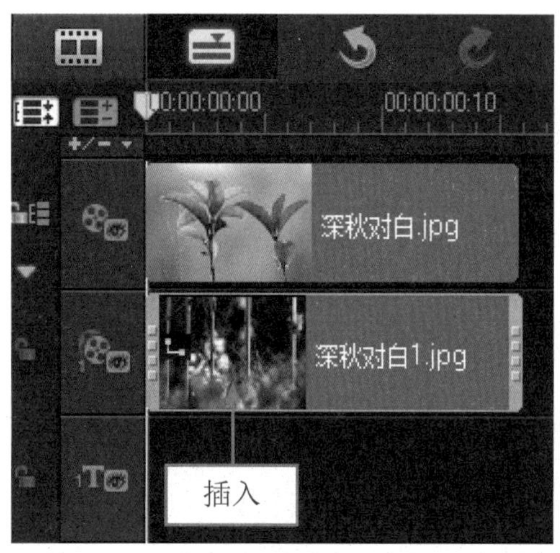

图 10-35 插入图像素材

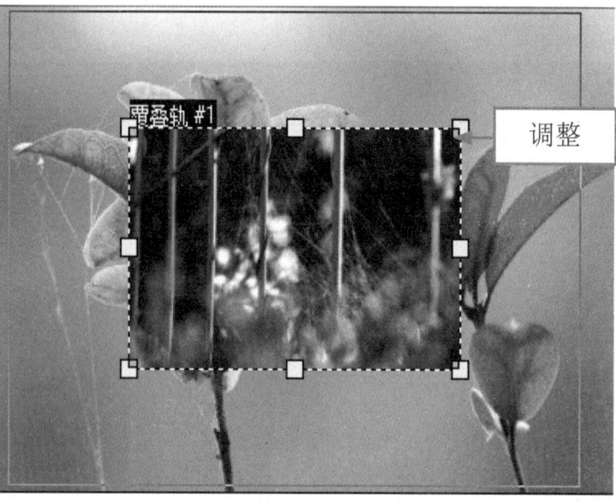

图 10-36 调整位置和大小

步骤 03 选择覆叠素材，在“属性”选项面板中单击“遮罩和色度键”按钮，进入相应选项面板，在“边框”数值框中输入 4，单击右侧的色块，在弹出的颜色面板中选择第 2 排第 3 个颜色，如图 10-37 所示。

步骤 04 执行上述操作后，即可设置覆叠素材的边框颜色，在预览窗口中，预览设置边框颜色后的覆叠特效，如图 10-38 所示。

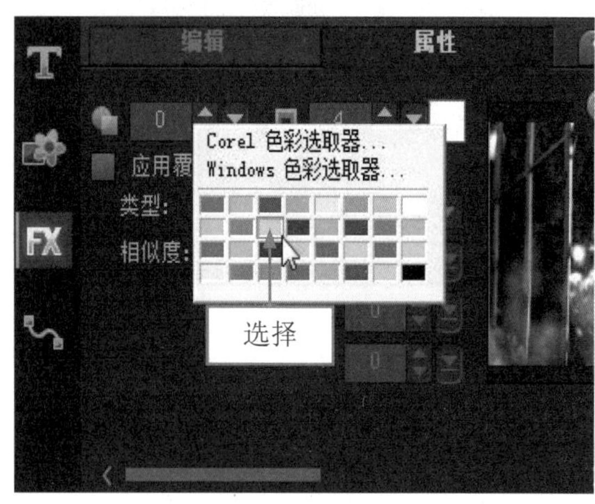

图 10-37 选择相应颜色

图 10-38 预览覆叠特效

10.4 遮罩效果的设置

在会声会影 X7 中，用户还可以根据需要在覆叠轨中设置覆叠对象的遮罩效果，使制作的视频作品更美观。本节主要介绍设置遮罩效果的方法。

10.4.1 椭圆效果

在会声会影 X7 中，椭圆效果是指覆叠轨中的素材以椭圆的性质遮罩在视频轨中素材的上方。下面介绍设置椭圆效果的操作方法。

	素材文件	光盘 \ 素材 \ 第 10 章 \ 房产广告 .VSP
	效果文件	光盘 \ 效果 \ 第 10 章 \ 房产广告 .VSP
	视频文件	光盘 \ 视频 \ 第 10 章 \10.4.1 椭圆效果 .mp4

实战 房产广告

步骤 01 进入会声会影编辑器，打开一个项目文件，如图 10-39 所示。

步骤 02 在预览窗口中可预览打开的项目效果，如图 10-40 所示。

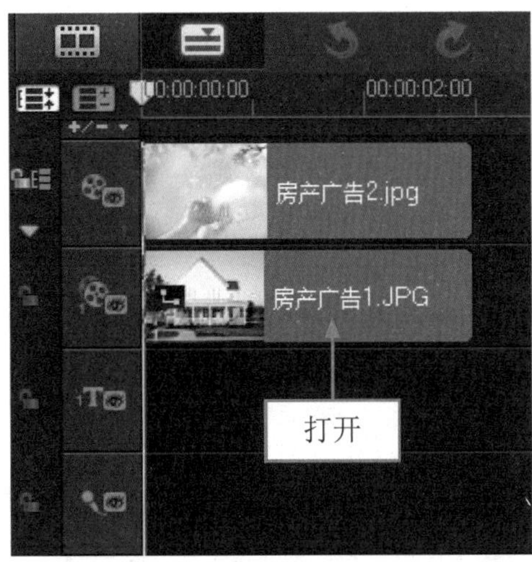

图 10-39 打开项目文件

图 10-40 预览项目效果

步骤 03 选择覆叠素材，展开“属性”选项面板，在其中单击“遮罩和色度键”按钮，如图 10-41 所示。

步骤 04 进入相应选项面板，选中“应用覆叠选项”复选框，单击“类型”右侧的下拉按钮，在弹出的列表框中选择“遮罩帧”选项，如图 10-42 所示。

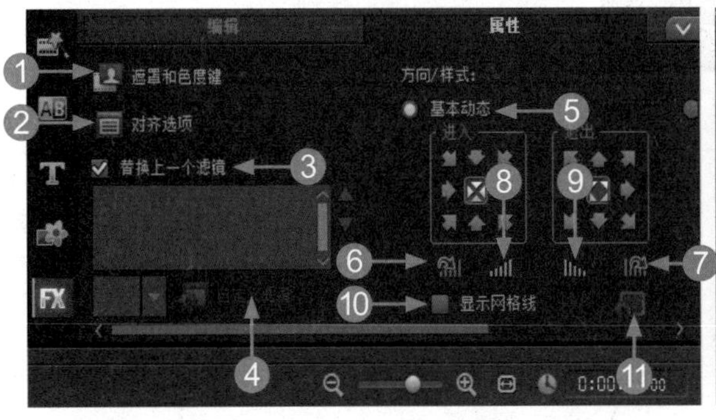

图 10-41 单击“遮罩和色度键”按钮

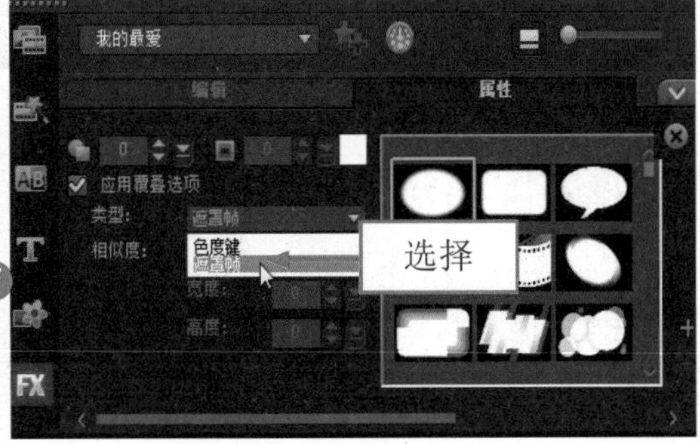

图 10-42 选择“遮罩帧”选项

❶ “遮罩和色度键”按钮：单击该按钮，在弹出的选项面板中可以设置覆叠素材的透明度、边框、色度键类型和相似度等。

❷ “对齐选项”按钮：单击该按钮，在弹出的列表框中可以设置当前视频的位置以及视频对象的宽高比。

❸ “替换上一个滤镜”复选框：选中该复选框，新的滤镜将替换原来的滤镜效果，并应用到素材上。若需要在素材中应用多个滤镜效果，则可取消选中该复选框。

❹ “自定义滤镜”按钮：单击该按钮，即可根据需要对当前添加的滤镜进行自定义设置。

❺ “进入”/“退出”选项组：在该选项组中单击相应按钮，可以设置覆叠素材的进入动画和退出动画效果。

❻ “暂停区间前旋转”按钮：单击该按钮，可设置覆叠素材在暂停区间前进行旋转。

❼ “暂停区间后旋转”按钮：单击该按钮，可设置覆叠素材在暂停区间后进行旋转。

❽ “淡入动画效果”按钮：单击该按钮，可将淡入效果添加到当前素材中，淡入效果使素材的不透明度从零开始逐渐增大。

❾ “淡出动画效果”按钮：单击该按钮，可以将淡出效果添加到当前素材中，淡出效果使素材的不透明度从正常值逐渐减小为零。

❿ “显示网格线”复选框：选中该复选框，可在视频中添加网格线。

⓫ “网格线选项”按钮：单击该按钮，可以在弹出的“网格线选项”对话框中设置网格线的相应参数。

步骤 05 执行上述操作后，在右侧选择椭圆遮罩样式，如图 10-43 所示。

步骤 06 即可设置椭圆遮罩，在预览窗口中可预览覆叠素材的椭圆效果，如图 10-44 所示。

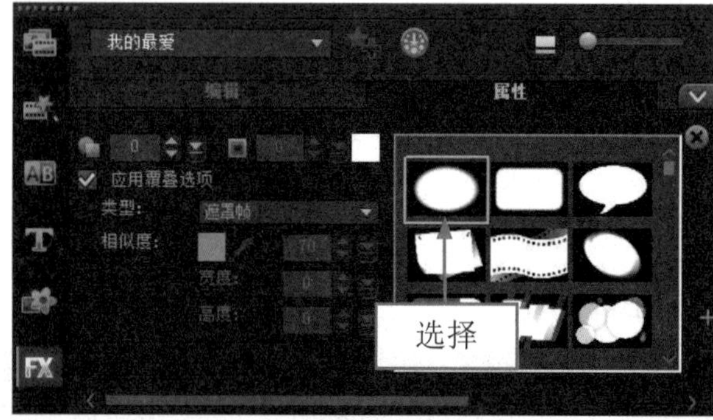

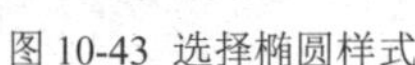
图 10-43 选择椭圆样式

图 10-44 预览椭圆效果

10.4.2 圆角矩形效果

在会声会影 X7 中，矩形效果是指覆叠轨中的素材以矩形的形状遮罩在视频轨中素材的上方。下面介绍设置圆角矩形效果的操作方法。

	素材文件	光盘\素材\第 10 章\露水 .VSP
	效果文件	光盘\效果\第 10 章\露水 .VSP
	视频文件	光盘\视频\第 10 章\10.4.2 圆角矩形效果 .mp4

实战 露水

步骤 01 进入会声会影编辑器，打开一个项目文件，如图 10-45 所示。

步骤 02 在预览窗口中可以预览打开的项目效果，如图 10-46 所示。

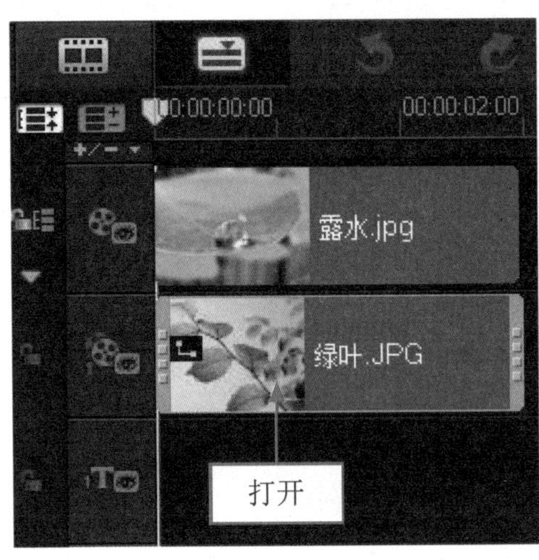

图 10-45 打开项目文件

图 10-46 预览项目效果

步骤 03 选择覆叠素材，在“属性”选项面板中单击“遮罩和色度键”按钮，进入相应选项面板，选中“应用覆叠选项”复选框，设置“类型”为“遮罩帧”，在右侧选择圆角矩形遮罩样式，如图 10-47 所示。

步骤 04 设置圆角矩形效果，在预览窗口中预览覆叠素材的圆角矩形效果，如图 10-48 所示。

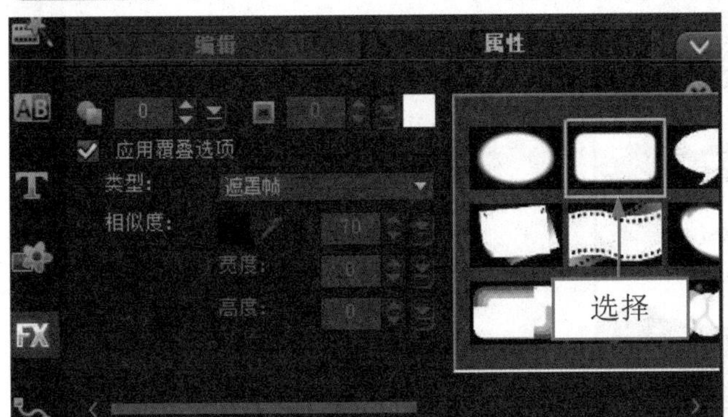

图 10-47 选择圆角矩形样式

图 10-48 预览圆角矩形效果

10.4.3 花瓣效果

在会声会影 X7 中，花瓣效果是指覆叠轨中的素材以花瓣的性质遮罩在视频轨中素材的上方。下面介绍设置花瓣效果的操作方法。

	素材文件	光盘 \ 素材 \ 第 10 章 \ 海边美女 .VSP
	效果文件	光盘 \ 效果 \ 第 10 章 \ 海边美女 .VSP
	视频文件	光盘 \ 视频 \ 第 10 章 \10.3.3 花瓣效果 .mp4

实战 海边美女

步骤 01 进入会声会影编辑器，打开一个项目文件，如图 10-49 所示。

步骤 02 在预览窗口中可以预览打开的项目效果，如图 10-50 所示。

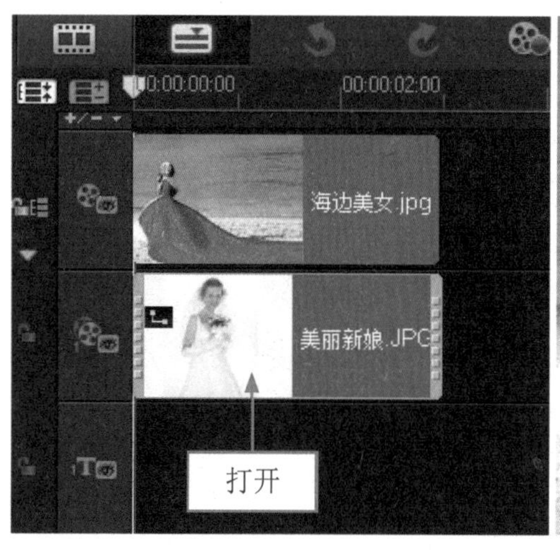

图 10-49 打开项目文件

图 10-50 预览项目效果

步骤 03 选择覆叠素材，在“属性”选项面板中单击“遮罩和色度键”按钮，进入相应选项面板，选中“应用覆叠选项”复选框，设置“类型”为“遮罩帧”，在右侧选择花瓣样式，如图 10-51 所示。

步骤 04 即可设置花瓣遮罩，在预览窗口中可以预览覆叠素材花瓣效果，如图 10-52 所示。

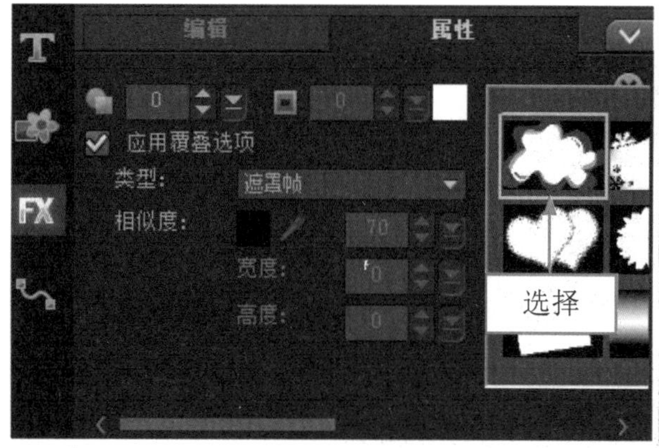

图 10-51 选择花瓣样式

图 10-52 预览花瓣效果

10.4.4 心心相印效果

在会声会影 X7 中，心形效果是指覆叠轨中的素材以心形的形状遮罩在视频轨中素材的上方。下面介绍设置心心相印效果的操作方法。

	素材文件	光盘 \ 素材 \ 第 10 章 \ 恋人 .VSP
	效果文件	光盘 \ 效果 \ 第 10 章 \ 恋人 .VSP
	视频文件	光盘 \ 视频 \ 第 10 章 \10.4.4 心心相印效果 .mp4

实战 恋人

步骤 01 进入会声会影编辑器，打开一个项目文件，如图 10-53 所示。

步骤 02 在预览窗口中可以预览打开的项目效果，如图 10-54 所示。

图 10-53 打开项目文件　　图 10-54 预览项目效果

步骤 03 选择覆叠素材，在“属性”选项面板中单击“遮罩和色度键”按钮，进入相应选项面板，选中“应用覆叠选项”复选框，设置“类型”为“遮罩帧”，在右侧选择心心相印遮罩样式，如图 10-55 所示。

步骤 04 即可设置心心相印效果，在预览窗口中可以预览覆叠素材的心心相印效果，如图 10-56 所示。

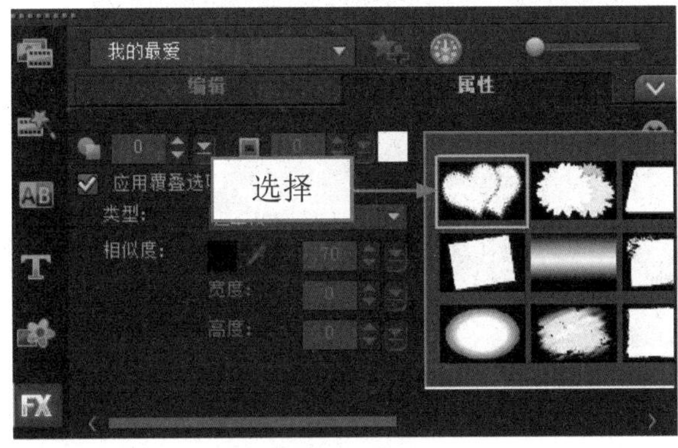

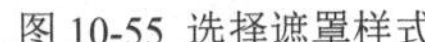

图 10-55 选择遮罩样式　　图 10-56 预览心心相印效果

10.4.5 画笔涂抹效果

在会声会影 X7 中，画笔涂抹效果是指覆叠轨中的素材以画笔涂抹的方式覆叠在视频轨中素材的上方。下面介绍设置画笔涂抹效果的操作方法。

	素材文件	光盘 \ 素材 \ 第 10 章 \ 猫咪宝贝 .VSP
	效果文件	光盘 \ 效果 \ 第 10 章 \ 猫咪宝贝 .VSP
	视频文件	光盘 \ 视频 \ 第 10 章 \10.4.5 画笔涂抹效果 .mp4

实战 猫咪宝贝

步骤 01 进入会声会影编辑器，单击“文件” | “打开项目”命令，打开一个项目文件，如图 10-57 所示。

步骤 02 在预览窗口中，预览打开的项目效果，如图 10-58 所示。

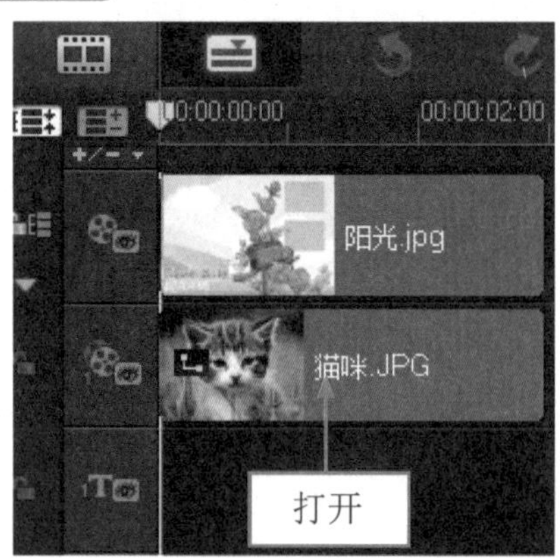

图 10-57 打开项目文件

图 10-58 预览项目效果

步骤 03 选择覆叠素材，打开“属性”选项面板，单击“遮罩和色度键”按钮，进入相应选项面板，选中“应用覆叠选项”复选框，如图 10-59 所示。

步骤 04 单击“类型”下拉按钮，在弹出的列表框中选择“遮罩帧”选项，打开覆叠遮罩列表，在其中选择涂抹效果，如图 10-60 所示。

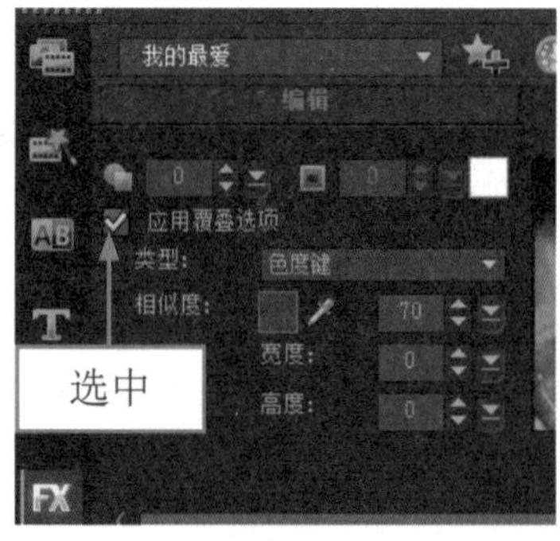

图 10-59 选中“应用覆叠选项”复选框

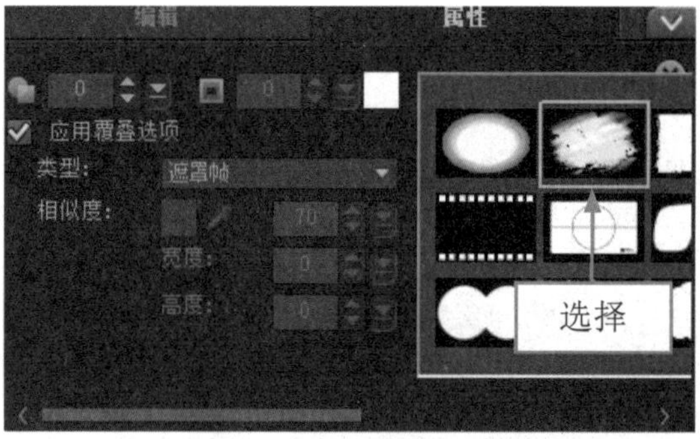

图 10-60 选择涂抹效果

步骤 05 此时，即可设置覆叠素材为涂抹遮罩样式，如图 10-61 所示。

步骤 06 在导览面板中单击“播放”按钮，预览视频中的涂抹遮罩效果，如图 10-62 所示。

图 10-61 设置为涂抹样式

图 10-62 预览涂抹效果

10.4.6 渐变遮罩效果

在会声会影 X7 中，渐变遮罩效果是指覆叠轨中的素材以渐变遮罩的方式附在视频轨中素材的上方。下面介绍设置渐变遮罩效果的操作方法。

	素材文件	光盘 \ 素材 \ 第 10 章 \ 花岩溪 .VSP
	效果文件	光盘 \ 效果 \ 第 10 章 \ 花岩溪 .VSP
	视频文件	光盘 \ 视频 \ 第 10 章 \10.4.6 渐变遮罩效果 .mp4

实战 花岩溪

步骤 01 进入会声会影编辑器，打开一个项目文件，如图 10-63 所示。

步骤 02 在预览窗口中预览打开的项目效果，如图 10-64 所示。

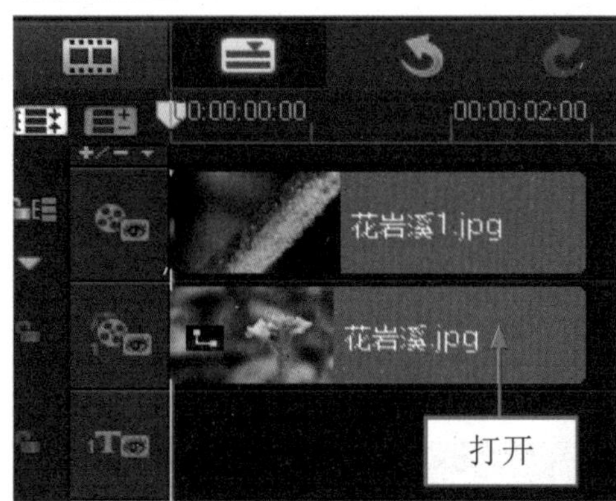

图 10-63 打开项目文件

图 10-64 预览项目效果

步骤 03 选择覆叠素材，在“属性”选项面板中单击“遮罩和色度键”按钮，进入相应选项面板，选中“应用覆叠选项”复选框，设置“类型”为“遮罩帧”，在右侧选择渐变遮罩样式，如图 10-65 所示。

步骤 04 设置渐变遮罩效果，在预览窗口中可以预览覆叠素材的渐变遮罩效果，如图 10-66 所示。

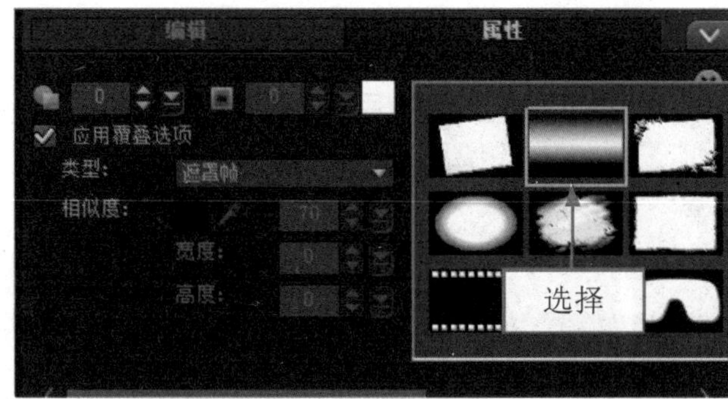

图 10-65 选择渐变遮罩样式

图 10-66 预览渐变遮罩效果

10.5 覆叠效果特效精彩应用

在会声会影 X7 中，覆叠有多种编辑方式，如添加装饰图案、添加 Flash 动画、添加照片边框以及画中画效果等。本节主要介绍覆叠效果案例的制作方法。

10.5.1 装饰图案特效

在会声会影 X7 中，如果用户想使画面变得丰富多彩，则可在画面中添加符合视频的装饰图案。下面介绍添加装饰图案的操作方法。

	素材文件	光盘 \ 素材 \ 第 10 章 \ 桂林 .jpg
	效果文件	光盘 \ 效果 \ 第 10 章 \ 桂林 .VSP
	视频文件	光盘 \ 视频 \ 第 10 章 \10.5.1 装饰图案特效 .mp4

实战 桂林

步骤 01 进入会声会影编辑器，在视频轨中插入一幅图像素材，如图 10-67 所示。

步骤 02 在预览窗口中可以预览插入的素材图像效果，如图 10-68 所示。

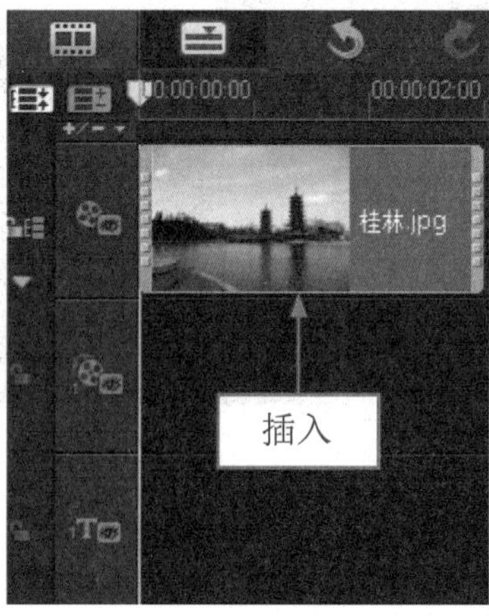

图 10-67 插入素材图像

图 10-68 预览素材图像

步骤 03 单击“图形”按钮，切换至“图形”素材库，单击窗口上方的“画廊”按钮，在弹出的列表框中选择“对象”选项，如图 10-69 所示。

步骤 04 打开“对象”素材库，在其中选择需要添加的对象素材 OB-47，如图 10-70 所示。

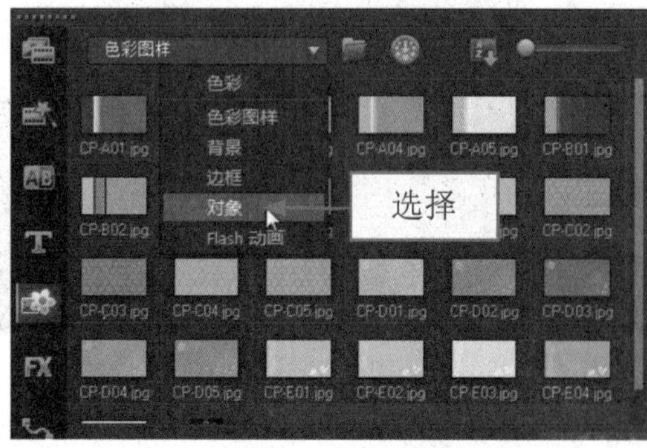

图 10-69 选择“对象”选项

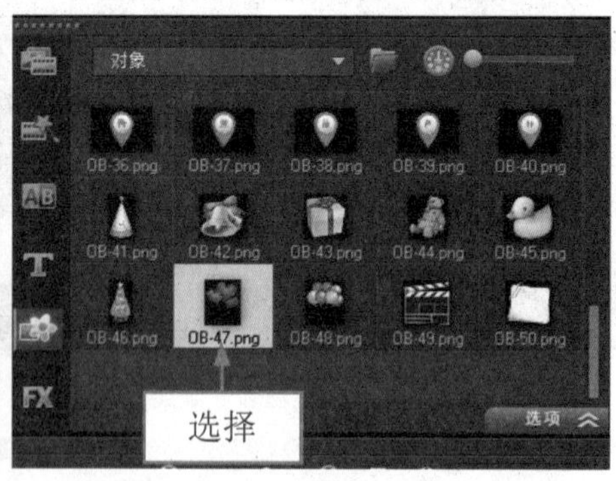

图 10-70 选择对象素材

步骤 05 单击鼠标左键并拖曳至覆叠轨中的开始位置，如图 10-71 所示。

步骤 06 在预览窗口中调整覆叠素材的大小和位置，即可预览添加的装饰图案效果，如图 10-72 所示。

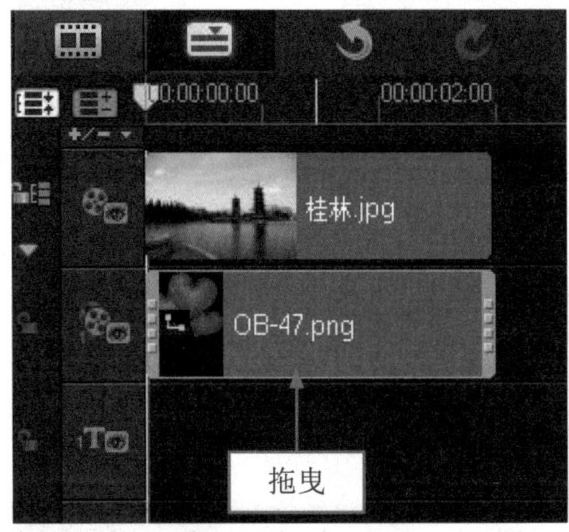

图 10-71 拖曳至覆叠轨

图 10-72 预览装饰图案效果

专家指点

在会声会影 X7 中，还可以在“对象”素材库中导入电脑硬盘中的对象素材，制作装饰图案效果。

10.5.2 Flash 动画特效

在会声会影 X7 中，用户可以根据需要在覆叠轨中添加 Flash 动画，为画面添加唯美动画效果。下面介绍添加 Flash 动画的操作方法。

	素材文件	光盘 \ 素材 \ 第 10 章 \ 荷花 .jpg
	效果文件	光盘 \ 效果 \ 第 10 章 \ 荷花 .VSP
	视频文件	光盘 \ 视频 \ 第 10 章 \10.5.2 Flash 动画特效 .mp4

实战 荷花

步骤 01 进入会声会影编辑器，在视频轨中插入一幅图像素材，如图 10-73 所示。

步骤 02 展开“照片”选项面板，设置“照片区间”为 0:00:10:00，如图 10-74 所示。

步骤 03 单击“图形”按钮，切换至“图形”素材库，单击窗口上方的“画廊”按钮，在弹出的列表框中选择“Flash 动画”选项，如图 10-75 所示。

步骤 04 打开“Flash 动画”素材库，在其中选择需要添加的 Flash 动画素材 FL-F19，如图 10-76 所示。

步骤 05 单击鼠标左键并拖曳至覆叠轨中的开始位置，即可添加 Flash 动画，单击导览面板中的“播放”按钮，预览 Flash 动画效果，如图 10-77 所示。

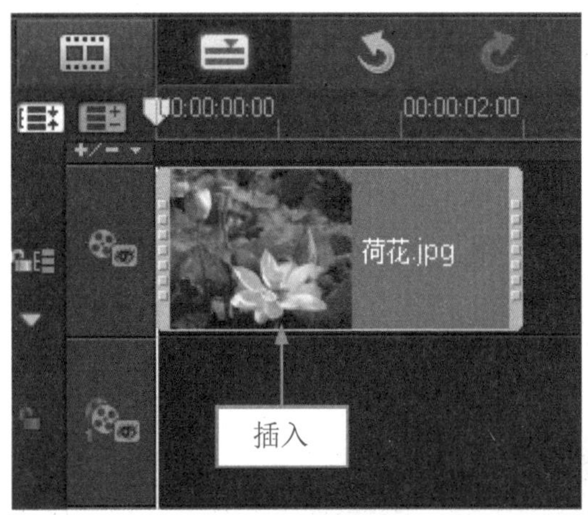

图 10-73 插入图像素材

图 10-74 设置照片区间

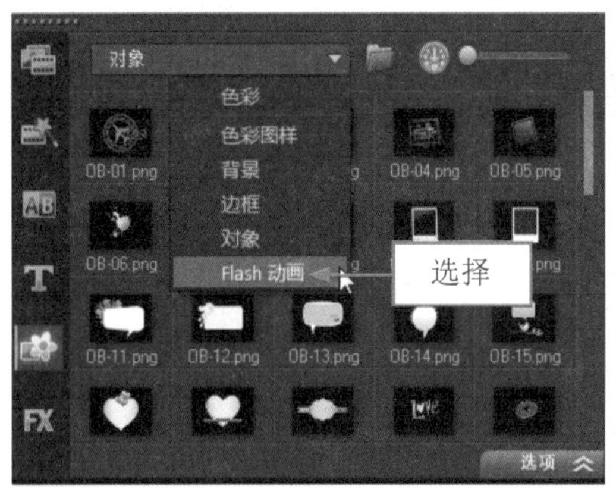

图 10-75 选择“Flash 动画”选项

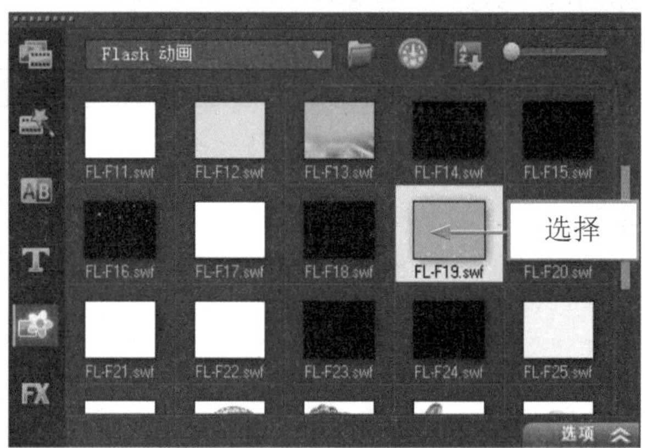

图 10-76 选择 Flash 动画素材

图 10-77 预览 Flash 动画效果

10.5.3 照片边框特效

在会声会影 X7 中，为照片素材添加边框是一种简单而实用的装饰方式，它可以使枯燥、单调的照片变得生动而有趣。下面介绍添加照片边框的操作方法。

素材文件	光盘 \ 素材 \ 第 10 章 \ 世博园 .jpg
效果文件	光盘 \ 效果 \ 第 10 章 \ 世博园 .VSP
视频文件	光盘 \ 视频 \ 第 10 章 \10.5.3 照片边框特效 .mp4

实战 世博园

步骤 01 进入会声会影编辑器，在视频轨中插入一幅图像素材，如图 10-78 所示。

步骤 02 在预览窗口中可以预览插入的素材图像效果，如图 10-79 所示。

步骤 03 单击“图形”按钮，切换至“图形”素材库，单击窗口上方的“画廊”按钮，在弹出的列表框中选择“边框”选项，如图 10-80 所示。

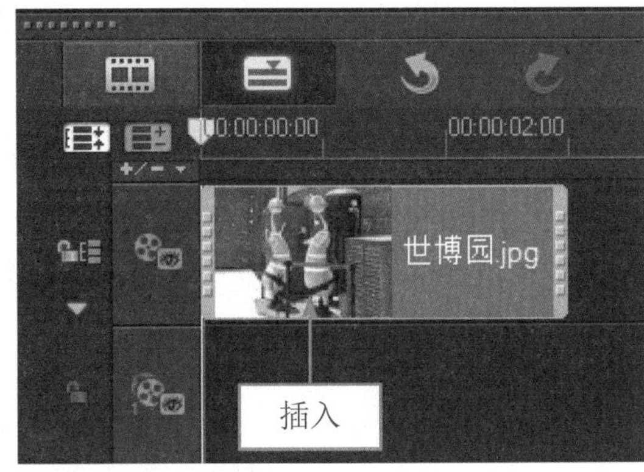

图 10-78 插入图像素材

图 10-79 预览素材图像效果

步骤 04 打开“边框”素材库，在其中选择需要添加的边框素材 FR-A01，如图 10-81 所示。

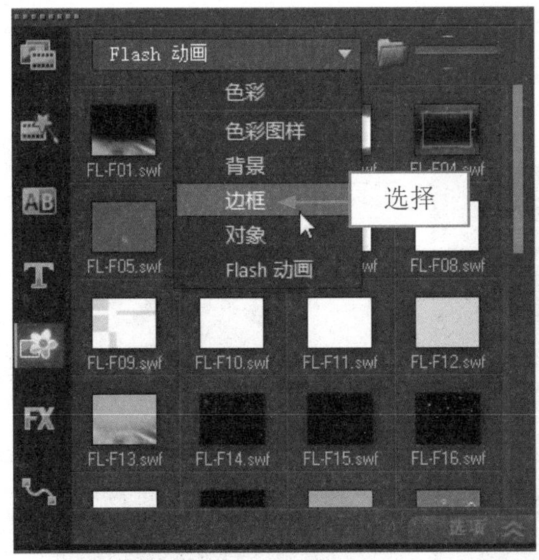

图 10-80 选择“边框”选项

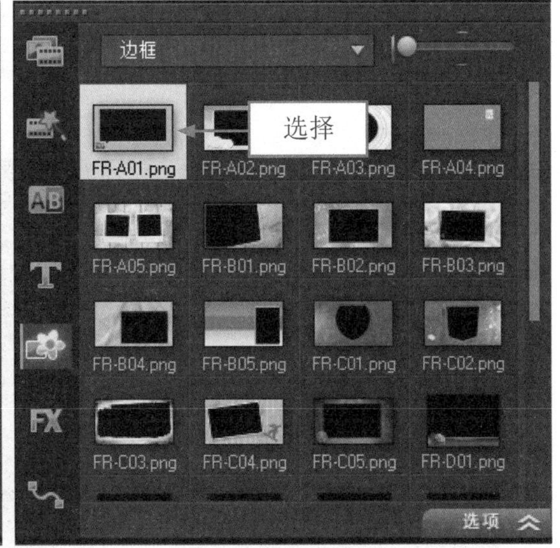

图 10-81 选择边框素材

步骤 05 单击鼠标左键并拖曳至覆叠轨中的开始位置，如图 10-82 所示。

步骤 06 在预览窗口中即可预览添加的照片边框效果，如图 10-83 所示。

图 10-82 拖曳至覆叠轨

图 10-83 预览照片边框效果

专家指点

在会声会影 X7 的覆叠轨中添加边框后，如果对其不满意，可以将其删除。

10.5.4 画中画特效

在会声会影 X7 中，用户可以制作出多重画面的效果，并为画中画添加边框、透明度和动画等效果。下面介绍制作画中画效果的操作方法。

	素材文件	光盘 \ 素材 \ 第 10 章 \ 生态园 .jpg、生态园 1.jpg
	效果文件	光盘 \ 效果 \ 第 10 章 \ 生态园 .VSP
	视频文件	光盘 \ 视频 \ 第 10 章 \10.5.4 画中画特效 .mp4

实战 生态园

步骤 01 进入会声会影编辑器，在视频轨和覆叠轨中分别插入一幅素材图像，如图 10-84 所示。

步骤 02 在预览窗口中，拖曳覆叠素材四周的控制柄，调整覆叠素材的位置和大小，如图 10-85 所示。

图 10-84 插入素材图像

图 10-85 调整位置和大小

步骤 03 在“属性”选项面板的右侧，单击“淡入动画效果”按钮和“淡出动画效果”按钮，如图 10-86 所示。

步骤 04 在“属性”选项面板中，单击“遮罩和色度键”按钮，进入相应选项面板，在其中设置“边框”为 4，如图 10-87 所示。

步骤 05 执行上述操作后，单击导览面板中的“播放”按钮，预览画中画效果，如图 10-89 所示。

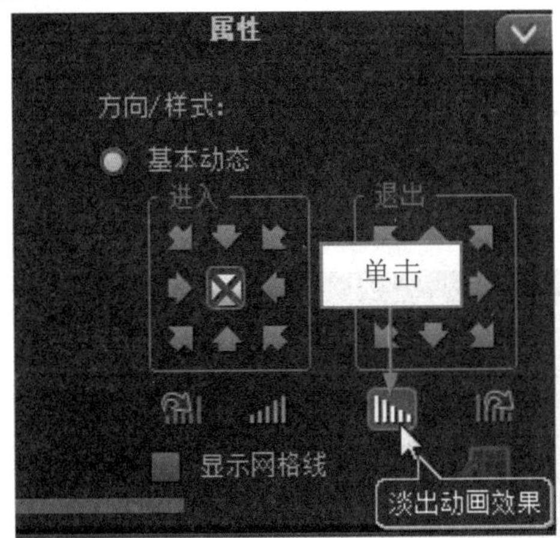

图 10-86 设置边框值

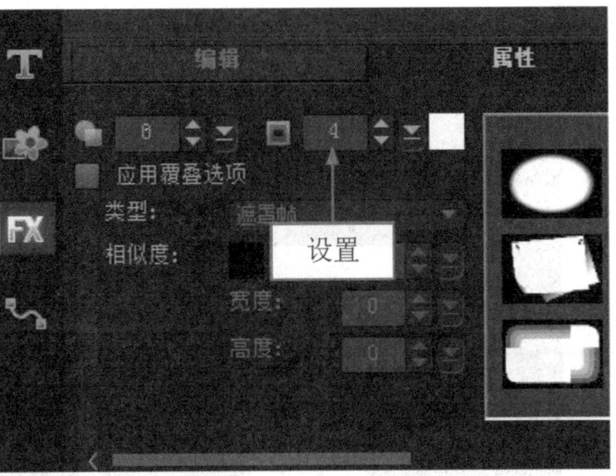

图 10-87 单击相应动画按钮

图 10-88 预览画中画效果

10.5.5 若隐若现特效

在会声会影 X7 中，对覆叠轨中的图像素材应用淡入和淡出动画效果，可以使素材显示若隐若现效果。下面介绍制作若隐若现叠加效果的操作方法。

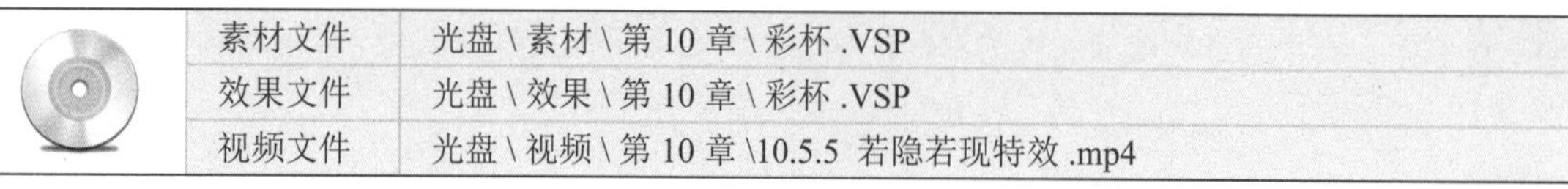

	素材文件	光盘 \ 素材 \ 第 10 章 \ 彩杯 .VSP
	效果文件	光盘 \ 效果 \ 第 10 章 \ 彩杯 .VSP
	视频文件	光盘 \ 视频 \ 第 10 章 \10.5.5 若隐若现特效 .mp4

实战 彩杯

步骤 01 进入会声会影编辑器，打开一个项目文件，如图 10-89 所示。

步骤 02 选择覆叠素材，在“属性”选项面板中单击“淡入动画效果”按钮和“淡出动画效果”按钮，如图 10-90 所示。

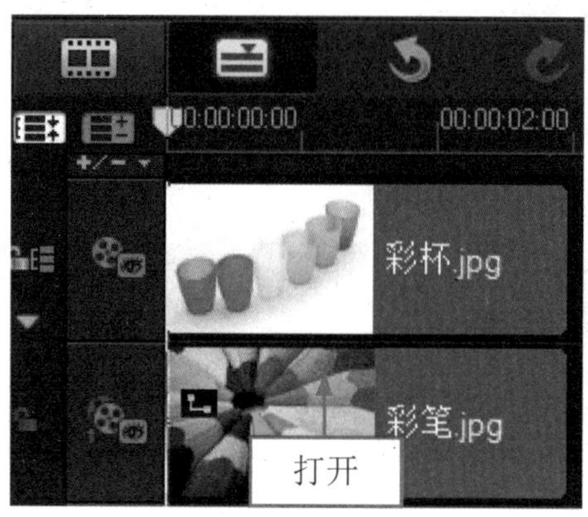

图 10-89 打开项目文件

图 10-90 单击相应按钮

步骤 03 即可设置覆叠素材的若隐若现叠加动画，单击“播放”按钮，预览覆叠素材的若隐若现叠加动画效果，如图 10-91 所示。

图 10-91 预览若隐若现叠加动画效果

10.5.6 覆叠缩放特效

在会声会影 X7 中，为覆叠轨中的素材应用摇动和缩放效果，可以制作出覆叠动画效果。下面介绍让覆叠素材动起来的操作方法。

	素材文件	光盘 \ 素材 \ 第 10 章 \ 秋天 .VSP
	效果文件	光盘 \ 效果 \ 第 10 章 \ 秋天 .VSP
	视频文件	光盘 \ 视频 \ 第 10 章 \10.5.6 覆叠缩放特效 .mp4

实战 秋天

步骤 01 进入会声会影编辑器，打开一个项目文件，如图 10-92 所示。

步骤 02 选择覆叠素材，展开“编辑”选项面板，在其中选中“应用摇动和缩放”复选框，如图 10-93 所示。

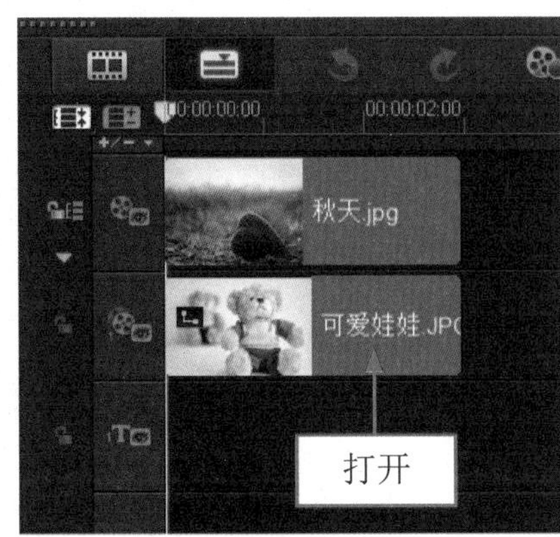

图 10-92 打开项目文件

图 10-93 选中“应用摇动和缩放”复选框

步骤 03 执行上述操作后，即可为覆叠素材应用摇动和缩放效果，单击导览面板中的“播放”按钮，预览覆叠动画效果，如图 10-94 所示。

图 10-94 预览覆叠动画效果

专家指点

在“编辑”选项面板中，单击“自定义”按钮，可以自定义摇动和缩放效果。

10.5.7 透明叠加特效

在会声会影 X7 中，用户可根据需要为覆叠素材设置透明叠加效果，可以使画面变得更具神秘感，从而提高画面的观赏性。下面介绍制作透明叠加效果的操作方法。

	素材文件	光盘 \ 素材 \ 第 10 章 \ 幸福甜蜜 .VSP
	效果文件	光盘 \ 效果 \ 第 10 章 \ 幸福甜蜜 .VSP
	视频文件	光盘 \ 视频 \ 第 10 章 \10.5.7 透明叠加特效 .mp4

实战 幸福甜蜜

步骤 01 进入会声会影编辑器，打开一个项目文件，如图 10-95 所示。

步骤 02 在预览窗口中预览打开的项目效果，如图 10-96 所示。

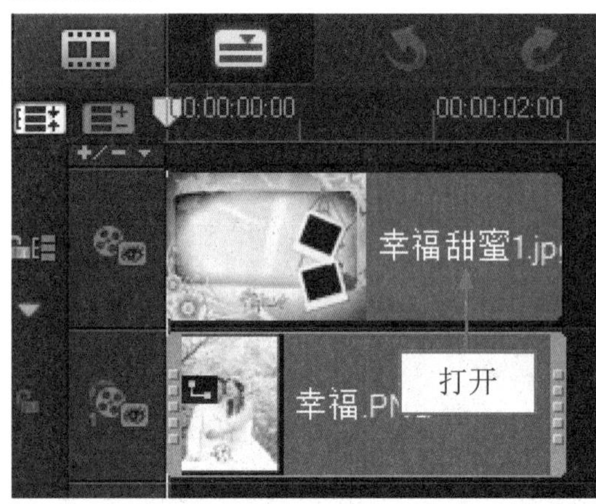

图 10-95 打开项目文件

图 10-96 预览项目效果

步骤 03 选择覆叠素材，展开“属性”选项面板，单击“遮罩和色度键”按钮，进入相应选项面板，在其中设置“透明度”为 50，如图 10-97 所示。

步骤 04 执行上述操作后，在预览窗口中可以预览设置的透明叠加效果，如图 10-98 所示。

图 10-97 设置透明度

图 10-98 预览透明叠加效果

专家指点

在会声会影 X7 中，制作透明叠加效果后，还可以制作白色边框效果。

10.5.8 遮罩特效

在会声会影 X7 中，为覆叠素材制作遮罩效果，可以使覆叠素材局部透空叠加。下面介绍制作遮罩效果的操作方法。

素材文件	光盘 \ 素材 \ 第 10 章 \ 闪光 .VSP
效果文件	光盘 \ 效果 \ 第 10 章 \ 闪光 .VSP
视频文件	光盘 \ 视频 \ 第 10 章 \10.5.8 遮罩特效 .mp4

实战 闪光

步骤 01 进入会声会影编辑器，打开一个项目文件，如图 10-99 所示。

步骤 02 在预览窗口中预览打开的项目效果，如图 10-100 所示。

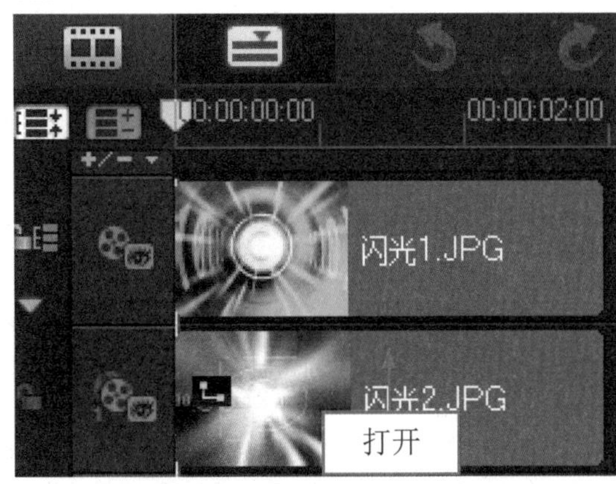

图 10-99 打开项目文件

图 10-100 预览项目效果

步骤 03 选择覆叠素材，在“属性”选项面板中单击“遮罩和色度键”按钮，进入相应选项面板，选中“应用覆叠选项”复选框，设置“类型”为“遮罩帧”，在右侧选择相应遮罩样式，如图 10-101 所示。

步骤 04 即可设置遮罩效果，在预览窗口中可预览覆叠素材的遮罩效果，如图 10-102 所示。

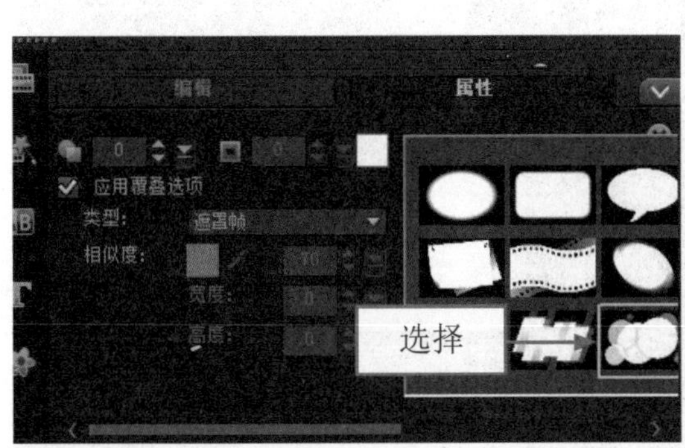

图 10-101 选择遮罩样式

图 10-102 预览遮罩效果

10.5.9 覆叠滤镜特效

在会声会影 X7 中，用户不仅可以为视频轨中的图像素材添加滤镜效果，还可以为覆叠轨中的图像素材应用多种滤镜特效。

下面介绍制作覆叠滤镜效果的操作方法。

	素材文件	光盘\素材\第 10 章\蓝色 .VSP
	效果文件	光盘\效果\第 10 章\蓝色 .VSP
	视频文件	光盘\视频\第 10 章\10.5.9 覆叠滤镜特效 .mp4

实战 蓝色

步骤 01 进入会声会影编辑器，打开一个项目文件，如图 10-103 所示。

步骤 02 在预览窗口中预览打开的项目效果，如图 10-104 所示。

图 10-103 打开项目文件

图 10-104 预览项目效果

步骤 03 单击“滤镜”按钮，切换至“滤镜”选项卡，打开“暗房”素材库，在其中选择“色相与饱和度”滤镜效果，如图 10-103 所示。

步骤 04 单击鼠标左键并拖曳至覆叠轨中的素材图像上方，添加“色相与饱和度”滤镜效果，如图 10-104 所示。

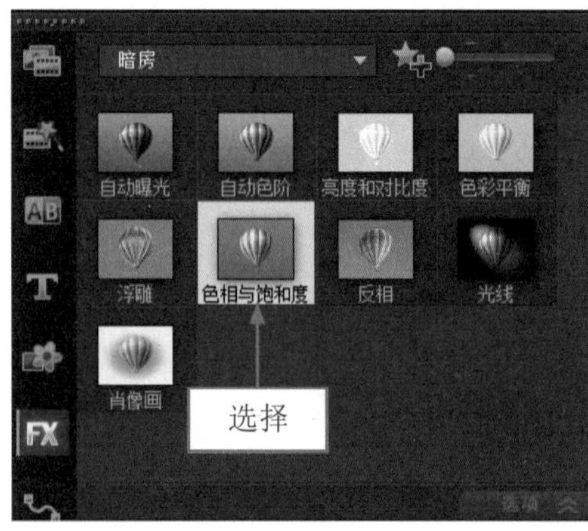

图 10-105 选择“色相与饱和度”滤镜效果

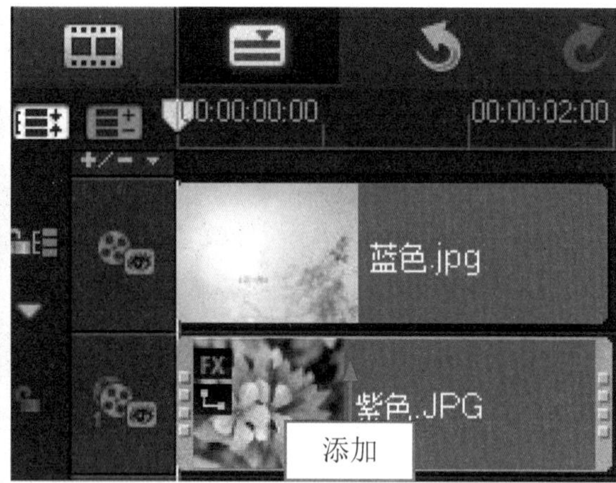

图 10-106 添加“色相与饱和度”滤镜效果

步骤 05 执行上述操作后，即可制作覆叠滤镜效果，单击导览面板中的“播放”按钮，预览覆叠滤镜效果，如图 10-107 所示。

图 10-107 预览覆叠滤镜效果

10.5.10 覆叠转场特效

在会声会影 X7 中，不仅可以在覆叠轨中添加多个图像素材，而且可以在图像素材之间添加转场，制作覆叠转场效果。下面介绍制作覆叠转场效果的操作方法。

	素材文件	光盘 \ 素材 \ 第 10 章 \ 海滩活动 .VSP
	效果文件	光盘 \ 效果 \ 第 10 章 \ 海滩活动 .VSP
	视频文件	光盘 \ 视频 \ 第 10 章 \10.5.10 覆叠转场特效 .mp4

实战 海滩活动

步骤 01 进入会声会影编辑器，打开一个项目文件，如图 10-108 所示。

步骤 02 单击“转场”按钮，切换至“转场”选项卡，打开“小时钟”素材库，选择“扭曲”转场效果，单击鼠标左键并拖曳至覆叠轨中的两幅图像素材之间，添加“扭曲”转场效果，如图 10-109 所示。

图 10-108 打开项目文件

图 10-109 添加“扭曲”转场效果

步骤 03 执行上述操作后，即可制作覆叠转场效果，单击导览面板中的“播放”按钮，预览覆叠转场效果，如图 10-110 所示。

图 10-110 预览覆叠转场效果

10.6 制作路径动画

在会声会影 X7 中，新增了一项路径动画，使用软件自带的路径动画，可以制作视频的画中画效果，可以增强视频的感染力。本节主要向读者介绍设置素材运动方式的操作方法。

10.6.1 导入路径效果

在会声会影 X7 中，用户可根据需要导入路径至“路径”选项卡中，方便以后进行调用。下面介绍导入路径的操作方法。

	素材文件	光盘 \ 素材 \ 第 10 章 \ 粉色背景 .jpg
	效果文件	光盘 \ 效果 \ 第 10 章 \ 粉色背景 .VSP
	视频文件	光盘 \ 视频 \ 第 10 章 \10.6.1 导入路径效果 .mp4

实战 粉色背景

步骤 01 进入会声会影编辑器，在覆叠轨中插入一幅图像素材，如图 10-111 所示。

步骤 02 单击“路径”按钮，切换至“路径”选项卡，单击上方的“导入路径”按钮，如图 10-112 所示。

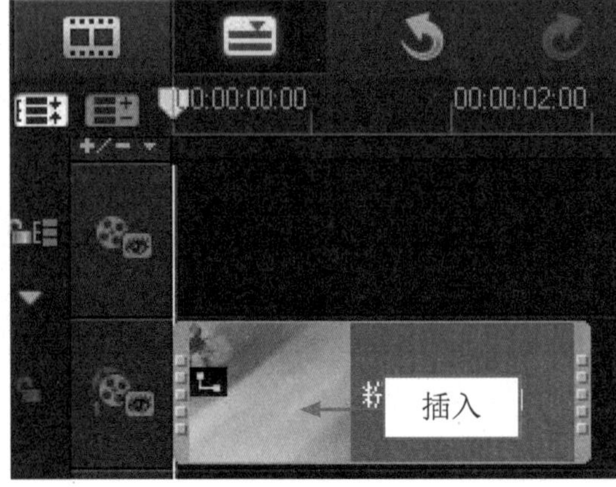

图 10-111 插入图像素材

图 10-112 单击“导入路径”按钮

步骤 03 执行操作后，弹出“浏览”对话框，在其中用户可以根据需要选择要导入的路径文件，如图 10-113 所示。

步骤 04 单击“打开”按钮，即可将路径文件导入到“路径”面板中，如图 10-114 所示。

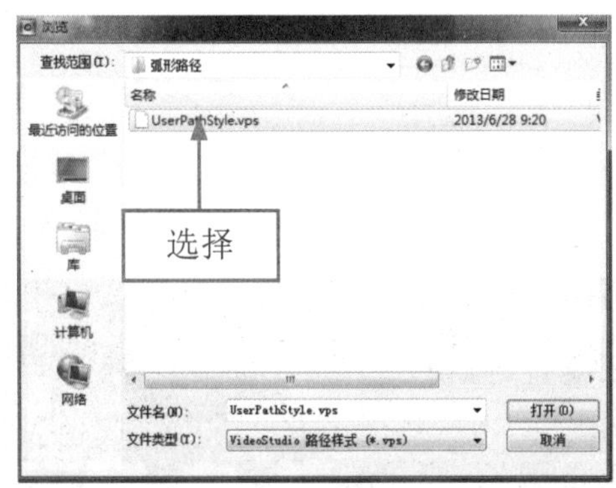

图 10-113 选择相应文件

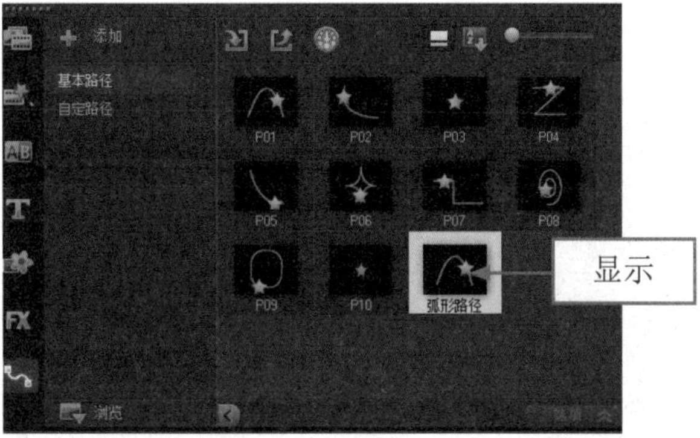

图 10-114 显示导入文件

步骤 05 在打开的路径图标上单击鼠标左键，并拖曳至覆叠轨中的素材图像上，然后释放鼠标左键，如图 10-115 所示。

步骤 06 单击导览面板中的“播放”按钮，即可预览导入的路径效果，如图 10-116 所示。

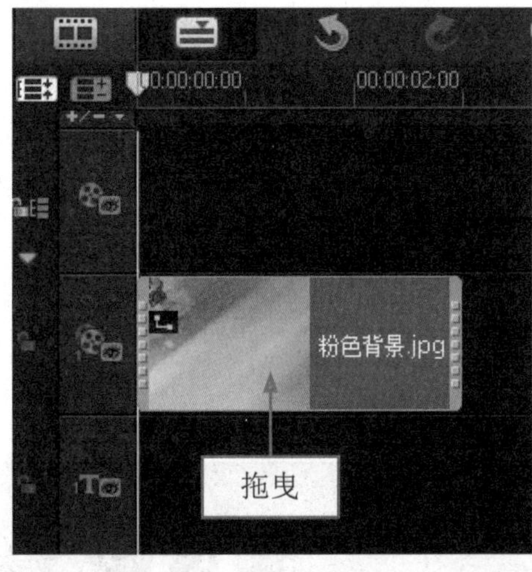

图 10-115 释放鼠标左键

图 10-116 预览照片边框效果

10.6.2 添加路径效果

在会声会影 X7 中，用户可以为视频轨中的视频或图像素材添加路径运动效果，使制作的视频画面更加专业，更具有吸引力。

下面介绍添加路径的操作方法。

	素材文件	光盘 \ 素材 \ 第 10 章 \ 彩绘 .png、无限风光 .jpg
	效果文件	光盘 \ 效果 \ 第 10 章 \ 无限风光 .VSP
	视频文件	光盘 \ 视频 \ 第 10 章 \10.6.2 添加路径效果 .mp4

实战 无限风光

步骤 01 进入会声会影编辑器，在视频轨中插入一幅图像素材，如图 10-117 所示。

步骤 02 在素材库中，单击鼠标右键，在弹出的快捷菜单中选择“插入媒体文件”选项，选择一幅图像素材至素材库中，如图 10-118 所示。

图 10-117 插入图像素材

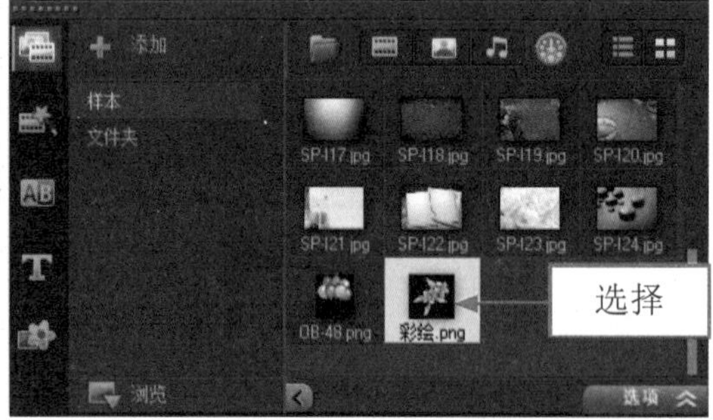

图 10-118 插入一幅素材至素材库

步骤 03 在选择的图像素材上，单击鼠标左键并拖曳至覆叠轨中的合适位置，如图 10-119 所示。

步骤 04 单击“路径”按钮，切换至“路径”选项卡，在其中选择 P02 路径运动效果，如图 10-120 所示，单击鼠标左键并拖曳至覆叠轨中的适当位置，执行上述操作后，即可完成添加路径的制作。

图 10-119 拖曳图像素材

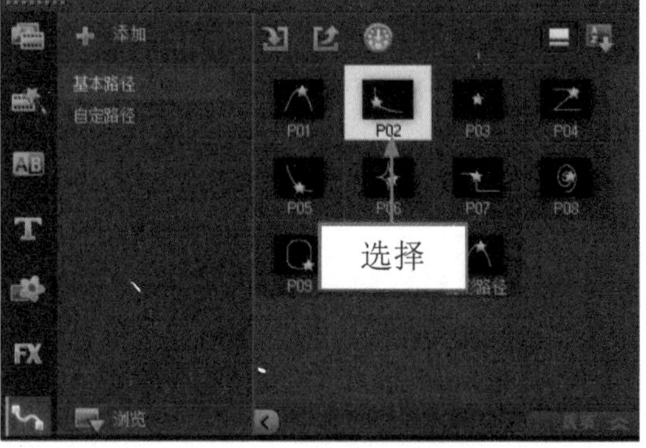

图 10-120 选择路径动画

步骤 05 单击导览面板中的“播放”按钮，即可预览导入的路径效果，如图 10-121 所示。

图 10-121 预览最终效果

10.6.3 自定路径效果

在会声会影 X7 中，当用户为视频或图像素材添加路径效果后，还可以对路径的运动路径进行编辑和修改操作，使制作的路径效果更加符合用户的需求。

下面介绍自定路径的操作方法。

素材文件	光盘 \ 素材 \ 第 10 章 \ 真爱回味 .jpg
效果文件	光盘 \ 效果 \ 第 10 章 \ 真爱回味 .VSP
视频文件	光盘 \ 视频 \ 第 10 章 \10.6.3 自定路径效果 .mp4

实战 真爱回味

步骤 01 进入会声会影 X7 编辑器，在视频轨中插入一幅素材图像，如图 10-122 所示。

步骤 02 在预览窗口中，可以预览视频轨中的素材画面，如图 10-123 所示。

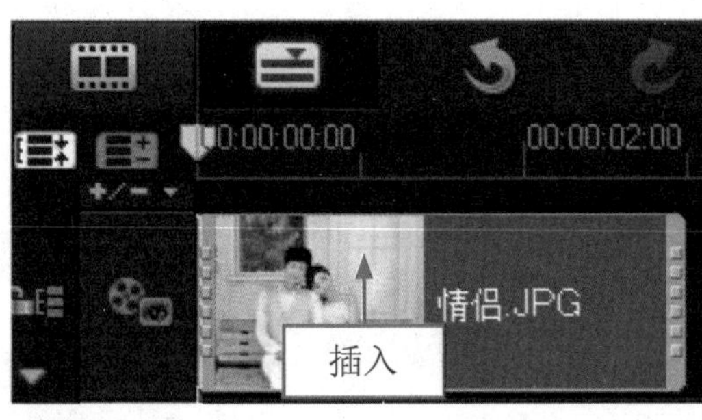

图 10-122 插入素材图像

图 10-123 预览素材画面

步骤 03 用与上同样的方法，在覆叠轨中插入一幅素材图像，如图 10-124 所示。

步骤 04 在预览窗口中，可以预览覆叠轨中的素材画面，如图 10-125 所示。

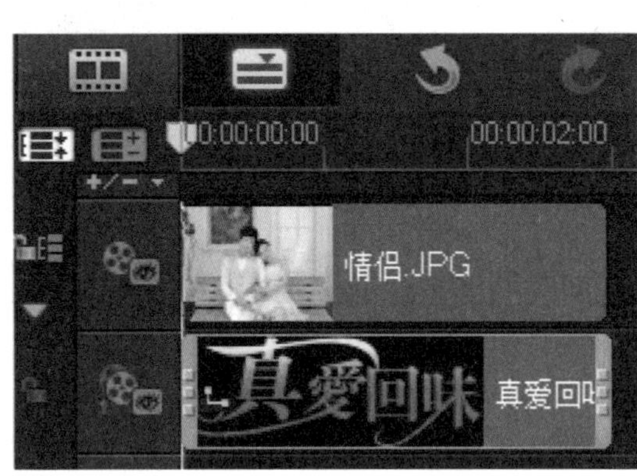

图 10-124 插入素材图像

图 10-125 预览覆叠轨中的素材画面

步骤 05 在菜单栏中，单击“编辑”|“自定路径”命令，如图 10-126 所示。

步骤 06 执行操作后，弹出“自定路径”对话框，如图 10-127 所示。

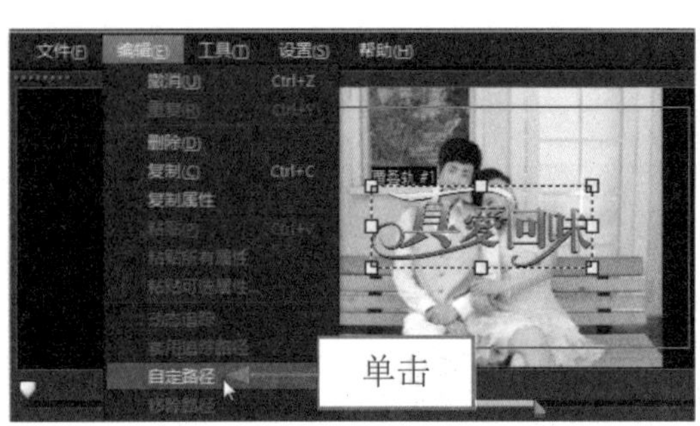

图 10-126 单击命令

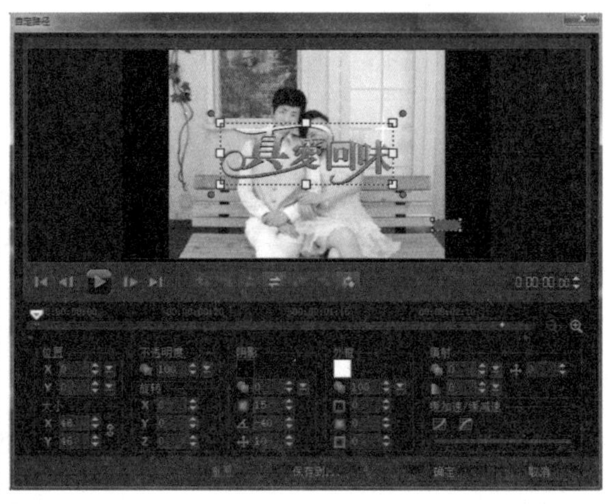

图 10-127 弹出“自定路径”对话框

步骤 07 在“位置”选项区中，设置 X 为 -50、Y 为 60；在“大小”选项区中，设置 X 和 Y 均为 30，并在对话框上方调整素材起始关键帧位置，如图 10-128 所示。

步骤 08 将时间线移至 0:00:00:20 的位置处，添加一个关键帧，在“位置”选项区中，设置 X 为 -40、Y 为 -75；在“大小”选项区中，设置 X 和 Y 均为 46，如图 10-129 所示。

步骤 09 将时间线移至 0:00:01:24 的位置处，添加一个关键帧，在“位置”选项区中，设置 X 为 30、Y 为 -35；在“大小”选项区中，设置 X 和 Y 均为 48，如图 10-130 所示。

步骤 10 选择最后一个关键帧，在“位置”选项区中，设置 X 为 45、Y 为 70；在“大小”选项区中，设置 X 和 Y 均为 50，如图 10-131 所示。

步骤 11 设置完成后，单击“确定”按钮，即可自定义路径动画，单击导览面板中的“播放”按钮，预览视频画面效果，如图 10-132 所示。

图 10-128 调整素材起始关键帧位置

图 10-129 设置各参数

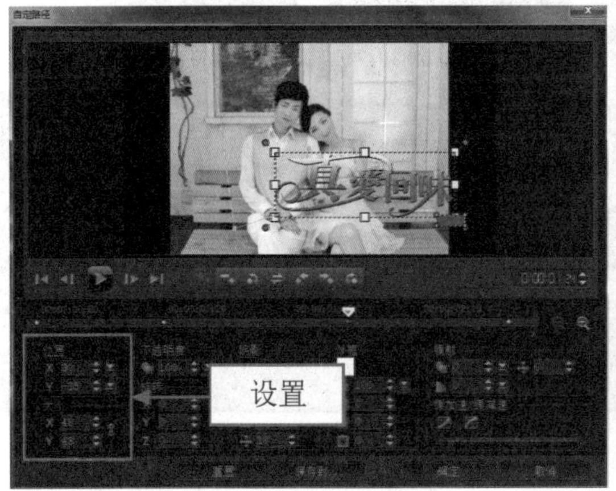

图 10-130 设置 X 和 Y 均为 48

图 10-131 设置 X 和 Y 均为 50

图 10-132 预览视频画面效果

10.6.4 删除路径效果

在会声会影 X7 中，如果用户不需要在图像中添加路径效果，此时可以将路径效果进行删除操作，恢复图像至原始状态。下面介绍删除路径的操作方法。

	素材文件	光盘 \ 素材 \ 第 10 章 \ 路边小屋 .VSP
	效果文件	光盘 \ 效果 \ 第 10 章 \ 路边小屋 .VSP
	视频文件	光盘 \ 视频 \ 第 10 章 \10.6.4 删除路径效果 .mp4

实战 路边小屋

步骤 01 进入会声会影编辑器，打开一个项目文件，如图 10-133 所示。

步骤 02 单击导览面板中的“播放修整后的素材”按钮，即可预览已经添加的路径运动后的视频画面效果，如图 10-134 所示。单击“暂停”按钮，即可暂停播放画面。

图 10-133 打开相应项目文件

图 10-134 预览素材效果

步骤 03 将时间线移至视频轨中的开始位置，选择覆叠轨中的覆叠素材，单击鼠标右键，在弹出的快捷菜单中选择“移除路径”选项，如图 10-135 所示。

步骤 04 执行操作后，即可删除覆叠轨中已经添加的路径运动效果，此时预览窗口中的视频画面效果如图 10-136 所示。

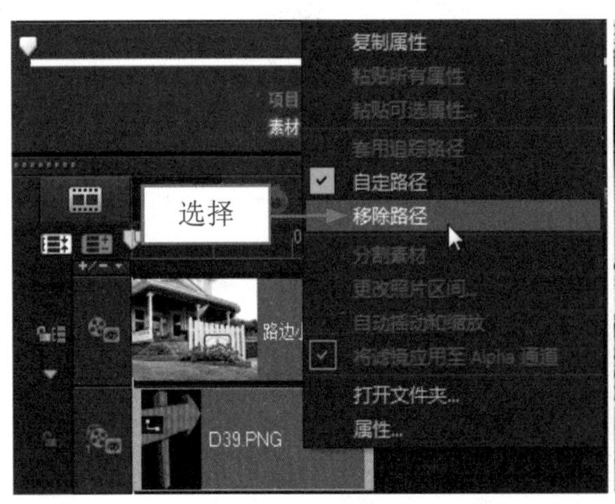

图 10-135 选择“移除路径”选项

图 10-136 预览视频画面效果

11 制作视频字幕特效

学习提示

标题字幕在视频编辑中是不可缺少的，它是影片中的重要组成部分。在影片中加入一些说明性的文字，能够有效地帮助观众理解影片的含义。本章主要介绍制作视频标题字幕特效的各种方法，希望读者学完以后，可以轻松制作出各种精美的标题字幕效果。

本章案例导航

- 实战——桂林山水
- 实战——江南水乡
- 实战——甜蜜爱情
- 实战——牵手
- 实战——恭贺新年
- 实战——深情表白
- 实战——父爱如山
- 实战——别墅风景
- 实战——舞动夕阳
- 实战——落幕文字

11.1 标题字幕的创建

在会声会影 X7 中，标题字幕是影片中必不可少的元素，好的标题不仅可以传送画面以外的信息，还可以增强影片的艺术效果。为影片设置漂亮的标题字幕，可以使影片更具有吸引力和感染力。本节主要介绍创建标题字幕的操作方法。

11.1.1 单个标题的创建

在会声会影 X7 中，用户可根据需要在预览窗口中创建单个标题字幕，单个标题可以方便地为影片创建开幕词和闭幕词。下面介绍创建单个标题的操作方法。

素材文件	光盘 \ 素材 \ 第 11 章 \ 桂林山水 .jpg
效果文件	光盘 \ 效果 \ 第 11 章 \ 桂林山水 .VSP
视频文件	光盘 \ 视频 \ 第 11 章 \11.1.1 单个标题的创建 .mp4

实战 桂林山水

步骤 01 进入会声会影编辑器，在视频轨中插入一幅图像素材，如图 11-1 所示。

步骤 02 单击“标题”按钮，切换至“标题”选项卡，此时可在预览窗口中看到“双击这里可以添加标题”字样，如图 11-2 所示。

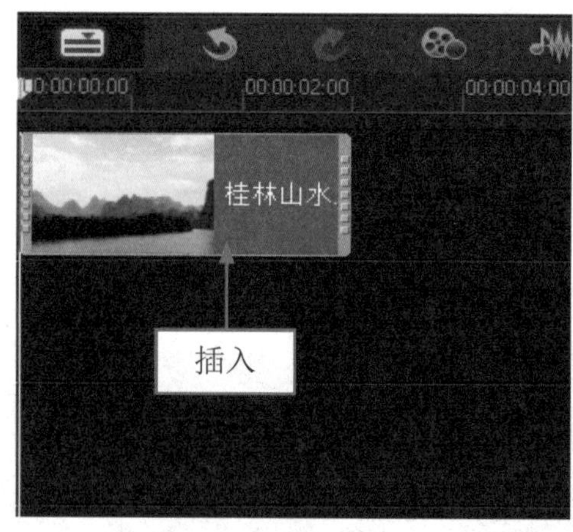

图 11-1 插入图像素材

图 11-2 预览窗口字样

步骤 03 在预览窗口双击显示的字样，打开“编辑”选项面板，选中“单个标题”单选按钮，如图 11-3 所示。

步骤 04 双击预览窗口中显示的字样，出现一个文本输入框，其中有光标在闪烁，输入文字“桂林山水”，如图 11-4 所示。

步骤 05 选择输入的标题字幕，在“编辑”选项面板中，设置标题字幕的字体为“方正美黑简体”、字体大小为 60、字体颜色为“黄色”、文本对齐方式为“居中”，如图 11-5 所示。

步骤 06 在预览窗口中多次按【Enter】键换行，调整字幕位置，执行上述操作后，预览创建的单个标题字幕效果，如图 11-6 所示。

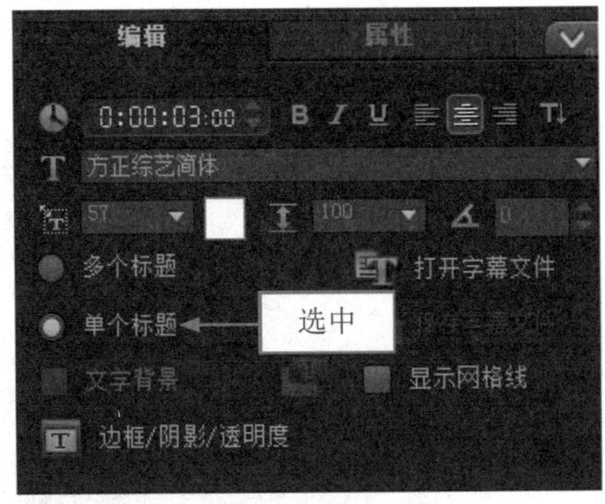

图 11-3 选中“单个标题”单选按钮

图 11-4 输入文字内容

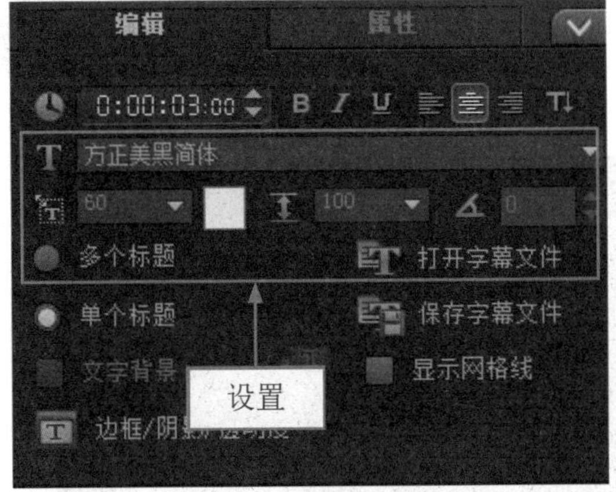

图 11-5 设置相应属性

图 11-6 预览单个标题字幕效果

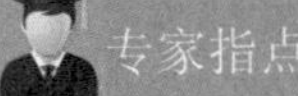

专家指点

在会声会影 X7 的标题轨中，创建多个标题字幕后，如果对效果不满意，可以将其中某个标题字幕进行删除。

11.1.2 多个标题的创建

在会声会影 X7 中，多个标题不仅可以应用动画和背景效果，还可以在同一帧中建立多个标题字幕效果。下面介绍创建多个标题的操作方法。

	素材文件	光盘 \ 素材 \ 第 11 章 \ 江南水乡 .jpg
	效果文件	光盘 \ 效果 \ 第 11 章 \ 江南水乡 .VSP
	视频文件	光盘 \ 视频 \ 第 11 章 \11.1.2 多个标题的创建 .mp4

实战 江南水乡

步骤 01 进入会声会影编辑器，在视频轨中插入一幅图像素材，如图 11-7 所示。

步骤 02 在预览窗口中预览插入的素材图像效果，如图 11-8 所示。

步骤 03 单击“标题”按钮，切换至“标题”选项卡，在“编辑”选项面板中选中“多个标题”单选按钮，如图 11-9 所示。

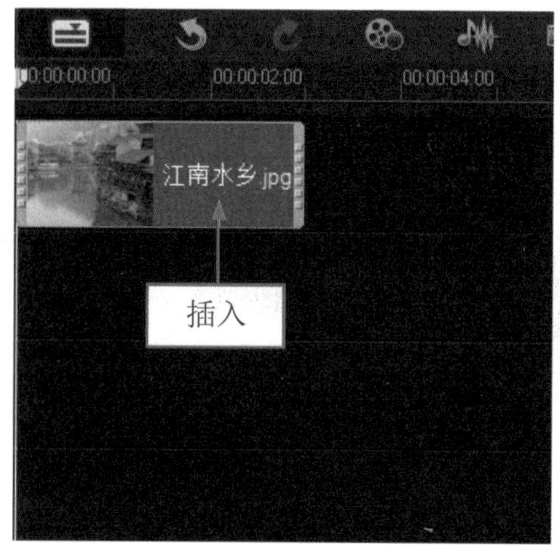

图 11-7 插入图像素材

图 11-8 预览素材图像效果

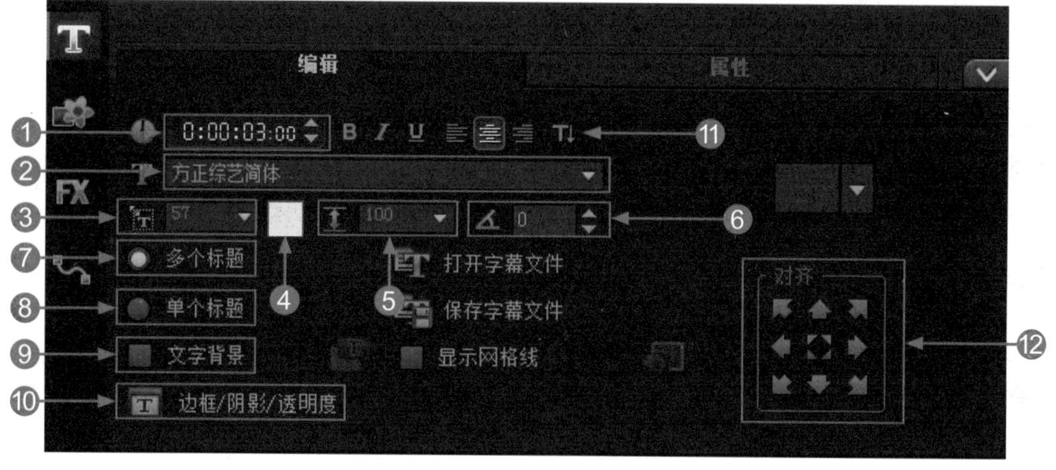

图 11-9 选中“多个标题”单选按钮

❶ “区间”数值框：该数值框用于调整标题字幕播放时间的长度，显示了当前播放所选标题字幕所需的时间，时间码上的数字代表“小时 : 分钟 : 秒 : 帧”，单击其右侧的微调按钮，可以调整数值的大小，也可以单击时间码上的数字，待数字处于闪烁状态时，输入新的数字后按【Enter】键确认，即可改变标题字幕的播放时间长度。

❷ “字体”列表框：单击“字体”右侧的下拉按钮，在弹出的列表框中显示了系统中所有的字体类型，用户可根据需要选择相应的字体选项。

❸ “字体大小”列表框：单击“字体大小”右侧的下拉按钮，在弹出的列表框中选择相应的大小选项，即可调整字体的大小。

❹ “色彩”色块：单击该色块，在弹出的颜色面板中，可以设置字体的颜色。

❺ “行间距”列表框：单击“行间距”右侧的下拉按钮，在弹出的列表框中选择相应的选项，可以设置文本的行间距。

❻ “按角度旋转”数值框：该数值框主要用于设置文本的旋转角度。

❼ “多个标题”单选按钮：选中该单选按钮，可以在预览窗口中输入多个标题。

❽ “单个标题”单选按钮：选中该单选按钮，只能在预览窗口中输入单个标题。

❾ “文字背景”复选框：选中该复选框，可以为文字添加背景效果。

❿ “边框 / 阴影 / 透明度”按钮：单击该按钮，在弹出的对话框中用户可根据需要设置文本的边框、阴影以及透明度等效果。

⓫ “将方向更改为垂直”按钮：单击该按钮，即可将文本进行垂直对齐操作，若再次单击该按钮，即可将文本进行水平对齐操作。

⓬ “对齐”按钮组：该组中提供了 3 个对齐按钮，分别为“左对齐”按钮、“居中”按钮以及“右对齐”按钮，单击相应的按钮，即可将文本进行相应对齐操作。

步骤 04 在预览窗口中的适当位置，输入文本为“江南”，如图 11-10 所示。

步骤 05 在“编辑”选项面板中设置字体为“方正舒体”、字体大小为 72、字体颜色为“红色”，如图 11-11 所示。

图 11-10 输入文本

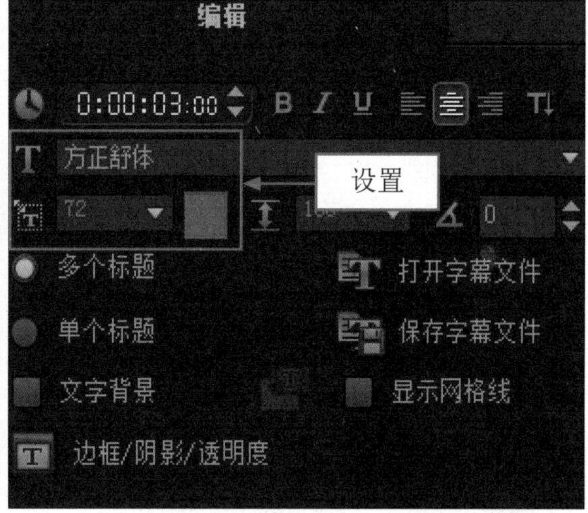

图 11-11 设置相应属性

步骤 06 在预览窗口中预览创建的字幕效果，如图 11-12 所示。

步骤 07 用与上同样的方法，在预览窗口中输入文本为“迷人风景”，并设置相应的文本属性，效果如图 11-13 所示。

专家指点

在会声会影 X7 中，预览窗口中有一个矩形框标出的区域，它表示标题的安全区域，即允许输入标题的范围，在该范围内输入的文字才会在播放时正确显示。在会声会影 X7 中，“多个标题”模式可以更灵活地将不同单词或文字放至视频帧的任何位置，并且可以排列文字，使之有秩序。

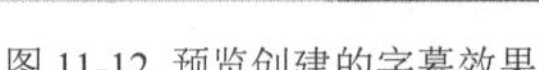
图 11-12 预览创建的字幕效果

图 11-13 预览多个标题字幕效果

11.1.3 创建标题使用标题模版

会声会影 X7 的“标题”素材库中提供了丰富的预设标题，用户可以直接将其添加到标题轨上，再根据需要修改标题的内容，使预设的标题能够与影片融为一体。

	素材文件	光盘 \ 素材 \ 第 11 章 \ 甜蜜爱情 .jpg
	效果文件	光盘 \ 效果 \ 第 11 章 \ 甜蜜爱情 .VSP
	视频文件	光盘 \ 视频 \ 第 11 章 \11.1.3 创建标题使用标题模版 .mp4

实战 甜蜜爱情

步骤 01 进入会声会影编辑器，在视频轨中插入一幅素材图像，如图 11-14 所示。

步骤 02 单击“标题”按钮，切换至“标题”选项卡，在右侧的列表框中显示了多种标题预设样式，选择第 1 个标题样式，如图 11-15 所示。

图 11-14 插入图像素材

图 11-15 选择相应的标题样式

步骤 03 在预设标题字幕的上方，单击鼠标左键并拖曳至标题轨中的适当位置，释放鼠标左键，即可添加标题字幕，如图 11-16 所示。

步骤 04 在预览窗口中更改文本的内容为“甜蜜爱情”，在“编辑”选项面板中设置文本字体为“宋体”、字体大小为60，如图11-17所示。

步骤 05 在预览窗口中调整字幕的位置，单击导览面板中的“播放”按钮，预览标题字幕动画效果，如图11-18所示。

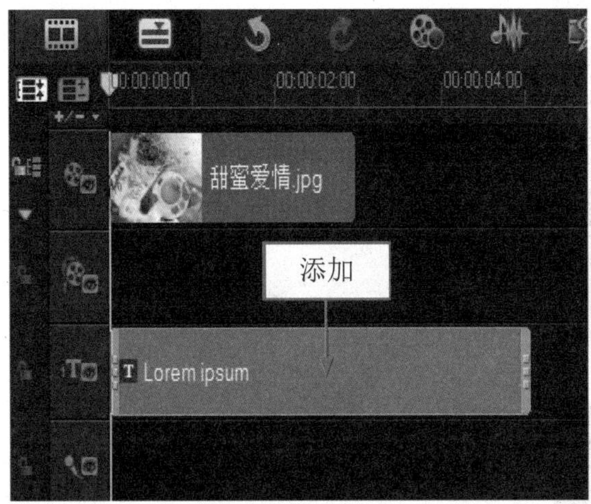

图11-16 添加标题字幕

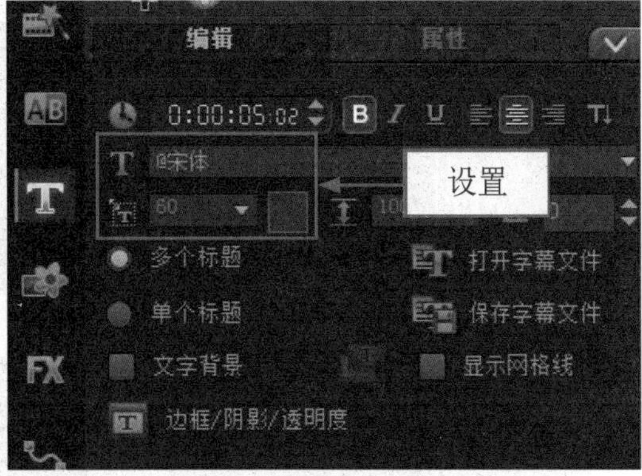

图11-17 设置相应属性

图11-18 预览标题字幕动画效果

11.1.4 将多个标题转换为单个标题

会声会影X7的单个标题功能主要用于制作片尾的长段字幕，一般情况下，建议用户使用多个标题功能。下面介绍将多个标题转换为单个标题的操作方法。

	素材文件	光盘 \ 素材 \ 第 11 章 \ 牵手 .VSP
	效果文件	光盘 \ 效果 \ 第 11 章 \ 牵手 .VSP
	视频文件	光盘 \ 视频 \ 第 11 章 \11.1.4 将多个标题转换为单个标题 .mp4

实战 牵手

步骤 01 进入会声会影编辑器，打开一个项目文件，如图11-19所示。

步骤 02 在预览窗口中预览打开的项目效果，如图11-20所示。

步骤 03 在标题轨中双击需要转换的标题字幕，在“编辑”选项面板中选中“单个标题”单选按钮，如图 11-21 所示。

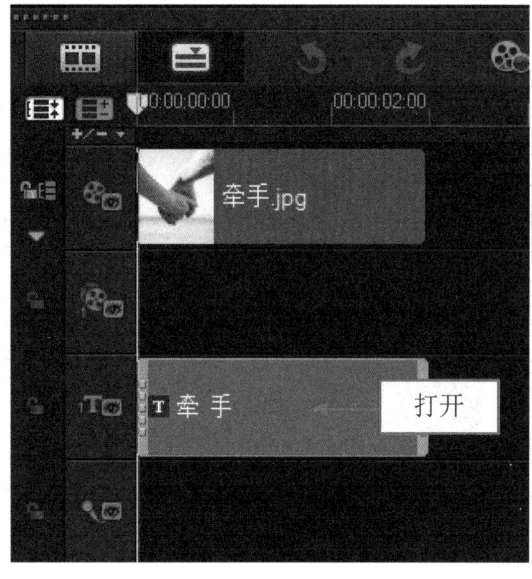

图 11-19 打开项目文件

图 11-20 预览项目效果

步骤 04 弹出提示信息框，提示用户是否继续操作，如图 11-22 所示，单击“是”按钮，即可将多个标题转换为单个标题。

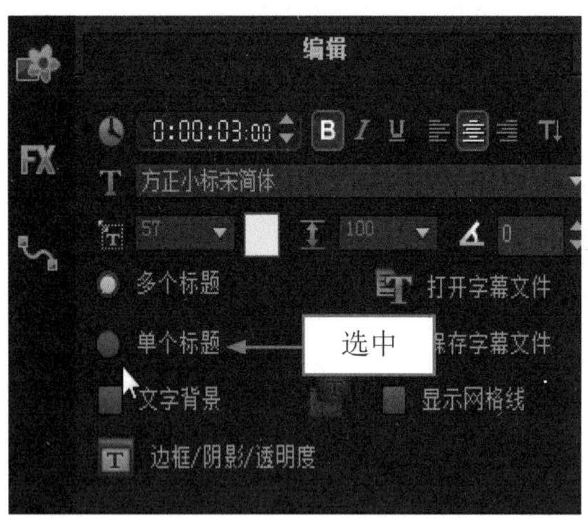

图 11-21 选中“单个标题”单选按钮

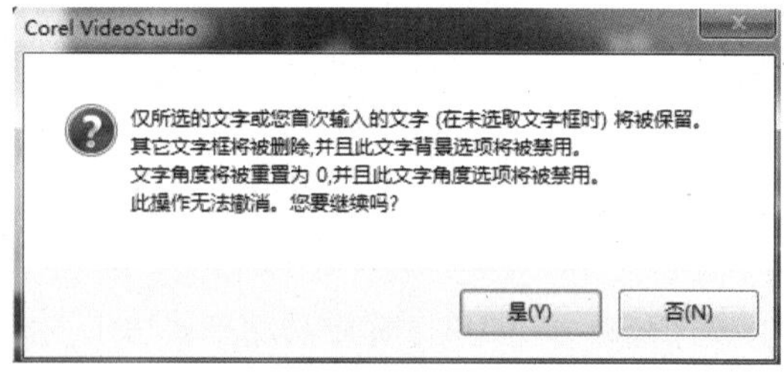

图 11-22 弹出提示信息框

步骤 05 在标题前多次按【Enter】键，如图 11-23 所示。

步骤 06 在预览窗口中预览将多个标题转换为单个标题的效果，如图 11-24 所示。

专家指点

在会声会影 X7 的编辑选项面板中，选中“单个标题”单选按钮，在弹出相应提示信息框中单击“是”按钮后，“单个标题”单选按钮才会显示被选中状态。

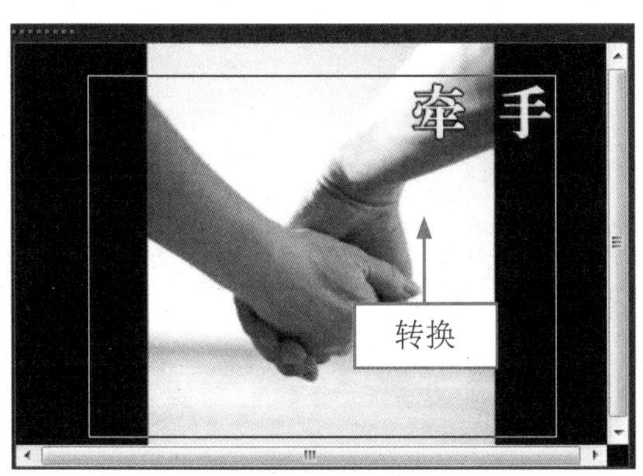

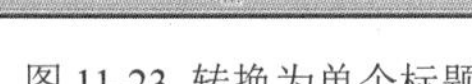
图 11-23 转换为单个标题　　　　图 11-24 预览单个标题效果

11.1.5 将单个标题转换为多个标题

在会声会影 X7 中，用户还可以根据需要设置覆叠素材的透明度，将素材以半透明的形式进行重叠，显示出若隐若现的效果。下面介绍将单个标题转换为多个标题的操作方法。

	素材文件	光盘 \ 素材 \ 第 11 章 \ 恭贺新年 .VSP
	效果文件	光盘 \ 效果 \ 第 11 章 \ 恭贺新年 .VSP
	视频文件	光盘 \ 视频 \ 第 11 章 \11.1.5 将单个标题转换为多个标题 .mp4

实战 恭贺新年

步骤 01 进入会声会影编辑器，打开一个项目文件，如图 11-25 所示。

步骤 02 在预览窗口中可以预览打开的项目效果，如图 11-26 所示。

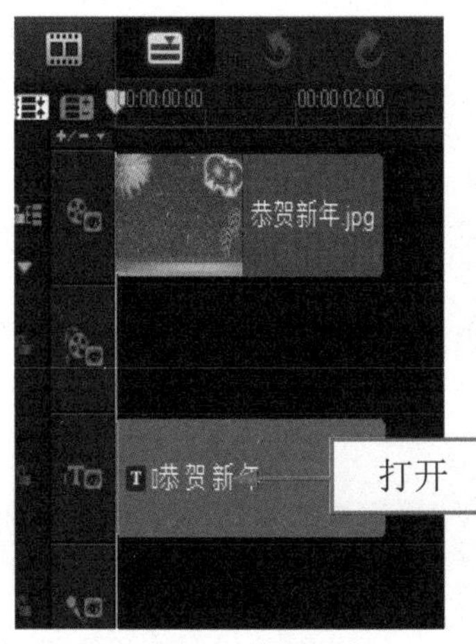

图 11-25 打开项目文件　　　　图 11-26 预览项目效果

步骤 03 在标题轨中双击需要转换的标题字幕，在“编辑”选项面板中选中“多个标题”单选按钮，如图 11-27 所示。

步骤 04 弹出提示信息框，提示用户是否继续操作，如图 11-28 所示，单击“是”按钮，即可将单个标题转换为多个标题。

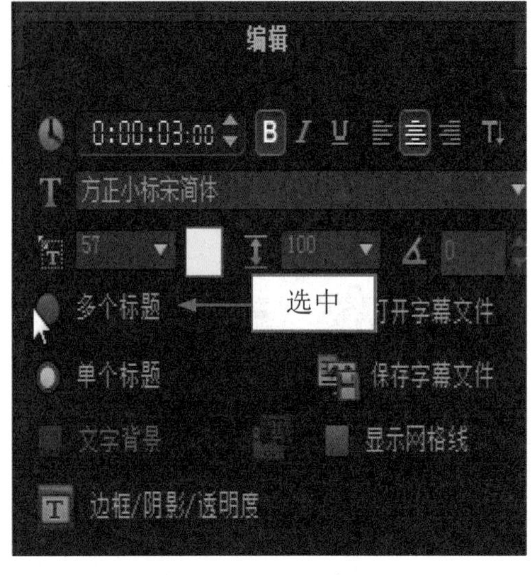

图 11-27 选中“多个标题”单选按钮

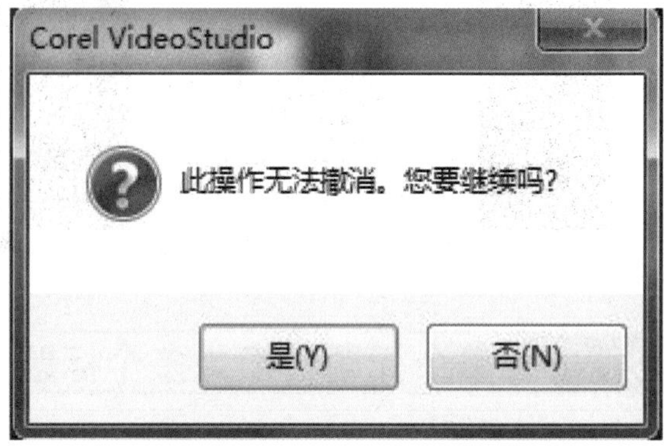

图 11-28 弹出提示信息框

专家指点

在会声会影 X7 的编辑选项面板中，选中“多个标题”单选按钮和选中“单个标题”单选按钮一样，在弹出相应提示信息框中单击“是”按钮后，“多个标题”单选按钮才会显示被选中状态。

11.2 标题格式的修改

会声会影 X7 中的字幕编辑功能与 Word 等文字处理软件相似，提供了较为完善的字幕编辑和设置功能，用户可以对文本或其他字幕对象进行编辑和美化操作。本节主要介绍设置标题属性的各种操作方法。

11.2.1 标题区间的修改

在会声会影 X7 中，为了使标题字幕与视频同步播放，用户可根据需要调整标题字幕的区间长度。

下面介绍设置标题区间的操作方法。

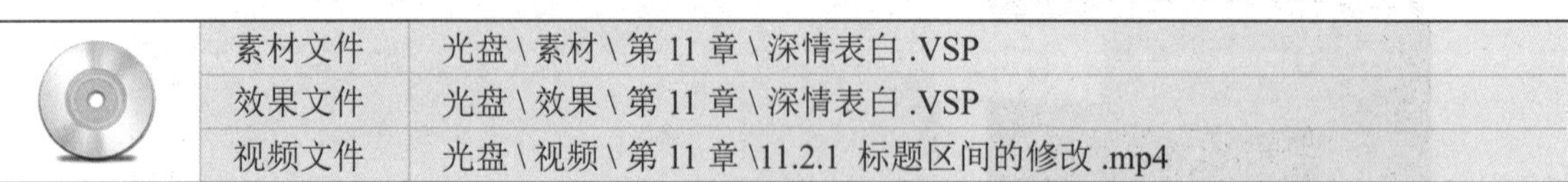

素材文件	光盘 \ 素材 \ 第 11 章 \ 深情表白 .VSP
效果文件	光盘 \ 效果 \ 第 11 章 \ 深情表白 .VSP
视频文件	光盘 \ 视频 \ 第 11 章 \11.2.1 标题区间的修改 .mp4

实战 深情表白

步骤 01 进入会声会影编辑器，打开一个项目文件，如图 11-29 所示。

步骤 02 在标题轨中，选择需要调整区间的标题字幕，如图 11-30 所示。

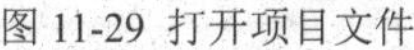
图 11-29 打开项目文件

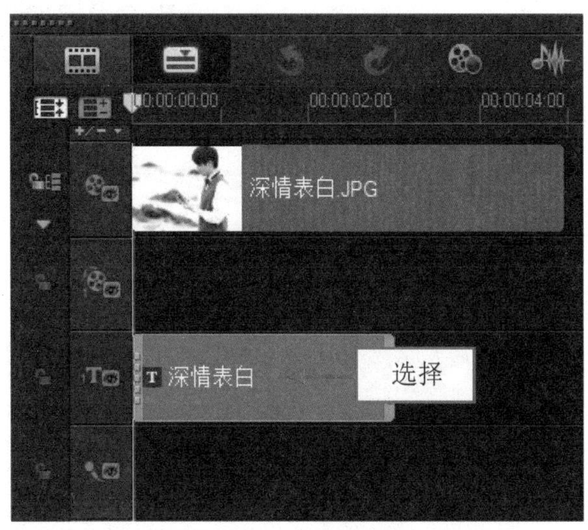

图 11-30 选择标题字幕

步骤 03 在“编辑”选项面板中，设置字幕的“区间”为 0:00:05:00，如图 11-31 所示。

步骤 04 执行上述操作后，即可更改标题字幕的区间，如图 11-32 所示。

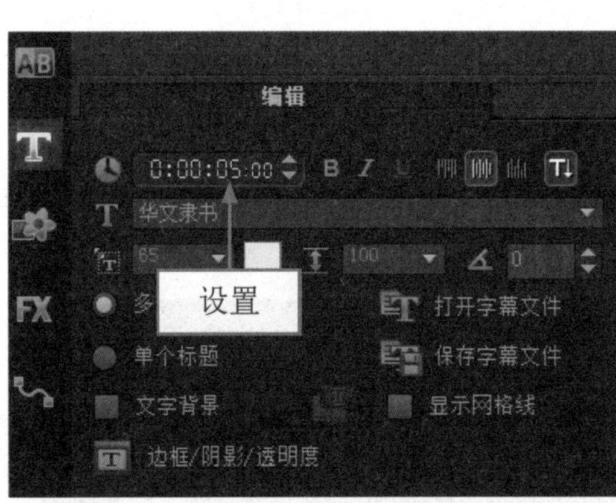

图 11-31 设置字幕区间

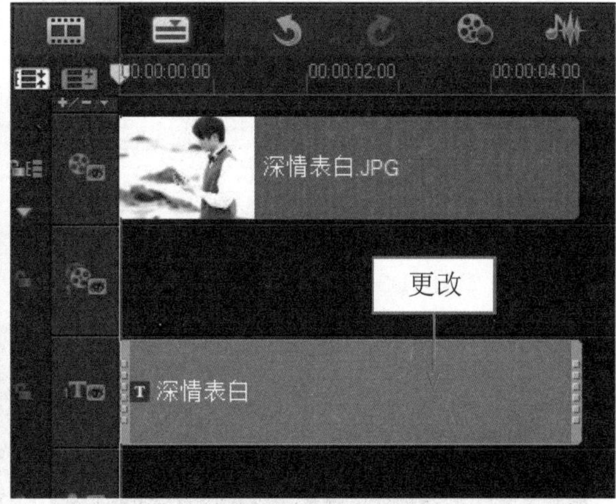

图 11-32 更改标题字幕的区间

专家指点

在会声会影 X7 中，除了运用上述方法可以调整标题字幕的区间长度外，用户还可以将鼠标移至标题字幕右侧的黄色控制柄上，单击鼠标左键并向左或向右拖曳，至合适位置后释放鼠标左键，也可以快速调整标题字体的区间长度。

11.2.2 标题字体的修改

在会声会影 X7 中，用户可根据需要对标题轨中的标题字体类型进行更改操作，使其在视频中显示效果更佳。下面介绍设置标题字体的操作方法。

	素材文件	光盘 \ 素材 \ 第 11 章 \ 父爱如山 .VSP
	效果文件	光盘 \ 效果 \ 第 11 章 \ 父爱如山 .VSP
	视频文件	光盘 \ 视频 \ 第 11 章 \11.2.2 标题字体的修改 .mp4

实战 父爱如山

步骤 01 进入会声会影编辑器，打开一个项目文件，如图 11-33 所示。

步骤 02 在标题轨中，双击需要更改类型的标题字幕，如图 11-34 所示。

图 11-33 打开项目文件

图 11-34 双击标题字幕

步骤 03 在“编辑”选项面板中单击“字体”右侧的下三角按钮，在弹出的列表框中选择“华文细黑”选项，如图 11-35 所示。

步骤 04 执行上述操作后，即可更改标题字体类型为“华文细黑”，在预览窗口中即可预览字体效果，如图 11-36 所示。

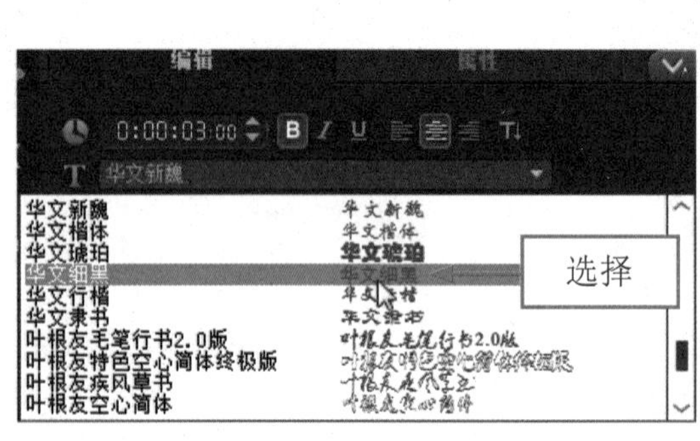

图 11-35 选择“华文细黑”选项

图 11-36 预览字体效果

11.2.3 字体大小的修改

在会声会影 X7 中，将标题文字设置为合适的大小，可以使文字更具观赏性。下面介绍设置字体大小的操作方法。

	素材文件	光盘 \ 素材 \ 第 11 章 \ 别墅风景 .VSP
	效果文件	光盘 \ 效果 \ 第 11 章 \ 别墅风景 .VSP
	视频文件	光盘 \ 视频 \ 第 11 章 \11.2.3 字体大小的修改 .mp4

实战 别墅风景

步骤 01 进入会声会影编辑器，单击“文件”|“打开项目”命令，打开一个项目文件，如图 11-37 所示。

步骤 02 在标题轨中，使用鼠标左键双击需要设置字体大小的标题字幕，如图 11-38 所示。

图 11-37 打开项目文件

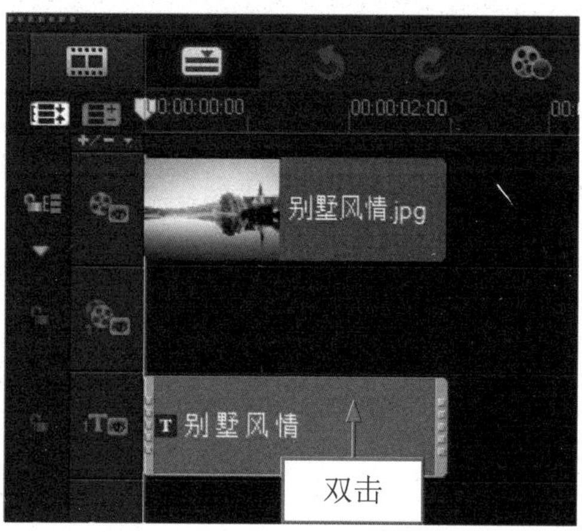

图 11-38 双击标题字幕

步骤 03 此时，预览窗口中的标题字幕为选中状态，如图 11-39 所示。

步骤 04 在“编辑”选项面板的“字体大小”数值框中，输入 62，按【Enter】键确认，如图 11-40 所示。

图 11-39 选中状态

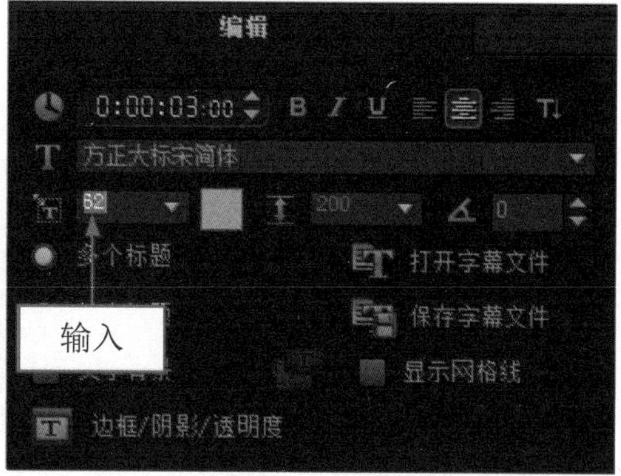

图 11-40 输入 62

步骤 05 执行操作后，即可更改标题字体大小，如图 11-41 所示。

步骤 06 在导览面板中单击“播放”按钮，预览标题字幕效果，如图 11-42 所示。

图 11-41 更改标题字体大小

图 11-42 预览标题字幕效果

专家指点

在会声会影 X7 中，用户还可以通过以下两种方法调整标题字体大小。

＊ 在预览窗口中选择需要编辑的标题字幕，拖曳标题字幕四周的控制柄，即可调整字体大小。

＊ 在“编辑”选项面板的“字体大小”数值框中，输入相应数值，按【Enter】键确认即可。

11.2.4 字体颜色的修改

在会声会影 X7 中，用户可根据素材与标题字幕的匹配程度，更改标题字体的颜色效果。下面介绍设置字体颜色的操作方法。

	素材文件	光盘 \ 素材 \ 第 11 章 \ 舞动夕阳 .VSP
	效果文件	光盘 \ 效果 \ 第 11 章 \ 舞动夕阳 .VSP
	视频文件	光盘 \ 视频 \ 第 11 章 \11.2.4 字体颜色的修改 .mp4

实战 舞动夕阳

步骤 01 进入会声会影编辑器，打开一个项目文件，如图 11-43 所示。

步骤 02 在标题轨中，双击需要更改字体颜色的标题字幕，如图 11-44 所示。

步骤 03 在“编辑”选项面板中单击“色彩”色块，在弹出的颜色面板中选择黄色，如图 11-45 所示。

步骤 04 执行上述操作后，即可更改标题字体颜色，在预览窗口中预览字幕效果，如图 11-46 所示。

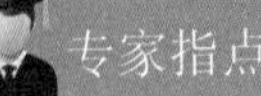

在会声会影 X7 中，除了可以运用色彩选项面板中的颜色外，用户还可以运用 Corel 色彩选取器和 Windows 色彩选取器中的颜色。

图 11-43 打开项目文件

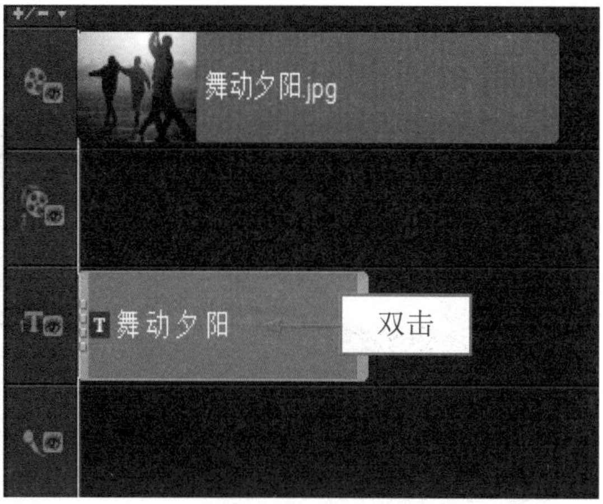

图 11-44 双击标题字幕

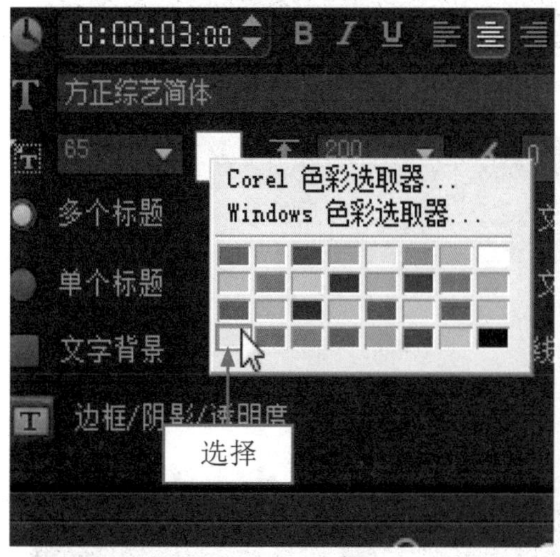

图 11-45 选择黄色

图 11-46 预览字幕效果

11.2.5 行间距的修改

在会声会影 X7 中，增加标题字幕的行间距，可以使字幕行与行之间显示更加清晰、整齐。下面介绍设置行间距的操作方法。

	素材文件	光盘 \ 素材 \ 第 11 章 \ 落幕文字 .VSP
	效果文件	光盘 \ 效果 \ 第 11 章 \ 落幕文字 .VSP
	视频文件	光盘 \ 视频 \ 第 11 章 \11.2.5 行间距的修改 .mp4

实战 落幕文字

步骤 01 进入会声会影编辑器，打开一个项目文件，如图 11-47 所示。

步骤 02 在预览窗口中可以预览打开的项目效果，如图 11-48 所示。

步骤 03 在标题轨中双击需要设置行间距的标题字幕，在“编辑”选项面板单击“行间距”右侧的下拉按钮，在弹出的下拉列表框中选择 180 选项，如图 11-49 所示。

步骤 04 执行上述操作后，即可设置标题字幕的行间距，在预览窗口中预览字幕效果，如图 11-50 所示。

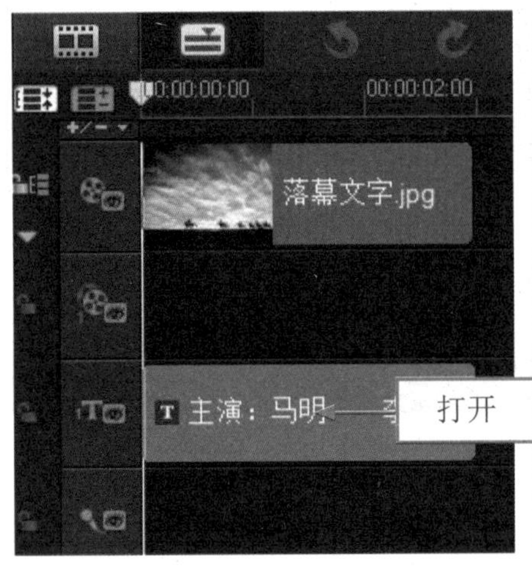

图 11-47 打开项目文件

图 11-48 预览项目效果

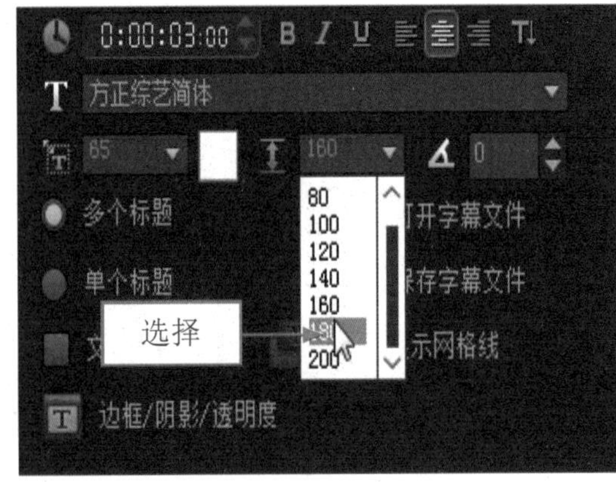

图 11-49 选择 180 选项

图 11-50 预览字幕效果

专家指点

在会声会影 X7 中，用户可根据需要对标题字幕的行间距进行相应设置，行间距的取值范围为 60 ～ 999 之间的整数。

在“编辑”选项面板中单击“行间距”右侧的下拉按钮，在弹出的下拉列表框中可以设置行间距的参数。

11.2.6 倾斜角度的修改

在会声会影 X7 中，适当地设置文本的倾斜角度，可以使标题更具艺术美感。下面介绍设置倾斜角度的操作方法。

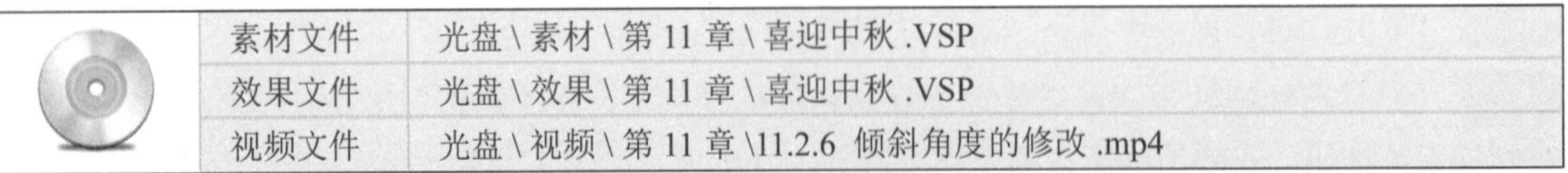

	素材文件	光盘 \ 素材 \ 第 11 章 \ 喜迎中秋 .VSP
	效果文件	光盘 \ 效果 \ 第 11 章 \ 喜迎中秋 .VSP
	视频文件	光盘 \ 视频 \ 第 11 章 \11.2.6 倾斜角度的修改 .mp4

实战 喜迎中秋

步骤 01 进入会声会影编辑器，打开一个项目文件，如图 11-51 所示。

步骤 02 在预览窗口中可以预览打开的项目效果，如图 11-52 所示。

图 11-51 打开项目文件

图 11-52 预览项目效果

专家指点

在会声会影 X7 的“编辑”选项面板中，不仅可以在“按角度旋转”数值框中输入倾斜角度数值，还可以单击右侧的微调按钮，调整倾斜角度数值。

步骤 03 在标题轨中双击需要设置倾斜角度的标题字幕，在“编辑”选项面板的“按角度旋转”数值框中输入 15，如图 11-53 所示。

步骤 04 执行上述操作后，即可完成对标题字幕倾斜角度的设置，在预览窗口中可以预览字幕效果，如图 11-54 所示。

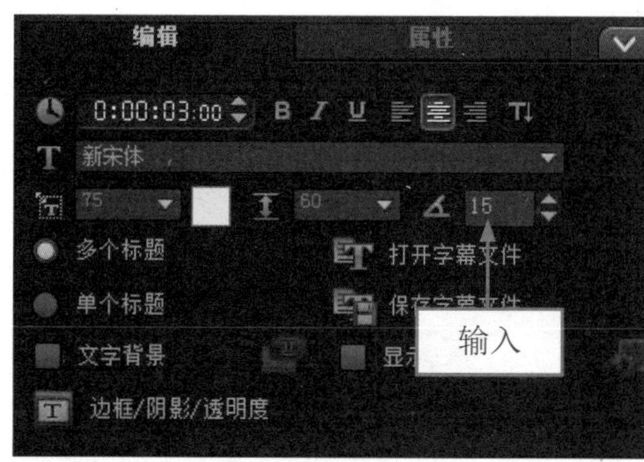

图 11-53 输入数值

图 11-54 预览字幕效果

11.2.7 文本显示方向的修改

在会声会影 X7 中，用户可以根据需要更改标题字幕的显示方向。下面介绍更改文本显示方向的操作方法。

	素材文件	光盘 \ 素材 \ 第 11 章 \ 玫瑰花香 .VSP
	效果文件	光盘 \ 效果 \ 第 11 章 \ 玫瑰花香 .VSP
	视频文件	光盘 \ 视频 \ 第 11 章 \11.2.7 文本显示方向的修改 .mp4

实战 玫瑰花香

步骤 01 进入会声会影编辑器，打开一个项目文件，如图 11-55 所示。

步骤 02 在预览窗口中可以预览打开的项目效果，如图 11-56 所示。

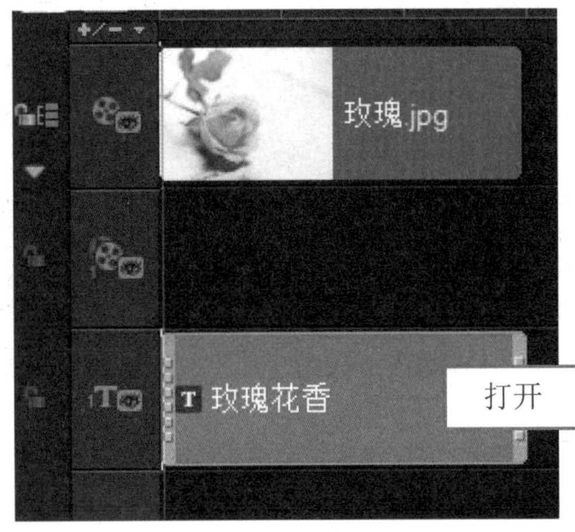

图 11-55 打开项目文件　　图 11-56 预览项目效果

步骤 03 在标题轨中双击需要更改显示方向的标题字幕，在“编辑”选项面板中单击“将方向更改为垂直”按钮，如图 11-57 所示。

步骤 04 执行上述操作后，即可更改文本的显示方向，在预览窗口中调整字幕的位置，单击“播放”按钮，预览标题字幕效果，如图 11-58 所示。

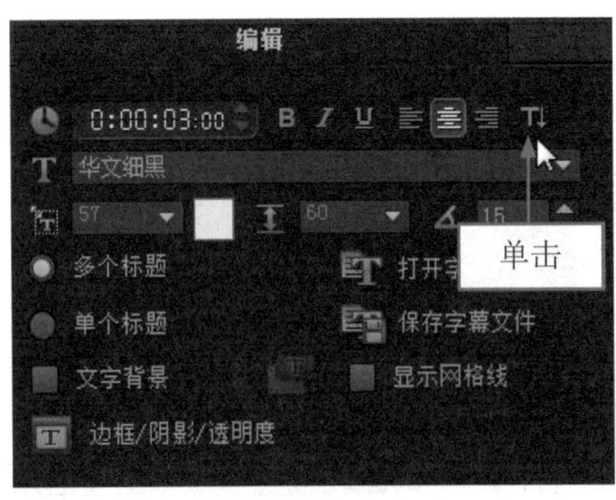

图 11-57 单击“将方向更改为垂直”按钮

图 11-58 预览标题字幕效果

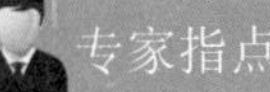

专家指点

在会声会影 X7 中，将文本设置为垂直后，再次单击“将方向更改为垂直”按钮，即可设置文本方向为默认显示方式。

11.2.8 文本背景色的修改

在会声会影 X7 中，用户可以根据需要设置标题字幕的背景颜色，使字幕更加显眼。下面介绍设置文本背景色的操作方法。

	素材文件	光盘 \ 素材 \ 第 11 章 \ 母亲节快乐 .VSP
	效果文件	光盘 \ 效果 \ 第 11 章 \ 母亲节快乐 .VSP
	视频文件	光盘 \ 视频 \ 第 11 章 \11.2.8 文本背景色的修改 .mp4

实战 母亲节快乐

步骤 01 进入会声会影编辑器，打开一个项目文件，如图 11-59 所示。

步骤 02 在预览窗口中预览打开的项目效果，如图 11-60 所示。

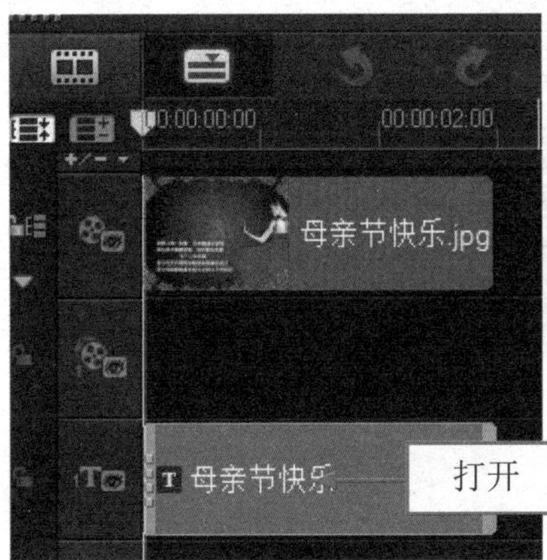

图 11-59 打开项目文件

图 11-60 预览项目效果

步骤 03 在标题轨中双击需要设置文本背景色的标题字幕，在“编辑”选项面板中选中“文字背景”复选框，单击“自定义文字背景的属性”按钮，如图 11-61 所示。

步骤 04 弹出“文字背景”对话框，单击“随文字自动调整”下方的下拉按钮，在弹出的列表框中选择“曲边矩形”选项，如图 11-62 所示。

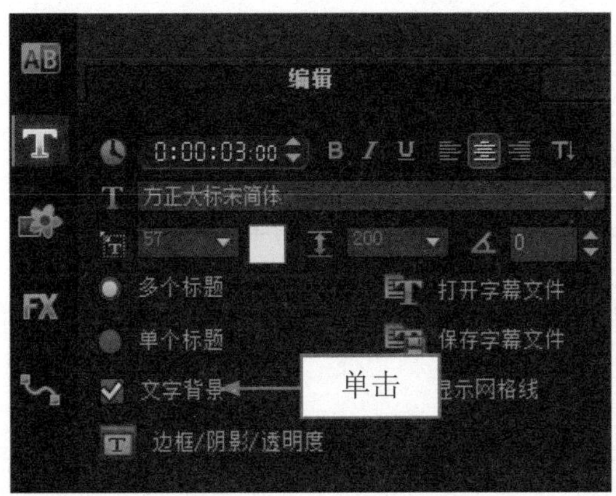

图 11-61 单击“自定义文字背景的属性”按钮

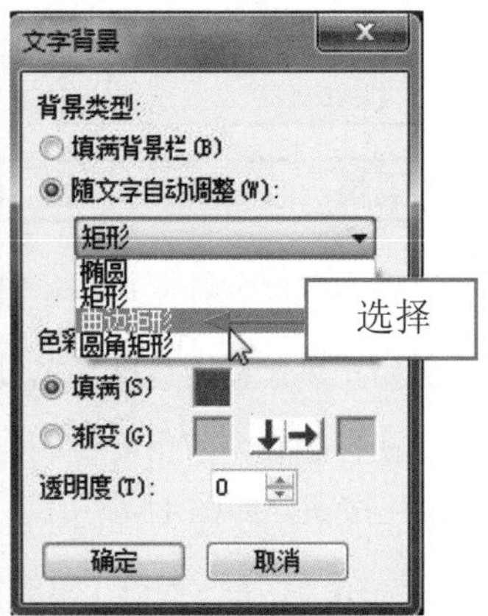

图 11-62 选择“圆角矩形”选项

步骤 05 在“色彩设置”选项区中选中“渐变”单选按钮，设置渐变颜色为土黄色（第 1 排倒数第 2 个）和白色，设置“透明度”为 4，如图 11-63 所示。

步骤 06 设置完成后，单击“确定”按钮，即可完成背景色的设置，在预览窗口中可以预览字幕效果，如图 11-64 所示。

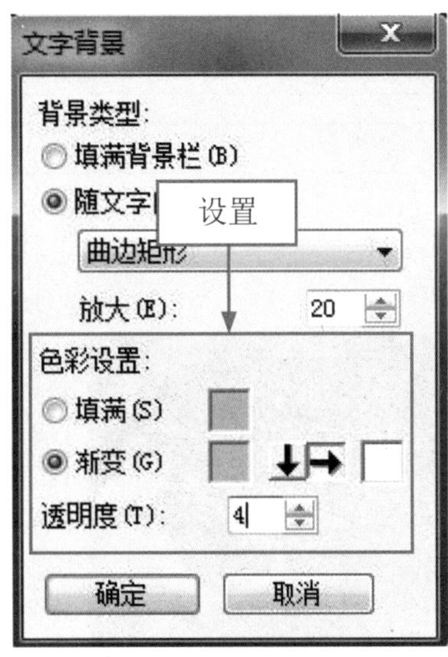

图 11-63 设置相应属性

图 11-64 预览字幕效果

11.3 标题字幕特效的添加

在会声会影 X7 中，除了改变文字的字体、大小和角度等属性外，还可以为文字添加一些装饰因素，从而使其更加出彩。本节主要介绍添加标题字幕特效的方法。

11.3.1 镂空字体的制作

镂空字体是指字体呈空心状态，只显示字体的外部边界。在会声会影 X7 中，运用“透明文字”复选框可以制作出镂空字体。下面介绍制作镂空字体的操作方法。

	素材文件	光盘 \ 素材 \ 第 11 章 \ 背后的爱情 .VSP
	效果文件	光盘 \ 效果 \ 第 11 章 \ 背后的爱情 .VSP
	视频文件	光盘 \ 视频 \ 第 11 章 \11.3.1 镂空字体的制作 .mp4

实战 背后的爱情

步骤 01 进入会声会影编辑器，打开一个项目文件，如图 11-65 所示。

步骤 02 在预览窗口中可以预览打开的项目效果，如图 11-66 所示。

步骤 03 在标题轨中双击需要制作镂空特效的标题字幕，在“编辑”选项面板中单击“边框 / 阴影 / 透明度”按钮，如图 11-67 所示。

步骤 04 弹出“边框 / 阴影 / 透明度”对话框，选中“透明文字”和“外部边界”复选框，设置“边框宽度”为 1，如图 11-68 所示。

图 11-65 打开项目文件　　图 11-66 预览项目效果

步骤 05 单击“线条色彩”右侧的色块，弹出颜色面板，选择红色，如图 11-69 所示。

步骤 06 执行上述操作后，单击“确定”按钮，即可设置镂空字体，在预览窗口中可以预览镂空字幕效果，如图 11-70 所示。

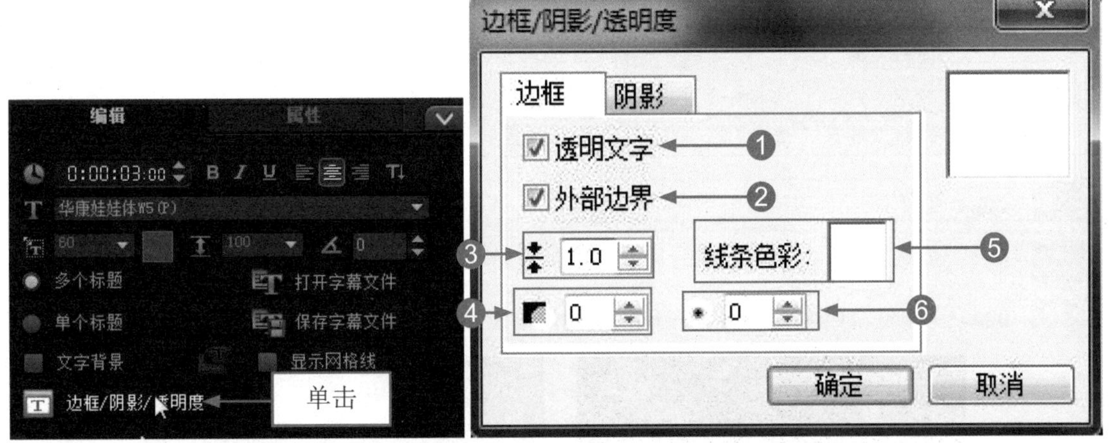

图 11-67 单击“边框 / 阴影 / 透明度”按钮　　图 11-68 设置相应属性

❶ “透明文字”复选框：选中该复选框，创建的标题文字将呈透明，只有边框可见。

❷ “外部边界”复选框：选中该复选框，创建的标题文字将显示边框。

❸ “边框宽度”数值框：在该选项右侧数值框中输入数值，可以设置文字边框线条的宽度。

❹ “文字透明度”数值框：在该选项右侧数值框中输入所需的数值，可以设置文字可见度。

❺ “线条色彩’选项：单击该选项右侧的色块，在弹出的颜色面板中，可以设置字体边框线条的颜色。

❻ “柔化边缘”数值框：在该选项右侧数值框中输入所需的数值，可以设置文字的边缘混合程度。

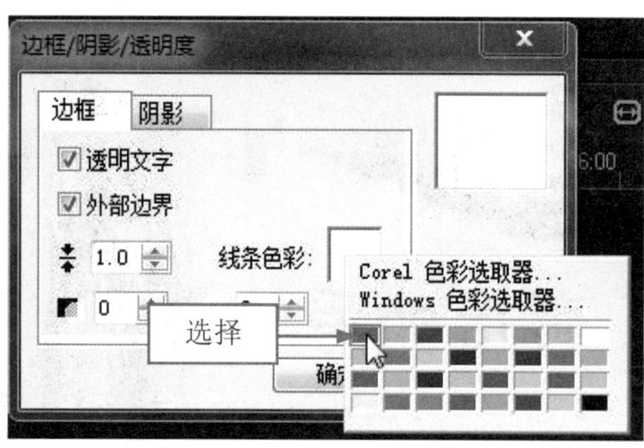

图 11-69 选择红色

图 11-70 预览镂空字幕效果

专家指点

在会声会影 X7 中，打开“边框 / 阴影 / 透明度”对话框，在其中的“边框宽度”数值框中，只能输入 0 至 99 之间的整数。

11.3.2 突起字幕的制作

在会声会影 X7 中，为标题字幕设置突起特效，可以使标题字幕在视频中更加突出、明显。下面介绍制作突起字幕的操作方法。

	素材文件	光盘 \ 素材 \ 第 11 章 \ 顽强生命力 .VSP
	效果文件	光盘 \ 效果 \ 第 11 章 \ 顽强生命力 .VSP
	视频文件	光盘 \ 视频 \ 第 11 章 \11.3.2 突起字幕的制作 .mp4

实战 顽强生命力

步骤 01 进入会声会影编辑器，打开一个项目文件，如图 11-71 所示。

步骤 02 在预览窗口中可以预览打开的项目效果，如图 11-72 所示。

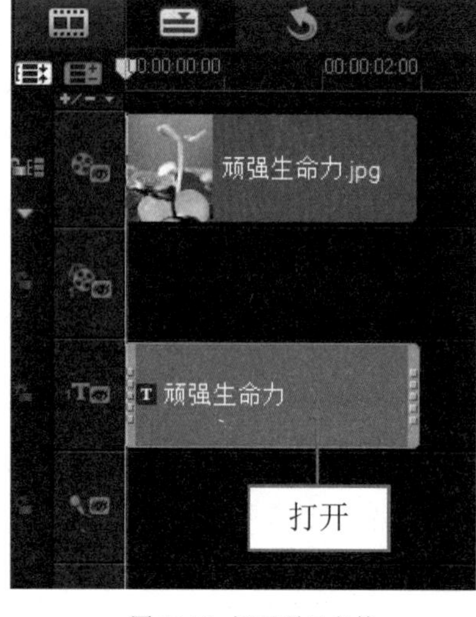

图 11-71 打开项目文件

图 11-72 预览项目效果

步骤 03 在标题轨中双击需要制作突起特效的标题字幕，在“编辑”选项面板中，单击“边框 / 阴影 / 透明度”按钮，弹出“边框 / 阴影 / 透明度”对话框，切换至“阴影”选项卡，如图 11-73 所示。

步骤 04 单击“突起阴影”按钮，在其中设置 X 为 6.0、Y 为 6.0，如图 11-74 所示。

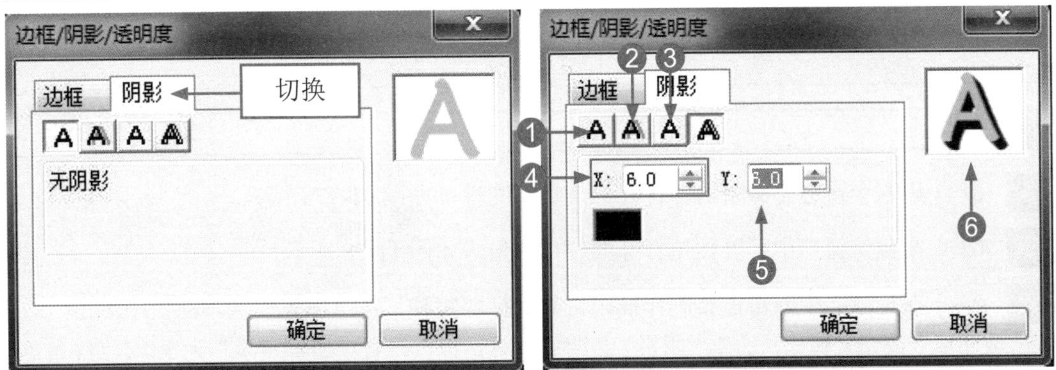

图 11-73 切换至 Shadow 选项卡

图 11-74 设置相应属性

❶ “无阴影”按钮：单击该按钮，可以取消设置文字的阴影效果。

❷ “下垂阴影”按钮：单击该按钮，可为文字设置下垂阴影效果。

❸ “光晕阴影”按钮：单击该按钮，可为文字设置光晕阴影效果。

❹ “水平阴影偏移量”数值框：在该选项右侧的数值框中输入相应的数值，可以设置水平阴影的偏移量。

❺ “垂直阴影偏移量”数值框：在该选项右侧的数值框中输入相应的数值，可以设置垂直阴影的偏移量。

❻ “突起阴影色彩”色块：单击该色块，在弹出的颜色面板中，可以设置字体突起阴影的颜色。

步骤 05 单击下方的颜色色块，在弹出的颜色面板中选择白色，如图 11-75 所示，为字幕添加白色阴影。

步骤 06 单击【确定】按钮，即可为标题字幕制作突起阴影效果，在预览窗口中可以预览突起阴影效果，如图 11-76 所示。

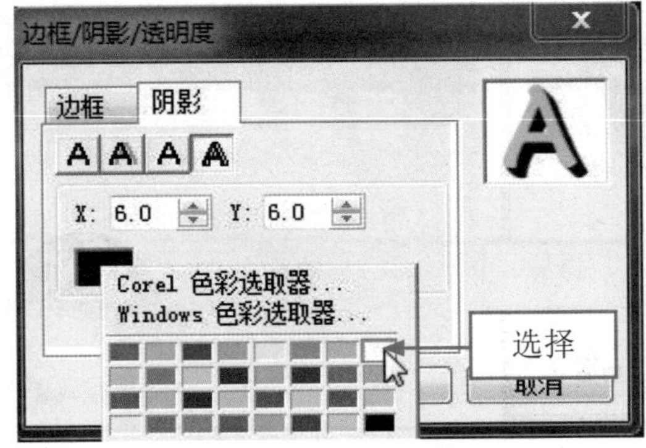

图 11-75 选择白色

图 11-76 预览突起阴影效果

11.3.3 描边字幕的制作

在会声会影 X7 中，为了使标题字幕样式丰富多彩，用户可以为标题字幕设置描边效果。下面介绍制作描边字幕的操作方法。

素材文件	光盘 \ 素材 \ 第 11 章 \ 新闻频道 .VSP
效果文件	光盘 \ 效果 \ 第 11 章 \ 新闻频道 .VSP
视频文件	光盘 \ 视频 \ 第 11 章 \11.3.3 描边字幕的制作 .mp4

实战 新闻频道

步骤 01 进入会声会影编辑器，打开一个项目文件，如图 11-77 所示。

步骤 02 在预览窗口中可以预览打开的项目效果，如图 11-78 所示。

步骤 03 在标题轨中双击需要制作描边特效的标题字幕，在“编辑”选项面板中单击“边框 / 阴影 / 透明度”按钮，弹出“边框 / 阴影 / 透明度”对话框，设置“边框宽度”为 3.0、“线条色彩”为土黄色，如图 11-79 所示。

步骤 04 单击“确定”按钮，即可制作描边字幕效果，在预览窗口中可以预览描边字幕效果，如图 11-80 所示。

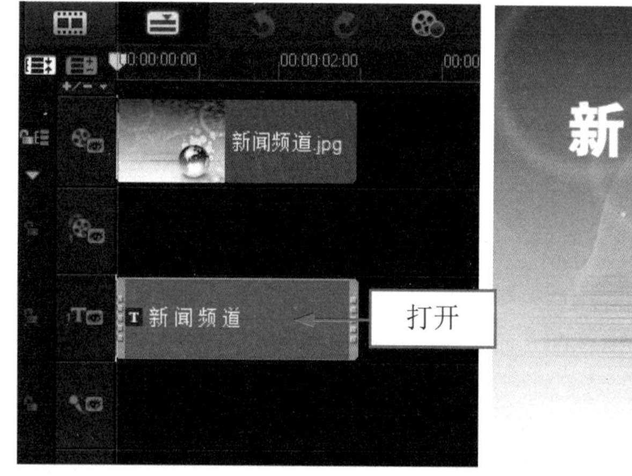

图 11-77 打开项目文件

图 11-78 预览项目效果

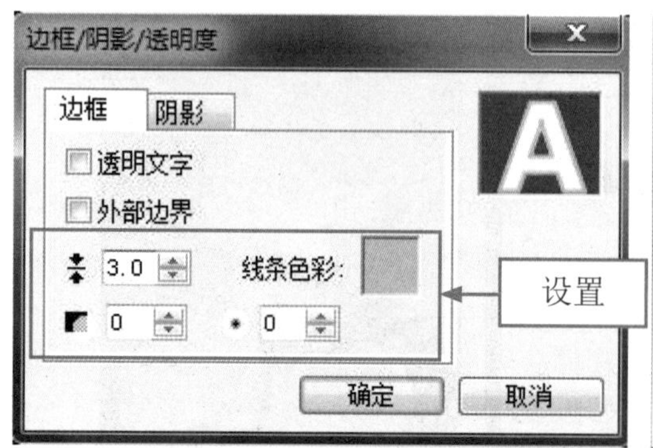

图 11-79 设置相应属性

图 11-80 预览描边字幕效果

11.3.4 透明字幕的制作

在会声会影 X7 中，通过设置标题字幕透明度可以调整标题的可见度。下面介绍制作透明字幕的操作方法。

	素材文件	光盘 \ 素材 \ 第 11 章 \ 享受健康 .VSP
	效果文件	光盘 \ 效果 \ 第 11 章 \ 享受健康 .VSP
	视频文件	光盘 \ 视频 \ 第 11 章 \11.3.4 透明字幕的制作 .mp4

实战 享受健康

步骤 01 进入会声会影编辑器，打开一个项目文件，如图 11-81 所示。

步骤 02 在预览窗口中预览打开的项目效果，如图 11-82 所示。

步骤 03 在标题轨中选择需要制作透明字体的标题字幕，在“编辑”选项面板中单击“边框 / 阴影 / 透明度”按钮，弹出“边框 / 阴影 / 透明度”对话框，在“文字透明度”数值框中输入 20，如图 11-83 所示。

步骤 04 单击“确定”按钮，即可在预览窗口中预览透明字幕效果，如图 11-84 所示。

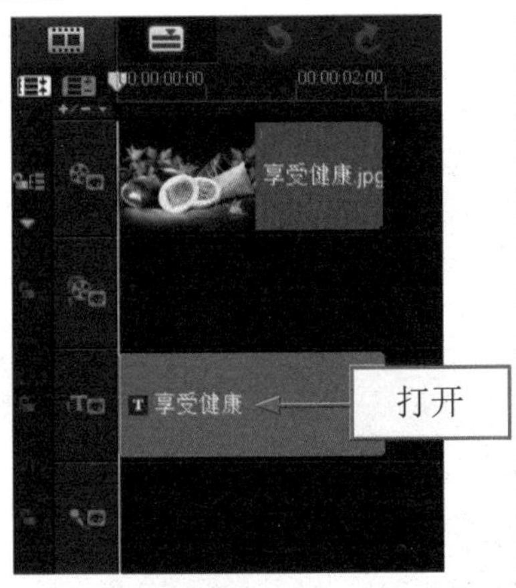

图 11-81 打开项目文件

图 11-82 预览项目效果

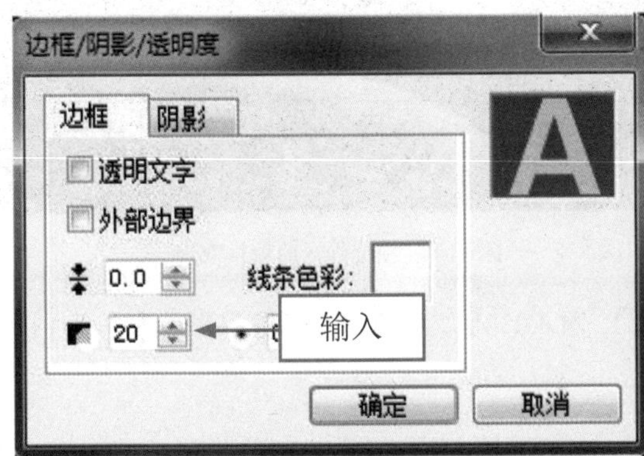

图 11-83 输入数值

图 11-84 预览透明字幕效果

11.3.5 下垂字幕的制作

在会声会影 X7 中，为了让标题字幕更加美观，用户可以为标题字幕添加下垂阴影效果。下面介绍制作下垂字幕的操作方法。

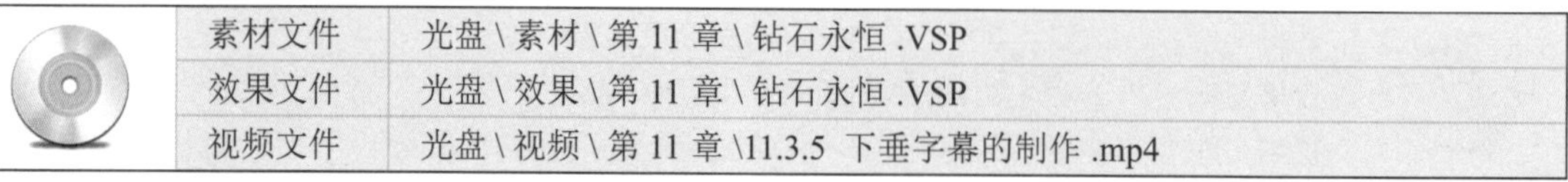

	素材文件	光盘 \ 素材 \ 第 11 章 \ 钻石永恒 .VSP
	效果文件	光盘 \ 效果 \ 第 11 章 \ 钻石永恒 .VSP
	视频文件	光盘 \ 视频 \ 第 11 章 \11.3.5 下垂字幕的制作 .mp4

实战 钻石永恒

步骤 01 进入会声会影编辑器，打开一个项目文件，如图 11-85 所示。

步骤 02 在预览窗口中，预览打开的项目效果，如图 11-86 所示。

步骤 03 在标题轨中，使用鼠标左键双击需要制作下垂特效的标题字幕，此时预览窗口中的标题字幕为选中状态，如图 11-87 所示。

步骤 04 在“编辑”选项面板中单击“边框 / 阴影 / 透明度”按钮，弹出“边框 / 阴影 / 透明度”对话框，切换至“阴影”选项卡，如图 11-88 所示。

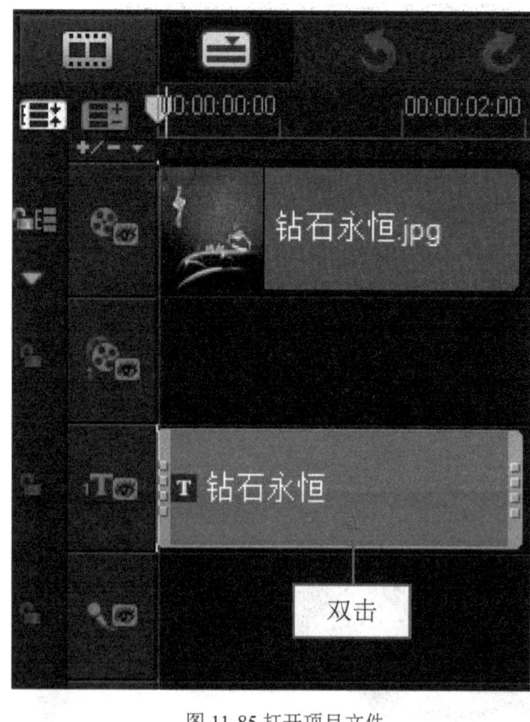

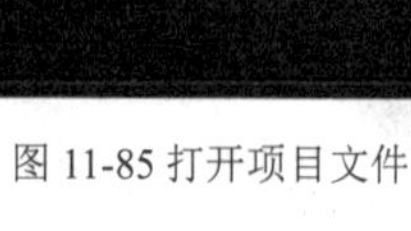

图 11-85 打开项目文件

图 11-86 预览打开的项目效果

步骤 05 单击“下垂阴影”按钮，在其中设置 X 为 6.0、Y 为 6.0、“下垂阴影色彩”为白色，如图 11-89 所示。

步骤 06 执行上述操作后，单击“确定”按钮，即可制作下垂字幕，在预览窗口中可以预览下垂字幕效果，如图 11-90 所示。

钻石永恒

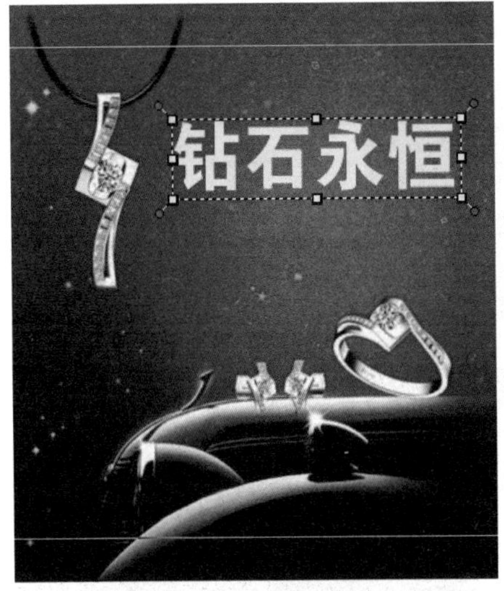

图 11-87 标题字幕为选中状态

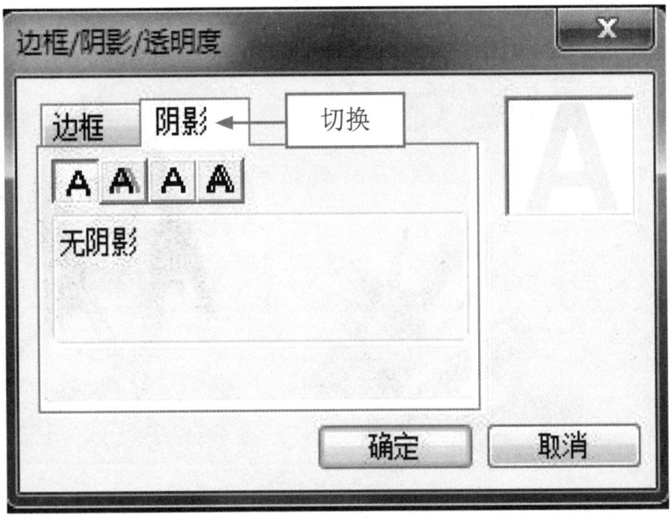

边框/阴影/透明度
边框
阴影
切换
无阴影
确定
取消

图 11-88 切换至“阴影”选项卡

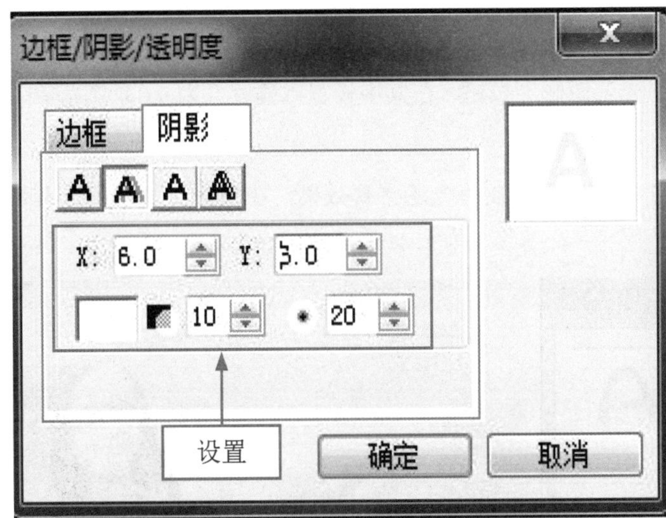

边框/阴影/透明度
边框
阴影
X: 6.0
Y: 5.0
10
20
设置
确定
取消

图 11-89 设置参数

钻石永恒

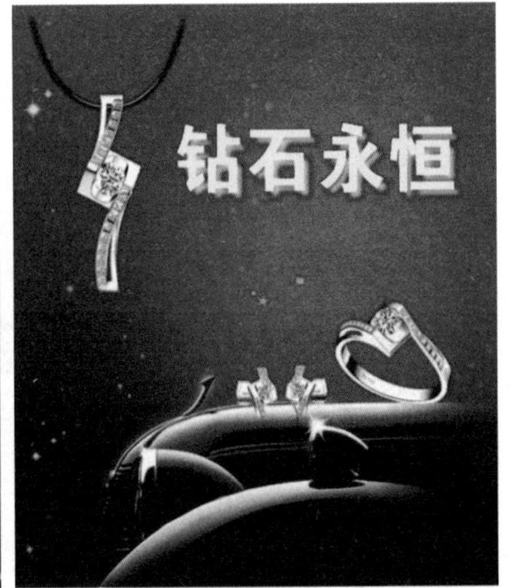

图 11-90 预览下垂字幕效果

11.3.6 光晕字幕的制作

在会声会影 X7 中，用户可以为标题字幕添加光晕特效，使其更加精彩夺目。下面介绍制作光晕字幕的操作方法。

	素材文件	光盘 \ 素材 \ 第 11 章 \ 可爱女孩 .VSP
	效果文件	光盘 \ 效果 \ 第 11 章 \ 可爱女孩 .VSP
	视频文件	光盘 \ 视频 \ 第 11 章 \11.3.6 光晕字幕的制作 .mp4

实战 可爱女孩

步骤 01 进入会声会影编辑器，打开一个项目文件，如图 11-91 所示。

步骤 02 在标题轨中，双击需要制作光晕特效的标题字幕，如图 11-92 所示。

图 11-91 打开项目文件

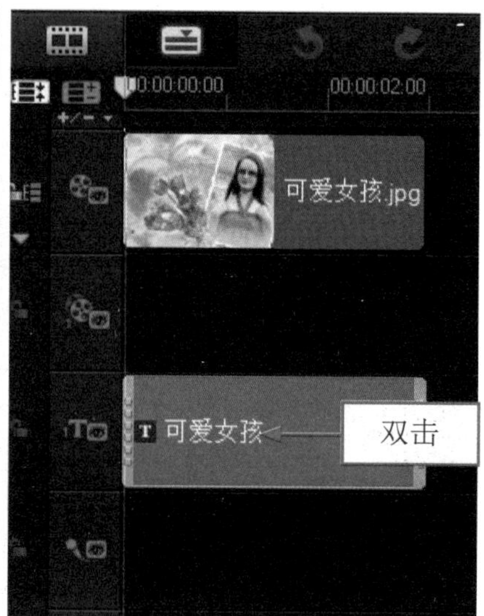

图 11-92 双击标题字幕

步骤 03 在“编辑”选项面板中单击“边框 / 阴影 / 透明度”按钮，弹出“边框 / 阴影 / 透明度”对话框，切换至“阴影”选项卡，单击“光晕阴影”按钮，在其中设置“强度”为 9.0、“光晕阴影色彩”为白色，如图 11-93 所示。

步骤 04 设置完成后，单击“确定”按钮，即可制作光晕字幕效果，在预览窗口中预览光晕字幕效果，如图 11-94 所示。

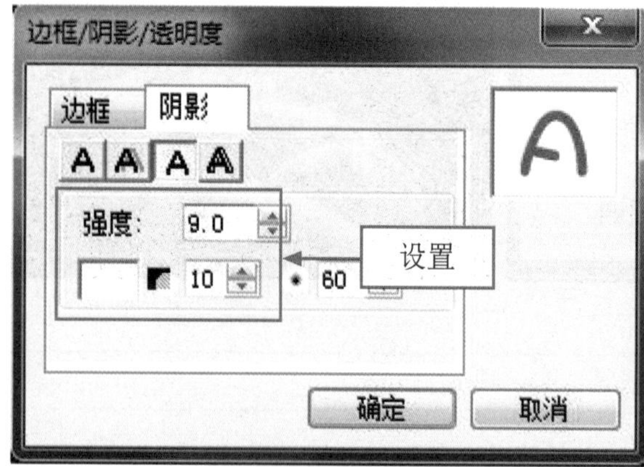

图 11-93 设置相应属性

图 11-94 预览光晕字幕效果

11.4 字幕动画特效精彩应用

在影片中创建标题后，会声会影 X7 还可以为标题添加动画效果。用户可套用 83 种生动活泼、动感十足的标题动画。本节主要介绍字幕效果案例的制作方法。

11.4.1 制作“淡化”动画特效

在会声会影 X7 中，淡入淡出的字幕效果在当前的各种影视节目中是最常见的字幕效果。下面介绍制作“淡化”动画的操作方法。

	素材文件	光盘 \ 素材 \ 第 11 章 \ 品味生活 .VSP
	效果文件	光盘 \ 效果 \ 第 11 章 \ 品味生活 .VSP
	视频文件	光盘 \ 视频 \ 第 11 章 \11.4.1 制作“淡化”动画特效 .mp4

实战 品味生活

步骤 01 进入会声会影编辑器，打开一个项目文件，如图 11-95 所示。

步骤 02 在标题轨中，双击需要设置“淡化”动画的标题字幕，如图 11-96 所示。

图 11-95 打开项目文件

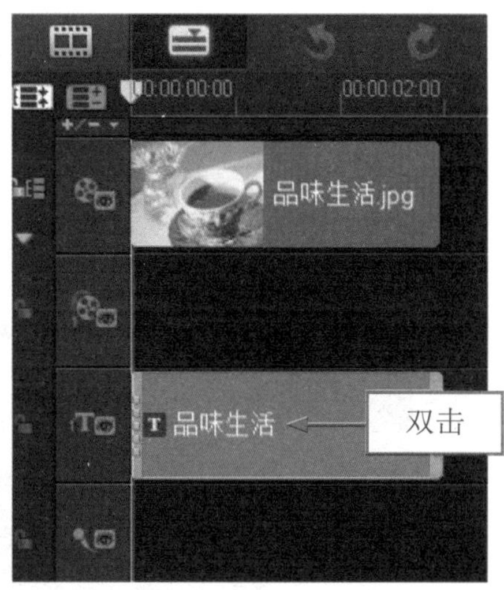

图 11-96 双击标题字幕

步骤 03 切换至“属性”选项面板，在其中选中“动画”单选按钮和“应用”复选框，如图 11-97 所示。

步骤 04 单击“类型”右侧的下拉按钮，在弹出的列表框中选择“淡化”选项，在下方的预设动画类型中选择第 1 排第 2 个淡化样式，如图 11-98 所示。

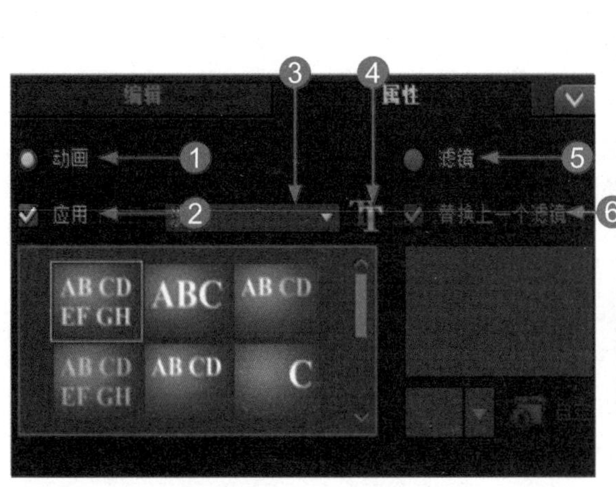

图 11-97 选中“应用”复选框

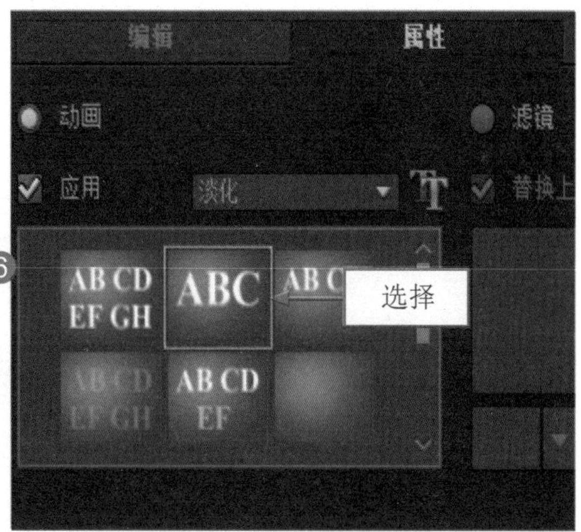

图 11-98 选择淡化样式

❶ “动画”单选按钮：选中该单选按钮，即可设置文本的动画效果。

❷ “应用”复选框：选中该复选框，即可在下方设置文本的动画样式。

❸ “选取动画类型”列表框：单击“选取动画类型”右侧的下拉按钮，在弹出的列表框中选择相应的选项，即可显示相应的动画类型。

❹ “自定动画属性”按钮：单击该按钮，在弹出的对话框中可以自定义动画的属性。

❺ “滤镜”单选按钮：选中该单选按钮，可以在下方为标题字幕添加相应的滤镜效果。

❻ “替换上一个滤镜”复选框：选中该复选框后，如果再次为标题添加相应滤镜效果时，系统将自动替换上一次添加的滤镜效果。

步骤 05 执行上述操作后，单击导览面板中的“播放”按钮，预览字幕“淡化”动画，如图11-99所示。

图 11-99 预览字幕“淡化”动画

11.4.2 制作“弹出”动画特效

在会声会影X7中，弹出效果是指可以使文字产生由画面上的某个分界线弹出显示的动画效果。下面介绍制作“弹出”动画的操作方法。

	素材文件	光盘\素材\第11章\旅游随拍.VSP
	效果文件	光盘\效果\第11章\旅游随拍.VSP
	视频文件	光盘\视频\第11章\11.4.2 制作“弹出”动画特效.mp4

实战 旅游随拍

步骤 01 进入会声会影编辑器，单击“文件”|“打开项目”命令，打开一个项目文件，如图11-100所示。

步骤 02 在标题轨中，使用鼠标左键双击需要制作弹出特效的标题字幕，此时预览窗口中的标题字幕为选中状态，如图11-101所示。

步骤 03 在“属性”选项面板中，选中“动画”单选按钮和“应用”复选框，单击“类型”右侧的下拉按钮，在弹出的列表框中选择“弹出”选项，如图11-102所示。

步骤 04 在下方的预设动画类型中选择第1排第2个弹出样式，如图11-103所示。

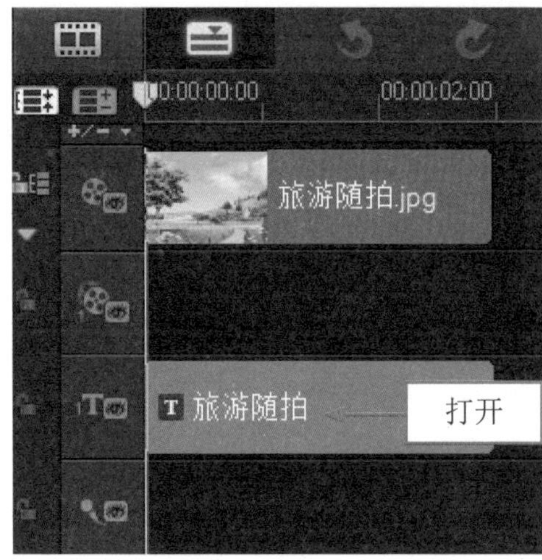

图 11-100 打开项目文件

图 11-101 标题字幕为选中状态

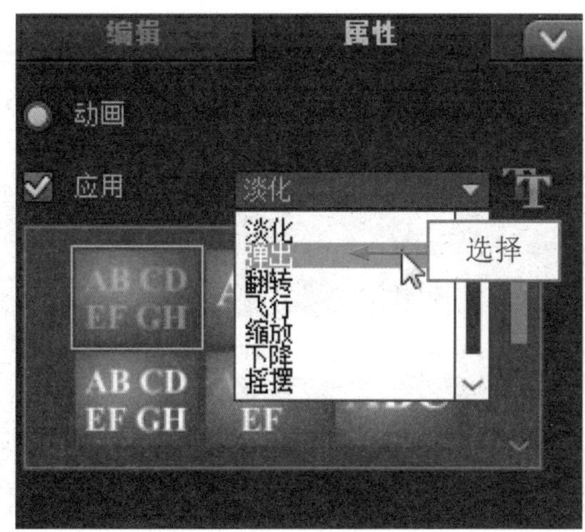

图 11-102 选择“弹出”选项

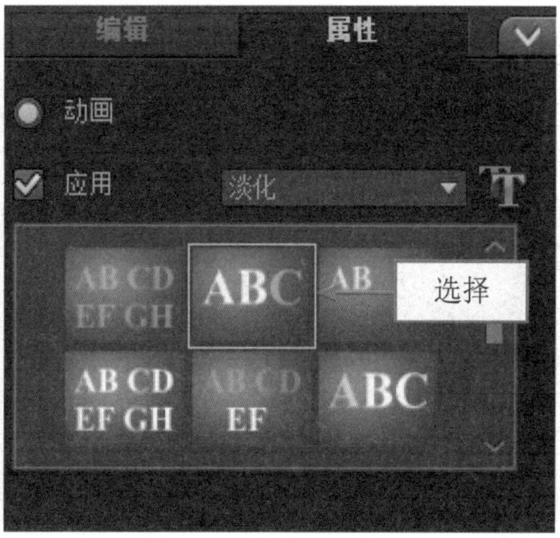

图 11-103 选择相应的弹出样式

步骤 05 执行上述操作后，单击导览面板中的“播放”按钮，即可预览标题字幕“弹出”动画效果，如图 11-104 所示

图 11-104 预览“弹出”动画效果

11.4.3 制作“翻转”动画特效

在会声会影 X7 中，“翻转”动画可以使文字产生翻转回旋的动画效果。下面介绍制作“翻转”动画的操作方法。

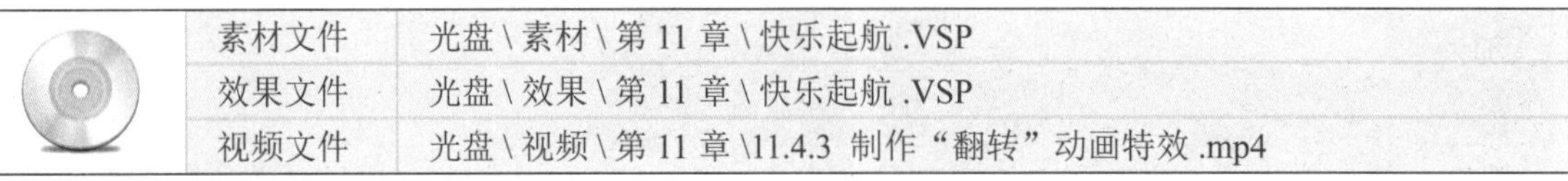

	素材文件	光盘 \ 素材 \ 第 11 章 \ 快乐起航 .VSP
	效果文件	光盘 \ 效果 \ 第 11 章 \ 快乐起航 .VSP
	视频文件	光盘 \ 视频 \ 第 11 章 \11.4.3 制作“翻转”动画特效 .mp4

实战 快乐起航

步骤 01 进入会声会影编辑器，打开一个项目文件，如图 11-105 所示。

步骤 02 在标题轨中双击需要设置“翻转”动画的标题字幕，在“属性”选项面板中选中“动画”单选按钮和“应用”复选框，设置“选取动画类型”为“翻转”，选择第 2 个翻转样式，如图 11-106 所示。

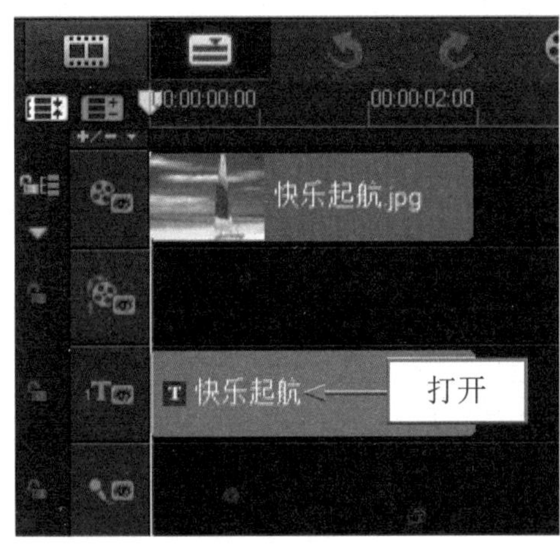

图 11-105 打开项目文件

图 11-106 选择翻转样式

步骤 03 执行上述操作后，单击导览面板中的“播放”按钮，即可预览标题字幕“翻转”动画效果，如图 11-107 所示。

图 11-107 预览“翻转”动画效果

11.4.4 制作“飞行”动画特效

在会声会影 X7 中，“飞行”动画可以使视频效果中的标题字幕或者单词沿着一定的路径飞行。下面介绍制作“飞行”动画的操作方法。

	素材文件	光盘 \ 素材 \ 第 11 章 \ 花开花谢 .VSP
	效果文件	光盘 \ 效果 \ 第 11 章 \ 花开花谢 .VSP
	视频文件	光盘 \ 视频 \ 第 11 章 \11.4.4 制作“飞行”动画特效 .mp4

实战 花开花谢

步骤 01 进入会声会影编辑器，打开一个项目文件，如图 11-108 所示。

步骤 02 在标题轨中双击需要设置“飞行”动画的标题字幕，在“属性”选项面板中选中“动画”单选按钮和“应用”复选框，设置“选取动画类型”为“飞行”，选择第 2 排第 1 个飞行样式，如图 11-109 所示。

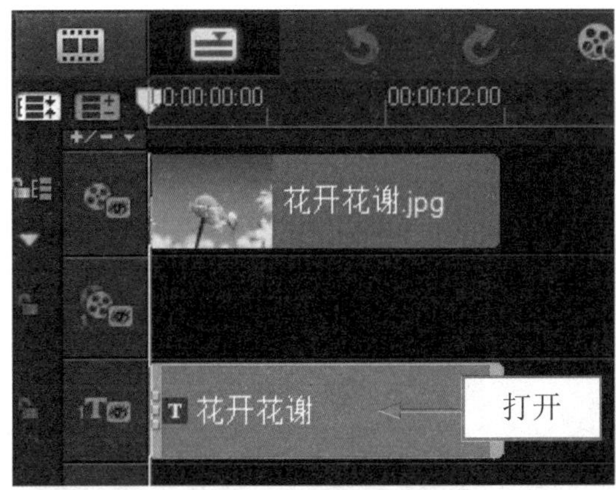

图 11-108 打开项目文件

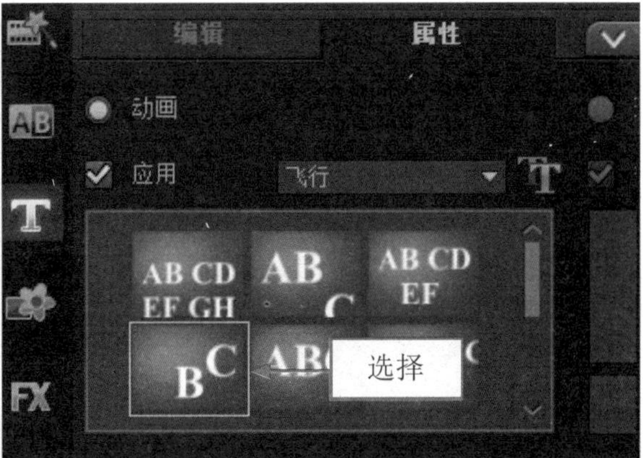

图 11-109 选择飞行样式

步骤 03 执行上述操作后，单击导览面板中的“播放”按钮，即可预览标题字幕“飞行”动画效果，如图 11-110 所示。

图 11-110 预览“飞行”动画效果

11.4.5 制作“缩放”动画特效

在会声会影 X7 中，“缩放”动画可以使文字在运动的过程中产生放大或缩小的变化。下面介绍制作“缩放”动画的操作方法。

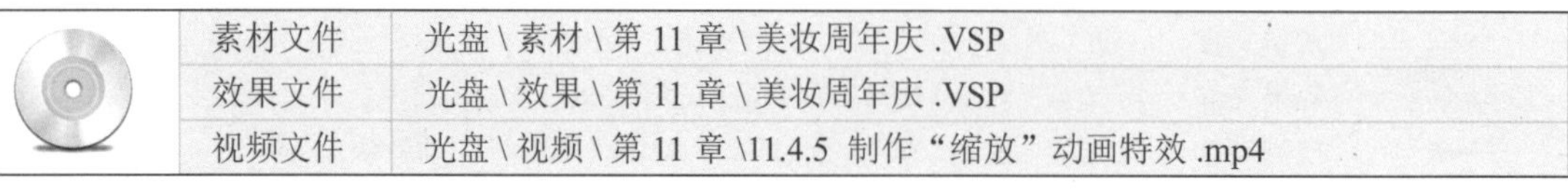

	素材文件	光盘 \ 素材 \ 第 11 章 \ 美妆周年庆 .VSP
	效果文件	光盘 \ 效果 \ 第 11 章 \ 美妆周年庆 .VSP
	视频文件	光盘 \ 视频 \ 第 11 章 \11.4.5 制作“缩放”动画特效 .mp4

实战 美妆周年庆

步骤 01 进入会声会影编辑器，打开一个项目文件，如图 11-111 所示。

步骤 02 在标题轨中双击需要设置“缩放”动画的标题字幕，在“属性”选项面板中选中“动画”单选按钮和“应用”复选框，设置“选取动画类型”为“缩放”，选择第 1 排第 2 个缩放样式，如图 11-112 所示。

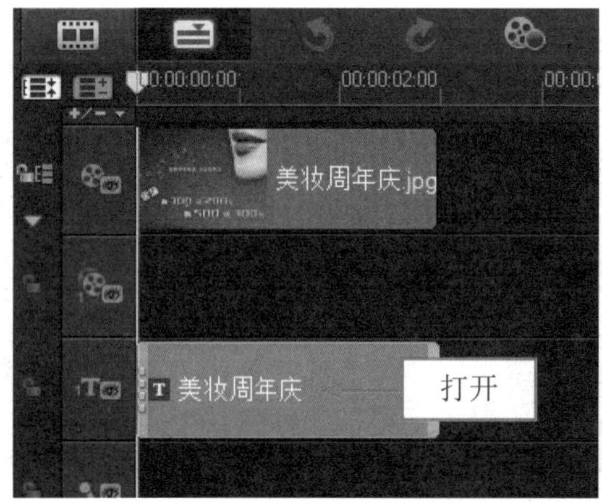

图 11-111 打开项目文件

图 11-112 选择缩放样式

步骤 03 执行上述操作后，单击导览面板中的“播放”按钮，即可预览标题字幕“缩放”动画效果，如图 11-113 所示。

图 11-113 预览“缩放”动画效果

11.4.6 制作“下降”动画特效

在会声会影X7中，“下降”动画可以使文字在运动过程中由大到小逐渐变化。下面介绍制作“下降”动画的操作方法。

	素材文件	光盘\素材\第11章\美丽凤凰..VSP
	效果文件	光盘\效果\第11章\.美丽凤凰.VSP
	视频文件	光盘\视频\第11章\11.4.6 制作“下降”动画特效.mp4

实战 美丽凤凰

步骤 01 进入会声会影编辑器，打开一个项目文件，如图11-114所示。

步骤 02 在标题轨中双击需要设置“下降”动画的标题字幕，在“属性”选项面板中选中“动画”单选按钮和“应用”复选框，设置“选取动画类型”为“下降”，选择第1排第3个下降样式，如图11-115所示。

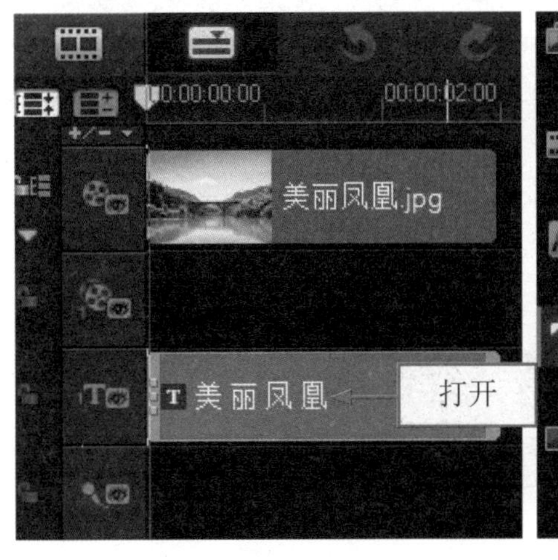

图11-114 打开项目文件

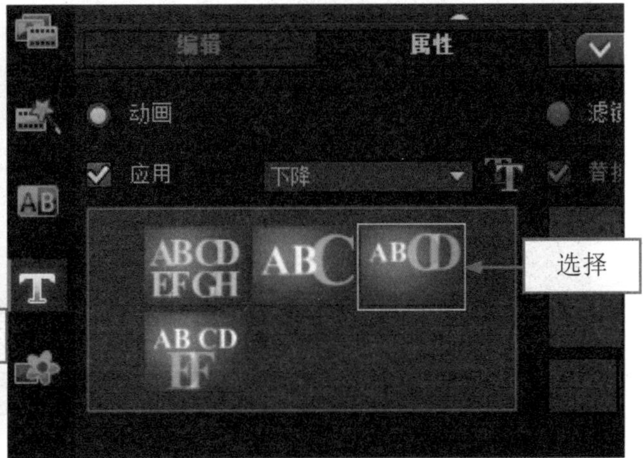

图11-115 选择下降样式

步骤 03 执行上述操作后，单击导览面板中的“播放”按钮，即可预览标题字幕“下降”动画效果，如图11-116所示。

图11-116 预览“下降”动画效果

11.4.7 制作“摇摆”动画特效

在会声会影 X7 中，“摇摆”动画可以使视频效果中的标题字幕产生左右摇摆运动的效果。下面介绍制作“摇摆”动画的操作方法。

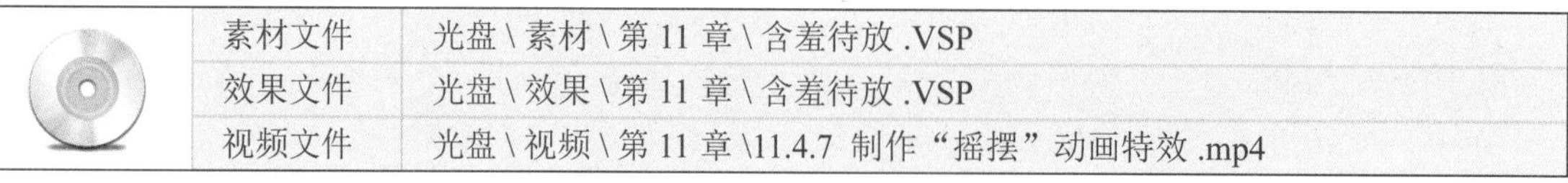

	素材文件	光盘 \ 素材 \ 第 11 章 \ 含羞待放 .VSP
	效果文件	光盘 \ 效果 \ 第 11 章 \ 含羞待放 .VSP
	视频文件	光盘 \ 视频 \ 第 11 章 \11.4.7 制作“摇摆”动画特效 .mp4

实战 含羞待放

步骤 01 进入会声会影编辑器，打开一个项目文件，如图 11-117 所示。

步骤 02 在标题轨中，使用鼠标左键双击需要制作摇摆特效的标题字幕，此时预览窗口中的标题字幕为选中状态，如图 11-118 所示。

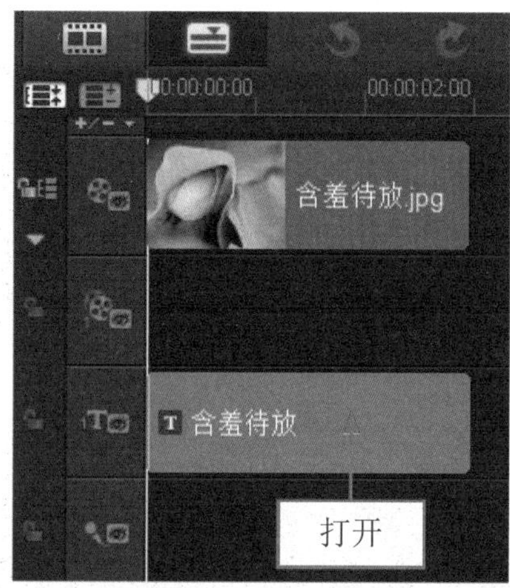

图 11-117 打开项目文件

图 11-118 标题字幕为选中状态

步骤 03 在“属性”选项面板中，选中“动画”单选按钮和“应用”复选框，单击“类型”右侧的下拉按钮，在弹出的列表框中选择“摇摆”选项，如图 11-119 所示。

步骤 04 在下方的预设动画类型中，选择第 2 排第 1 个摇摆动画样式，如图 11-120 所示。

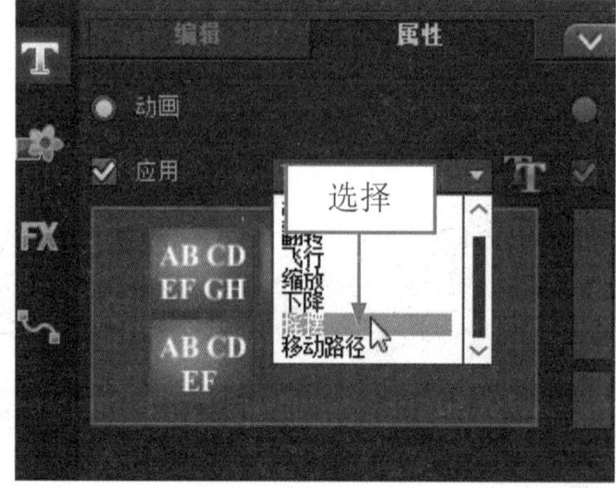

图 11-119 选择“摇摆”选项

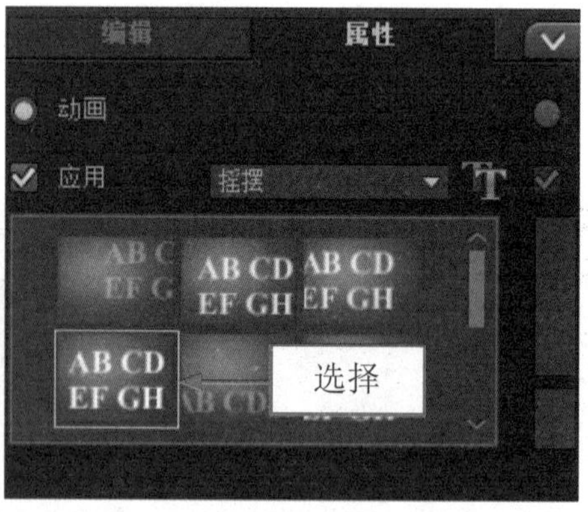

图 11-120 选择相应的摇摆动画样式

步骤 05 在导览面板中单击“播放”按钮，预览字幕摇摆动画特效，如图 11-121 所示。

图 11-121 预览字幕摇摆动画特效

11.4.8 制作“移动路径”动画特效

在会声会影 X7 中，“移动路径”动画可以使视频效果中的标题字幕产生沿指路径运动的效果。下面介绍制作“移动路径”动画的操作方法。

	素材文件	光盘 \ 素材 \ 第 11 章 \ 美丽新娘 .VSP
	效果文件	光盘 \ 效果 \ 第 11 章 \ 美丽新娘 .VSP
	视频文件	光盘 \ 视频 \ 第 11 章 \11.4.8 制作“移动路径”动画特效 .mp4

实战 美丽新娘

步骤 01 进入会声会影编辑器，单击“文件”|“打开项目”命令，打开一个项目文件，如图 11-122 所示。

步骤 02 在标题轨中，使用鼠标左键双击需要制作移动路径特效的标题字幕，此时预览窗口中的标题字幕为选中状态，如图 11-123 所示。

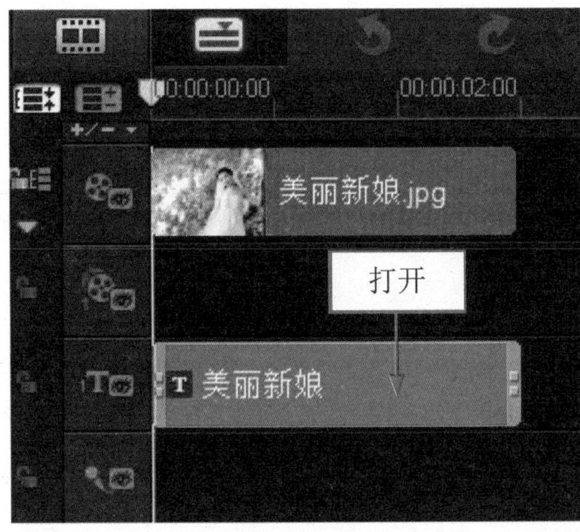

图 11-122 打开项目文件

图 11-123 标题字幕为选中状态

步骤 03 在“属性”选项面板中，选中“动画”单选按钮和“应用”复选框，单击“类型”右侧的下拉按钮，在弹出的列表框中选择“移动路径”选项，如图 11-124 所示。

步骤 04 在下方的预设动画类型中，选择第 2 排第 2 个移动路径动画的样式，如图 11-125 所示。

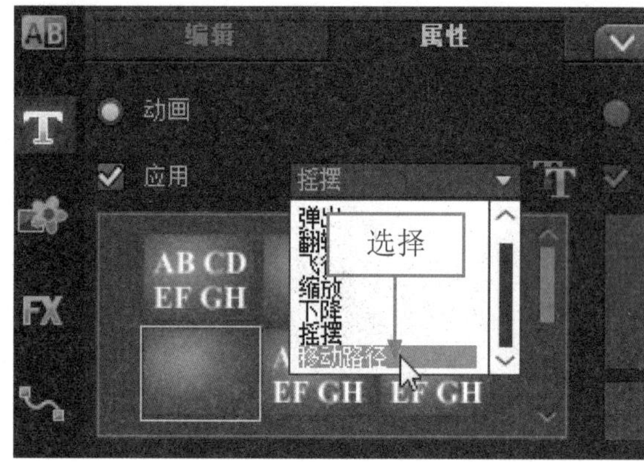

图 11-124 选择“移动路径”选项

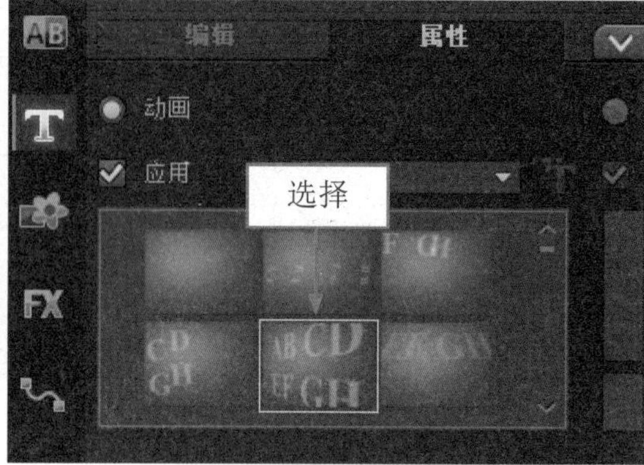

图 11-125 选择移动路径动画样式

步骤 05 在导览面板中单击“播放”按钮，预览字幕移动路径动画特效，如图 11-126 所示。

图 11-126 预览字幕移动路径动画特效

12 制作视频音乐效果

学习提示

影视作品是一门声画艺术，音频在影片中是不可或缺的元素。音频也是一部影片的灵魂，在后期制作中，音频的处理相当重要，如果声音运用恰到好处，往往给观众带来耳目一新的感觉。本章主要向读者介绍制作视频背景音乐特效的各种操作方法。

本章案例导航

- 实战——风景
- 实战——彩石
- 实战——清泉石上流
- 实战——梅花
- 实战——果实累累
- 实战——田园风光
- 实战——心心相印
- 实战——花样女孩
- 实战——蝴蝶飞舞
- 实战——创意字母

12.1 音频素材基本操作

会声会影 X7 提供了简单的方法向影片中加入背景音乐和语音，用户可以将自己的音频文件添加到素材库扩充，以便以后能够快速调用。本节主要介绍添加音频素材的方法。

12.1.1 添加素材库音频

添加素材库中的音频使最常用的添加音频素材的方法，会声会影 X7 提供了多种不同类型的音频素材，用户可以根据需要从素材库中选择所需的音频素材。下面介绍从添加素材库音频的操作方法。

	素材文件	光盘 \ 素材 \ 第 12 章 \ 风景 .jpg
	效果文件	光盘 \ 效果 \ 第 12 章 \ 风景 .VSP
	视频文件	光盘 \ 视频 \ 第 12 章 \12.1.1 添加素材库音频 .mp4

实战 风景

步骤 01 进入会声会影编辑器，在视频轨中插入一幅图像素材，如图 12-1 所示。

步骤 02 在预览窗口中可以预览插入的素材图像效果，如图 12-2 所示。

图 12-1 插入图像素材

图 12-2 预览素材图像效果

专家指点

在会声会影 X7 的“媒体”素材库中，显示素材库中的音频素材后，可以单击“导入媒体文件”按钮，在弹出“浏览媒体文件”对话框中选择需要的音频文件，单击“打开”按钮，即可将需要的音频素材至“媒体”素材库中。

步骤 03 在“媒体”素材库中单击“显示音频文件”按钮，显示素材库中的音频素材，选择 SP-M04 音频素材，如图 12-3 所示。

步骤 04 单击鼠标左键并拖曳至语音轨中的适当位置，添加音频素材，如图 12-4 所示，单击“播放”按钮，试听音频效果。

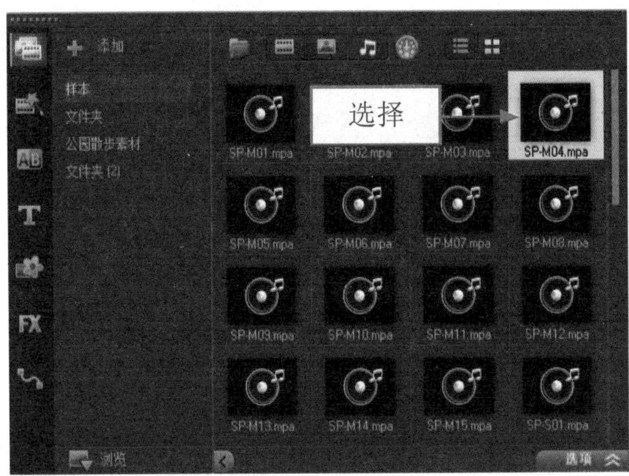

图 12-3 选择音频素材

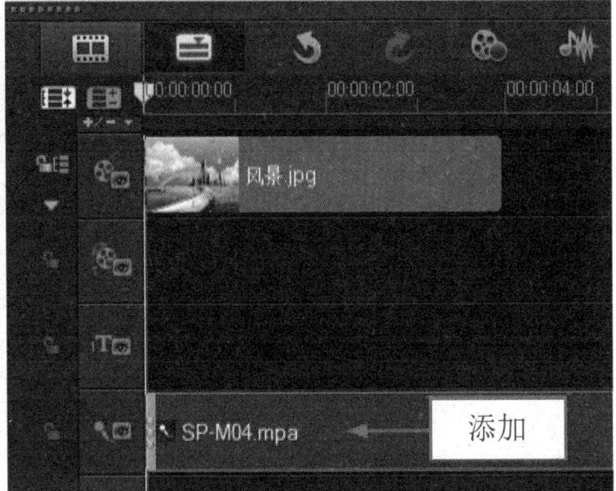

图 12-4 添加音频素材

12.1.2 添加硬盘中音频

在会声会影 X7 中，可以将硬盘中的音频文件直接添加至当前的语音轨或音乐轨中。下面介绍添加硬盘中音频的操作方法。

	素材文件	光盘 \ 素材 \ 第 12 章 \ 彩石 .VSP、音乐 .mp3
	效果文件	光盘 \ 效果 \ 第 12 章 \ 彩石 .VSP
	视频文件	光盘 \ 视频 \ 第 12 章 \12.1.2 添加硬盘中音频 .mp4

实战 彩石

步骤 01 进入会声会影编辑器，打开一个项目文件，如图 12-5 所示。

步骤 02 在预览窗口中预览打开的项目效果，如图 12-6 所示。

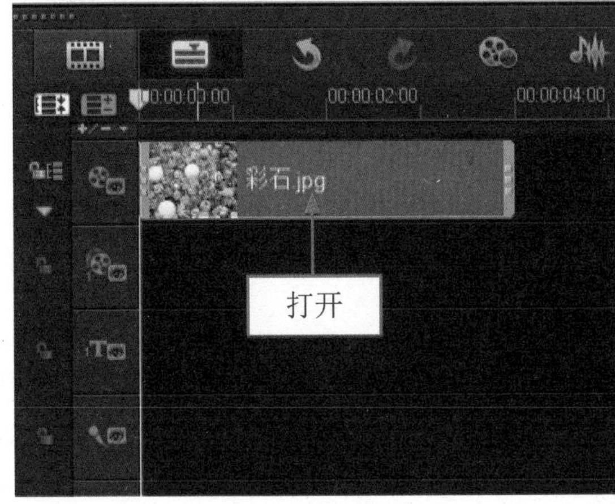

图 12-5 打开项目文件

图 12-6 预览项目效果

步骤 03 在时间轴面板中，将鼠标移至空白位置处，如图 12-7 所示。

步骤 04 单击鼠标右键，在弹出的快捷菜单中选择“插入音频”|“到语音轨”选项，如图 12-8 所示。

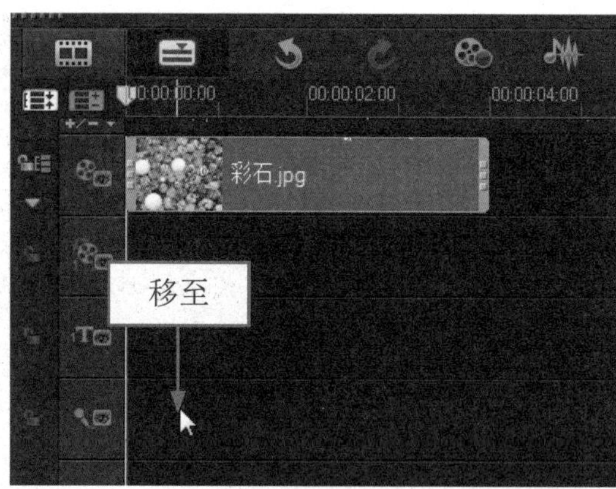

图 12-7 移动鼠标

图 12-8 选择“到语音轨”选项

专家指点

在会声会影 X7 中，还可以将硬盘中的音频文件添加至时间轴面板的“音乐轨”中。

步骤 05 弹出相应对话框，选择需要的音频文件，如图 12-9 所示。

步骤 06 单击“打开”按钮，即可从硬盘文件夹中将音频文件添加至语音轨中，如图 12-10 所示。

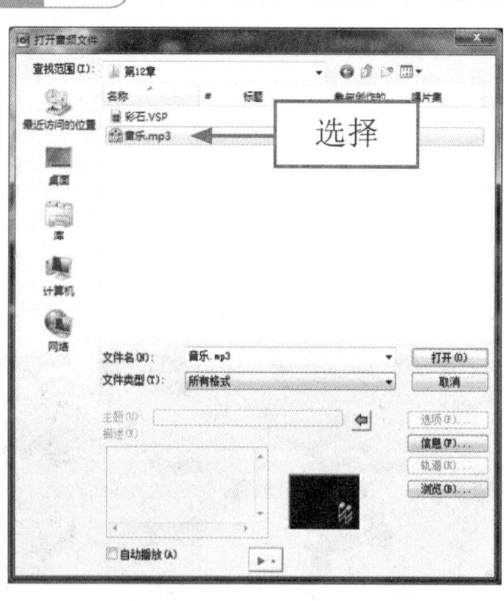

图 12-9 选择音频文件

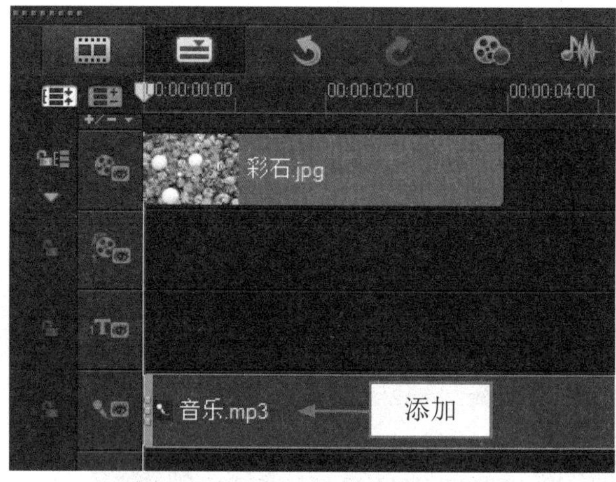

图 12-10 添加至语音轨

12.1.3 添加自动音乐

自动音乐是会声会影 X7 自带的一个音频素材库，同一个音乐有许多变化的风格供用户选择，从而使素材更加丰富。下面介绍添加自动音乐的操作方法。

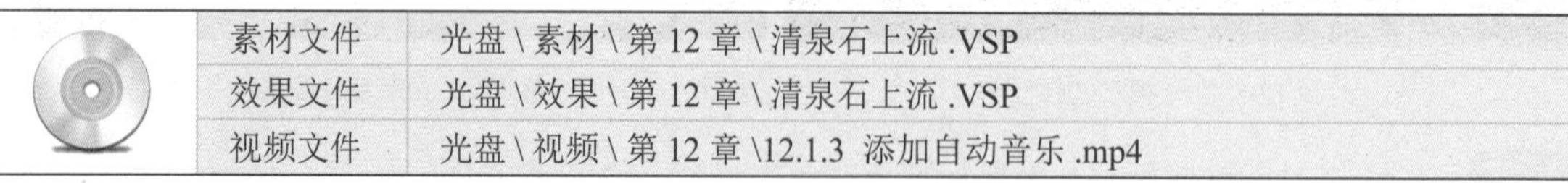

素材文件	光盘 \ 素材 \ 第 12 章 \ 清泉石上流 .VSP
效果文件	光盘 \ 效果 \ 第 12 章 \ 清泉石上流 .VSP
视频文件	光盘 \ 视频 \ 第 12 章 \12.1.3 添加自动音乐 .mp4

实战 清泉石上流

步骤 01 进入会声会影编辑器，打开一个项目文件，如图 12-11 所示。

步骤 02 单击时间轴面板上方的“自动音乐”按钮，如图 12-12 所示。

图 12-11 打开项目文件

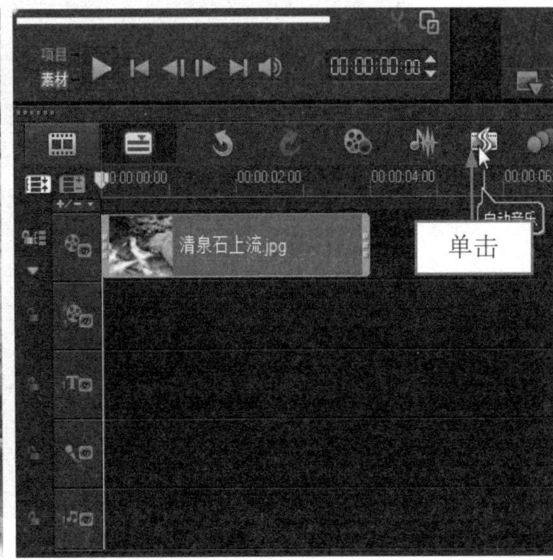

图 12-12 单击“自动音乐”按钮

步骤 03 打开“自动音乐”选项面板，单击“音乐”右侧的下拉按钮，在弹出的列表框中选择合适的音乐选项，如图 12-13 所示。

步骤 04 单击“变化”右侧的下拉按钮，在弹出的列表框中选择第 2 个变化风格选项，如图 12-14 所示。

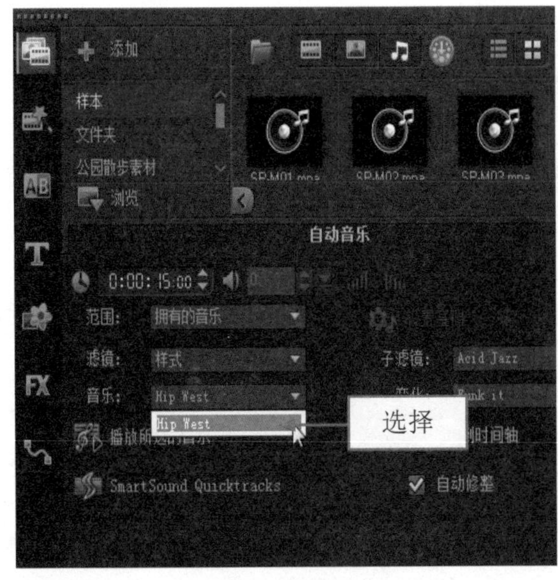

图 12-13 选择音乐选项

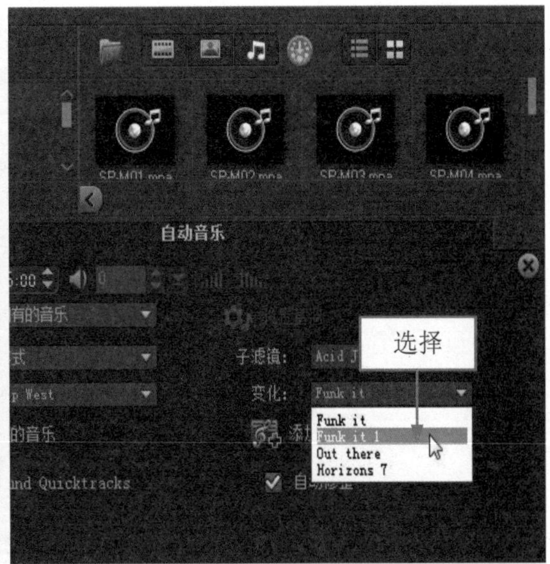

图 12-14 选择变化风格选项

步骤 05 在面板中单击“播放所选的音乐”按钮，开始播放音乐，播放至合适位置后，单击“停止”按钮，如图 12-15 所示。

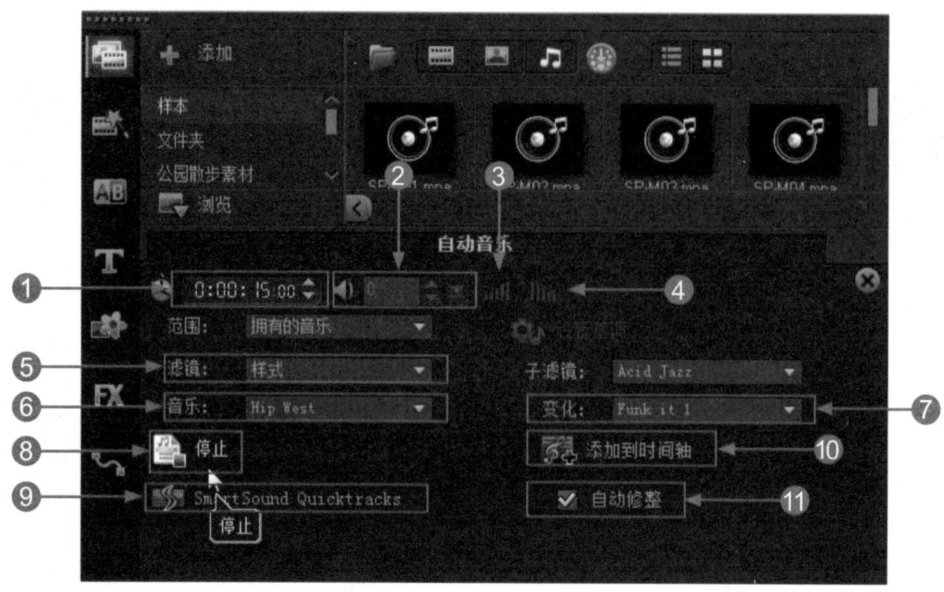

图 12-15 单击“停止”按钮

❶ “区间”数值框：该数值框用于显示所选音乐的总长度。

❷ “素材音量”数值框：该数值框用于调整所选音乐的音量，当值为 100 时，则可以保留音乐的原始音量。

❸ “淡入”按钮：单击该按钮，可以使自动音乐的开始部分音量逐渐增大。

❹ “淡出”按钮：单击该按钮，可以使自动音乐的结束部分音量逐渐减小。

❺ “范围”选项：该选项可以指定 SmartSound 文件的方法。

❻ “音乐”选项：单击该选项右侧的下三角按钮，在弹出的下拉列表中可以选择用于添加到项目中的音乐。

❼ “变化”选项：单击该选项右侧的下三角按钮，在弹出的下拉列表中可以选择不同的乐器和节奏，并将它应用于所选择的音乐中。

❽ “停止”按钮：单击该按钮，可以停止播放设置的自动音乐。

❾ “SmartSound Quicktracks”按钮：单击该按钮，弹出 SmartSound Quicktracks 5 对话框，在其中可以查看和管理 SmartSound 素材库。

❿ “添加到时间轴”按钮：单击该按钮，可以将播放的自动音乐添加到时间轴面板的音乐轨中。

⓫ “自动修整”复选框：选中该复选框，将基于飞梭栏的位置自动修整音频素材，使它与视频相配合。

步骤 06 执行上述操作后，单击“添加到时间轴”按钮，即可在音乐轨中添加自动音乐，如图 12-16 所示。

专家指点

在时间轴面板的“语音轨”中添加音频文件后，如果不再需要，可以将其删除。

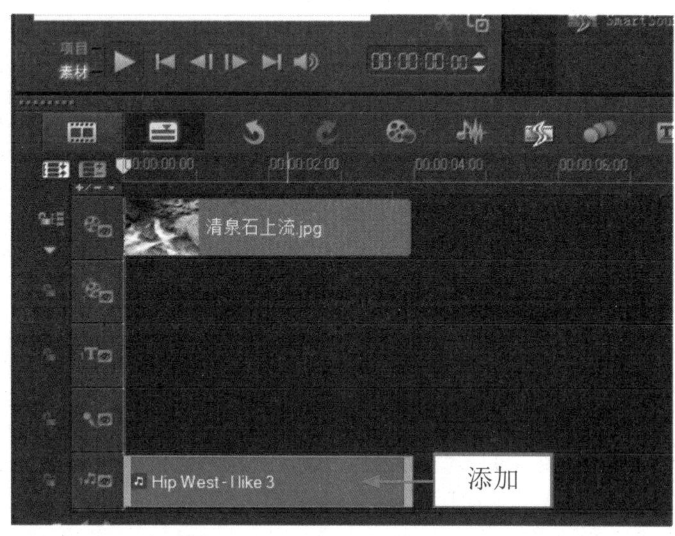

图 12-16 添加自动音乐

12.1.4 录制会声会影音频

在会声会影 X7 中，用户不仅可以从硬盘或 CD 光盘中获取音频，还可以使用会声会影软件录制音频。下面介绍从会声会影中录制音频的操作方法。

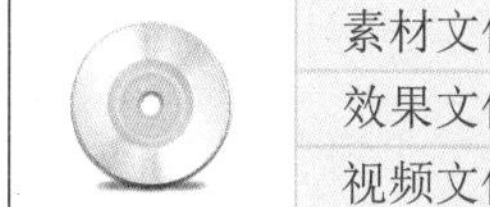	素材文件	光盘 \ 素材 \ 第 12 章 \ 梅花 .jpg
	效果文件	光盘 \ 效果 \ 第 12 章 \ 梅花 .VSP
	视频文件	光盘 \ 视频 \ 第 12 章 \12.1.4 录制会声会影音频 .mp4

实战 梅花

步骤 01 进入会声会影编辑器，在视频轨中插入一幅素材图像，如图 12-17 所示。

步骤 02 在预览窗口中预览插入的素材图像效果，如图 12-18 所示。

图 12-17 插入素材图像

图 12-18 预览素材图像效果

步骤 03 在时间轴面板的上方单击“录制 / 捕获选项”按钮，如图 12-19 所示。

步骤 04 弹出“录制 / 捕获选项”对话框，单击“画外音”按钮，如图 12-20 所示。

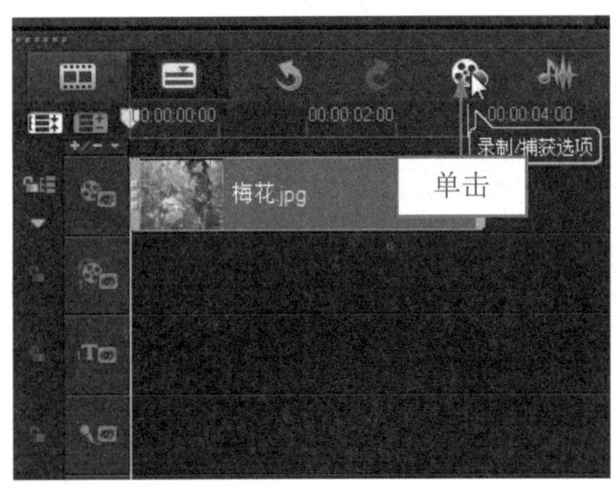

图 12-19 单击“录制 / 捕获选项”按钮

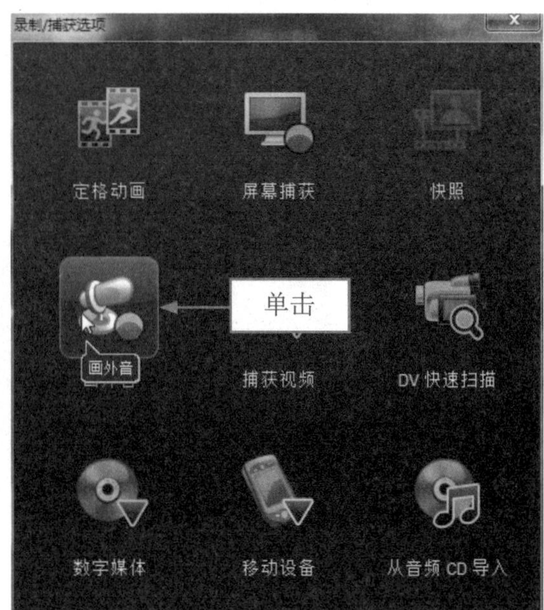

图 12-20 单击“画外音”按钮

专家指点

会声会影 X7 除了支持 mpa 格式的音频文件外，还支持 wma、wav 以及 mp3 等格式的音频文件。

步骤 05 弹出“调整音量”对话框，单击“开始”按钮，如图 12-21 所示。

步骤 06 执行上述操作后，开始录音，录制完成后，按【ESC】键停止录制，录制的音频即可添加至语音轨中，如图 12-22 所示。

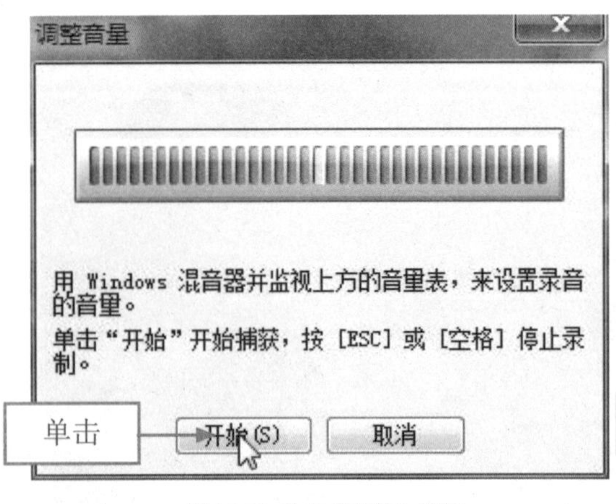

图 12-21 单击“开始”按钮

图 12-22 添加至语音轨中

12.2 修整音频素材

在会声会影 X7 中，将声音或背景音乐添加到音乐轨或语音轨中后，可以根据实际需要修整音频素材。本节主要介绍修整音频素材的各种操作方法。

12.2.1 使用区间修整音频

在会声会影 X7 中，使用区间进修整音频可以精确控制声音或音乐的播放时间。下面介绍使用区间修整音频的操作方法。

	素材文件	光盘 \ 素材 \ 第 12 章 \ 果实累累 .VSP
	效果文件	光盘 \ 效果 \ 第 12 章 \ 果实累累 .VSP
	视频文件	光盘 \ 视频 \ 第 12 章 \12.2.1 使用区间修整音频 .mp4

实战 果实累累

步骤 01 进入会声会影编辑器，打开一个项目文件，如图 12-23 所示。

步骤 02 在预览窗口中可以预览打开的项目效果，如图 12-24 所示。

步骤 03 选择语音轨中的音频素材，在“音乐和语音”选项面板中设置“区间”为 0:00:04:00，如图 12-25 所示。

步骤 04 执行上述操作后，即可使用区间修整音频，在时间轴面板中可以查看修整后的效果，如图 12-26 所示。

图 12-23 打开项目文件

图 12-24 预览项目效果

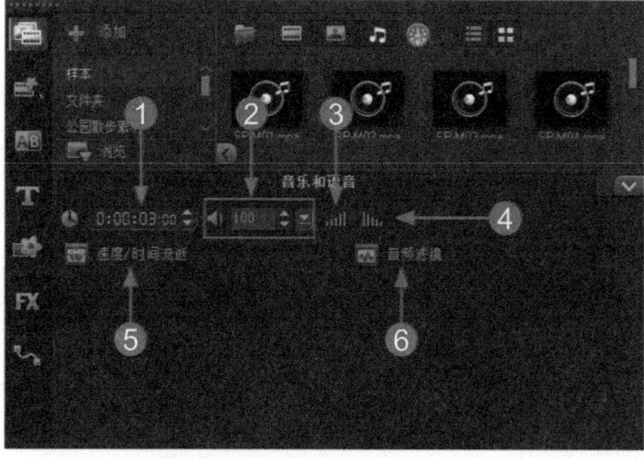

图 12-25 选择语音轨中的音频素材

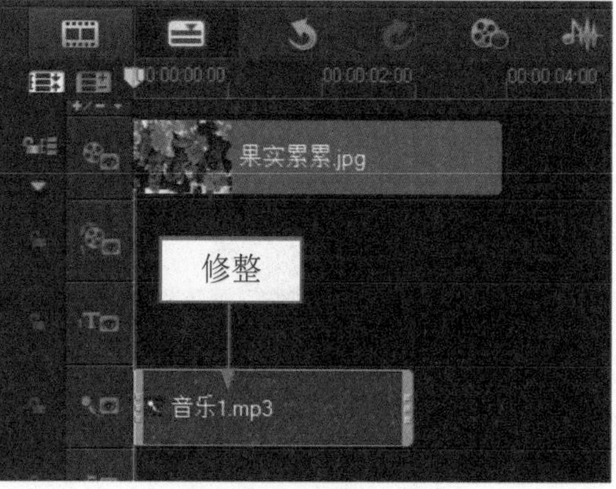

图 12-26 使用区间修整音频

❶ “区间”数值框：该数值框以“时 : 分 : 秒 : 帧”的形式显示音频的区间，在其中可以输入一个区间值来预设录音的长度或者调整音频素材的长度。单击其右侧的微调按钮，可以调整数值的大小，也可以单击时间码上的数字，待数字处于闪烁状态时，输入新的数字后按【Enter】键确认，即可改变原来音频素材的播放时间长度。

❷ “素材音量”数值框：该数值框中的 100 表示原始声音的大小。单击右侧的下三角按钮，在弹出的音量调节器中可以通过拖曳滑块以百分比的形式调整视频和音频素材的音量；也可以直接在数值框中输入一个数值，调整素材的音量。

❸ “淡入”按钮：单击该按钮，可以使所选择的声音素材的开始部分音量逐渐增大。

❹ “淡出”按钮：单击该按钮，可以使所选择的声音素材的结束部分音量逐渐减小。

❺ “速度 / 时间流逝”按钮：单击该按钮，弹出“速度 / 时间流逝”对话框，在弹出的对话框中，用户可以根据需要调整视频的播放速度。

❻ “音频滤镜”按钮：单击该按钮，弹出“音频滤镜”对话框，通过该对话框可以将音频滤镜应用到所选的音频素材上。

12.2.2 使用略图修整音频

在会声会影 X7 中，使用略图修整音频素材是最为快捷和直观的修整方式，但它的缺点是不容易精确地控制修剪的位置。下面介绍使用略图修整音频的操作方法。

	素材文件	光盘 \ 素材 \ 第 12 章 \ 田园风光 .VSP
	效果文件	光盘 \ 效果 \ 第 12 章 \ 田园风光 .VSP
	视频文件	光盘 \ 视频 \ 第 12 章 \12.2.2 使用略图修整音频 .mp4

实战 田园风光

步骤 01 进入会声会影编辑器，打开一个项目文件，如图 12-27 所示。

步骤 02 在语音轨中选择需要进行修整的音频素材，将鼠标移至右侧的黄色标记上，如图 12-28 所示。

图 12-27 打开项目文件

图 12-28 移至黄色标记上

步骤 03 单击鼠标左键，并向右拖曳，如图 12-29 所示。

步骤 04 至合适位置后，释放鼠标左键，即可使用略图修整音频，效果如图 12-30 所示。

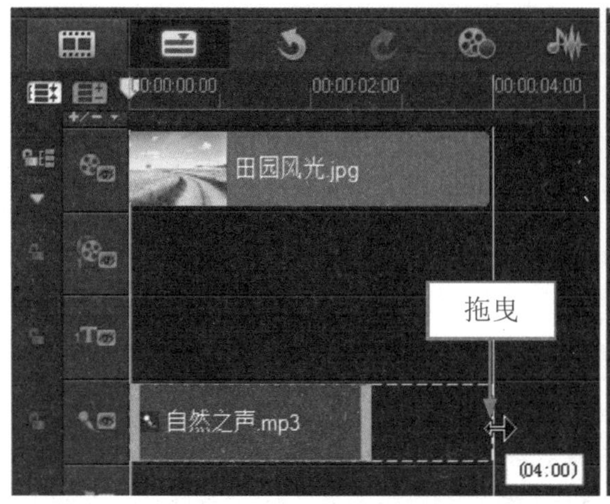

图 12-29 向右拖曳

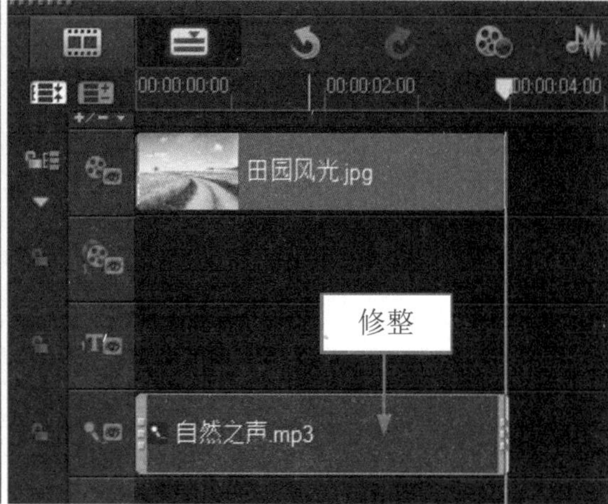

图 12-30 修整音频效果

12.3 音频音量的调节

在会声会影 X7 中，添加完音频素材后，用户可以根据需要对音频素材的音量进行调节。本节主要介绍调节音频音量的调节方法。

12.3.1 整段音频音量的调节

在会声会影 X7 中，调节整段素材音量，可分别选择时间轴中的各个轨，然后在选项面板中对相应的音量控制选项进行调节。下面介绍调节整段音频音量的调节操作方法。

	素材文件	光盘 \ 素材 \ 第 12 章 \ 心心相印 .VSP
	效果文件	光盘 \ 效果 \ 第 12 章 \ 心心相印 .VSP
	视频文件	光盘 \ 视频 \ 第 12 章 \12.3.1 整段音频音量的调节 .mp4

实战 心心相印

步骤 01 进入会声会影编辑器，打开一个项目文件，如图 12-31 所示。

步骤 02 在预览窗口中预览打开的项目效果，如图 12-32 所示。

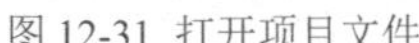
图 12-31 打开项目文件

图 12-32 预览项目效果

专家指点

在会声会影 X7 中，音量素材本身的音量大小为 100，如果用户需要还原素材本身的音量大小，此时可以在“素材音量”右侧的数值框中输入 100，即可还原素材音量。

设置素材音量时，当用户设置为 100 以上的音量时，表示将整段音频音量放大；当用户设置为 100 以下的音量时，表示将整段音频音量调小。

步骤 03 在时间轴面板中选择语音轨中的音频文件，如图 12-33 所示。

步骤 04 展开“音乐和语音”选项面板，单击“素材音量”右侧的下三角按钮，在弹出的面板中拖曳滑块至 225 的位置，如图 12-34 所示，即可调整素材音量，单击“播放”按钮，试听音频效果。

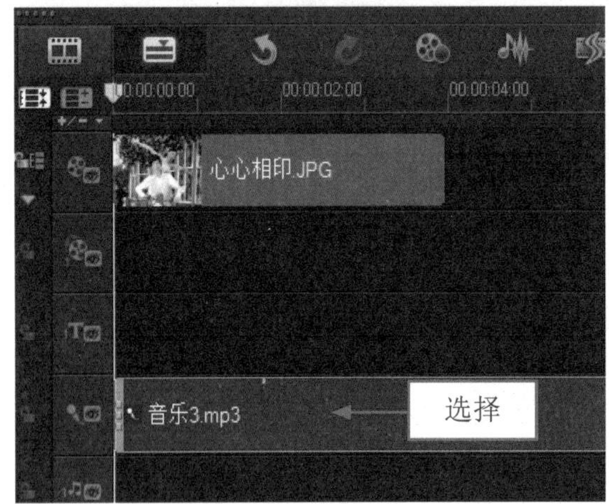

图 12-33 选择音频文件

图 12-34 拖曳滑块位置

12.3.2 音量调节线调节音量

在会声会影 X7 中，不仅可以通过选项面板调整音频的音量，还可以通过调节线调整音量。下面介绍使用音量调节线调节音量的操作方法。

素材文件	光盘 \ 素材 \ 第 12 章 \ 花样女孩 .VSP
效果文件	光盘 \ 效果 \ 第 12 章 \ 花样女孩 .VSP
视频文件	光盘 \ 视频 \ 第 12 章 \12.3.2 音量调节线调节音量 .mp4

实战 花样女孩

步骤 01 进入会声会影编辑器，打开一个项目文件，如图 12-35 所示。

步骤 02 在语音轨中，选择音频文件，单击“混音器”按钮，如图 12-36 所示。

步骤 03 切换至混音器视图，将鼠标指针移至音频文件中间的音量调节线上，此时鼠标指针呈向上箭头形状，如图 12-37 所示。

步骤 04 单击鼠标左键并向上拖曳，至合适位置后，释放鼠标左键，添加关键帧点，如图 12-38 所示。

图 12-35 打开项目文件

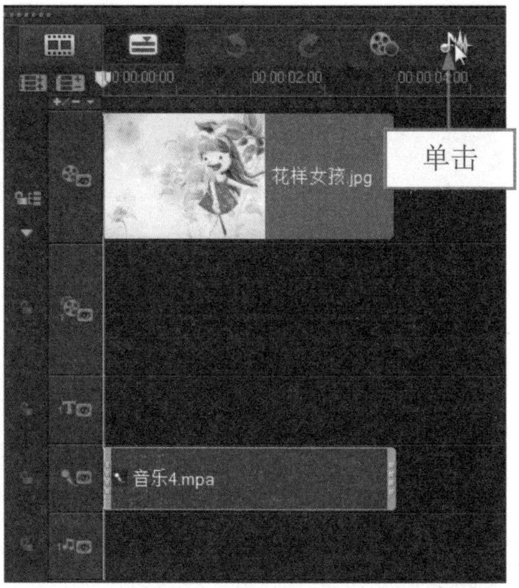

图 12-36 单击“混音器”按钮

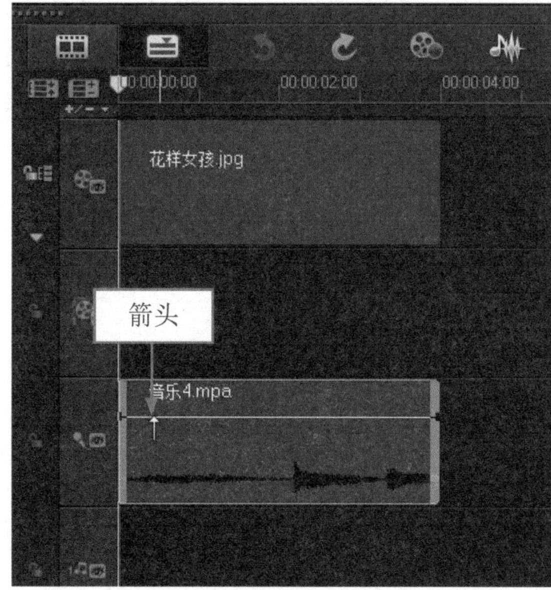

图 12-37 呈向上箭头形状

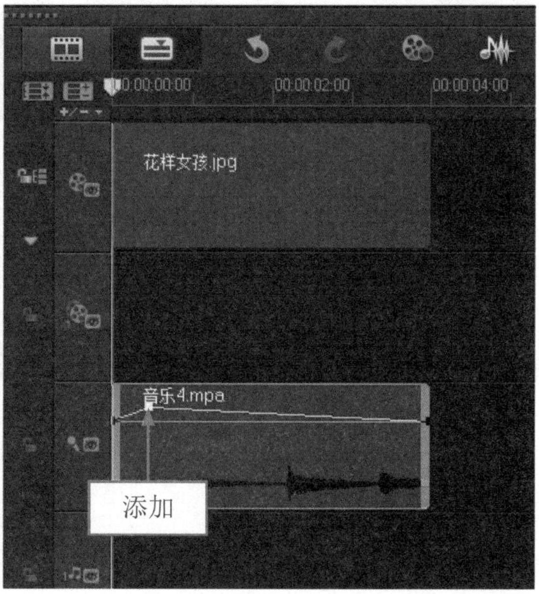

图 12-38 添加关键帧点

步骤 05 将鼠标移至另一个位置，单击鼠标左键并向下拖曳，添加第二个关键帧点，如图 12-39 所示。

步骤 06 用与上同样的方法，添加另外 2 个关键帧点，如图 12-40 所示，即可使用音量调节线调节音量。

专家指点

在会声会影 X7 中，音量调节线是轨道中央的水平线条，仅在混音器视图中可以看到，在这条线上可以添加关键帧，关键帧点的高低决定着该处音频的音量大小。

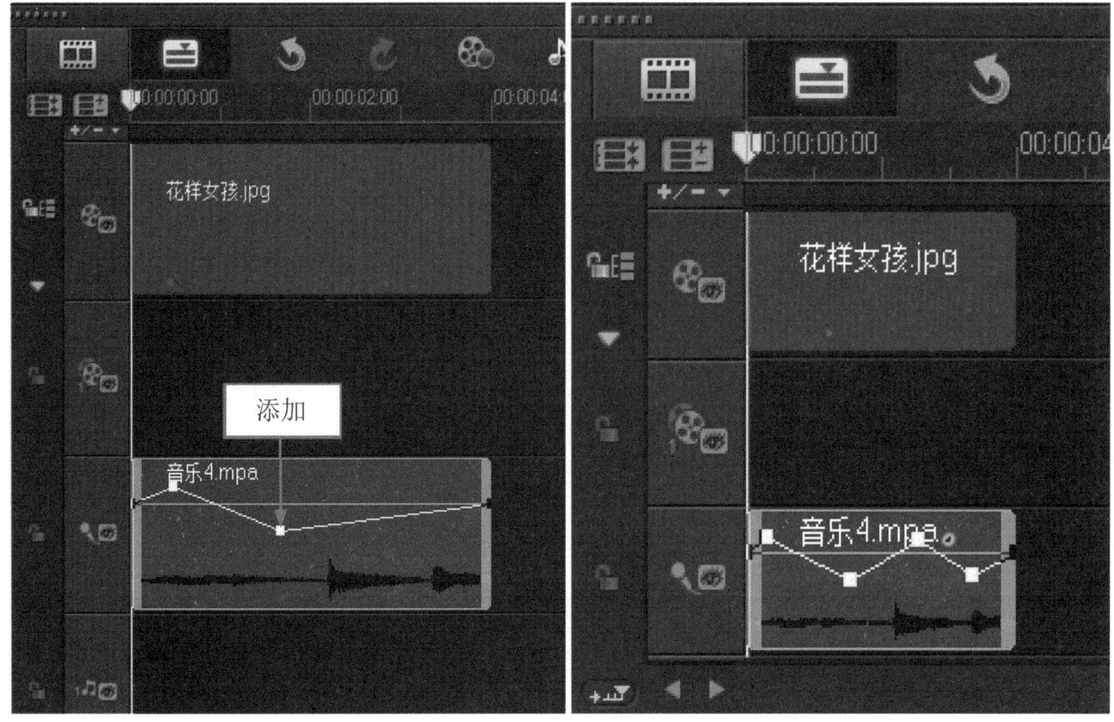

图 12-39 添加第二个关键帧点　　图 12-40 添加其他关键帧点

12.3.3 调整音频的回放速度

在会声会影 X7 中，用户可以设置音乐的速度和时间流逝，使它能够与影片更好地相配合。下面介绍调整音频的回放速度的操作方法。

	素材文件	光盘 \ 素材 \ 第 12 章 \ 蝴蝶飞舞 .VSP
	效果文件	光盘 \ 效果 \ 第 12 章 \ 蝴蝶飞舞 .VSP
	视频文件	光盘 \ 视频 \ 第 12 章 \12.3.3 调整音频的回放速度 .mp4

实战 蝴蝶飞舞

步骤 01 进入会声会影编辑器，打开一个项目文件，如图 12-41 所示。

步骤 02 在语音轨中选择音频文件，在“音乐和语音”选项面板中单击“速度 / 时间流逝”按钮，如图 12-42 所示。

步骤 03 弹出“速度 / 时间流逝”对话框，在其中设置“新素材区间”为 0:0:5:0，如图 12-43 所示。

步骤 04 单击“确定”按钮，即可调整音频的回放速度，如图 12-44 所示。

专家指点

在“速度 / 时间流逝”对话框中，还可以手动拖曳“速度”下方的滑块至合适位置，释放鼠标左键，也可以调整音频素材的速度 / 时间流逝。

图 12-41 打开项目文件

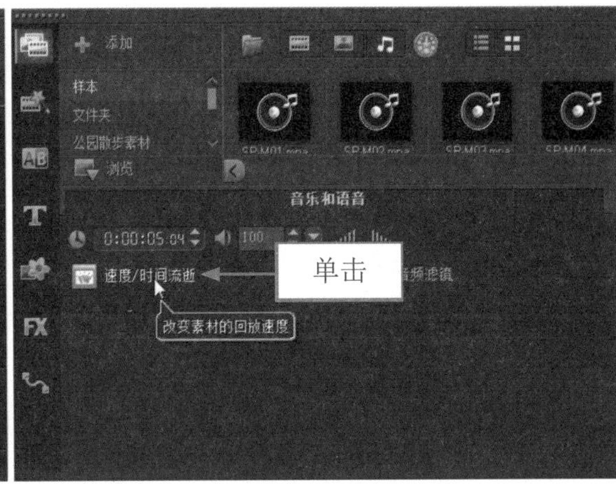

图 12-42 单击“速度 / 时间流逝”按钮

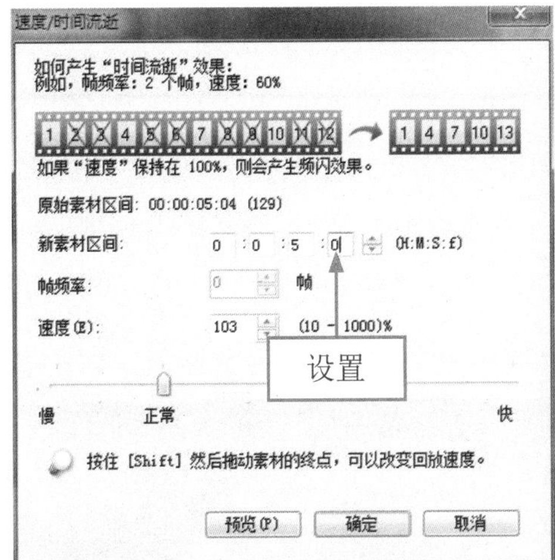

图 12-43 设置参数值

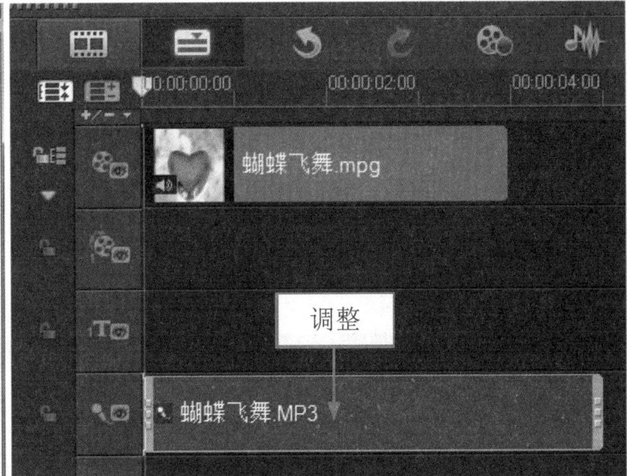

图 12-44 调整音频的回放速度

步骤 05 单击导览面板中的“播放”按钮，预览视频效果的同时并试听音频效果，如图 12-45 所示。

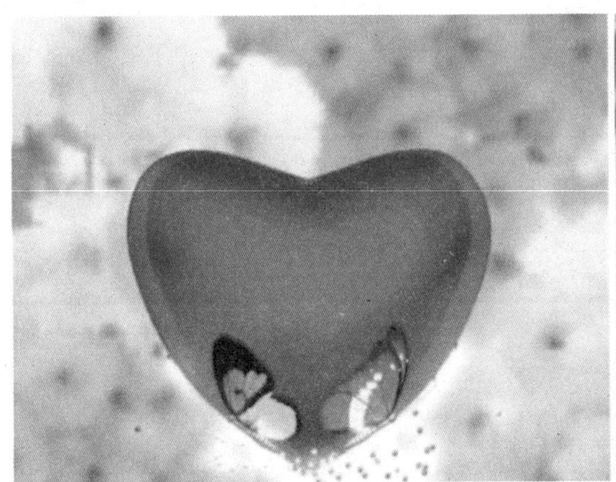
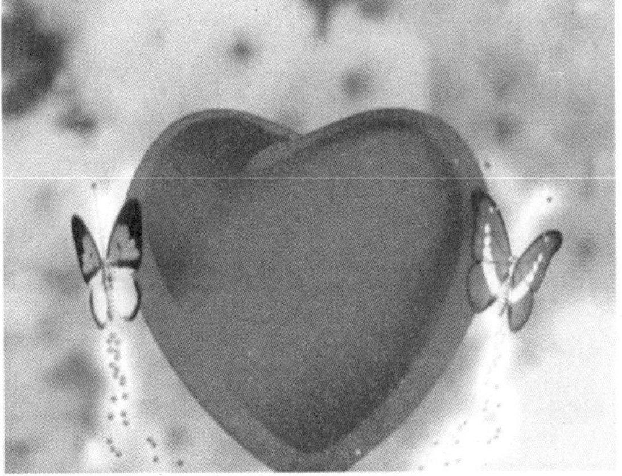

图 12-45 预览视频效果

12.4 混音器使用技巧

在会声会影 X7 中，混音器可以动态调整音量调节线，它允许在播放影片项目的同时，实时调整某个轨道素材任意一点的音量。如果用户的乐感很好，借助混音器可以像专业混音师一样混合影片的精彩声响效果。本节主要介绍混音器的使用技巧。

12.4.1 选择要调节的音轨

在会声会影 X7 中使用混音器调节音量前，首先需要选择要调节音量的音轨。下面介绍选择要调节的音轨的操作方法。

素材文件	光盘 \ 素材 \ 第 12 章 \ 迷彩菊 .VSP
效果文件	无
视频文件	光盘 \ 视频 \ 第 12 章 \12.4.1 选择要调节的音轨 .mp4

实战 迷彩菊

步骤 01 进入会声会影编辑器，打开一个项目文件，如图 12-46 所示。

步骤 02 在预览窗口中可以预览打开的项目效果，如图 12-47 所示。

步骤 03 单击时间轴面板上方的“混音器”按钮，切换至混音器视图，在“环绕混音”选项面板中，单击“语音轨”按钮，如图 12-48 所示。

步骤 04 执行上述操作后，即可选择要调节的音频轨道，如图 12-49 所示。

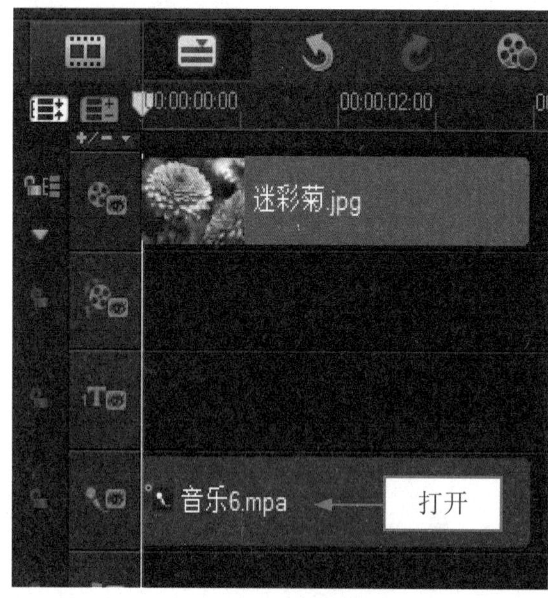

图 12-46 打开项目文件

图 12-47 预览项目效果

专家指点

在会声会影 X7 中的“环绕混音”选项面板中，单击“音乐轨”按钮，可选择音频轨。

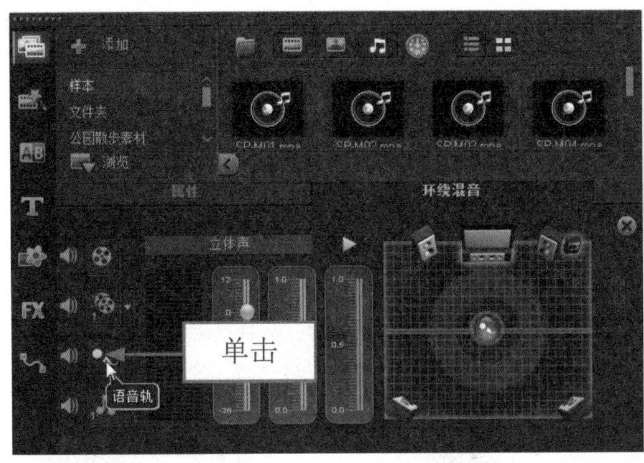

图 12-48 单击“语音轨”按钮

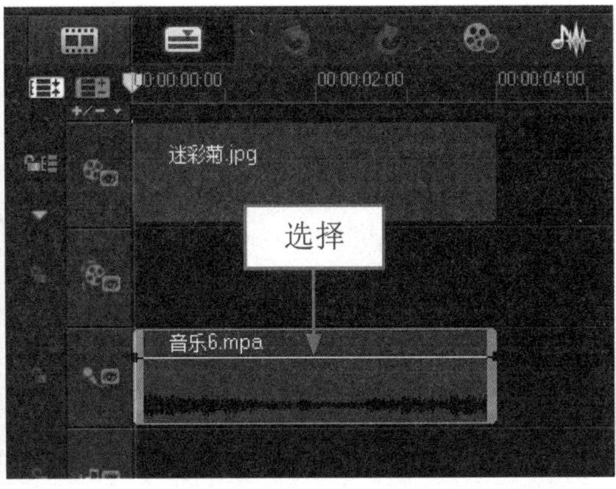

图 12-49 选择音频轨道

12.4.2 播放并实时调节音量

在会声会影 X7 的混音器视图中，播放音频文件时，用户可以对某个轨道上的音频进行音量的调整。下面介绍播放并实时调节音量的操作方法。

	素材文件	光盘 \ 素材 \ 第 12 章 \ 创意字母 .VSP
	效果文件	光盘 \ 效果 \ 第 12 章 \ 创意字母 .VSP
	视频文件	光盘 \ 视频 \ 第 12 章 \12.4.2 播放并实时调节音量 .mp4

实战 创意字母

步骤 01 进入会声会影编辑器，打开一个项目文件，如图 12-50 所示。

步骤 02 在预览窗口中可以预览打开的项目效果，如图 12-51 所示。

图 12-50 打开项目文件

图 12-51 预览项目效果

专家指点

混音器是一种“动态”调整音量调节线的方式，它允许在播放影片项目的同时，实时调整音乐轨道素材任意一点的音量。

步骤 03 选择语音轨中的音频文件，切换至混音器视图，单击“环绕混音”选项面板中的“播放”按钮，如图 12-52 所示。

步骤 04 开始试听选择轨道的音频效果，并且在混音器中可以看到音量起伏的变化，如图 12-53 所示。

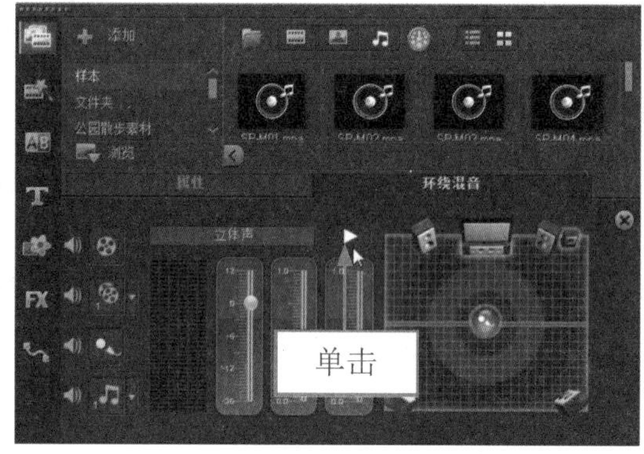

图 12-52 单击“播放”按钮

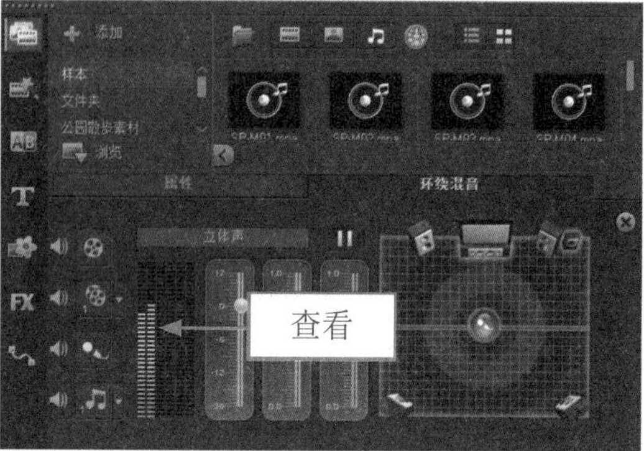

图 12-53 查看音量起伏的变化

步骤 05 单击“环绕混音”选项面板的“音量”按钮，并向下拖曳鼠标至 -6.0 的位置，如图 12-54 所示。

步骤 06 执行上述操作后，即可播放并实时调节音量，在语音轨中可查看音频调节效果，如图 12-55 所示。

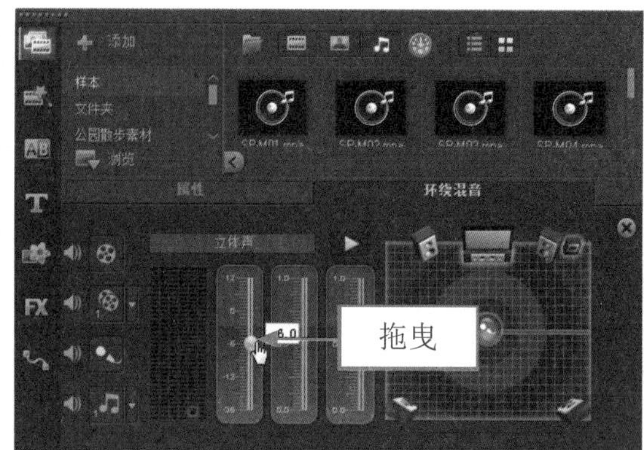

图 12-54 向下拖曳鼠标

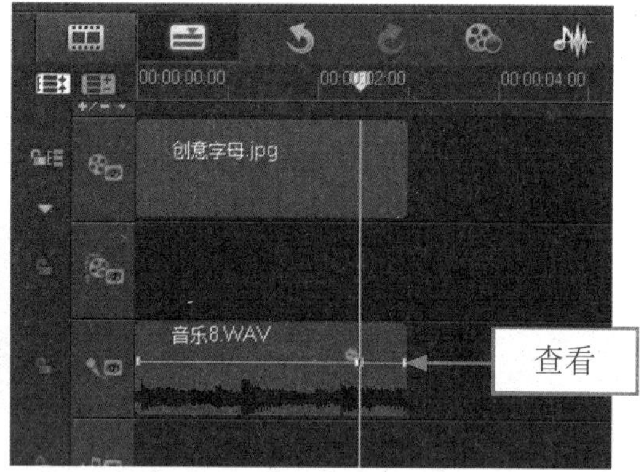

图 12-55 查看音频调节效果

12.4.3 将音量调节线恢复原始状态

在会声会影 X7 中，使用混音器调节音乐轨道素材的音量后，如果用户不满意其效果，可以将其恢复至原始状态。下面介绍设将音量调节线恢复原始状态的操作方法。

	素材文件	光盘 \ 素材 \ 第 12 章 \ 草原骏马 .VSP
	效果文件	光盘 \ 效果 \ 第 12 章 \ 草原骏马 .VSP
	视频文件	光盘 \ 视频 \ 第 12 章 \12.4.3 将音量调节线恢复原始状态 .mp4

实战 草原骏马

步骤 01 进入会声会影编辑器，打开一个项目文件，如图 12-56 所示。

步骤 02 在预览窗口中预览打开的项目效果，如图 12-57 所示

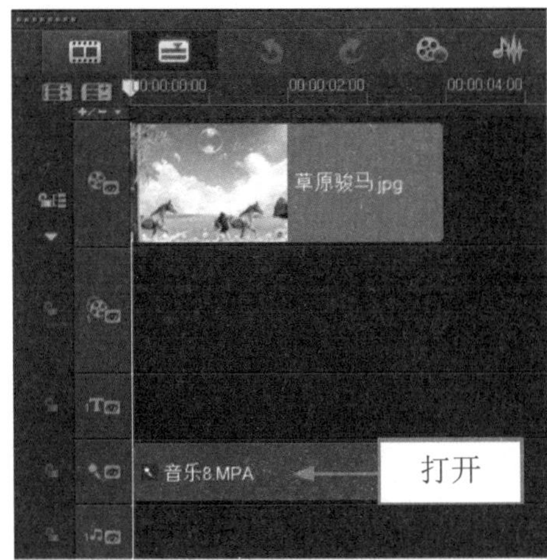

图 12-56 打开项目文件

图 12-57 预览项目效果

步骤 03 切换至混音器视图，在语音轨中选择音频文件，单击鼠标右键，在弹出的快捷菜单中选择“重置音量”选项，如图 12-58 所示。

步骤 04 执行上述操作后，即可将音量调节线恢复到原始状态，如图 12-59 所示。

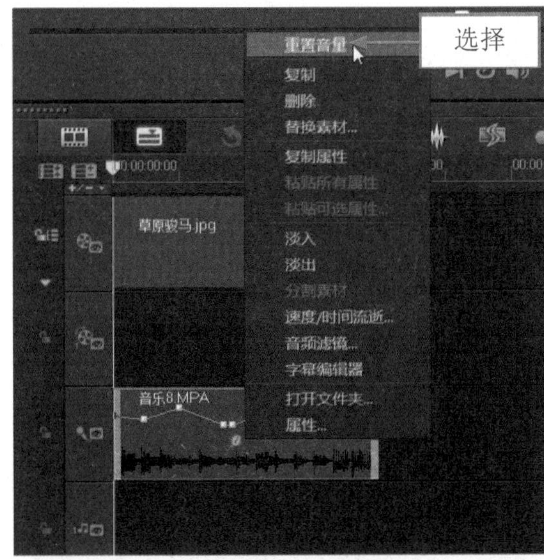

图 12-58 选择“重置音量”选项

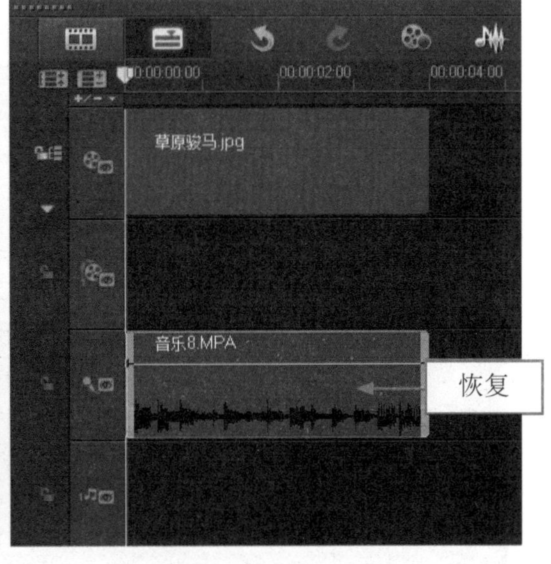

图 12-59 恢复到原始状态

专家指点

在语音轨的音频素材上，选择添加的关键帧，单击鼠标左键并向外拖曳，也可以快速删除关键帧音量，将音量调节线恢复到原始状态。

12.4.4 调节左右声道大小

在会声会影 X7 中，用户还可以根据需要调整音频左右声道的大小，调整音量后播放试听会

有所变化。下面介绍调节左右声道大小的操作方法。

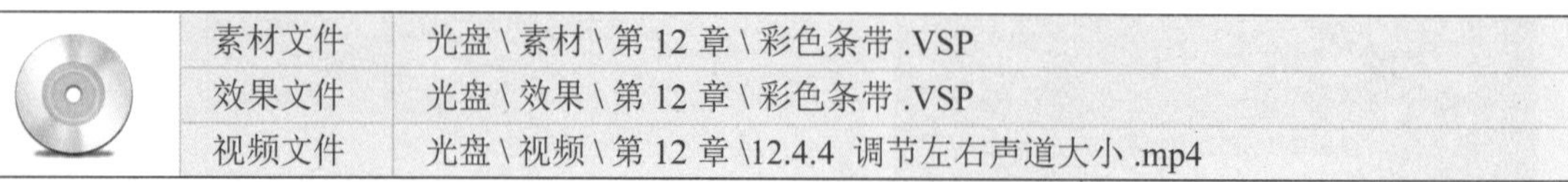

	素材文件	光盘 \ 素材 \ 第 12 章 \ 彩色条带 .VSP
	效果文件	光盘 \ 效果 \ 第 12 章 \ 彩色条带 .VSP
	视频文件	光盘 \ 视频 \ 第 12 章 \12.4.4 调节左右声道大小 .mp4

实战 彩色条带

步骤 01 进入会声会影编辑器，打开一个项目文件，如图 12-60 所示。

步骤 02 在预览窗口中可以预览打开的项目效果，如图 12-61 所示。

步骤 03 进入混音器视图，选择音频素材，在“环绕混音”选项面板中单击“播放”按钮，然后单击右侧窗口中的滑块并向右拖曳，如图 12-62 所示。

步骤 04 执行上述操作后，即可调整右声道的音量大小，在时间轴面板中可查看调整后的效果，如图 12-63 所示。

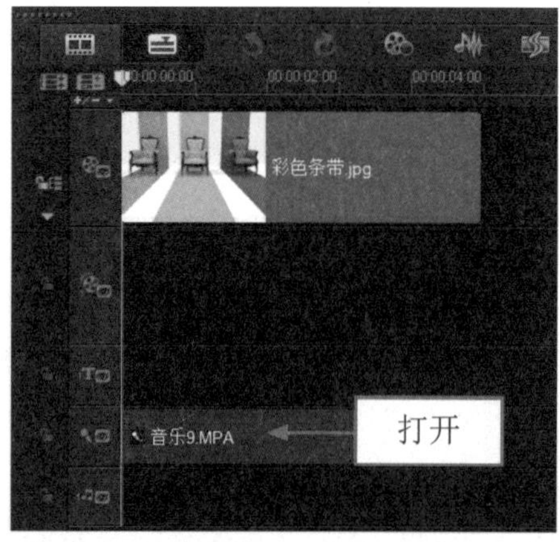

图 12-60 打开项目文件

图 12-61 预览项目效果

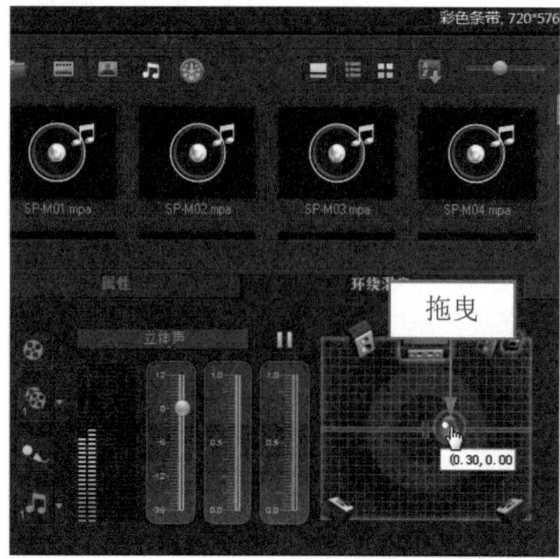

图 12-62 向右拖曳

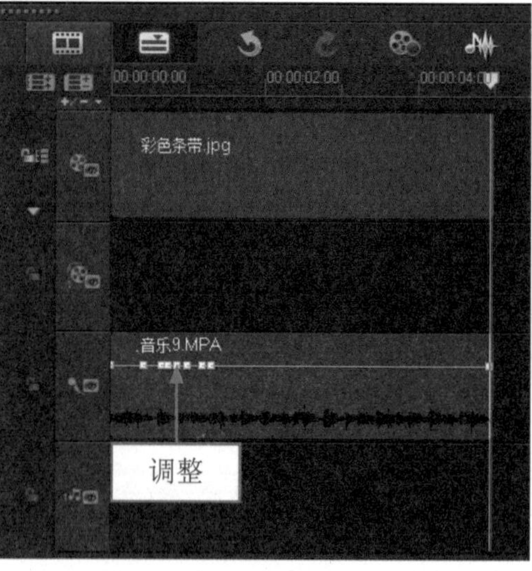

图 12-63 调整右声道音量

专家指点

在会声会影 X7 中的“环绕混音”选项面板中，调整完音频文件的右声道后，可以重置音频文件，再调整其左声道。

在立体声中左声道和右声道能够分别播出相同或不同的声音，产生从左到右或从右到左的立体声音变化效果。在卡拉 OK 中左声道和右声道分别是主音乐声道，和主人声声道，关闭其中任何一个声道，你将听到以音乐为主或以人声为主的声音。

在单声道中左声道和右声道没有什么区别。在 2.1、4.1、6.1 等声场模式中左声道和右声道还可以分前置左、右声道，后置左、右声道，环绕左、右声道，以及中置和低音炮等。

步骤 05 在“环绕混音”选项面板中单击“播放”按钮，然后单击右侧窗口中的滑块并向左拖曳，如图 12-64 所示。

步骤 06 执行上述操作后，即可调整左声道的音量大小，在时间轴面板中可查看调整后的效果，如图 12-65 所示。

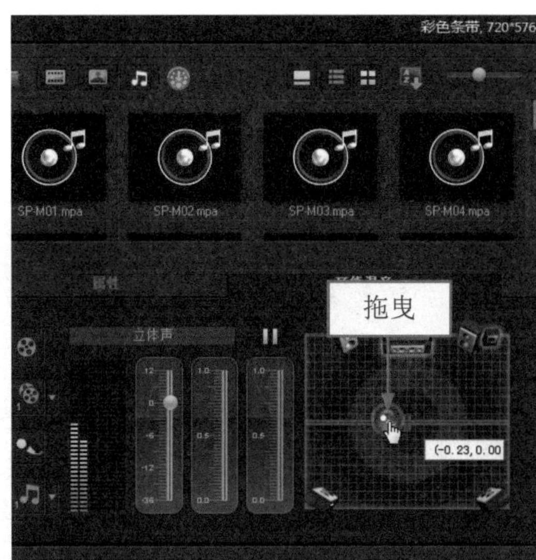

图 12-64 向左拖曳

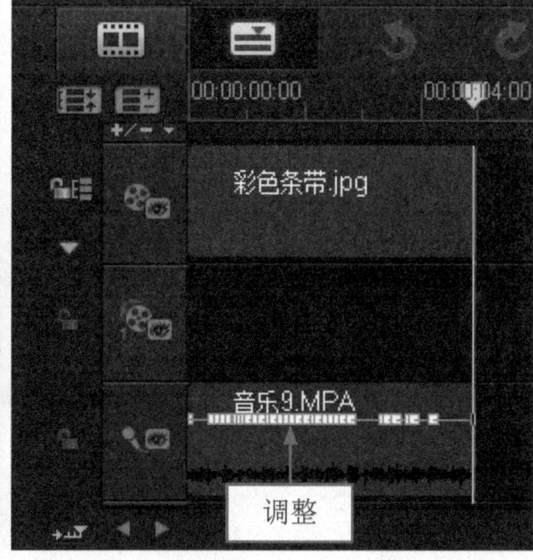

图 12-65 调整左声道音量

12.4.5 设置轨道音频静音

在会声会影 X7 中进行视频编辑时，有时为了在混音时听清楚某个轨道素材的声音，可以将其他轨道的素材声音调为静音模式。下面介绍设置轨道音频静音的操作方法。

	素材文件	光盘 \ 素材 \ 第 12 章 \ 字母音乐 .VSP
	效果文件	无
	视频文件	光盘 \ 视频 \ 第 12 章 \12.4.5 设置轨道音频静音 .mp4

实战 字母音乐

步骤 01 进入会声会影编辑器，打开一个项目文件，如图 12-66 所示。

步骤 02 在预览窗口中可以预览打开的项目效果，如图 12-67 所示。

图 12-66 打开项目文件

图 12-67 预览项目效果

步骤 03 在语音轨中选择音频文件，单击“混音器”按钮，进入混音器视图，如图 12-68 所示。

步骤 04 在“环绕混音”选项面板中，单击“语音轨”按钮左侧的声音图标，如图 12-69 所示，执行上述操作后，即可设置轨道静音。

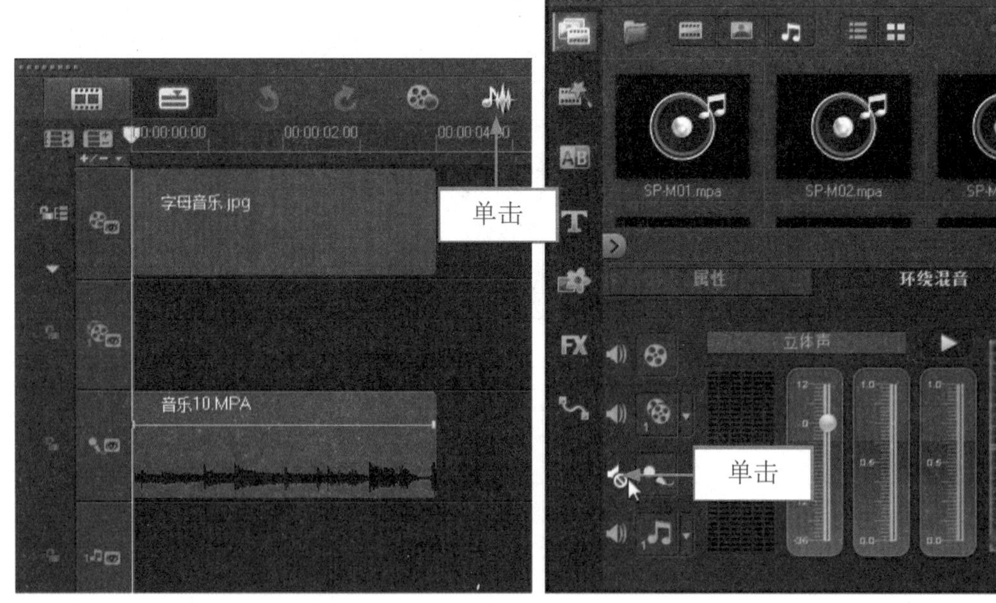

图 12-68 进入混音器视图

图 12-69 单击声音图标

专家指点

使某个轨道素材静音并不表示混音时不能调节它的音量调节线，如果该轨道图标处于选择状态，虽然该轨的声音听不见，但仍然可以通过混音器滑块调节它的音量。

12.5 音频效果案例实战精通

在会声会影 X7 中，可以将音频滤镜添加到声音或音乐轨的音频素材上，如淡入淡出、长回音、混响以及放大等。本节主要介绍音频效果案例的制作方法。

12.5.1 淡入淡出效果

在会声会影 X7 中，使用淡入淡出的音频效果，可以避免音乐的突然出现和突然消失，使音乐能够有一种自然的过渡效果。

下面介绍制作淡入淡出效果的操作方法。

	素材文件	光盘 \ 素材 \ 第 12 章 \ 甜点 VSP
	效果文件	光盘 \ 效果 \ 第 12 章甜点 .VSP
	视频文件	光盘 \ 视频 \ 第 12 章 \12.5.1　淡入淡出效果 .mp4

实战 甜点

步骤 01 进入会声会影编辑器，打开一个项目文件，如图 12-70 所示。

步骤 02 在语音轨中选择音频文件，切换至混音器视图，如图 12-71 所示。

图 12-70　打开项目文件

图 12-71　切换至混音器视图

步骤 03 切换至“属性”选项面板，在其中分别单击“淡入”按钮和“淡出”按钮，如图 12-72 所示。

步骤 04 执行上述操作后，即可添加淡入淡出效果，并在语音轨中将显示添加的关键帧，如图 12-73 所示。

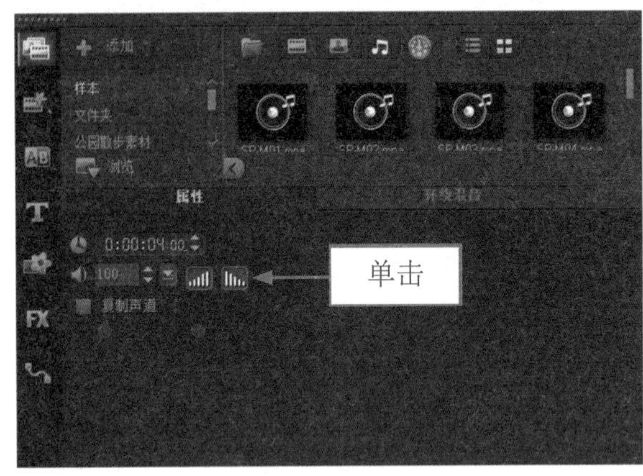

图 12-72 单击相应按钮

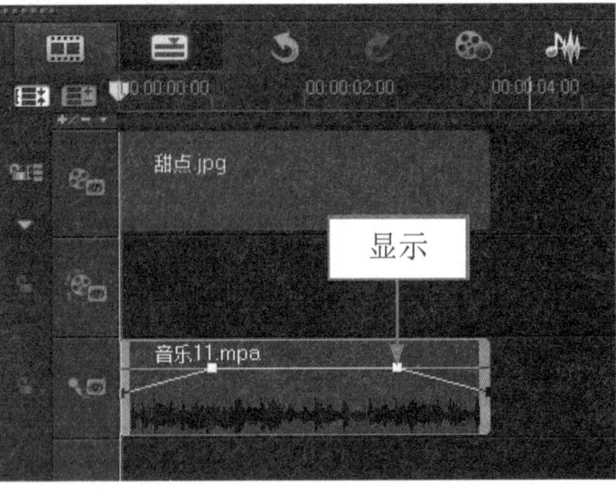

图 12-73 显示添加的关键帧

12.5.2 “放大”滤镜

在会声会影 X7 中，使用“放大”音频滤镜可以对音频文件的声音进行放大处理，该滤镜样式适合放在各种音频音量较小的素材中。下面介绍应用“放大”滤镜的操作方法。

	素材文件	光盘 \ 素材 \ 第 12 章 \ 水果 .VSP
	效果文件	光盘 \ 效果 \ 第 12 章 \ 水果 .VSP
	视频文件	光盘 \ 视频 \ 第 12 章 \12.5.2 “放大”滤镜 .mp4

实战 水果

步骤 01 进入会声会影编辑器，打开一个项目文件，如图 12-74 所示。

步骤 02 在预览窗口中预览打开的项目效果，如图 12-75 所示。

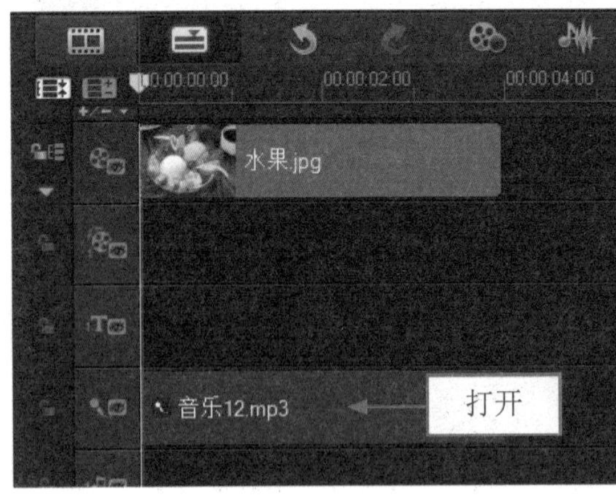

图 12-74 打开项目文件

图 12-75 预览项目效果

步骤 03 在语音轨中，使用鼠标左键双击需要添加音频滤镜的素材，打开“音乐和语音”选项面板，单击“音频滤镜”按钮，如图 12-76 所示。

步骤 04 弹出“音频滤镜”对话框，在“可用滤镜”列表框中选择“放大”选项，如图 12-77 所示。

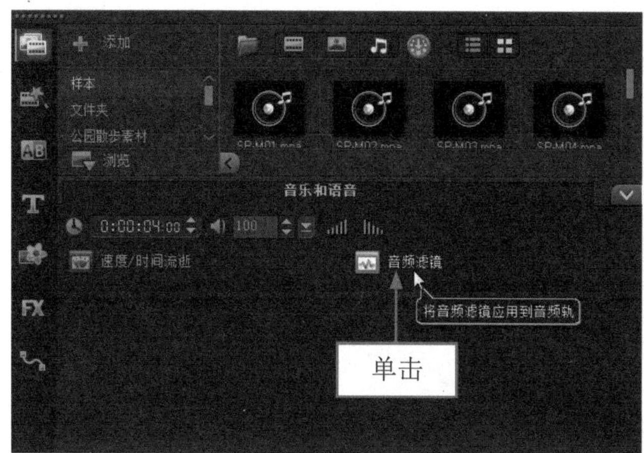

图 12-76 单击“音频滤镜”按钮

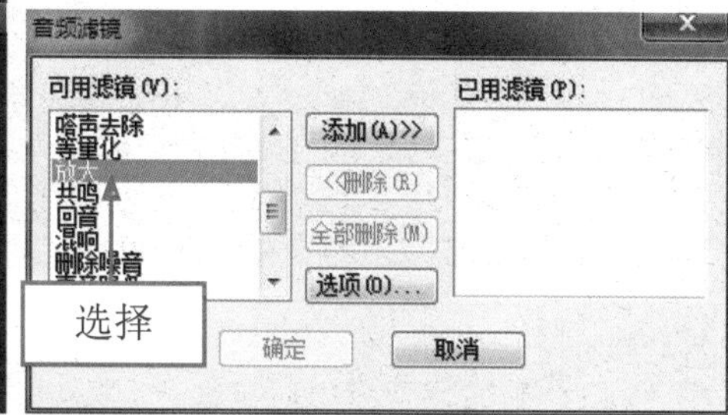

图 12-77 选择“放大”选项

步骤 05 单击“添加”按钮，选择的滤镜即可显示在“已用滤镜”列表框中，如图 12-78 所示。

步骤 06 单击“确定”和“播放”按钮，试听音频滤镜特效，查看视频画面效果，如图 12-79 所示。

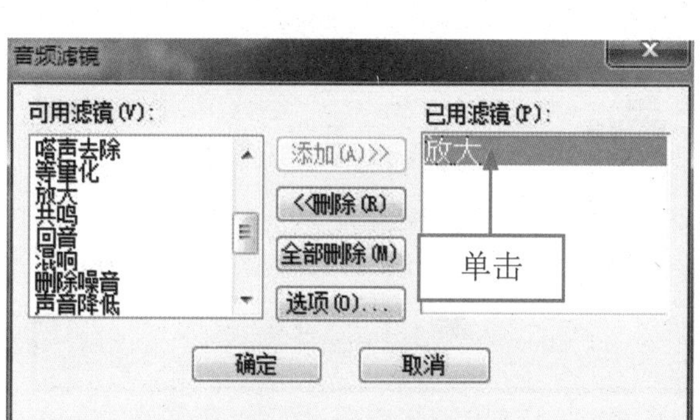

图 12-78 显示在“已用滤镜”列表框中

图 12-79 查看视频画面效果

12.5.3 “长回音”滤镜

在会声会影 X7 中，使用“长回音”音频滤镜样式可以为音频文件添加回音效果，该滤镜样式适合放在比较梦幻的视频素材当中。下面介绍应用“长回音”滤镜的操作方法。

	素材文件	光盘 \ 素材 \ 第 12 章 \ 城市风貌 .VSP
	效果文件	光盘 \ 效果 \ 第 12 章 \ 城市风貌 .VSP
	视频文件	光盘 \ 视频 \ 第 12 章 \12.5.3 “长回音”滤镜 .mp4

实战 城市风貌

步骤 01 进入会声会影编辑器，单击“文件”|“打开项目”命令，打开一个项目文件，如图 12-80 所示。

步骤 02 在语音轨中，使用鼠标左键双击需要添加音频滤镜的素材，如图 12-81 所示。

图 12-80 打开项目文件

图 12-81 双击需要添加音频滤镜的素材

步骤 03 打开“音乐和语音”选项面板，单击“音频滤镜”按钮，弹出“音频滤镜”对话框，在“可用滤镜”列表框中选择“长回音”选项，如图 12-82 所示。

步骤 04 单击“添加”按钮，选择的滤镜即可显示在“已用滤镜”列表框中，如图 12-83 所示。

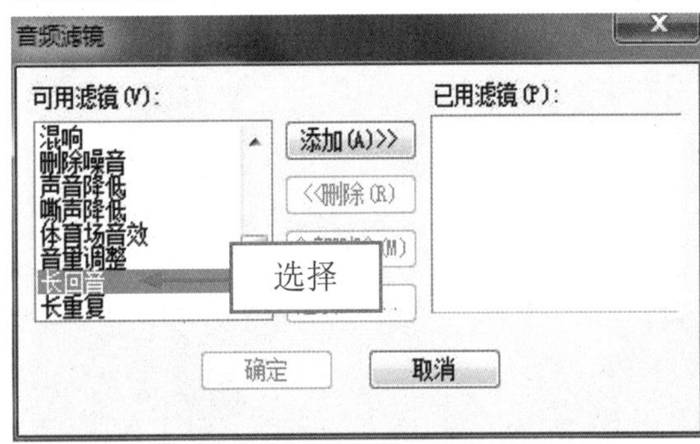

图 12-82 选择“长回音”选项

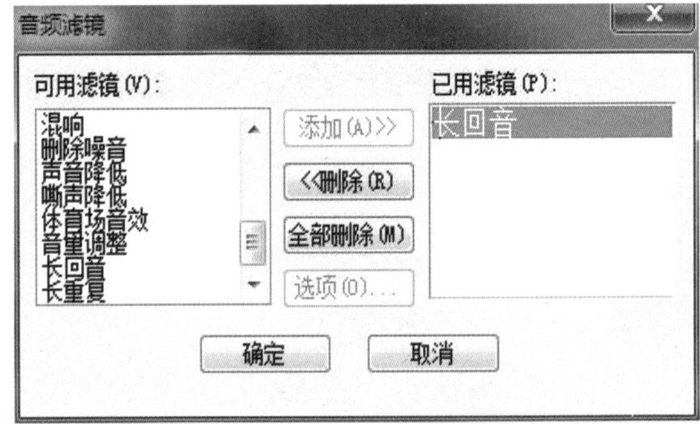

图 12-83 显示在“已用滤镜”列表框中

步骤 05 单击“确定”和“播放”按钮，试听音频滤镜特效，查看视频画面效果，如图 12-84 所示。

图 12-84 查看视频画面效果

12.5.4 “混响”滤镜

在会声会影 X7 中，使用“混响”音频滤镜样式可以为音频文件添加混响效果，该滤镜样式适合放在酒吧或 KTV 的音效中。下面介绍应用“混响”滤镜的操作方法。

素材文件	光盘 \ 素材 \ 第 12 章 \ 回忆 .VSP
效果文件	光盘 \ 效果 \ 第 12 章 \ 回忆 .VSP
视频文件	光盘 \ 视频 \ 第 12 章 \12.5.4 “混响”滤镜 .mp4

实战 回忆

步骤 01 进入会声会影编辑器，打开一个项目文件，如图 12-85 所示。

步骤 02 在预览窗口中预览打开的项目效果，如图 12-86 所示。

图 12-85 打开项目文件

图 12-86 预览项目效果

步骤 03 选择语音轨中的音频素材，在“音乐和语音”选项面板中单击“音频滤镜”按钮，弹出“音频滤镜”对话框，在“可用滤镜”下拉列表框中，选择“混响”选项，单击“添加”按钮，如图 12-87 所示。

步骤 04 执行上述操作后，选择的音频滤镜样式即可显示在“已用滤镜”列表框，如图 12-88 所示，单击“确定”按钮，即可将选择的滤镜样式添加到语音轨的音频文件中，单击导览面板中的“播放”按钮，试听“混响”音频滤镜效果。

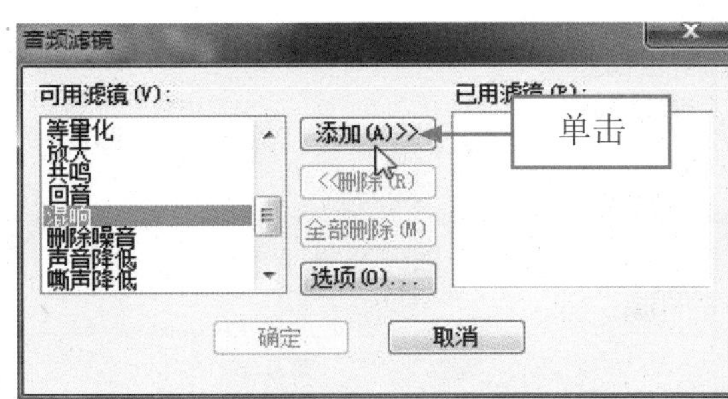

图 12-87 单击“添加”按钮

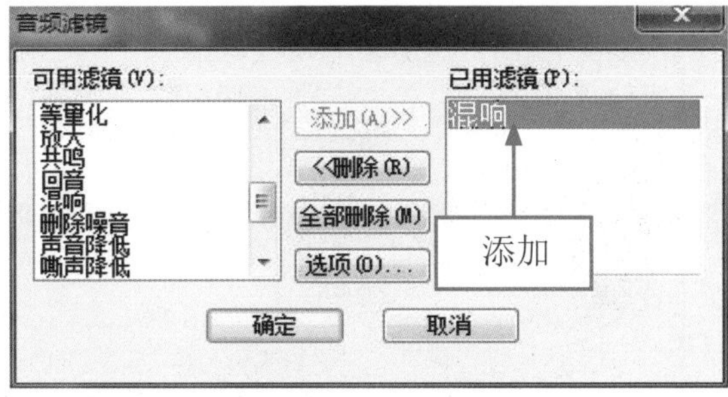

图 12-88 添加滤镜效果

12.5.5 “声音降低”滤镜

在会声会影 X7 中，用户可以根据需要为音频素材文件添加“声音降低”滤镜效果，该滤镜样式可以制作声音降低的特效。下面介绍应用“声音降低”滤镜的操作方法。

	素材文件	光盘 \ 素材 \ 第 12 章 \ 非常喜庆 .VSP
	效果文件	光盘 \ 效果 \ 第 12 章 \ 非常喜庆 .VSP
	视频文件	光盘 \ 视频 \ 第 12 章 \12.5.5 “声音降低”滤镜 .mp4

实战 非常喜庆

步骤 01 进入会声会影编辑器，打开一个项目文件，如图 12-89 所示。

步骤 02 单击导览面板中的“播放”按钮，在预览窗口中预览打开的项目效果，如图 12-90 所示。

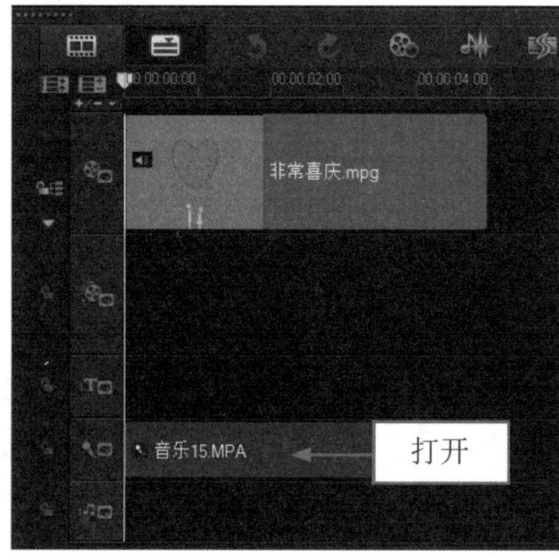

图 12-89 打开项目文件

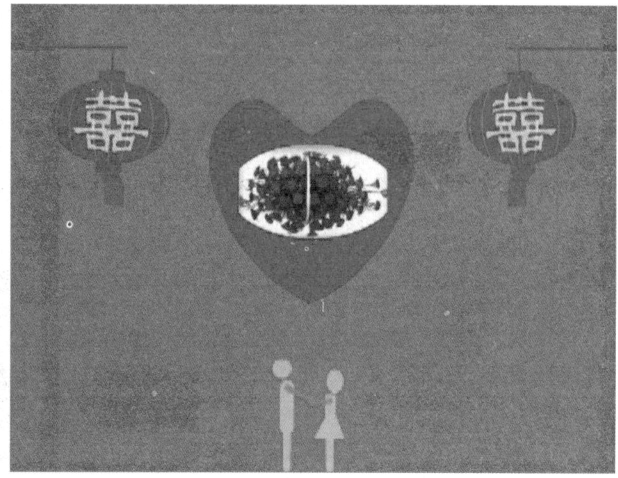

图 12-90 预览项目效果

步骤 03 选择语音轨中的音频素材，在“音乐和语音”选项面板中单击“音频滤镜”按钮，弹出“音频滤镜”对话框，在“可用滤镜”下拉列表框中，选择“声音降低”选项，单击“添加”按钮，如图 12-91 所示。

步骤 04 执行上述操作后，选择的音频滤镜样式即可显示在“已用滤镜”列表框，如图 12-92 所示，单击“确定”按钮，即可将选择的滤镜样式添加到语音轨的音频文件中，单击导览面板中的“播放”按钮，试听“声音降低”音频滤镜效果。

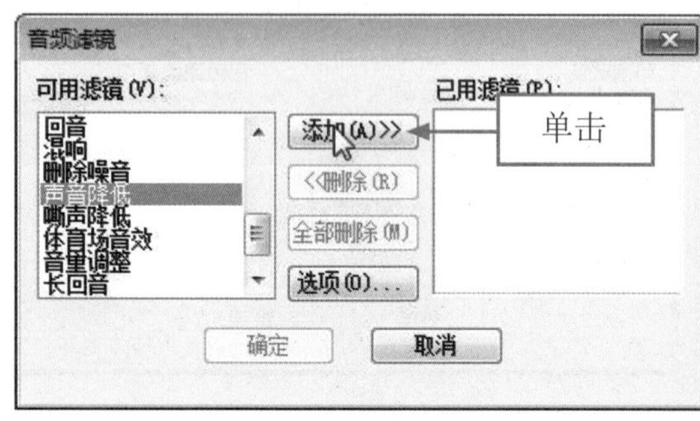

图 12-91 单击“添加”按钮

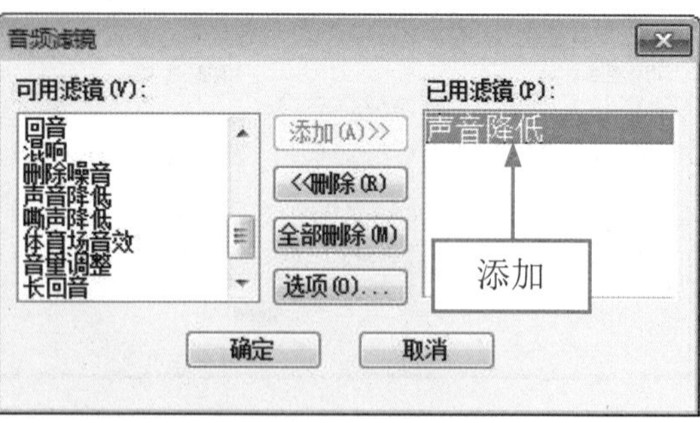

图 12-92 添加滤镜效果

12.5.6 “删除噪音”滤镜

在会声会影 X7 中，用户可以根据需要为音频素材添加“删除噪音”滤镜效果，该滤镜功能可以去除音频中的噪音。下面介绍应用“删除噪音”滤镜的操作方法。

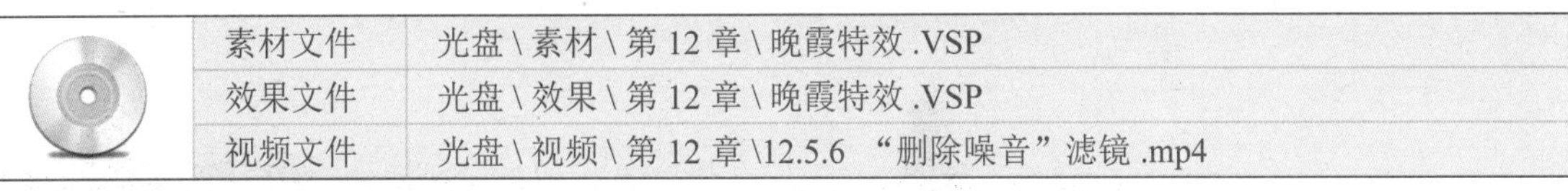

素材文件	光盘 \ 素材 \ 第 12 章 \ 晚霞特效 .VSP
效果文件	光盘 \ 效果 \ 第 12 章 \ 晚霞特效 .VSP
视频文件	光盘 \ 视频 \ 第 12 章 \12.5.6 “删除噪音”滤镜 .mp4

实战 晚霞特效

步骤 01 进入会声会影编辑器，打开一个项目文件，如图 12-93 所示。

步骤 02 在语音轨中，使用鼠标左键双击需要添加音频滤镜的素材，如图 12-94 所示。

图 12-93 打开项目文件

图 12-94 双击需要添加音频滤镜的素材

步骤 03 打开“音乐和语音”选项面板，单击“音频滤镜”按钮，弹出“音频滤镜”对话框，在“可用滤镜”列表框中选择“删除噪音”选项，如图 12-95 所示。

步骤 04 单击“添加”按钮，选择的滤镜即可显示在“已用滤镜”列表框中，如图 12-96 所示。

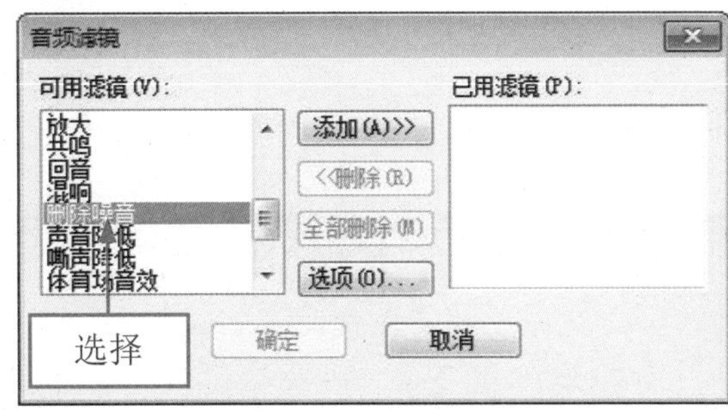

图 12-95 选择“删除噪音”选项

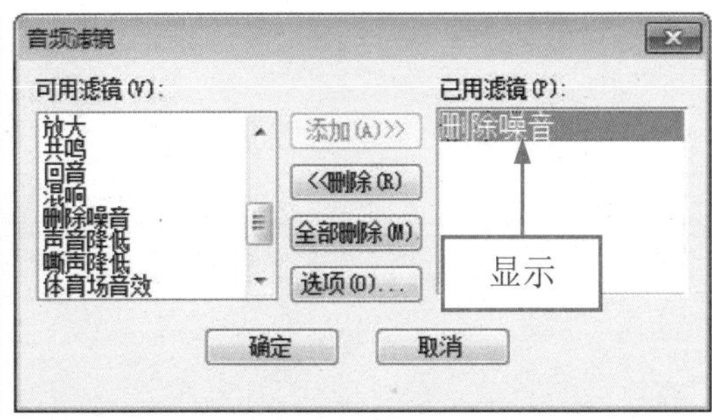

图 12-96 显示在“已用滤镜”列表框中

步骤 05 单击“确定”和“播放”按钮，试听音频滤镜特效，查看视频画面效果，如图 12-97 所示。

图 12-97 查看视频画面效果

13 视频文件的渲染与输出

学习提示

经过一系列繁琐编辑后，用户便可将编辑完成的影片输出成视频文件了。通过会声会影 X7 中提供的“输出”步骤面板，可以将编辑完成的影片进行渲染以及输出成视频文件。本章主要向读者介绍渲染与输出视频素材的操作方法。

本章案例导航

- 实战——荷花
- 实战——美味佳肴
- 实战——海上游船
- 实战——海滩风光
- 实战——野花绽放
- 实战——可爱猫咪

13.1 渲染输出影片

在会声会影 X7 中，编辑完成视频文件后，可以将其渲染并输出到计算机的硬盘中。本节主要介绍渲染输出影片的方法。

13.1.1 渲染输出整部影片

在会声会影 X7 中，渲染输出影片可以将项目文件创建成 AVI、QuickTime 或其他视频文件格式。下面介绍渲染输出整部影片的操作方法。

	素材文件	光盘 \ 素材 \ 第 13 章 \ 荷花 1.jpg、荷花 2.jpg
	效果文件	光盘 \ 效果 \ 第 13 章 \ 荷花 .mpg
	视频文件	光盘 \ 视频 \ 第 13 章 \13.1.1 渲染输出整部影片 .mp4

实战 荷花

步骤 01 进入会声会影 X7 编辑器，在时间轴面板的视频轨中插入两幅素材图像，如图 13-1 所示。

图 13-1 插入两幅素材图像

专家指点

在会声会影 X7 的“影片模板管理器”对话框中，当用户不需要创建的模板时，可以选择该模板，然后单击对话框中的“删除”按钮即可。

步骤 02 在工作界面的上方，单击“输出”标签，执行操作后，即可切换至“输出”步骤面板，如图 13-2 所示。

步骤 03 在上方面板中，选择 MPEG-2 选项，如图 13-3 所示，是指输出 MPEG 视频格式。

步骤 04 在下方面板中，单击“文件位置”右侧的“浏览”按钮，如图 13-4 所示。

步骤 05 即可弹出“浏览”对话框，在其中设置视频文件的输出名称与输出位置，如图 13-5 所示。

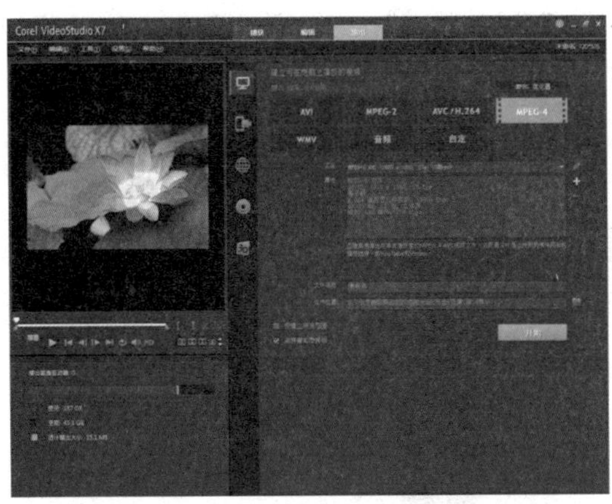

图 13-2 切换至“输出”步骤面板

图 13-3 选择 MPEG-2 选项

图 13-4 单击“浏览”按钮

图 13-5 设置输出名称与输出位置

步骤 06 设置完成后，单击“保存”按钮，返回会声会影编辑器，如图 13-6 所示。

步骤 07 单击下方的“开始”按钮，开始渲染视频文件，并显示渲染进度，如图 13-7 所示。

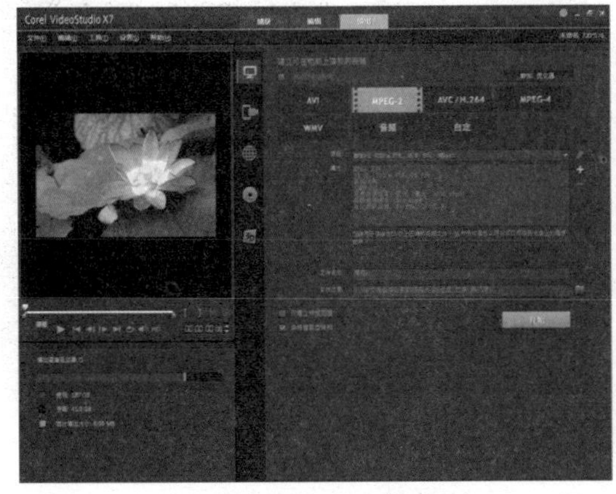

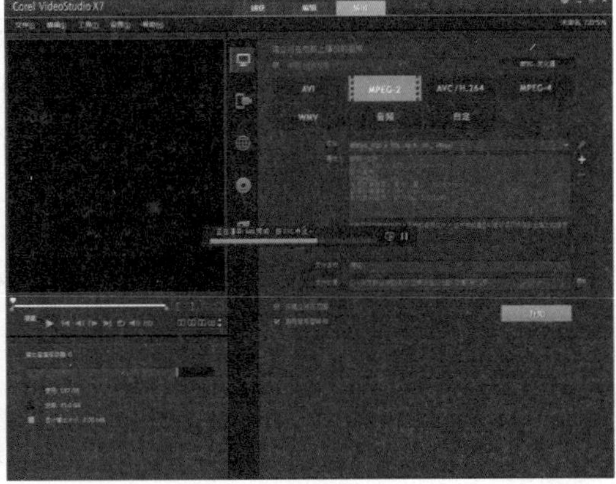

图 13-6 返回会声会影编辑器

图 13-7 显示渲染进度

步骤 08 稍等片刻，待视频文件输出完成后，弹出信息提示框，提示用户视频文件建立成功，如图 13-8 所示。

步骤 09 单击“确定”按钮，完成输出整个项目文件的操作，在视频素材库中查看输出的 MPEG 视频文件，如图 13-9 所示。

图 13-8 弹出信息提示框

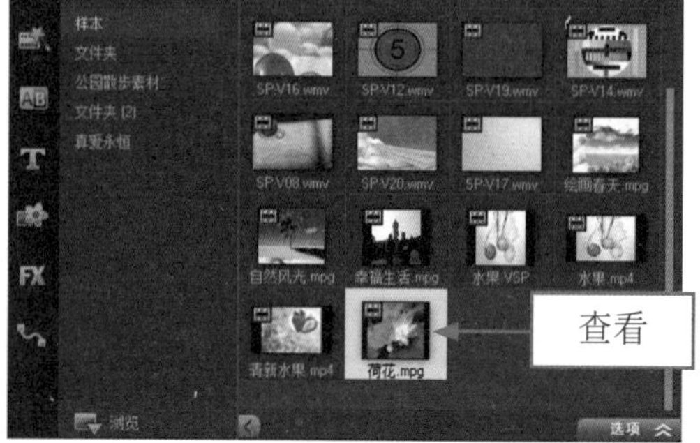

图 13-9 查看输出的 MPEG 视频文件

13.1.2 渲染出高清影片

输出影片是视频编辑工作的最后一个步骤，会声会影 X7 提供了多种输出影片的选项。下面介绍渲染出高清影片的操作方法。

	素材文件	光盘 \ 素材 \ 第 13 章 \ 美味佳肴 .VSP
	效果文件	光盘 \ 效果 \ 第 13 章 \ 美味佳肴 .wmv
	视频文件	光盘 \ 视频 \ 第 13 章 \13.1.2 渲染出高清影片 .mp4

实战 美味佳肴

步骤 01 进入会声会影编辑器，打开一个项目文件，单击导览面板中的“播放”按钮，预览项目效果，如图 13-10 所示。

图 13-10 预览项目效果

步骤 02 在工作界面的上方，单击“输出”标签，执行操作后，即可切换至“输出”步骤面板，如图 13-11 所示。

步骤 03 在上方面板中，在其中选择 WMV 选项，如图 13-12 所示，是指输出 WMV 视频格式。

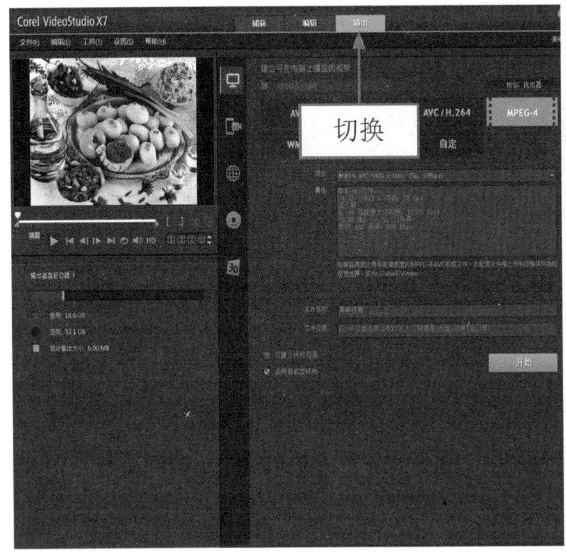

图 13-11 切换至“输出”步骤面板

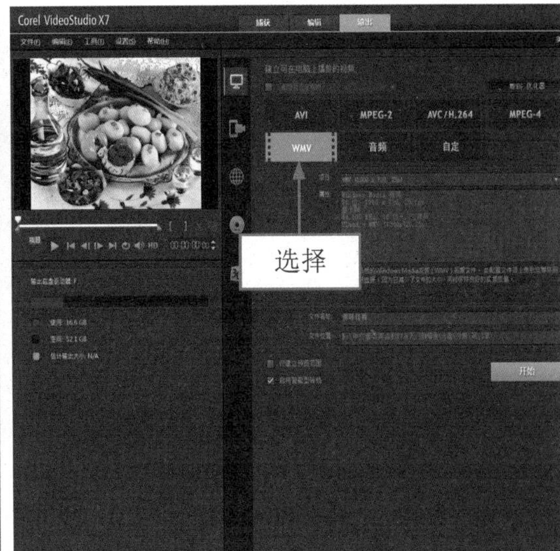

图 13-12 选择 WMV 选项

步骤 04 在下方面板中，单击“文件位置”右侧的“浏览”按钮，如图 13-13 所示。

步骤 05 弹出“浏览”对话框，在其中设置视频文件的输出名称与输出位置，如图 13-14 所示。

图 13-13 单击“浏览”按钮

图 13-14 设置输出名称与输出位置

步骤 06 设置完成后，单击“保存”按钮，返回会声会影编辑器，如图 13-15 所示。

步骤 07 单击右下方的“开始”按钮，开始渲染视频文件，并显示渲染进度，如图 13-16 所示。

步骤 08 稍等片刻，待视频文件输出完成后，弹出信息提示框，提示用户视频文件建立成功，如图 13-17 所示。

步骤 09 单击“确定”按钮，完成输出整个项目文件的操作，在视频素材库中查看输出的 WMV 视频文件，如图 13-18 所示。

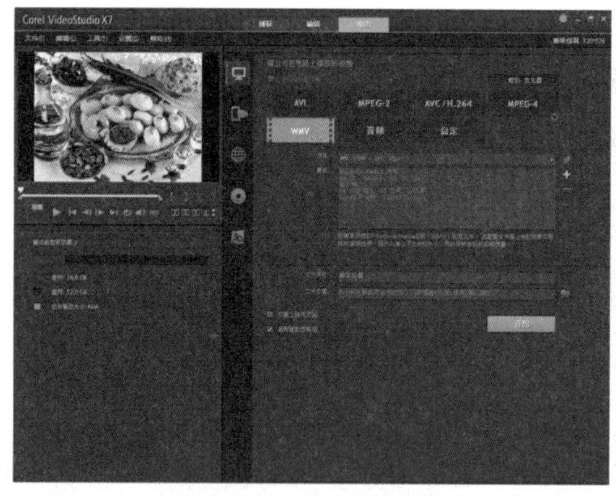

图 13-15 返回会声会影编辑器

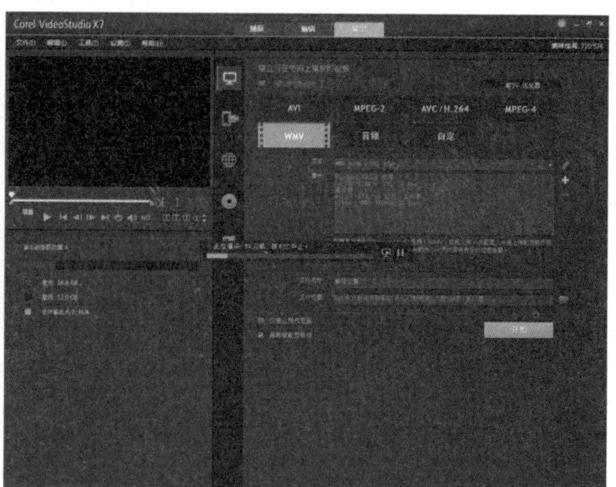

图 13-16 显示渲染进度

图 13-17 弹出信息提示框

图 13-18 查看输出的 WMV 视频文件

13.1.3 渲染输出指定范围影片

在会声会影 X7 中渲染影片时，为了更好地查看视频效果，常常需要渲染影片中的部分视频。下面介绍渲染输出指定范围影片的操作方法。

	素材文件	光盘 \ 素材 \ 第 13 章 \ 海上游船 .wmv
	效果文件	光盘 \ 效果 \ 第 13 章 \ 海上游船 .mpg
	视频文件	光盘 \ 视频 \ 第 13 章 \13.1.3 渲染输出指定范围影片 .mp4

实战 海上游船

步骤 01 进入会声会影编辑器，单击“文件” | “打开项目”命令，打开一个项目文件，如图 13-19 所示。

步骤 02 在时间轴面板中，将时间线移至 00:00:01:00 的位置处，如图 13-20 所示。

步骤 03 在导览面板中，单击“开始标记”按钮，标记视频的起始点，如图 13-21 所示。

步骤 04 在时间轴面板中，将时间线移至 00:00:04:00 的位置处，如图 13-22 所示。

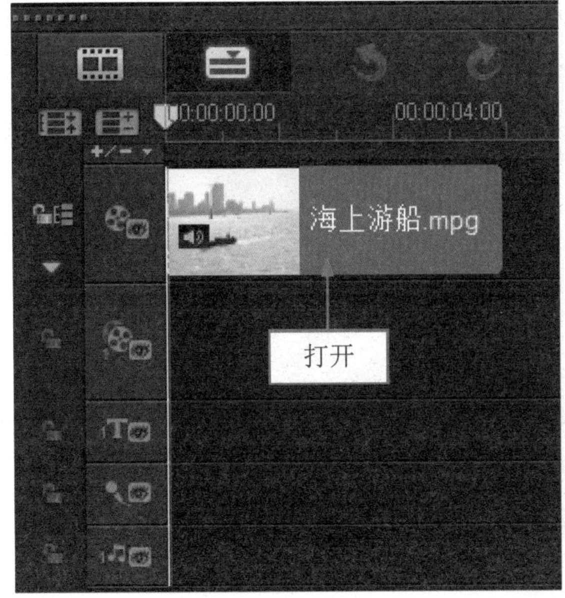

图 13-19 打开一个项目文件

图 13-20 移动时间线

图 13-21 标记视频的起始点

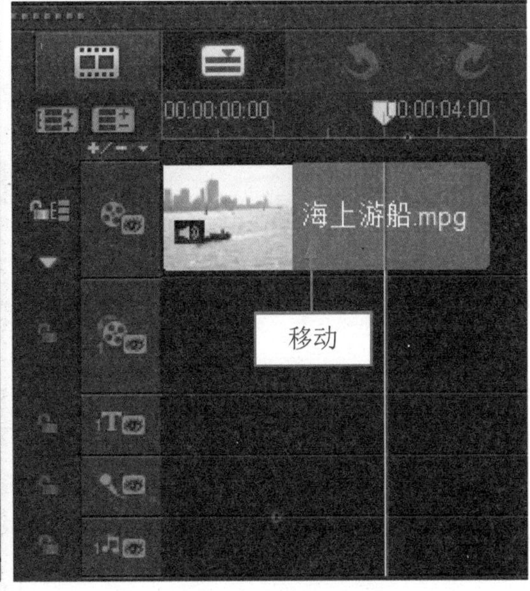

图 13-22 移动时间线

步骤 05 在导览面板中，单击“结束标记”按钮，标记视频的结束点，如图 13-23 所示。

步骤 06 单击“输出”标签，切换至“输出”步骤面板，在上方面板中选择 MPEG-4 选项，是指输出 MP4 视频格式，如图 13-24 所示。

专家指点

在会声会影 X7 中，渲染输出指定范围影片时，用户还可以按【F3】键，来快速标记影片的开始位置。

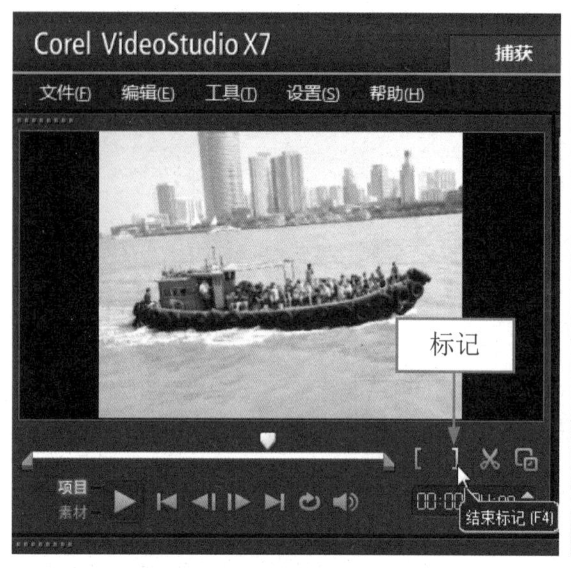

图 13-23 标记视频的结束点

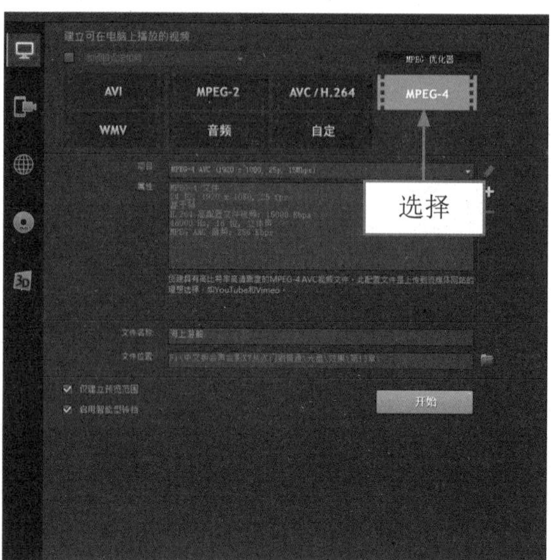

图 13-24 选择 MPEG-4 选项

步骤 07 单击“文件位置”右侧的“浏览”按钮，弹出“浏览”对话框，在其中设置视频文件的输出名称与输出位置，如图 13-25 所示。

步骤 08 设置完成后，单击“保存”按钮，返回会声会影编辑器，在面板下方选中“仅建立预览范围”复选框，如图 13-26 所示。

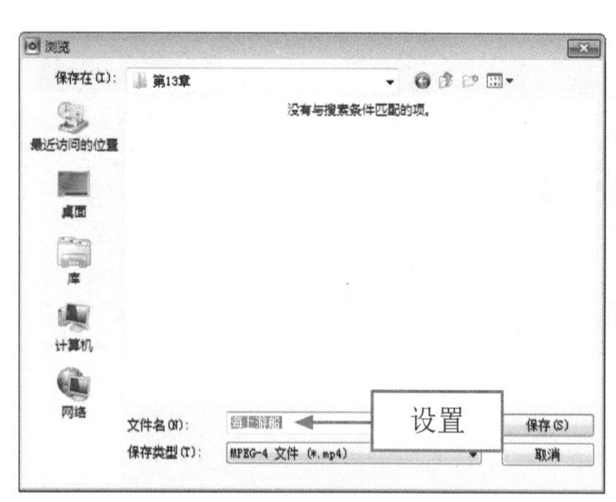

图 13-25 设置输出名称与输出位置

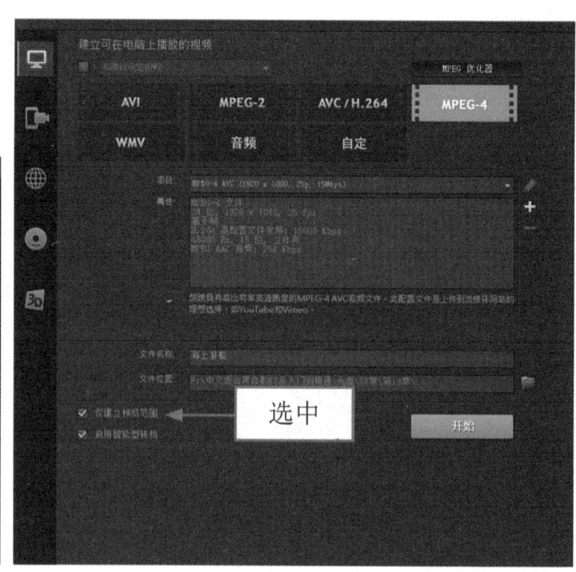

图 13-26 选中“仅建立预览范围”复选框

步骤 09 单击“开始”按钮，开始渲染视频文件，并显示渲染进度，如图 13-27 所示，

步骤 10 稍等片刻待视频文件输出完成后，弹出信息提示框，提示用户视频文件建立成功，单击“确定”按钮，完成指定影片输出范围的操作，在视频素材库中查看输出的视频文件，如图 13-28 所示。

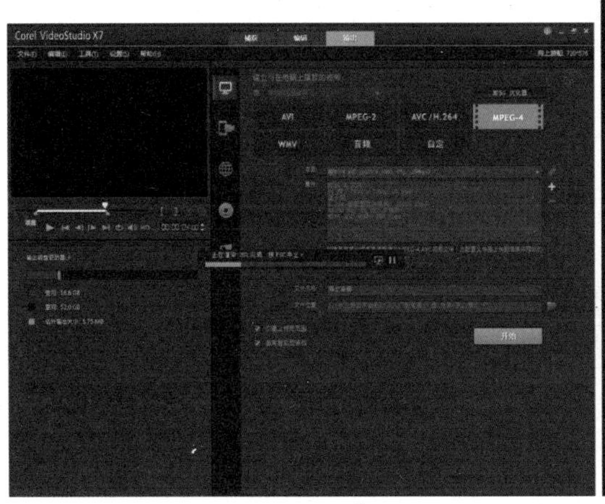

图 13-27 显示渲染进度

图 13-28 查看输出的视频文件

步骤 11 在导览面板中，可以预览输出的视频画面效果，如图 13-29 所示。

图 13-29 预览输出的视频画面效果

13.1.4 单独输出项目中的声音

在会声会影 X7 中，用户可以单独输出声音素材，并将影片中的音频素材单独保存，以便在声音编辑软件中处理或者应用到其他项目中。下面介绍单独输出项目中的声音的操作方法。

	素材文件	光盘 \ 素材 \ 第 13 章 \ 海滩风光 .mpg
	效果文件	光盘 \ 效果 \ 第 13 章 \ 海滩风光 .wav
	视频文件	光盘 \ 视频 \ 第 13 章 \13.1.4 单独输出项目中的声音 .mp4

实战 海滩风光

步骤 01 进入会声会影编辑器，在视频轨中插入一段视频素材，单击导览面板中的“播放”按钮，预览视频效果，如图 13-30 所示。

图 13-30 预览视频效果

步骤 02 在工作界面的上方，单击“输出”标签，切换至“输出”步骤面板，选择“音频”选项，如图 13-31 所示。

步骤 03 在下方的面板中单击“项目”右侧的下三角按钮，在弹出的列表框中选择 WAV 选项，如图 13-32 所示，是指输出 WAV 音频文件。

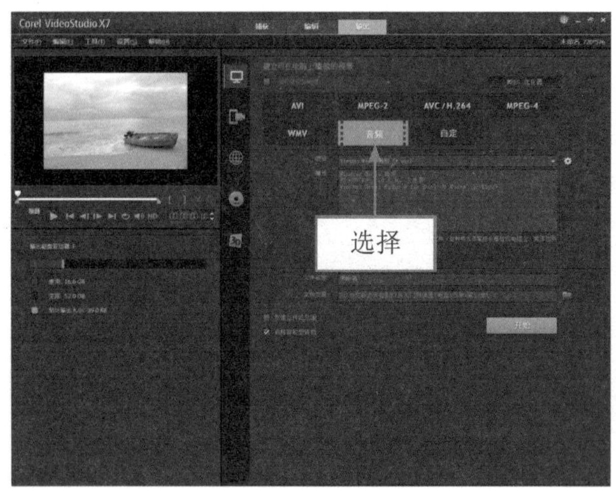

图 13-31 选择“音频”选项

图 13-32 选择 WAV 选项

步骤 04 单击“文件位置”右侧的“浏览”按钮，弹出“浏览”对话框，在其中设置视频文件的输出名称为“海滩风光”，单击“保存”按钮，如图 13-33 所示。

步骤 05 在“音频”选项的下方面板中，单击“开始”按钮，执行上述操作后，开始渲染音频文件，并显示渲染进度，如图 13-34 所示。

专家指点

会声会影 X7 中的“输出”面板与会声会影 X6 版本有很大的区别，以前在列表框中的设置，现在在新的 X7 版本中，都变成了面板，所有的输出功能在面板中都可以找到。

图 13-33 设置输出名称　　图 13-34 显示渲染进度

步骤 06 待音频文件渲染完成后，弹出信息提示框，提示用户音频文件创建完成，如图 13-35 所示。

步骤 07 单击“确定”按钮，完成输出整个项目文件的操作，在视频素材库中查看输出的 WAV 音频文件，如图 13-36 所示。

图 13-35 弹出信息提示框

图 13-36 查看输出的 WAV 音频文件

13.2 刻录 DVD 光盘

DVD 光盘是一种可以在计算机光驱或 DVD 播放器中播放的视频光盘。创建这种光盘主要有两种方法：一种是直接在会声会影 X7 编辑器刻录，另一种则需要运用 Nero 这类刻录软件将输出的各种视频文件进行刻录。

13.2.1 刻录前的准备工作

在会声会影 X7 中刻录 DVD 光盘之前，需要准备好以下事项。

检查是否有足够的压缩暂存空间。无论刻录光盘是否还可以创建光盘影像，都需要进行视频文件的压缩，压缩文件要有足够的硬盘空间存储，若空间不够，操作将半途而废。

准备好刻录机。如果暂时没有刻录机，可以创建光盘影像文件或 DVD 文件夹，然后复制到其他配有刻录机的计算机中，再刻录成光盘。

13.2.3 开始刻录 DVD 光盘

当用户制作好视频文件后，接下来可以将视频刻录为 DVD 光盘了，下面向读者介绍其具体刻录方法。

	素材文件	光盘 \ 素材 \ 第 13 章 \. 野花绽放 mpg
	效果文件	光盘 \ 效果 \ 第 13 章 \ 野花绽放 .wav
	视频文件	光盘 \ 视频 \ 第 13 章 \13.2.3 开始刻录 DVD 光盘 .mp4

实战 野花绽放

步骤 01 进入会声会影 X7 编辑器，在时间轴面板中单击鼠标右键，在弹出的快捷菜单中选择“插入视频”选项，如图 13-37 所示。

步骤 02 执行操作后，即可弹出“打开视频文件”对话框，在其中用户选择需要刻录的视频文件，如图 13-38 所示。

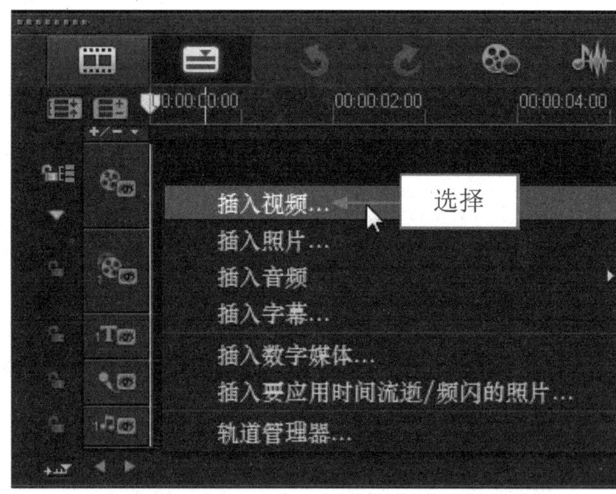

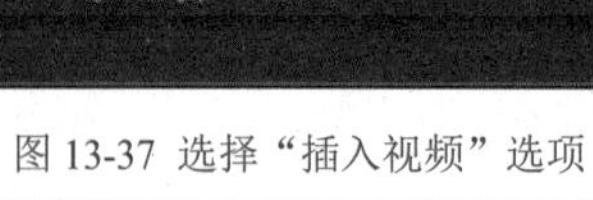

图 13-37 选择“插入视频”选项

图 13-38 选择需要刻录的视频

专家指点

在会声会影 X7 中，用户还可以直接将计算机磁盘中的视频文件，直接拖曳至时间轴面板的视频轨中，应用视频文件。

步骤 03 单击“打开”按钮，即可将视频素材添加到视频轨中，如图 13-39 所示，单击导览面板中的“播放”按钮，预览添加的视频画面效果。

步骤 04 在菜单栏中，单击“工具”菜单，在弹出的菜单列表中单击 创建光盘 | DVD 命令，如图 13-40 所示。

图 13-39 将视频素材添加到视频轨中

图 13-40 单击“DVD”命令

步骤 05 执行上述操作后，即可弹出 Corel VideoStudio 对话框，在其中可以查看需要刻录的视频画面，如图 13-41 所示。

步骤 06 在对话框的右下角，单击 DVD 4.7G 按钮，在弹出的列表框中选择 DVD 光盘的容量，如图 13-42 所示。

图 13-41 弹出 Corel VideoStudio 对话框

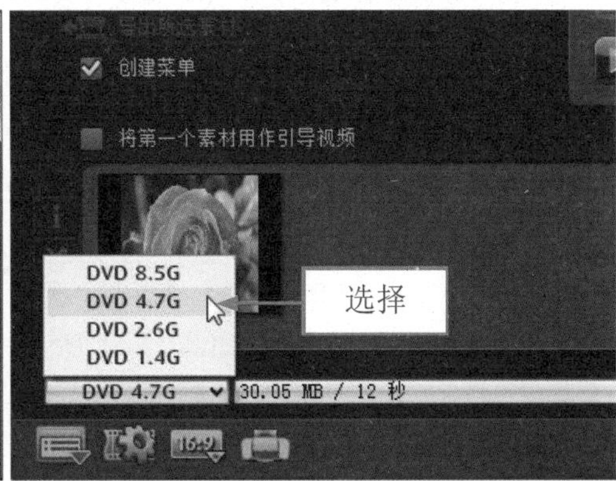

图 13-42 选择 DVD 4.7G 选项

步骤 07 在对话框的上方，单击添加/编辑章节按钮，如图 13-43 所示。

步骤 08 弹出“添加 / 编辑章节”对话框，单击“播放”按钮，播放视频画面，至合适位置后，单击“暂停”按钮，然后单击添加章节按钮，如图 13-44 所示。

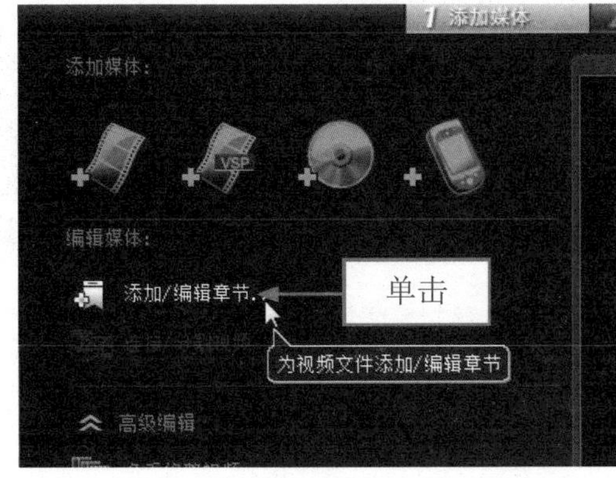

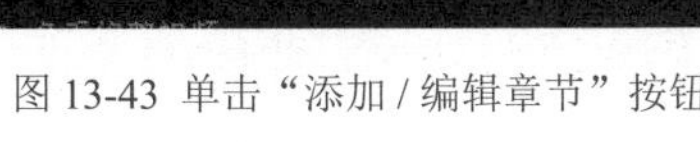

图 13-43 单击“添加 / 编辑章节”按钮

图 13-44 单击“添加章节”按钮

步骤 09 执行操作后，即可在时间线位置添加一个章节点，此时下方将出现添加的章节缩略图，如图 13-45 所示。

步骤 10 用与上同样的方法，继续添加其他章节点，如图 13-46 所示。

图 13-45 下方将出现添加的章节缩略图

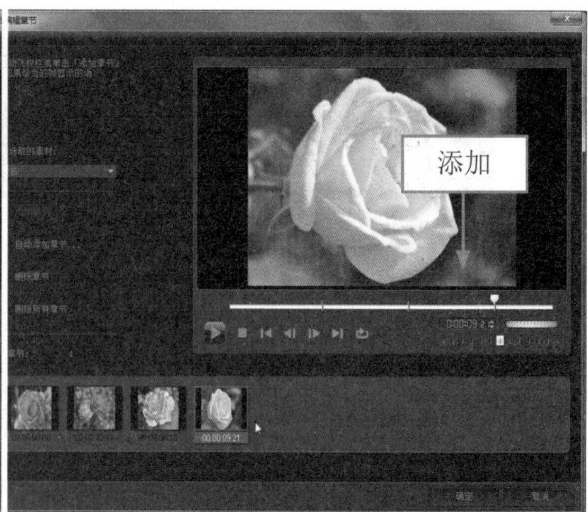

图 13-46 继续添加其他章节点

步骤 11 章节添加完成后，单击“确定”按钮，返回 Corel VideoStudio 对话框，单击下一步按钮，如图 13-47 所示。

步骤 12 进入“菜单和预览”界面，在“智能场景菜单”下拉列表框中，选择相应的场景效果，即可为影片添加智能场景效果，如图 13-48 所示。

图 13-47 单击“下一步”按钮

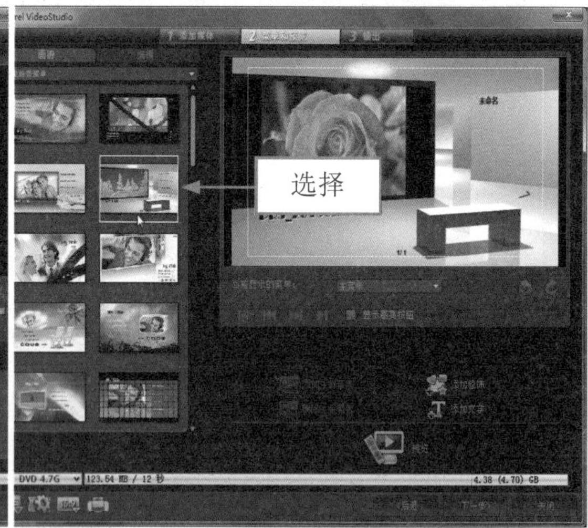

图 13-48 选择相应的场景效果

专家指点

单击界面上方的“输出”标签，切换至“输出”步骤面板，在“输出”选项面板中单击左侧的“光盘”按钮，在弹出的选项卡中选择 DVD 选项，也可以快速启动 DVD 光盘刻录程序，进入相应界面。

步骤 13 单击“菜单和预览”界面中的预览按钮，如图 13-49 所示。

步骤 14 执行上述操作后，即可进入“预览”窗口，单击“播放”按钮，如图 13-50 所示。

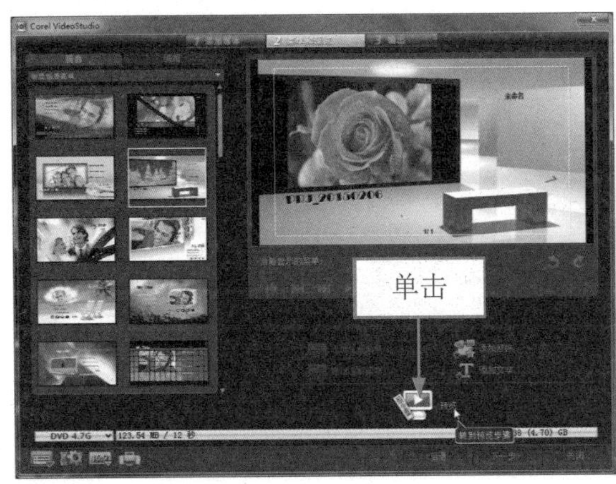

图 13-49 单击“预览”按钮

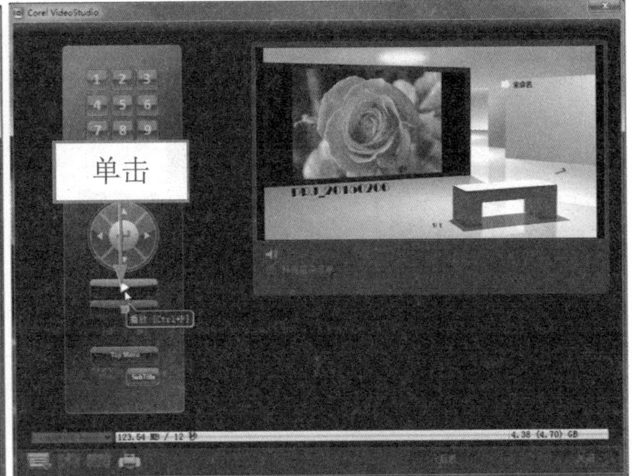

图 13-50 单击“播放”按钮

步骤 15 执行操作后，即可预览需要刻录的影片画面效果，如图 13-51 所示。

图 13-51 预览需要刻录的影片画面效果

步骤 16 视频画面预览完成后，单击界面下方的 <后退 按钮，如图 13-52 所示。

步骤 17 返回“菜单和预览”界面，单击界面下方的 下一步> 按钮，如图 13-53 所示。

专家指点

在会声会影 X7 中，用户还可以直接将计算机磁盘中的视频文件，直接拖曳至时间轴面板的视频轨中，应用视频文件。

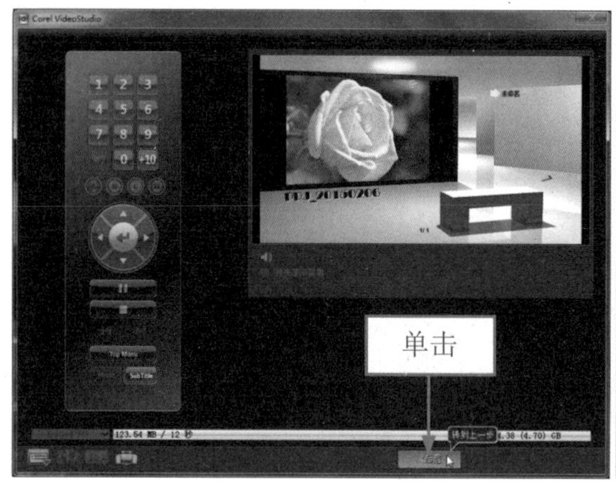

图 13-52 单击“后退”按钮

图 13-53 单击“下一步”按钮

步骤 18 进入“输出”界面，在“卷标”右侧的文本框中输入卷标名称，这里输入“鲜花绽放”，如图 13-54 所示。

步骤 19 单击“驱动器”右侧的下三角按钮，在弹出的列表框中选择需要使用的刻录机选项，如图 13-55 所示。

图 13-54 输入“鲜花绽放”

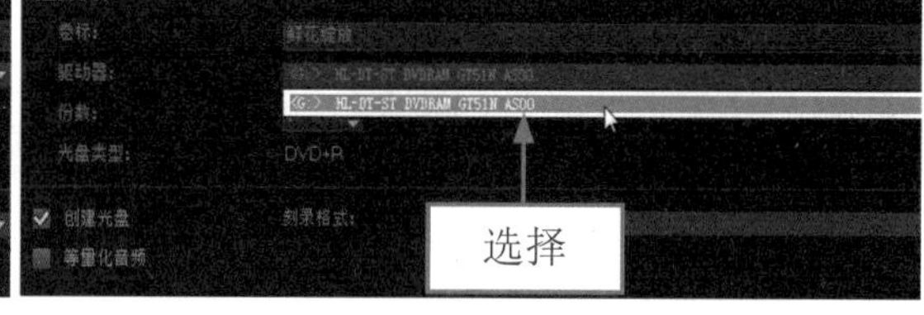

图 13-55 选择需要使用的刻录机选项

步骤 20 单击“刻录格式”右侧的下三角按钮，在弹出的列表框中选择需要刻录的 DVD 格式，如图 13-56 所示。

步骤 21 刻录选项设置完成后，单击“输出”界面下方的 **刻录** 按钮，如图 13-57 所示，即可开始刻录 DVD 光盘。

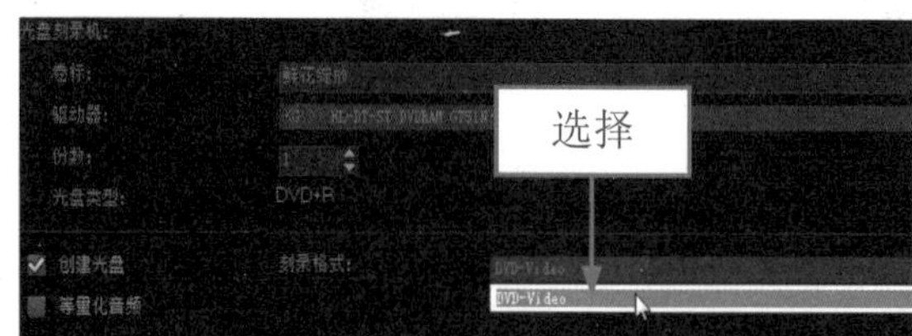

图 13-56 选择需要刻录的 DVD 格式

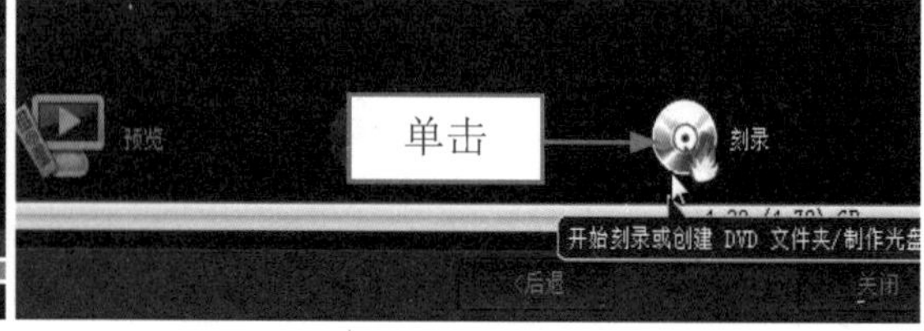

图 13-57 单击“刻录”按钮

13.3 刻录蓝光光盘

在上一节知识点中，向读者详细介绍了刻录 DVD 光盘的操作方法，而在本节中主要向读者介绍刻录蓝光光盘的操作方法，希望读者可以熟练掌握本节内容。

13.3.1 了解蓝光光盘

蓝光（Blu － ray）或称蓝光盘（Blu － ray Disc，缩写为 BD）利用波长较短（405nm）的蓝色激光读取和写入数据，并因此而得名。而传统 DVD 需要光头发出红色激光（波长为 650nm）来读取或写入数据，通常来说波长越短的激光，能够在单位面积上记录或读取更多的信息。因此，蓝光极大地提高了光盘的存储容量，对于光存储产品来说，蓝光提供了一个跳跃式发展的机会。

目前为止，蓝光是最先进的大容量光碟格式，BD 激光技术的巨大进步，使用户能够在一张单碟上存储 25GB 的文档文件，这是现有（单碟）DVDs 的 5 倍，在速度上，蓝光允许 1 到 2 倍或者说每秒 4.5 ～ 9MB 的记录速度，蓝光光盘如图 13-58 所示。

图 13-58 蓝光光盘

蓝光光碟拥有一个异常坚固的层面，可以保护光碟里面重要的记录层。飞利浦的蓝光光盘采用高级真空连结技术，形成了厚度统一的 100μm（1μm=1/1000mm）的安全层。飞利浦蓝光光碟可以经受住频繁的使用、指纹、抓痕和污垢，以此保证蓝光产品的存储质量数据安全。在技术上，蓝光刻录机系统可以兼容此前出现的各种光盘产品。蓝光产品的巨大容量为高清电影、游戏和大容量数据存储带来了可能和方便。将在很大程度上促进高清娱乐的发展。目前，蓝光技术也得到了世界上 170 多家大的游戏公司、电影公司、消费电子和家用电脑制造商的支持以及八家主要电影公司中的七家（迪斯尼、福克斯、派拉蒙、华纳、索尼、米高梅、狮门）的支持。

当前流行的 DVD 技术采用波长为 650nm 的红色激光和数字光圈为 0.6 的聚焦镜头，盘片厚度为 0.6mm。而蓝光技术采用波长为 405nm 的蓝紫色激光，通过广角镜头上比率为 0.85 的数字光圈，成功地将聚焦的光点尺寸缩得极小程度。此外，蓝光的盘片结构中采用了 0.1mm 厚的光学透明保护层，以减少盘片在转动过程中由于倾斜而造成的读写失常，这使得盘片数据的读取更加容易，并为极大地提高存储密度提供了可能。

13.3.2 开始刻录蓝光光盘

素材文件	光盘 \ 素材 \ 第 13 章 \ 可爱猫咪 .mpg
效果文件	无
视频文件	光盘 \ 视频 \ 第 13 章 \13.3.2 开始刻录蓝光光盘 .mp4

实战 可爱猫咪

步骤 01 进入会声会影 X7 编辑器，在时间轴面板中单击鼠标右键，在弹出的快捷菜单中选择**插入视频**选项，如图 13-59 所示。

步骤 02 执行操作后，即可弹出“打开视频文件”对话框，在其中用户选择需要刻录的视频文件，如图 13-60 所示。

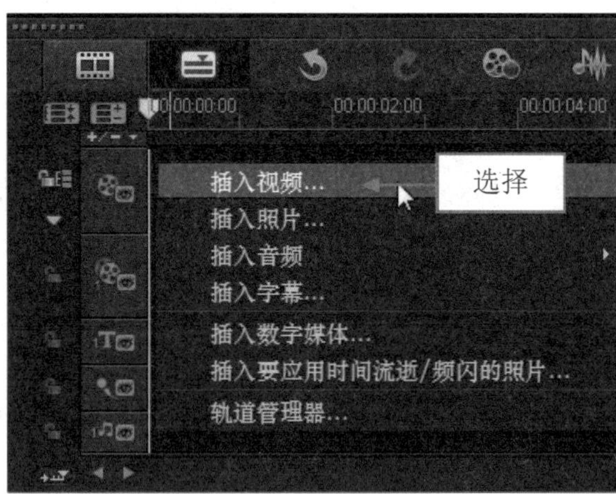

图 13-59 选择“插入视频”选项

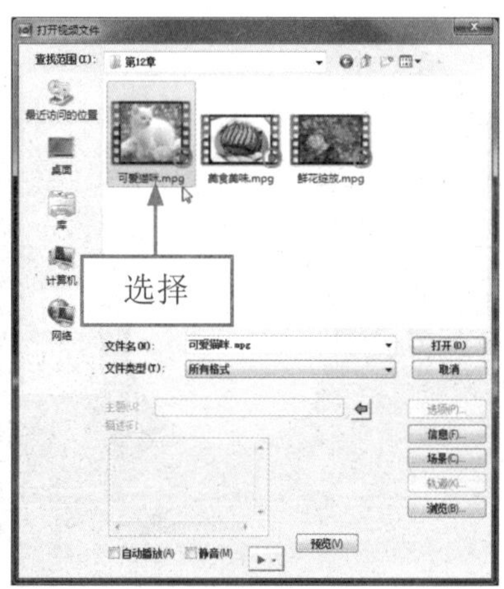

图 13-60 选择需要刻录的视频

步骤 03 单击“打开”按钮，即可将视频素材添加到视频轨中，如图 13-61 所示。

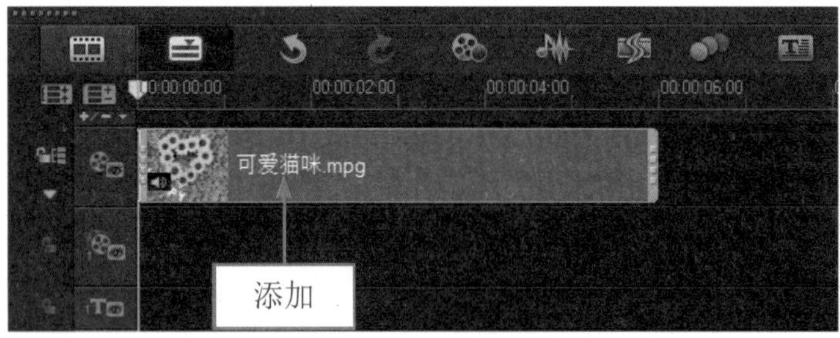

图 13-61 将视频素材添加到视频轨中

步骤 04 单击导览面板中的“播放”按钮，预览添加的视频画面效果，如图 13-62 所示。

步骤 05 在菜单栏中，单击“工具”菜单，在弹出的菜单列表中单击**创建光盘** | **Blu-ray** 命令，如图 13-63 所示。

步骤 06 执行上述操作后，即可弹出 Corel Video Studio 对话框，在其中可以查看需要刻录的视频画面，在对话框的右下角，单击 **Blu-ray 25G** 按钮，在弹出的列表框中选择蓝光光盘的容量，如图 13-64 所示。

图 13-62 预览添加的视频画面效果

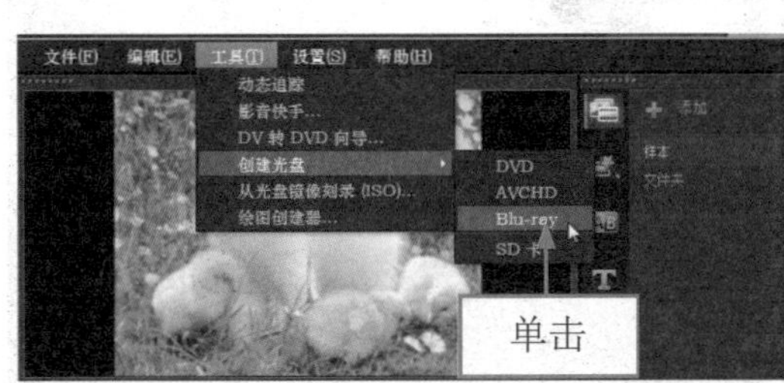

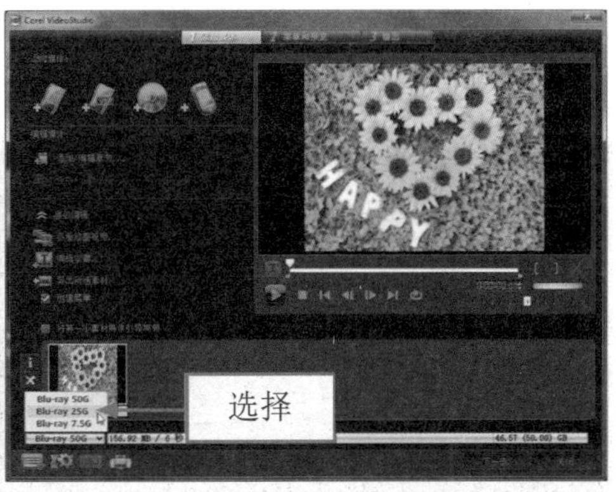

图 13-63 单击 Blu-ray 命令

图 13-64 选择 Blu-ray 25G 选项

步骤 07 在界面的右下方，单击 下一步> 按钮，如图 13-65 所示。

步骤 08 在进入“菜单和预览”界面，在“全部”下拉列表框中，选择相应的场景效果，如图 13-66 所示。

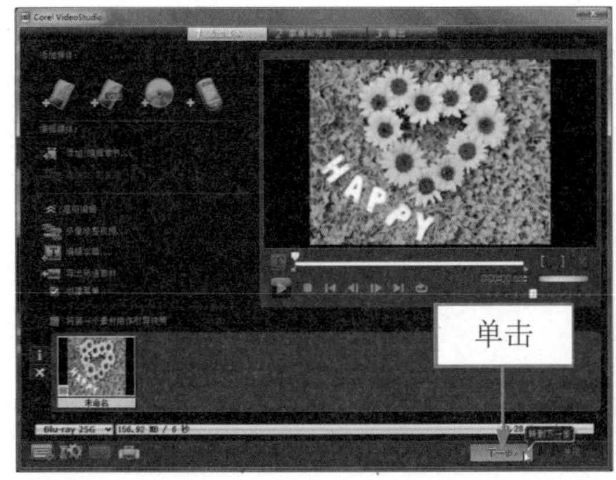

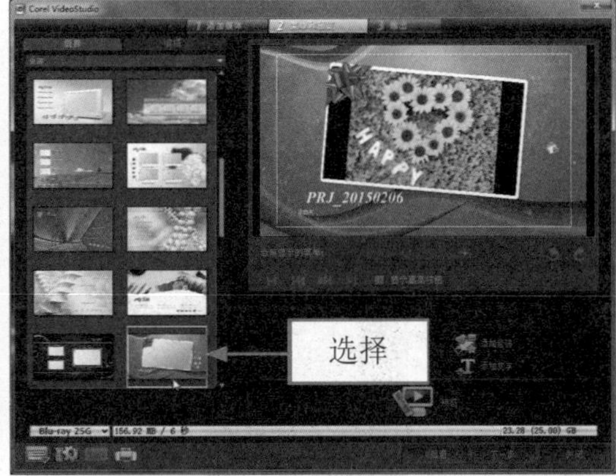

图 13-65 单击“下一步”按钮

图 13-66 选择相应的场景效果

步骤 09 执行操作后，即可为影片添加智能场景效果，单击“菜单和预览”界面中的 预览 按钮，如图 13-67 所示。

步骤 10 执行上述操作后，即可进入“预览”窗口，单击“播放”按钮，如图 13-68 所示。

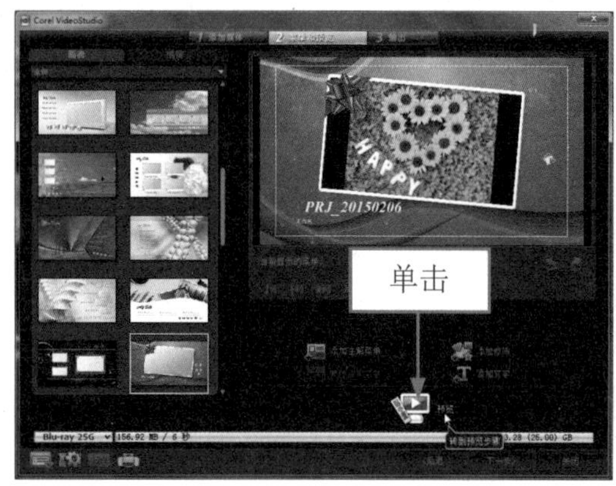

图 13-67 单击“预览”按钮

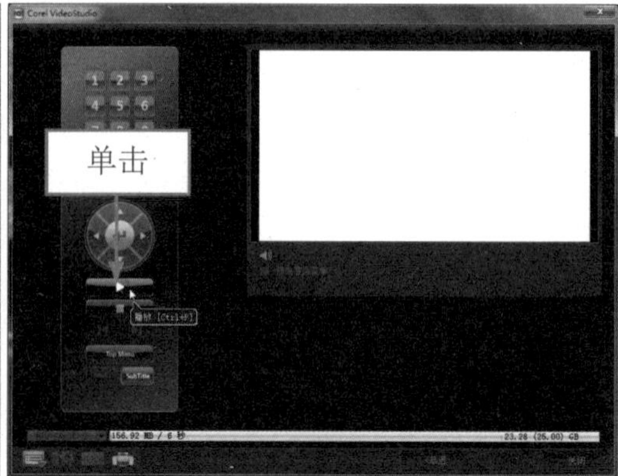

图 13-68 单击“播放”按钮

步骤 11 执行操作后，即可预览需要刻录的影片画面效果，如图 13-69 所示。

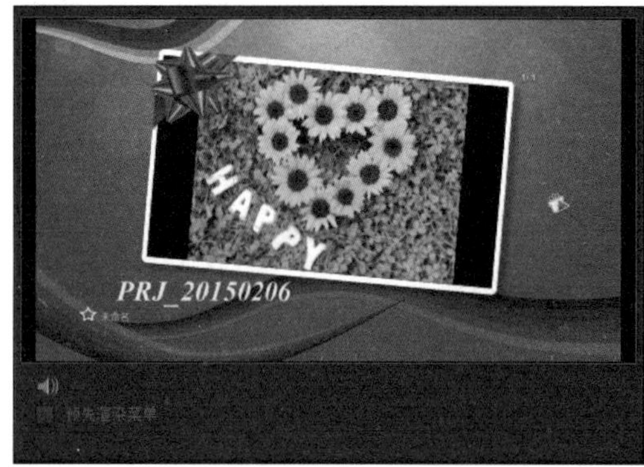

图 13-69 预览需要刻录的影片画面效果

步骤 12 视频画面预览完成后，单击界面下方的“后退”按钮，返回“菜单和预览”界面，单击界面下方的 下一步> 按钮，如图 13-70 所示。

步骤 13 进入“输出”界面，在“卷标”右侧的文本框中输入卷标名称，这里输入“可爱猫咪”，如图 13-71 所示。

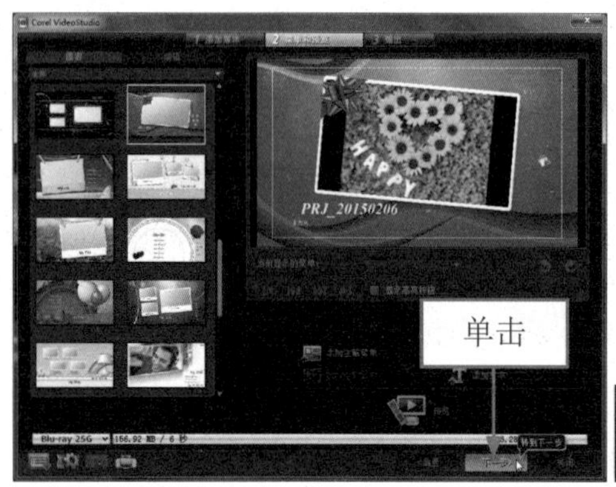

图 13-70 单击“下一步”按钮

图 13-71 输入卷标名称

步骤 14 卷标名称设置完成后，单击“输出”界面下方的“刻录”按钮，如图 13-72 所示，即可开始刻录蓝光光盘。

图 13-72 单击“刻录”按钮

14 将视频分享至网络

学习提示

影片编辑完成后，就可以将影片导出，在会声会影 X7 中，提供了多种影片导出方式，将制作的成品视频文件分享至安卓手机、苹果手机、iPad 平板电脑、优酷网站、新浪微博以及 QQ 空间等，导出为电子邮件以及导出为屏幕保护程序等。本章主要向读者介绍分享制作的精彩视频效果。

本章案例导航

- 实战——将视频分享至优酷网站
- 实战——将视频分享至新浪微博
- 实战——将视频分享至 QQ 空间

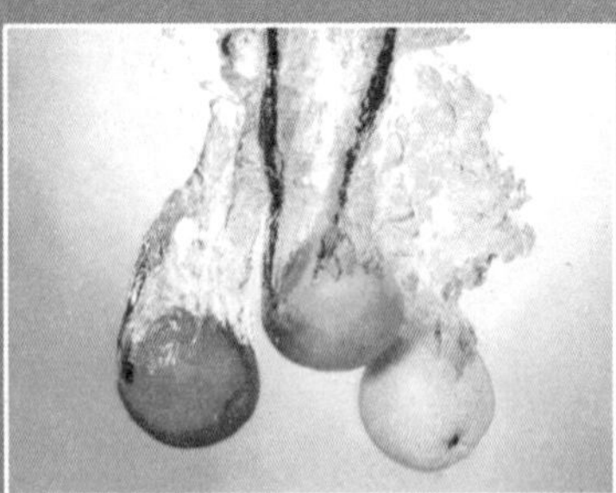

14.1 将视频分享至优酷网站

优酷网是中国领先的视频分享网站，是中国网络视频行业的第一品牌。在 2006 年 6 月 21 日创立，优酷网以“快者为王”为产品理念，注重用户体验，不断完善服务策略，其卓尔不群的“快速播放，快速发布，快速搜索”的产品特性，充分满足用户日益增长的多元化互动需求，使之成为中国视频网站中的领军势力。本节主要向读者介绍将视频分享至优酷网站的操作方法。

14.1.1 添加视频效果

在导出为网页之前，首先要制作需要导出的项目文件。下面向读者介绍添加项目文件的方法。

	素材文件	光盘 \ 素材 \ 第 14 章 \ 水果 .VSP
	效果文件	无
	视频文件	光盘 \ 视频 \ 第 14 章 \14.1.1 添加视频效果 .mp4

实战 水果

步骤 01 进入会声会影编辑器，单击“文件”|“将媒体文件插入到素材库”|“插入视频”命令，如图 14-1 所示。

步骤 02 即可弹出“浏览视频”对话框，在其中选择需要打开的项目文件，如图 14-2 所示。

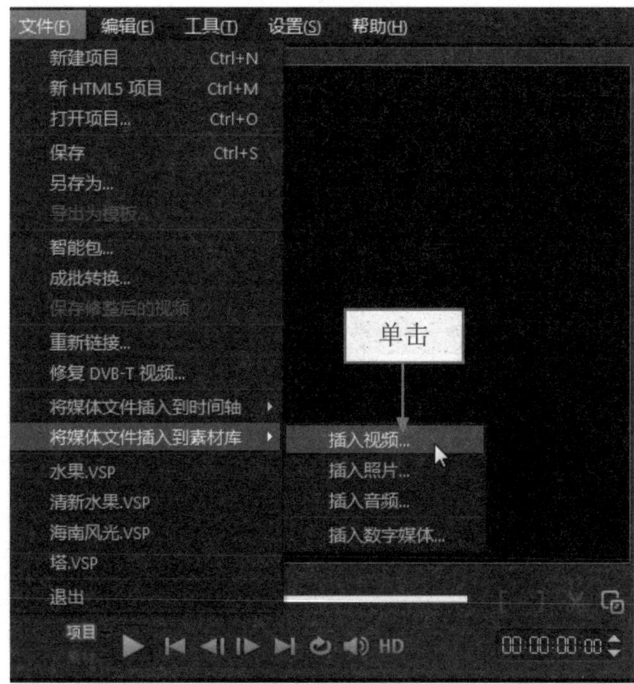

图 14-1 单击“插入视频”命令

图 14-2 选择项目文件

步骤 03 单击“打开”按钮，即可将项目文件添加到素材库中，如图 14-3 所示。

步骤 04 在素材库中选择添加的项目文件，单击鼠标左键并拖曳至时间轴面板中的视频轨中，如图 14-4 所示。

图 14-3 添加到素材库

图 14-4 拖曳至视频轨中

14.1.2 输出适合的视频尺寸

将视频上传至优酷网站之前，首先需要在会声会影 X7 软件中将视频导出适合优酷网站的视频尺寸与视频格式。下面向读者介绍输出适合优酷网站的视频尺寸与格式的操作方法。

	素材文件	光盘 \ 素材 \ 第 14 章 \ 水果 VSP
	效果文件	光盘 \ 效果 \ 第 14 章 \ 水果 .wmv
	视频文件	光盘 \ 视频 \ 第 14 章 \14.1.2 输出适合的视频尺寸 .mp4

实战 输出适合的视频尺寸

步骤 01 以上一例的素材为例，在导览面板中查看素材画面，如图 14-5 所示。

步骤 02 在工作界面的上方，单击“输出”标签，执行操作后，即可切换至“输出”步骤面板如图 14-6 所示。

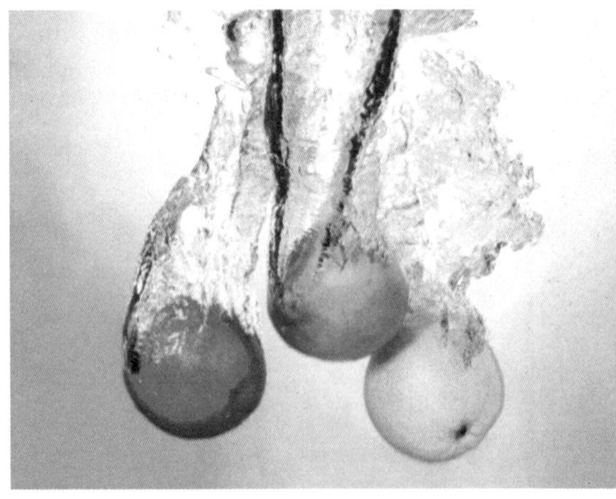

图 14-5 查看素材画面

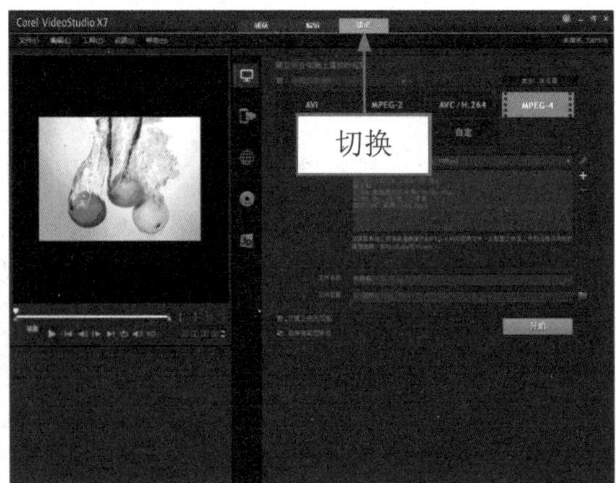

图 14-6 切换至“输出”步骤面板

步骤 03 在上方面板中，选择 MPEG-4 选项，在“项目”右侧的下拉列表中选择 MPEG-4 AVC（1280×720）选项，如图 14-7 所示。

步骤 04 在下方面板中，单击“文件位置”右侧的“浏览”按钮，如图 14-8 所示。

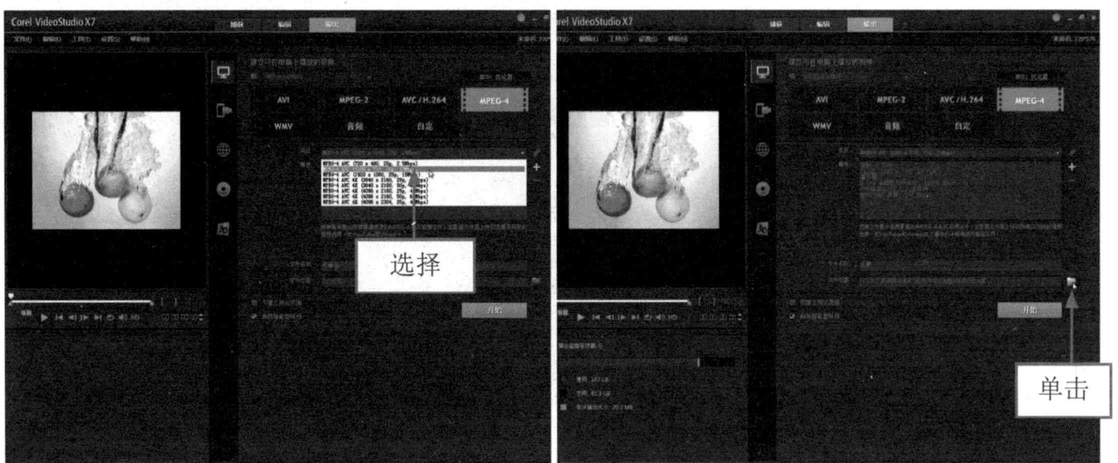

图 14-7 选择相应选项　　　　图 14-8 单击“浏览”按钮

专家指点

1280×720 的帧尺寸，是优酷网站视频的满屏尺寸，用户也可以设置视频的帧尺寸为 960×720，这个尺寸也是满屏视频的尺寸，其他的视频尺寸在优酷网站播放时，达不到满屏的效果，影响视频的整体美观度。

步骤 05 弹出“浏览”对话框，在其中设置视频文件输出名称与输出位置，如图 14-9 所示。

步骤 06 设置完成后，单击“保存”按钮，返回会声会影编辑器，单击下方的“开始”按钮，如图 14-10 所示，开始渲染视频文件，并显示渲染进度。

图 14-9 设置输出名称与输出位置

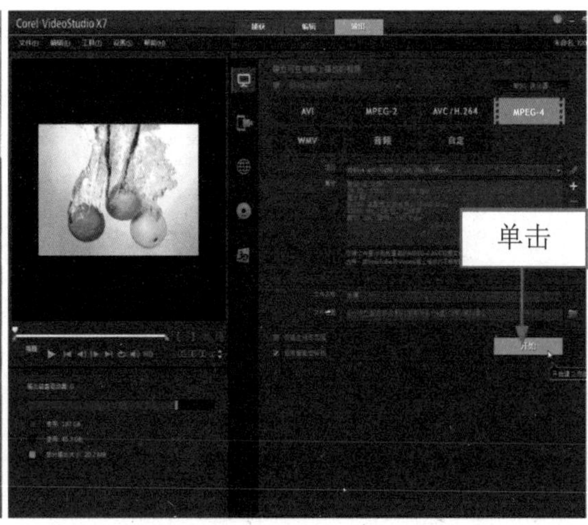

图 14-10 单击“开始”按钮

步骤 07 稍等片刻待视频文件输出完成后，弹出信息提示框，提示用户视频文件建立成功，如图 14-11 所示。

步骤 08 单击“确定”按钮，完成输出整个项目文件的操作，在视频素材库中查看输出的 MP4 视频文件，如图 14-12 所示。

图 14-11 弹出信息提示框

图 14-12 素材库中查看输出的 MP4 视频文件

14.1.3 上传视频至优酷网站

当用户在会声会影 X7 软件中制作合适尺寸的视频文件时，接下来向读者介绍将输出的视频上传至优酷网站的操作方法。

	素材文件	光盘 \ 素材 \ 第 14 章 \ 水果 mp4
	效果文件	无
	视频文件	光盘 \ 视频 \ 第 14 章 \14.1.3 上传视频至优酷网站 .mp4

实战 上传视频至优酷网站

步骤 01 打开相应浏览器，进入优酷视频首页，注册并登录优酷账号，如图 14-13 所示。

步骤 02 在优酷首页的右上角位置，将鼠标移至“上传”文字上，在弹出的面板中单击“上传视频”文字链接，如图 14-14 所示。

图 14-13 登录优酷账号　　图 14-14 单击“上传视频”文字链接

步骤 03 执行操作后，打开“上传视频 - 优酷”网页，在页面的中间位置单击“上传视频”按钮，如图 14-15 所示。

步骤 04 弹出“打开”对话框，在其中选择上一例中输出的视频文件，如图 14-16 所示。

图 14-15 单击“上传视频”按钮　　图 14-16 选择视频文件

步骤 05 单击“打开”按钮，返回“上传视频 - 优酷”网页，在页面上方显示了视频上传进度，如图 14-17 所示。

步骤 06 稍等片刻，待视频文件上传完成后，页面中会显示 100%，在“视频信息”一栏中，设置视频的标题、简介、分类以及标签等内容，如图 14-18 所示。

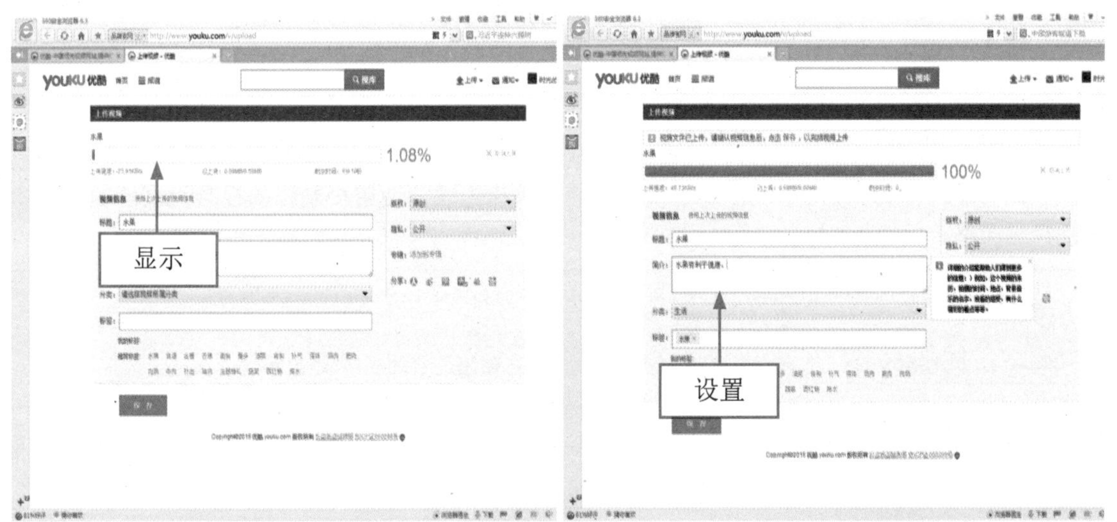

图 14-17 显示视频上传进度　　图 14-18 设置各信息

步骤 07 设置完成后，滚动鼠标，单击页面最下方的“保存”按钮，即可成功上传视频文件，此时页面中提示用户视频上传成功，进入审核阶段，如图 14-19 所示。

步骤 08 设置完在页面中单击“视频管理”超链接，进入“我的视频管理”网页，在“已上传”标签中，显示了刚上传的视频文件，如图 14-20 所示，待视频审核通过后，即可在优酷网站中与网友一起分享视频画面。

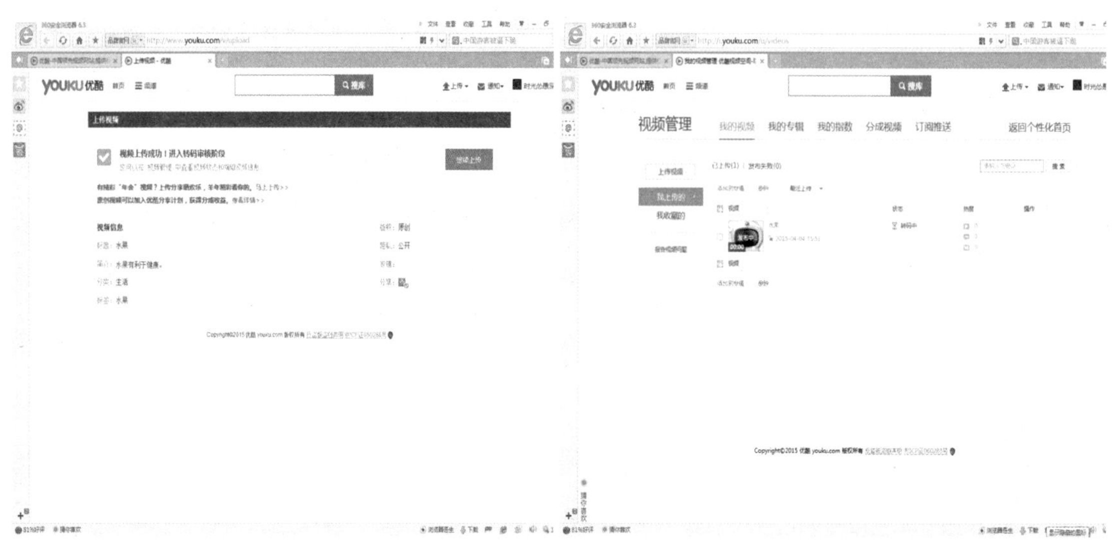

图 14-19 进入审核阶段　　图 14-20 显示刚上传的视频文件

14.2 将视频分享至新浪微博

微博，即微博客（Micro Blog）的简称，是一个基于用户关系信息分享、传播以及获取平台，用户可以通过 WEB、WAP 等各种客户端组建个人社区，以 140 字左右的文字更新信息，并实现即时分享。微博在这个时代是非常流行的一种社交工具，用户可以将自己制作的视频文件与微博好友一起分享。本节主要向读者介绍将视频分享至新浪微博的操作方法。

14.2.1 输出适合的视频尺寸

在新浪微博中，对上传的视频尺寸没有特别的要求，任何常见尺寸的视频都可以上传至新浪微博中。下面向读者介绍输出 4K 高清视频尺寸的操作方法，使用户制作的视频为高清视频，增强视频画面感。

	素材文件	光盘 \ 素材 \ 第 14 章 \ 水果 .VSP
	效果文件	光盘 \ 效果 \ 第 14 章 \ 水果 .mp4
	视频文件	光盘 \ 视频 \ 第 14 章 \14.2.1 输出适合的视频尺寸 .mp4

实战 输出适合的视频尺寸

步骤 01 进入会声会影编辑器，单击“文件”|“打开项目”命令，如图 14-21 所示。

步骤 02 弹出“打开”对话框，选择需要打开的项目文件，单击“打开”按钮，即可打开项目文件，如图 14-22 所示。

步骤 03 在导览面板中单击“播放”按钮，预览制作的成品视频画面，如图 14-23 所示。

步骤 04 在上方面板中，单击“输出”标签，执行操作后，即可切换至“输出”步骤面板，选择 MPEG-4 选项，在“项目”右侧的下拉列表中选择 MPEG-4（4096×2160，50p）选项，如图 14-24 所示。

步骤 05 在下方面板中，单击“文件位置”右侧的“浏览”按钮，如图 14-25 所示。

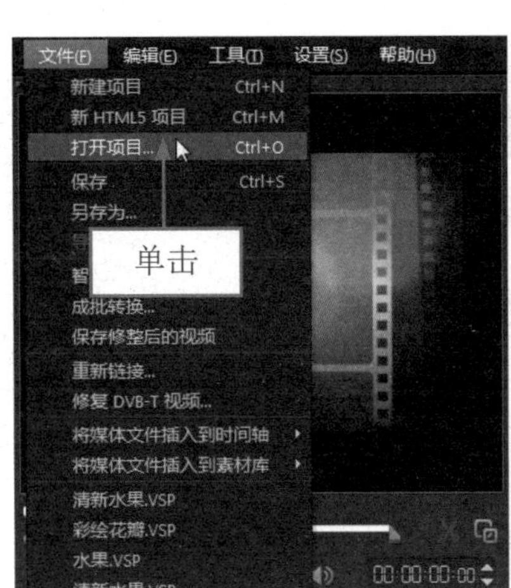

图 14-21 单击“打开项目”命令

图 14-22 打开项目文件

图 14-23 预览成品视频画面

图 14-24 切换至“输出”步骤面板

图 14-25 单击“浏览”按钮

步骤 06 弹出“浏览”对话框，在其中设置视频文件的输出名称与输出位置，如图 14-26 所示。

步骤 07 设置完成后，单击“保存”按钮，返回会声会影编辑器，单击下方的“开始”按钮，如图 14-27 所示，开始渲染视频文件，并显示渲染进度。

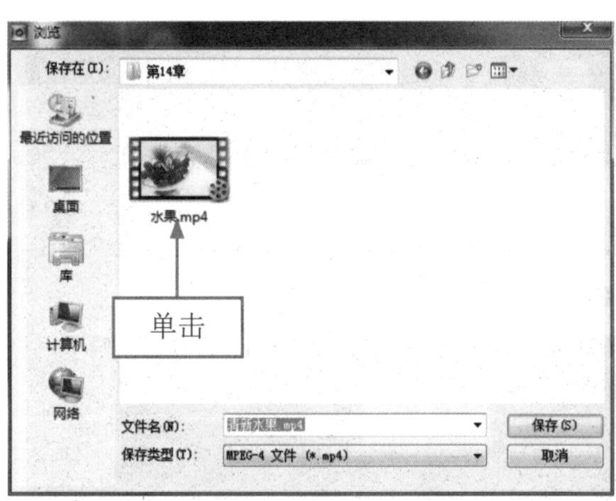

图 14-26 单击“浏览”按钮

图 14-27 单击“开始”按钮

步骤 08 稍等片刻待视频文件输出完成后，弹出信息提示框，提示用户视频文件建立成功，如图 14-28 所示。

步骤 09 单击“确定”按钮，完成输出整个项目文件的操作，在视频素材库中查看输出的 MP4 视频文件，如图 14-29 所示。

图 14-28 弹出信息提示框

图 14-29 素材库中查看输出的 MP4 视频文件

14.2.2 上传视频至新浪微博

当用户将高清视频输出完成后，接下来可以将视频分享至新浪微博。下面向读者介绍将视频成品分享至新浪微博的操作方法。

	素材文件	光盘 \ 素材 \ 第 14 章 \ 美丽海景 VSP
	效果文件	无
	视频文件	光盘 \ 视频 \ 第 14 章 \14.2.2 上传视频至新浪微博 .mp4

实战 上传视频至新浪微博

步骤 01 打开相应浏览器，进入新浪微博首页，如图 14-30 所示。

步骤 02 注册并登录新浪微博账号，在页面上方单击“视频”超链接，如图 14-31 所示。

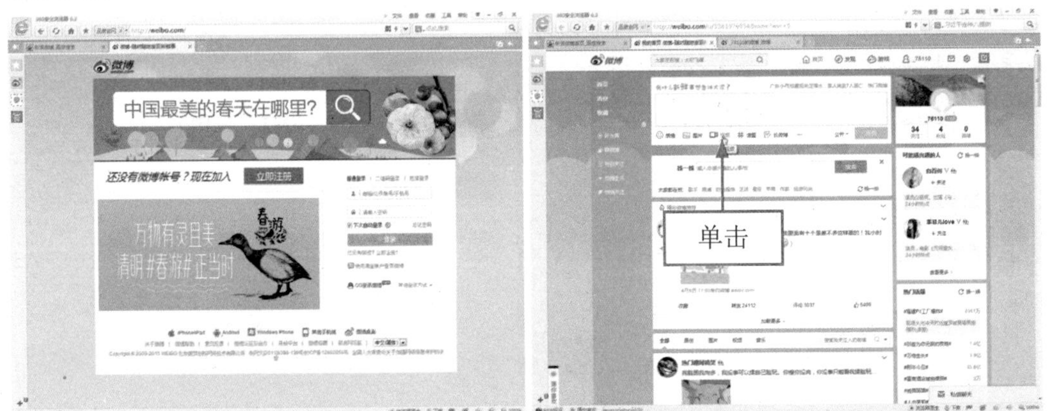

图 14-30 进入新浪微博首页

图 14-31 单击“视频”超链接

步骤 03 执行操作后，弹出相应面板，在“本地视频”选项卡中单击“本地上传”按钮，如图 14-32 所示。

步骤 04 弹出相应页面，单击“选择文件”按钮，如图 14-33 所示。

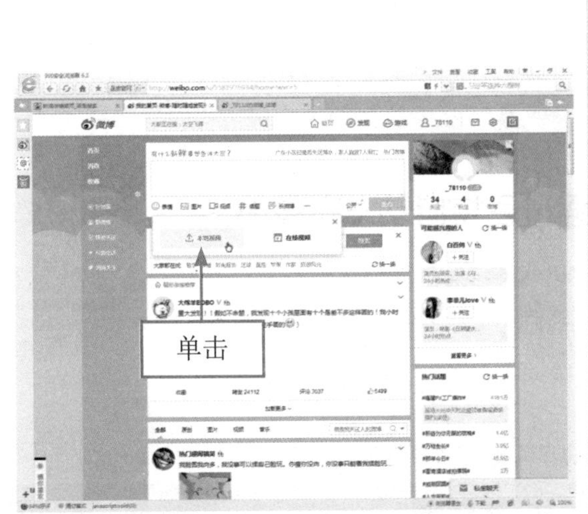

图 14-32 单击“本地上传”按钮

图 14-33 单击“选择文件”按钮

步骤 05 弹出“打开”对话框，选择用户上一例中输出的视频文件，如图 14-34 所示。

步骤 06 单击“打开”按钮，返回相应页面，设置“标签”信息为“视频”，单击“开始上传”按钮，显示高清视频上传进度，如图 14-35 所示。

专家指点

在图 14-36 页面中，单击“关闭窗口”按钮，将返回新浪微博主页，稍后可以查看发布的视频。在新浪微博上，用户还可以分享自己拍摄或制作的照片，与网友一起分享作品。

图 14-34 选择视频文件

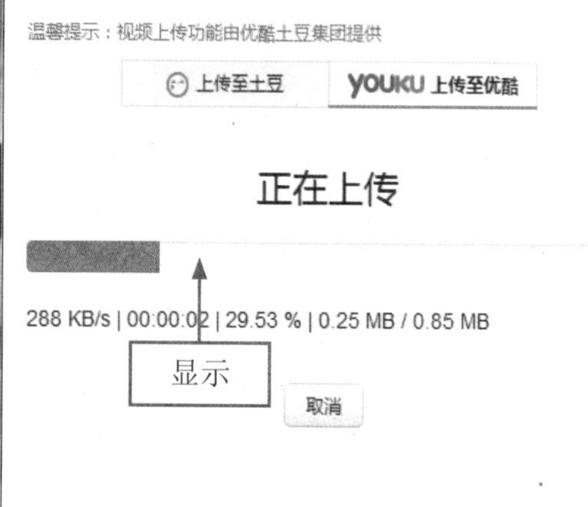

图 14-35 显示高清视频上传进度

步骤 07 稍等片刻，页面中提示用户视频已经上传完成，如图 14-36 所示。

图 14-36 提示用户视频已经上传完成

14.3 将视频分享至 QQ 空间

QQ 空间（Qzone）是腾讯公司开发出来的一个个性空间，具有博客（Blog）的功能，自问世以来受到众多人的喜爱。在 QQ 空间上可以书写日记，上传自己的视频，听音乐，写心情，通过多种方式展现自己。除此之外，用户还可以根据自己的喜爱设定空间的背景、小挂件等，从而使每个空间都有自己的特色。本节主要向读者介绍在 QQ 空间中分享视频的操作方法。

14.3.1 输出适合的视频尺寸

用户如果要在 QQ 空间中与好友一起分享制作的视频效果，首先需要输出视频文件。下面向读者介绍输出适合 QQ 空间视频尺寸的操作方法。

素材文件	光盘 \ 素材 \ 第 14 章 \ 美丽海景．VSP
效果文件	光盘 \ 效果 \ 第 14 章 \ 美丽海景 wmv
视频文件	光盘 \ 视频 \ 第 14 章 \14.3.1 输出适合的视频尺寸 .mp4

实战 输出适合的视频尺寸

步骤 01 进入会声会影编辑器，单击“文件”|“打开项目”命令，如图 14-37 所示。

步骤 02 弹出“打开”对话框，选择需要打开的项目文件，单击“打开”按钮，即可打开项目文件，如图 14-38 所示。

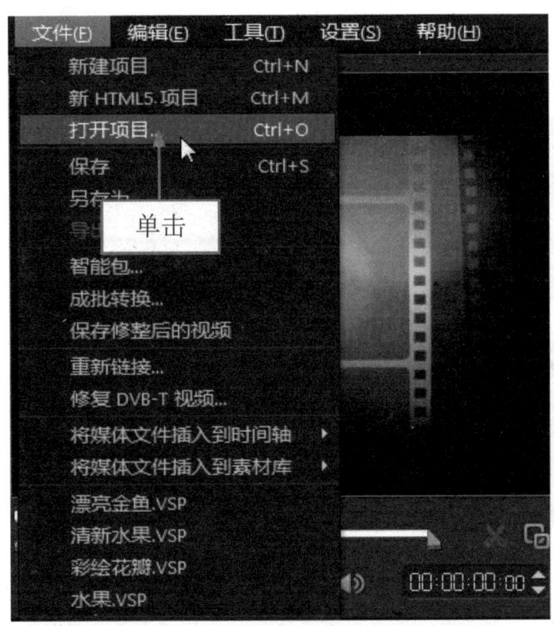

图 14-37 单击“打开项目”命令

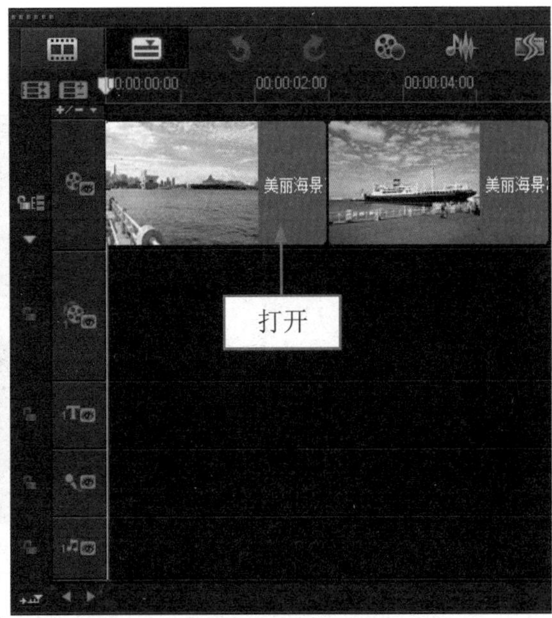

图 14-38 打开项目文件

步骤 03 在导览面板中单击“播放”按钮，预览制作的成品视频画面，如图 14-39 所示。

> **专家指点**
>
> QQ 空间对于用户上传的视频文件尺寸没有特别的要求，一般的格式都适合上传至 QQ 空间中。

步骤 04 在会声会影编辑器上方面板中，单击“输出”标签，执行操作后，即可切换至“输出”步骤面板，选择 WMV 选项，在“项目”右侧的下拉列表中选择 WMV（1920×1080，25p）选项，如图 14-40 所示。

步骤 05 在下方面板中，单击“文件位置”右侧的“浏览”按钮，如图 19-41 所示。

步骤 06 弹出“浏览”对话框，在其中设置视频文件的输出名称与输出位置，如图 14-42 所示。

步骤 07 设置完成后，单击“保存”按钮，返回会声会影编辑器，单击下方的“开始”按钮，如图 14-43 所示，开始渲染视频文件，并显示渲染进度。

图 14-39 预览成品视频画面

图 14-40 切换至“输出”步骤面板

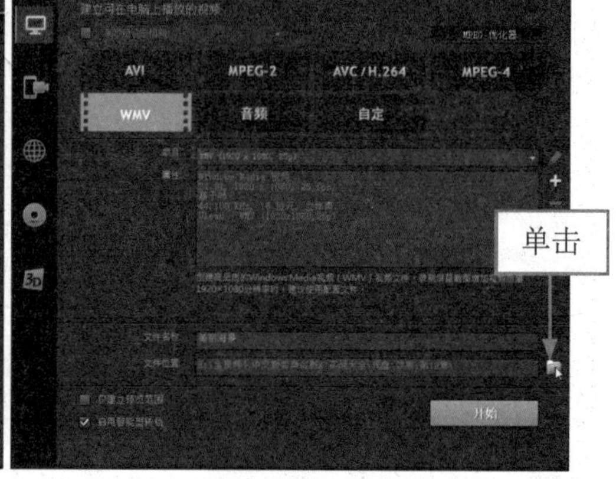

图 14-41 单击“浏览”按钮

图 14-42 单击“浏览”按钮

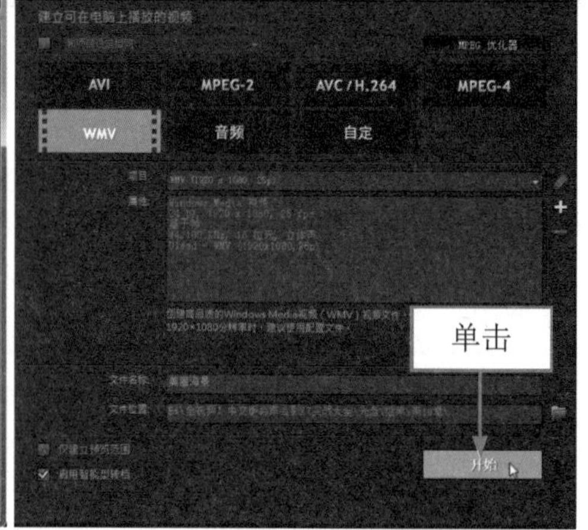

图 14-43 单击“开始”按钮

步骤 08 稍等片刻待视频文件输出完成后，弹出信息提示框，提示用户视频文件建立成功，如图 19-44 所示。

步骤 09 单击“确定”按钮，完成输出整个项目文件的操作，在视频素材库中查看输出的

WMV 视频文件，如图 19-45 所示。

图 14-44 弹出信息提示框

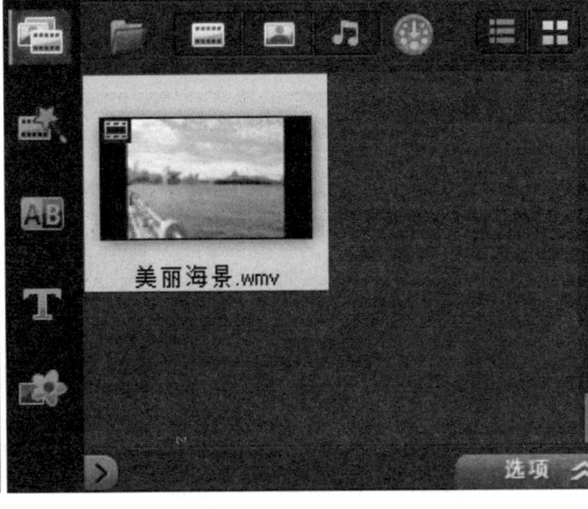

图 14-45 素材库中查看输出的 WMV 视频文件

14.3.2 上传视频至 QQ 空间

当用户将视频输出完成后，接下来可以将视频分享至 QQ 空间中。下面向读者介绍将视频成品分享至 QQ 空间的操作方法。

	素材文件	光盘 \ 素材 \ 第 14 章 \ 美丽海景 VSP
	效果文件	光盘 \ 效果 \ 第 14 章 \ 美丽海景 . VSP
	视频文件	光盘 \ 视频 \ 第 14 章 \14.3.2 上传视频至 QQ 空间 .mp4

实战 上传视频至 QQ 空间

步骤 01 打开相应浏览器，进入 QQ 空间首页，如图 14-46 所示。

步骤 02 注册并登录 QQ 空间账号，在页面上方单击“视频”超链接，如图 14-47 所示。

图 14-46 进入 QQ 空间首页

图 14-47 单击“视频”超链接

步骤 03 弹出添加视频的面板，在面板中单击“本地上传”超链接，如图 14-48 所示。

步骤 04 弹出相应对话框，在其中选择用户上一例中输出的视频文件，如图 14-49 所示。

图 14-48 单击“本地上传”超链接

图 14-49 选择视频文件

步骤 05 单击“保存”按钮，开始上传选择的视频文件，如图 14-50 所示。

步骤 06 稍等片刻，视频即可上传成功，在页面中显示了视频上传的预览图标，单击上方的“发表”按钮，如图 14-51 所示。

图 14-50 开始上传选择的视频文件

图 14-51 单击上方的“发表”按钮

步骤 07 执行操作后，即可发表用户上传的视频文件，下方显示了发表时间，单击视频文件中的“播放”按钮，如图 14-52 所示。

步骤 08 即可开始播放用户上传的视频文件，如图 14-53 所示，与 QQ 好友一同分享制作的视频效果。

专家指点

在腾讯 QQ 空间中，只有黄钻用户才能上传本地电脑中的视频文件。如果用户不是黄钻用户，则不能上传本地视频，只能分享其他网页中的视频至 QQ 空间中。

图 14-52 单击“播放”按钮

图 14-53 播放上传的视频文件

15 旅游回忆——《最美云南》

学习提示

云南省位于中国西南的边陲，省会昆明，简称是“滇”或“云”，是人类文明重要发祥地之一。云南是著名的旅游大省，大理、丽江、香格里拉、西双版纳，各种美丽的景色都可以在云南一一目睹。本章主要介绍旅游记录——《最美云南》的制作方法。

本章案例导航

- 15.2.1 导入旅游媒体素材
- 15.2.4 制作旅游视频画面
- 15.2.10 制作旅游摇动效果
- 15.2.11 制作旅游转场效果
- 15.2.12 制作旅游片头动画
- 15.2.13 制作旅游边框动画
- 15.2.14 制作视频片尾覆叠
- 15.2.15 制作标题字幕动画
- 15.3.1 制作旅游音频特效
- 15.3.2 渲染输出旅游视频

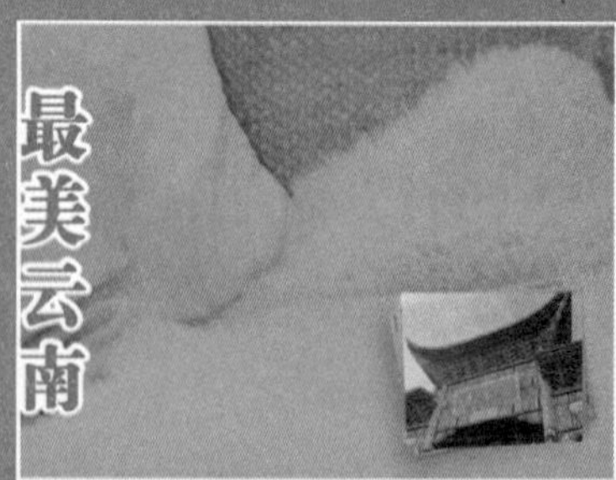

15.1 实例分析

云南是上帝遗留在这个世界上唯一的人间仙境，那里瑞云缭绕、祥气笼罩，鸟儿在蓝天白云间鸣啭，牛羊在绿草洪家中徜徉，人们在古桥流水间悠闲，阳光照耀着生命的年轮，雪山涧溪洗涤着灵魂的尘埃。在制作《最美云南》视频效果之前，首先预览项目效果，并掌握项目技术提炼等内容。

15.1.1 案例效果欣赏

本实例介绍制作旅游记录——.《最美云南》，效果如图 15-1 所示。

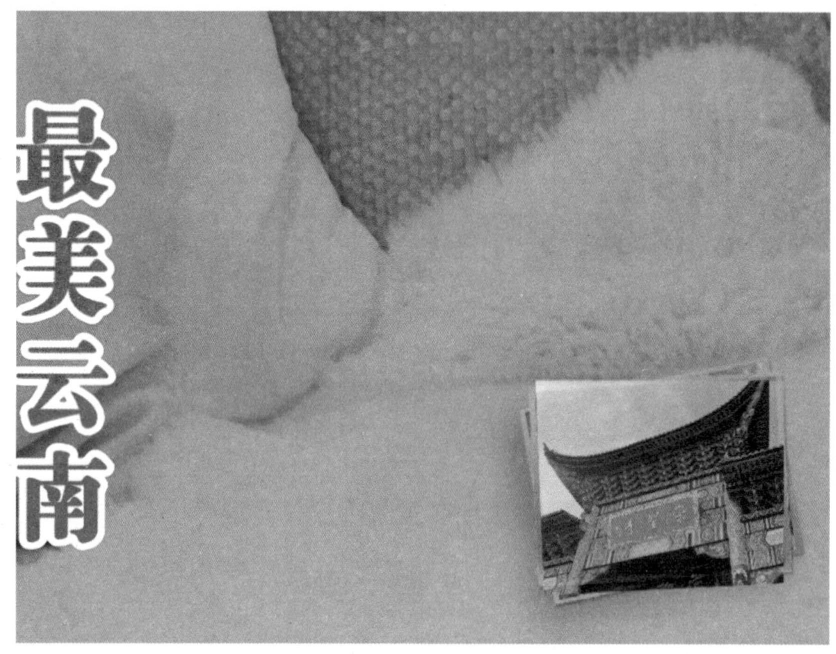

图 15-1 《最美云南》视频效果

15.1.2 实例技术点睛

首先进入会声会影编辑器，在媒体库中插入相应的视频素材、图像素材、边框素材以及音乐素材等，为图像素材添加摇动缩放效果，切换至“转场”素材库，在其中添加相应转场，然后进入“标题”素材库，通过选项面板中的设置，在预览窗口中创建多个标题字幕，接下来通过媒体库在音乐轨中插入音频素材，最后输出为视频文件等操作。

15.2 制作视频效果

本节主要介绍《最美云南》视频文件的制作过程，如导入旅游媒体素材、制作旅游视频画面、制作旅游摇动效果、制作旅游转场效果、制作旅游片头动画、制作旅游边框动画、制作视频片尾覆叠以及制作标题字幕动画等内容。

15.2.1 导入旅游媒体素材 1

在制作视频效果之前，首先需要导入相应的旅游媒体素材，导入素材后才能对媒体素材进行相应编辑。下面介绍导入旅游媒体素材的操作方法。

素材文件	无
效果文件	无
视频文件	光盘 \ 视频 \ 第 15 章 \15.2.1 导入旅游媒体素材 1.mp4

步骤 01 进入会声会影编辑器，在“媒体”素材库中展开库导航面板，单击上方的“添加”按钮，如图 15-2 所示。

步骤 02 执行上述操作后，即可新增一个“文件夹”选项，如图 15-3 所示。

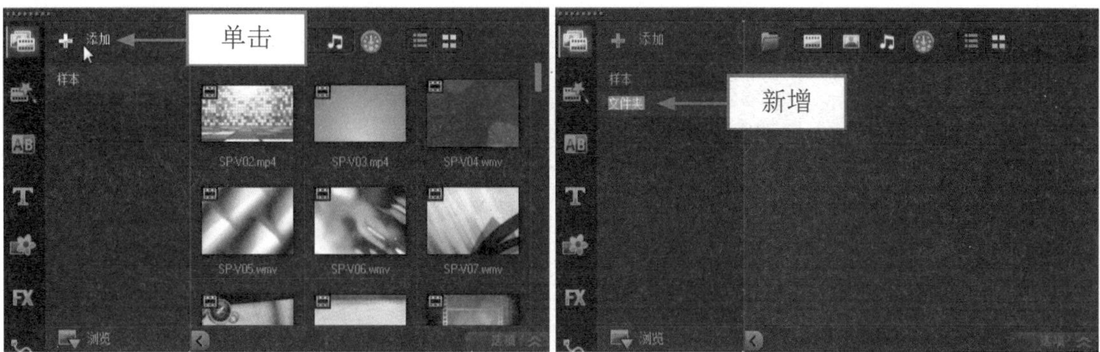

图 15-2 单击“添加”按钮　　　　图 15-3 新增“文件夹”选项

步骤 03 将“名称”更改为“旅游素材”，如图 15-4 所示。

图 15-4 将“名称”更改为“旅游素材”

15.2.2 导入旅游媒体素材 2

在制作视频效果之前，首先需要导入相应的旅游媒体素材，导入素材后才能对媒体素材进行相应编辑。下面介绍导入旅游媒体素材的操作方法。

	素材文件	光盘 \ 素材 \ 第 15 章 \1 片头 .wmv、片尾 .wmv
	效果文件	无
	视频文件	光盘 \ 视频 \ 第 15 章 \15.2.2 导入旅游媒体素材 2.mp4

步骤 01 在菜单栏中，单击“文件”|“将媒体文件插入到素材库”|“插入视频”命令，如图 15-5 所示。

步骤 02 执行操作后，弹出“浏览视频”对话框，在其中选择需要导入的视频素材，如图 15-6 所示。

步骤 03 单击“打开”按钮，即将视频素材导入到“旅游素材”选项卡中，如图 15-7 所示。

步骤 04 选择相应的旅游视频素材，在导览面板中单击“播放”按钮，即可预览导入的视频素材画面效果，如图 15-8 所示。

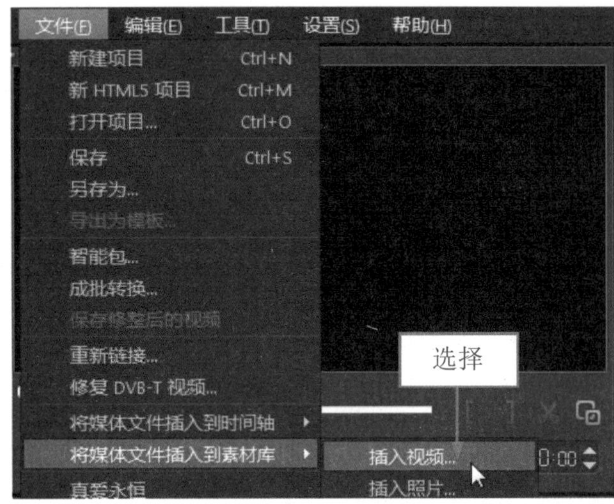

图 15-5 “插入视频”命令

图 15-6 在其中选择需要导入的视频素材

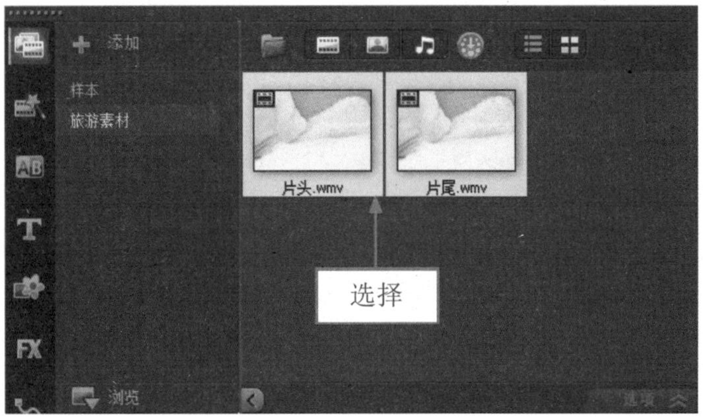

图 15-7 视频素材导入到“旅游素材”选项卡中

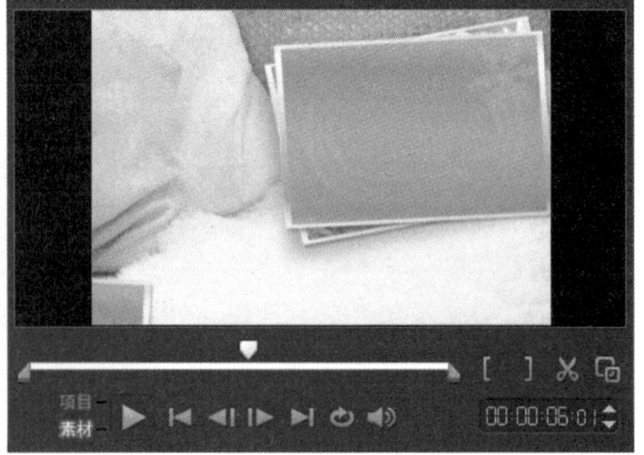

图 15-8 预览导入的视频素材画面效果

15.2.3 导入旅游媒体素材 3

在制作视频效果之前，首先需要导入相应的旅游媒体素材，导入素材后才能对媒体素材进行相应编辑。下面介绍导入旅游媒体素材的操作方法。

	素材文件	光盘 \ 素材 \ 第 15 章 \1.jpg ～ 22.png
	效果文件	无
	视频文件	光盘 \ 视频 \ 第 15 章 \15.2.3 导入旅游媒体素材 3.mp4

步骤 01 在菜单栏中，单击“文件”|“将媒体文件插入到素材库”|“插入照片”命令，如图 15-9 所示。

步骤 02 执行操作后，弹出“浏览照片”对话框，在其中选择需要导入的多张旅游照片素材，如图 15-10 所示。

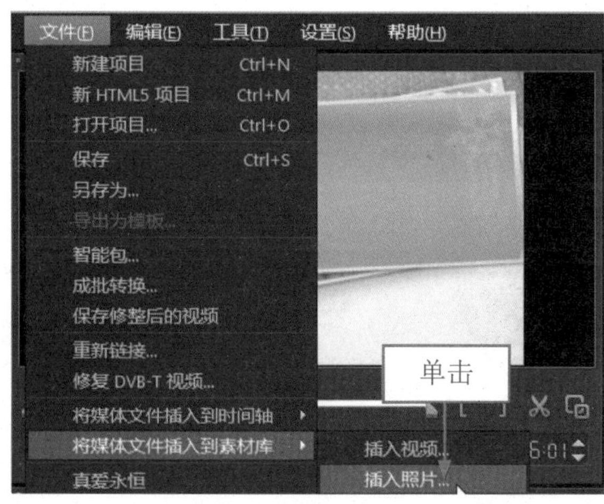

图 15-9 单击“文件”　　图 15-10 选择导入的多张旅游照片素材

步骤 03 单击“打开”按钮，即可将照片素材导入到“旅游素材”选项卡中，如图 15-11 所示。

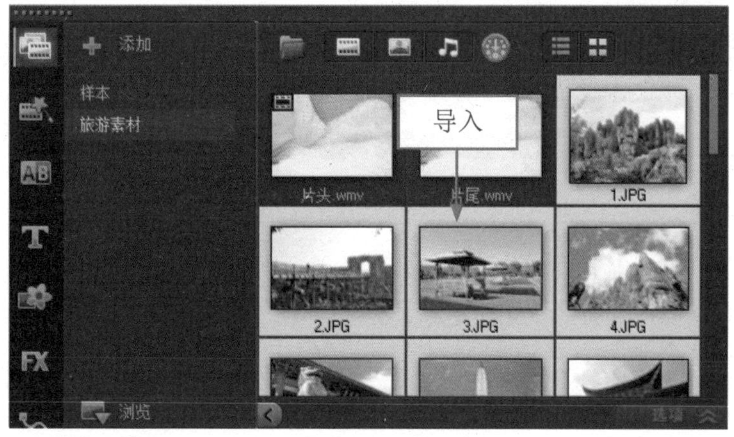

图 15-11 单击“打开”按钮

步骤 04 在素材库中选择相应的旅游照片素材，在预览窗口中可以预览导入的照片素材画面效果，如图 15-12 所示。

专家指点

进入会声会影 X7 编辑器，在“媒体”素材库中，单击“导入媒体文件”也可以导入图像。

图 15-12 预览导入的照片素材画面效果

15.2.4 制作旅游视频画面 1

在会声会影编辑器中，将素材文件导入至编辑器后，需要将其制作成视频画面，使视频内容更具吸引力。下面介绍制作旅游视频画面的操作方法。

	素材文件	无
	效果文件	无
	视频文件	光盘 \ 视频 \ 第 15 章 \15.2.4 制作旅游视频画面 1.mp4

步骤 01 在“媒体”素材库的“旅游素材”选项卡中，选择视频素材“片头 .wmv”，如图 15-13 所示。

步骤 02 在选择的视频素材上，单击鼠标左键并将其拖曳至视频轨中的开始位置，如图 15-14 所示。

图 15-13 单击“图形”按钮

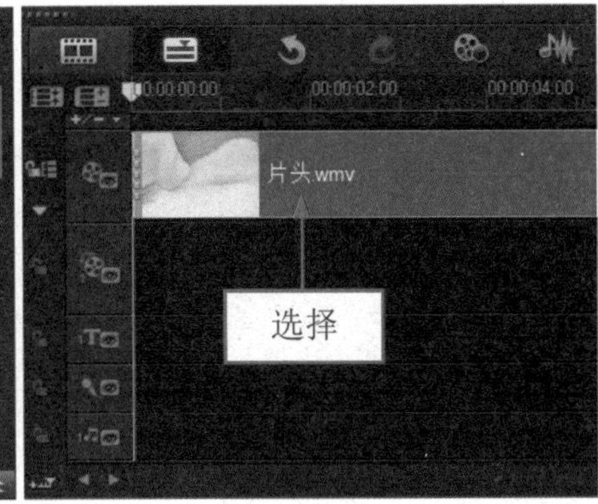

图 15-14 在其中选择黑色色块

步骤 03 在会声会影编辑器的右上方位置，单击“图形”按钮，如图 15-15 所示。

步骤 04 执行操作后，切换至“图形”选项卡，在其中选择黑色色块，如图 15-16 所示。

图 15-15 单击“图形”按钮

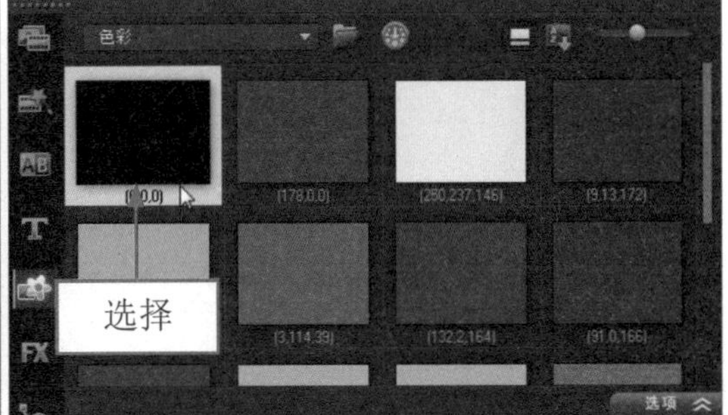

图 15-16 选择黑色色块

15.2.5 制作旅游视频画面 2

在会声会影编辑器中，将素材文件导入至编辑器后，需要将其制作成视频画面，使视频内容更具吸引力。下面介绍制作旅游视频画面的操作方法。

	素材文件	无
	效果文件	无
	视频文件	光盘 \ 视频 \ 第 15 章 \15.2.5 制作旅游视频画面 2.mp4

步骤 01 在选择的黑色色块上，单击鼠标左键并拖曳至视频轨中的开始位置，添加黑色色块素材，如图 15-17 所示。

步骤 02 在添加的黑色色块素材上，单击鼠标右键，在弹出的快捷菜单中选择“更改颜色持续时间”选项，如图 15-18 所示。

步骤 03 弹出“区间”对话框，在其中设置“区间”为 0:0:2:0，如图 15-19 所示。

步骤 04 单击“确定”按钮，执行操作后，即可更改黑色色块的区间长度为2秒，如图15-20所示。

步骤 05 在视频轨中的黑色色块素材上，单击鼠标右键，在弹出的快捷菜单中选择“复制”选项，如图 15-21 所示。

步骤 06 复制色块素材，将鼠标移至视频轨中“片头 .wmv”视频素材的后面，此时显示白色方框，如图 15-22 所示，表示黑色色块需要放置的位置。

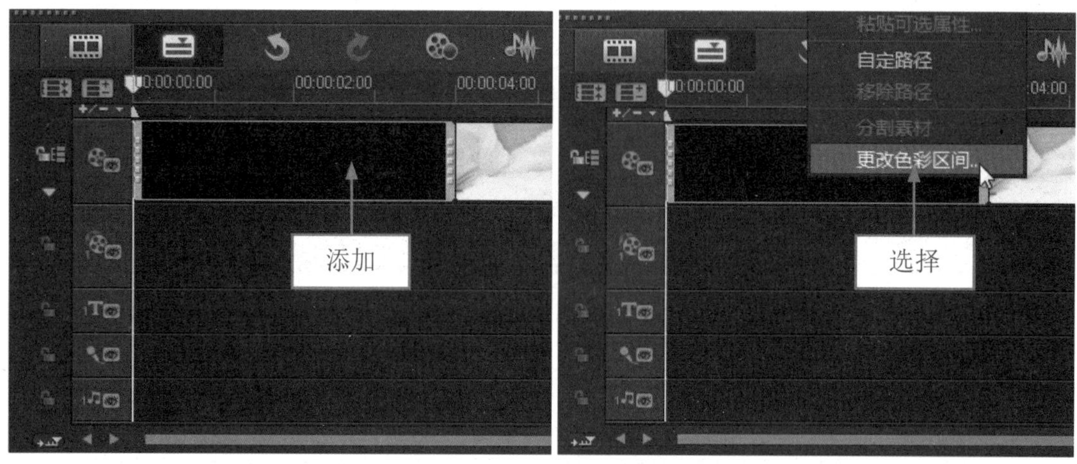

图 15-17 添加黑色色块素材

图 15-18 选择“更改颜色持续时间”选项

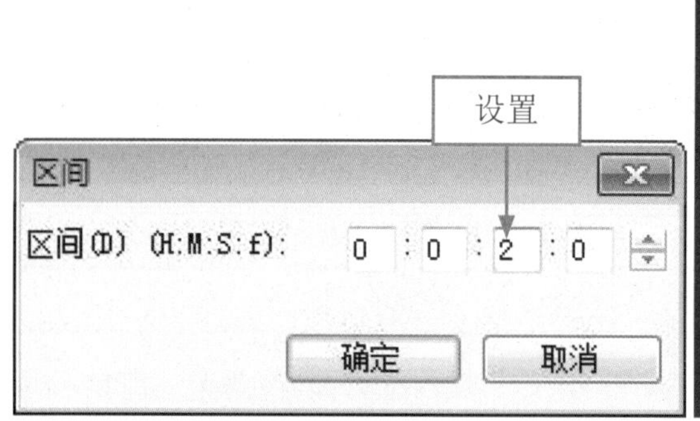

图 15-19 在其中设置“区间”

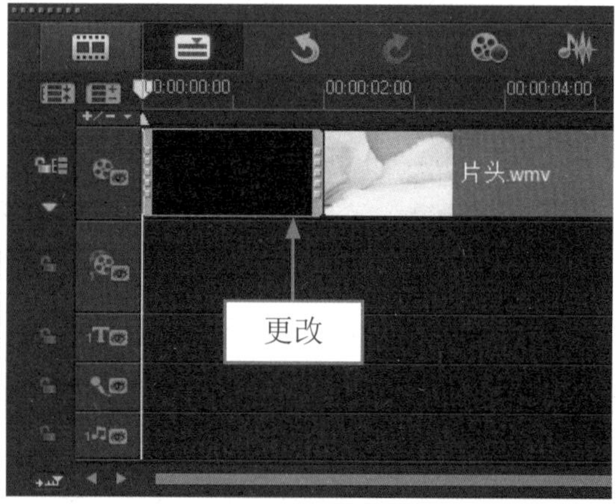

图 15-20 更改黑色色块的区间长度

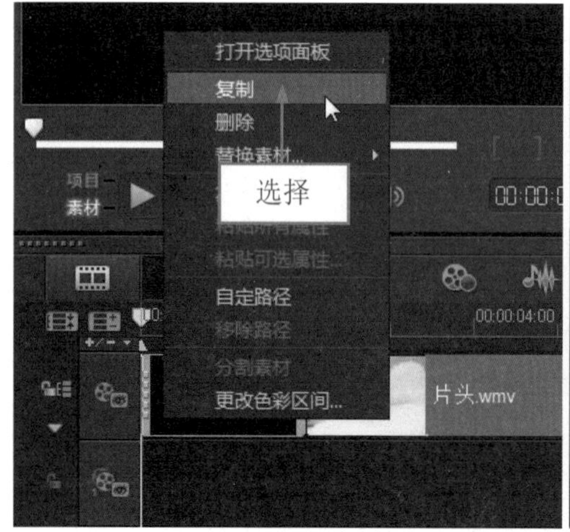

图 15-21 选择“复制”选项

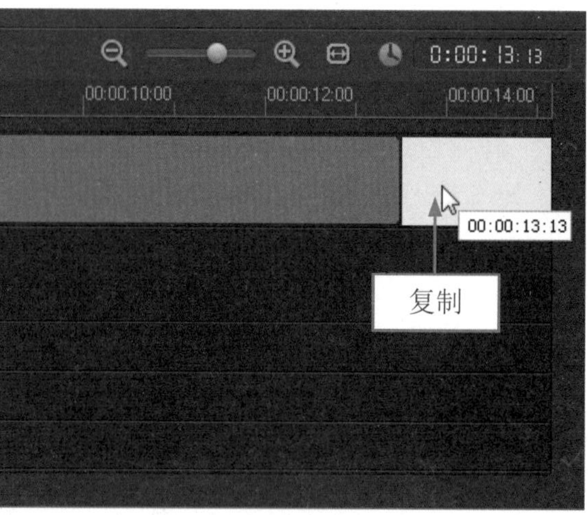

图 15-22 复制色块素材

15.2.6 制作旅游视频画面 3

在会声会影编辑器中，将素材文件导入至编辑器后，需要将其制作成视频画面，使视频内容更具吸引力。下面介绍制作旅游视频画面的操作方法。

素材文件	无
效果文件	无
视频文件	光盘 \ 视频 \ 第 15 章 \15.2.6 制作旅游视频画面 3.mp4

步骤 01 单击鼠标左键，即对复制的黑色色块素材进行粘贴操作，视频轨如图 15-23 所示。

步骤 02 在"媒体"素材库中，选择照片素材"1.jpg"，如图 15-24 所示。

图 15-23 单击鼠标左键

图 15-24 选择照片素材"1.jpg"

步骤 03 在选择的照片素材上，单击鼠标左键并将其拖曳至视频轨中黑色色块的后面，添加照片素材，如图 22-25 所示。

步骤 04 打开"照片"选项面板，设置"照片区间"为 0:00:05:00，如图 15-26 所示。

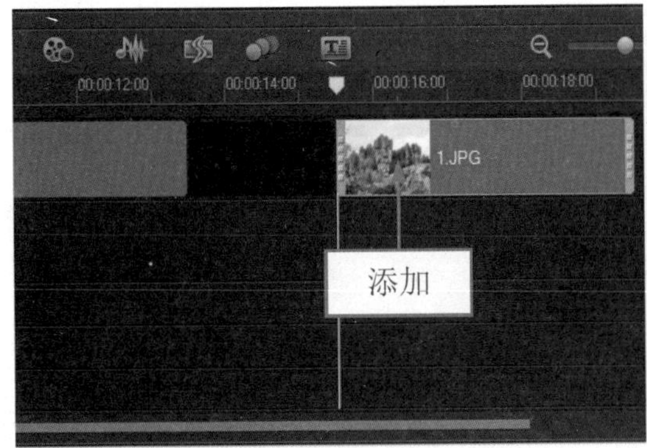

图 15-25 添加照片素材

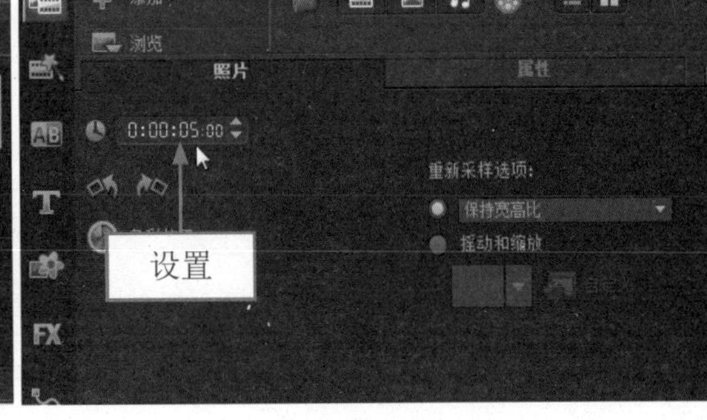

图 15-26 设置"照片区间"

步骤 05 执行操作后，即可更改视频轨中照片素材 1.jpg 的区间长度，如图 15-27 所示。

步骤 06 在"媒体"素材库中，选择照片素材"2.jpg"，如图 15-28 所示。

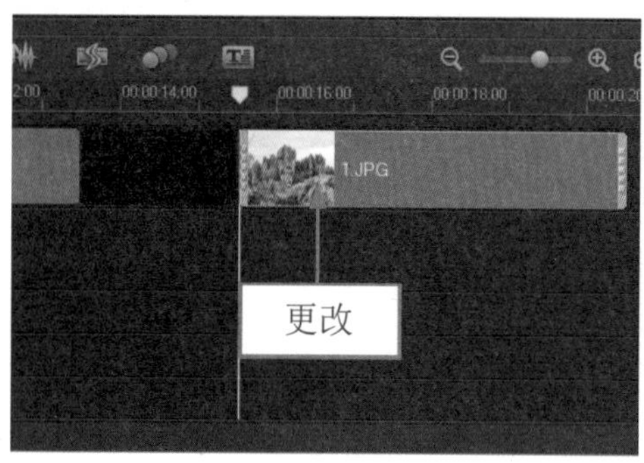

图 15-27 更改照片素材区间长度

图 15-28 选择照片素材“2.jpg”

步骤 07 在选择的照片素材上，单击鼠标左键并将其拖曳至视频轨中照片素材“1.jpg”的后面，添加照片素材，如图 15-29 所示。

步骤 08 打开“照片”选项面板，在其中设置“照片区间”为 0:00:05:00，即可更改视频轨中照片素材 2.jpg 的区间长度，如图 15-30 所示。

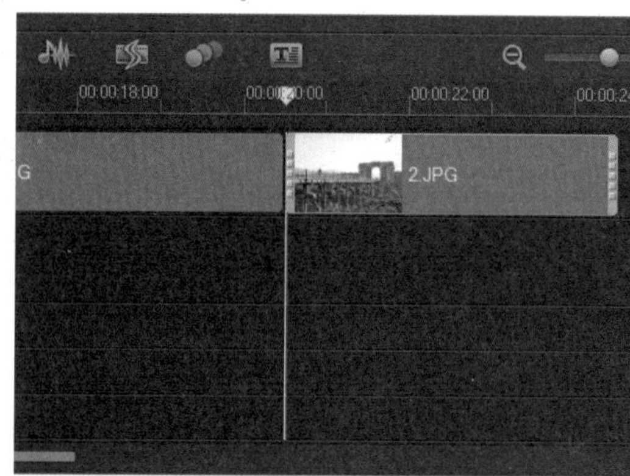

图 15-29 添加照片素材

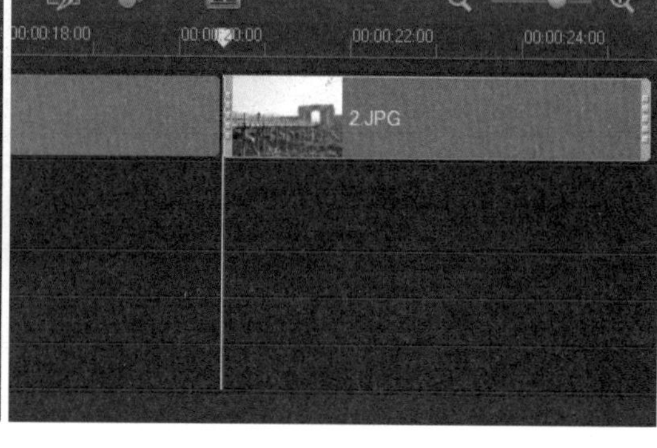

图 15-30 更改照片素材区间长度

15.2.7 制作旅游视频画面 4

在会声会影编辑器中，将素材文件导入至编辑器后，需要将其制作成视频画面，使视频内容更具吸引力。下面介绍制作旅游视频画面的操作方法。

素材文件	无
效果文件	无
视频文件	光盘 \ 视频 \ 第 15 章 \15.2.7 制作旅游视频画面 4.mp4

步骤 01 用与上同样的方法，将“媒体”素材库中的照片素材“3.jpg”拖曳至视频轨中照片素材“2.jpg”的后面，如图 15-31 所示。

步骤 02 打开“照片”选项面板，在其中设置“照片区间”为 0:00:05:00，即可更改视频轨中照片素材 3.jpg 的区间长度，如图 15-32 所示。

步骤 03 用与上同样的方法，将“媒体”素材库中的照片素材“4.jpg”拖曳至视频轨中照片素材“3.jpg”的后面，如图 15-33 所示。

步骤 04 打开“照片”选项面板，在其中设置“照片区间”为 0:00:05:00，即可更改视频轨中照片素材 4.jpg 的区间长度，如图 15-34 所示。

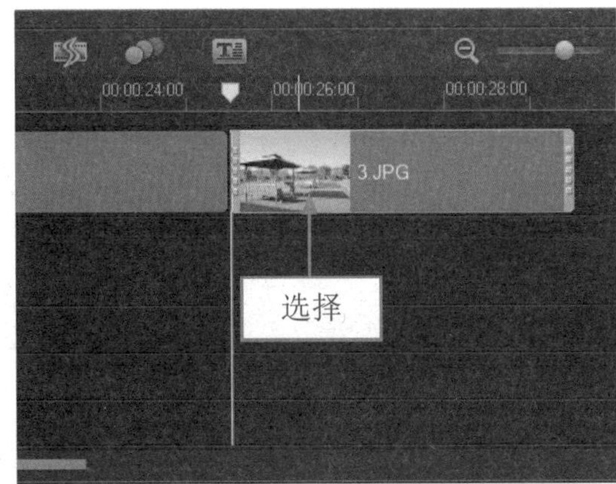

图 15-31 选择“媒体”素材库中的照片素材

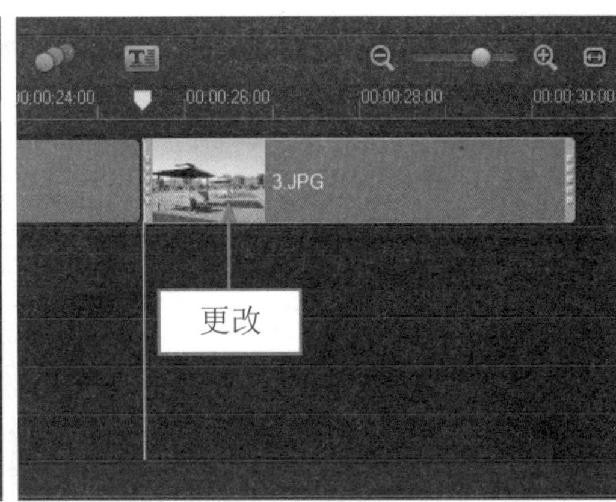

图 15-32 更改视频轨中照片素材的区间长度

步骤 05 在“媒体”素材库的“旅游素材”选项卡中，选择照片素材 5.jpg ～ 16.jpg 之间的所有照片素材，如图 15-35 所示。

步骤 06 在选择的多张照片素材上，单击鼠标右键，在弹出的快捷菜单中选择“插入到”|“视频轨”选项，如图 15-36 所示。

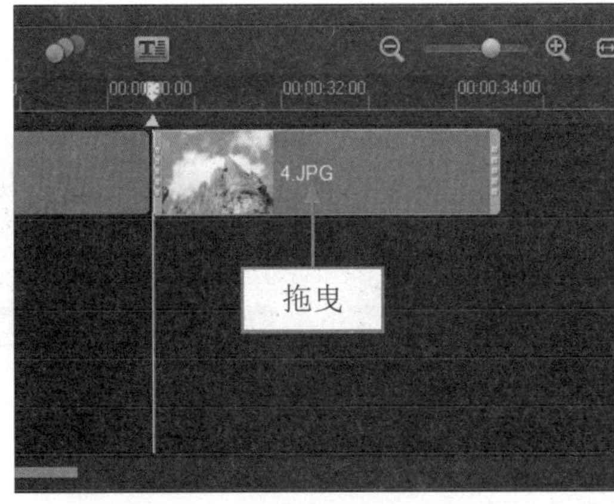

图 15-33 拖曳至视频轨中照片素材

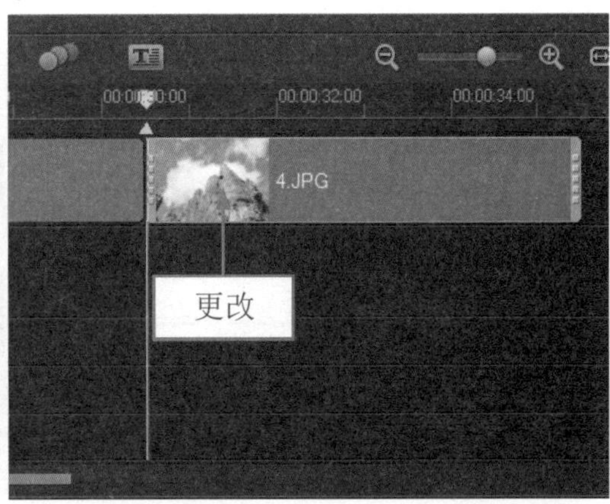

图 15-34 更改视频轨中照片素材 4.jpg 的区间长度

图 15-35 选择照片素材 5.jpg ～ 16.jpg

图 15-36 单击鼠标右键

步骤 07 执行操作后，即可将选择的多张照片素材插入到时间轴面板的视频轨中，如图 15-37 所示。

步骤 08 在插入的照片素材上，单击鼠标右键，在弹出的快捷菜单中选择“更改照片区间”选项，如图 15-38 所示。

图 15-37 插入到时间轴面板的视频轨中

图 15-38 选择“更改照片区间”选项

步骤 09 执行操作后，弹出“区间”对话框，在其中设置“区间”为 0:0:5:0，如图 15-39 所示。

步骤 10 单击“确定”按钮，多次操作，将 5.jpg ～ 16.jpg 照片素材的区间长度更改为 5 秒，切换至故事板视图，在故事板中素材缩略图的下方显示了区间参数，如图 15-40 所示。

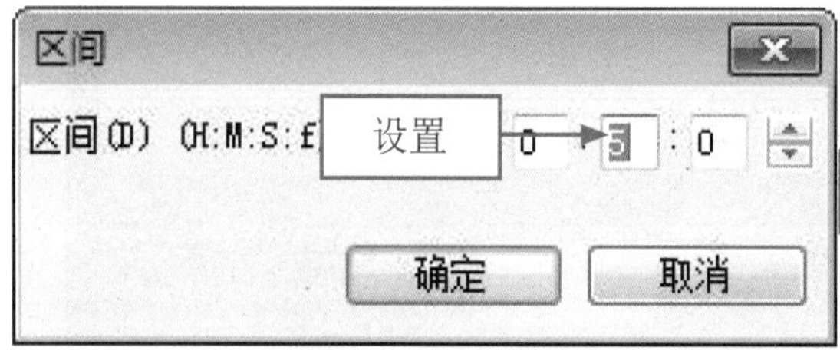

图 15-39 在其中设置“区间”

图 15-40 切换至故事板视图

15.2.8 制作旅游视频画面 5

在会声会影编辑器中，将素材文件导入至编辑器后，需要将其制作成视频画面，使视频内容更具吸引力。下面介绍制作旅游视频画面的操作方法。

	素材文件	无
	效果文件	无
	视频文件	光盘 \ 视频 \ 第 15 章 \15.2.8 制作旅游视频画面 5.mp4

步骤 01 切换至时间轴视图，在“图形”选项卡中选择黑色色块，在选择的黑色色块上单击鼠标左键并拖曳至视频轨中照片素材 16.jpg 的后面，如图 15-41 所示。

步骤 02 打开“色彩”选项面板，在其中设置“区间”为 0:00:02:00，即可更改黑色色块的区间长度，如图 15-42 所示。

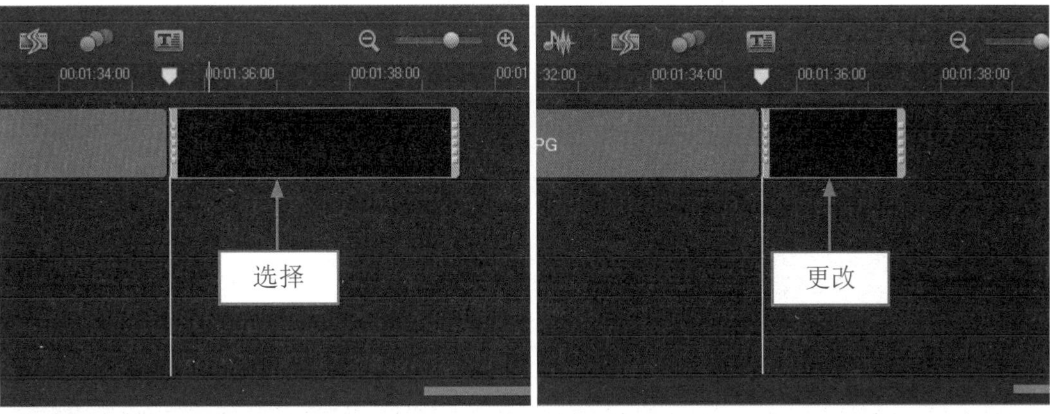

图 15-41 在“图形”选项卡中选择黑色色块　　图 15-42 更改黑色色块的区间长度

步骤 03 在“媒体”素材库中，选择视频素材“片尾 .wmv”，在选择的视频素材上单击鼠标左键并将其拖曳至视频轨的结束位置，如图 15-43 所示。

步骤 04 打开“视频”选项面板，设置“视频区间”为 0:00:07:21，如图 15-44 所示。

步骤 05 执行操作后，即可以更改“片尾 .wmv”视频素材的区间长度，视频轨如图 15-45 所示。

步骤 06 切换至“图形”选项卡，在其中选择黑色色块，在选择的黑色色块上单击鼠标左键并拖曳至视频轨中的结束位置，如图 15-46 所示。

图 15-43 选择视频素材“片尾 .wmv”　　图 15-44 设置“视频区间”

图 15-45 更改“片尾 .wmv”视频素材的区间长度

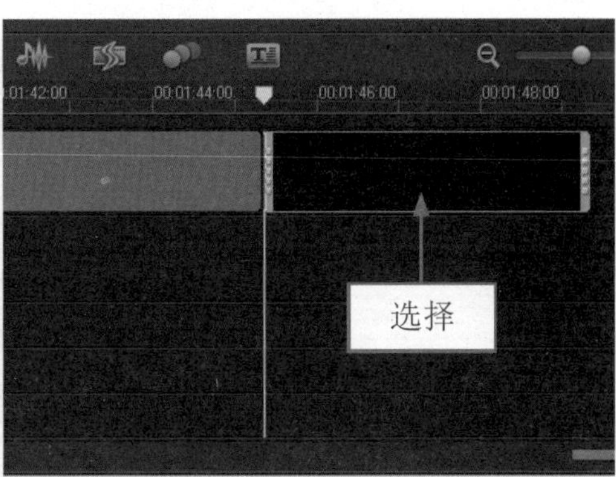

图 15-46 选择黑色色块

步骤 07 打开“色彩”选项面板，在其中设置“区间”为0:00:01:00，即可更改黑色色块的区间长度，如图15-47所示。

步骤 08 切换至故事板视图，在其中可以查看制作的视频与照片区间缩略图效果，如图15-48所示。

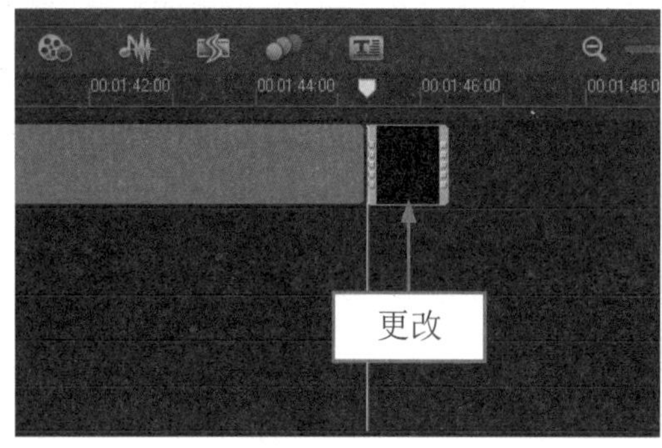

图15-47 更改黑色色块的区间长度

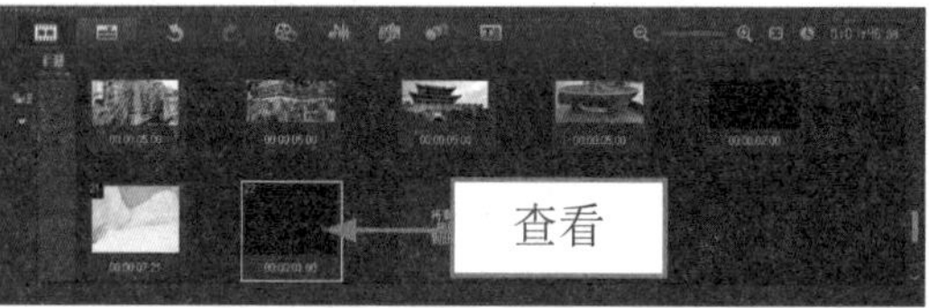

图15-48 查看制作的视频与照片区间缩略图效果

步骤 09 切换至时间轴视图，在视频轨中选择“片头.wmv”视频素材，如图15-49所示。

步骤 10 打开“属性”选项面板，在其中选中“变形素材”复选框，如图15-50所示。

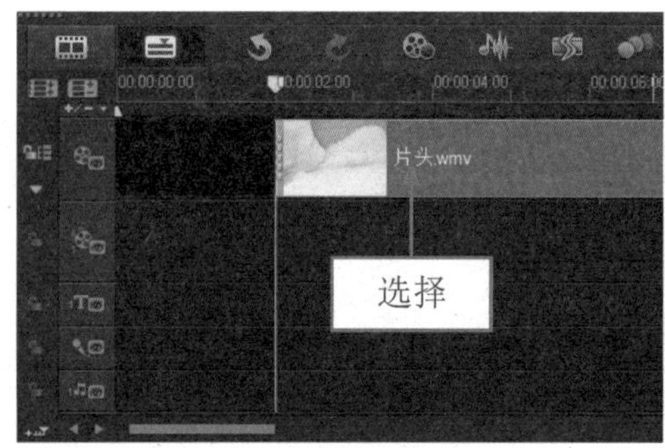

图15-49 选择“片头.wmv”视频素材

图15-50 选中“变形素材”复选框

步骤 11 此时，预览窗口中的素材四周将显示8个黄色控制柄，如图15-51所示。

步骤 12 拖曳素材四周的黄色控制柄，调整素材画面至全屏大小，如图15-52所示。

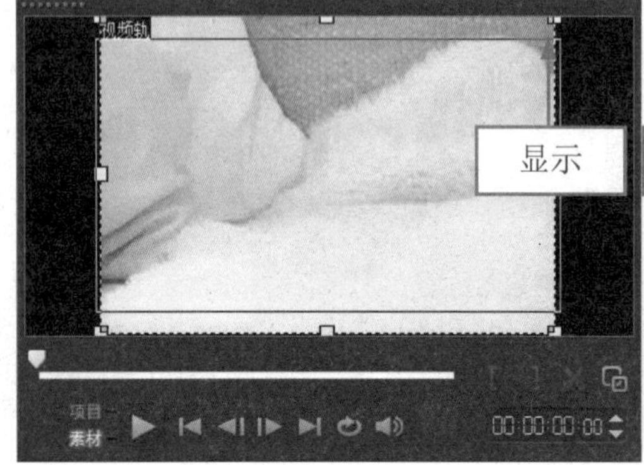

图15-51 显示8个黄色控制柄

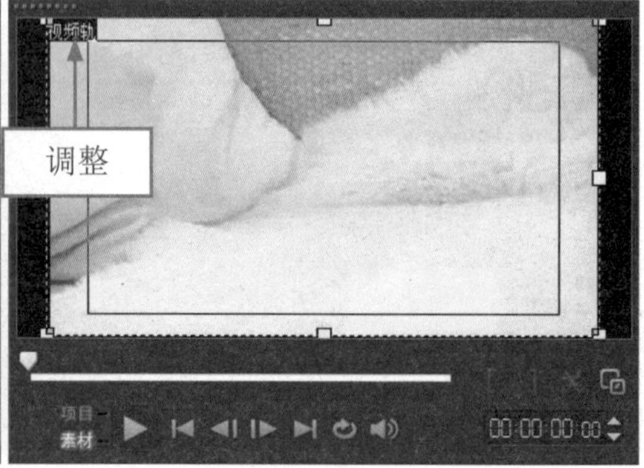

图15-52 调整素材画面至全屏大小

15.2.9 制作旅游视频画面 6

在会声会影编辑器中，将素材文件导入至编辑器后，需要将其制作成视频画面，使视频内容更具吸引力。下面介绍制作旅游视频画面的操作方法。

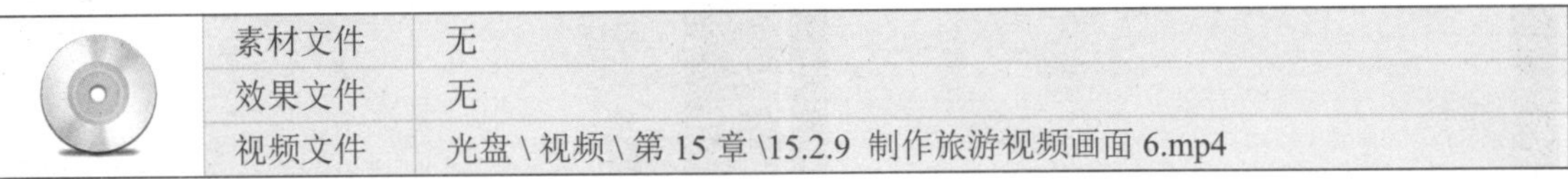

	素材文件	无
	效果文件	无
	视频文件	光盘 \ 视频 \ 第 15 章 \15.2.9 制作旅游视频画面 6.mp4

步骤 01 在视频轨中，选择“片尾 .wmv”视频素材，如图 15-53 所示。

步骤 02 打开“属性”选项面板，在其中选中“变形素材”复选框，如图 15-54 所示。

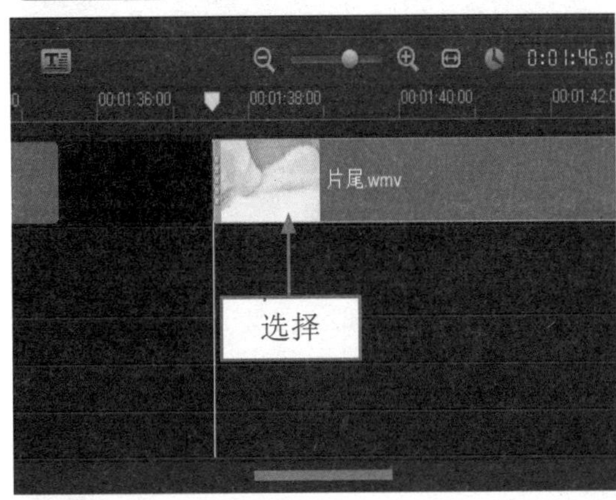

图 15-53 选择“片尾 .wmv”视频素材

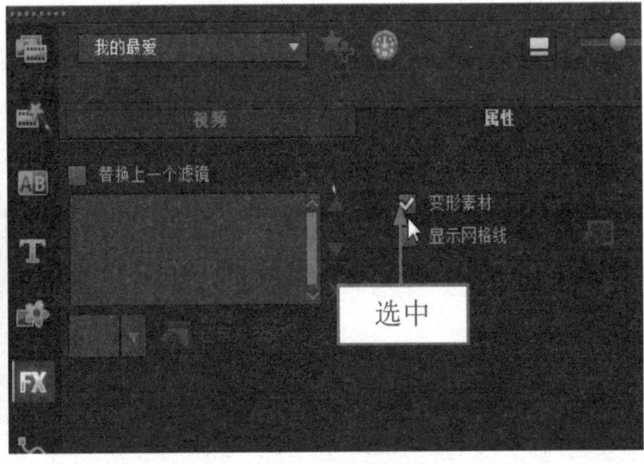

图 15-54 选中“变形素材”复选框

步骤 03 此时，预览窗口中的素材四周将显示 8 个黄色控制柄，如图 15-55 所示。

步骤 04 拖曳素材四周的黄色控制柄，调整素材画面至全屏大小，如图 15-56 所示。

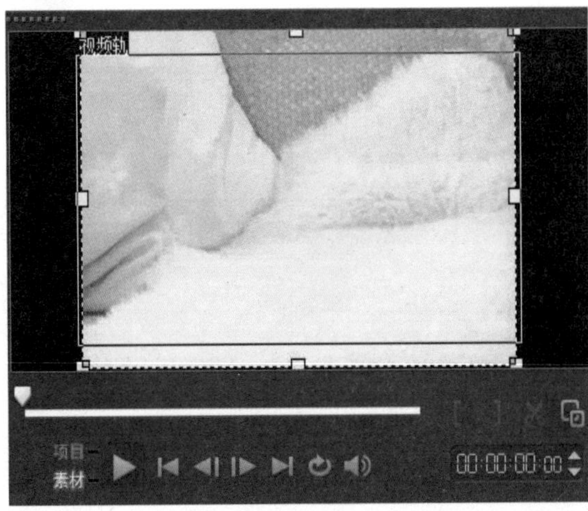

图 15-55 显示 8 个黄色控制柄

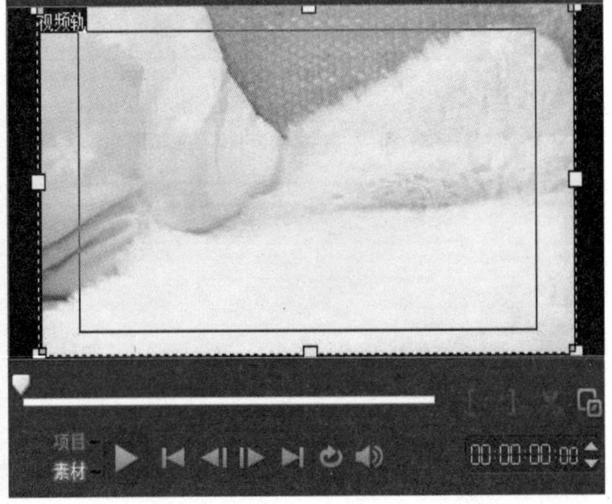

图 15-56 调整素材画面至全屏大小

步骤 05 至此，视频画面制作完成，在导览面板中单击“播放”按钮，预览制作的视频画面效果，如图 15-57 所示。

图 15-57 预览制作的视频画面效果

15.2.10 制作旅游摇动效果

在会声会影 X7 中，制作完视频画面后，可以根据需要为旅游图像素材添加摇动缩放效果。下面介绍制作旅游摇动效果的操作方法。

	素材文件	无
	效果文件	无
	视频文件	光盘 \ 视频 \ 第 15 章 \15.2.10 制作旅游摇动效果 .mp4

步骤 01 在视频轨中，选择 1.jpg 图像素材，在“照片”选项面板中选中“摇动和缩放”单选按钮，在下方的下拉列表框中选择第 1 排第 1 个摇动缩放样式，如图 15-58 所示。

步骤 02 选择 2.jpg 图像素材，在“照片”选项面板中选中“摇动和缩放”单选按钮，在下方的下拉列表框中选择第 1 排第 2 个摇动缩放样式，如图 15-59 所示。

步骤 03 用与上同样的方法，为其他图像素材添加摇动缩放效果，单击导览面板中的“播放”按钮，即可预览制作的旅游视频摇动效果，如图 15-60 所示。

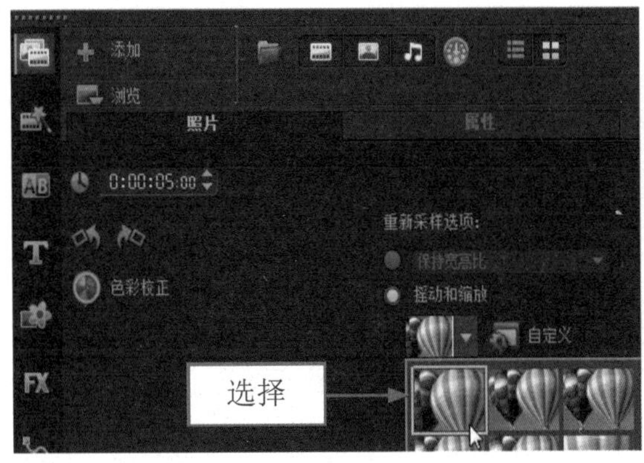

图 15-58 选择相应摇动缩放样式

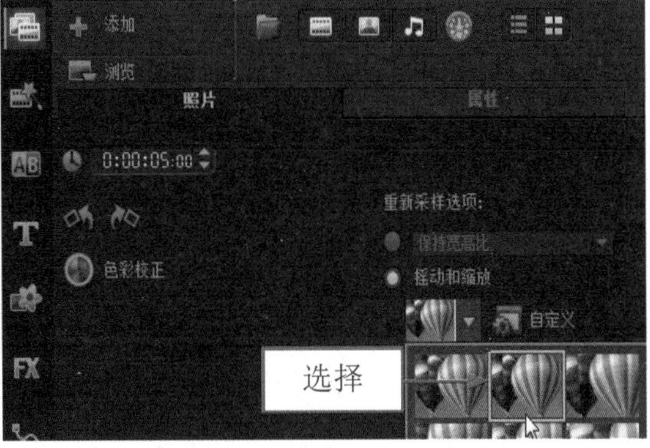

图 15-59 选择相应摇动缩放样式

图 15-60 预览制作的旅游视频摇动效果

15.2.11 制作旅游转场效果

在会声会影 X7 中，不仅可以为图像素材添加摇动缩放效果，还可以在各素材之间添加转场效果。下面介绍制作旅游视频转场效果的操作方法。

	素材文件	无
	效果文件	无
	视频文件	光盘 \ 视频 \ 第 15 章 \15.2.11 制作旅游摇动效果 .mp4

步骤 01 单击“转场”按钮，切换至“转场”素材库，单击窗口上方的“画廊”按钮，在其中选择“交错淡化”转场效果，如图 15-61 所示。

步骤 02 单击鼠标左键并拖曳至“片头 .wmv”与黑色色块之间，添加“交错淡化”转场效果，如图 15-62 所示。

步骤 03 用与上同样的方法，在其他各素材之间添加相应转场效果，单击导览面板中的“播放”按钮，预览制作的旅游转场效果，如图 15-64 所示。

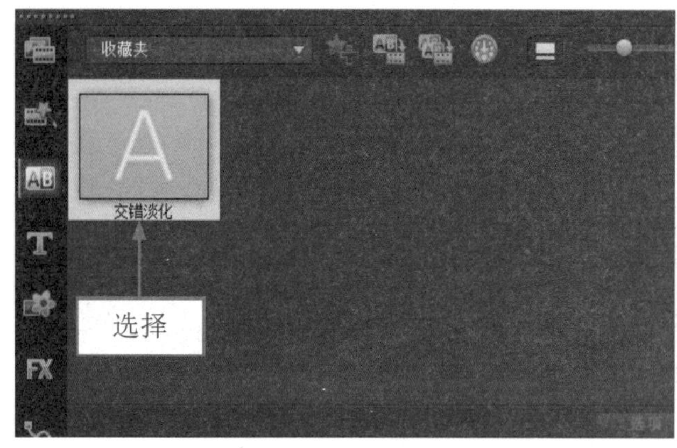

图 15-61 选择“交错淡化”转场效果

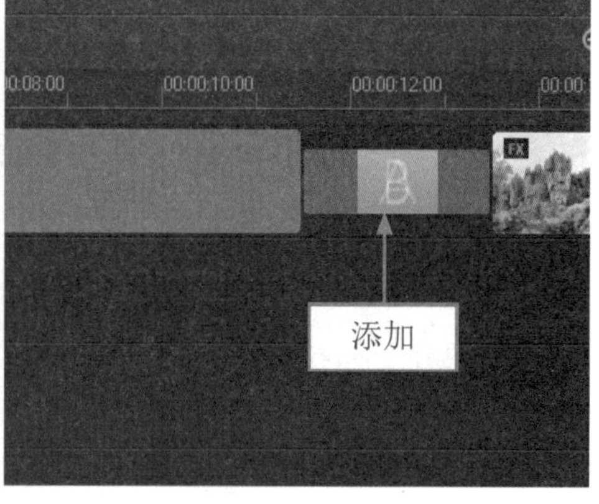

图 15-62 添加“交错淡化”转场效果

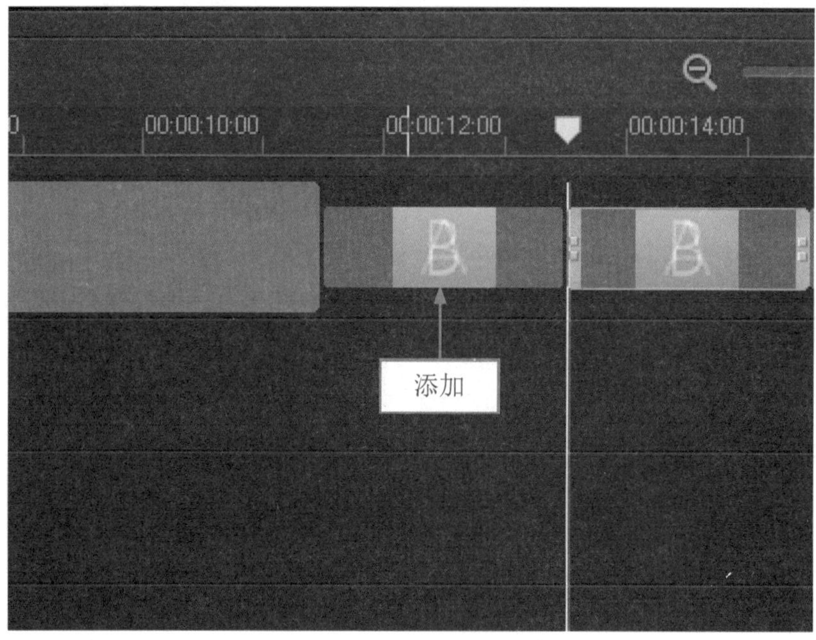

图 15-63 添加“交错淡化”转场效果

图 15-64 预览制作的旅游转场效果

15.2.12 制作旅游片头动画

在编辑视频过程中，片头动画在影片中起着不可代替的地位，片头动画的美观程度决定着是否能够吸引读者的眼球。下面介绍制作旅游片头动画的操作方法。

	素材文件	无
	效果文件	无
	视频文件	光盘 \ 视频 \ 第 15 章 \15.2.12 制作旅游片头动画 .mp4

步骤 01 在时间轴面板中，将时间线移至 00:00:07:23 的位置处，如图 15-65 所示。

步骤 02 在“媒体”素材库中，选择照片素材 17.jpg，如图 15-66 所示。

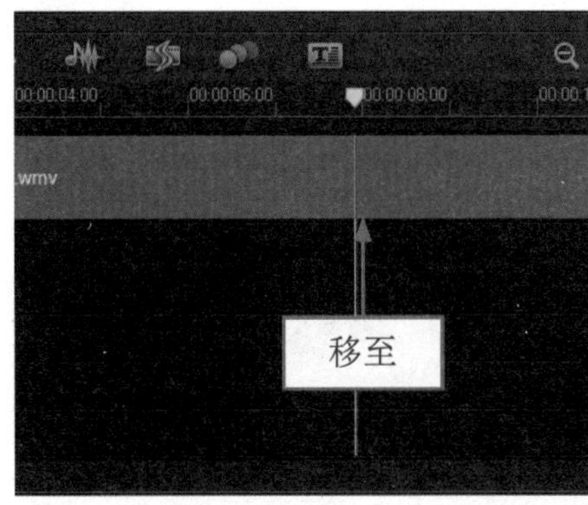

图 15-65 将时间线移至 00:00:07:23 的位置处

图 15-66 选择照片素材 17.jpg

步骤 03 在选择的素材上，单击鼠标左键并将其拖曳至覆叠轨中的时间线位置，如图 15-67 所示。

步骤 04 在“编辑”选项面板中设置覆叠“照片区间”为 0:00:06:00，如图 15-68 所示。

步骤 05 执行上述操作后，即可更改覆叠素材的区间长度，如图 15-69 所示。

步骤 06 在“编辑”选项面板中，选中“应用摇动和缩放”复选框，单击下方的下拉按钮，在弹出的列表框中选择第 1 排第 1 个摇动和缩放样式，如图 15-70 所示。

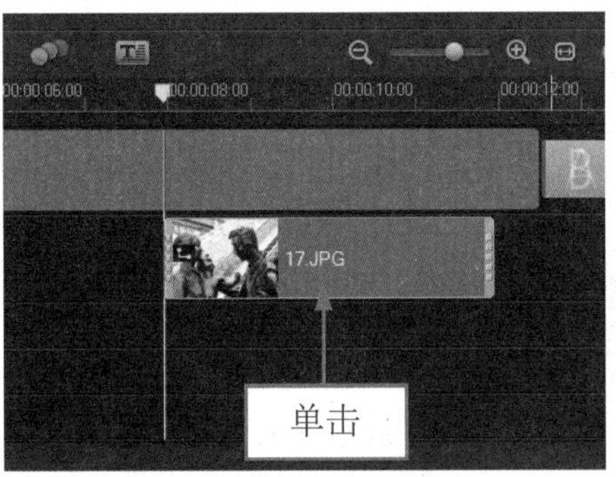

图 15-67 单击鼠标左键

图 15-68 设置覆叠“照片区间”

图 15-69 更改覆叠素材的区间长度

图 15-70 选中“应用摇动和缩放”复选框

步骤 07 设置摇动和缩放样式后，单击选项面板中的“自定义”按钮，弹出“摇动和缩放”对话框，在“原图”预览窗口中移动十字图标的位置，在下方设置“缩放率”为 112，如图 15-71 所示。

步骤 08 在“摇动和缩放”对话框中，选择最后一个关键帧，在“原图”预览窗口中移动十字图标的位置，在下方设置“缩放率”为 146，如图 15-72 所示。

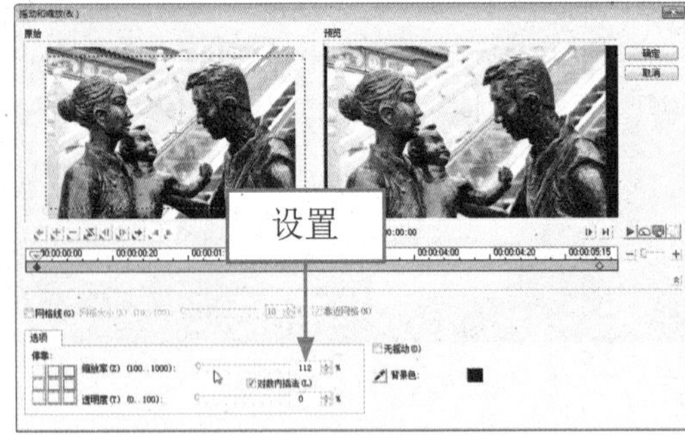

图 15-71 在下方设置“缩放率”为 112

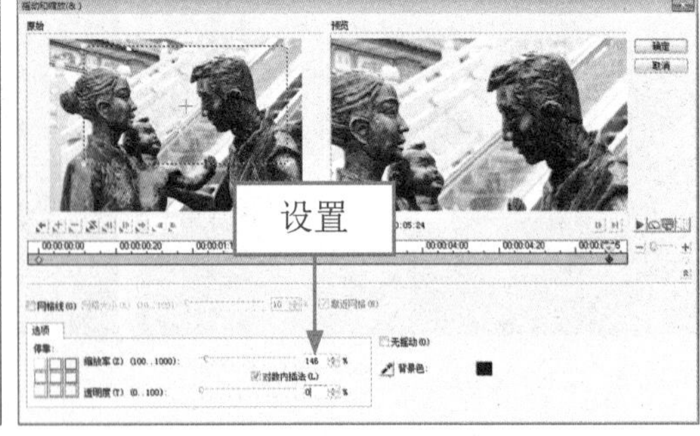

图 15-72 下方设置“缩放率”为 146

步骤 09 设置完成后，单击“确定”按钮，返回会声会影编辑器，打开“属性”选项面板，在其中单击“淡入动画效果”按钮和“淡出动画效果”按钮，如图 15-73 所示，设置覆叠素材的淡入和淡出动画效果。

步骤 10 设置淡入和淡出特效后，在预览窗口中预览覆叠素材的形状，如图 15-74 所示。

步骤 11 拖曳素材四周的黄色控制柄，调整覆叠素材的大小和位置，如图 15-75 所示。

步骤 12 切换至“滤镜”素材库，打开“相机镜头”滤镜组，在其中选择“星形”滤镜效果，如图 15-76 所示。

步骤 13 在选择的滤镜效果上，单击鼠标左键并拖曳至覆叠轨中的素材上，释放鼠标左键，即可添加“星形”滤镜效果，打开“属性”选项面板，在滤镜列表框中显示了刚添加的滤镜效果，如图 15-77 所示。

步骤 14 在“属性”选项面板中，单击“自定义滤镜”左侧的下三角按钮，在弹出的列表框中选择第 1 排第 2 个滤镜预设样式，如图 15-78 所示。

图 15-73 设置覆叠素材的淡入和淡出动画效果

图 15-74 在预览窗口中预览覆叠素材的形状

图 15-75 调整覆叠素材的大小和位置

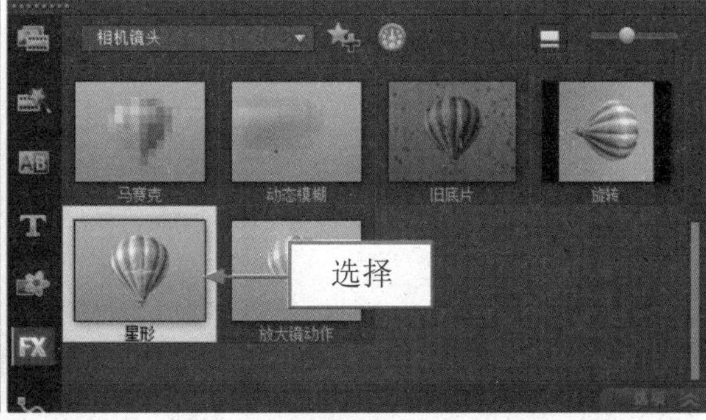

图 15-76 选择“星形”滤镜效果

图 15-77 显示了刚添加的滤镜效果

图 15-78 选择第 1 排第 2 个滤镜预设样式

步骤 15 设置完成后，单击导览面板中的“播放”按钮，预览制作的旅游视频片头动画效果，如图 15-79 所示。

图 15-79 预览制作片头动画效果

15.2.13 制作旅游边框动画

在编辑视频过程中，为素材添加相应的边框效果，可以使制作的视频内容更加丰富，起到美化视频的作用。下面介绍制作旅游边框动画的操作方法。

	素材文件	无
	效果文件	无
	视频文件	光盘 \ 视频 \ 第 15 章 \15.2.13 制作旅游边框动画 .mp4

步骤 01 在时间轴面板中，将时间线移至 00:00:14:00 的位置处，如图 15-80 所示。

步骤 02 进入“媒体”素材库，在素材库中选择“22.png”图像素材，如图 15-81 所示。

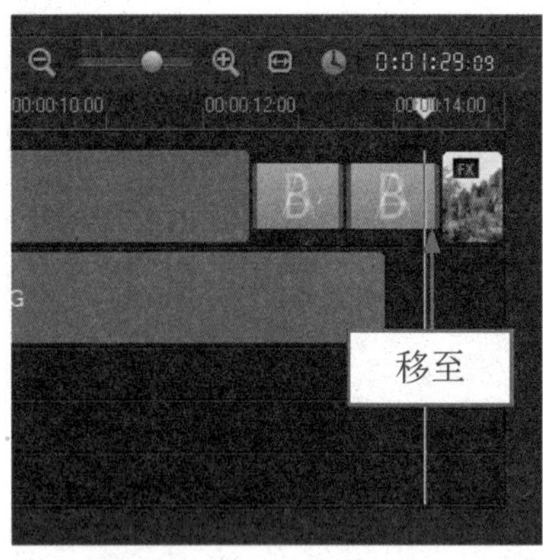

图 15-80 将时间线移至 00:00:14:00 的位置处

图 15-81 在素材库中选择“边框 .png”图像素材

步骤 03 在选择的素材上，单击鼠标左键并将其拖曳至覆叠轨 1 中的时间线位置，如图 15-81 所示。

步骤 04 在“编辑”选项面板中，设置覆叠素材的“照片区间”为 0:00:02:00，如图 15-82 所示。

步骤 05 执行上述操作后，即可更改覆叠素材的区间长度为 2 秒，如图 15-83 所示。

步骤 06 打开“属性”选项面板，在其中单击“淡入动画效果”按钮，如图 15-84 所示，设置覆叠素材的淡入动画效果。

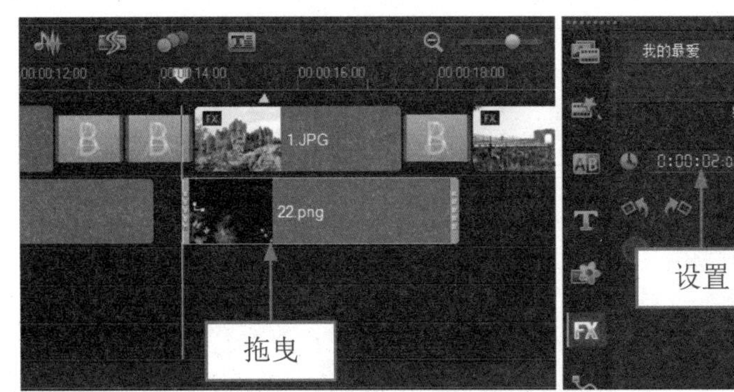

图 15-82 单击鼠标左键并将其拖曳至覆叠轨中

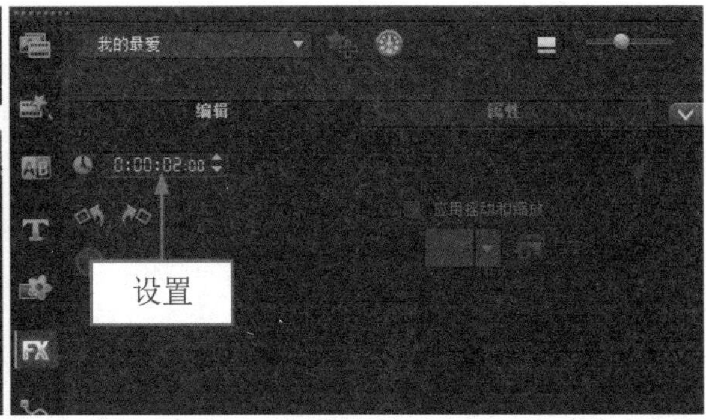

图 15-83 设置覆叠素材的“照片区间”

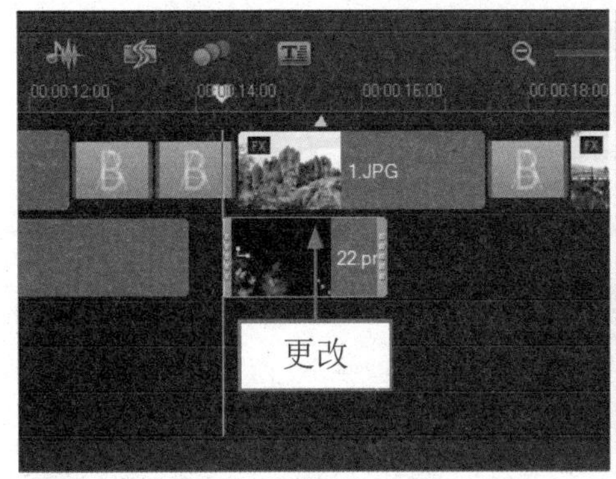

图 15-84 更改覆叠素材的区间长度为 2 秒

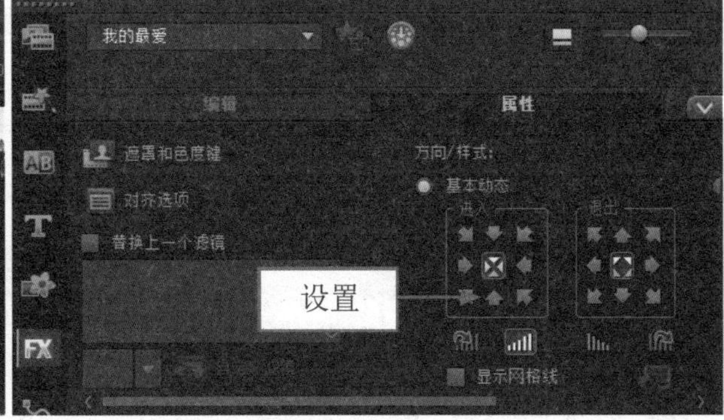

图 15-85 置覆叠素材的淡入动画效果

步骤 07 在预览窗口中的边框素材上，单击鼠标右键，在弹出的快捷菜单中选择“调整到屏幕大小”选项，如图 15-86 所示。

步骤 08 执行操作后，即可调整边框素材至全屏大小，如图 15-87 所示。

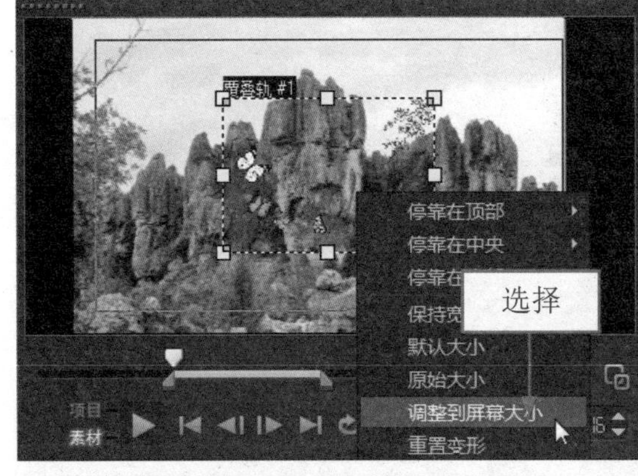

图 15-86 选择“调整到屏幕大小”选项

图 15-87 调整边框素材至全屏大小

步骤 09 在导览面板中单击“播放”按钮，预览边框素材装饰效果，如图 15-88 所示。

步骤 10 用与上同样的方法，在覆叠轨中添加相应的覆叠边框素材，并设置覆叠素材的相应照片区间，在预览窗口中，调整素材的位置与形状，在“属性”选项面板中设置素材淡入淡出特效，单击导览面板中的“播放”按钮，预览制作的覆叠边框装饰动画效果，如图 15-89 所示。

图 15-88 预览边框素材装饰效果

图 15-89 预览边框素材装饰效果

专家指点

当用户制作边框动画效果时，最好设置边框的两端为淡入淡出特效，这样可以使视频与边框很好的结合和融入，增强影片吸引力。

15.2.14 制作视频片尾覆叠

在编辑视频过程中，片头与片尾动画是相对应的，当视频以什么样的动画开始播放时，应当配以什么样的动画结尾。下面介绍制作视频片尾覆叠的操作方法。

	素材文件	无
	效果文件	无
	视频文件	光盘 \ 视频 \ 第 15 章 \15.2.14 制作视频片尾覆叠 .mp4

步骤 01 将时间线移至 00:00:59:21 的位置处，在“文件夹”选项卡中选择素材 7.jpg，单击鼠标左键并将其拖曳至覆叠轨的时间线位置，调整素材“区间”为 0:00:03:20，选中“应用摇动和缩放”复选框，在下拉列表框中选择第 2 排第 2 个摇动缩放样式，如图 15-90 所示。

步骤 02 切换至“属性”选项面板，单击“淡入动画效果”按钮和“淡出动画效果”按钮，设置淡入淡出动画效果，在预览窗口中调整素材的大小和位置，如图 15-91 所示。

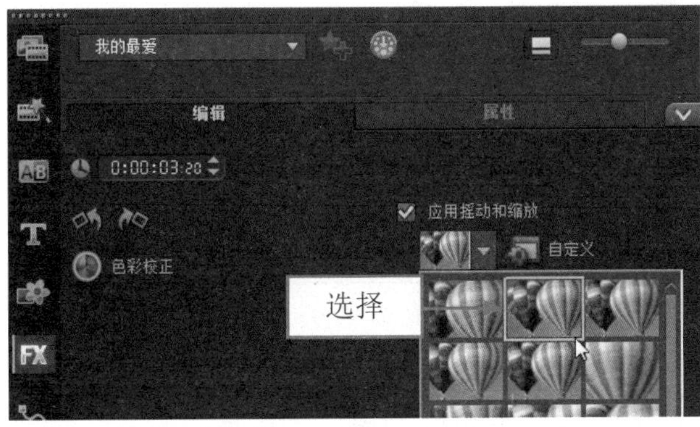

图 15-90 选择相应摇动缩放样式

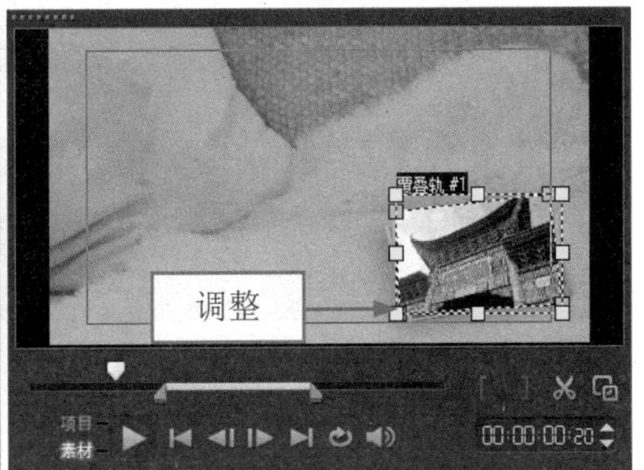

图 15-91 调整素材的大小和位置

步骤 03 执行上述操作后，单击导览面板中的“播放”按钮，预览制作的视频片尾覆叠效果，如图 15-92 所示。

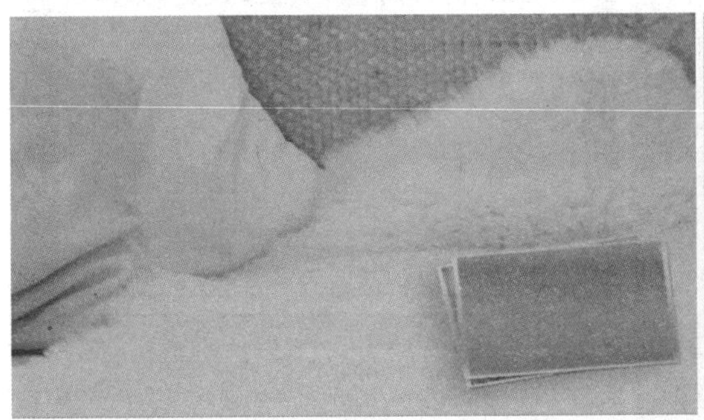

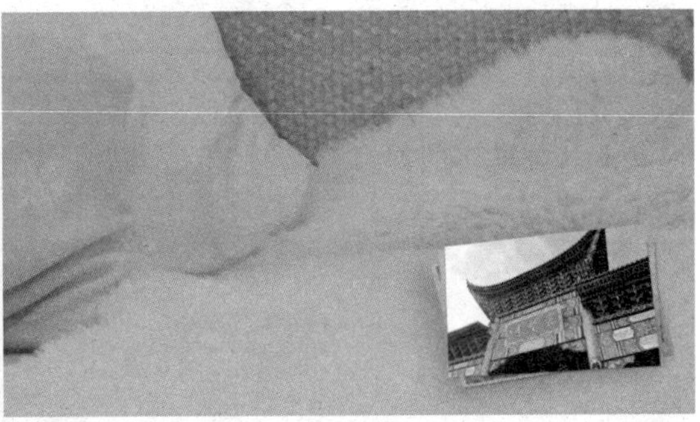

图 15-92 预览制作的视频片尾覆叠效果

15.2.15 制作标题字幕 1 动画

在会声会影 X7 中，可以为影片添加标题字幕，制作标题字幕动画效果。下面介绍制作标题字幕动画的操作方法。

素材文件	无
效果文件	无
视频文件	光盘 \ 视频 \ 第 15 章 \15.2.15 制作标题字幕 1 动画 .mp4

步骤 01 将时间线移至素材 0:00:02:00 的位置，单击“标题”按钮，在预览窗口中双击鼠标左键，输入文本内容为“云南美景”，在“编辑”选项面板中设置字体为“方正小标宋简体”、字体大小为 60、字体色彩为红色（第 1 排第 1 个），设置区间为 0:00:07:00，单击“将方向更改为垂直”按钮，如图 15-93 所示。

步骤 02 单击“边框 / 阴影 / 透明度”按钮，弹出相应对话框，切换至“阴影”选项卡，单击“光晕阴影”按钮，设置“强度”为 8.0、“光晕阴影色彩”为白色，如图 15-94 所示。

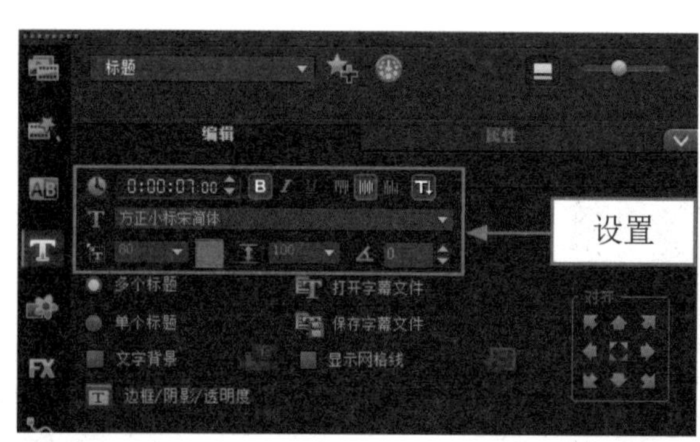

图 15-93 设置文本的相应属性

图 15-94 设置相应属性

步骤 03 设置完成后，单击“确定”按钮，切换至“属性”选项面板，选中“动画”单选按钮和“应用”复选框，设置“选取动画类型”为“淡化”，在下方的下拉列表框中选择第 1 排第 2 个淡化样式，如图 15-95 所示。

步骤 04 在预览窗口中调整标题字幕的位置，如图 15-96 所示。

图 15-95 选择相应淡化样式

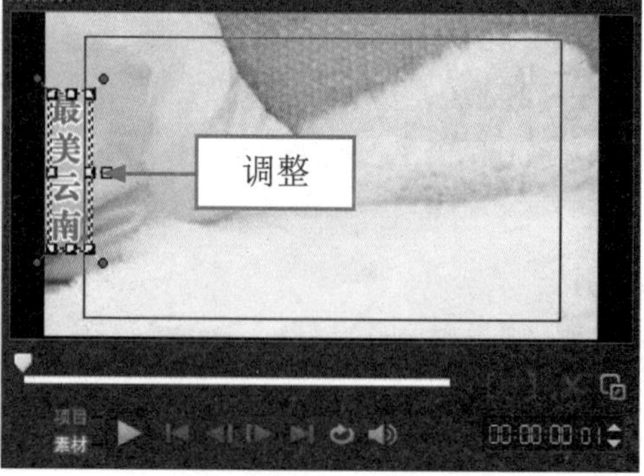

图 15-96 调整标题字幕的位置

步骤 05 在标题轨中单击鼠标右键，在弹出的快捷菜单中选择“复制”选项，如图 15-97 所示。将鼠标移至标题轨右侧需要粘贴的位置处，此时显示白色色块，单击鼠标左键，即可完成对复制的字幕对象进行粘贴的操作。

步骤 06 单击“选项”按钮，打开“编辑”选项面板，设置区间为 00:00:04:13，如图 15-98 所示。切换至“属性”面板，选中“动画”单选按钮和“应用”复选框，设置“选取动画类型”为“淡化”，单击“自定动画属性”按钮，弹出“淡化动画”对话框，在其中设置“淡化样式”为“淡出”。

图 15-97 选择“复制”选项

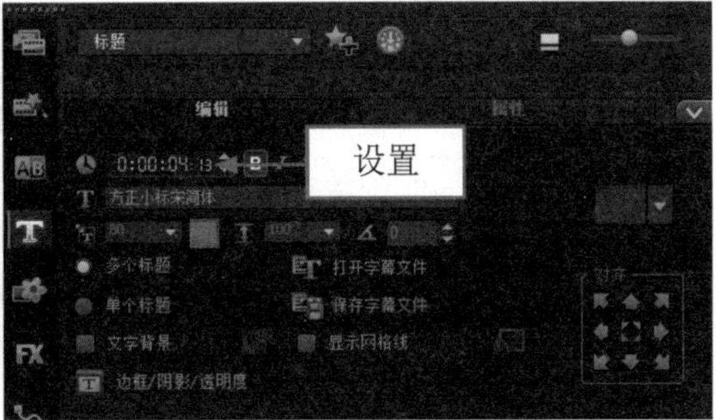

图 15-98 设置区间

15.2.16 制作标题字幕 2 动画

在会声会影 X7 中，可以为影片添加标题字幕，制作标题字幕动画效果。下面介绍制作标题字幕 2 动画的操作方法。

	素材文件	无
	效果文件	无
	视频文件	光盘 \ 视频 \ 第 15 章 \15.2.16 制作标题字幕 2 动画 .mp4

步骤 01 将时间线移至 00:00:13:21 的位置处，单击“标题”按钮，在预览窗口中输入文本“云南山居”，在“编辑”选项面板中设置字体为“方正姚体”、字体大小为 70、字体色彩为红色（第 1 排第 1 个），设置区间为 0:00:04:15，如图 15-99 所示。

步骤 02 单击“边框 / 阴影 / 透明度”按钮，弹出相应对话框，切换至“阴影”选项卡，单击“光晕阴影”按钮，设置“强度”为 6.0、颜色为白色，如图 15-100 所示。

步骤 03 设置完成后，单击“确定”按钮，切换至“属性”面板，选中“动画”单选按钮和“应用”复选框，设置“选取动画类型”为“淡化”，单击“自定动画属性”按钮，弹出“淡化动画”对话框，在其中设置“淡化样式”为“交叉淡化”，如图 15-101 所示。

步骤 04 将时间线移至 00:00:25:03 的位置处，单击“标题”按钮，在预览窗口中输入文本“崇圣寺三塔”，设置区间为 0:00:04:10，切换至“属性”选项面板，选中“动画”单选按钮和“应用”复选框，设置“选取动画类型”为“移动路径”，如图 15-102 所示。

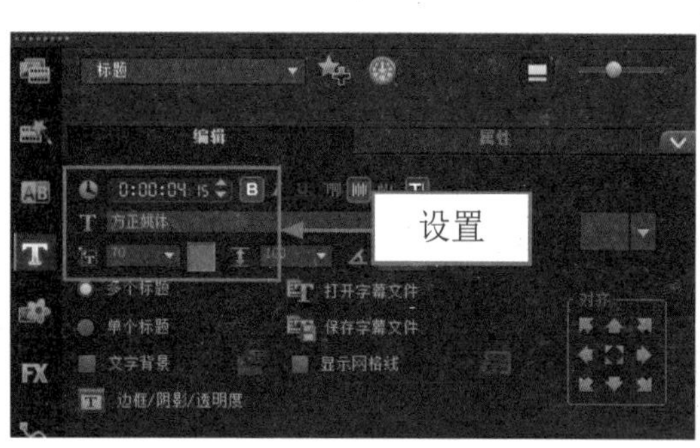

图 15-99 设置文本的相应属性

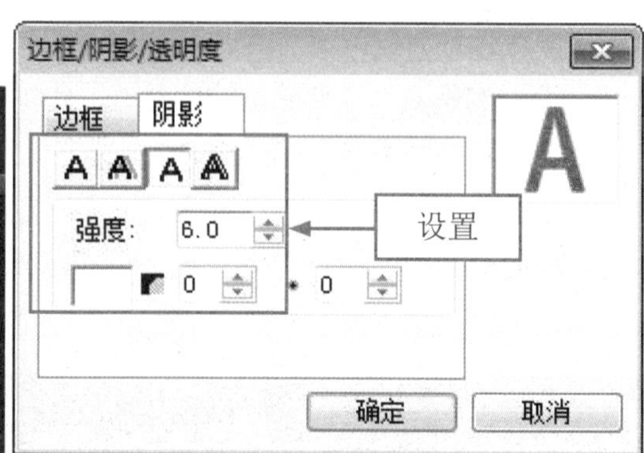

图 15-100 设置相应属性

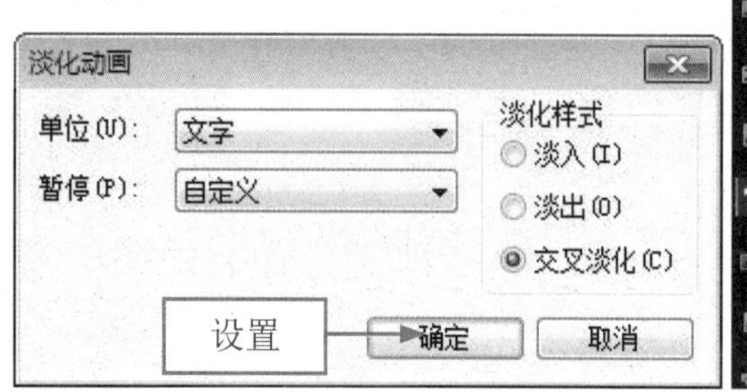

图 15-101 设置“淡化样式”为“交叉淡化”

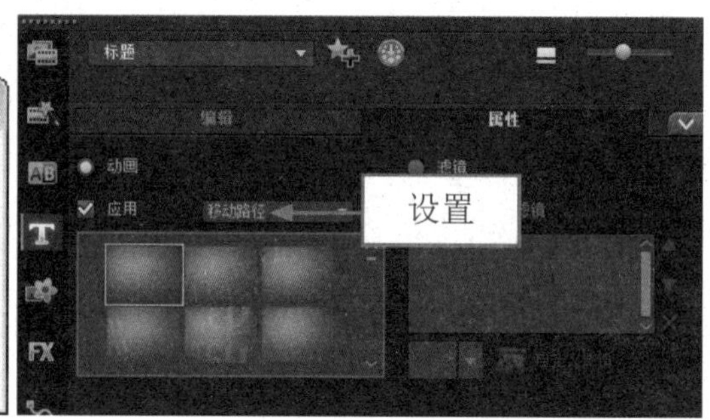

图 15-102 设置“选取动画类型”

步骤 05 将时间线移至 00:00:35:02 的位置处，单击“标题”按钮，在预览窗口中输入文本“云南夜景”，设置区间为 0:00:05:00，切换至“属性”选项面板，选中“动画”单选按钮和“应用”复选框，设置“选取动画类型”为“飞行”，如图 15-103 所示。

步骤 06 将时间线移至 00:00:40:12 的位置处，单击“标题”按钮，在预览窗口中输入文本“镜潭湖泊”，设置区间为 0:00:02:20，如图 15-104 所示，切换至“属性”选项面板，选中“动画”单选按钮和“应用”复选框，设置“选取动画类型”为“飞行”。

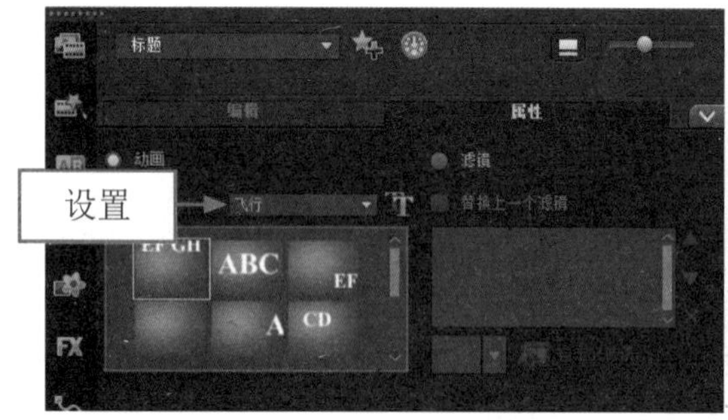

图 15-103 设置“选取动画类型”

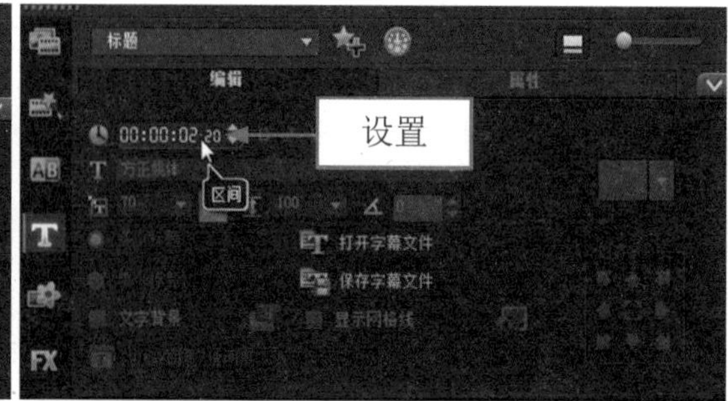

图 15-104 设置区间

步骤 07 将时间线移至 00:00:45:12 的位置处，单击“标题”按钮，在预览窗口中输入文本“水车风景”，设置区间为 0:00:02:10，切换至“属性”选项面板，选中“动画”单选按钮和“应用”复选框，设置“选取动画类型”为“飞行”，在下方的下拉列表框中选择最后 1 个飞行样式，如图 15-105 所示。

步骤 08 将时间线移至00:00:08:02的位置处，单击“标题”按钮，在预览窗口中输入文本“特色小吃”，设置区间为0:00:02:10，切换至“属性”选项面板，选中“动画”单选按钮和“应用”复选框，设置“选取动画类型”为“淡化”，在下方的下拉列表框中选择第1排第2个淡化样式，如图15-106所示。

图15-105 选择相应飞行样式

图15-106 选择相应淡化样式

步骤 09 将时间线移至00:00:50:13的位置处，单击“标题”按钮，在预览窗口中输入文本“云南楼景”，设置区间为0:00:02:10，切换至“属性”选项面板，选中“动画”单选按钮和“应用”复选框，设置“选取动画类型”为“淡化”，单击“自定动画属性”按钮，弹出“淡化动画”对话框，在其中设置“淡化样式”为“交叉淡化”，如图15-107所示。

步骤 10 将时间线移至00:00:57:13的位置处，单击“标题”按钮，在预览窗口中输入文本“最美云南”，在“编辑”选项面板中设置字体为“方正大标宋简体”、字体大小为70、字体色彩为红色（第1排第1个），设置区间为0:00:05:00，单击“边框/阴影/透明度”按钮，弹出相应对话框，切换至“阴影”选项卡，单击“光晕阴影”按钮，设置“强度”为8.0、“光晕阴影色彩”为白色，切换至“属性”选项面板，选中“动画”单选按钮和“应用”复选框，设置“选取动画类型”为“淡化”，单击“自定动画属性”按钮，弹出“淡化动画”对话框，在其中选中“淡入”单选按钮，如图15-108所示。

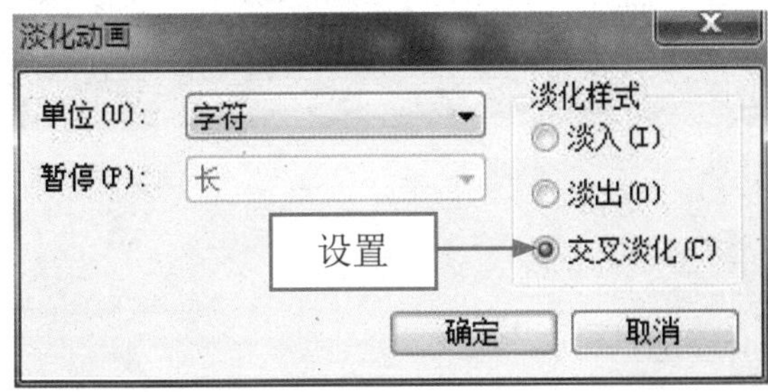

图15-107 设置“淡化样式”为“交叉淡化”

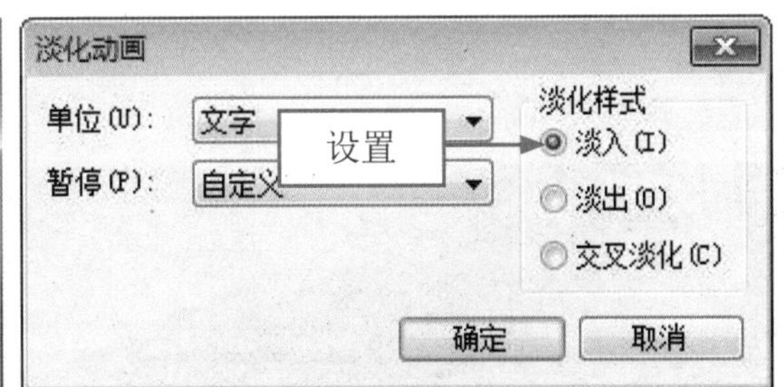

图15-108 选中“淡入”单选按钮

步骤 11 在标题轨中单击鼠标右键，在弹出的快捷菜单中选择“复制”选项，如图15-109所示。将鼠标移至标题轨右侧需要粘贴的位置处，此时显示白色色块，单击鼠标左键，即可完成对复制的字幕对象进行粘贴的操作。

步骤 12 单击“选项”按钮，打开“编辑”选项面板，设置区间为00:00:02:00，如图15-110所示。切换至“属性”选项面板，选中“动画”单选按钮和“应用”复选框，设置“选取动画类型”为“淡化”，单击“自定动画属性”按钮，弹出“淡化动画”对话框，在其中设置“淡化样式”为“淡出”。

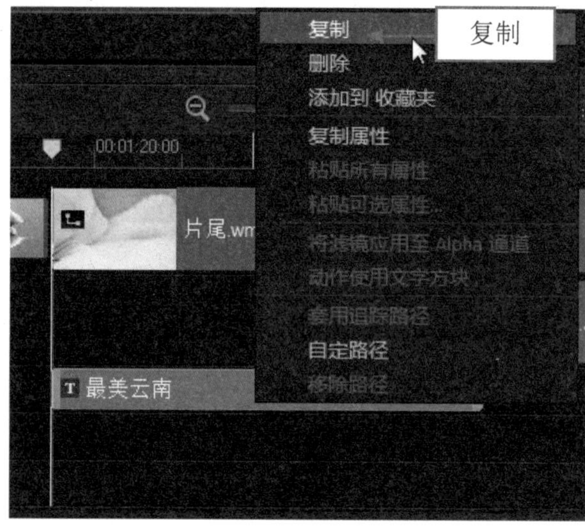

图 15-109 择“复制”选项

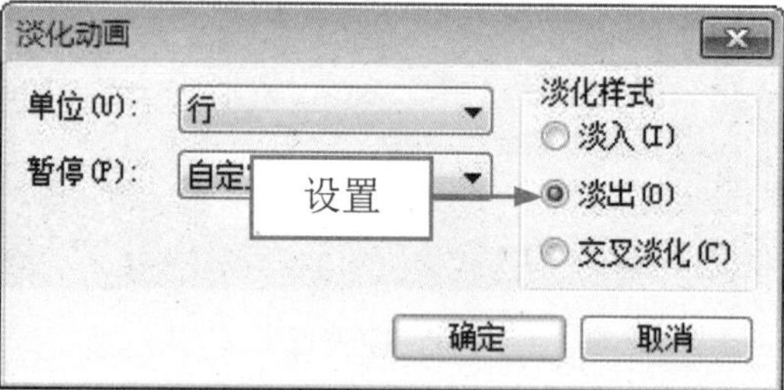

图 15-110 设置“淡化样式”为“淡出”

步骤 13 单击导览面板中的“播放”按钮，预览标题字幕动画效果，如图 15-111 所示。

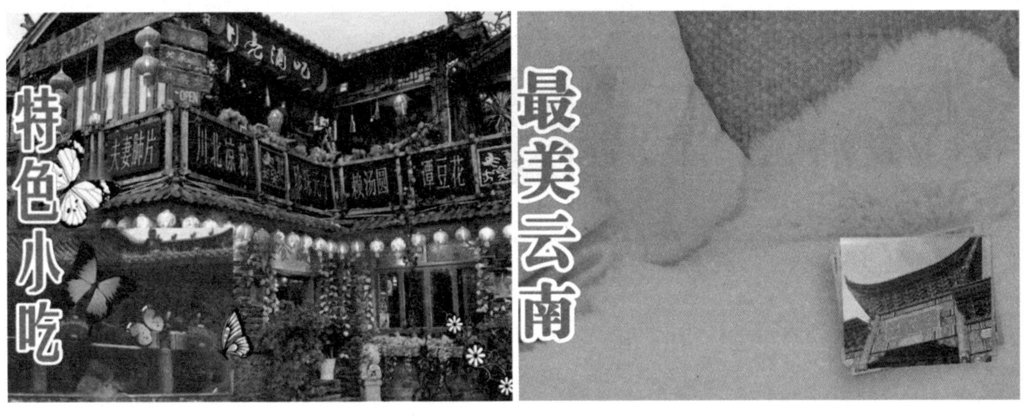

图 15-111 预览制作的标题字幕动画效果

15.3 影片后期处理

通过影片的后期处理，不仅可以对鼓浪屿的原始素材进行合理的编辑，而且可以为影片添加各种音乐及特效，使影片更具珍藏价值。

15.3.1 制作旅游音频特效

在编辑影片的过程中，除了画面以外，声音效果是影片的另一个非常重要的因素。下面介绍制作旅游音频特效的操作方法。

	素材文件	无
	效果文件	无
	视频文件	光盘 \ 视频 \ 第 15 章 \15.3.1 制作旅游音频特效 .mp4

步骤 01 在素材库的上方，单击“导入媒体文件”按钮，如图 15-112 示。

步骤 02 执行操作后，弹出“浏览媒体文件”对话框，在其中选择需要导入的背景音乐素材，如图 15-113 所示。

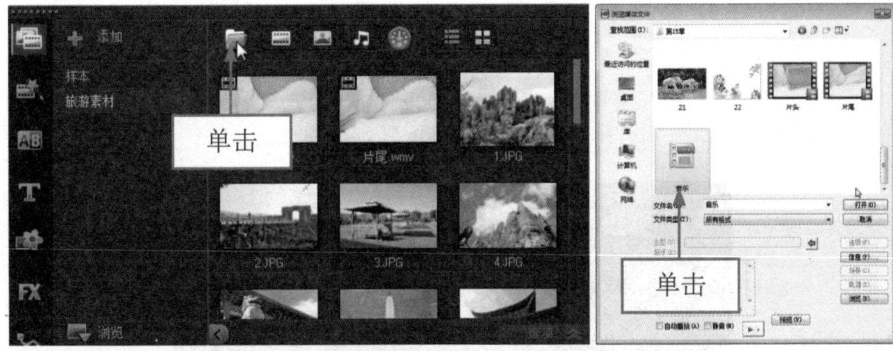

图 15-112 单击“导入媒体文件”按钮　　图 15-113 弹出“浏览媒体文件”对话

步骤 03 单击“打开”按钮，即可将背景音乐导入到素材库中，如图 15-114 所示。

步骤 04 将时间线移至素材的开始位置，在“媒体”素材库中选择“音乐 .mp3”音频文件，在选择的音频文件上单击鼠标左键并拖曳至音乐轨中的开始位置，如图 15-115 所示。

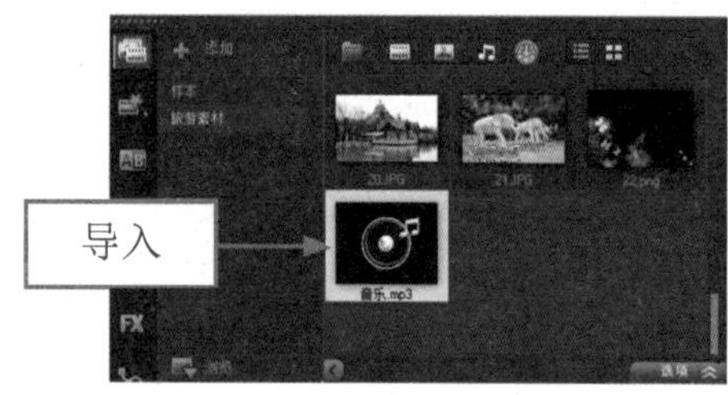

图 15-114 将背景音乐导入到素材库中　　图 15-115 单击鼠标左键并拖曳至音乐轨中

步骤 05 在时间轴面板中，将时间线移至 00:01:29:08 的位置处，如图 15-116 所示。

步骤 06 选择音频素材，单击鼠标右键，在弹出的快捷菜单中选择“分割素材”选项，如图 15-117 所示。

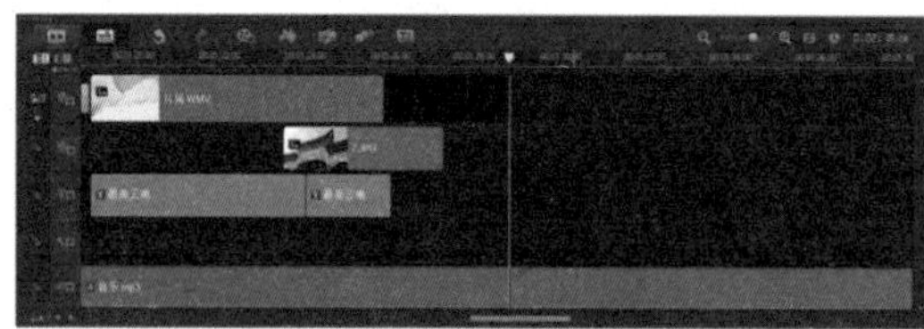

图 15-116 将时间线移至 00:01:29:08 的位置处　　图 15-117 选择“分割素材”选项

步骤 07 执行操作后，即可将背景音乐素材分割为两段，如图 15-118 所示。

步骤 08 选择音乐轨中后段音频素材，按【Delete】键进行删除操作，留下剪辑后的音频素材，如图 22-119 所示。

图 15-118 将背景音乐素材分割为两段　　图 15-119 选择音乐轨中后段音频素材

步骤 09 在音乐轨中，选择剪辑后的音频素材，使其呈选中状态，打开“音乐和声音”选项面板，在其中单击“淡入”和“淡出”按钮，如图 15-120 所示，设置背景音乐的淡入和淡出特效，在导览面板中单击“播放”按钮，预览视频画面并聆听背景音乐的声音。

图 15-120 单击“淡入”和“淡出”按钮

15.3.2 渲染输出旅游视频

在会声会影 X7 中，渲染影片可以将项目文件创建成 mpg、AVI 以及 QuickTime 或其他视频文件格式。

下面介绍渲染输出旅游视频的操作方法。

素材文件	无
效果文件	光盘 \ 效果 \ 第 15 章 \ 旅游记录——《最美云南》.mpg
视频文件	光盘 \ 视频 \ 第 15 章 \15.3.2 渲染输出旅游视频 .mp4

步骤 01 切换至“输出”步骤面板，在其中选择 MPEG-2 选项，在“项目”右侧的下拉列表中，选择第 2 个选项，如图 15-121 所示。

步骤 02 在下方面板中，单击“文件位置”右侧的“浏览”按钮，如图 15-122 所示。

图 15-121 选择 MPEG-2 选项

图 15-122 单击“浏览”按钮

步骤 03 弹出“浏览”对话框，在其中设置文件的保存位置和名称，如图 15-123 所示。

步骤 04 单击“保存”按钮，返回会声会影“输出”步骤面板，单击“开始”按钮，开始渲染视频文件，并显示渲染进度，如图 15-124 所示。渲染完成后，即可完成影片文件的渲染输出。

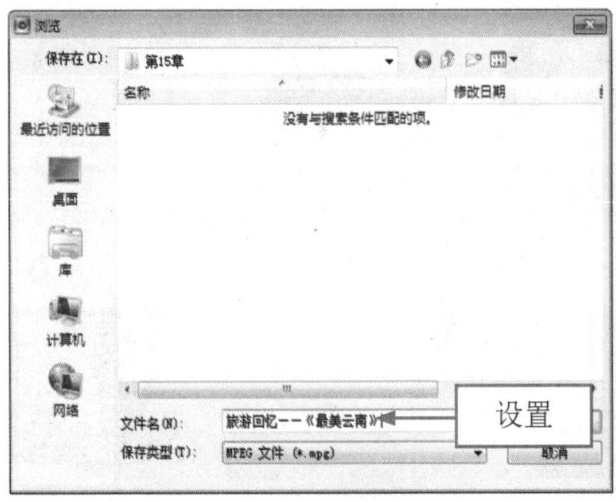

图 15-123 设置保存位置和名称

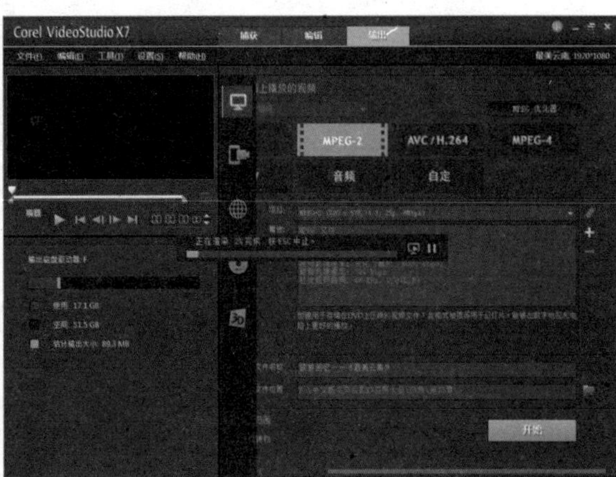

图 15-124 显示渲染进度

16 婚纱影像——《幸福相伴》

学习提示

婚姻是人生最美好的事情之一，而结婚是最具纪念意义的一天。在这一天，新人会到婚纱摄影公司拍摄各种风格的婚纱照，并用数码摄像机将婚礼中一切美好的过程记录下来，接下来可以使用会声会影软件将拍摄的照片或影片制作成精美的电子相册作为纪念。本章主要介绍婚纱相册——《幸福相伴》的制作方法。

本章案例导航

- 16.2.1 导入婚纱媒体素材
- 16.2.2 制作婚纱媒体视频
- 16.2.3 将照片插入到视频轨
- 16.2.4 设置照片素材区间值
- 16.2.5 制作黑场过渡效果
- 16.2.6 制作婚纱摇动效果
- 16.2.7 制作“交错淡化”转场效果
- 16.2.8 制作“漩涡”转场效果
- 16.2.9 制作“手风琴”转场效果
- 16.2.10 制作“对角”转场效果

16.1 实例分析

结婚是人一生中最重要的事情之一，而结婚这一天也是最具有纪念价值的一天，对于新郎和新娘来说，这一天是他们新生活的开始，也是人生中最美好的回忆。在制作《幸福相伴》视频效果之前，首先预览项目效果，并掌握项目技术提炼等内容。

16.1.1 案例效果欣赏

本实例介绍制作婚纱相册——《幸福相伴》，效果如图 16-1 所示。

图 16-1 《幸福相伴》视频效果

16.1.2 实例技术点睛

首先进入会声会影 X7 编辑器，在视频轨中添加需要的婚纱视频素材和照片素材，为照片素材添加摇动效果，在各素材之间添加相应的色彩色块与转场效果，然后根据影片的需要制作片头动画、边框效果，接下来制作片尾覆叠和标题字幕动画，最后添加音频特效，并将影片渲染输出。

16.2 视频制作过程

本节主要介绍《幸福相伴》视频文件的制作过程，包括导入婚纱媒体素材、制作婚纱视频画面、制作婚纱摇动效果、制作婚纱转场效果等内容。

16.2.1 导入婚纱媒体素材

在编辑婚纱素材之前，首先需要导入婚纱媒体素材。下面以通过“将媒体文件插入到素材库”命令为例，介绍导入婚纱媒体素材的操作方法。

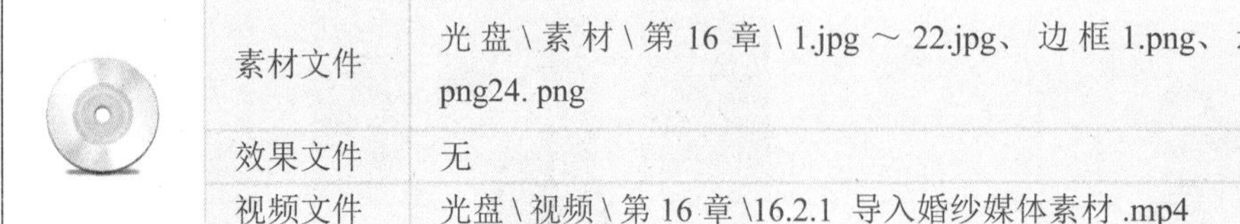

素材文件	光盘 \ 素材 \ 第 16 章 \ 1.jpg ～ 22.jpg、边框 1.png、边框 2.png、文字 . png24. png
效果文件	无
视频文件	光盘 \ 视频 \ 第 16 章 \16.2.1 导入婚纱媒体素材 .mp4

步骤 01 进入会声会影编辑器，单击素材库上方的“显示照片”按钮，显示素材库中的照片素材，执行菜单栏中的“文件”|“将媒体文件插入到素材库”|“插入照片”命令，如图 16-2 所示。

步骤 02 弹出“浏览照片”对话框，选择需要添加的照片素材，如图 16-3 所示。

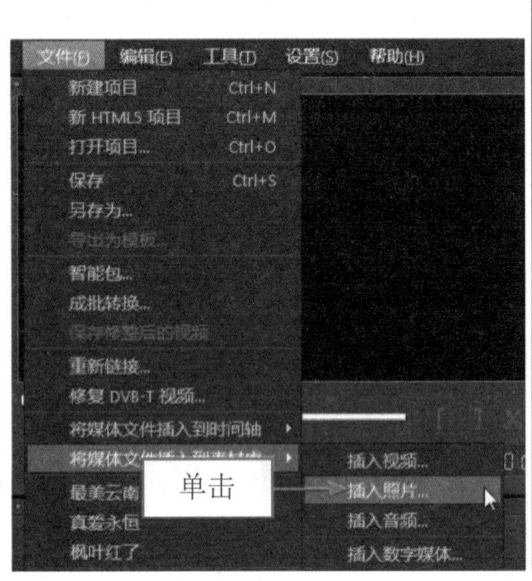

图 16-2 单击“插入照片”命令

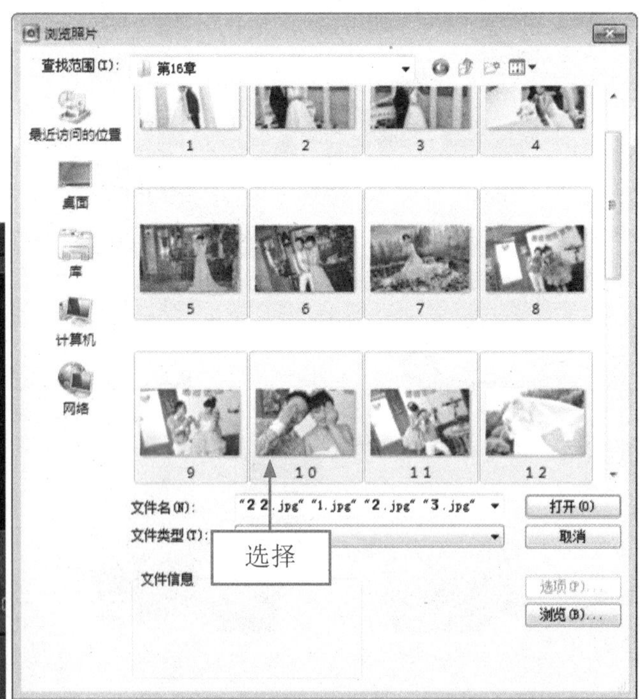

图 16-3 选择照片素材

步骤 03 单击“打开”按钮，即可将照片素材添加至“照片”素材库中，如图 16-4 所示。

步骤 04 在素材库中选择照片素材，在预览窗口中即可以预览添加的素材效果，如图 16-5 所示。

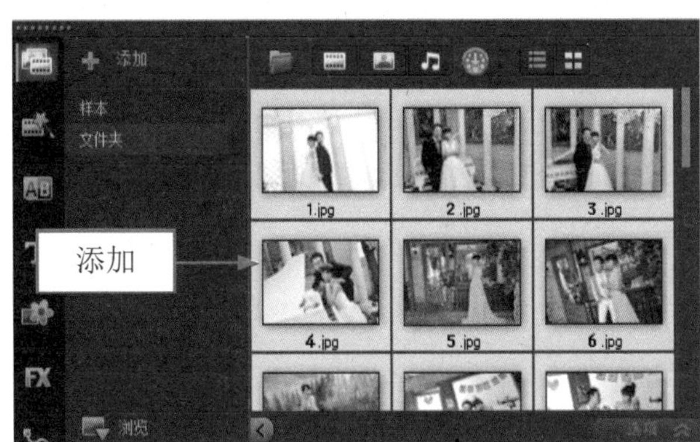

图 16-4 添加照片素材

图 16-5 预览添加的素材效果

16.2.2 导入婚纱媒体视频

在会声会影 X7 中，导入婚纱媒体素材后，接下来用户可以制作婚纱视频画面。下面介绍导入婚纱媒体视频的操作方法。

	素材文件	光盘 \ 素材 \ 第 16 章 \16.2.2 21.swf、片头 .wmv、片尾 .wmv
	效果文件	无
	视频文件	光盘 \ 视频 \ 第 16 章 \16.2.2 导入婚纱媒体视频 .mp4

步骤 01 单击素材库上方的“显示视频”按钮，显示素材库中的视频素材，执行菜单栏中的“文件”|“将媒体文件插入到素材库”|“插入视频”命令，如图 16-6 所示。

步骤 02 弹出“浏览视频”对话框，选择需要添加的视频素材，如图 16-7 所示。

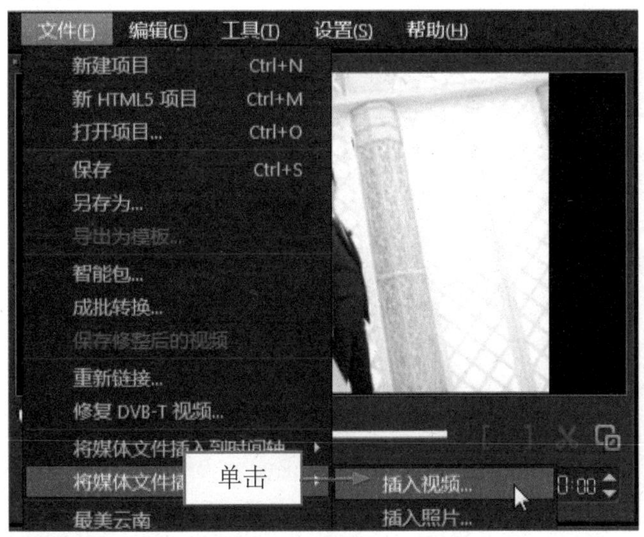

图 16-6 单击“插入视频”命令

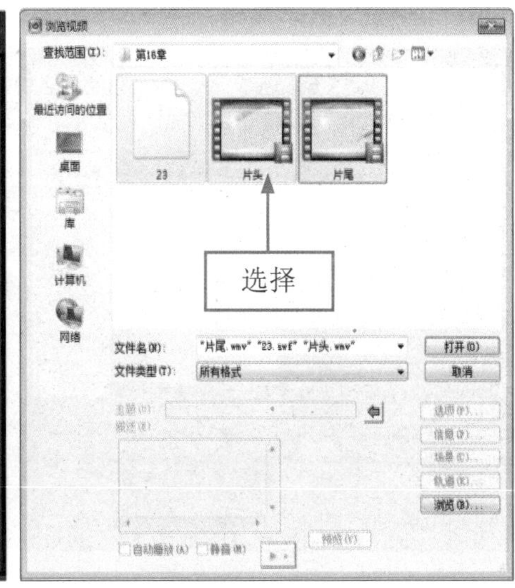

图 16-7 选择视频素材

步骤 03 单击“打开”按钮，即可将视频素材添加至“视频”素材库中，如图 16-8 所示。

步骤 04 在素材库中选择视频素材，在预览窗口中即可以预览添加的素材效果，如图 16-9 所示。

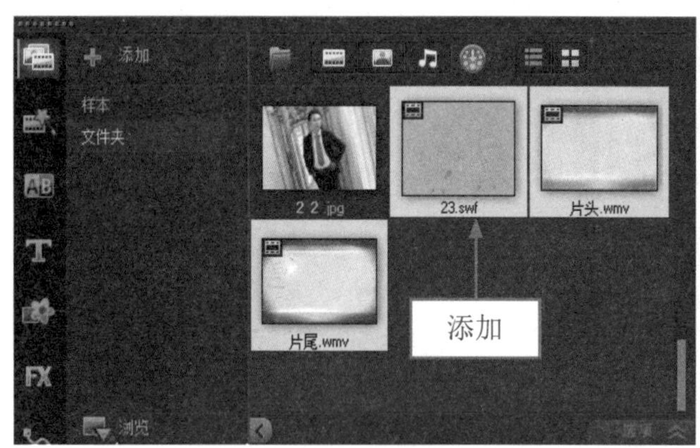

图 16-8 添加视频素材

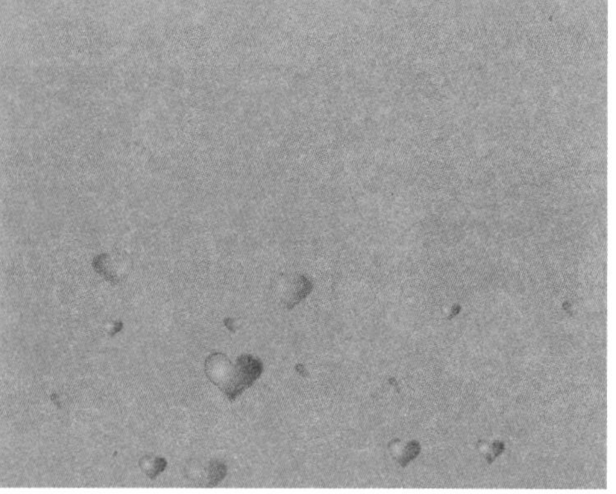

图 16-9 预览素材效果

16.2.3 将照片插入到视频轨

用户导入媒体素材后，需要将素材文件插入到时间轴面板的视频轨中。

	素材文件	光盘 \ 素材 \ 第 16 章 \16.2.3 片头 .wmv、1 ～ 22.jpg
	效果文件	无
	视频文件	光盘 \ 视频 \ 第 16 章 \16.2.3 将照片插入到视频轨 .mp4

步骤 01 在“视频”素材库中，选择视频素材“片头 .wmv”，单击鼠标左键并将其拖曳至视频轨的开始位置，如图 16-10 所示。

步骤 02 在“照片”素材库中，选择照片素材 1.jpg，单击鼠标左键并将其拖曳至视频轨中的相应位置，如图 16-11 所示。

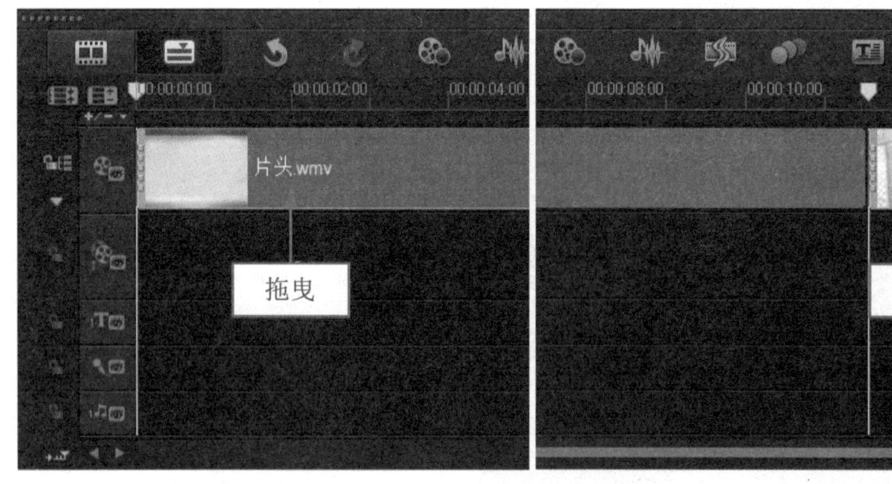

图 16-10 拖曳视频素材片头 .wmv 至视频轨　　图 16-11 拖曳照片素材 1.jpg 至视频轨

步骤 03 在“照片”素材库中，选择照片素材 2.jpg，单击鼠标右键，在弹出的快捷菜单中选择“插入到” | “视频轨”选项，如图 16-12 所示。

步骤 04 执行上述操作后，即可将照片素材插入到视频轨中，如图 16-13 所示。

图 16-12 选择“视频轨”选项

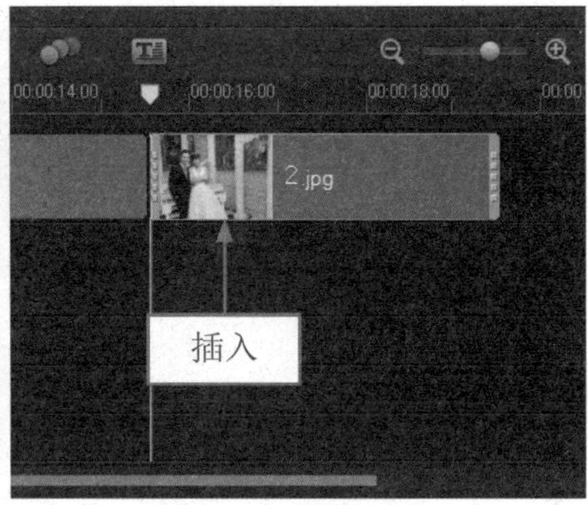

图 16-13 插入照片素材 2.jpg 到视频轨

步骤 05 使用相同的方法，在视频轨中添加其他视频素材和照片素材，添加完成后，时间轴面板如图 16-14 所示。

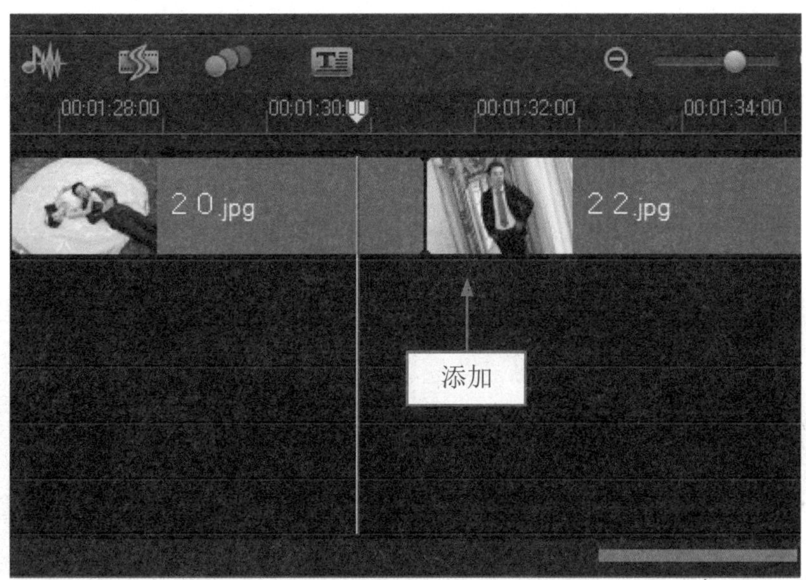

图 16-14 添加其他视频素材和照片素材

16.2.4 设置照片素材区间值

用户将媒体素材文件插入到视频轨后，还需要设置照片素材的区间值。

	素材文件	无
	效果文件	无
	视频文件	光盘 \ 视频 \ 第 16 章 \16.2.4 设置照片素材区间值 .mp4

步骤 01 在视频轨中，选择照片素材 1.jpg，单击“选项”按钮，打开“照片”选项面板，设置区间为 00:00:05:00，如图 16-15 所示。

步骤 02 使用相同的方法，设置其他照片素材的区间值均为 00:00:05:00。在时间轴面板中将时间线移至 00:00:11:13 的位置处，如图 16-16 所示。

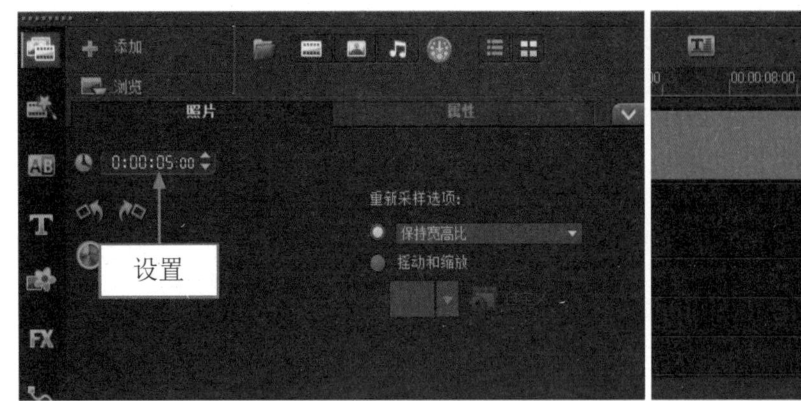

图 16-15 设置区间值

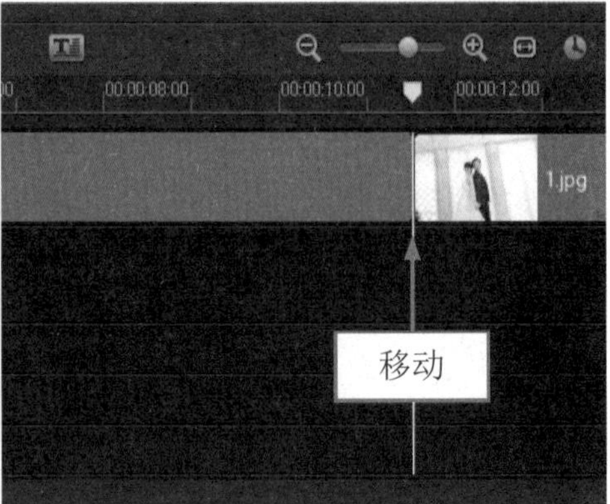

图 16-16 移动时间线

16.2.5 制作黑场过渡效果

用户在设置照片素材的区间值后，还需要制作黑场过渡效果。

	素材文件	无
	效果文件	无
	视频文件	光盘 \ 视频 \ 第 16 章 \16.2.5 制作黑场过渡效果 .mp4

步骤 01 单击“图形”按钮，切换至“图形”选项卡，如图 16-17 所示。

步骤 02 在“色彩”素材库中选择黑色色块，如图 16-18 所示。

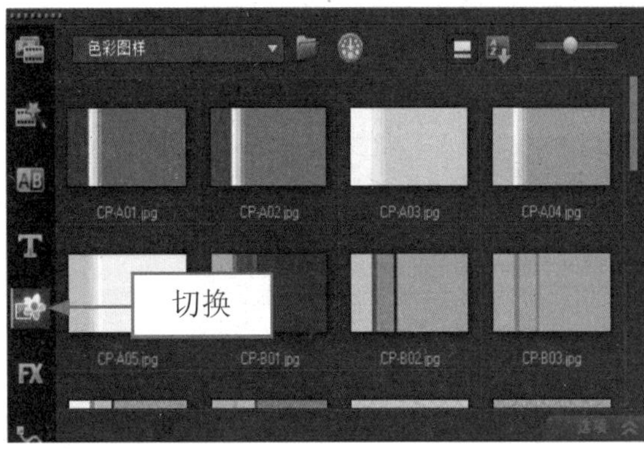

图 16-17 切换至“图形”选项卡

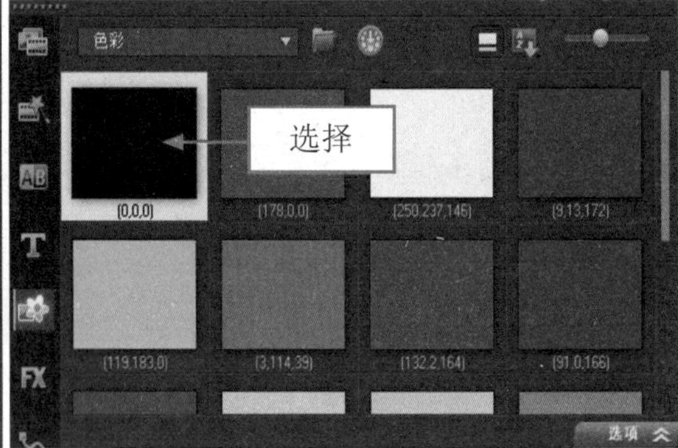

图 16-18 选择黑色色块

步骤 03 单击鼠标左键并将其拖曳至视频轨中的时间线位置，如图 16-19 所示。

步骤 04 选择添加的黑色色块，单击“选项”按钮，打开“色彩”选项面板，在其中设置色块的“色彩区间”为 00:00:02:00，如图 16-20 所示。

步骤 05 执行上述操作后，即可更改黑色色块的区间大小，如图 16-21 所示。

步骤 06 将时间线移至 00:02:03:14 的位置处，在“色彩”素材库中选择黑色色块，单击鼠标左键并将其拖曳至视频轨中的时间线位置，在“色彩”选项面板中设置区间大小为 00:00:02:00。设置完成后，在视频轨中即可预览调整区间后的效果，如图 16-22 所示。

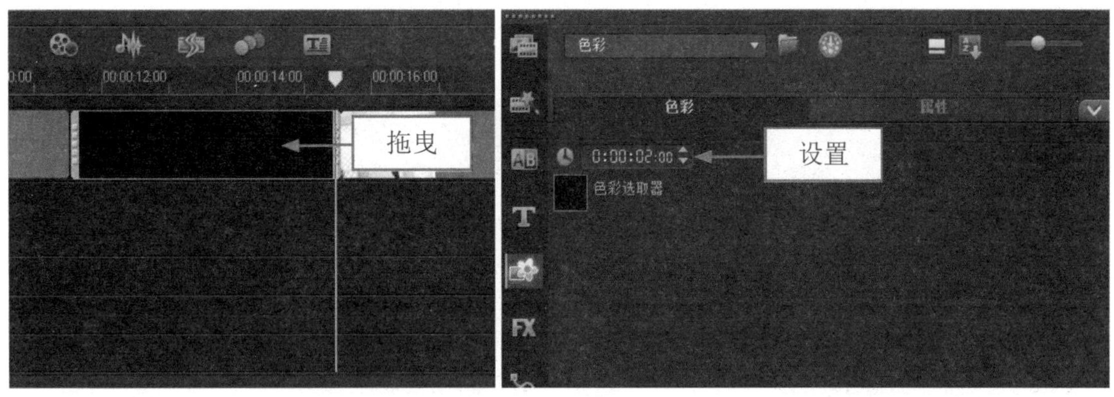

图 16-19 拖曳黑色色块至视频轨　　图 16-20 设置色彩区间

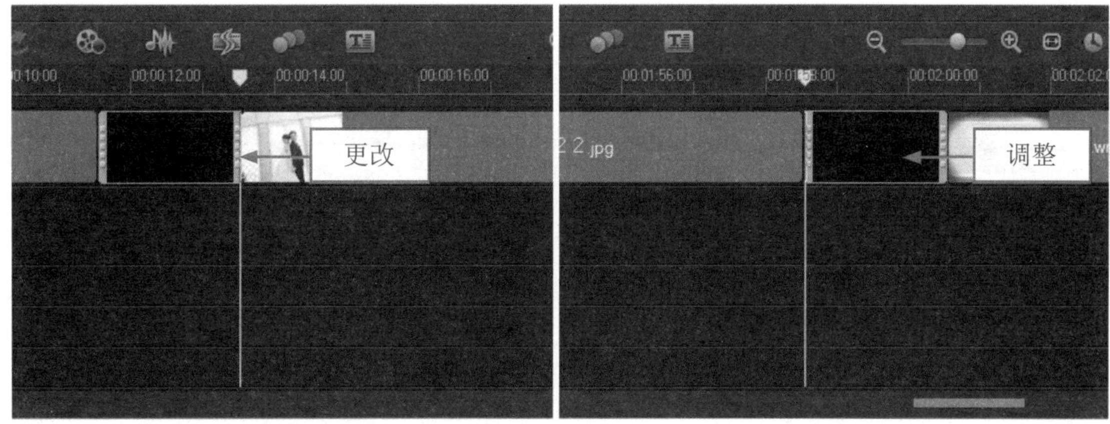

图 16-21 更改区间大小　　图 16-22 调整区间后的效果

16.2.6 制作婚纱摇动效果

在会声会影 X7 中，制作完婚纱视频画面后，可以根据需要为婚纱图像素材添加摇动缩放效果。下面介绍制作婚纱摇动效果的操作方法。

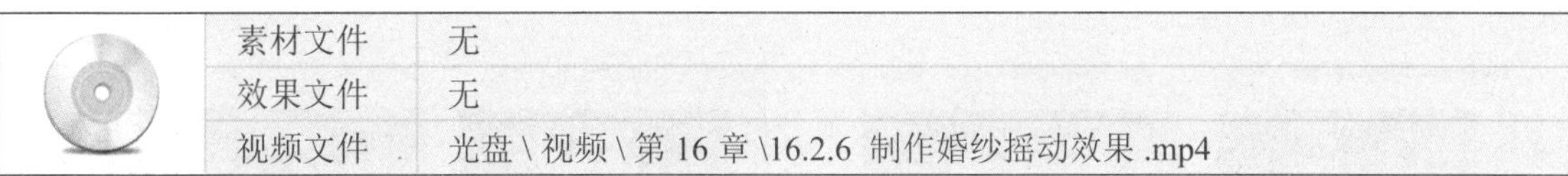

	素材文件	无
	效果文件	无
	视频文件	光盘 \ 视频 \ 第 16 章 \16.2.6 制作婚纱摇动效果 .mp4

步骤 01 在视频轨中选择照片素材 1.jpg，在“照片”选项面板中选中“摇动和缩放”单选按钮，单击下方的下三角按钮，在弹出的列表框中选择第 1 排第 1 个预设动画样式，如图 16-23 所示。

步骤 02 选择照片素材 2.jpg，在“照片”选项面板中选中“摇动和缩放”单选按钮，单击下方的下三角按钮，在弹出的列表框中选择第 1 排第 3 个预设动画样式，如图 16-24 所示。

步骤 03 将选择照片素材 3.jpg，在“照片”选项面板中选中“摇动和缩放”单选按钮，单击“自定义”按钮，弹出相应对话框，设置“缩放率”为 107，将时间线移至最后一个关键帧，设置“缩放率”为 231，如图 16-25 所示。

步骤 04 将选择照片素材 4.jpg，在“照片”选项面板中选中“摇动和缩放”单选按钮，单击“自定义”按钮，弹出相应对话框，设置“缩放率”为116，将时间线移至最后一个关键帧，设置“缩放”为116，如图16-26所示。

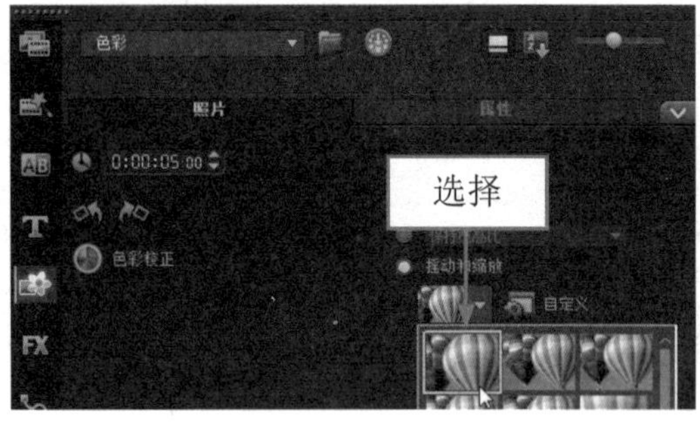

图16-23 选择第1排第1个预设动画样式

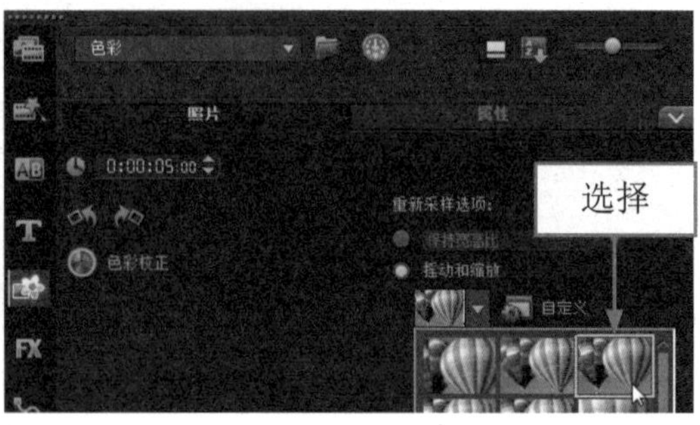

图16-24 选择第1排第3个预设动画样式

图16-25 设置“缩放”为231

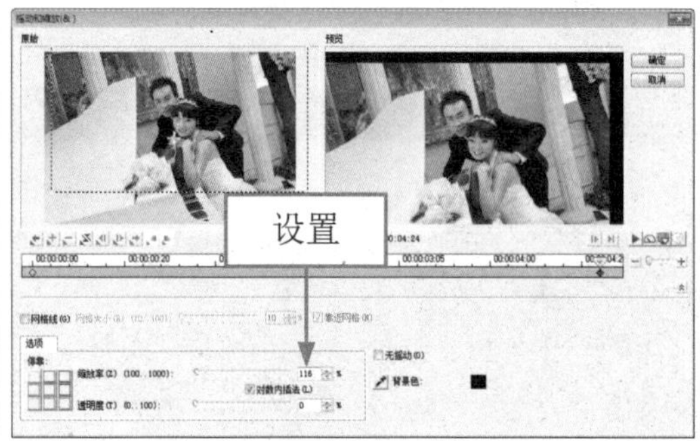

图16-26 设置“缩放”为116

步骤 05 选择照片素材5.jpg，在“照片”选项面板中选中“摇动和缩放”单选按钮，单击“自定义”按钮，弹出相应对话框，设置“缩放率”为147，将时间线移至最后一个关键帧，设置“缩放率”为137，如图16-27所示。

步骤 06 选择照片素材6.jpg，在“照片”选项面板中选中“摇动和缩放”单选按钮，单击“自定义”按钮，弹出相应对话框，设置“缩放率”为112，将时间线移至最后一个关键帧，设置“缩放率”为146，如图16-28所示。

图16-27 设置“缩放”为137

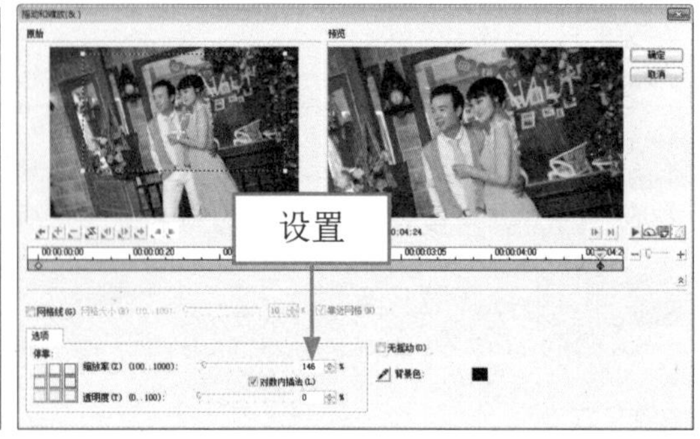

图16-28 设置“缩放”为146

步骤 07 选择照片素材7.jpg，在“照片”选项面板中选中“摇动和缩放”单选按钮，单击“自定义”按钮，弹出相应对话框，设置“缩放率”为156，将时间线移至最后一个关键帧，设置“缩放率”为 115，如图 16-29 所示。

步骤 08 选择照片素材 8.jpg，在“照片”选项面板中选中“摇动和缩放”单选按钮，单击下方的下三角按钮，在弹出的列表框中选择第 2 排第 2 个预设动画样式，如图 16-30 所示。

图 16-29 设置“缩放”为 115

图 16-30 选择第 2 排第 2 个预设动画样式

步骤 09 选择照片素材 9.jpg，在“照片”选项面板中选中“摇动和缩放”单选按钮，单击下方的下三角按钮，在弹出的列表框中选择第 1 排第 2 个预设动画样式，如图 16-31 所示。

步骤 10 选择照片素材 10.jpg，在“照片”选项面板中选中“摇动和缩放”单选按钮，单击“自定义”按钮，弹出相应对话框，设置“缩放”为 112，将时间线移至最后一个关键帧，设置“缩放率”为 146，如图 16-32 所示。

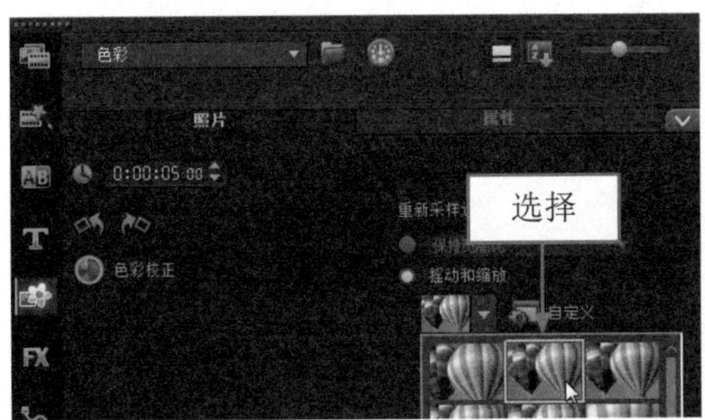

图 16-31 选择第 1 排第 2 个预设动画样式

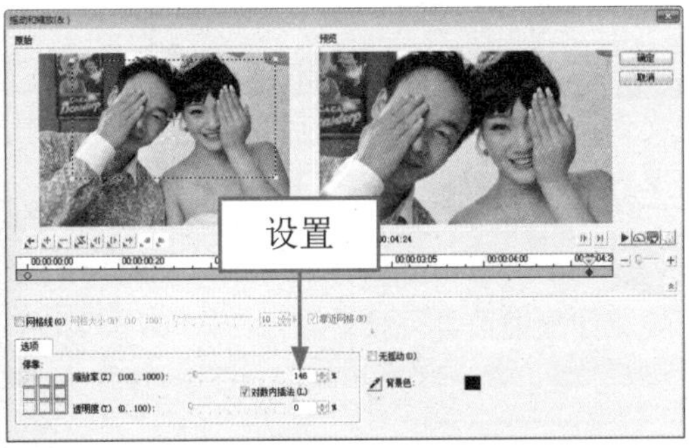

图 16-32 设置“缩放”为 146

步骤 11 选择照片素材 11.jpg，在“照片”选项面板中选中“摇动和缩放”单选按钮，单击“自定义”按钮，弹出相应对话框，设置“缩放”为 152，将时间线移至最后一个关键帧，设置“缩放率”为 113，如图 16-33 所示。

步骤 12 选择照片素材 12.jpg，在“照片”选项面板中选中“摇动和缩放”单选按钮，单击下方的下三角按钮，在弹出的列表框中选择第 1 排第 2 个预设动画样式，如图 16-34 所示。

步骤 13 选择照片素材 13.jpg，在“照片”选项面板中选中“摇动和缩放”单选按钮，单击下方的下三角按钮，在弹出的列表框中选择第 1 排第 1 个预设动画样式，如图 16-35 所示。

步骤 14 选择照片素材 14.jpg，在“照片”选项面板中选中“摇动和缩放”单选按钮，单击下方的下三角按钮，在弹出的列表框中选择第 1 排第 2 个预设动画样式，如图 16-36 所示。

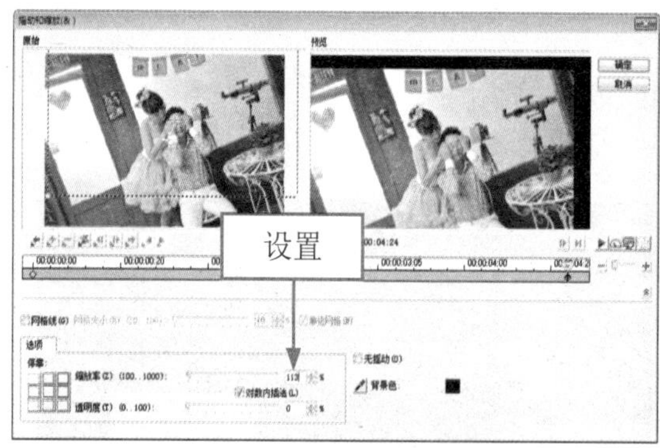

图 16-33 设置“缩放”为 113

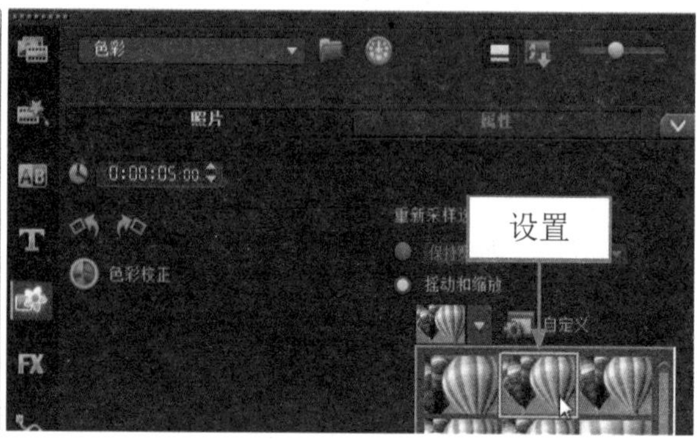

图 16-34 选择第 1 排第 2 个预设动画样式

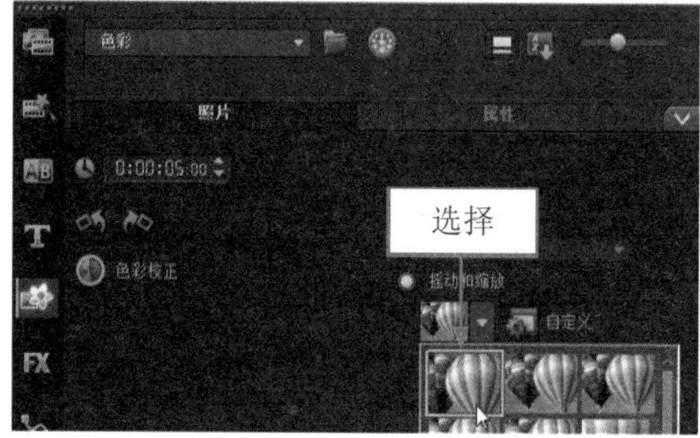

图 16-35 选择第 1 排第 1 个预设动画样式

图 16-36 选择第 1 排第 2 个预设动画样式

步骤 15 选择照片素材 15.jpg，在“照片”选项面板中选中“摇动和缩放”单选按钮，单击“自定义”按钮，弹出相应对话框，设置“缩放率”为 135，将时间线移至最后一个关键帧，设置“缩放率”为 146，如图 16-37 所示。

步骤 16 用与上同样的方法给素材库的照片 16-22.jpg 添加摇动效果。执行上述操作后，可以在导览面板中预览视频效果，如图 16-38 所示。

图 16-37 设置“缩放”为 146

图 16-38 预览摇动和缩放动画效果

16.2.7 制作“交错淡化”转场效果

在会声会影 X7 中，可以在各素材之间添加转场效果，制作自然过渡效果。下面介绍制作转场效果的操作方法。

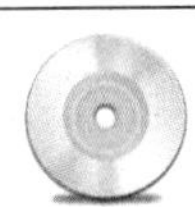

素材文件	无
效果文件	无
视频文件	光盘 \ 视频 \ 第 16 章 \16.2.7 制作“交错淡化”转场效果 .mp4

步骤 01 将时间线移至素材的开始位置，单击“转场”按钮，切换至“转场”选项卡，单击窗口上方的“画廊”按钮，在弹出的列表框中选择“筛选”选项，如图 16-39 所示。

步骤 02 打开“筛选”转场素材库，选择“交错淡化”转场效果，如图 16-40 所示。

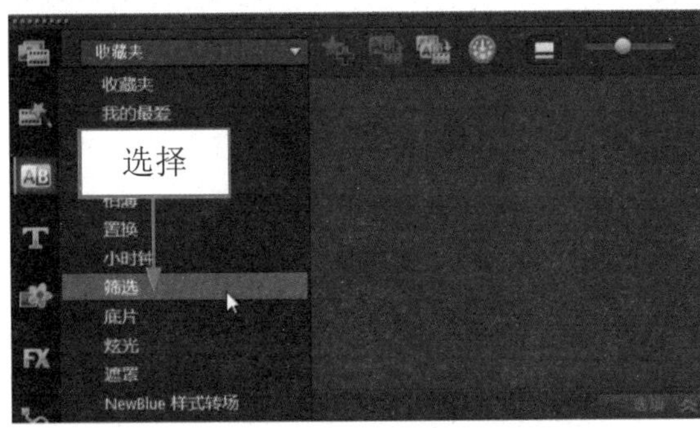

图 16-39 选择“筛选”选项

图 16-40 选择“交错淡化”转场效果

步骤 03 单击鼠标左键并拖曳至视频轨中的“片头 .wmv”与黑色色块之间，为其添加“交错淡化”转场效果，如图 16-41 所示。

步骤 04 使用相同的方法，在黑色色块与照片素材 1.jpg 之间添加“交错淡化”转场效果，如图 16-42 所示。

图 16-41 添加“交错淡化”转场效果

图 16-42 再次添加“交错淡化”转场效果

16.2.8 制作“漩涡”转场效果

在会声会影 X7 中，“漩涡”转场是将素材 A 以类似于碎片飘落的方式飞行，然后再显示素材 B。下面向读者介绍应用“漩涡”转场的方法。

素材文件	无
效果文件	无
视频文件	光盘 \ 视频 \ 第 16 章 \16.2.8 制作“漩涡”转场效果 .mp4

步骤 01 单击窗口上方的“画廊”按钮，在弹出的列表框中选择 3D 选项，打开 3D 转场素材库，选择“漩涡”转场效果，如图 16-43 所示。

步骤 02 单击鼠标左键并将其拖曳至视频轨中的照片素材 1.jpg 与 2.jpg 之间，即可添加“漩涡”转场效果，如图 16-44 所示。

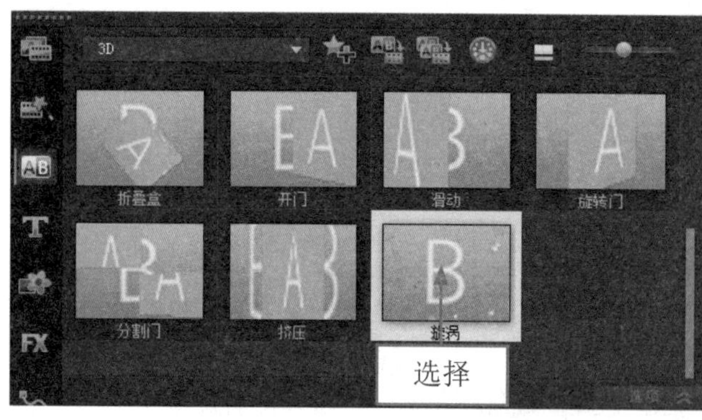

图 16-43 选择“漩涡”转场效果

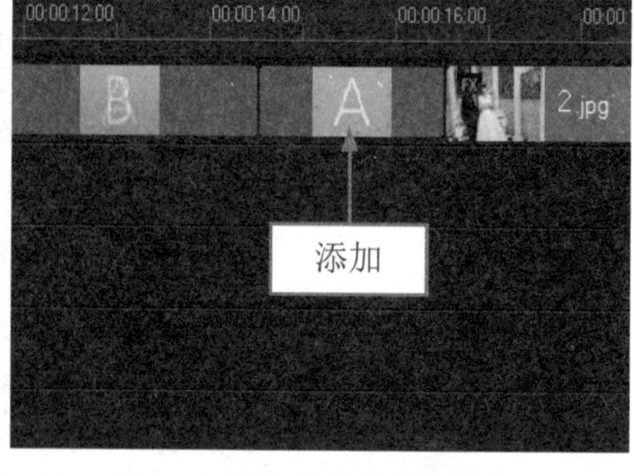

图 16-44 添加“漩涡”转场效果

16.2.9 制作“手风琴”转场效果

下面向用户介绍制作“手风琴”转场效果的操作方法。

	素材文件	无
	效果文件	无
	视频文件	光盘 \ 视频 \ 第 16 章 \16.2.9 制作“手风琴”转场效果 .mp4

步骤 01 单击窗口上方的“画廊”按钮，在弹出的列表框中选择 3D 选项，打开 3D 转场素材库，选择“手风琴”转场效果，如图 16-45 所示。

步骤 02 单击鼠标左键并将其拖曳至视频轨中的照片素材 2.jpg 与 3.jpg 之间，即可添加“手风琴”转场效果，如图 16-46 所示。

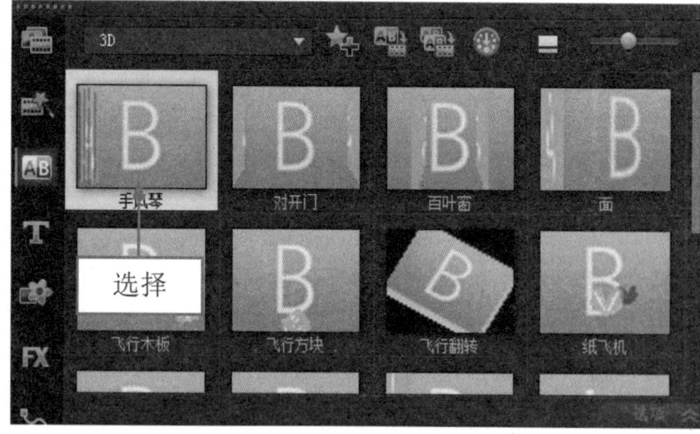

图 16-45 选择“手风琴”转场效果

图 16-46 添加“手风琴”转场效果

16.2.10 制作“对角”转场效果

在会声会影 X7 中，“对角”转场效果是指素材 A 由某一方以方块消失的形式消失到对立的另一方，从而显示素材 B。

	素材文件	无
	效果文件	无
	视频文件	光盘 \ 视频 \ 第 16 章 \16.2.10 制作“对角”转场效果 .mp4

步骤 01 在“转场”素材库中，单击窗口上方的“画廊”按钮，在弹出的列表框中选择“置换”选项，打开“置换”转场素材库，在其中选择“对角”转场效果，如图 16-47 所示。

步骤 02 单击鼠标左键并拖曳至视频轨中照片素材 3.jpg 与照片素材 4.jpg 之间，即可添加“对角”转场效果，如图 16-48 所示。

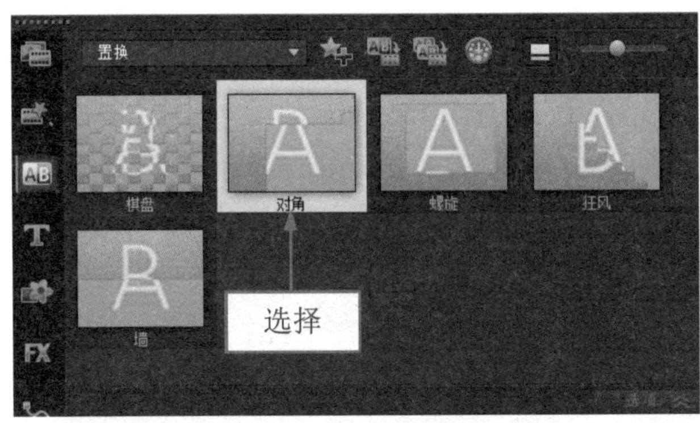

图 16-47 选择“对角”转场效果

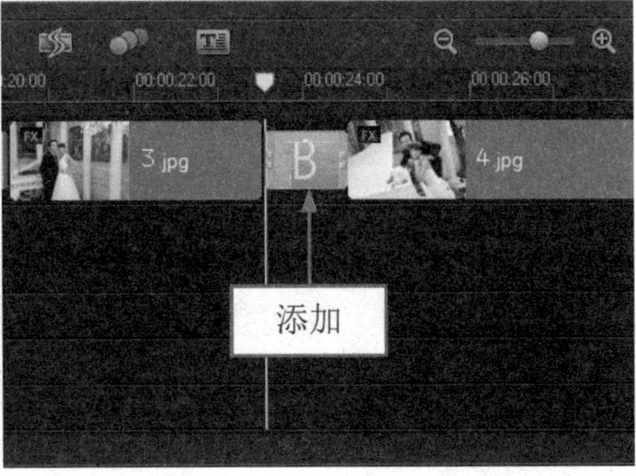

图 16-48 添加“对角”转场效果

16.2.11 制作“百叶窗”转场效果

在会声会影 X7 中，“百叶窗”转场效果是指素材 A 以百叶窗运动的方式进行过渡，显示素材 B。下面向读者介绍应用“百叶窗”转场效果的操作方法。

素材文件	无
效果文件	无
视频文件	光盘 \ 视频 \ 第 16 章 \16.2.11 制作“百叶窗”转场效果 .mp4

步骤 01 在“转场”素材库中，单击窗口上方的“画廊”按钮，在弹出的列表框中选择“擦拭”选项，打开“擦拭”转场素材库，在其中选择“百叶窗”转场效果，如图 16-49 所示。

步骤 02 单击鼠标左键并拖曳至视频轨中照片素材 4.jpg 与照片素材 5.jpg 之间，添加“百叶窗”转场效果，如图 16-50 所示。

图 16-49 选择“百叶窗”转场效果

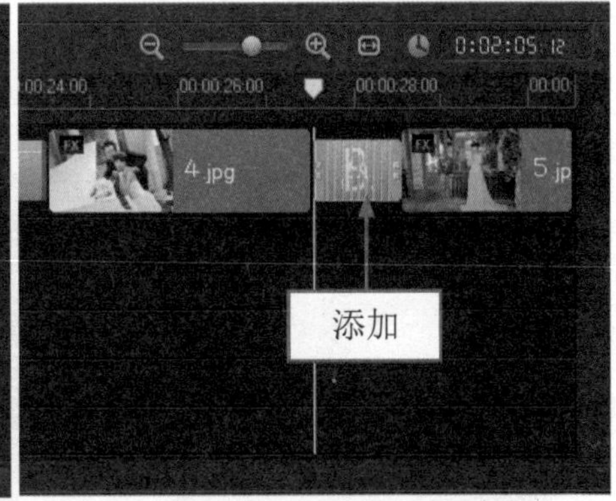

图 16-50 添加“百叶窗”转场效果

16.2.12 制作“遮罩 F”转场效果

下面向读者介绍制作“遮罩 F”转场效果的操作方法。

	素材文件	无
	效果文件	无
	视频文件	光盘 \ 视频 \ 第 16 章 \16.2.12 制作“遮罩 F”转场效果 .mp4

步骤 01 在“转场”素材库中，单击窗口上方的“画廊”按钮，在弹出的列表框中选择“遮罩”选项，打开“遮罩”转场素材库，在其中选择“遮罩 F”转场效果，如图 16-51 所示。

步骤 02 单击鼠标左键并拖曳至视频轨中照片素材 5.jpg 与照片素材 6.jpg 之间，添加“遮罩 F”转场效果，如图 16-52 所示。

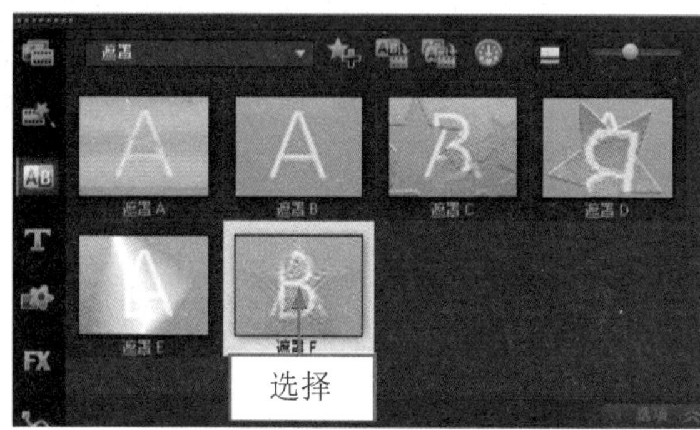

图 16-51 选择“遮罩 F”转场效果

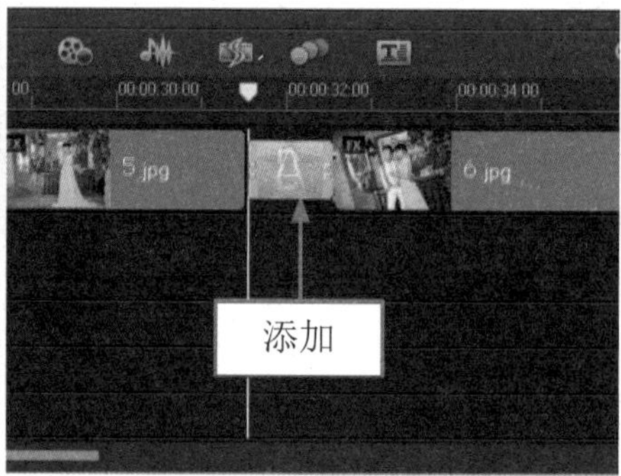

图 16-52 添加“遮罩 F”转场效果

16.2.13 制作“遮罩 C”转场效果

下面向读者介绍制作“遮罩 C”转场效果的操作方法。

	素材文件	无
	效果文件	无
	视频文件	光盘 \ 视频 \ 第 16 章 \16.2.13 制作“遮罩 C”转场效果 .mp4

步骤 01 在“转场”素材库中，单击窗口上方的“画廊”按钮，在弹出的列表框中选择“遮罩”选项，打开“遮罩”转场素材库，在其中选择“遮罩 C”转场效果，如图 16-53 所示。

步骤 02 单击鼠标左键并拖曳至视频轨中照片素材 6.jpg 与照片素材 7.jpg 之间，添加“遮罩 C”转场效果，如图 16-54 所示。

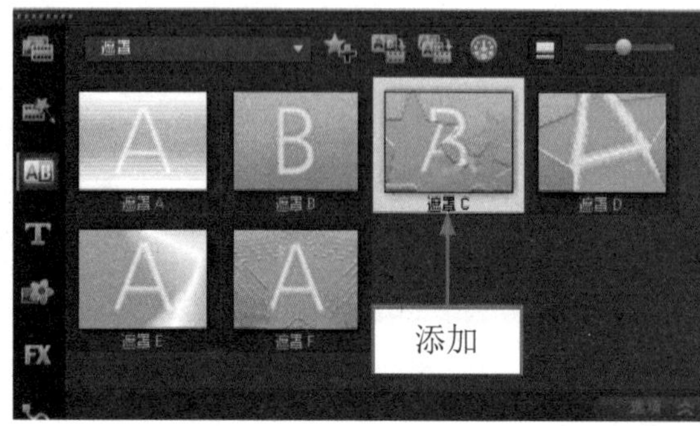

图 16-53 选择“遮罩 C”转场效果

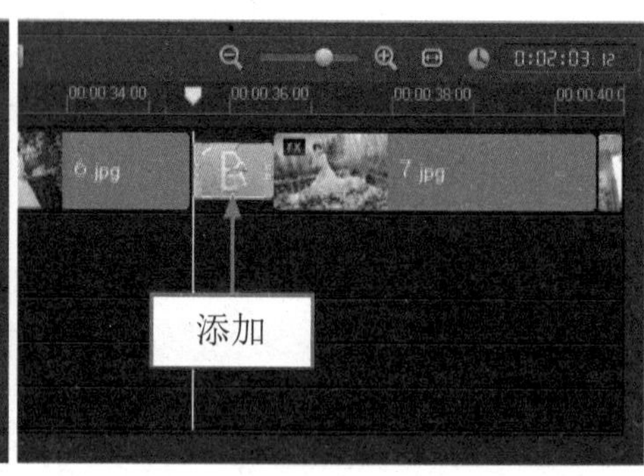

图 16-54 添加“遮罩 C”转场效果

16.2.14 制作“遮罩 D”转场效果

下面向读者介绍制作“遮罩 D”转场效果的操作方法。

	素材文件	无
	效果文件	无
	视频文件	光盘 \ 视频 \ 第 16 章 \16.2.14 制作“遮罩 D”转场效果 .mp4

步骤 01 在“转场”素材库中，单击窗口上方的“画廊”按钮，在弹出的列表框中选择“遮罩”选项，打开“遮罩”转场素材库，在其中选择“遮罩 D”转场效果，如图 16-55 所示。

步骤 02 单击鼠标左键并拖曳至视频轨中照片素材 7.jpg 与照片素材 8.jpg 之间，添加“遮罩 D”转场效果，如图 16-56 所示。

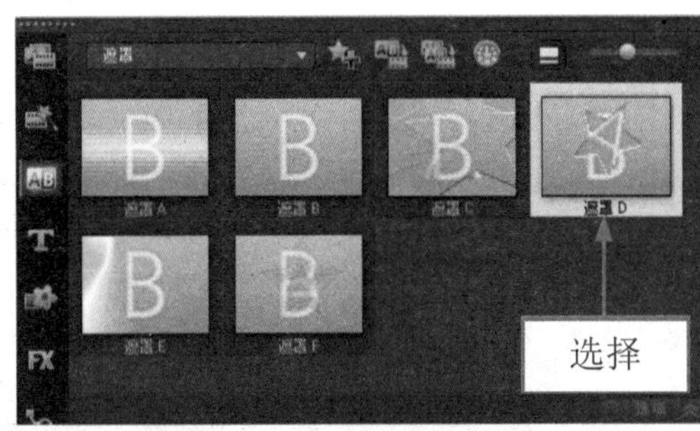

图 16-55 选择“遮罩 D”转场效果

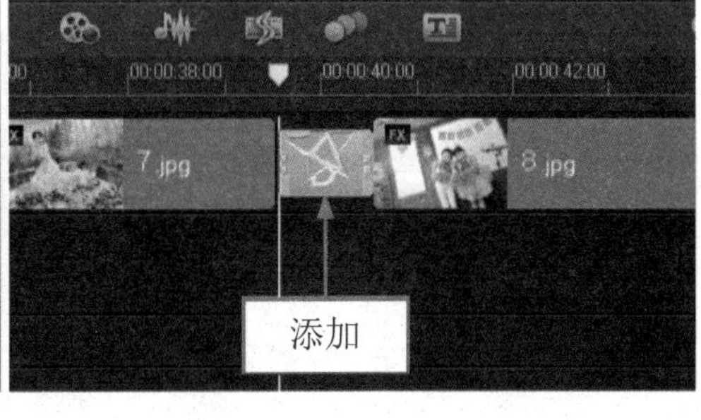

图 16-56 添加“遮罩 D”转场效果

16.2.15 制作“炫光”转场效果

下面向读者介绍制作“炫光”转场效果的操作方法。

	素材文件	无
	效果文件	无
	视频文件	光盘 \ 视频 \ 第 16 章 \16.2.15 制作“炫光”转场效果 .mp4

步骤 01 在“转场”素材库中，单击窗口上方的“画廊”按钮，在弹出的列表框中选择“炫光”选项，打开“炫光”转场素材库，在其中选择“炫光”转场效果，如图 16-57 所示。

步骤 02 单击鼠标左键并拖曳至视频轨中照片素材 8.jpg 与照片素材 9.jpg 之间，添加“炫光”转场效果，如图 16-58 所示。

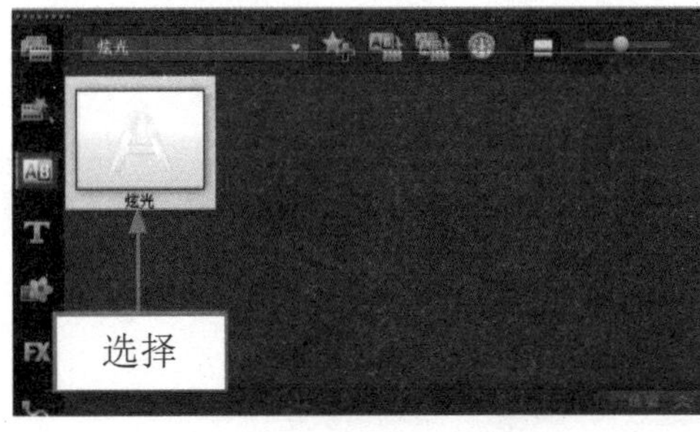

图 16-57 选择“炫光”转场效果

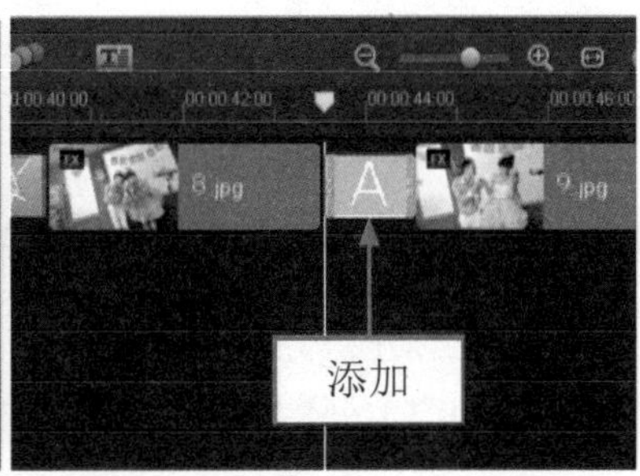

图 16-58 添加“炫光”转场效果

16.2.16 制作“单向”转场效果

在会声会影 X7 中，“单向”转场效果是指素材 A 以单向卷动并逐渐显示素材 B。下面向读者介绍应用“单向”转场的操作方法。

	素材文件	无
	效果文件	无
	视频文件	光盘 \ 视频 \ 第 16 章 \16.2.16 制作“单向”转场效果 .mp4

步骤 01 在“转场”素材库中，单击窗口上方的“画廊”按钮，在弹出的列表框中选择“转动”选项，打开“转动”转场素材库，在其中选择“单向”转场效果，如图 16-59 所示。

步骤 02 单击鼠标左键并拖曳至视频轨中照片素材 9.jpg 与照片素材 10.jpg 之间，添加“单向”转场效果，如图 16-60 所示。

图 16-59 选择“单向”转场效果

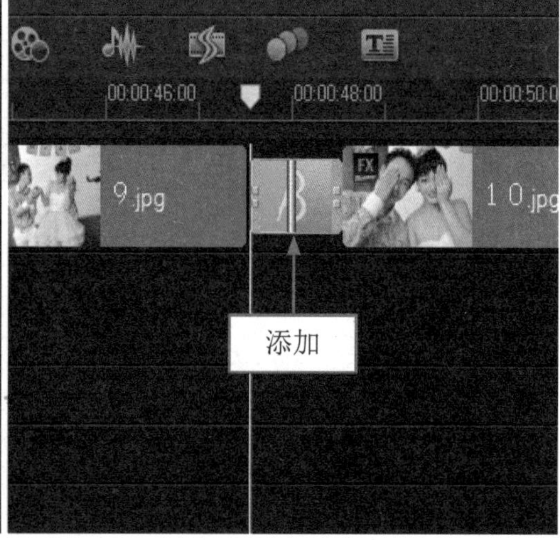

图 16-60 添加“单向”转场效果

16.2.17 制作“对开门”转场效果

在会声会影 X7 中，“对开门”转场效果是指素材 A 以底片对开门的形状显示素材 B。下面向读者介绍应用“对开门”转场效果的操作方法。

	素材文件	无
	效果文件	无
	视频文件	光盘 \ 视频 \ 第 16 章 \16.2.17 制作“对开门”转场效果 .mp4

步骤 01 在“转场”素材库中，单击窗口上方的“画廊”按钮，在弹出的列表框中选择“底片”选项，打开“底片”转场素材库，在其中选择“对开门”转场效果，如图 16-61 所示。

步骤 02 单击鼠标左键并拖曳至视频轨中照片素材 10.jpg 与照片素材 11.jpg 之间，添加“对开门”转场效果，如图 16-62 所示。

图 16-61 选择“对开门”转场效果

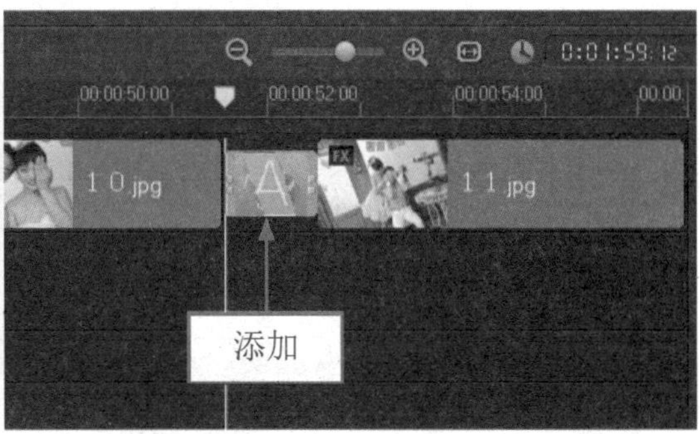

图 16-62 添加“对开门”转场效果

16.2.18 制作“扭曲”转场效果

“扭曲”转场效果是指素材 A 以风车的形式进行回旋，然后再显示素材 B。下面向读者介绍自动添加转场效果的操作方法。

	素材文件	无
	效果文件	无
	视频文件	光盘 \ 视频 \ 第 16 章 \16.2.18 制作“扭曲”转场效果 .mp4

步骤 01 在“转场”素材库中，单击窗口上方的“画廊”按钮，在弹出的列表框中选择“小时钟”选项，打开“小时钟”转场素材库，在其中选择“扭曲”转场效果，如图 16-63 所示。

步骤 02 单击鼠标左键并拖曳至视频轨中照片素材 11.jpg 与照片素材 12.jpg 之间，添加“扭曲”转场效果，如图 16-64 所示。

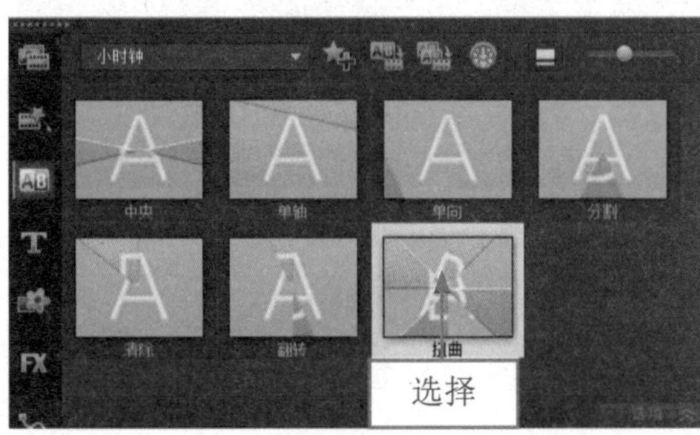

图 16-63 选择“扭曲”转场效果

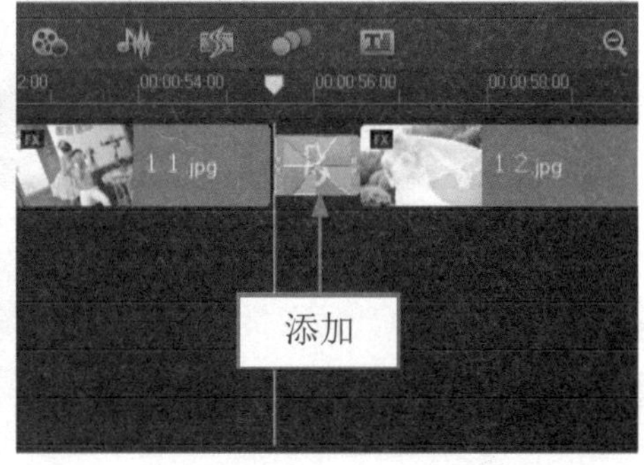

图 16-64 添加“扭曲”转场效果

16.2.19 制作其他转场效果

在本实例中，主要应用了“对开门”、“飞行翻转”、“漩涡”等转场特效。

	素材文件	无
	效果文件	无
	视频文件	光盘 \ 视频 \ 第 16 章 \16.2.19 制作其他转场效果 .mp4

步骤 01 在“转场”素材库中，单击窗口上方的“画廊”按钮，在弹出的列表框中选择 3D 选项，打开 3D 转场素材库，在其中选择“对开门”转场效果，如图 16-65 所示。

步骤 02 单击鼠标左键并拖曳至视频轨中照片素材 12.jpg 与照片素材 13.jpg 之间，添加“对开门”转场效果，如图 16-66 所示。

图 16-65 选择“对开门”转场效果

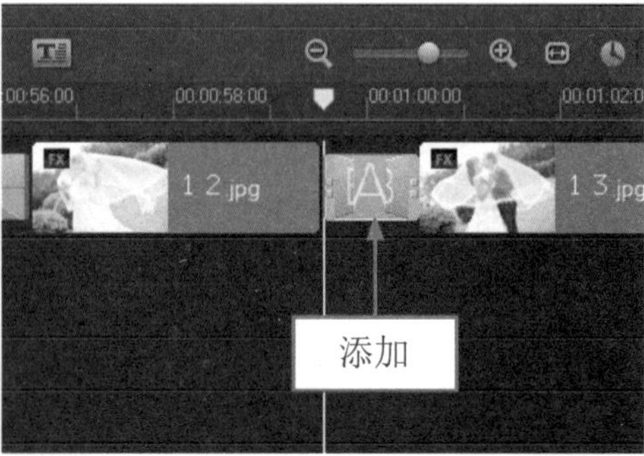

图 16-66 添加“对开门”转场效果

步骤 03 在“转场”素材库中，单击窗口上方的“画廊”按钮，在弹出的列表框中选择 3D 选项，打开 3D 转场素材库，在其中选择“飞行翻转”转场效果，如图 16-67 所示。

步骤 04 单击鼠标左键并拖曳至视频轨中照片素材 13.jpg 与照片素材 14.jpg 之间，添加“飞行翻转”转场效果，如图 16-68 所示。

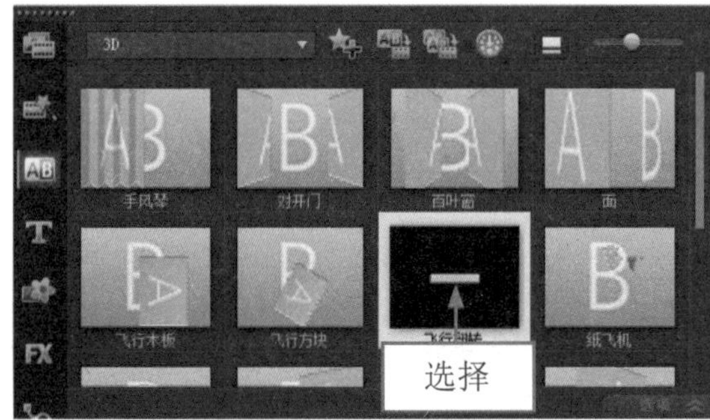

图 16-67 选择“飞行翻转”转场效果

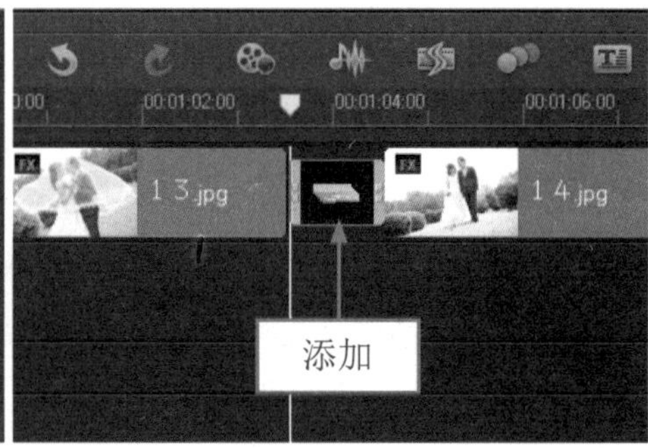

图 16-68 添加“飞行翻转”转场效果

步骤 05 在 3D 转场素材库中，选择“漩涡”转场效果，如图 16-69 所示。

步骤 06 单击鼠标左键并拖曳至视频轨中照片素材 14.jpg 与照片素材 15.jpg 之间，添加“漩涡”转场效果，如图 16-70 所示。

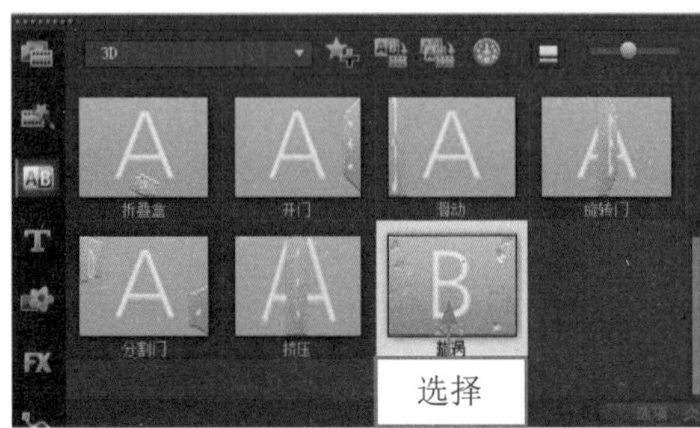

图 16-69 选择“漩涡”转场效果

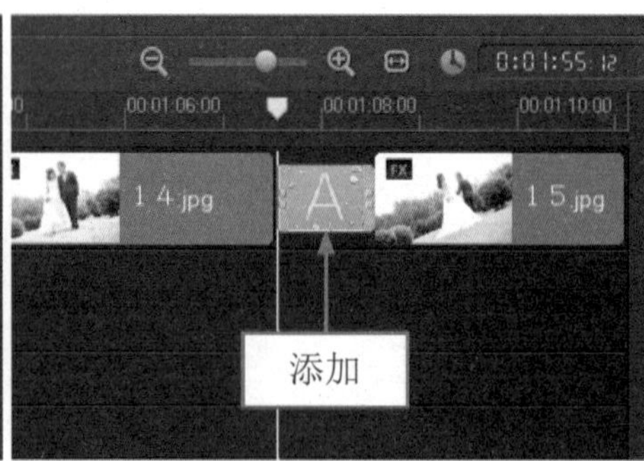

图 16-70 添加“漩涡”转场效果

步骤 07 在“转场”素材库中，单击窗口上方的“画廊”按钮，在弹出的列表框中选择“收藏夹”选项，打开“收藏夹”转场素材库，在其中选择“交错淡化”转场效果，如图 16-71 所示。

步骤 08 单击鼠标左键并拖曳至视频轨中照片素材 15.jpg ～ 22.jpg 与片尾素材之间，添加“交错淡化”转场效果，如图 16-72 所示。

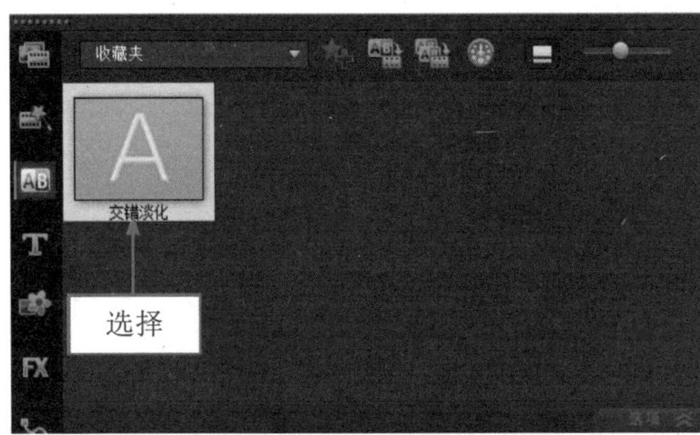

图 16-71 选择“交错淡化”转场效果

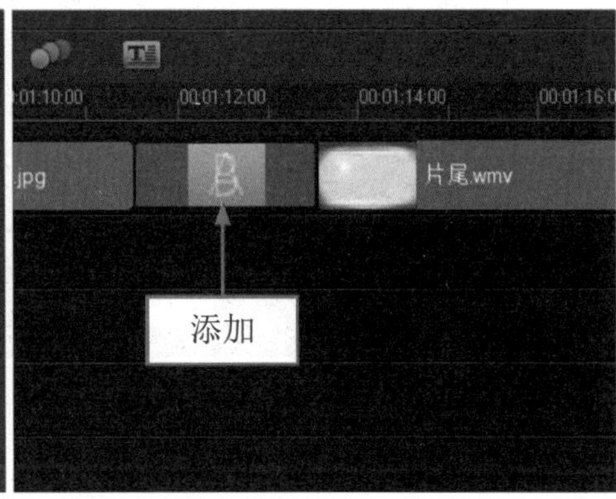

图 16-72 添加“交错淡化”转场效果

步骤 09 单击导览面板中的“播放”按钮，预览制作的转场效果，如图 16-73 所示。

图 16-73 预览转场效果

专家指点

在会声会影 X7 中，渲染输出指定范围影片时，用户还可以按【F3】键，来快速标记影片的开始位置。

16.2.20 创建覆叠轨

用户在制作完转场效果后，还需要创建覆叠轨。

	素材文件	无
	效果文件	无
	视频文件	光盘 \ 视频 \ 第 16 章 \16.2.20 创建覆叠轨 mp4

步骤 01 在时间轴面板的空白位置处，单击鼠标右键，在弹出的快捷菜单中选择“轨道管理器”选项，如图 16-74 所示。

步骤 02 弹出“轨道管理器”对话框，单击“覆叠轨”右侧的下三角按钮，在弹出的下拉列表框中选择 3 选项，如图 16-75 所示。

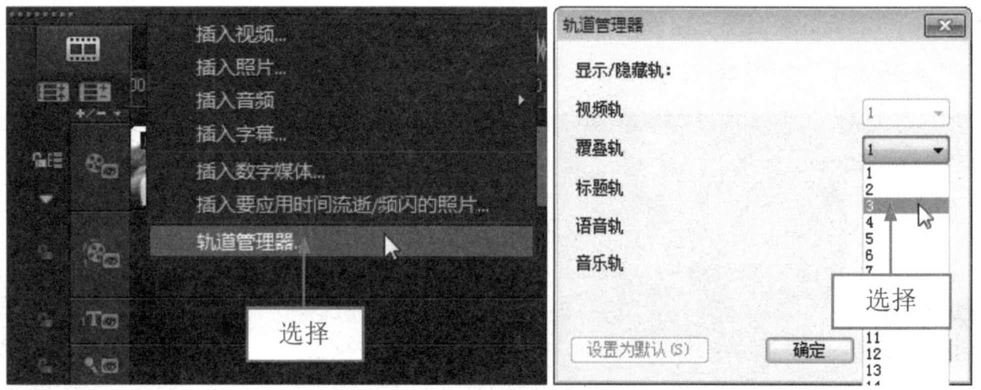

图 16-74 选择“轨道管理器”选项　　图 16-75 选择 3 选项

步骤 03 单击“确定”按钮，即可新增两条覆叠轨，如图 16-76 所示。

步骤 04 将时间线移至开始位置，在“照片”素材库中，选择照片素材 16.jpg，单击鼠标左键并将其拖曳至覆叠轨 1 中的时间线位置，如图 16-77 所示。

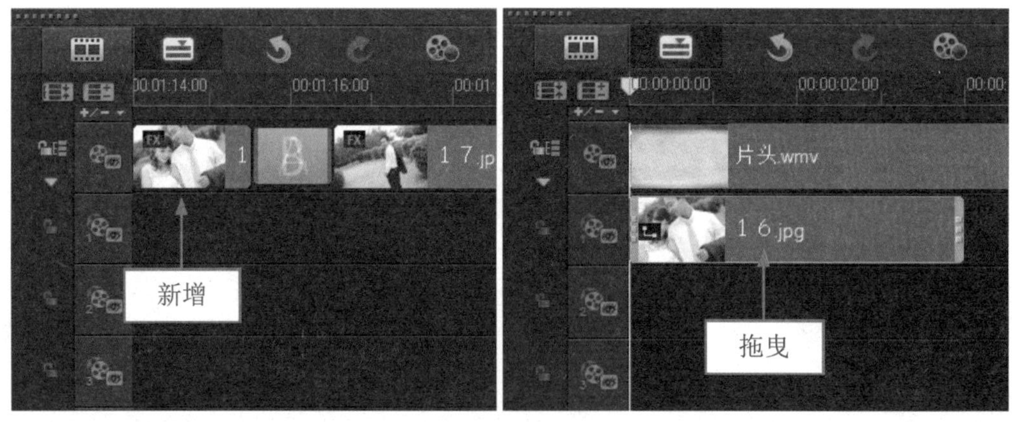

图 16-76 新增两条覆叠轨　　图 16-77 拖曳照片素材 16.jpg 至覆叠轨 1

16.2.21 创建遮罩动画效果

用户在创建覆叠轨后，还需要创建遮罩动画效果。

素材文件	无
效果文件	无
视频文件	光盘 \ 视频 \ 第 16 章 \16.2.21 创建遮罩动画效果 .mp4

步骤 01 单击“选项”按钮，打开“编辑”选项面板，设置“照片区间”为 00:00:11:12，如图 16-78 所示。

步骤 02 切换至“属性”选项面板，单击“淡入动画效果”按钮，设置淡入动画效果，单击“遮罩和色度键”按钮，如图 16-79 所示。

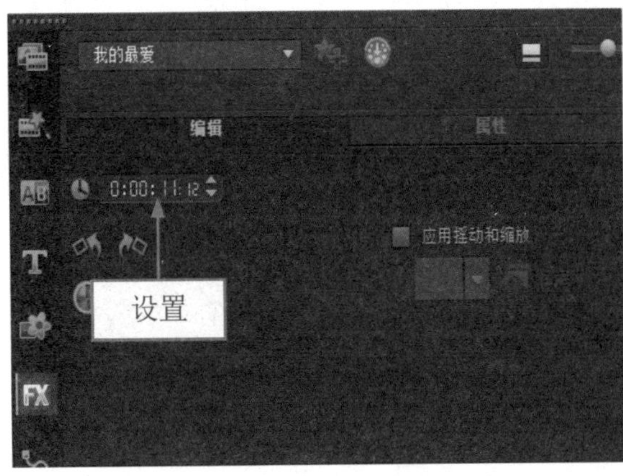

图 16-78 设置区间值

图 16-79 单击“遮罩和色度键”按钮

步骤 03 弹出相应选项面板，选中“应用覆叠选项”复选框，单击“类型”右侧的下三角按钮，在弹出的列表框中选择“遮罩帧”选项，在右侧的列表框中选择心形遮罩选项，如图 16-80 所示。

步骤 04 切换在预览窗口中，调整照片素材的大小和位置，如图 16-81 所示。

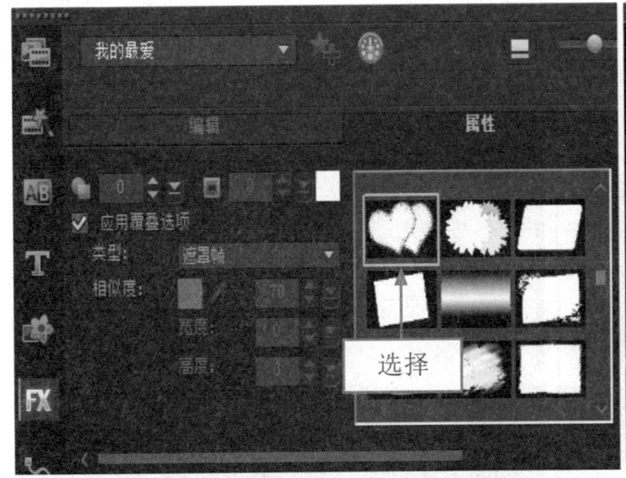

图 16-80 选择“心形”遮罩选项

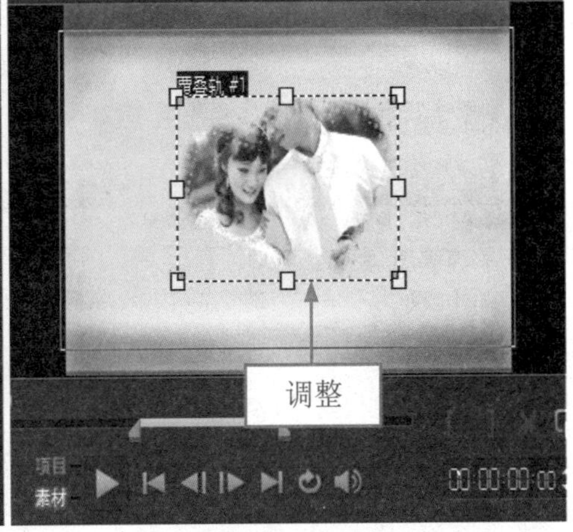

图 16-81 调整大小和位置

16.2.22 调整素材的时间与速度

用户在创建遮罩动画效果后，还需要调整素材文件的时间与速度。

素材文件	光盘 \ 素材 \ 第 16 章 \16.2.22 23.swf
效果文件	无
视频文件	光盘 \ 视频 \ 第 16 章 \16.2.22 调整素材的时间与速度 .mp4

步骤 01 将时间线移至素材的开始位置，在“视频”素材库中，选择动画素材 23.swf，单击鼠标左键并将其拖曳至覆叠轨 2 中，如图 16-82 所示。

步骤 02 单击“选项”按钮，打开“编辑”选项面板，单击“速度 / 时间流逝”按钮，如图 16-83 所示。

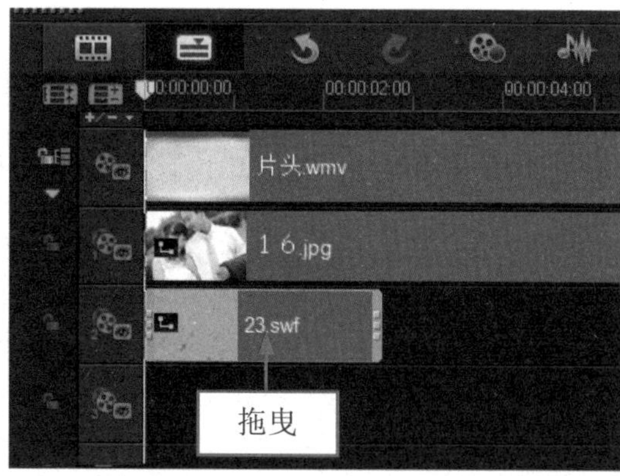

图 16-82 拖曳动画素材 23.swf 至覆叠轨 2

图 16-83 单击“速度 / 时间流逝”按钮

步骤 03 执行上述操作后，弹出“速度/时间流逝”对话框，在其中设置“新素材区间”为0:0:11:1，如图 16-84 所示。

步骤 04 单击“确定”按钮，即可调整动画素材的区间大小，切换至“属性”选项面板，在预览窗口中选择动画素材，单击鼠标右键，在弹出的快捷菜单中选择“调整到屏幕大小”选项，如图 16-85 所示。

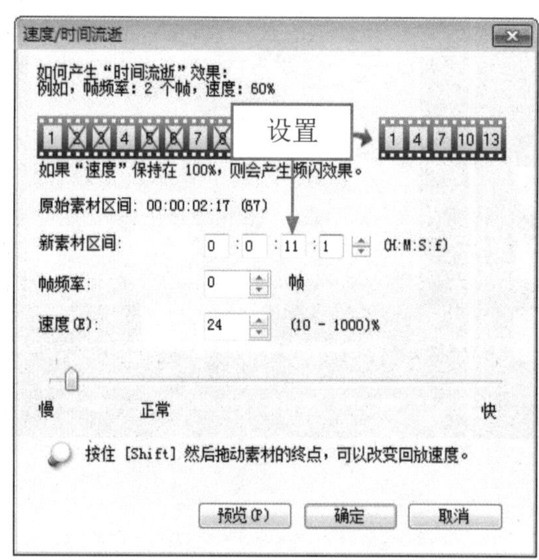

图 16-84 设置新素材区间

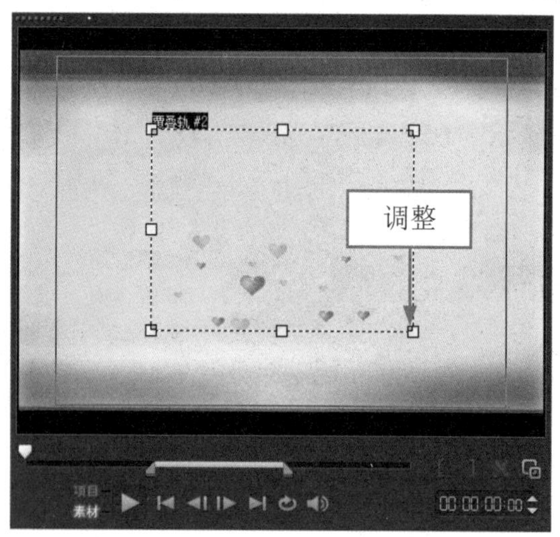

图 16-85 选择“调整到屏幕大小”选项

16.2.23 设置淡入淡出动画效果

用户在调整素材文件的时间与速度后，还需要设置淡入淡出动画效果。

	素材文件	无
	效果文件	无
	视频文件	光盘 \ 视频 \ 第 16 章 \16.2.23 设置淡入淡出动画效果 .mp4

步骤 01 在“照片”素材库中，选择照片素材 24.png，单击鼠标左键并将其拖曳至覆叠轨 3 中，在预览窗口中调整其位置和大小，如图 16-86 所示。

步骤 02 单击“选项”按钮，打开“编辑”选项面板，设置“照片区间”为00:00:04:19。单击“淡入动画效果”和“淡出动画效果”按钮，如图16-87所示，设置淡入淡出动画效果。

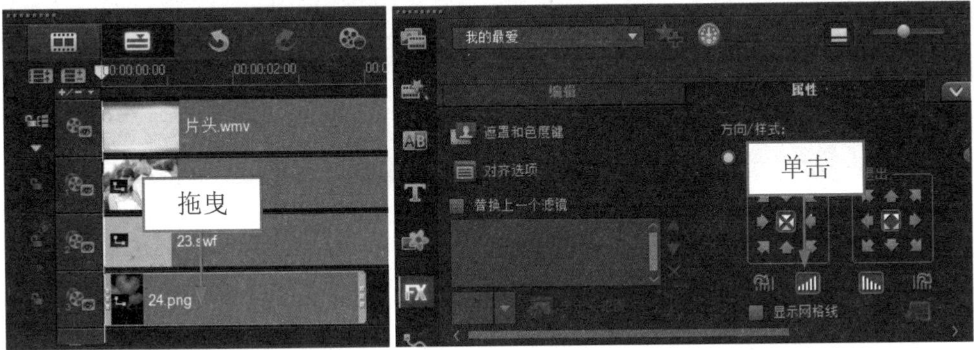

图16-86 拖曳照片素材24.png至覆叠轨3　　图16-87 单击“淡入动画效果”按钮

步骤 03 单击“遮罩和色度键”按钮，弹出相应选项面板，在其中设置“透明度”为30，如图16-88所示。

步骤 04 将时间线移至0:00:04:19的位置，在“媒体”素材库中选择图像素材“文字.png”，单击鼠标左键并拖曳至覆叠轨3中的合适位置，设置素材的区间为0:00:06:00，切换至“属性”选项面板，在“进入”选项组中单击“从左边进入”按钮，单击“淡入动画效果”按钮和“淡出动画效果”按钮，设置淡入淡出动画效果，单击导览面板中的“播放”按钮，预览婚纱片头动画效果，如图16-89所示。

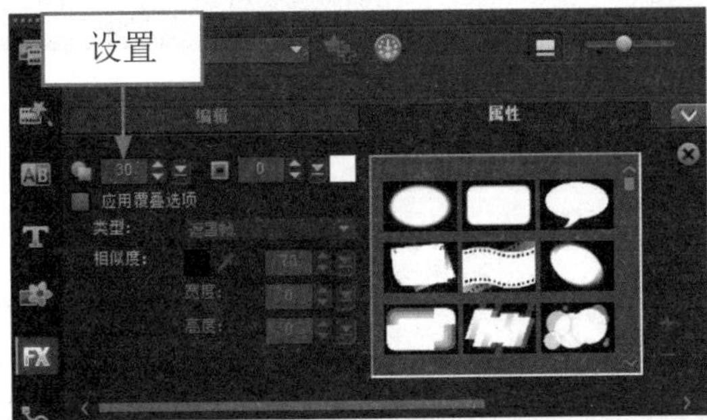

图16-88 设置透明度

图16-89 预览片头动画效果

16.2.24 制作婚纱边框1动画

在会声会影中编辑视频文件时，为素材添加相应的边框效果，可以使制作的视频内容更加丰富，起到美化视频的作用。下面介绍制作婚纱边框1动画的操作方法。

	素材文件	光盘\素材\第16章\16.24 边框1.png
	效果文件	无
	视频文件	光盘\视频\第16章\16.2.24 制作婚纱边框1动画.mp4

步骤 01 在时间轴面板中，将时间线移至00:00:11:13的位置，如图16-90所示。

步骤 02 在“照片”素材库中，选择照片素材“边框1.png”，单击鼠标左键，并将其拖曳至覆叠轨1中的时间线位置，如图16-91所示。

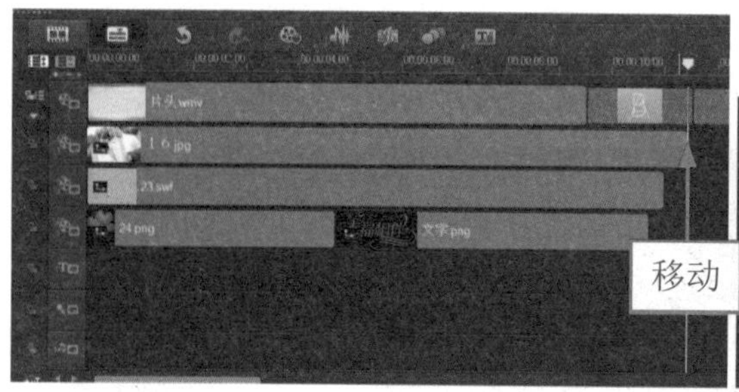

图 16-90 移动时间线

图 16-91 拖曳照片素材至覆叠轨 1

步骤 03 在预览窗口中选择该素材，单击鼠标右键，在弹出的快捷菜单中选择“调整到屏幕大小”选项，如图 16-92 所示。

步骤 04 单击“选项”按钮，打开“编辑”选项面板，设置区间为 00:00:02:00，如图 16-93 所示。

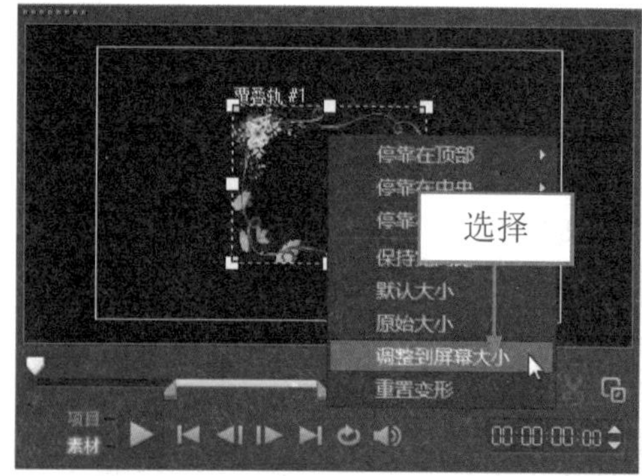

图 16-92 选择“调整到屏幕大小”选项

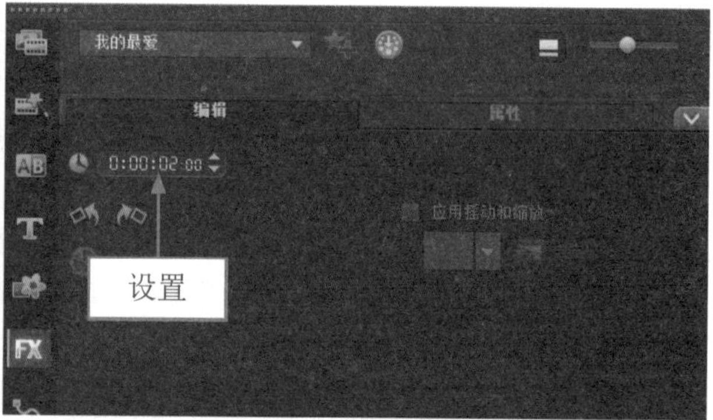

图 16-93 设置区间值 1

步骤 05 切换至“属性”选项面板，单击“淡入动画效果”按钮，如图 16-94 所示。

步骤 06 将在覆叠轨中单击鼠标右键，在弹出的快捷菜单中选择“复制”选项，如图 16-95 所示。将鼠标移至覆叠轨右侧需要粘贴的位置处，此时显示白色色块，单击鼠标左键，即可完成对复制的素材对象进行粘贴操作。

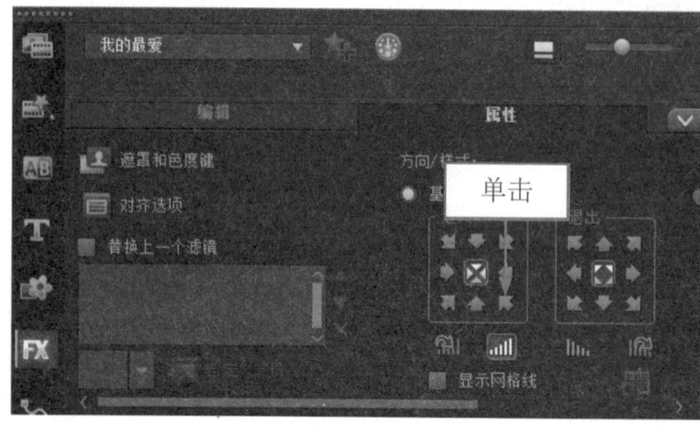

图 16-94 单击“淡入动画效果”按钮

图 16-95 选择“复制”选项 1

步骤 07 单击“选项”按钮，打开“编辑”选项面板，设置区间为 00:00:30:00，如图 16-96 所示。

步骤 08 将在覆叠轨中单击鼠标右键，在弹出的快捷菜单中选择“复制”选项，如图 16-97 所示。

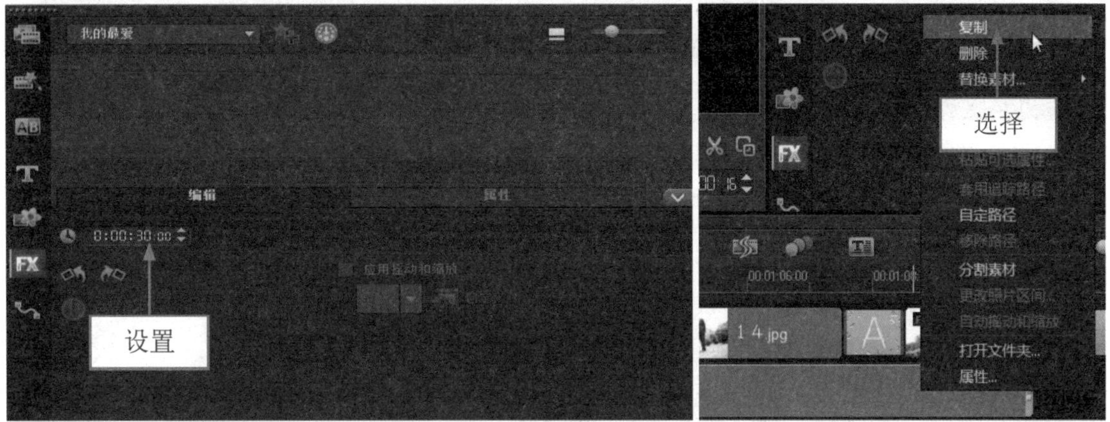

图 16-96 设置区间值　　图 16-97 选择“复制”选项

步骤 09 将鼠标移至覆叠轨右侧需要粘贴的位置处，此时显示白色色块，单击鼠标左键，即可完成对复制的素材对象进行粘贴操作，单击“选项”按钮，打开“编辑”选项面板，设置区间为 00:00:27:00，如图 16-98 所示。

步骤 10 切换至“属性”选项面板，单击“淡出动画效果”按钮，如图 16-99 所示。

图 16-98 设置区间值 3

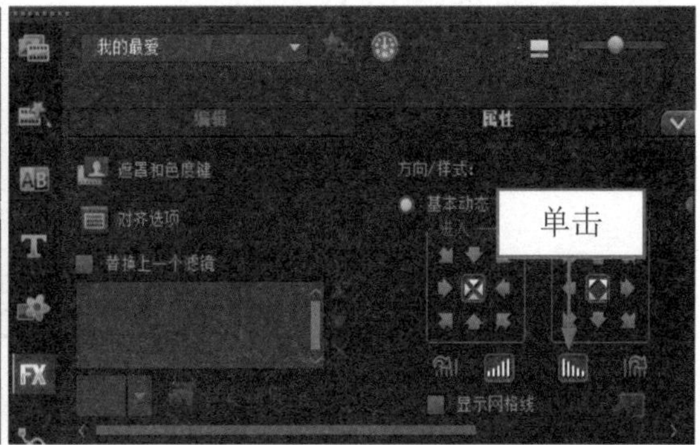

图 16-99 单击“淡出动画效果”按钮

16.2.25 制作婚纱边框 2 动画

在会声会影中编辑视频文件时，为素材添加相应的边框效果，可以使制作的视频内容更加丰富，起到美化视频的作用。下面介绍制作婚纱边框 2 动画的操作方法。

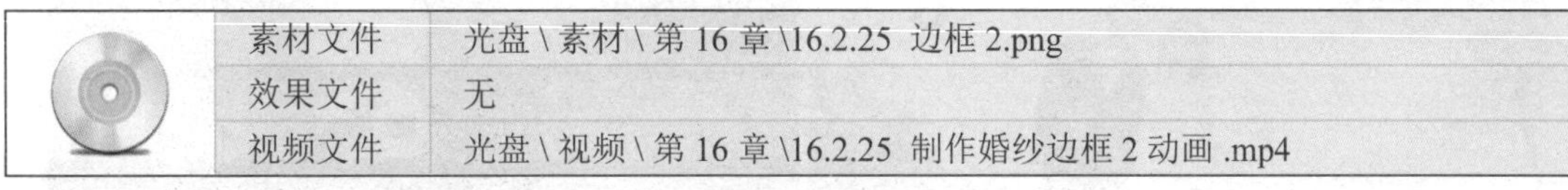

	素材文件	光盘 \ 素材 \ 第 16 章 \16.2.25 边框 2.png
	效果文件	无
	视频文件	光盘 \ 视频 \ 第 16 章 \16.2.25 制作婚纱边框 2 动画 .mp4

步骤 01 在时间轴面板中，将时间线移至 00:00:11:13 的位置，在“照片”素材库中，选择照片素材“边框 2.png”，单击鼠标左键并将其拖曳至覆叠轨 2 中的时间线位置，如图 16-100 所示。

步骤 02 使用相同的方法，对照片素材“边框 2.png”进行复制，设置区间值，设置素材效果，如图 16-101 所示。

图 16-100 拖曳照片素材至覆叠轨 2

设置

图 16-101 素材效果

步骤 03 执行上述操作后，即可完成边框动画效果的制作，单击导览面板中的“播放”按钮，即可预览制作的边框动画效果，如图 16-102 所示。

图 16-102 预览边框动画效果

16.2.26 制作视频片尾覆叠

在会声会影 X7 中，制作完婚纱边框效果后，接下来可以为影片文件添加片尾动画效果。下面介绍制作婚纱片尾动画的操作方法。

	素材文件	光盘 \ 素材 \ 第 16 章 \16.2.26 20.jpg
	效果文件	无
	视频文件	光盘 \ 视频 \ 第 16 章 \16.2.26 制作视频片尾覆叠 .mp4

步骤 01 在时间轴面板中将时间线移至 00:01:40:14 的位置，如图 16-103 所示。

步骤 02 在“照片”素材库中，选择照片素材 20.jpg，单击鼠标左键并将其拖曳至覆叠轨 1 中的时间线位置，如图 16-104 所示。

图 16-103 移动时间线

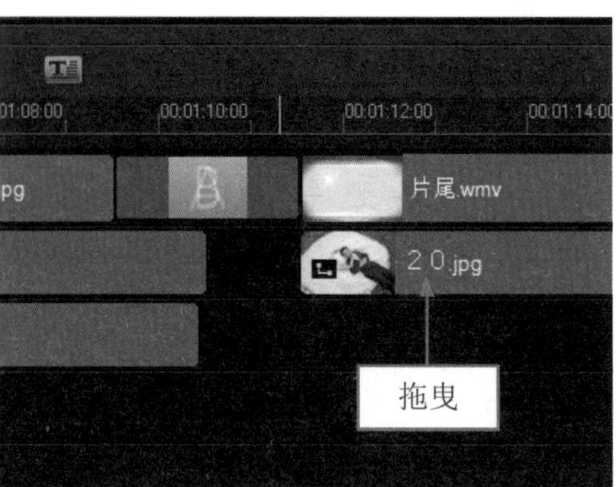

图 16-104 拖曳照片素材 19.jpg 至覆叠轨 1

步骤 03 单击“选项”按钮，打开“编辑”选项面板，设置区间值为 00:00:05:23，如图 16-105 所示。

步骤 04 选中“应用摇动和缩放”复选框，切换至“属性”选项面板，单击“淡入动画效果”按钮，设置淡入动画效果，然后单击“遮罩和色度键”按钮，如图 16-106 所示。

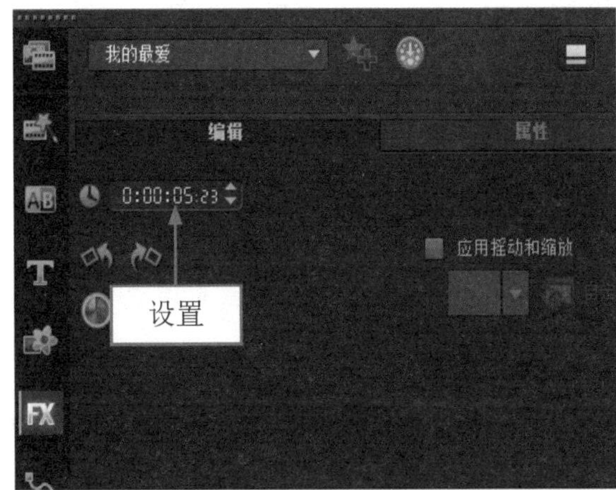

图 16-105 设置区间值

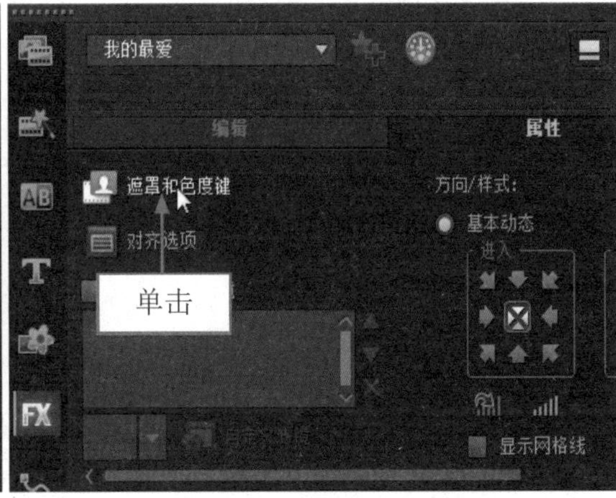

图 16-106 单击“遮罩和色度键”按钮

步骤 05 进入相应选项面板，选中“应用覆叠选项”复选框，单击“类型”右侧的下三角按钮，在弹出的列表框中选择“遮罩帧”选项，在右侧的列表框中选择心形遮罩选项，如图 16-107 所示。

步骤 06 在预览窗口中调整照片素材的大小和位置，如图 16-108 所示。

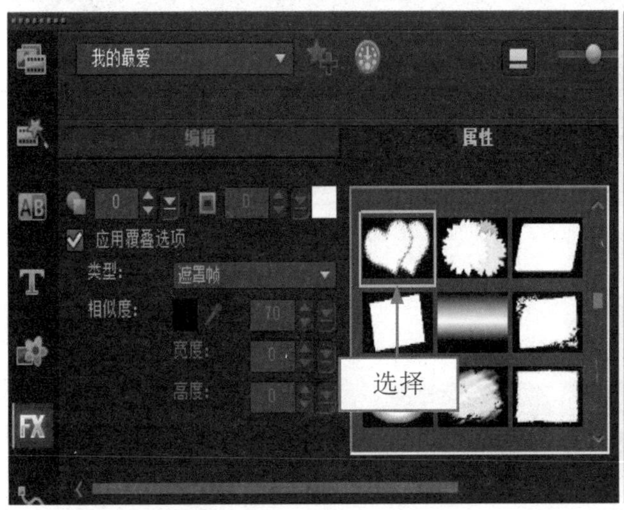

图 16-107 选择“心形”遮罩选项

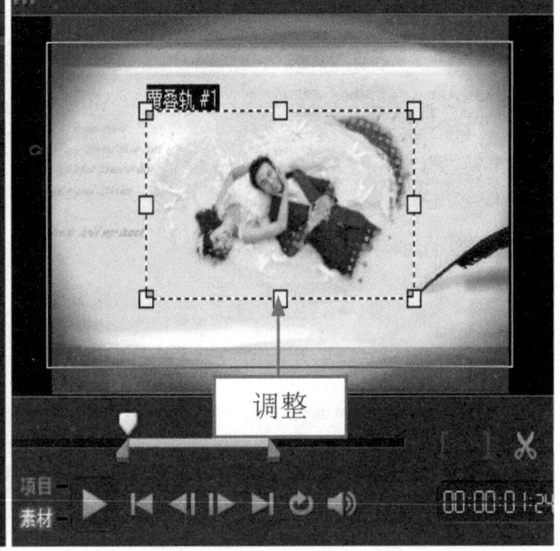

图 16-108 调整大小和位置

步骤 07 在“视频”素材库，选择动画素材 23.swf，单击鼠标左键并将其拖曳至覆叠轨 2 中的相应位置，如图 16-109 所示。

步骤 08 单击“速度 / 时间流逝”按钮，弹出相应对话框，设置“新素材区间”为 0:0:4:23，并设置为全屏显示，在视频轨中可以查看调整区间后的效果，如图 16-110 所示。

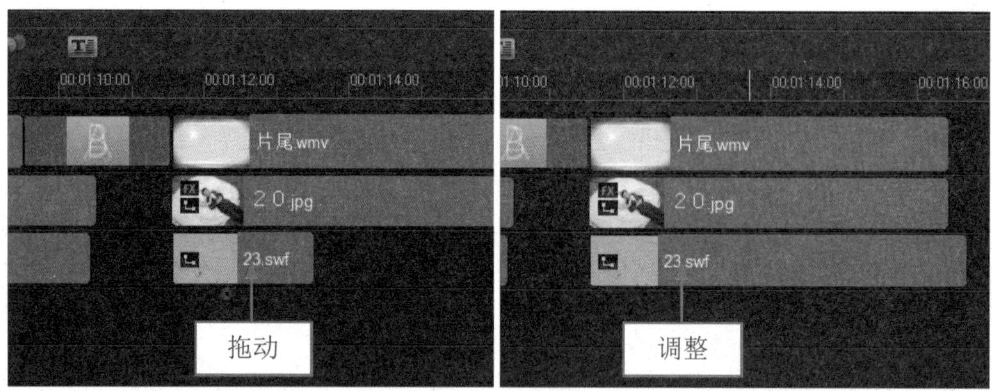

图 16-109 拖曳动画素材 23.swf 至覆叠轨 2

图 16-110 调整区间后的效果

步骤 09 打开“照片”素材库，选择照片素材 24.png，单击鼠标左键并将其拖曳至覆叠轨中 3 的相应位置，如图 16-111 所示。

步骤 10 单击“选项”按钮，打开“编辑”选项面板，设置区间为 00:00:04:23。切换至“属性”选项面板，单击“淡出动画效果”按钮，设置淡出动画效果，然后单击“遮罩和色度键”按钮，弹出相应选项面板，设置“透明度”为 30，如图 16-112 所示。

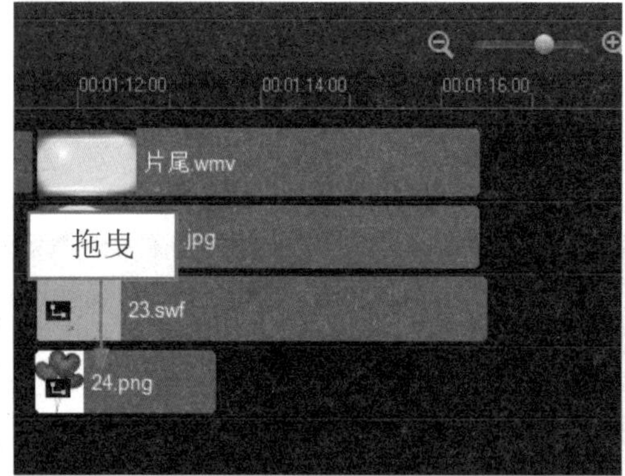

图 16-111 拖曳照片素材 24.png 至覆叠轨 3

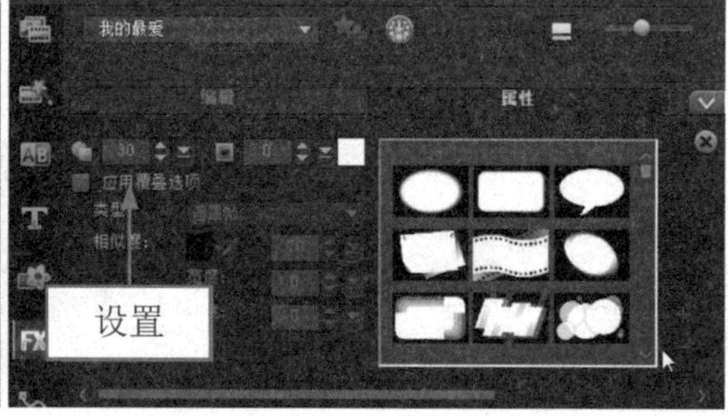

图 16-112 设置透明度

步骤 11 在预览窗口中调整素材的大小和位置，执行上述操作后，即可完成片尾覆叠的制作。单击导览面板中的“播放”按钮，即可预览制作的片尾覆叠效果，如图 16-113 所示。

图 16-113 预览片尾覆叠效果

16.2.27 制作标题字幕动画

在会声会影 X7 中，在覆叠轨中制作完动画效果，接下来在标题轨中制作标题字幕动画效果。下面介绍制作标题字幕动画的操作方法。

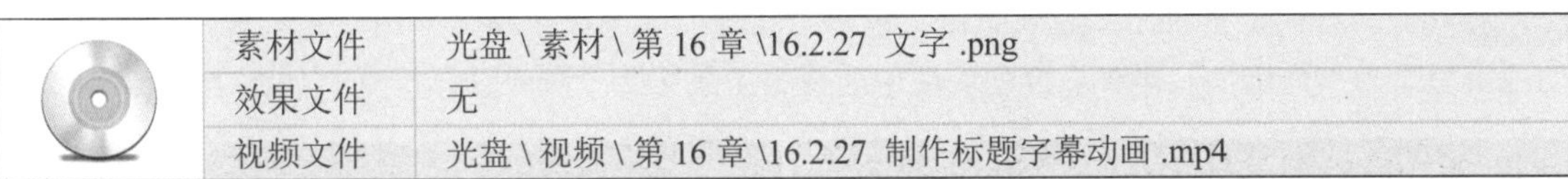

素材文件	光盘 \ 素材 \ 第 16 章 \16.2.27 文字 .png
效果文件	无
视频文件	光盘 \ 视频 \ 第 16 章 \16.2.27 制作标题字幕动画 .mp4

步骤 01 将时间线移至 00:00:12:13 的位置，单击“标题”按钮，切换至“标题”选项卡，在预览窗口中的适当位置输入文字“温馨幸福”，在“编辑”选项面板中设置“区间”为 00:00:03:09，设置“字体”为“方正姚体”、“字体大小”为 65、“色彩”为“红色”、“行间距”为 80、“按角度旋转”为 0，如图 16-114 所示。

步骤 02 单击“边框 / 阴影 / 透明度”按钮，弹出“边框 / 阴影 / 透明度”对话框，切换至“阴影”选项卡，单击“突起阴影”按钮，在其中设置相应参数，如图 16-115 所示。

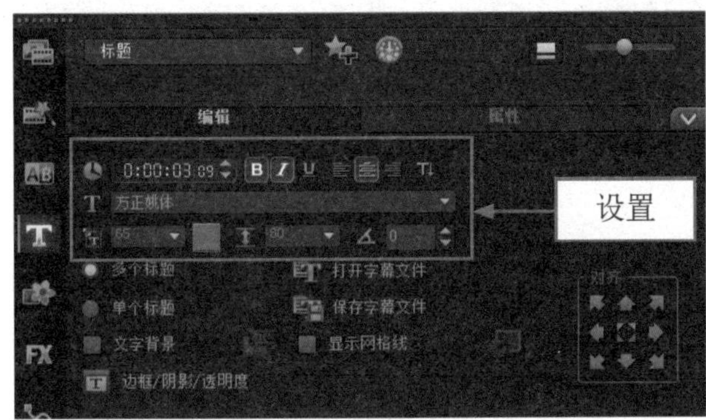

图 16-114 设置相应选项 2

边框/阴影/透明度

边框 阴影

X: 6.0 Y: 6.0

设置

确定 取消

图 16-115 设置相应参数 2

步骤 03 设置完成后，单击“确定”按钮。切换至“属性”选项面板，选中“动画”单选按钮和“应用”复选框，设置“选取动画类型”为“淡化”，在下拉列表框中选择第 1 排第 1 个预设动画样式，如图 16-116 所示。

步骤 04 在预览窗口中调整文字的位置，单击导览面板中的“播放”按钮，即可预览标题字幕动画效果，如图 16-117 所示。

图 16-116 选择第 1 排第 1 个预设动画样式

图 16-117 预览标题字幕动画效果 2

步骤 05 时间线移至 00:00:16:13 的位置，单击“标题”按钮，切换至“标题”选项卡，在预览窗口中的适当位置输入文字为“携手一生”，在“编辑”选项面板中设置相应选项，如图 16-118 所示。

步骤 06 切换至“属性”选项面板，选中“动画”单选按钮和“应用”复选框，设置“选取动画类型”为“弹出”，即在下拉列表框中选择第 1 排第 2 个预设动画样式，如图 16-119 所示。

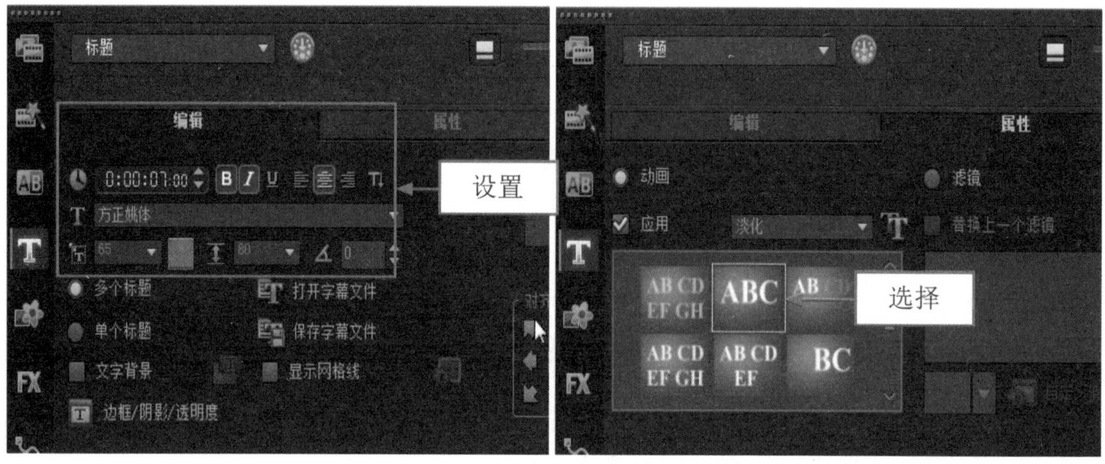

图 16-118 设置相应选项 3　　图 16-119 选择预设动画样式 3

步骤 07 在预览窗口中调整文字的位置，单击导览面板中的“播放”按钮，即可预览标题字幕动画效果，如图 16-120 所示。

步骤 08 使用相同的方法，在标题轨的其他位置依次添加标题字幕“天生一对”、“甜蜜爱人”、“真爱一生”、“郎才女貌”、“天作之合”、“纯洁爱恋”、“相伴一生”、“幸福美满”、“公主王子”、“守护一生”，并且设置标题属性，添加完成后，此时时间轴面板如图 16-121 所示。

图 16-120 预览标题字幕动画效果 3

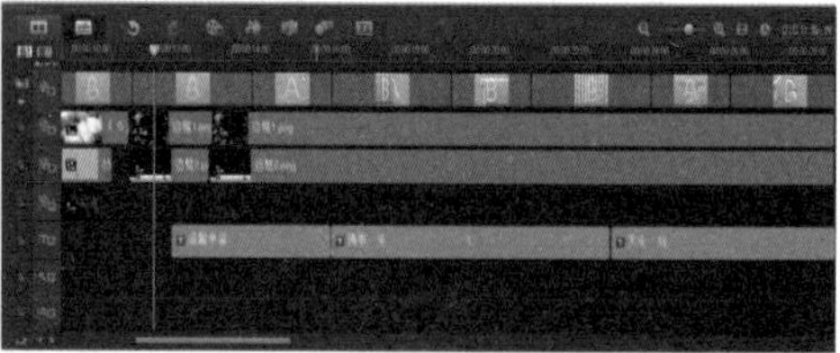

图 16-121 时间轴面板

步骤 09 单击导览面板中的“播放”按钮，在预览窗口中即可预览制作的标题字幕动画效果，如图 16-122 所示。

图 16-122 预览标题字幕动画效果 4

16.3 影片后期处理

当用户对视频编辑完成后，接下来可以对视频进行后期编辑处理，主要包括在影片中添加音频素材以及渲染输出影片文件。

16.3.1 导入视频背景音乐

在会声会影 X7 中，用户可以将“媒体”素材库中的音频文件直接添加至音乐轨中。下面介绍导入婚纱音乐文件的操作方法。

素材文件	光盘 \ 素材 \ 第 16 章 \16.3.1 音乐 .mp3
效果文件	无
视频文件	光盘 \ 视频 \ 第 16 章 \16.3.1 导入视频背景音乐 .mp4

步骤 01 将时间线移至素材的开始位置，在时间轴面板的空白位置处，单击鼠标右键，在弹出的快捷菜单中选择“插入音频”|“到音乐轨”选项，如图 16-123 所示。

步骤 02 弹出“打开音频文件”对话框，在计算机中的相应位置选择需要的音频文件“音乐 .mp3”，如图 16-124 所示。

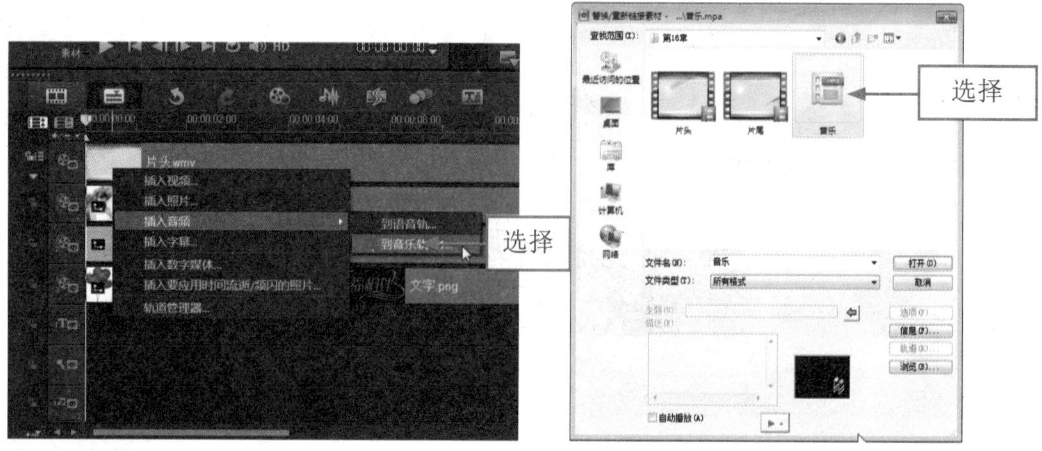

图 16-123 选择“到音乐轨”选项　　图 16-124 选择音频文件“音乐 .mp3”

步骤 03 单击“打开”按钮，即可将音频文件添加至音乐轨中，如图 16-125 所示。

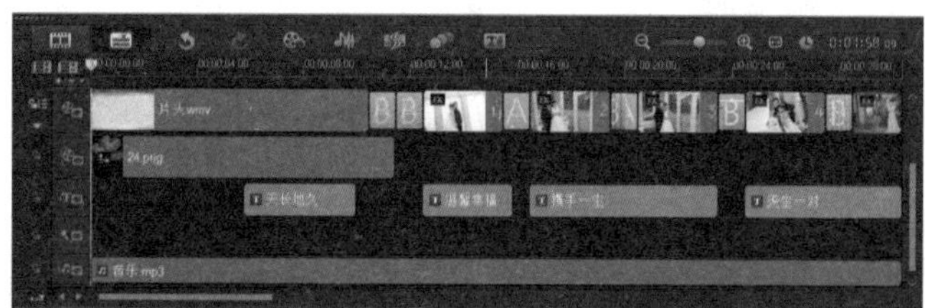

图 16-125 添加至音乐轨

16.3.2 制作婚纱音频特效

用户在导入视频背景音乐后，还需要制作背景音效。下面介绍制作婚纱音频特效的操作方法。

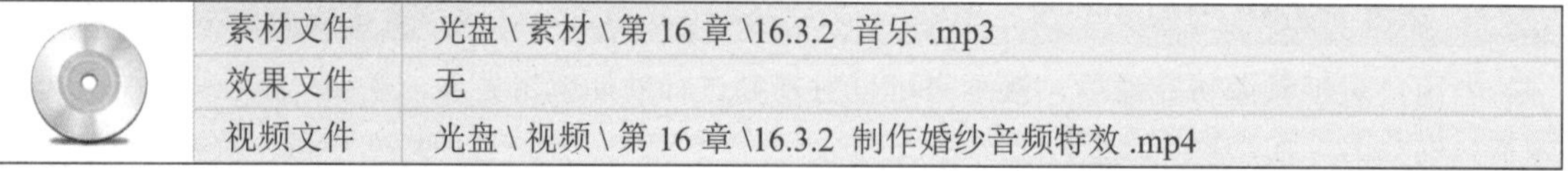

	素材文件	光盘 \ 素材 \ 第 16 章 \16.3.2 音乐 .mp3
	效果文件	无
	视频文件	光盘 \ 视频 \ 第 16 章 \16.3.2 制作婚纱音频特效 .mp4

步骤 01 将时间线移至 00:01:16:11 的位置，选择音乐轨中的音频素材，单击鼠标右键，在弹出的快捷菜单中选择“分割素材”选项，如图 16-126 所示。

步骤 02 执行上述操作后，即可将音频素材剪辑成两段，选择后面的音频素材，按【Delete】键将其删除，如图 16-127 所示。

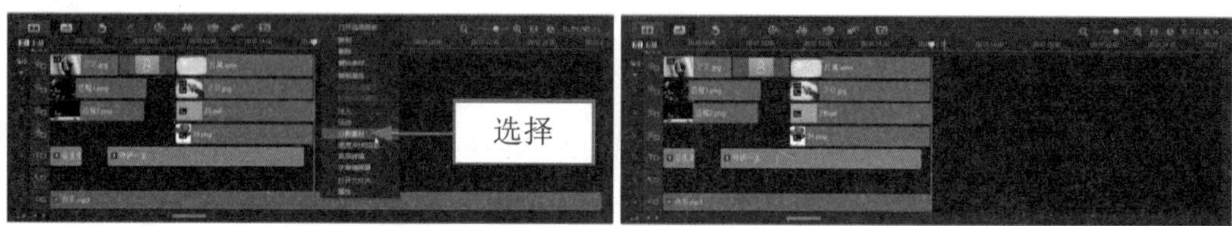

图 16-126 选择“分割素材”选项　　图 16-127 删除音频素材

步骤 03 在音乐轨中选择音频素材，单击“选项”按钮。打开“音乐和语音”选项面板，单击“淡入”按钮和“淡出”按钮，如图 16-128 所示。

步骤 04 执行上述操作后，即可完成音频特效的制作，单击导览面板中的“播放”按钮，预览视频画面效果并试听音频的淡入淡出效果，如图 16-129 所示。

图 16-128 单击相应按钮

图 16-129 预览视频并试听音频

16.3.3 渲染输出婚纱视频

对视频文件进行音频特效的应用后，接下来用户可以根据需要将视频文件进行输出操作，将美好的回忆永久保存。下面向读者介绍输出视频文件的操作方法。

	素材文件	无
	效果文件	光盘 \ 效果 \ 第 16 章 \ 婚纱影像——《幸福相伴》.mpg
	视频文件	光盘 \ 视频 \ 第 16 章 \16.3.3 渲染输出婚纱视频 .mp4

步骤 01 单击界面上方的“输出”标签，执行操作后，即可切换至“输出”步骤面板，如图 16-130 所示。

步骤 02 在上方面板中，选择 MPEG-2 选项，在“项目”右侧的下拉列表中，选择第 2 个选项，如图 16-131 所示。

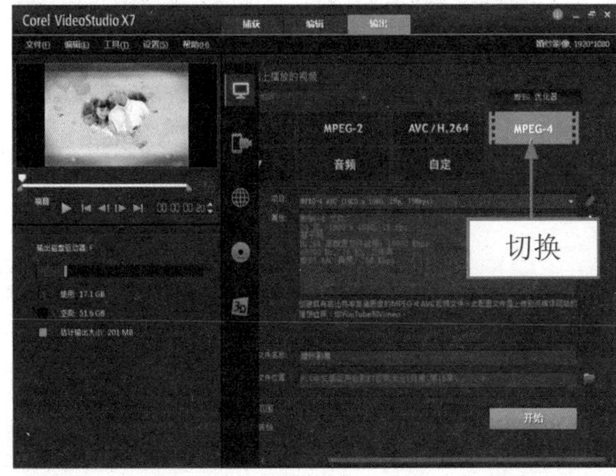

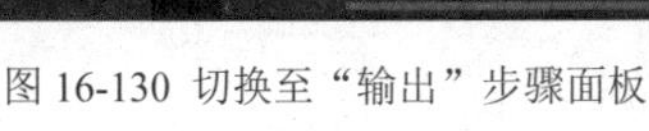
图 16-130 切换至“输出”步骤面板

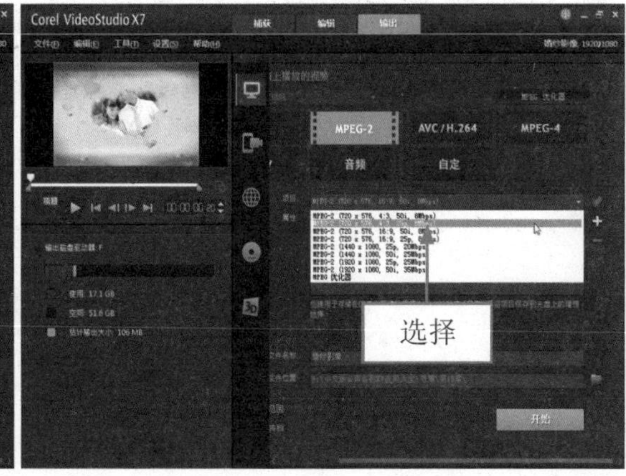

图 16-131 选择第 2 个选项

步骤 03 在下方面板中，单击“文件位置”右侧的“浏览”按钮，如图 16-132 所示。

步骤 04 弹出“浏览”对话框，在其中设置视频文件的输出名称与输出位置，如图 16-133 所示。

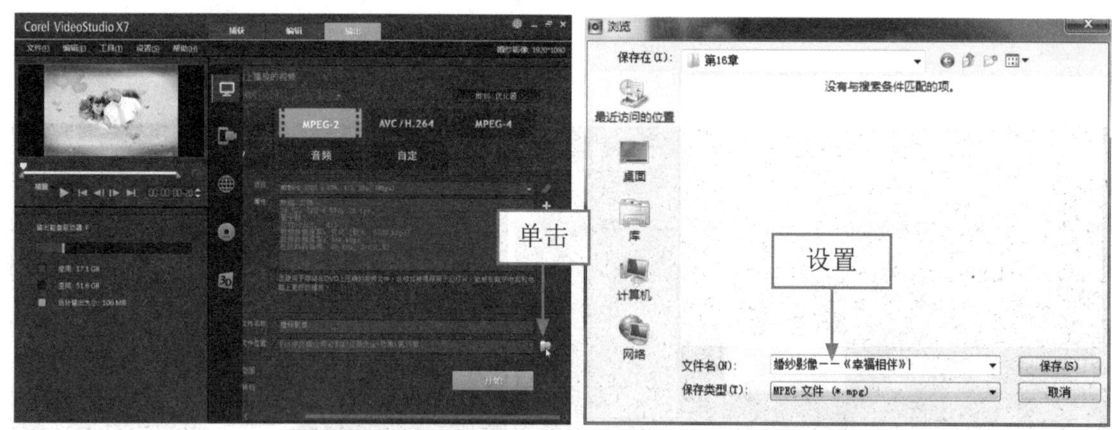

图 16-132 单击“浏览”按钮　　　　图 16-133 设置输出名称与输出位置

步骤 05 设置完成后，单击“保存”按钮，返回会声会影编辑器，单击下方的“开始”按钮，开始渲染视频文件，并显示渲染进度，如图 16-134 所示。

步骤 06 稍等片刻，已经输出的视频文件将显示在素材库面板的“文件夹”选项卡中，如图 16-135 所示。

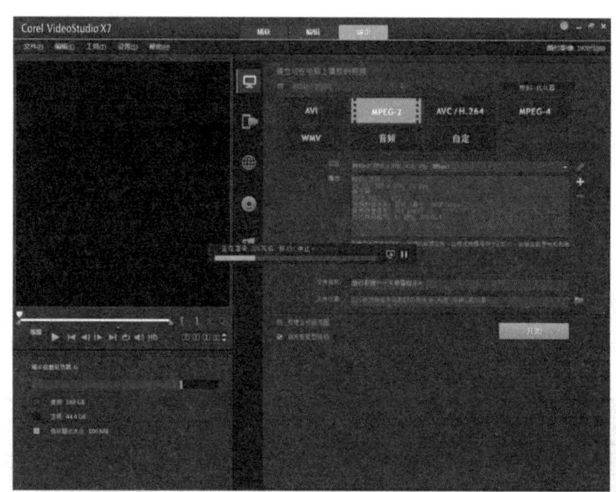

图 16-134 显示渲染进度

图 16-135 显示在“文件夹”选项卡中

17 会声会影 X8 快速入门

学习提示

会声会影 X8 是一款功能非常强大的视频编辑软件，提供超过 100 多种视频编制功能与效果，可导出多种常见的视频格式，是最常用的视频编辑软件之一。本章主要介绍会声会影 X8 的新增功能以及工作界面等内容，希望读者熟练掌握。

本章案例导航

- 了解会声会影 X8 的新增功能
- 熟悉会声会影 X8 的工作界面
- 操作会声会影 X8 的注意事项

17.1 了解会声会影 X8 新增功能

会声会影 X8 在会声会影 X7 的基础上新增了许多功能，如可供调整的项目尺寸、将字幕文件转换为动画、新增的多种覆叠遮罩类型，以及视频插件特效的应用等，本节主要向读者简单介绍会声会影 X8 的新增功能。

17.1.1 媒体素材显示的应用

进入会声会影 X8 工作界面，单击“媒体”按钮，进入“媒体”选项卡，在“照片”和“视频”素材库中，选择相应的媒体素材，如图 17-1 所示，并将其添加到时间轴面板的视频轨中，此时素材库中被应用后的素材右上角位置，将显示一个对勾的符号，如图 17-2 所示，用来提醒用户该素材在时间轴面板中已被使用。

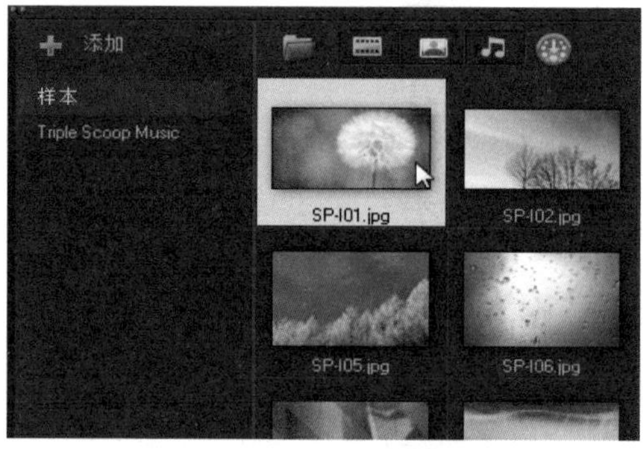

图 17-1 选择相应的媒体素材

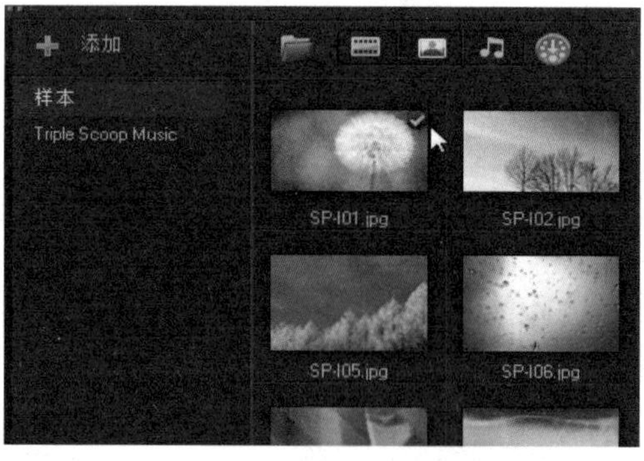

图 17-2 显示一个对勾的符号

专家指点

该功能在制作大型视频文件时，非常实用，可方便用户查看素材库中哪些素材被遗漏而没有添加到轨道中。

17.1.2 项目文件的可供选择

在会声会影 X8 中，用户可以手动选择项目文件的界面尺寸，这是新增的一个功能。当用户新建一个项目文件时，界面的右上角位置，会显示项目文件的尺寸为 720*576，如图 17-3 所示，这个尺寸在会声会影 X7 中，是无法修改的，而在会声会影 X8 中，用户可以通过“项目属性”功能，来修改界面的尺寸，可将尺寸参数调大或调小。

图 17-3 显示项目文件的尺寸为 720*576

调整项目尺寸的方法非常简单，用户首先在菜单栏中单击“设置”菜单，在弹出的菜单列表中单击 **项目属性** 命令，如图 17-4 所示。执行操作后，弹出“项目属性”对话框，单击 **编辑文件格式** 右侧的下三角按钮，在弹出的列表框中选择 **AVCHD** 选项，如图 17-5 所示。

图 17-4 单击“项目属性”命令

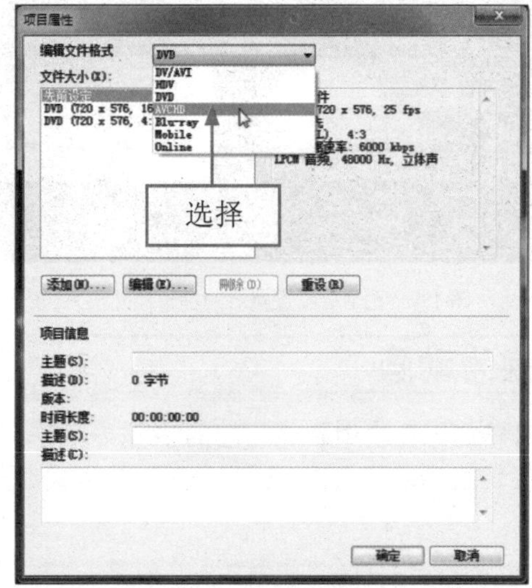

图 17-5 选择 AVCHD 选项

执行操作后，即可进入 AVCHD 格式设置界面，在左上方窗格中，选择相应的项目尺寸，在右侧“内容”区域中即可显示相关的项目尺寸具体信息，如图 17-6 所示。设置完成后，单击“确定”按钮，弹出提示信息框，如图 17-7 所示，单击“确定”按钮。

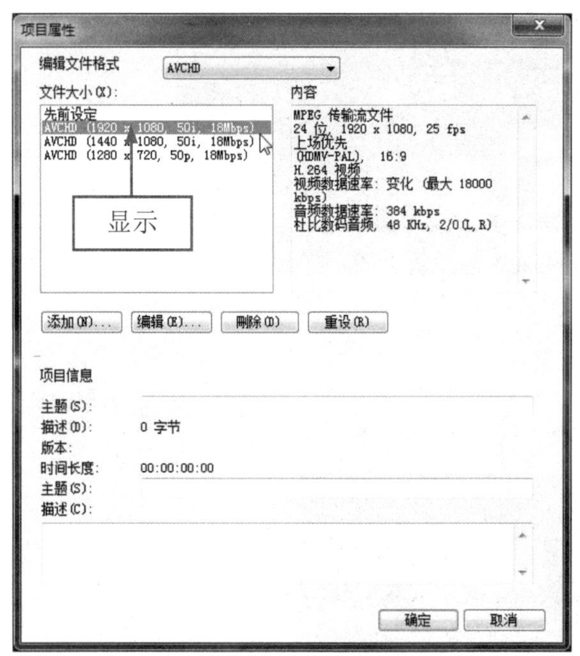

图 17-6 显示项目尺寸具体信息

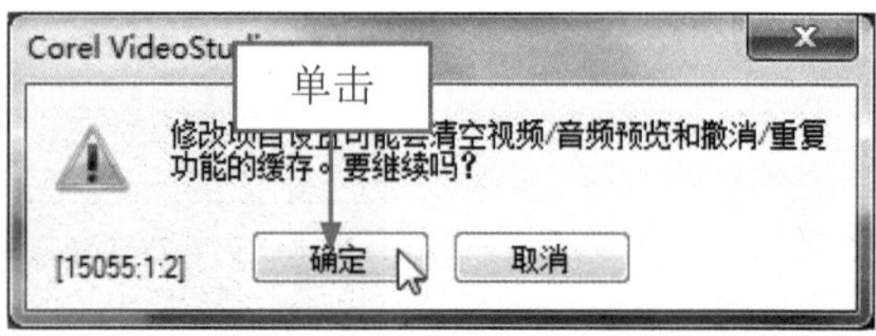

图 17-7 弹出提示信息框

执行上述操作后，即可将项目文件的尺寸更改为之前选择的尺寸，在界面的右上角位置将显示重新设置后的项目尺寸信息，如图 17-8 所示。

图 17-8 显示重新设置后的项目尺寸信息

17.1.3 字幕文件转换为动画

在会声会影 X8 中，当用户在标题轨中新建相应的字幕文件后，用户可以将字幕文件转换为 PNG 文件，也可以将字幕文件转换为动画文件，这两种转换的格式都是会声会影 X8 新增的功能，下面进行简单介绍。

1. 将字幕文件转换为 PNG 文件

如果用户需要将字幕文件以 PNG 图片的方式调入其他应用程序中使用时，此时可以将字幕文件转换为 PNG 格式。转换的方法很简单，用户首先在时间轴面板中选择需要转换的标题字幕，在字幕文件上单击鼠标右键，在弹出的快捷菜单中选择 转换为PNG 选项，如图 17-9 所示，执行操作后，即可将字幕文件转换为 PNG 文件，在“媒体”素材库中显示了转换后的 PNG 文件，如图 17-10 所示。

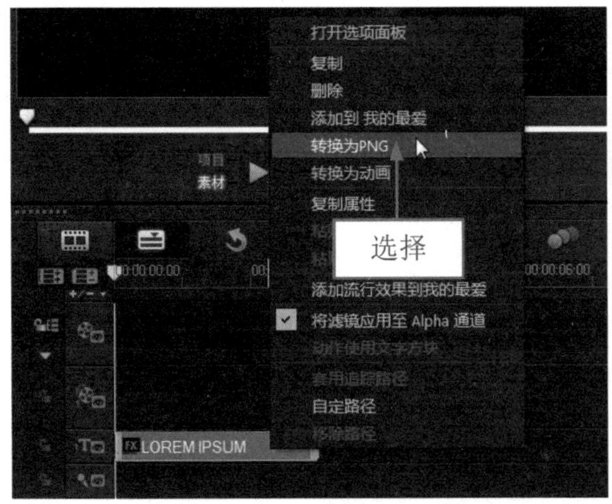

图 17-9 选择“转换为 PNG”选项

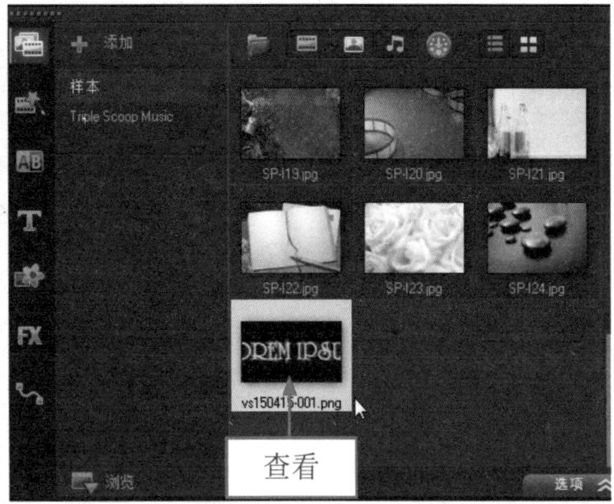

图 17-10 查看转换后的文件

专家指点

用户在“媒体”素材库中转换后的字幕文件上，单击鼠标右键，在弹出的快捷菜单中选择“打开文件夹”选项，可以快速在电脑的磁盘中找到转换为 PNG 后的字幕源文件位置，用户可根据需要将该源文件调入其他软件中进行应用。

2．将字幕文件转换为动画文件

如果用户需要将字幕文件以动画的播放方式应用到其他影视制作软件中，此时可以将字幕文件转换为动画格式。转换的方法很简单，用户首先在时间轴面板中选择需要转换的标题字幕，在字幕文件上单击鼠标右键，在弹出的快捷菜单中选择 转换为动画 选项，如图 17-11 所示，执行操作后，即可将字幕文件转换为动画文件，在“媒体”素材库中显示了转换后的字幕动画文件，如图 17-12 所示。

图 17-11 选择“转换为动画”选项

图 17-12 显示字幕动画文件

在会声会影 X8 中，当用户将字幕文件转换为动画文件后，在电脑中相应的磁盘文件夹中，显示了该字幕动画文件的逐帧动画，由多张 PNG 格式的图片组成的动画效果，如图 17-13 所示，用户可以通过右键菜单中的“打开文件夹”选项进行查看。

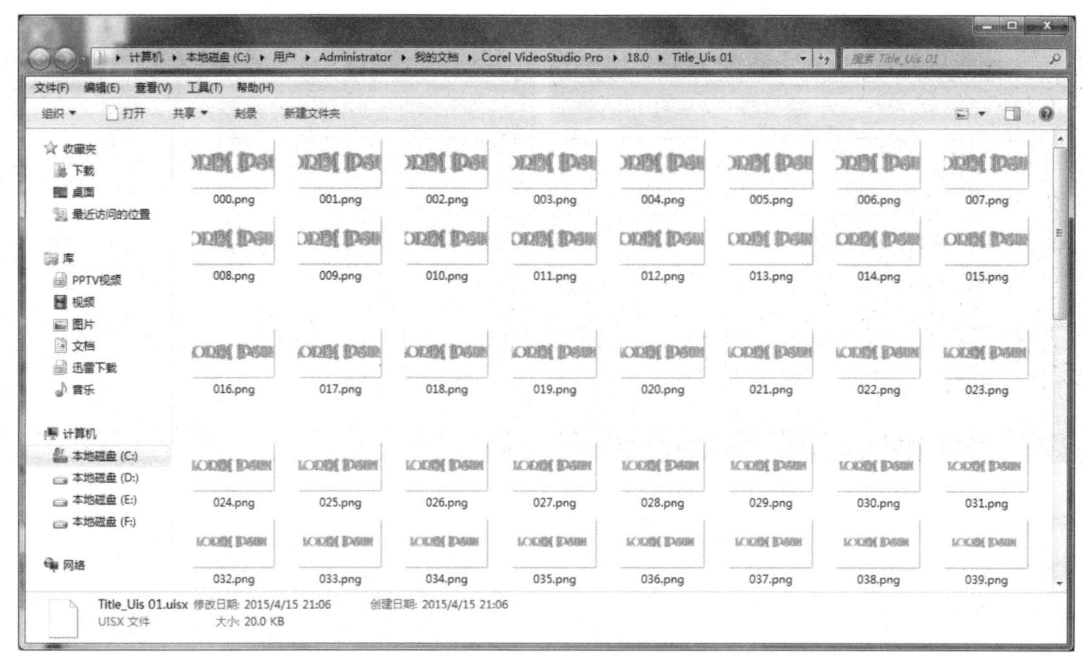

图 17-13 PNG 格式的图片组成的动画效果

17.1.4 应用高级遮罩特效

在会声会影 X8 中，新增了 4 种高级遮罩特效，如视频遮罩、灰色调节、相乘遮罩以及相加遮罩，选择不同的遮罩效果，视频轨和覆叠轨中叠加的画面会有所不同。

用户首先在覆叠轨中选择需要设置遮罩特效的素材文件，然后在“属性”选项面板中，单击 遮罩和色度键 按钮，如图 17-14 所示。

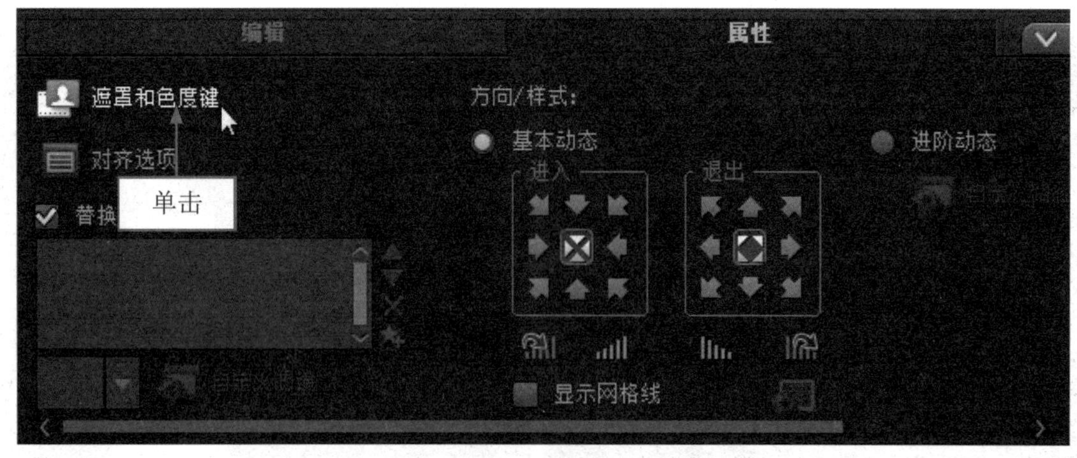

图 17-14 单击“遮罩和色度键”按钮

执行操作后，在弹出的选项面板中选中 ☑ 应用覆叠选项 复选框，单击 类型: 右侧的下三角按钮，在弹出的列表框中，除了原有的“色度键”和“遮罩帧”两种遮罩特效外，另显示了新增的 4 种遮罩特效，如视频遮罩、灰色调节、相乘遮罩以及相加遮罩，选择相应的遮罩特效，在右侧可以调节遮罩的参数值，如图 17-15 所示。

图 17-15 新增的 4 种遮罩特效

1. 视频遮罩特效

在会声会影 X8 中，视频遮罩特效是指遮罩画面以视频运动播放的方式应用于覆叠素材上，效果如图 17-16 所示。

图 17-16 视频遮罩画面效果

2. 灰色调节特效

在会声会影 X8 中，灰色调节功能是指在覆叠素材上应用灰色遮罩，使视频画面产生灰度融合的效果，如图 17-17 所示。

图 17-17 灰色调节遮罩效果

3. 相乘遮罩特效

在会声会影 X8 中，相乘遮罩是指将视频轨中的素材画面颜色与覆叠轨中的素材画面颜色相乘，得到一种新的画面色彩，效果如图 17-18 所示。

图 17-18 相乘遮罩效果

4. 相加遮罩特效

在会声会影 X8 中，相加遮罩是指将视频轨中的素材画面颜色与覆叠轨中的素材画面颜色相加，得到一种新的画面色彩，效果如图 17-19 所示。

图 17-19 相加遮罩效果

17.1.5 应用视频插件特效

会声会影 X8 的旗舰版安装程序中，向用户提供了视频插件的安装程序，启动插件安装程序后，将弹出相应的插件安装列表，其中包括 NewBlueFX 插件、Boris Graffiti 插件以及 proDAD 插件等，如图 17-20 所示，用户可根据需要选择相应的插件进行安装操作，待插件安装完成后，在程序中单击 Exit 按钮，退出插件安装程序。

图 17-20 会声会影 X8 插件安装列表

当用户安装完会声会影 X8 插件后，将显示在“滤镜”素材库中，用户在滤镜素材库中单击右侧的“画廊”按钮，在弹出的列表框中选择“全部”选项，即可在下方显示安装的多种插件滤镜，如图 17-21 所示，用户可以将其应用于时间轴面板中的素材上，制作出非常专业的视频滤镜画面特效。

专家指点

在会声会影 X8 的“滤镜”素材库中，安装的滤镜插件只会显示在“全部”选项卡中，而在其他的单项选项卡中，如相机镜头、暗房以及自然绘图中，是无法查看到新增的滤镜插件文件的。

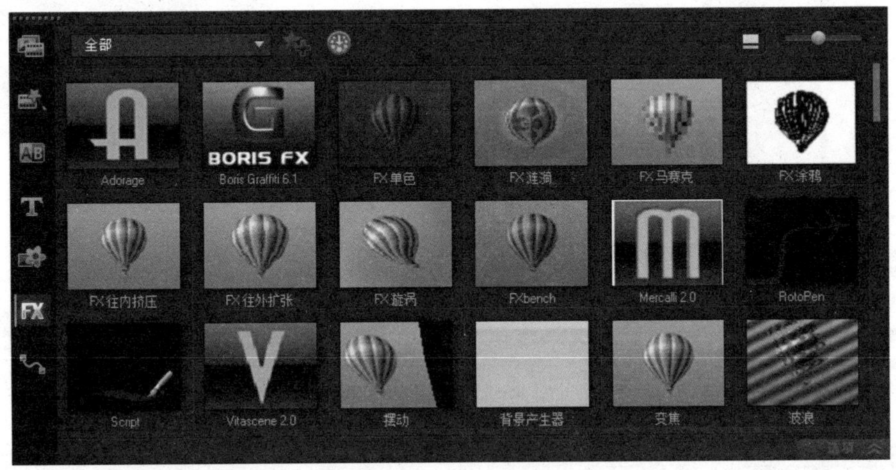

图 17-21 “滤镜”素材库的插件滤镜

17.1.6 应用新增转场特效

在会声会影X8中，进入“转场”素材库，单击右侧的“画廊”按钮，在弹出的列表框中选择“全部”

选项，即可在下方显示多种新增的转场特效，如神奇波纹、神奇长方体、神奇大理石以及神奇火焰等，如图 17-22 所示。

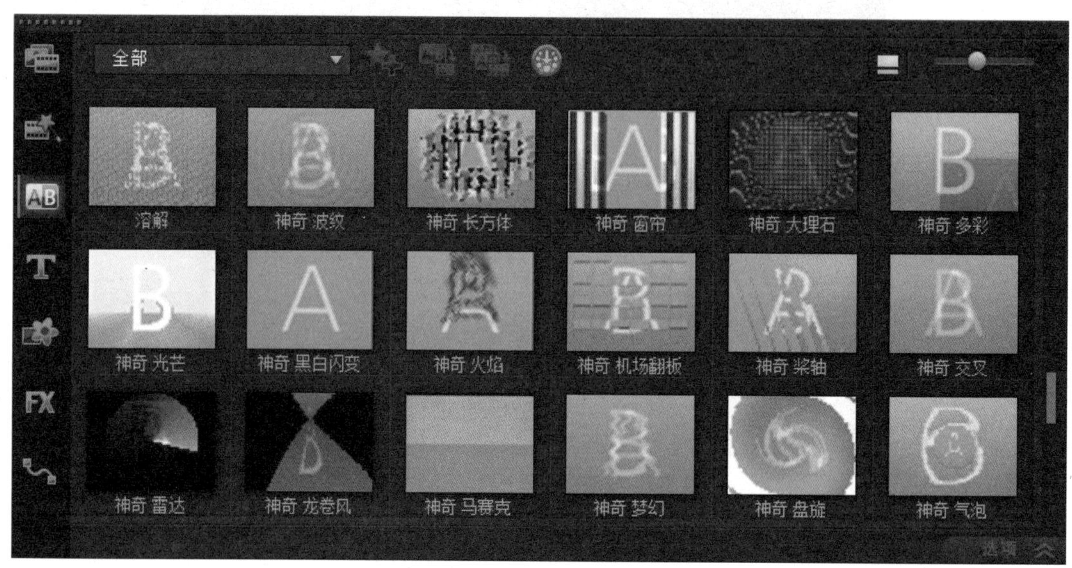

图 17-22 “转场”素材库的转场特效

选择相应的转场效果，拖曳至视频轨中的两个素材文件之间，即可应用新增的转场特效，如图 17-23 所示。

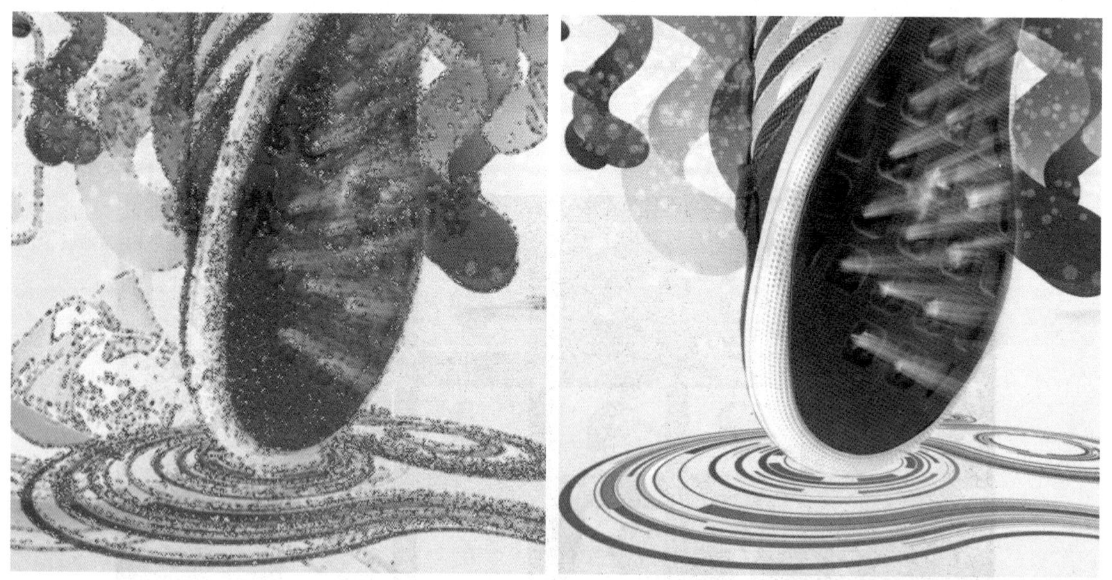

图 17-23 应用新增的转场特效

17.2 熟悉会声会影 X8 的工作界面

会声会影 X8 工作界面主要包括菜单栏、步骤面板、选项面板、预览窗口、导览面板、各类素材库以及时间轴面板等，在界面的左上角位置显示了 Corel VideoStudio X8 字样，为软件的版本名称，如图 17-24 所示。

图 17-24 会声会影 X8 工作界面

会声会影 X8 与会声会影 X7 的工作界面类似，没有太大的区别，由于在前面的章节中已经向用户详细介绍了会声会影 X7 的工作界面及各部分的含义，在此不再重复介绍。

17.3 操作会声会影 X8 的注意事项

会声会影 X7 与 X8 两个不同版本的软件，用会声会影 X8 软件操作前面知识点中的内容时，在操作上没有太大的区别，只是在刻录光盘时，会声会影 X8 的“工具”|“创建光盘”菜单下，已经没有 Blu-ray 命令了，同样在“输出”界面中也没有输出 Blu-ray 的功能了。也就是说用户不能直接将视频刻录到蓝光光盘上，如果需要刻录为蓝光光盘，则需要使用第三方刻录软件，才能实现该功能。一般情况下，大容量的 DVD 光盘可以满意一般用户的视频刻录需求。

附录 55个会声会影问题解答

一 软件使用疑难解答

01．打开会声会影X7的VSP源文件时，提示文件正在使用，无法打开？

答：出现这种问题，很多读者以为是会声会影X7软件出问题了，其实不是的。这种情况是因为项目文件为只读格式，用户只需选择光盘文件夹，在文件夹上单击鼠标右键，在弹出的快捷菜单中选择【属性】选项，弹出相应属性对话框，在【常规】选项卡中取消选中【只读】复选框，单击【确定】按钮，即可解决该问题。

02．打开会声会影X7的项目文件时，素材文件还在，但是却会提示找不到链接，这是为什么呢？

答：因为项目文件的路径方式是绝对路径（只能记忆初始的文件路径），一旦移动素材或者重命名文件时，项目文件就找不到路径了。只要用户不去移动素材或者重命名文件，是不会出现这种现象的。即使不小心移动了素材或者重命名了文件，只要找到那个素材链接就可以了。

03．在使用会声会影X7的过程中，如何快速进入编辑器，取消欢迎界面的出现？

答：在欢迎界面中，取消左下角的【启动时不显示】复选框 启动时不显示，即可取消欢迎界面的出现，直接进入会声会影X7编辑器。

04．在会声会影X7中，系统默认的图像区间为3s，这种默认设置能修改吗？

答：可以。只需执行菜单栏中的【文件】|【参数选择】命令，会弹出【参数选择】对话框，在默认区间右侧的数值框中输入需要的数值，单击【确定】按钮即可。

05．在会声会影的时间轴面板中，如何添加多个覆叠轨道？

答：只需在覆叠轨图标上，单击鼠标右键，在弹出的快捷菜单中选择【轨道管理】选项。然后会弹出【轨道管理器】对话框，在覆叠轨的右侧列表框中，选择需要的轨道数量，单击【确定】按钮即可。

06．在会声会影X7中，如何在【媒体】素材库中以列表的形式显示图标？

答：在会声会影X7的【媒体】素材库中，默认状态下软件以图标的形式显示各导入的素材文件。如果用户需要以列表的形式显示，只需单击界面上方的【列表视图】按钮即可。

07．当用户在时间轴面板添加多个轨道和视频文件时，上方的轨道会隐藏下方添加的轨道，只有滚动控制条才能显示下方的轨道，此时如何在时间轴面板中显示全部轨道信息呢？

答：显示全部轨道信息的方法很简单，用户只需单击时间轴面板上方的【显示全部可视化轨道】按钮，即可显示全部轨道。

08．在会声会影X7中如何获取软件的更多信息或资源？

答：单击【转场】按钮，切换至【转场】素材库，单击面板上方的【获取更多内容】按钮，在弹出的面板中，用户可根据需要对相应素材进行下载操作。

09．在会声会影X7中，如何在预览窗口中显示标题安全区域？

答：只有设置显示标题安全区域，才能知道标题字幕是否出界。执行菜单栏中的【设置】|【参数选择】命令，弹出【参数选择】对话框，在【预览窗口】选项区中选中【在预览窗口中显示标题安全区域】复选框，即可显示标题安全区域。

二 视频制作疑难解答

10．会声会影 X7 中的色度键如何使用?

答：色度键俗称抠像，主要是针对单色（绿、蓝等）背景进行抠像操作的。可以将需要抠像的视频放到覆叠轨上，单击【遮罩和色度键】按扭，选【应用覆叠选项】复选框，使用吸管工具在预览窗口中的单色背景上单击，就可以将背景抠掉了。天气预报节目就是这样实现的。有了它，还可以自己制作 MTV。演唱者只要站在蓝色背景前演唱，将声画录制下来后在会声会影 X7 中（从声会影会 9 版本开始就有此功能了）与各种风光 DVD 合成即可。

11．会声会影 X7 中的自动音乐为什么不能使用?

答：当用户将会声会影 X7 安装到计算机中后，在软件默认情况下，是没有加载任何自动音乐文件的，此时用户需要在时间轴面板上方单击【自动音乐】按钮，在弹出的对话框中单击【Update Now】按钮，加载与更新自动音乐文件，待加载完成后，即可使用自动音乐。

12．在会声会影 X7 中，创建标题字幕时，为什么选择的红色有偏色出现?

答：按【F6】，打开【参数选择】对话框，切换至【编辑】选项卡，取消选中【应用色彩滤镜】复选框。

13．使用会声会影 X7 编辑图片时，怎样才能设置提高清晰度?

答：将图片插入会声会影之前，可以使用图象处理软件将图片的大小更改一下。如果制作成 DVD，则将图片的分辨率修改成 720×576；如果制作成 VCD，则将图片的分辨率修改成 352×288，并且在会声会影 X7 的【参数选择】中，设置【图象重新采样选项】为【调整到项目大小】。

14．会声会影 X7 如何将两个视频合成一个视频?

答：将两个视频分别导入到会声会影 X7 中的视频轨上，然后切换至分享步骤选项面板，渲染输出即可。

15．摄像机和会声会影 X7 之间为什么有时会失去连接?

答：为了省电，摄像机可能会自动关闭。因此，常会发生摄像机和会声会影 X7 之间失去连接的情况。出现这种情况后，用户需要打开摄像机电源以重新建立连接。无须关闭然后重新打开会声会影 X7，因为该程序可以自动检测捕获设备。

16．在会声会影 X7 的时间轴面板中，如何调整覆叠轨道的叠放顺序?

答：当用户制作了多层覆叠特效时，如果此时需要调整覆叠轨道的叠放顺序，只需在时间轴视图中的覆叠轨图标上单击鼠标右键，在弹出的快捷菜单中选择【交换轨道】选项，在弹出的子菜单中选择需要交换的轨道名称即可。

17．如何设置覆叠轨上素材的淡入淡出时间?

答：首先选中覆叠轨上的素材，单击【属性】选项面板中的【淡入动画效果】按钮，然后调整暂停区间的两个滑块，当挤到一起时，渐变最慢。

18．会声会影为什么无法精确定位时间码?

答：在某个时间码处捕获视频或定位磁带时，会声会影有时可能会无法精确定位时间码，甚至可能导致程序自行关闭。出现这种情况时，用户可能需要关闭程序。另一种方法是关闭摄像机，等待数秒钟（至少 6s），然后再打开摄像机。这种方法将重置会声会影，并令程序再次正确检测捕获设备。

19．在会声会影 X7 中，如何将字幕拉长或压扁？

答：首先制作一个单色背景的字幕文件（包含用户需要的字幕），保存为 VSP 格式文件。然后新建文件，视频轨正常，导入 VSP 文件到覆盖轨，使用抠像技术，对素材做变形调整，拉长或压扁。

20．在会声会影 X7 中，可以为图像添加转场效果，那么可以调整图像色彩吗？

答：可以。在会声会影的【图像】选项面板中，可以自由更改图像的色彩。

21．在会声会影 X7 中，色度键中的吸管工具如何使用？

答：和 PS 方法相似，选中吸管工具，点选需要去掉的背景颜色就可以了。

22．如何利用会声会声 X7 制作一边是图像、一边是文字的放映效果？

答：首先选一张图片做背景，放在视频轨；接下来将播放的视频放在覆叠轨，调整大小和位置；然后在文字轨上输入文字介绍，并调整大小和位置；最后选择预设动画样式，下入上出。

三 影片文件疑难解答

23．在会声会影 X7 中，为什么无法导入 AVI 文件？

答：因为 AVI 文件包含了许多编码。由于会声会影并不完全支持所有的编码，所以出现无法导入 AVI 文件的情况时，需要进行格式转换。

24．在会声会影 X7 中，为什么无法导入 RM 文件？

答：会声会影不支持 RM、RMVB 格式的文件。

25．在会声会影 X7 中，为什么有时打不开 MP3 格式的音乐文件呢？

答：可能是该文件的位速率较高，可以使用转换软件把位速率重新设置到 128 或更低，这样就能顺利将 MP3 文件加入到会声会影中。对于视频制作来说，音频最好是 48Hz 的 WAV 格式。如果用户具备一定的基础，可将音频文件转换成此标准。

26．如何将 MLV 文件导入到会声会影 X7 中？

答：将 MLV 的扩展名改为 MPEG，就可以使用会声会影进行编辑了。另外，对于某些 MPEG1 编码的 AVI，也是不能导入会声会影的，但是如果将扩展名改为 MPG 就可以导入了。

27．使用会声会影 X7 刻录好的 DVD 光盘，为什么在家用 DVD 播放机上不能播放？

答：（1）在刻录光盘时，将格式设置成 miniDVD 的格式，这种格式某些 DVD 机不支持。

（2）使用可擦写光盘刻录的 DVD 光盘，对于某些 DVD 播放机来说也不能很好的兼容。

（3）刻录速度太快也会造成光盘兼容性不好。

（4）有些 DVD 播放机对 DVD-R 格式不支持，可以换成 DVD+R 格式试试。

（5）在刻录时如果没有关闭杀毒软件，也有可能使光盘兼容性变差。

28．会声会影 X7 在导出视频时自动退出，或提示【不能渲染生成视频文件】，这该怎么办呢？

答：出现此种情况，多数是由于和第三方解码或编码插件发生冲突造成的（如暴风影音）。只需卸载第三方解码或编码插件后再渲染生成视频文件。

29．可以使用会声会影 X7 导入 .c3d 项目文件吗？

答：使用cool3输出avi比较慢，还是推荐使用会声会影。可以在添加视频时选择.c3d项目文件导入，导入后的项目文件背景就是透明的，可以放到覆叠轨上做字幕动画。

30．为什么GIF文件不能导入到会声会影X7中？

答：需要下载安装Adobe Flash Player 9 ActiveX。

四 采集捕获疑难解答

31．在会声会影X7中，为什么AV连接摄像机时，采用会声会影的DV转DVD向导模式，无法扫描摄像机？

答：此模式只能在通过DV连接（1394）摄像机时才使用。

32．如何使用会声会影X7只采集视频中的音频文件？

答：首先把视频采集到计算机硬盘，最好采集成48Hz的MPEG2格式或者DV格式；然后在编辑选项面板中，单击【分割音频】按钮即可把音频分离出来；接下来删除掉视频部分，或者单独编辑、渲染音频；最后按照自己的需要将它保存为新的音频文件。

33．在会声会影X7中，剪辑后的视频文件如何形成新的视频文件？

答：可以在素材菜单中选择保存修整后的视频，新生成的视频就会显示在素材库中。在制作片头、片尾时（电视剧），需要的片段就可以使用这种方法逐段生成后再使用。把选定的视频文件放到视频轨上，通过渲染、加工输出为新的、独立的视频文件。

34．采集时总出现【正在进行DV代码转换，按ESC停止】的提示，这是为什么呢？

答：这是由于电脑配置较低，如硬盘转速低、CPU主频低和内存太小等造成的。此时还需要将杀毒软件和防火墙关闭，以及停止所有后台运行的程序。

五 刻录输出疑难解答

35．能否使用会声会影X7刻录Blu-ray光盘？

答：可以。会声会影X7可以生成端对端的Blu-ray光盘，捕获用户的HD视频并编辑它。用户可以选择【HD模板】，根据需要修改它，然后刻录能够播放精彩HD镜头的Blu-ray光盘。

36．会声会影X7滤镜为什么有时会突然消失？

答：以往用户对于这种突发事件的解决方法就是重装会声会影X7，但是，这不是解决问题的根本办法，用户可以参照以下操作：

在XP操作系统下，运行%userprofile%Application DataUlead SystemsCorel VideoStudio12.0VFilter.rsf命令，在这个文件前加入一条短横线（-VFilter.rsf）后，再重新启动会声会影X7即可。

37．使用会声会影X7制作视频，如何让视频、歌词、音乐同步？

答：用户可以先下载歌曲，下载好后使用千千静听播放；然后在互联网上关联lrc歌词，关联到本地后，使用歌词转换软件转换成会声会影X7支持的字幕文件，然后直接插入字幕即可。

38．在会声会影X7中，刻录光盘时提示工作文件夹占用C盘，可是文件夹开始已经设置好路径了，这是为什么？

答：虽然在【参数选择】中已经更改了工作文件夹的路径，但是在刻录光盘时仍需要重新将工作文件夹的路径设定为C盘以外的分区。

39．在刻录项目中，软件提示【不转换兼容的MPEG文件】是什么意思？

答：如果用户的视频是符合视频光盘标准的，比如VCD的参数为352×288分辨率、1.15Mbit/s码流、44.1Hz音频，那么请务必选择此项。这样在编辑和刻录视频后，就不需要二次转换，可以节省大量的时间。比如，在编辑时从DVD光盘上选取的片段就可以直接插入自己的视频中，后期就不再渲染它了。

40．VCD光盘能够实现卡拉OK时原唱和无原唱切换吗？

答：会声会影X7中有这个插件，将声音文件一个放在音乐轨，另一个放在语音轨；将一个声音全部调成左边100%、右边0%，另一个声音反之，进行渲染就可以了，渲染视频时最好生成MPEG文件，最后来刻盘，这样可以掌握码率，做出来的视频清晰度有保证，别用自带的VCD格式。

41．在刻录长节目时，会声会影X7形成的是一个无缝的视频，但为什么有的播放软件播放时会在章节处停顿？

答：有的视频播放软件不能很好地支持章节形式，可以换用WinDVD或者Power DVD这两款软件试试。

42．在源文件中覆叠轨中的图像位置是正确的，但输出视频文件后，覆叠轨中的图像为什么错位了？

答：会声会影X7向用户提供了多种输出方式，每一种输出方式输出的视频文件都有不同的作用，对视频尺寸也是有一定要求的，当用户在宽银幕中制作视频文件，如果选择的视频输出选项是4：3比例，则软件会自动对视频的宽高比进行输出，此时输出的视频文件中覆叠图像就会错位。在这种情况下，用户只能在【输出】选项面板中单击【创建视频文件】|【自定义】选项，这样输出来的视频才是正常的尺寸，覆叠轨中的素材也不会错位。

43．超过光盘容量时使用压缩方式刻录，会不会影响节目质量？

答：使用降低码流的方式可以增加时长，但这样做会降低节目质量。如果对质量要求较高，可以刻录成两张光盘。

44．如何输出指定区间内的部分视频文件？

答：首先用户需要在视频轨中设置视频的入点与出点部分，然后在【分享】选项面板中单击【创建视频文件】按钮，在弹出的列表框中选择【自定义】选项，当弹出【创建视频文件】对话框时单击Options（选项）按钮，弹出相应对话框，选中【预览范围】单选按钮，然后单击【确定】按钮，输出视频文件，此时即可输出用户指定的部分视频文件。

45．如何从一段视频文件中提取背景音乐，然后再将音乐单独输出？

答：首先选择视频轨中的视频文件，单击鼠标右键，在弹出的快捷菜单中选择【分割音频】选项，即可将视频文件中的音频分割出来，然后切换至【分享】选项面板，单击【创建声音文件】按钮，弹出【创建声音文件】对话框，设置保存路径，单击【保存】按钮，即可将音乐文件单独输出。

六　产品与系统兼容类疑难解答

46．安装好会声会影X7后，打开软件时系统提示【无法初始化应用程序，屏幕的分辨率太低，无法播放视频】或双击程序无反应，这是为什么？

答：会声会影X7只能在大于1024×768的分辨率下运行。

47．会声会影 X7 安装后，为什么是英文版的？

答：在会声会影 X7 应用程序中，Corel 公司没有发布中文版的，目前只有英文版，如果用户需要使用中文版的，可以从相应网站中寻找会声会影 X7 的汉化文件，对软件进行汉化，此时部分功能可汉化为中文版的，但对话框设置中的一些选项还是英文的，在本书中，对于部分英文的选项和按钮都标注了中文说明，读者学习起来很方便。

48．会声会影 X7 与 Windows Vista 操作系统的兼容性如何？

答：很好。两个会声会影 X7 系列都具有 Certified for Windows Vista 标识。

49．在使用会声会影 X7 过程中，提示内存不可读，这是为什么？

答：内存不可读的原因有很多：首先，要检查内存是否足够，其次，检查软件问题，方法如下。

（1）可以尝试重装一下。

（2）运行 cmd，复制以下命令后，粘贴进去按回车键：for %1 in（%windir%system32.dll） do regsvr32.exe s %1。

（3）虚拟内存设置太小。虚拟内存初始值应大于内存的 1.5 倍，最大值是初始值的 2 倍。

50．制作视频文件时渲染到最后出错，提示为【无法读取文件】，这是为什么呢？

答：当创建视频文件的对话框出现时，往往在文件名一栏中会自动出现一个名称，这一般是项目文件的名称，且带有 VSP 扩展名，呈蓝色，这是必须要更改的，必须把 VSP 去掉，否则，当渲染到 99% 时，它就进行不下去了。此时估计不是再继续渲染，而是在进行读取前的识别，由于扩展名不对，且 VSP 文件根本不是视频文件，自然就无法读取。

51．在使用会声会影 X7 的过程中，如果程序无法正常工作，该怎么办？

答：如果会声会影 X7 无法正常工作，可以通过在控制面板中双击添加或删除程序来修复。选择 Corel 会声会影，单击【更改】、【删除】按钮，然后单击修复按钮。

52．为什么有时素材之间的转场效果没有显示动画效果？

答：这是因为用户的计算机没有启动硬件加速功能，只需在桌面上单击鼠标右键，在弹出的快捷菜单中选择【属性】选项。弹出【显示属性】对话框，单击【设置】选项卡，然后单击【高级】按钮，弹出相应对话框，单击【疑难解答】选项卡，然后将【硬件加速】右侧的滑块拖曳至最右边即可。

53．为什么有时 Flash 文件无法导入到视频轨中？

答：首先到【控制面板】中查看是否安装了 Flash 播放器，如果有就将其卸载，一般就可以导入了。如果还是不行，建议用户重新处理一下 Flash 文件。一般会声会影 X7 对 Flash 6.0 以下版本制作的 Flash 文件支持较好，另外就是注意在制作 Flash 时最好不要使用语法。

54．会声会影 X7 可以放入没编码的 AVI 视频文件直接进行视频编辑吗？

答：不可以。一定要有编码才可以放进去，建议先安装 AVI 格式的播放软件或编码器然后再使用。

55．1394 有什么用？

答：IEEE 1394 是 IEEE 标准化组织制订的一项具有视频数据传输速度的串行接口标准。同 USB 一样，1394 也支持外设热插拔；同时可为外设提供电源，省去了外设自带的电源；还支持同步数据传输。在可预见的未来，USB 和 1394 将同时存在，提供不同的服务。不需要高速数据传输的外设可能仍将采用 USB。最终，计算机将采用 USB 和 1934 串口来处理所有外部输入输出，显著简化了计算机外设的连接。